“十三五”国家重点出版物出版规划项目
海 洋 新 知 科 普 丛 书

海洋哺乳动物（上册）

（第三版）

〔美〕安娜丽萨·贝尔塔
〔美〕詹姆斯·苏密西
〔挪〕基特·M·科瓦奇

刘 伟 译
王先艳 校

海洋出版社
2019年·北京

图书在版编目（CIP）数据

海洋哺乳动物/（美）安娜丽萨·贝尔塔（ANNALISA BERTA）等著；刘伟译．—北京：海洋出版社，2019.1

书名原文：Marine Mammals：Evolutionary Biology

ISBN 978-7-5210-0207-2

Ⅰ.①海… Ⅱ.①安… ②刘… Ⅲ.①水生动物-海洋生物-哺乳动物纲 Ⅳ.①Q959.8

中国版本图书馆 CIP 数据核字（2018）第 222647 号

ISBN：978-0-12-397002-2

This edition of Marine Mammals：Evolutionary Biology by Annalisa Berta, James Sumich, Kit Kovacs is published by arrangement with ELSEVIER INC., a Delaware corporation having its principal place of business at 360 Park Avenue South, New York, NY 10010, USA.

图字：01-2017-8593

责任编辑：苏 勤

责任印制：赵麟苏

海洋出版社 出版发行

http：//www.oceanpress.com.cn

北京市海淀区大慧寺路 8 号 邮编：100081

北京朝阳印刷厂有限责任公司印刷 新华书店北京发行所经销

2019 年 1 月第 1 版 2019 年 1 月第 1 次印刷

开本：787mm×1092mm 1/16 印张：63.75

字数：990 千字 定价：298.00 元（上、下册）

发行部：62132549 邮购部：68038093 总编室：62114335

海洋版图书印、装错误可随时退换

编首语

海洋哺乳动物是海洋中胎生哺乳、肺呼吸、恒体温、身体流线型且前肢特化为鳍状的高等脊椎动物。作为海洋生物学的重要分支，海洋哺乳动物学勃兴于欧美发达国家，自20世纪70年代起发展为成熟的独立学科，其研究成果广泛应用于海洋观测、仿生学、环境保护、神经医学，以及军事和潜水作业等领域。西方国家的科学书刊、科教纪录片、电影等大众传媒对海洋哺乳动物的宣传深入人心，引发了社会公众的广泛关注和浓厚兴趣，推动了“人与自然和谐相处”理念的传播。

相比之下，海洋哺乳动物学在我国则是较为冷门的学科，长期以来未受到应有的重视。中国科学院水生生物研究所、三亚深海科学与工程研究所、国家海洋局第三海洋研究所等少数科研机构在从事一些系统性研究；但对于学术界和大部分民众，海洋哺乳动物则是相对陌生的概念。在此方面的科普宣传也有欠缺，部分读物甚至还出现“肉可食，皮可制革”等过时甚至谬误的观念。因此，及时引进国外在此领域的优秀新书是一项有益于社会进步的事业，也是海洋类出版机构的责任所在。我们筛选、分析了国外近年出版的海洋哺乳动物学专著，优中选优，最终决定引进这部《海洋哺乳动物》（第三版），希望引发国内海洋生物学界的思考与借鉴，同时也能促进海洋生态保护科普工作。

这部著作由美国圣迭戈州立大学、俄勒冈州立大学和挪威极地研究所的海洋哺乳动物学教授合作撰写，全面整合了欧美数十年来在此领域取得的重要科学成果和进展，以简明的语言讲述，具有综合性、前沿性和专业深度，兼具科普价值。该译著不仅可作为海洋生物学工作者的参考资料，还适合不同知识水平的广大读者搜奇拾趣，从而有效地宣传、普及海洋哺乳动物知识和海洋生态保护理念。

书中主要论述海洋哺乳动物的研究历史、系统发育、进化生物学、形态学、解剖生理学、生态学、行为学、分类学和保护生物学。全书的特色是使用比较和系统发育方法，目的是“提供最新的海洋哺乳动物学全景知识体系”，重点关注海洋哺乳动物三大类群——鲸豚类、鳍脚类和海牛类的进化、生态和保护。正文后附有海洋哺乳动物分类系统总表、专业术语译名对照表和丰富的彩图。这部书内容充实、研究深入、视野广阔，必定会有益于我国海洋哺乳动物学科的发展。

本书总体上采用了靠近译入语（汉语）的翻译策略，目的是充分照顾读者的理解效果，促成科学信息的高效交流。在保证准确的前提下，书中语句尽可能符合汉语表达习惯，书中的大量图题已调整为国内读者熟悉的层次分明的形式。译者还查阅了大量文献，结合对科学事实的理解与思考，确保多学科专业术语、普通词汇的专业指称和复合词组翻译准确，仅留下极少数“不可译”的拉丁文学名。物种译名混乱是生物分类学中普遍存在的问题，当一个学名对应多个常见译名时，本书遵循“简明通俗”、“淡化姓氏”和“有利于环保宣传”的原则裁量选用。

希望译著《海洋哺乳动物》的出版为我国相关学科的建设和海洋生态文明建设事业的发展贡献绵薄之力！

编者

2018 年 3 月

序

去年，刘伟同志几次从天津来北京三里河同我谈起从美国引进的一部著作：《海洋哺乳动物》（*Marine Mammals: Evolutionary Biology*），兴奋之情溢于言表。听他谈起书中的内容，我也感到很有兴趣。随后我又邀请了主管全球翻译公司的资深翻译家伍义生教授到我们的办公室来，一起讨论了他所咨询的一些学术问题。最近，他又送来了全书的译稿，邀请我为之作序，我感到十分欣喜。现在先对全书作一点必要的介绍，再谈点个人的初浅认识。

《海洋哺乳动物》是由美国圣迭戈州立大学的安娜丽萨·贝尔塔、俄勒冈州立大学的詹姆斯·苏密西和挪威极地研究所的基特·科瓦奇三位海洋哺乳动物学家合作撰写的一部科学著作，重点阐述海洋哺乳动物的进化、解剖学、行为学、生态学和保护。该书分三大部分。

第1部分：进化史。接“导言”之后，由第2章至第6章组成，分别论述了系统发育、分类学和分类系统、鳍脚类动物的进化与系统分类学、鲸目动物的进化与系统分类学、海牛目动物及其他海洋哺乳动物的进化与系统分类学、进化和地理学。也就是说，作者在这里系统地揭示了海洋哺乳动物的进化和多样性。**第2部分：进化生物学、生态学和行为学**。作者在这里通过研究形态学、行为学和生态学多样性的模式，用第7章至第14章的篇幅，阐述了海洋哺乳动物的多样性是如何产生的。其中包括皮肤系统和感觉系统；肌肉骨骼系统与运动；能量学（代谢率、体温调节、运动能量学、渗透调节）；呼吸与潜水生理学（肺呼吸动物大深度、长时间潜水面临的挑战、肺和循环系统对潜水的适应、潜水反应、潜水行为学与系统发育模式）；发声系统（用于交流、回声定位和捕猎）；食谱、觅食结构和策略；生殖结构、策略和模式；种群结构和种群动力学。**第3部分：利用、资源养护和管理**。作者在此探究了人类对海洋哺乳动物影响的有关问题，书中通过实例解释这些概念并使用了必要的专业术语。作者在全书每章之后，还设置了“延伸阅读部分”，用于引导读者和社会关注与特定主题相关的更详细信息。除附录了主要参考文献、公约、协定、分类系统和专业词汇表之外，还刊有大量彩色插图，更彰显全书的特色，实在难能可贵。

从上述的扼要简介中，我们首先看到了《海洋哺乳动物》的鲜明学术性。

根据作者2015年为本书（第三版）而写的《序言》，该书主要是为两类不同的读者编写的：一是适用于较高水平的大学本科或研究生课程，写出了这部海洋哺乳动物生物学教材；二是为从事研究、教育、管理和政策法律制定的海洋哺乳动物科学家提供参考，书里才搜集了许多原始资料。我们知道，学术界此前尚无关于海洋哺乳动物学的综合教科书，特别是尚无使用比较系统发育方法的教科书。现在，只要我们认真通读全书便会发现，作者意想的主要目标是“引导读者了解今日海洋哺乳动物科学快速扩展的跨学科领域与极大的知识广度”。人们有充分理由可以说，本书的问世使这一目标得以实现！

由于科学技术的跨越发展，让我们在研究海洋哺乳动物方面，亦相得益彰。例如，分子生物学的进步（如将DNA变化分析和生物信息学相结合的基因组研究）也为研究海洋哺乳动物种群间相互作用和种群内作用，提供了空前的机遇。又例如，使用DNA指纹图谱分析及其他技术，有可能评估鲸之间的亲子和亲属关系，由于很难观察到鲸在水下的交配，这在以前几乎是不可能的事。这些技术还可使研究者能够测量有效种群规模和解释历史事件，如种群瓶颈效应。分子技术还促使我们完善关于海洋哺乳动物各类群的系统学和分类学的知识。根据作者提供的学术动态：最近，各种海洋哺乳动物基因组的测序已应用于物种遗传学、物种形成、适应、进化、疾病和保护的研究中。在《海洋哺乳动物》的正文后，还提供了一些有关的互联网地址，包含了研究海洋哺乳动物的计划和组织的信息，这大大方便了读者的利用，鼓舞更多的人加入海洋研究事业，希望“我们在海洋哺乳动物这个激动人心的新方向上孜孜以求”。

我们知道，海洋哺乳动物学从 20 世纪 70 年代起已发展成为一门独立的学科，西方将其研究成果广泛用于海洋观测、仿生学、环境保护、神经医学，特别是在军事、海底石油开采、深海探矿、潜水作业等领域。自第二次世界大战结束以来，这门学科的发展更加令人关注。而在中国，虽然由于历史的种种原因，海洋哺乳动物学这门学科在过去长期未得到应有的重视和足够的发展，但是，中国科学院海洋研究所、水生生物研究所和厦门大学、中国海洋大学、南京师范大学等有关科研机构和高等院校，仍是对海洋的考察、调研、养护、利用做了大量开创性的实际工作，为国家做出了光荣而切实的贡献。曾呈奎院士、张福绥院士、秦大河院士、周开亚教授等许多资深学者的名字，将一直保存在国家和人民的记忆中，这也都是中国海洋人的自豪和骄傲。

其次，笔者认为《海洋哺乳动物》在我国的翻译出版很有现实意义。

当前，大约有 130 种哺乳动物栖息在海洋，它们大部分或全部的生命需求与海洋息息相关。现存的海洋哺乳动物是一个多样化的物种集合，分属于哺乳纲下的三个目：鲸目（包括鲸、海豚和鼠海豚）、食肉目（包括海豹、海狮、海狗、海象等鳍脚类，以及海獭、北极熊等）和海牛目（包括海牛和儒艮）。

海洋哺乳动物已经充分适应了水中的生活，许多海洋哺乳动物能够长时间、大深度地下潜。海洋哺乳动物的眼睛、鼻子、耳朵、四肢、体型都适应于在各种水生环境中生活，有它们的感官适应特征。例如，一些鲸类发出的高频声波是在用于导航和觅食，北极熊和海獭拥有敏锐的嗅觉用于觅食。皮肤的适应性主要有增厚的隔绝层和逆流热交换系统，这些特征能够帮助抵御寒冷、保护自己。不过，它们也不能总是潜在水中，需要不时地露出水面换气。

在世界许多地区，哺乳动物仍被视为人们的食物。在以海洋哺乳动物物种为目标的渔业中，有一些是商业活动，其他是维持生计的捕猎。但不加克制的人类捕猎活动使海洋哺乳动物种群反复地遭到大批量捕杀，一些物种因此陷于濒危状态或遭到灭绝。人类引发的海洋哺乳动物死亡事件，包括商业捕猎、滥用流刺网、渔业中的误捕、环境污染和导致环境退化的其他因素造成的动物死亡，这是非常大量、极其危险的。人类已经开始认识到了这种危险性，从资源利用转向了资源养护，海洋哺乳动物因此受益良多。

然而，总有一些国家仍以海洋哺乳动物作为自己的食物，并以科考为掩盖在世界海洋上继续大肆猎捕鲸类，使它们的种群难以得到休养生息。例如，日本在南冰洋的小须鲸捕猎活动一直存在很大的争议，因为日本在国际水域捕鲸，并且无从知晓日本捕获鲸类的种群规模和储量结构。媒体还经常报道，加拿大、美国、俄罗斯、格陵兰以及圣文森特和格林纳丁斯（加勒比海国家）的土著社区仍有以生计为目的的捕猎活动。与海洋哺乳动物保护有关的重要组织和国际公约包括但不限于：1948 年成立的世界自然保护联盟（IUCN）、1975 年生效的《濒危野生动植物种国际贸易公约》、1976 年生效的《保护北极熊及其栖息地的国际协定》以及 1982 年生效的《南极海洋生物资源养护公约》。这标志着生态保护的进步，但这些公约和协定仍远远不够，仍须大力加强宣传，更重要的是加强国际上的实际养护努力。在推动海洋哺乳动物保护的时代潮流下，要坚决反对某些国家施行损人利己和阳奉阴违的不光彩做法。

中国海洋科学家有为人类的生存和发展不断做出杰出贡献的光荣传统，老一辈人是如此，新一代人亦复如此。例如，“科学”号考察船上搭载的“发现”号水下缆控潜器（ROV）近年来就为人类继续立新功。我们的科学家在南海发现裸露可燃冰，在冲绳海槽发现活跃热液喷口，在卡罗琳海山发现大片的“珊瑚林”和“海绵场”等……海洋学家们分享了中国科学家们的发现和研究成果。“构建人类命运共同体”由中国首创，并得到了世界的赞同呼应，这已是不争的事实。

毋须赘言，人类要热爱大自然，热爱高山大海、江湖平原。因为，只有与大自然和谐共处，人类才能在地球上更好地生存和发展。

长江虎度河畔的夹竹园是我的家乡，自荆江分洪开始，我就远离了家乡。现在，我的家乡已有了翻天覆地的变化，令我时常心向往之。我对海洋也有对家乡一样的深厚感情。我在中国科学院院部大楼里工作了几十年，认识许多海洋学家。具体地说，我曾有幸在一段不短的时间里为中国科学院海洋研究所的领导和科学家们做过一点切实的服务工作，从他们的高尚学品和人品中受到了教育。每当看到有关海洋的学术著作或听到有人谈起海洋生物和宝藏时，我就很自然地想起了他们，崇敬着他们。从 20 世纪五六十年代起，中国科学院海洋研究所就云集了一批国内外知名的海洋科学家。曾呈奎教授（1909 年生，福建厦门人）就是其中之一。1933 年，他发表第一篇科学论文《厦门的海藻及其他经济海藻》，产生了很大的国内外影响。新中国成立后，他使一个原本不产海带、野生紫菜也十分罕见的中国发生了巨变，“而今，中国却成为世界上产海带的第一大国，紫菜产量也位居世界第三”（《院士故事》，浙江科学技术出版社，1996 年）。他在海洋研究所带出的团队、培养的人才多有贡献，真是值得我们崇敬！中国科学家在海洋方面所做出的贡献是不胜枚举的，这也使我们深深懂得，要大力普及宣传海洋科普知识、要强调海洋生物学研究的重要性。

据国家重要媒体报道：最近，来自中国科学院海洋研究所、声学研究所、山东大学、中国水产研究院等许多单位的 80 名考察队员和学者乘坐“科学”号海洋考察船从青岛母港起航，奔赴西太平洋，实施麦哲伦海山科学考察航次。船上悬挂着“耕海探洋、唯真求实、博学创新、厚德致远”的标语，这是“科学”号海洋船的精神，这也是中国海洋人的精神，非常鼓舞人心！这种欢欣鼓舞的源泉来自于伟大的祖国！我们都知道，中国已步入海洋大国行列，亲爱的祖国的国际地位得到了空前提高，中国科学家和全国人民一样，在为实现中华民族伟大复兴的“中国梦”而努力奋斗！他们不忘初心、敢于担当，懂得当前要干什么，将来能干好什么。在中国新时代，更有信心和决心，在“一带一路”上行稳致远。

世人都清楚地知道，2015 年在纽约举行的联合国成立 70 周年系列峰会期间，中国就提出了构建人类命运共同体的思想；2017 年 1 月，在联合国日内瓦总部，中国国家主席习近平又全面、深刻、系统地阐述构建人类命运共同体的具体内涵。保护海洋哺乳动物的生存和发展，一直是超越国界的，海洋哺乳动物种群的兴旺也远非一国之福祉，而是事关整个海洋生态系统的健康运行，事关人与自然和谐相处的生态文明，事关人类的长远发展。人类只有一个家园，我们只有坚持共建人类命运共同体的思想，才能达到人类互利共赢的目标。

综上所述，《海洋哺乳动物》是一部很有深度的科学著作，对研究和保护海洋哺乳动物的生存、发展，有很积极的学术意义。我们对海洋出版社的睿智眼光和出版家的魄力表示十分赞赏和崇高敬意！

译者刘伟是一位年轻的一级翻译。他勤于学习，勇于钻研，善于向身边同事谦虚学习。译者的知识面广，译文通顺流畅，在约一年的业余时间里，能够翻译出 50 多万字的鸿篇巨著来，充分展示了译者扎实的外语基础和宽广的知识结构及良好的科学翻译能力。

笔者很高兴看到《海洋哺乳动物》即将出版面世，谨向具有远见卓识的海洋出版社和潜力无限的青年译员刘伟同志表示亲切的祝贺！

是为序！

中国科学院科技译协副会长
资深翻译家、翻译理论家
李亚舒教授

2018 年 3 月 25 日

译者自序

海洋哺乳动物是海洋中最高等、社会行为最丰富的动物类群，其中的海豚科成员尤其深受人们喜爱。自古以来，文献记载了它们与沿海居民的大量友好互动：领航、合作捕鱼、营救落水者。这些卓越、灵趣的物种吸引了科学界的关注，也成为一些国家和地区文化的重要元素。然而自近代以来，人类出于商业利益，对海洋哺乳动物进行了长达数百年的肆意猎捕，同时严重破坏了它们的生存环境，将许多物种推向了灭绝的边缘。时至今日，少数国家的工业化捕鲸，以及金枪鱼围网作业、海洋流刺网、低频军用声呐、海洋污染物等依然对它们构成严峻威胁。万幸的是，环保工作者的不懈努力终于有了回声，当今国际社会普遍认可：海洋哺乳动物对维系海洋生态系统的健康有至关重要的意义，它们还是人类探索海洋的重要认识对象和出色的研究助手。

我自童年起便对海洋哺乳动物产生了浓厚的兴趣，并且这种兴趣和关注延续至今。使我系统了解它们的第一本科学读物是《海豚家族搜奇》，译自苏联学者托米林 1974 年版的作品，如今这本已泛黄的小册子仍在书柜中珍藏。记得当时曾畅想，如果自己有朝一日能翻译一部类似的作品，将会是怎样的成就感。大学期间，我主修生物科学专业，科学思维的系统训练和生命科学各分支的基础知识将是我终身的财富。2006 年，中外科学家联合开展了大规模“长江豚类考察”行动，结果却没有发现一头白鳖豚的踪迹，不久即宣告白鳖豚“功能性灭绝”。这个事件使我深受触动：这不但意味着我国物种资源的巨大损失，也反映出我国生态环境问题之严峻、海洋哺乳动物研究保护力度之薄弱。同当今发达国家相比，我国在该领域的环保宣传教育和学科建设确实亟待加强。

大学毕业后，我没有从事生物学研究，而是进入海洋科研单位工作，并逐渐发掘、培养起在翻译领域的兴趣和能力。在海水利用和海洋科技战略研究工作中，我大量承担翻译任务，结合坚持不懈的系统自学，获得了一些宝贵的实践技能和经验。随着翻译水平和自信的增长，唤醒了我译介国外海洋哺乳动物学的初心。在海洋出版社苏勤编辑的支持下，我选择了这部 2015 年新出版的综合性科学专著。

此书体量宏大、专业性强，我自 2016 年 6 月开始翻译，至 2017 年 4 月完成、提交全部译稿，共投入了 10 个月间所有的工作之余时间，也终于体会了“日积跬步，终至千里”的深刻涵义。凭借生物科学专业背景和多年积累的翻译能力，我得以逐一解决专业难点，在保证翻译质量的前提下准时提交了译稿。经与苏勤编辑讨论，我们认为译稿应经过更专业人士的通读检查，以最大限度地消灭可能存在的专业性差错，因此外送国家海洋局第三海洋研究所的王先艳博士，从专业的角度对书稿进行了校核。本书的内容非常广博、全面，涵盖了海洋哺乳动物的解剖与生理、遗传与进化、分类与地理、生态与保护等各个领域，可谓国外海洋哺乳动物学最新研究成果的“百科全书”。在这部著作中，丰富的新知与精彩的论述层出不穷，特别是海洋哺乳动物强势崛起的进化历程、令人赞叹的深潜壮举，以及在合作捕猎中展现的高超技艺与智慧萌芽。随着对它们的了解逐渐深入，我愈加感受到自然生命的奇迹，体会生物多样性保护的意义。我们投入极大的热情和心力完成这部译著，目的是希望可对我国海洋哺乳动物学科的完善和发展起到参考和助益的作用。

翻译是一门重在实践的科学，大量的刻意训练是掌握其规律和技能的前提。完成这部译著的强化训练不仅检验了我的毅力，还令我在学业上受益颇丰：提交译稿一个月之后，我通过了国家一级翻译资格考试。

很多人将科技翻译视为简单的术语翻译，但凡经过亲身实践的人都会发现，这种观点有失偏颇。严谨的科学论著并不排斥丰富的语言现象，科技翻译对译者的专业能力和翻译水平均有较高要求。当前，科技译者的工作对象日益专门化、细分化、综合化，译者唯有具备坚实的专业基础，方能顺利跨越多学科专业障碍；对于具有文献积累价值的科技语篇，不仅需要准确翻译内容信息，还应追求译文自然、流畅，有利于读者的理解，促成科技成果的畅通交流——这些就需要合理的翻译观、适当的翻译策略和熟练的翻译技能来保障。窃以为，无论是文学翻译还是科技翻译，都应努力发挥目标语优势、采用优化的译语表达方式，求得准确和通顺相统一。如何将科技文体翻译出精确、简洁之美，是一个值得长期研究、探索的主题。

当代译者的工作环境已在悄然发生着剧变。信息网络技术和人工智能的发展日新月异，既为译者带来福音，也对传统翻译工作方式提出挑战。一方面，人工智能可分担大量重复性工作，使译者得以更专注于创新；另一方面，人工智能将会淘汰低端人工翻译，提高对翻译又好又快的要求。历史上任何革命性新技术都会对传统行业构成冲击，但传统行业一旦整合新技术而成功转型升级，便会焕发出更强大的生命力。作为新时代的翻译工作者，必须积极适应新技术带来的变革，利用好新技术以产出更优质的成果，实现职业的升华。翻译行业不会消亡，只会变得更加人性化：重复性低端翻译交给人工智能，而译员可以专心投入那些强调人类智慧、文化、创新的高端领域。在文艺翻译和科学翻译实践中，经验丰富的译者仍会大有用武之地。

本书内容之博大精深、生动精彩，远非当前人工智能技术可企及，因此仍由译者独立完成。不过，我在翻译过程中频繁借助互联网搜索引擎和文献数据库，快速查找和阅读直接相关论著，高效率地理解专业知识、印证疑难术语的译法，充分感受到了技术进步带来的红利。

资深翻译家李亚舒教授对本书的翻译出版工作给予了极大的关怀和指导，并在百忙中审读译稿、为本书作序。三年来，李教授的鼓励与答疑解惑令我在学业上受益匪浅，在此致以最诚挚的敬意和感谢。

本书的选题策划和落实应归功于海洋出版社苏勤编辑。在漫长的翻译过程中，苏编辑的时常鼓励和竭力支持是本书顺利面世的关键，在此表达深深谢意。

国家海洋局第三海洋研究所的王先艳博士应邀对译稿进行了校核，从专业的角度提出了一些修改意见，改善了译本的专业性表达。国家海洋技术中心的多位同事及领导亦对本书的翻译工作给予精神支持，在此一并致谢。

特别要感谢我的父母多年来对我学业、工作和梦想的有力支持。

此译著旨在抛砖引玉，希望能引发国内学界的讨论和借鉴。因本人翻译水平和精力所限，译本难免有差错甚至谬误之处，如能获得批评指正则不胜感谢。

谨以此译著向科技翻译工作者和生物多样性保护工作者致敬！

译者　刘伟

2018 年 3 月于天津

序　言

《海洋哺乳动物》（第三版）（Marine Mammals：Evolutionary Biology）与这部书的前两版一样，主要为两类不同的读者编写：一是作为一部海洋哺乳动物生物学教材，适用于较高水平的大学本科或研究生课程；二是作为一部原始资料集，为从事研究、教育、管理和法律/政策制定的海洋哺乳动物科学家提供参考。我们的一个主要目标是引导读者了解今日海洋哺乳动物科学快速扩展的跨学科领域与极大的知识广度。促使我们编写这部书的动机是此类读物的空白：此前尚无关于海洋哺乳动物生物学的综合性教科书，特别是使用比较和系统发育方法的教科书。我们尽可能尝试证明，关于海洋哺乳动物进化关系的各种假说提供了一个强有力的框架，有利于研究者追踪它们的形态、行为和生态学的进化。通过使用可获得的比较数据，这种方法可提供许多信息，但在许多情况下也有局限性。我们希望，这部书能够鼓舞更多的人加入我们的事业，在海洋哺乳动物研究这个激动人心的新方向上孜孜以求。

安娜丽萨·贝尔塔

詹姆斯·苏密西

基特·M·科瓦奇

2015 年

致　谢

在第三版的编写中，研究同行和学生们对本书前两版所提的意见对我们具有指导意义，这些意见详细、思维缜密并富有建设性。我们感谢贡献照片和素描图的众多同行；插图说明文字对他们的贡献进行了确认。我们感谢海蒂·阿霍宁所提供的参考文献编辑加工和图书馆事务工作。爱思唯尔（Elsevier）出版集团的制作和编辑团队在本书的编辑出版中一直竭力提供帮助：我们特别感谢克里斯蒂A S戈麦斯（高级组稿编辑）、卡罗琳·约翰逊（高级项目经理）、露西亚·佩雷斯（制作项目经理）和帕特·冈萨雷斯（高级编辑项目经理）。最后，我们感谢朋友和同行的提问“为什么系统发育至关重要?”，这个问题对我们产生了启发。

虽然我们依靠现有的已出版文献获取信息，但本书中所提出的解释是我们的原创观点。本着不断完善这部著作的精神，如读者告知任何错误、遗漏或事实，我们将不胜感谢。

安娜丽萨·贝尔塔（Annalisa Berta）aberta@mail.sdsu.edu
詹姆斯·苏密西（Jim Sumich）jlsumich1@gmail.com
基特·M·科瓦奇（Kit M. Kovacs）kit.kovacs@npolar.no

目 录

第1部分 进化史

第2部分 进化生物学、生态学和行为学

第3部分 利用、资源养护和管理

第1章 导 言

1.1 海洋哺乳动物——它们是什么生物

当前，大约有130种哺乳动物（参见附录）栖息于海洋，它们大部分或全部的生命需求与海洋息息相关。现存的**海洋哺乳动物**是一个多样化的物种集合，分属于哺乳纲下的3个目。鳍脚类（例如，真海豹、海狗、海狮、海象）、海獭类（包括海獭）和北极熊都属于食肉目，它们均在海洋环境中度过相当漫长的生命时光。鲸目（包括鲸、海豚和鼠海豚）应列入偶蹄动物（趾为双数的有蹄类动物）的范畴，属于**鲸偶蹄总目**。最后，**海牛目**由各种海牛组成，包括海牛类和儒艮。海洋哺乳动物在过去的历史长河中也同样具有多样化的特征，包括一些已灭绝类群，例如：长得像河马的**链齿兽**、长相怪异似熊的食肉目动物獭犬熊，以及水栖树懒——海懒兽。图1.1展示了现存的和一些已灭绝的海洋哺乳动物的形形色色的类群及其物种水平的多样性。

1.2 对水中生活的适应

海洋哺乳动物显然已经充分适应了水中生活，不过它们在是否成为水中永久居民的问题上有所差异。鳍脚类、海獭和北极熊过着水陆两栖的生活，它们会在陆地或冰层上度过一些时间，如出生、换毛和休息；相比之下鲸目和海牛目动物完全是水生动物。本章简略地概述了一些主要的水生适应性，在随后的章节中会详细论述这些特征。皮肤的适应性

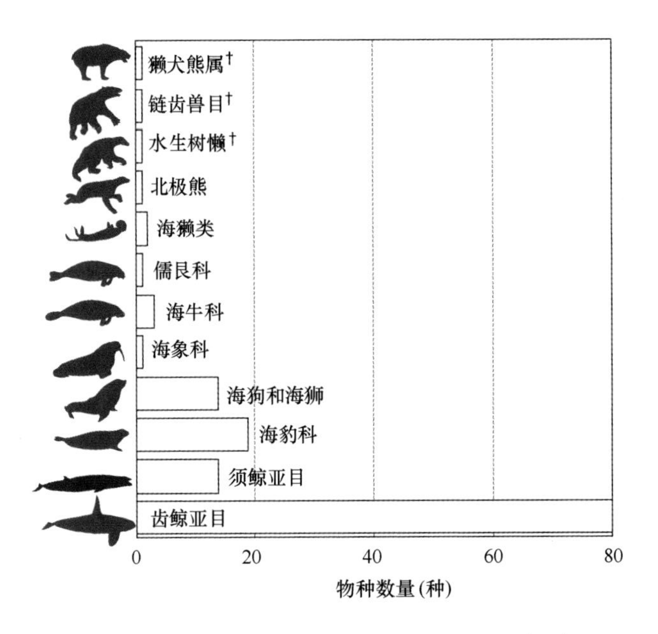

图 1.1 海洋哺乳动物的多样性（†=已灭绝物种）

主要有增厚的隔绝层（通过发展出**鲸脂**或浓密的毛皮层）和**逆流热交换系统**，这些特征能够帮助它们抵御寒冷。类似地，海洋哺乳动物的眼睛、鼻子、耳朵和四肢均发生了变化，以适应在各种水生环境中的生活，这些环境包括咸水、半咸水，在一些情况下甚至还有淡水。或许，最值得一提的感官适应特征是一些鲸类发出的高频声波，用于导航和觅食。其他海洋哺乳动物（例如，北极熊和海獭）拥有敏锐的嗅觉；它们和鳍脚类还拥有高度特化、具有敏感神经纤维的腮须作为触觉感官。鳍脚类的前肢和后肢演化为鳍状肢，既可为它们的水中运动提供推进力，也能帮助它们在陆地上运动。鲸类和海牛的后肢几乎完全消失，它们通过强有力尾部的垂向摆动实现水中运动。为适应在咸水中的生活，大部分海洋哺乳动物利用它们沉重的分叶状肾脏保存水，其肾脏可高效浓缩尿液。

许多海洋哺乳动物能够长时间、大深度地下潜。呼吸系统的适应特征，例如柔韧的肋骨使肺脏能够塌缩，以及鳍脚类和鲸类的中耳中增厚的组织，使它们能够承受深海的巨大压力。这些动物完成长时间潜水，有赖于循环系统的一系列变化，包括减慢心率、降低氧气消耗量，以及只将血液分流到必要的器官和组织。

1.3 本书的适用范围和使用说明

我们为本书第三版设定的目标仍然和本书其他版本的目标一致：提供最新的海洋哺乳动物的生物学综述，重点关注它们的进化、解剖学、行为学、生态学和保护。在这些主题的呈现和讨论中，我们尽可能使用简明清晰的系统发育背景。在撰写中，我们考虑了各种方法，将海洋哺乳动物的进化史与生物学比较分析相结合。本书中提出的系统发育方法仍然是一个充满活力的研究领域，我们相信该领域可为海洋哺乳动物科学提供大量新知识。在过去 10 年间，学界对该方法的兴趣与日俱增，我们也很高兴提供大量新的案例研究，将系统发育方法整合进对海洋哺乳动物生物多样性的研究。

本书分为 3 个部分。“第 1 部分 进化史”，揭示了海洋哺乳动物的起源和多样性；“第 2 部分 进化生物学、生态学和行为学”，我们在这部分通过研究形态学、行为学和生态学多样性的模式，尝试解释海洋哺乳动物的多样性是如何产生的；“第 3 部分 利用、资源养护和管理”，在这部分探究了人类对海洋哺乳动物的影响有关问题。我们力图尽可能通过实例解释这些概念，并使用最少量的专业术语。词汇表中所包含的词汇和短语在文中首次出现时以黑体字标明。在每章的最后还设置了“延伸阅读与资源”部分，目的是引导读者关注与特定主题相关的更详细信息。

1.4 时间尺度

对海洋哺乳动物历史的讨论，需要建立一个可将进化事件联系起来的标准的时间框架。图 1.2 提出了地质学时间尺度，对这一尺度的使用贯穿全书（基于格拉德斯坦等，2012 年）。我们的兴趣集中在**新生代**，即地球历史上最近的 6500 万年，其间所有的海洋哺乳动物都出现了。首先出现的是鲸类和海牛类，大约从 5000 万年前的**始新世**早期开始演化。鳍脚类的谱系可追溯至 2900 万年至 2300 万年之间，即**渐新世**晚期。海獭的世系追溯至约 700 万年前的**中新世**晚期，不过现代海獭的已知化石记录仅可追溯至**更新世**早期（160 万年前）。北极熊出现得更晚，在更新世晚期（小于 50 万年前）。海牛目的已灭绝的近亲——链齿兽生存于渐新世早期至中新世晚期。已灭绝的食肉目动物——獭犬熊在中新世早期的一个短暂时段中存活，已灭绝的海生树懒——海懒兽生存于中新世晚期至**上新世**晚期（700 万~300 万年前）。

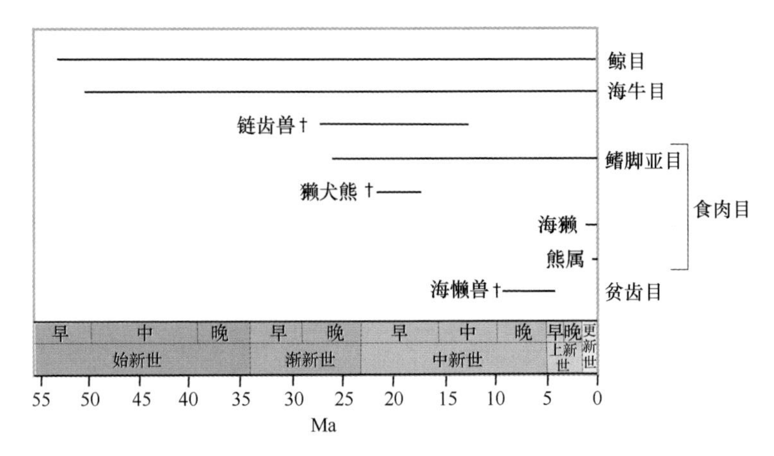

图 1.2 海洋哺乳动物类群的编年进化史

实线表示报道的最长时间范围，Ma = 百万年前，时间尺度和相互关系数据来自格拉德斯坦等（2012 年）的研究成果

1.5 对海洋哺乳动物的早期观察

海洋哺乳动物总是令人们着迷，历史上，沿海居民一直以来将它们作为某种资源。在驯鹿角制成的书片上和洞穴墙壁上，可以发现**旧石器**

时代的人们对海豹和海豚的描绘。古希腊哲学家亚里士多德（公元前384—322年）在他所著的《动物志》中描述了海豚、虎鲸和须鲸。他注释道“须鲸没有牙齿，但口中却有类似于猪鬃的毛发”。不幸的是，由于亚里士多德错误地将海豚划归为鱼类，许多后世工作者对他的观察成果不屑一顾。在亚里士多德之后，古代世界关于鲸的唯一学术权威是古罗马科学家老普林尼（公元24—79年）。在他的37卷巨著《自然史》中，有一部关于鲸和海豚的书，在书中他基于亚里士多德的研究成果和他自己的观察撰写了报告。在亚里士多德和老普林尼之后漫长的中世纪里，关于海洋哺乳动物的学科衰落了1000年。时至文艺复兴时期，人类对海洋的探索与日俱增，形形色色的考察探险带来了大量科学报告的出版。其中，最早的是关于13世纪冰岛的报告《国王的镜子》，书中将鲸视为冰岛唯一真正有趣的景观。该书作者正确地辨明了露脊鲸（*Eubalaena* spp.）和弓头鲸（*Balaena mysticetus*）的区别，而5个世纪后的许多博物学者仍然对此困惑不清（弓头鲸别名北极露脊鲸，译者注）。在16世纪，探险家们在高纬度北极发现了富饶的海洋哺乳动物摄食场及其所支持的大型鲸类种群。16世纪中叶，瑞士博物学家康拉德·格斯纳在他的五卷本《动物史》中提供了鲸类图解，其中一头鲸体型巨大，以致水手们将其误认为岛屿（图1.3）。

格斯纳的著作中还结合图画介绍了一种海象（图1.4（a））。在最早描绘海豹的图中，皮埃尔·贝隆所著《水生生物学》（1553年）中描绘的 *Vitulus marinus*（图1.4（b））以其准确性而引人注目，尤其是对海豹后鳍肢细节的刻画。纪尧姆·朗德莱在《鱼类学》（1554—1555年）中对两种海豹进行了讲解，其中一种很可能是港海豹（*Phoca vitulina*），另一种是地中海僧海豹（*Monachus monachus*）（图1.4（c）和图1.4（d）；金，1983年）。在R布鲁克所著《四足动物的自然史》（1763年）中，将象海豹（*Mirounga* spp.）描绘为一种令人惊奇的带着“海藻状尾部”的“海中之狮”，图解和描述清楚地显示，雄兽有一个

图 1.3 康拉德·格斯纳所著《动物史》（初版于 1551—1558 年之间）中的版画，显示了一头体型巨大的鲸，以致水手们将其误认为岛屿

形似象鼻的硕大口鼻部（图 1.4（e）；金，1983 年）。

1596 年，荷兰航海家威廉·巴伦支发现了斯匹次卑尔根岛（挪威斯瓦尔巴群岛中最大的岛屿）。17 世纪早期，荷兰和英国公司派遣商业捕鲸船到该岛作业，建立了一个捕鲸业市镇。尽管这些探险活动的首要目的是从鲸身上获取产品，它们也附带催生了许多出版物，这些书恰当而准确地描述了在北大西洋发现的最常见种类的鲸的外形特征。其中最好的素材发现于弗里德里希·马滕斯的《斯匹次卑尔根和格陵兰旅行说明》（1675 年）和佐尔格德拉戈的《古今格陵兰渔业的兴起》（1720 年）。两部书中的版画广受欢迎，直到 19 世纪早期出版的书中还在引用它们。俄罗斯海军中的丹麦探险家维图斯·白令在第二次远征北美的任务中，任用乔治·威廉·斯特勒为船队的博物学家兼医生，后者则成为了考察阿拉斯加、阿留申群岛和科曼多尔群岛的首批欧洲人之一。他的笔记《海中之兽》（1751 年）描绘了生活在白令海的海洋哺乳动物，包括海獭、海狮、海狗等的自然史报告，其中最著名的或许是现已灭绝的斯氏海牛（*Hydrodamalis gigas*）。他的记录是关于该物种的仅有的第一手科学观察资料。

法国博物学家拉塞拜德编纂了一部关于鲸类的书籍（1804 年），书

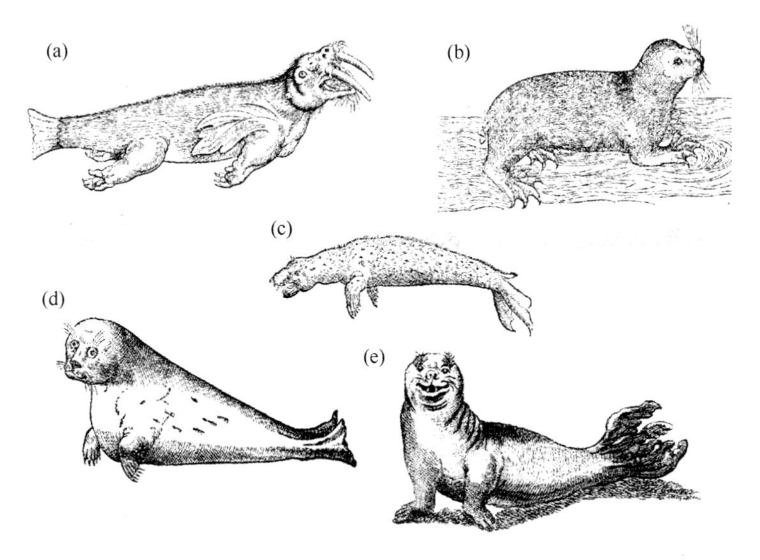

图 1.4 鳍脚类动物的早期图解

（a）康拉德·格斯纳《动物史》中的海象，很可能取自阿尔布雷特·丢勒的一幅图画；（b）皮埃尔·贝隆《水生生物学》（1553 年）中的海豹；（c）纪尧姆·朗德莱《鱼类学》（1554 年）中的海豹；（d）纪尧姆·朗德莱《鱼类学》（1554 年）中的海豹；（e）R 布鲁克《四足动物的自然史》（1763 年）中的“海中之狮”（象海豹）

中大部分插图引自之前的出版物（图 1.5）。拉塞拜德承认，他从未见过一头鲸，他书中的描述汇编自其他博物学家的报告。在 19 世纪上半叶，新增文献包括彼得·坎珀的《鲸类物种的解剖观察》（1820 年）。19 世纪下半叶，欧洲最重要的鲸类学者是比利时的动物学家范·贝内登，他关于鲸类和鳍脚类动物的许多专著（包括 1889 年《欧洲海洋中鲸类的自然历史》）在 1867—1892 年间出版于布鲁塞尔。成为英国自然历史博物馆动物学部管理员的约翰·爱德华·格雷于 1866 年出版了他的《英国国家博物馆中的海豹与鲸类目录》。1880 年，约翰·艾伦在其关于北美鳍脚类的综合性专著中，就北美鳍脚类物种的科和属提供了详细的形态学描述和要点，还给出了世界其他地方的鳍脚类物种报告。

与此同时，一些国家的捕鲸业也对鲸类研究做出了贡献。威廉·斯

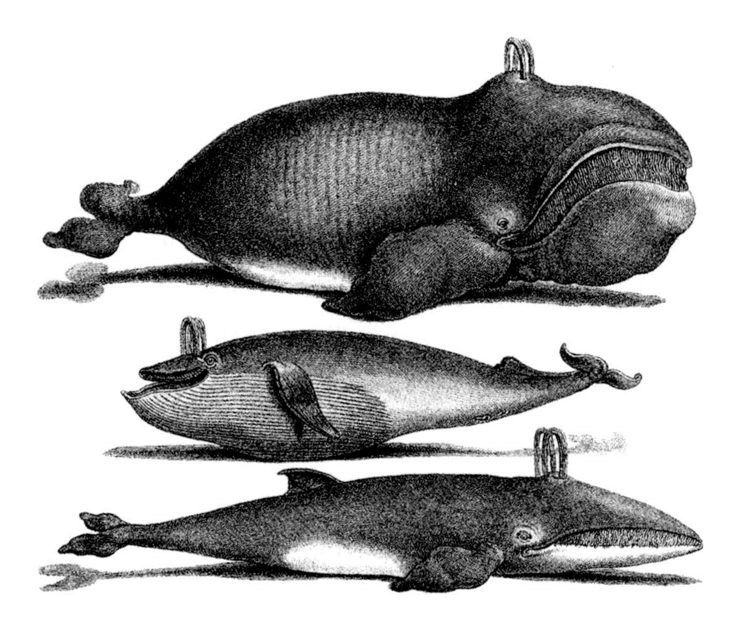

图 1.5 拉塞拜德书中的须鲸版画（1804 年）

科斯比、查尔斯·斯卡蒙等捕鲸船船长，不但在捕鲸活动中记录自己的观察成果，还收集同行的观察记录。斯科斯比在 1820 年出版了《北极地区的记录》，该书至今仍为研究北大西洋露脊鲸（*Eubalaena glacialis*）提供了有价值的信息。斯卡蒙所著的《北美洲西北海岸的海洋哺乳动物》出版于 1874 年并成为了一部经典作品，其最有价值之处是描述了加利福尼亚的灰鲸（*Eschrichtius robustus*）的自然史。在陆地上，近代捕鲸时期所使用的鲸鱼加工场为弗雷德里克·特鲁（1904 年）的专著《北大西洋西部的须鲸》和罗伊·查普曼·安德鲁斯（1916 年）关于太平洋大须鲸（*Balaenoptera borealis*）的专著提供了材料（大须鲸亦称塞鲸，译者注）。

除捕鲸者外，比较解剖学家是在**鲸类学**发展初期唯一对鲸类研究兴趣浓厚、孜孜以求的群体（关于鲸类学早期的更详细记录，参见马修斯，1978 年）。当时著名的比较解剖学家有朗德莱、巴托林、坎珀、居维叶、亨特和欧文。这些鲸目动物解剖学研究的先驱者对他们能够见到的样品进行尽可能深入的研究，他们的著作记载着他们的准确观察，他们还将观察结果与研究对象的生活方式联系起来，令人赞叹不已。特别是居维叶，他在鲸类学领域做出了一些基础性的推进工作。他在1817年所著的《按结构分类的动物界》和1823年所著的《骨骼化石研究》中，对由他命名的3个鲸目物种进行了原始描述和图解。这3个物种为：居氏喙鲸（*Ziphius cavirostris*）（惯称“柯氏喙鲸”，此译以居维叶正名，亦称剑吻鲸，译者注）、灰海豚（*Grampus griseus*）和点斑原海豚（*Stenella attenuata*）（亦称热带斑海豚，译者注）。

在早期自然史学家和解剖学先驱的时代，人们对一些海洋哺乳动物类群的亲缘关系感到困惑。例如，儒艮的外观使一些人认为它们是一种不常见的热带海象。在1800年的一部出版物中，将海牛不准确地描绘为具有猪鼻子（图1.6（a））。在贡萨洛·费尔南德斯·奥维耶多·瓦尔德斯1535年版的《印度群岛的自然通史》中，描绘了一头美洲海牛（亦称西印度海牛，译者注），这是最早出版的海牛类图解，但与两个多世纪后的描述相比略有不同（图1.6（b））。

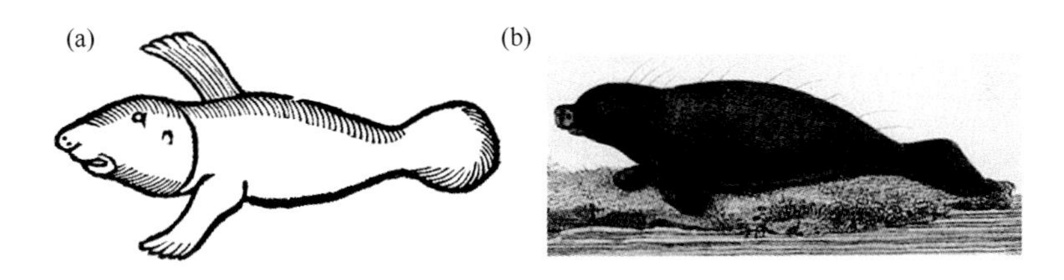

图1.6 海牛类动物的早期图解

（a）一种“美洲海牛”（物种名不详），引自一幅版画（雷诺兹和奥德尔，1991年）；（b）美洲海牛（*Trichechus manatus*），引自贡萨洛·费尔南德斯·奥维耶多·瓦尔德斯1535年版《印度群岛的自然通史》

随后，在19世纪中，对鳍脚类各物种的解剖学描述纷纷涌现，包括海象（*Odobenus rosmarus*）（缪里，1870年）和北海狮（*Eumetopias jubatus*）

（缪里，1872 年，1874 年）。米勒（1888 年）是另一位卓越的解剖学家，他解剖分析了多种鳍脚类动物，包括南极海狗（*Arctocephalus gazella*）和南象海豹（*Mirounga leonina*），他还在 1873—1875 年间参加了“HMS 挑战者”号的南极考察探险。汤普森（1915 年）出版了首部南极海豹骨骼学研究报告，包括罗斯海豹（*Ommatophoca rossii*）、威德尔海豹（*Leptonychotes weddellii*）和豹形海豹（*Hydrurga leptonyx*）。不久之后，豪厄尔（1929 年）基于对加州海狮（*Zalophus californianus*）和环斑海豹（*Pusa hispida*）的研究，出版了他著名的海豹和海狮比较研究。之后，他还就哺乳动物的水生适应特征写了新书（豪厄尔，1930 年）。

1.6 海洋哺乳动物科学的兴起

在过去 30~40 年的时间内，海洋哺乳动物科学才成长为一门独立的学科。涉及海洋哺乳动物的文献规模不断扩大，这清楚地表明，学界对这些动物的兴趣日益浓厚。艾伦的《鲸目与海牛目动物文献汇编》（1882 年）记录了 1495—1840 年的研究，该书包含 1014 个标题，即在这约 350 年间，平均每年约有 3 部作品出版。在 1845—1960 年的时期内，共发表了 3000~4000 篇文章，保守估计每年约发表 28 篇（马修斯，1966 年）。与之相比，根据“动物学记录”数据库（Zoological Record），1961—1998 年发表了约 2.4 万篇关于海洋哺乳动物的论文，平均每年 646 篇。1999—2004 年，海洋哺乳动物出版物增至每年超过 850 种，2005—2013 年的出版速度与之相仿。人们日益强烈地认识到，为保证海洋哺乳动物在未来继续生存，必须控制和管理对其种群的利用活动，这一观点也成为了推动海洋哺乳动物科学诞生的主要影响因素之一（博伊德，1993 年）。许多早期研究的目的是，获取关于这些动物的准确的生物学信息，用于制定有效的可持续利用管理政策。有些具有讽刺意味的是，鲸类资源的衰退却预示着海洋哺乳动物科学研究的开始。

例如，出于对鲸类资源生存能力的担忧，探索频道（Discovery）开展了调查南冰洋鲸类资源的生物学研究（1925—1951年）。这项研究不仅关注鲸类生物学，还探寻了鲸类的食物供应及其分布与丰度和海洋环境条件的关系。例如，英国科学家麦金托什和惠勒（1929年）检查了1600具鲸尸以对肠内容物进行研究，并据此撰写了关于蓝鲸（*Balaenoptera musculus*）和长须鲸（*Balaenoptera physalus*）摄食的报告。1938年，莱昂纳德·哈里森·马修斯在他关于座头鲸（*Megaptera novaeangliae*）、抹香鲸（*Physeter macrocephalus*）和南露脊鲸（*Eubalaena australis*）的报告里提供了可比样本（沃森，1981年）。

在20世纪50年代，福克兰群岛（马尔维纳斯群岛）属地调查局（后更名为英国南极考察中心）继续从事探索频道的研究主题，依法制定了一项关于南乔治亚岛上的南象海豹的研究计划。这些研究关注种群生态学，同时学界对海洋哺乳动物解剖学和生理学的兴趣也日益增长，欧文（1939年）和朔兰德（1940年）的早期研究为解剖学和生理学的发展奠定了基础（斯利珀，1962年；诺里斯，1966年；安德森，1969年；里奇韦，1972年；哈里森，1972—1977年）。各类科学委员会（例如，国际捕鲸委员会下设的科学委员会于1946年成立，美国海洋哺乳动物委员会于1972年成立）旨在就各类海洋哺乳动物的种群状况提出建议。这些委员会基于这些动物的普通生物学知识和数据而建立，具有促进科研的职能。自20世纪80年代初开始，海洋哺乳动物各物种的生物学知识成为了许多著名图书的主题，最早的是里奇韦和哈里森的系列图书《海洋哺乳动物手册》（1981—1998年）。此后，详细的生物学独立报告层出不穷，内容涉及太平洋海象（费伊，1982年）、灰鲸（琼斯等，1984年；苏密西，2014年）、弓头鲸（伯恩斯等，1993年）、露脊鲸（克劳斯和罗兰，2010年）、宽吻海豚（莱瑟伍德和里夫斯，1990年；雷诺兹等，2000年）、夏威夷飞旋海豚（诺里斯等，1994年）、鼠海豚（里德等，1997年）、抹香鲸（怀特黑德，2003年）、格陵兰海豹和冠海豹（拉维尼和科瓦奇，1988年）、象海豹（雷波夫和劳斯，1994年）以及北海狗（金特里，1998年）。可获取的海洋哺乳动物综合信息已涵盖如下类群：鳍脚类（金，1983年；博纳，1990年；里德曼，1990年；雷努夫，1991年）、鲸类（马修斯，1978年；加斯金，1982年；埃文斯，1987年；曼恩等，2000年；埃斯蒂斯等，2006年）、海牛和儒艮（哈特曼，1979年；雷诺兹和奥德尔，1991年；马尔什等，2011年）、海獭（凯尼恩，1969年；里德曼和埃斯蒂斯，1990年）和北极熊（斯特林，1998年，2012年；德罗彻，2012年）。许多有价值的海洋哺乳动物野外鉴定指南已经公开发行；最近、最全的指南包括什利海和贾勒特（2006年）、杰弗逊等（2008年）、艾伦等（2011年）和贝尔塔（2015年）的作品。关于海洋哺乳动物的生物学文献与日俱增，最近的有帕森斯（2013年）的作品和一系列图书：《健康与医学》（迪劳夫和高兰德，2001年）、《细胞生物学和分子生物学》（法伊弗，2002年）、《保护生物学》（埃文斯和拉格，2001年；雷诺兹等，2005年；博依德等，2010年；霍伊特，2011年；海因斯等，2012年）、《进化生物学》（赫尔策尔，2002年），甚至包括《海洋哺乳动物百科全书》（佩兰等，2002年，2009年）。《水生哺乳动物》（*Aquatic Mammals*）期刊不但发表论文，发挥了重要的文献积累作用，还自2008年起推出了题为“历史观点”的视频采访，采访对象是已经在此领域工作超过25年的海洋哺乳动物科学家。

马修斯（1966年）曾写道：“鲸类研究的最伟大革命……随着鲸豚在海洋馆里的生活成为可能而发生。”然而，近年来海洋哺乳动物科学的一项意义最重大的进步毋庸置疑是研究者更倾向于在海洋中不受限制的野生条件下研究动物。这在很大程度上得益于微电子技术的进步（例如，**卫星遥感**和**时间-深度记录仪**）。例如，人们通过应用微电子技术，发现象海豹经常潜入深度超过1000米的深海，并且总能维持较长潜水时间（通常15~45分钟）。象海豹的这一生物学特性及对许多其他物种的研究，迫使生理学家重新审视我们对这些动物体内生物化学过程的理解，这些生理机制使它们能够最大限度地提高氧气利用效率。使用**动物摄影机**的研究提供的图像记录，使人们知悉一头海洋哺乳动物在觅食之旅中所看到的一切。例如，动物摄影机揭示出，威德尔海豹会利用冰层裂缝冲洗猎物，座头鲸在阿拉斯加水域中表现出高度协作的摄食策略。

分子生物学技术的进步（例如，将 DNA 变化分析和生物信息学相结合的基因组研究）也为研究种群间相互作用和这些种群内个体的作用提供了空前的机遇。例如，使用 DNA 指纹图谱分析及其他技术，有可能评估鲸之间的亲子和亲属关系，由于很难观察到鲸在水下的交配，这在以前几乎是不可能的事。这些技术还使研究者能够测量有效种群规模和解释历史事件，如种群瓶颈效应。分子技术还促使我们完善关于海洋哺乳动物各类群的系统学和分类学知识。最近，各种海洋哺乳动物整体基因组的测序已应用于研究种群遗传学和物种形成、适应、进化、疾病，以及保护遗传学。

正如沃特金斯和瓦尔佐克（1985 年）在 30 年前指出的那样，关于海洋哺乳动物的信息和研究正经历“从密集到选择”的转变。人们很难综合大量可用数据，原因是技术普遍发生变化、样本规模通常也较小。这并非是对科学研究贫乏的反映，却可归因于开展海洋哺乳动物研究所带来的环境、实践、经济和法律方面的复杂影响。显而易见，全球数据库必须继续扩大。即使在一个相对同质的类群（如齿鲸）内，某个著名的物种（宽吻海豚，*Tursiops truncatus*）的特征也不能确切地用来描述所有齿鲸的特征。明确了这一点之后，我们希望，本书的读者将能够认识到未来最需要研究的领域（例如，埃文斯等，2014 年）。我们鼓励读者从事海洋哺乳动物研究——关于这个多样化、独特的哺乳动物类群，我们的知识还存在着许多空白之处。

1.7 延伸阅读与资源

一些互联网地址包含关于海洋哺乳动物计划和组织的信息；我们认为最有用的一些信息如下。

海洋哺乳动物学学会（SMM），一个由海洋哺乳动物科学家组成的专业国际组织。学会出版《海洋哺乳动物科学》(*Marine Mammal Science*)，收录关于海洋哺乳动物的原创性研究(季刊)。(链接：http：//www.marinemammalogy.org)

美国鲸豚学会（ACS）（链接：http：//acsonline.org)、欧洲鲸豚学会（ECS）（链接：http：//www.EuropeanCetaceanSociety.eu)，由专业生物学家和其他鲸和海豚爱好者组成（美国鲸豚学会出版的《鲸类观察者》(*Whale Watcher*) 的最近卷期值得关注，美国鲸豚学会强调抹香鲸、虎鲸和灰鲸的生物学、生态学研究和保护)。

地球观察研究所，为海洋哺乳动物爱好者提供作为志愿者的工作机会，志愿者将与研究科学家共同工作。(链接：http：//www.earthwatch.org)

苹果音乐商店免费发行一款关于海洋哺乳动物科学的新版数字教科书，名为“抹香鲸”（Cachalot)，提供课程、照片、视频、音频和动画。

此外，关于海洋哺乳动物的职业和业余爱好信息，参见下列图书：格兰（1997 年）《海豚和鲸职业生涯指导》（*The Dolphin and Whale Career Guide*)；萨曼斯基（2002 年）《海洋哺乳动物驯兽师职业起步》(*Starting Your Career as a Marine Mammal Trainer*)；以及海洋哺乳动物学学会出版、可从网上获取的《从事一项海洋哺乳动物科学职业的策略》(*Strategies for Pursuing a Career in Marine Mammal Science*)。

参考文献

Allen, J. A., 1880. History of the North American Pinnipeds, a Monograph of the Walruses, Sea-

Lions, Sea-Bears, and Seals of North America. U. S. Geol. Geogr. Surv. of the Territories, Misc. Publ. No. 12. Government Printing Office, Washington, DC.

Allen, J. A., 1882. Preliminary list of works and papers relating to the mammalian orders Cete and Sirenia. Bull. U. S. Geol. Geogr. Surv. Territ. 6, 399–562.

Allen, S. G., Mortenson, J., Webb, S., 2011. Field Guide to Marine Mammals of the Pacific Coast. University of California Press, Berkeley, CA.

Andersen, H. T. (Ed.), 1969. The Biology of Marine Mammals. Academic Press, New York.

Andrews, R. C., 1916. Monographs of the Pacific Cetacea 2: the Sei whale. Mem. Amer. Mus. Nat. Hist. 1, 291–388.

Aristotle, 1965. Historia Animalium. vol. I, trans. A. L. Peck; vol. II (1970), trans. A. L. Peck; vol. III (1991), trans. D. M. Balme and Prepared by Allan Gotthelf. Harvard University Press, Cambridge, MA.

Belon, P., 1553. Petri Bellonii Cenomani De Aquatilibus: Libro Duo Cum Conibus Ad Viuam Ipsorum Effigiem, Quoad Eius Fieri Potuit, Expressis. Apud Carolum Stephanum, Typographum Regium, Paris.

Berta, A. (Ed.), 2015. Whales, Dolphins, Porpoises: a natural history and species guide. University of Chicago Press, IL.

Bonner, W. N., 1990. The Natural History of Seals. Christopher Helm, London.

Boyd, I. L., 1993. Introduction: trends in marine mammal science. In: Boyd, I. L. (Ed.), Marine Mammals: Advances in Behavioural and Population Biology. Zoological Society of London Symposium, vol. 66. Oxford University Press, Oxford, pp. 1–12.

Boyd, I. L., Bowen, W. D., Iverson, S. J. (Eds.), 2010. Marine Mammal Ecology and Conservation: A Handbook of Techniques. Oxford University Press, Oxford.

Brookes, R., 1763. The Natural History of Quadrupeds (6 vols). A New and Accurate System of Natural History, vol. 1. (Printed for J. Newbery, London).

Burns, J. J., Montague, J. J., Cowles, C. J., 1993. The Bowhead Whale. Special Publication, No. 2. Soc. Mar. Mammal. Allen Press, KS.

Camper, P., 1820. Observations anatomiques sur la structure intèrieure et le squelette de plusieurs espèces de cètacès. publie'es par son fils, Adrien-Gilles Camper; avec des notes par G. Cuvier. Gabriel Dufour, 1820 (A. Belin), Paris.

Cuvier, G., 1817. Le regne animal distribue d'apres son organisation, pour servir de basea l'histoire naturelle des animaux et d'introduction a l'anatomie comparee. Deterville Paris.

Cuvier, C., 1823. Recherches sur les ossemens fossiles: ou l'on rétablit les caractères deplusieurs animaux dont les révolutions du globe ont détruit les espèces, entirement refondue, et considérablement augmentée, Nouvelle ed. Dufour et d'Ocagne, Paris. 1821-1825.

Derocher, A., 2012. Polar Bears—A Complete Guide to Their Biology and Behavior. Johns Hopins University Press., Baltimore, MD.

Dierauf, L., Gulland, F. M. D. (Eds.), 2001. CRC Handbook of Marine Mammal Medicine. CRC Press, Boca Raton, FL.

Estes, J. A., DeMaster, D., Doak, D. F., Williams, T. M., Brownell Jr., R. L., 2006. Whales, Whaling and Ecosystems. University of California Press, Berkeley, CA.

Evans, P. G. H., 1987. The Natural History of Whales and Dolphins. Christopher Helm, London/Facts on File, New York.

Evans, P. G. H., Anderwald, P., Wright, A. J., 2014. Marine mammal research: its relationship to other scientific disciplines and to wider society. J. Mar. Biol. Assoc. U. K. 94 (6), 1073-1077.

Evans, P. G. H., Raga, J. A. (Eds.), 2001. Marine Mammals: Biology and Conservation. Kluwer Academic/Plenum Publishers, New York.

Fay, F. H., 1982. Ecology and Biology of the Pacific Walrus, Odobenus rosmarus divergens Illiger. U. S. Dept. Int. Fish Wild. Serv. North American Fauna, No. 74.

Fernandez de Oviedo y Valdes, G., 1535. Historia general y natural de la Indias. Edición y studio preliminar de Juan Pérez de Tudela Bueso. Ediciones Atlas, Madrid.

Gaskin, D. E., 1982. The Ecology of Whales and Dolphins. Heinemann, London.

Gentry, R. L., 1998. Behavior and Ecology of the Northern Fur Seal. Princeton University Press, Princeton, NJ.

Gesner, K., 1551-1587. Conradi Gesneri Historiæ Animalium. C. Froschouerum, Tiguri.

Glen, T. B., 1997. The Dolphin and Whale Career Guide. Omega Publishing Company, Chicago, IL.

Gradstein, F. M., Ogg, J. G., Schmitz, M. D., Ogg, G. M., 2012. The Geologic Time Scale

2012. Elsevier, Oxford.

Gray, J. E., 1866. Catalogue of Seals and Whales in the British Museum, second ed. British Museum, London.

Harrison, R. J. (Ed.), 1972 - 1977. Functional Anatomy of Marine Mammals, vols 1 - 3. Academic Press, London.

Hartman, D. S., 1979. Ecology and behavior of the manatee (Trichechus manatus) in Florida. Am. Soc. Mammal. Special Publication, 5, pp. 1-153.

Hines, E., Reynolds III, J. E., Aragones, L., Mignucci-Giannoni, A., 2012. Sirenian Conservation: Issue and Strategies in Developing Countries. University Press of Florida, Gainesville, FL.

Hoelzel, A. R., 2002. Marine Mammal Biology. Blackwell Science, Oxford.

Howell, A. B., 1929. Contributions to the comparative anatomy of the eared and earless seals (Genera Zalophus and Phoca). Proc. U. S. Natl. Mus. 73, 1-143.

Howell, A. B., 1930. Aquatic Mammals: Their Adaptations to Life in the Water. Thomas, Springfield, IL.

Hoyt, E., 2011. Marine Protected Area for Whales, Dolphins and Porpoises: A World Handbook for Cetacean Habitat Conservation and Planning, second ed. Earthscan, London and New York.

Irving, L., 1939. Respiration in diving mammals. Physiol. Rev. 19, 112-134.

Jefferson, T. A., Webber, M., Pitman, R. L., 2008. Marine Mammals of the World: A Comprehensive Guide to Their Identification. Academic Press, Elsevier, San Diego, CA.

Jones, M. L., Swartz, S. L., Leatherwood, S. (Eds.), 1984. The Gray Whale, Eschrichtius robustus. Acedemic Press, Orlando, FL.

Kenyon, K., 1969. The Sea Otter in the Eastern Pacific Ocean. North American Fauna No. 68, Bur. Sport Fish. Wild. U. S. Government Printing Office, Washington, DC.

King, J. E., 1983. Seals of the World, second ed. British Museum of Natural History, London, and Cornell University Press, Ithaca, NY.

Kraus, S. D., Rolland, R. M. (Eds.), 2010. The Urban Whale: North Atlantic Right Whales at the Crossroads. Harvard University Press, Boston, MA.

Lacépède, B., 1804. Histoire naturelle de Lacépède: comprenant les cétacés, les quadrupèdes ovipares, les serpents et les poissons. Furne et cie, Paris.

Larson, L. M., 1917. Speculum Regale (Iceland 13th Century). The King's Mirror: Translated from the Old Norwegian. Scandinavian Monographs, vol. 3 American-Norwegian Foundation, New York.

Lavigne, D. M., Kovacs, K. M., 1988. Harps and Hoods. University of Waterloo Press, Ontario, Canada.

Le Boeuf, B. J., Laws, R. M. (Eds.), 1994. Elephant Seals: Population Ecology, Behavior, and Physiology. University of California Press, Berkeley, CA.

Leatherwood, S., Reeves, R. R. (Eds.), 1990. The Bottlenose Dolphin. Academic Press, San Diego, CA.

Mackintosh, N. A., Wheeler, J. F. G., 1929. Southern blue and fin whales. Discovery Rep. 1, 257–540.

Mann, J., Connor, R. C., Tyack, P. L., Whitehead, H. (Eds.), 2000. Cetacean Societies: Field Studies of Dolphins and Whales. University of Chicago Press, Chicago, IL.

Marsh, H., O'Shea, T. J., Reynolds III, J. E., 2011. Ecology and Conservation of the Sirenia: Dugongs and Manatees. Cambridge University Press, Cambridge, UK.

Martens, F., 1675. Spitzbergische oder Groenlandische Reise Beschreibung gethan im Jahr 1671: Auseigner Erfahrunge beschrieben, die dazu erforderte Figuren nach dem Leben selbst abgerissen (so hierbey in Kupffer zu sehen) und jetzo durch den Druck mitgetheilet. Auff Gottfried Schultzens Kosten gedruckt, Hamburg.

Matthews, L. H., 1966. Chairman's introduction to first session of the international symposium oncetacean research. In: Norris, K. S. (Ed.), Whales, Dolphins and Porpoises. University of California Press, Berkeley, CA, pp. 3–6.

Matthews, L. H., 1978. The Natural History of the Whales. Columbia University Press, New York.

Miller, W. C. G., 1888. The myology of the Pinnipedia. appendix to Turner's report. Report on the Scientific Results of the Voyage of H. M. S. Challenger, vol. 26, Challenger Office, Edinburgh, UK, pp. 139–240. 1880–1895.

Murie, J., 1870. Researches upon the anatomy of the Pinnipedia. Part I. On the Walrus (Trichechus rosmarus Linn.). Trans. Zool. Soc. Lond. 7, 411–464.

Murie, J. , 1872. Researches upon the anatomy of the Pinnipedia. Part 2. Descriptive anatomy of the Sea-Lion (Otaria jubata). Trans. Zool. Soc. Lond. 7, 527–596.

Murie, J. , 1874. Researches upon the anatomy of the Pinnipedia. Part 3. Descriptive anatomy of the Sea-Lion (Otaria jubata). Trans. Zool. Soc. Lond. 8, 501–562.

Norris, K. S. (Ed.), 1966. Whales, Dolphins, and Porpoises. University of California Press, Berkeley, CA.

Norris, K. S. , Wursig, B. , Wells, R. S. , Wursig, M. , 1994. The Hawaiian Spinner Dolphin. University of California Press, Berkeley, CA.

Parsons, E. C. M. , 2013. An Introduction to Marine Mammal Biology and Conservation. Jones and Barlett Learning, Burlington, MA.

Perrin, W. F. , Wursig, B. , Thewissen, J. G. M. (Eds.), 2002. Encyclopedia of Marine Mammals. Academic Press, San Diego, CA.

Perrin, W. F. , Wursig, B. , Thewissen, J. G. M. (Eds.), 2009. Encyclopedia of Marine Mammals. Second ed. Elsevier, Academic Press, San Diego, CA.

Pfeiffer, C. J. (Ed.), 2002. Molecular and Cell Biology of Marine Mammals. Krieger Publishing Company, Malabar, FL.

Pliny the Elder, C. , 1906–09. Plini Secundi Naturalis historiae libri XXXVII. post Ludovici Iani obitum recognovit et scripturae discrepantia adiecta edidit Carolus Mayhoff. Teubner, Lipsiae.

Read, A. J. , Wiepkema, P. R. , Nachtigall, P. E. (Eds.), 1997. The Biology of the Harbour Porpoise. De Spil Publishers, Woerden, The Netherlands.

Renouf, D. (Ed.), 1991. Behaviour of Pinnipeds. Chapman & Hall, New York.

Reynolds III, J. E. , Odell, D. K. , 1991. Manatees and Dugongs. Facts on File, New York.

Reynolds III, J. E. , Wells, R. S. , Eide, S. D. , 2000. The Bottlenose Dolphin: Biology and Conservation. University Press of Florida, Gainesviller, FL.

Reynolds III, J. E. , Perrin, W. F. , Reeves, R. R. , Montgomery, S. , Ragen, T. J. , 2005. Marine Mammal Research: Conservation Beyond Crisis. Johns Hopkins Press, Baltimore, MD.

Ridgway, S. H. (Ed.), 1972. Mammals of the Sea: Biology and Medicine. Charles H. Thomas Press, Springfield, IL.

Ridgway, S. H. , Harrison, R. (Eds.), 1981 – 1998. Handbook of Marine Mammals, vols 1 – 6. Academic Press, San Diego, CA.

Riedman, M. L., 1990. The Pinnipeds: Seals, Sea Lions, and Walruses. University of California Press, Berkeley, CA.

Riedman, M. L., Estes, J. A., 1990. The sea otter (Enhydra lutris): behavior, ecology, and natural history. U. S. Fish and Wildl. Serv. Biol. Rep. 90, 1–126.

Rondelet, G., 1554–1555. Libri de piscibus marinis, in quibus veræ piscium effigies expressæ sunt. apud Matthiam Bonhomme, Lugduni.

Samansky, T. S., 2002. Starting Your Career as a Marine Mammal Trainer, second ed. Dolphin Trainer. com.

Scammon, C. M., 1874. The Marine Mammals of the North-Western Coast of North America, Described and Illustrated; Together with an Account of the American Whale-Fishery. John H. Carmany, San Francisco, CA.

Scholander, P. F., 1940. Experimental investigations on the respiratory function in diving mammals and birds. Hvalråd. Skr. 22, 1–131.

Scoresby, W., 1820. An Account of the Arctic Regions: With a History and Description of the Northern Whale-Fishery. A. Constable, Edinburgh, UK.

Shirihai, H., Jarrett, B., 2006. Whales, Dolphins and Other Marine Mammals of the World. Princeton University Press, Princeton, NJ.

Stirling, I., 1998. Polar Bears. University of Michigan Press, Ann Arbor, MI.

Stirling, I., 2012. Polar Bears: The Natural History of a Threatened Species. Fitzherary & Whiteside, Markham, ON.

Sumich, J. L., 2014. E. robustus: The Biology and Human History of Gray Whales. Ebook http://www. thegraywhalebook. com.

Slijper, E., 1962. Whales. Hutchinson, London.

Steller, G. W., 1751. The beasts of the sea (De bestiis marinis). Novi Comm. Acad. Sci. Petropolitanae 2, 289–398.

True, F., 1904. The Whalebone Whales of the Western North Atlantic Compared with Those Occurring in European Waters. Smithsonian Contribution of Knowledge, vol. 33 Smithsonian Institution, Washington, DC.

Thompson, R. B., 1915. VIII—Scottish national Antarctic expedition: Osteology of Antarctic seals. Trans. Roy. Soc. Edinburgh 47, 187–201.

Van Bénéden, P. J. , 1889. Histoire naturelle des cetaces des mers d'Europe. Bruxelles.

Watkins, W. A. , Wartzok, D. , 1985. Sensory biophysics of marine mammals. Mar. Mammal Sci. 1, 219-260.

Watson, L. , 1981. Sea Guide to Whales of the World. Hutchinson, London.

Whitehead, H. , 2003. Sperm Whales: Social Evolution in the Ocean. University of Chicago Press, Chicago, IL.

Zorgdrager, C. G. , 1720. Bloeyende Opkomst der Aloude en Hedendaagsche Groenlandsche Visschery. Johannes Oosterwyk, T'Amsterdam.

第1部分　进化史

第2章 系统发育、分类学和分类系统

2.1 导言：研究进化史

生物多样性研究归根到底是重建生物的**系统发育**——某一特定类群生物（例如，物种）的进化史。进化史知识为解释生物多样性提供了一个框架。在此背景下，人们能够研究生物特性随时间变化的方式、生物特性变化的方向、变化的相对频率，以及一种特性的变化是否与另一种特性的变化具有相关性。人们还能够对某种共同祖先的后代进行比较，以探寻起源和灭绝模式，或是这些后代类群的相对规模和多样性。系统发育还可用于检验适应性假说，例如不妨考虑某些须鲸演化出的硕大头部。关于须鲸如何演化出如此巨大的头部，一种假说认为它们便于须鲸的“猛扑型摄食”。体型变异是指作为鲸类发展的结果，鲸身体不同部分的比例发生了变化，然而，基于对体型变异的一项研究，哥德伯根等（2010年）提出，一些须鲸的硕大头部，特别是须鲸科的蓝鲸（*Balaenoptera musculus*）和长须鲸（*B. physalus*），可能已进化为一种不同的功能。在此案例中，硕大头部的演化可能仅仅是整个体型扩大的结果，这反过来有利于鲸类在体内积累快速、长距离迁徙所需要的脂肪储备。根据这一假说，这些须鲸的硕大头部可能是一种与巨大体型相关的**扩展适应**。扩展适应的定义是，为实现与最初具有的功能不同的某种功能而表现出的任何适应特征。为更深刻地理解须鲸硕大头部的演化，还必须研究涉及其巨大体型的其他特征（见第12章）。

对种间进化关系的理解还有助于确认生物资源保护的优先事项

（梅-科拉多和阿格纳森，2011 年）。例如，由抹香鲸这个单一物种组成的重要世系相对于其他种类齿鲸占据了一个关键的系统发育地位，根据这个科学事实，人们围绕抹香鲸保护的优先事项展开了激烈争论。为理解其他种类齿鲸的进化史，这个关键分支在提供基线比较数据方面具有特殊的重要性。抹香鲸提供的信息涉及各种形态学特征的起源（这些特征使抹香鲸能够通过吮吸摄食），及这些特征在齿鲸早期进化中的适应作用。

或许最重要的是，可以通过系统发育预测当前生物的特性。例如，普罗米斯洛（1996 年）曾讨论过，研究者已注意到，一些有亲代抚育行为的齿鲸，例如领航鲸属所有种（*Globicephala* spp.）和虎鲸（*Orcinus orca*），也会显示生殖衰老的迹象（例如，受孕率随着雌性年龄的增长而下降），然而须鲸（例如，长须鲸）则显示出既无亲代抚育行为也无生殖衰老的现象（马尔什和卡苏亚，1986 年）。系统发育推论预测这些模式在其他鲸类中会更普遍，我们应预期其他齿鲸也会显示生殖衰老。我们期待读者探索海洋哺乳动物中可见的大型多样化模式以及基于这些模式的进化假说。

最后，系统发育树的重建提供了一个有用的基础，我们可以从这个基础出发研究其他生物学模式和过程。在很多实例中，研究者使用系统发育树考虑海洋哺乳动物特征的进化，这些实例包括：鳍脚类动物摄食的进化（亚当和贝尔塔，2002 年）；海豹的体型（怀斯，1994 年）；鳍脚类动物、鲸目动物和海牛目动物的潜水能力（米尔塞塔等，2013 年）；鳍脚类动物的大眼睛与大深度潜水（德贝和彭森，2013 年）；鳍脚类动物的识别行为（英斯利等，2003 年）；鳍脚类动物的毛皮着色（卡罗等，2012 年）；鲸类动物的听觉（努梅拉等，2004 年）；鲸目动物后肢的消失（德威森等，2006 年）；以及鲸目动物的吮吸摄食（约翰斯顿和贝尔塔，2011 年）。鲁索（2003 年）使用系统发育方法研究了鲸目动物的雄性社会行为；卡利泽斯卡等（2005 年）基于对鲸类动物寄生虫的遗传学研究，探索了露脊鲸属（*Eubalaena* spp.）的种群结构。

2.2 一些基本术语和概念

发现和描述物种、识别种间关系模式均建立在进化概念的基础上。种间关系模式建立在一种生物的特点或**特征**发生变化的基础上。特征是包含DNA碱基对的生物的多样化、可遗传的属性，而DNA具有编码解剖和生理特点及行为特征的功能。一种指定特征的两种或更多种形式被称为**特征状态**。例如，“运动模式”特征可能包括下述状态：“四肢交替划水”（quadrupedal paddling）、“仅使用后肢划水”（pelvic paddling）、“脊柱和尾部横向波动”（caudal undulation）或“尾部垂向运动”（caudal oscillation）。一个特征的进化可能被认为是从先前存在的，或**祖先的**（也称为**形态相似的**或**原始的**）特征状态变化为一种新的、**衍生的**（也称为**派生的**）特征状态。例如，在鲸目动物运动模式的进化中，最早期鲸类的假想运动模式是它们通过后肢的划水实现游泳。后来出现的不同进化路线的鲸改变了这个特征，并显示出两种衍生的情况：① 脊柱和后肢横向波动；② 尾部垂向运动。

系统发育系统学，或**支序分类学**（源自希腊语词汇，意为“分支”）的基本原则，是具有共同的衍生特征状态的物种有一个共同的祖先。换言之，共享的、衍生的特征或**共源性状**表现了独特的进化事件，这些事件可用于将同一进化史中的两种或更多物种联系在一起。因此，基于其共有的共源性状依次将各物种联系在一起，即可推断出这些**分类群**（即生物类群）的进化史。

分类群（例如，物种）之间的关系通常以**进化分支图**，或**系统发育树**的形式表示，进化分支图从概念上表示了对系统发育的最佳估计（图2.1）。进化分支图中的线或分支称为**世系**或**进化枝**。世系表示祖先-后代种群在时间历程中的发生顺序。进化分支图上，世系在**节点**的分支表示**物种形成事件**，即一个世系的分裂导致由同一共同祖先形成两个物种。系统发育树的绘制可用于演示分支模式，或者，如在分子系统发育树中，分支模式以按比例的分支长度绘制，分支长度对应它们连接的两个节点之间的进化量（类似序列变异百分比）。

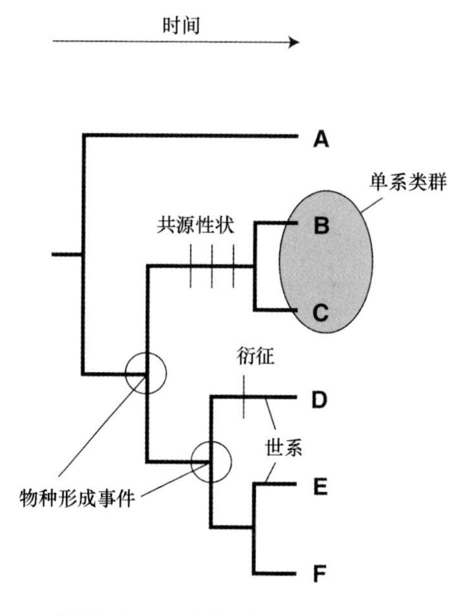

图 2.1 进化分支图，举例说明本文中讨论的通用术语

推断一个生物类群的系统发育，是为了确定何种特征是衍生的特征、何种特征是祖先的特征。如果一个特征或特征状态的祖先状态得以确定，则可推断出从祖先到衍生的进化方向，共源性状也可得到确认。推断特征进化方向的方法学对分支系统学分析至关重要。**外群比较**是使用最广的程序。该方法依赖一个论点：在一个群体的近亲属（**外群**）中发现的特征状态很可能也是被讨论生物群（**内群**）的祖先或原始状态。通常一项分析使用超过一个外群，最重要的是最初的或谱系最近的外群，称为**姐妹群**。然而，在许多案例中，一个分类单元的原始状态可能是模糊不清的。如果最近的外群的原始状态容易确认，并且这些状态与至少两个最近的外群相同，原始状态才能被确定（麦迪逊

等，1984年）。

使用前文的例子，原始的鲸目动物运动模式的确定是基于其与鲸目动物的已灭绝近亲的运动模式的相似性。这些已灭绝动物是一群四足偶蹄类哺乳动物，称为 *raeollids*（例如，一个外群），研究者认为它们使用全部四肢涉水或在浅海海底行走。鲸类的运动方式经历了几个阶段的演变。始祖鲸类，例如陆行鲸（*Ambulocetus*），通过仅使用后肢划水实现游泳。之后出现的鲸类分支，例如库奇鲸（*Kutchicetus*），经历了"尾部波动"阶段，即由后肢和尾部驱动行进。最终，已灭绝的硬齿鲸（dorudontid cetaceans）和现存鲸类采用了"尾部垂向运动"作为游泳模式（图2.2；菲什，1993年）。

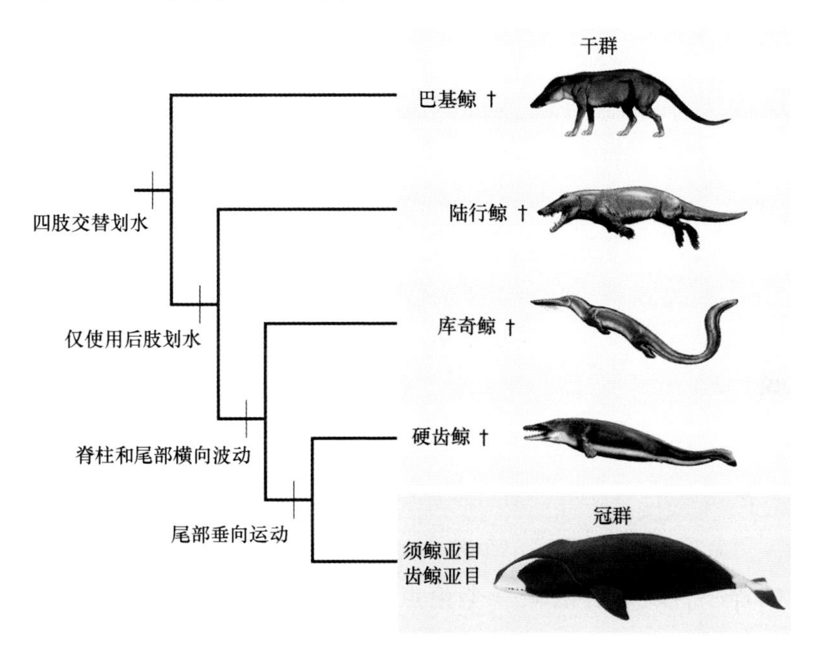

图2.2　鲸目动物运动模式的特征状态分布

（C 比尔作图）

研究者使用衍生的特征建立**单系类群**间的联系，单系类群是由一个共同祖先及其所有后代组成的分类群。与单系类群相比，**并系类群**和**多系类群**（下文用引号指明）包括一个共同祖先及其一些，但不是全部后代。并系类群的一个真实例子是一个已灭绝的鲸目动物类群，称为“古鲸亚目”。关于鲸类快速增加的化石记录和系统发育知识现在支持将“古鲸亚目”视为须鲸类和齿鲸类的共同祖先，而非一个单独的分类阶元（例如，德威森等，1996 年）。在一个多系类群中，有超过两个祖先、彼此分离的动物群被归为一个类群，但不包括它们共同祖先的所有后代。例如，最近的分子数据支持“淡水豚类是一个多系类群”的论点，因为恒河豚（*Plantanista* spp.）不与其他种类淡水豚共有相同的祖先（图 2. 3）。

研究者可在两方面描述单系类群的特征。首先，可在谱系方面**定义**一个单系类群；其次，可在特征方面**判断**单系类群（见附录）。例如，鲸类或鲸目动物可被定义为共同祖先巴基鲸（*Pakicetus*）（一种已灭绝的鲸）及其所有后代，包括现代齿鲸和须鲸。请注意这个定义是基于谱系，而不会发生变化，因为一个共同的鲸类祖先将永远不会变。另一方面，可通过许多特征对鲸目动物进行判断（例如，颅骨的形状和后齿顶部的形态学；另见第 4 章）。定义和判断之间的区别的有用性在于，尽管定义可能不会变，判断却可以修改，以反映我们关于特征分布的知识的变化。新数据、新特征，或者对现有特征的重新分析均可以对判断作出修改。例如，在 20 世纪 90 年代早期，对新的鲸目动物化石（例如，陆行鲸（*Ambulocetus*）和罗德侯鲸（*Rodhocetus*））的发现提供了新特征，阐明了鲸类和与鲸关系最近的有蹄类动物表亲之间的过渡。鲸类的定义没有变化，但判断却根据这个新特征信息得到了修正。本书中使用的另一个术语，**特征描述**，指的是一系列辨别性特征，既包括共有的原始特征也包括共有的衍生特征，这对野外或实验室鉴定各类物种特别有用。

当定义一个单系类群或进化枝的成员时，干群和冠群是重要的概

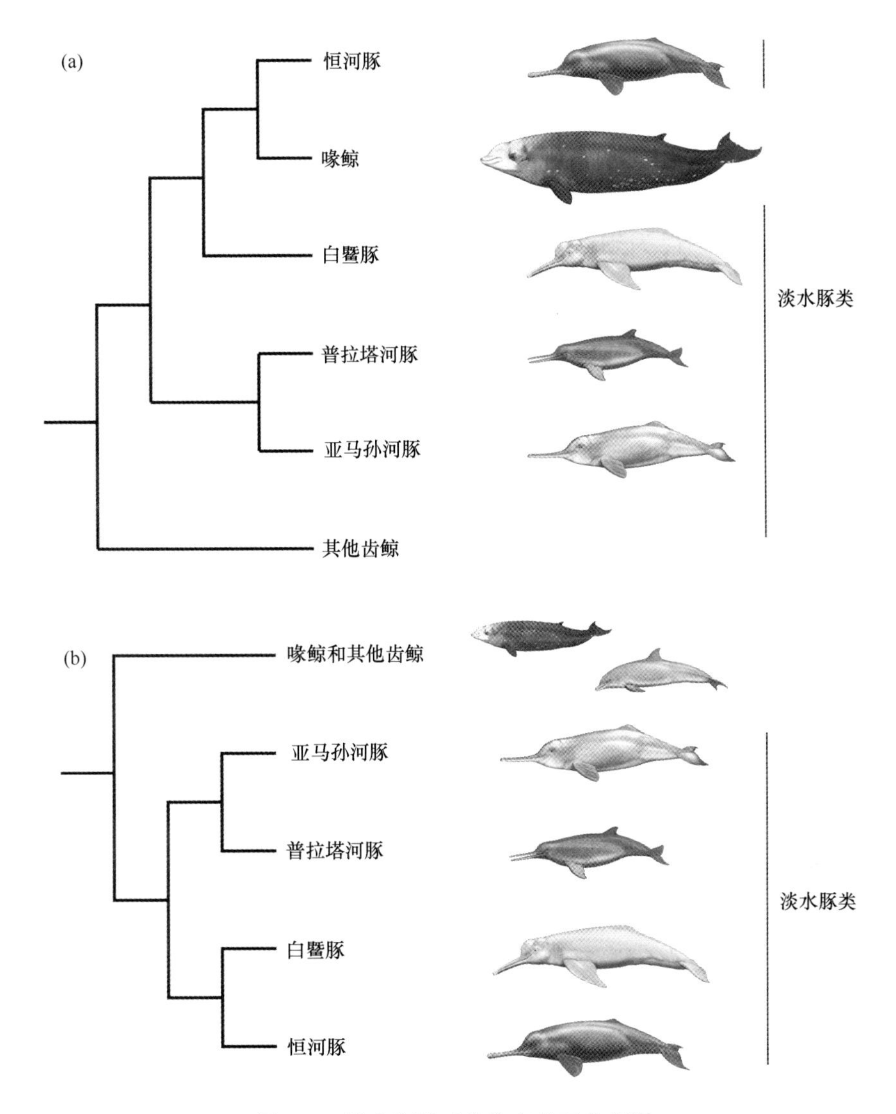

图 2.3 淡水豚类系统发育的两种假说

(a) 分子观点支持淡水豚为多系类群；(b) 形态学观点认为淡水豚为单系（C 比尔作图）

念。**冠群**是包含所有现存成员最近的共同祖先及其所有后代的最小单系类群或进化枝。例如，鲸类（Cetacea）或现存鲸类（Neoceti）的冠群是现存鲸类的进化枝。一些分类群接近但不属于一个特定的冠群。一个很好的例子是发现的化石硬齿鲸（*Dorudon*），它在分类上与所有其他已灭绝、关系密切的祖先鲸类同属于鲸的**干群**。该类群不包括现存鲸类（图 2.2）。

遗传分类学的一个关键概念是同源性。**同源性**可定义为源于共同谱系的特点的相似性。如果不同生物的共同祖先具有相同的特点，则它们的两种或更多特点是同源的。例如，因为海豹和海象的共同祖先具有鳍状肢，所以它们的鳍状肢是同源的。与同源性相比，不归因于同源性的相似性称为**趋同性**。海豹的鳍状肢和鲸的鳍状肢是趋同的，因为它们的共同祖先没有鳍状肢。趋同性的产生可有两种方式：**趋同进化（平行进化）**或**逆转**。趋同进化是两种或更多世系中相似特征的独立进化过程，这些世系通常面临相似的进化挑战（例如，为觅食增强游泳能力的需求）。因此，海豹的鳍状肢和鲸的鳍状肢作为游泳附肢相互独立地进化而成；它们的相似性是通过趋同进化而趋同的。最近的研究提供了关于蝙蝠和海豚在与听觉和视觉有关的很多基因上发生趋同进化的分子证据（例如，帕克等，2013 年）。逆转是指失去某个衍生的特征并重建祖先的特征。例如，在海豹中（例如，髯海豹（*Erignathus*）、冠海豹（*Cystophora*）等），强壮的爪、第 3 后足趾变长和第 1 前足趾退化均是特征逆转，因为它们都不具有祖先海豹类的特征，但这些特征存在于陆地似熊食肉动物中。

人们提到分类时，通常认为它们不是原始的就是衍生的，但这是错误的做法。这具有迷惑性，因为和在时间上分化较晚的分类单元相比，分化更早的分类单元可能已经独立地经历了相当多的进化修正。例如，海狮科动物具有许多衍生特征，尽管它们分化早于海豹科动物。简而言之，虽然特征可能是原始的，但分类群却并不原始。

2.3 如何建立系统发育树

系统发育树或进化分支图表示关于进化关系的一种假说。研究者使用下述步骤构建系统发育树。

2.3.1 选择分类群

选择一个你对其进化关系感兴趣的类群。对该类群的所有分类单元进行命名和定义。假定分类单元是单系的。

2.3.2 确定特征

为每个分类单元选择并定义特征和特征状态。

2.3.3 确定特征的极性

对每个特征，确定何种状态是祖先的（原始的）、何种状态是衍生的，并将这些特征及其状态在一个数据矩阵中进行系统分类（参见表2.1的实例）。完成后一步时使用外群比较。例如，如果考虑特征#1（厚皮下脂肪层）的分布，则可确认两个特征状态："无"和"有"。在表2.1中，外群（熊）的条件为前者，这相当于祖先状态。同样的状态还见于一个内群分类单元（海狗和海狮）。其他内群分类单元具有厚脂肪层"有"，这是一个海象和海豹的共源性状，而海狗和海狮不具有。

表2.1 全新世鳍脚类动物+1个外群的分析数据表（显示5种特征及其特征状态）

	特征/特征状态				
	1	2	3	4	5
分类单元	**厚脂肪层**	**运动类型**	**毛皮**	**中耳骨**	**泪骨**
外群	无	前肢+后肢	丰富	小	有
内群					
海狗和海狮	无	前肢	丰富	小	无
海象	有	后肢	稀少	大	无
海豹	有	后肢	稀少	大	无

2.3.4 通过共源性状将分类单元归类

基于共有的一个或多个衍生的特征状态（表 2.1 中特征状态），通过依次将分类单元归类，构建所有可能的系统发育树，并选择分布于单系类群之间的具有最共同的衍生特征状态的一个系统发育树（图 2.4（b））。注意：图 2.4（a）的系统发育树显示，没有分类单元之间关系的结论，称为**多分支**；图 2.4（c）和图 2.4（d）的系统发育树显示通常一个分类单元独有的特征，并没有告诉我们任何关于不同分类单元之间关系的信息。

使用分子特征（例如，核苷酸序列数据）重建系统发育，要遵循与使用其他类型特征数据相同的逻辑。为此用途选择的分子数据应是非重组体、母系遗传等位基因或固定属性，并且大部分系统发育是使用源自同源基因的序列而推导出来的。最近，全基因组比较已用于重建系统发育。尽管如此，无论是使用部分还是全部基因组，下一步均涉及从这些来源生成序列。这些序列主要存储于公共核苷酸数据库（例如，美国 GenBank 数据库）（GenBank 是美国国家生物技术信息中心建立的 DNA 序列数据库，译者注）。比对序列是基于“序列相似性等于序列同源性”的假设。这是一个关键步骤，在分子系统发育中对同源的核苷酸序列的鉴定可如同在形态学研究中一样困难。通过比对的序列数据可构建系统发育树。

2.4 检验系统发育假说

重建系统发育关系的一个重要方面被称为**简约性**原则。简约法的基本原则是：进化步数最少的进化分支图，或全部特征所归纳的指定特征的特征状态之间变化最少的进化分支图，应认定为最符合自然情况的系统发育树。例如，对于表 2.1 数据组的全部可能的进化分支图，图 2.5（a）中详细说明的那个是最短的，因为它的进化步数最少。

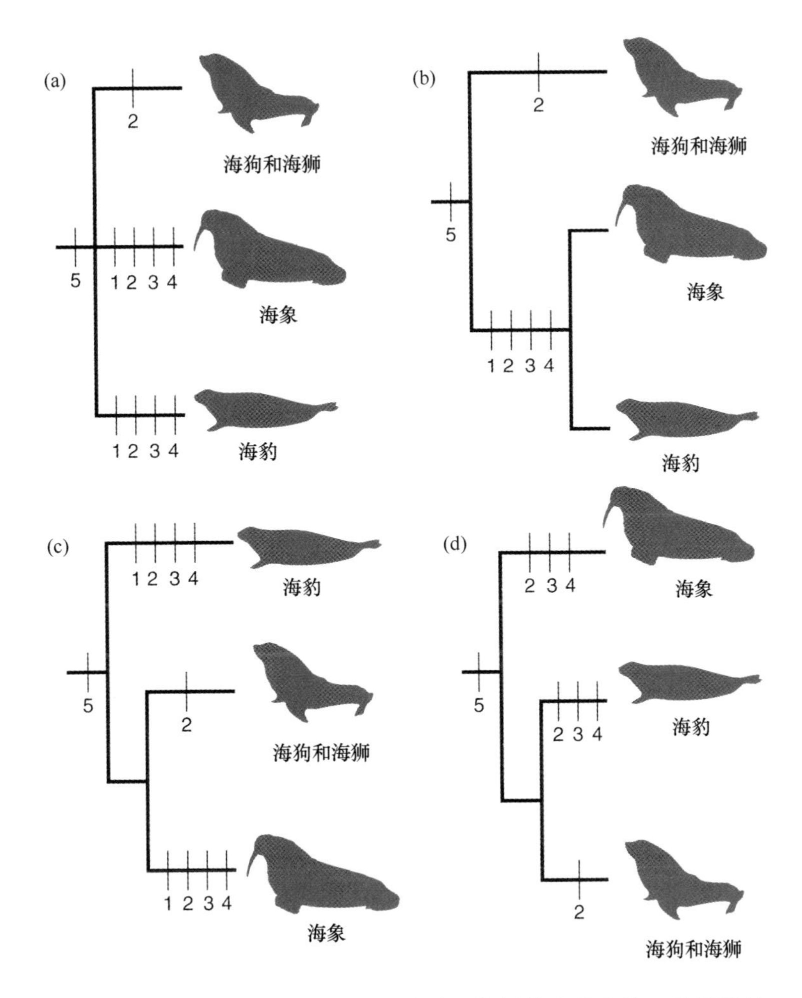

图 2.4 表 2.1 中所列 3 个内群的关系和特征状态分布的 4 种可能的进化分支图；其中（b）部分具有最共同的衍生特征

简约法的一个替代方法是**最大似然法**，常结合分子数据使用。该方法建立在关于特征如何演化的假设的基础上。最大似然法始于一个数学公式，描述不同类型核苷酸替换发生的概率。考虑到一个特定的分支长度已知的系统发育树，假设一个特定的特征变化模型，可用计算机程序评估所有可能的树的拓扑结构并计算产生观测数据的概率。这个概率称

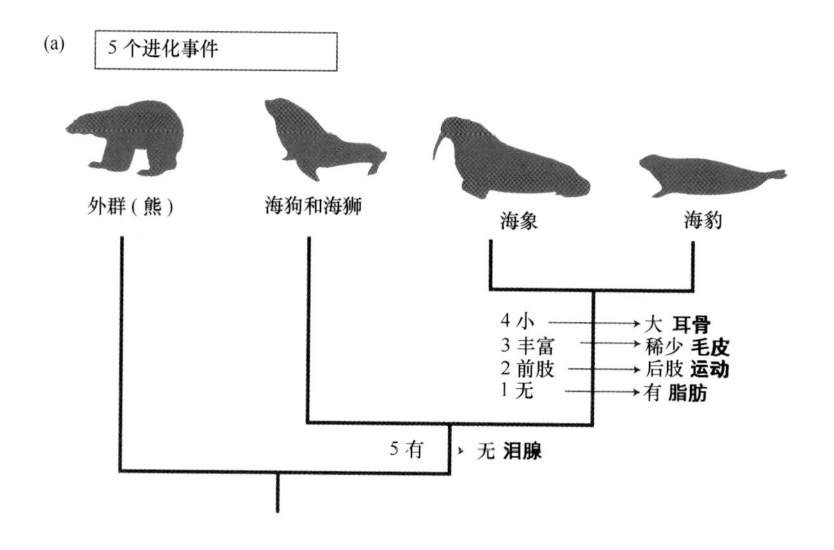

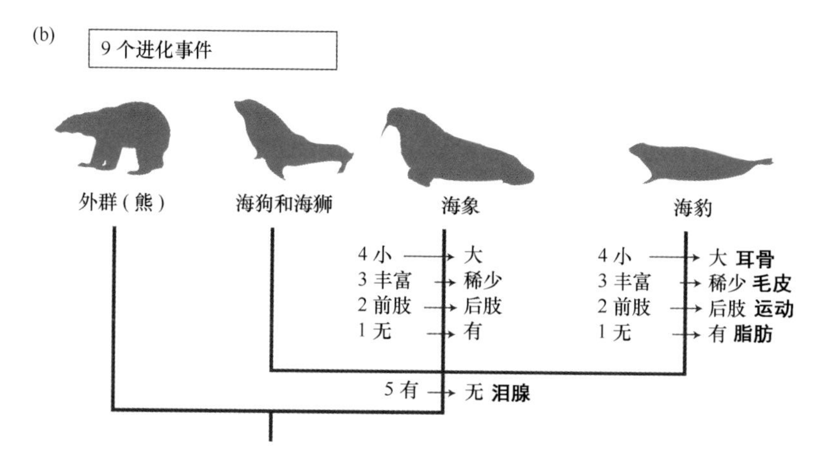

图 2.5　4 种可能的进化分支图中的两种

（a）最简约的进化分支图，注意总计 5 个进化事件；（b）另一种进化分支图显示分类单元的不同关系，注意该进化分支图有 9 个进化事件，比最简约的进化分支图多 4 个

为树的似然性。接受或拒绝竞争树的标准是选择具有最高似然性的树。通过给出每个树的精确概率，该方法的一个优势是有利于树之间的定量比较。与似然法紧密相关的是贝叶斯方法，用于推断系统发育（胡森贝克等，2001 年）。系统发育的贝叶斯推论根据其后验概率采用一种马

尔可夫链蒙特卡罗算法解决采样树的计算方面问题。系统发育树的后验概率可解释为树为正确的概率。为获取后验概率，本方法需要一个似然模型和各种参数（例如，系统发育、分支长度和一个核苷酸替换模型）。贝叶斯推论的一个优势是它具有处理大数据集的能力。

用于寻找最简约的系统发育树的方法在某种程度上取决于数据矩阵的规模和复杂性。这些方法可从几种计算机程序中获得（例如，简约法和其他方法的亲缘分析（PAUP*）（斯沃福德，2000 年）；TNT（格罗波夫等，2008 年）；MacClade（麦迪逊和麦迪逊，2000 年））。研发的模块化系列程序——Mesquite 进化分析软件专门用于比较进化分析（例如，特征进化、祖先状态重建、系统发育树比较；见麦迪逊和麦迪逊，2014 年）。分类学家关心系统发育树的相对精度（例如，在特定系统发育重建中置信度为几何）。研究表明，当充分考虑采样等参数、各种方法优势和弱项的严密分析，以及计算机能力时，系统发育分析方法最为精确（杨和兰纳拉，2012 年）。

系统分类学的一个有关问题是如何评估不同的数据集（例如，形态学、行为学和 DNA 序列），特别是它们是应结合分析（称为一种“总证据”方法）还是应单独分析（布尔等，1993 年；希利斯，1995 年）。总证据分析的结果当然可以与单独分析的结果进行比较。在结合数据集之前，有必要确定它们是否是叠合的，即分支的次序不相矛盾。开发了一些统计学检验，用于发现数据集之间的明显不一致（胡森贝克和布尔，1996 年；佩奇，1996 年）。在比较了几种或所有可能的系统发育树之后，人们通常会问：系统发育树的完善程度如何？如果有超过一种的树得到数据支持，研究者通常会检查与最理想的树接近的那些树的拓扑结构。计算机程序可以评估多种树，并创建一个一致树以表示所有的近理想树均支持的分支模式。在可能的情况下，我们依据形态学和分子数据相结合的结果，选择性地提出各种海洋哺乳动物系统发育，并尝试将化石整合进系统发育研究，以提出关于海洋哺乳动物世系的起源和多样化的综合观点。在一些情况下，数据划分存在冲突（例如，形态学-分子，或线粒体 DNA-核 DNA），我们已经指出这种情况的存在，及解决这些差异的方式。

系统发育分析的一个重要方面，是在一个指定的数据集中确定系统发育信息的准确性和可靠性。通常采用的一些方法（例如，**自展分析**和**布雷默支持法**）提供多种方式确认系统发育树的哪部分得到有力支持，哪部分为薄弱环节。如果一个特定分支的自展支持度高（例如，70%或更高），研究者通常会推断它可能表明一个可靠的分类。

2.5 系统发育的应用：解释进化模式和生态模式

当生成一个系统发育树后，其最令人感兴趣的用途之一是解释进化、行为学和生态学的综合问题。为促进此类进化学研究，本书使用一种称为**优化**或**映射**的技术（例如，鲍姆和史密斯，2013 年）。在构建好进化分支图后，研究者会依据类群的系统发育选择一个特点或条件进行研究。本书中的例子包括体型的进化、宿主和寄生虫的关系、交配和繁殖行为、听觉、进食和运动行为。终端分类单元（分支的尽头）的条件在确认后将绘制在进化分支图上。特征变化可以各种方式绘制在进化分支图上（见鲍姆和史密斯，2013 年）。假设状态可分配至节点，反映这些条件在每个节点处的最简约排列。这使得研究者能够确定讨论中的条件的进化趋势。例如，考虑鲸目动物后肢消失演化的形态学、古生物学和发展的证据。当后肢消失绘制在鲸目动物的系统发育树（图 2.6）上时，干群鲸类动物（例如，巴基鲸、陆行鲸和雷明顿鲸）显示了后肢的缩小，从有四趾到三趾（龙王鲸），直至冠群鲸目动物的后肢完全消失。系统发育证据表明，基因表达模式时序的减少（例如，后肢芽 *Shh* 基因表达的持续时间）可能发生于 4100 万年前的龙王鲸，并最终促成了冠群鲸目动物的后肢消失。在控制后肢芽发展形成的信号传送活动中，*Shh* 基因具有居中作用（例如，极化活动区（ZPA）），*Shh* 基因表达的完全消失可能大致发生在冠群鲸目动物起源时，即约3400万年前（德威森等，2006年，2012年）。

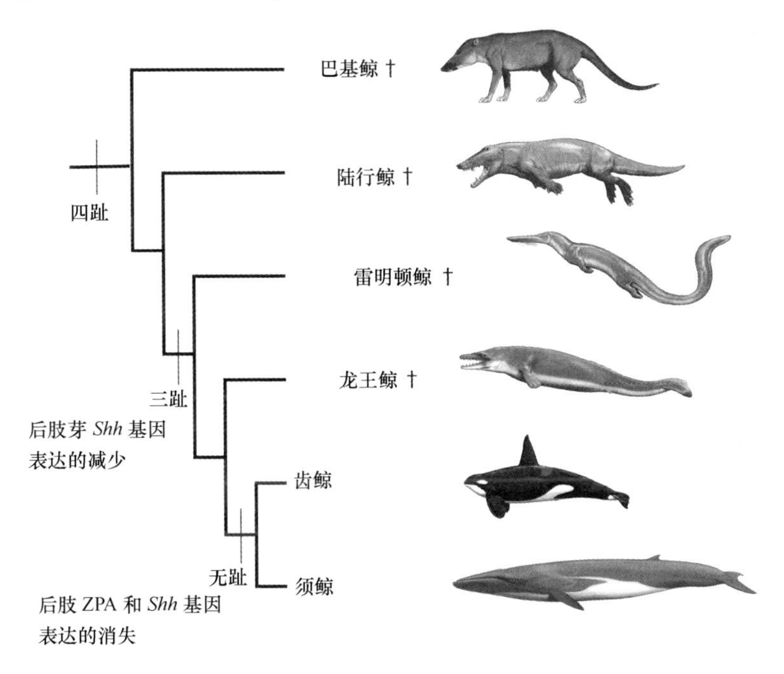

图 2.6 绘制于系统发育树上的鲸目动物后肢消失

（根据德威森等（2006年，2012年）作品修正）

系统发育比较研究中另一个不断增长的兴趣点是如何处理不同类型的特征变化，例如不相关联的或绝对的特征（例如，有肢或无肢）对持续变化的特征（例如，觅食需要的时间量）。研究者提出了几种不同的方法（例如，独立对照）以将系统发育信息整合进行比较分析。这些方法主要用于分析持续变化的特征，就其本身而论超出了本文的研究范围（见费尔森施泰因2004年的综述）。

其他比较方法利用物种的进化史确定生物资源保护的优先事项（例如，梅-科拉多和阿格纳森，2011年）。研究者应具有描述海洋哺乳动物不同种群的能力，特别是那些受到小种群规模和低遗传多样性威胁的种群，这可帮助管理机构防止损失唯一而独特的世系。系统发育学也可有其他的实际应用。例如，系统发育学还可通过分析 DNA 序列与已知物种的亲缘关系，推断物种的特性。这些 DNA 序列或“条形码”被用作唯一的物种识别信息，这种实践称为 **DNA 条形码技术**。研究者已使用该方法调查“鲸肉或海豹肉”是来自非法捕获的受到国际法保护的物种，还是来自可合法猎捕的物种（图 2.7）。DNA 序列为分类鉴定提供了通用特征，人们对此的认识还引发了另一种实际应用。对于那些由于样本稀少或分布广泛而导致形态学特征变化微小或难以比较的物

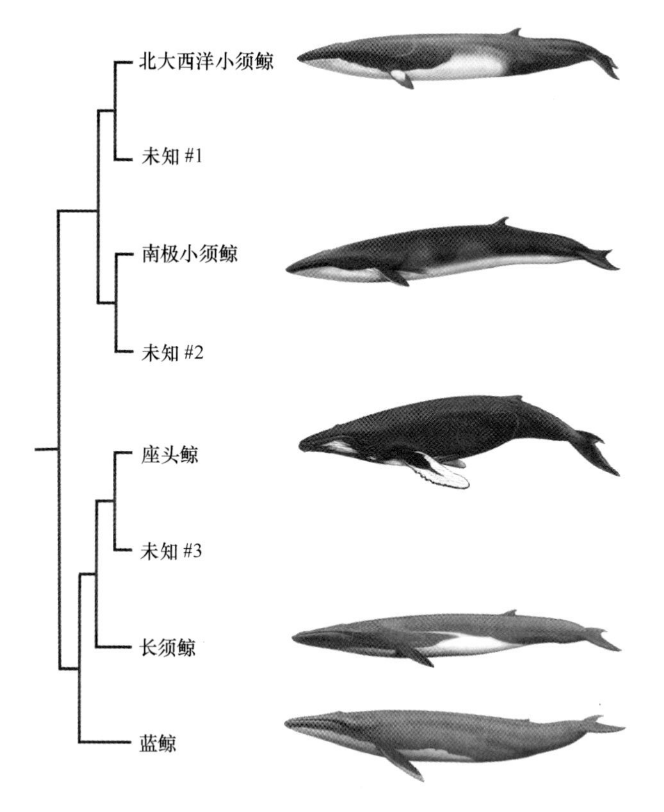

图 2.7 使用 DNA 条形码技术鉴别鲸肉的物种归属

该分析表明，两种未知样本（蓝色）的线粒体 DNA 序列与禁捕鲸类的 DNA 序列具有最密切的相关性

种，这些遗传特征特别有用。例如，在稀有的喙鲸间比较DNA序列取得了正确的样本鉴定结果，而以前人们曾使用形态学分析对这些动物做出了错误的鉴定（达勒布等，2004年，和其中引用的参考文献）。在另一种实际应用中，发现DNA条形码技术结合海洋哺乳动物搁浅网络数据可提高监测海洋哺乳动物生物多样性的精度（阿方斯等，2013年）。DNA数据库甚至为影响更加深远的种间研究提供了便利，例如，挪威捕猎小须鲸DNA信息库提供的信息显示，在挪威斯瓦尔巴群岛格陵兰睡鲨的胃里发现了鲸类的组织（勒克莱尔等，2011年）。

2.6 分类学和分类系统

除系统发育重建外，分类学也是进化生物学的一个必要组成部分，即对物种的鉴定、描述和分类。虽然哺乳动物的分类学与其他类群生物相比相对清晰，但我们依然在发现从前未知的海洋哺乳动物新种和亚种，特别是鲸目动物。最近的分类学修订如下：分布于热带印度洋-太平洋的一个新的喙鲸种，霍氏中喙鲸（*Mesoplodon hotaula*）（达勒布等，2014年）；亚马孙河豚也有两个新种得到描述，玻利维亚河豚（*Inia boliviensis*）和阿拉瓜亚河豚（*Inia araguaiaensis*），分别来自亚马孙河流域的玻利维亚和巴西部分（班戈亚-希尼斯特罗萨等，2008年；荷贝克等，2014年）；伊河海豚最近分为两个种，短吻海豚（*Orcaella brevirostris*）和澳大利亚短吻海豚（*Orcaella heinsohni*）（比斯利等，2005年）；土库海豚已分为两个种，淡水的亚马孙河白海豚（*Sotalia fluviatilis*）和海洋中的圭亚那海豚（*Sotalia guianensis*）（卡巴莱罗等，2007年）；证据显示，虎鲸（*Orcinus orca*）至少可分为两个新亚种（皮特曼和恩索尔，2003年）；江豚属有两个种，宽脊江豚（*Neophocaena phocaenoides*）和窄脊江豚（*Neophocaena asiaeorientalis*）（杰弗逊和王，2011年）。此外，还报道了须鲸科的一个新种，命名为角岛鲸（*Balaenoptera omurai*），它的外型类似于长须鲸，但比其小得多（瓦达等，2003 年）。

系统命名法是根据标准化方案命名分类单元的正式体系。对动物而言，系统命名的标准化方案是《国际动物学系统命名法规》。这些正式命名被称为学名。关于系统命名法，应记住最重要的事情是所有的物种只可以有一个学名（在特定时间内，但这些确实会随着知识的增长和对关系的重新分析而变化）。按照惯例，使用拉丁语和希腊语词汇表达学名。

种名应为斜体（或有下划线），并应包括两部分：属名（总是斜体，例如，*Trichechus*）加上种名形容词（例如，*manatus*）。因此，种名被称为双名法，此类型的系统命名法称为双名命名法。物种还有通用名。在前文例子中，*Trichechus manatus* 也有通用名：美洲海牛（或称西印度海牛，译者注）。

分类系统是将分类单元（例如，种）安排进某种类型的层次。分类等级是分层的，这意味着每个等级都包含位于它之下的所有其他等级。本书中使用的主要分类等级如表 2. 2 所示。

表 2. 2　分类系统命名实例

主要分类等级	命名实例
目	海牛目（Sirenia）
科	海牛科（Trichechidae）
属	海牛属（*Trichechus*）
种	美洲海牛（*manatus*）

我们需要一个分类系统，以便可以在全球范围内进行生物学交流，因为各国使用的通用名通常有所不同。系统发育分类以进化史或血缘模式为基础，这未必与总体相似性一致。系统发育分类学家坚称，分类系统应基于系统发育并应仅包括单系类群。我们在后续章节提供了关于海

洋哺乳动物分类系统和系统发育的最新信息。然而，由于新的化石发现与新的生态学或形态学信息，许多海洋哺乳动物类群的分类系统处于一个变化的状态。事实上，一些分类学者提供了令人信服的论据，主张完全地淘汰分类等级。总之，更重要的是了解更大的分类群，例如鳍脚亚目和海牛目的名称和特性，而非记住其分类等级内的物种。

2.7 总结和结论

系统发育关系的重建提供了一个生物学框架，用于解释进化、行为和生态学模式。关系的重建基于种间共有的、衍生的相似性特征，无论是形态学特征的相似性还是分子序列的相似性，而分子相似性提供了这些物种有共同祖先的证据。通过外群比较，可推断一个特征的进化方向。最符合自然情况的系统发育树（最简约的）具有最少的进化变异数量。现已证明，基于系统发育的比较分析是一种强大的工具，可用于启发和验证关于行为学和生态学之间的关联性想法。分类学涉及对物种的描述、鉴定、命名和分类。用于鉴定已知物种样本的 DNA 测序技术特别适用于难以观察或比较形态学特征的物种。

2.8 延伸阅读与资源

关于系统发育分类学的原理和实践以及系统发育树在生态学和行为学研究中的使用，鲍姆和史密斯（2013 年）的作品是非常有用的介绍性文献。

查询系统发育学相关软件程序的信息，请参考如下重要网站：由乔·费尔森施泰因创建的 http：//evolution. genetics. washington. edu，和“生命网之树”项目的主页（http：//tolweb. org/ tree/phylogeny. html）。

查找综合性参考数据集以协助对鲸目动物的遗传学鉴定，请参见网站：www. DNA-surveillance。

参考文献

Adam, P. J. , Berta, A. , 2002. Evolution of prey capture strategies and diet in the Pinnipedimorpha (Mammalia: Carnivora). Oryctos 4,83-107.

Alfonsi, E. , Méheust, E. , Fuchs, S. , Carpentier, F. G. , Quillivic, Y. , Viricel, A. , Hassani, S. , Jung, J. L. , 2013. The use of DNA barcoding to monitor the marine mammal biodiversity along the French Atlantic coast. ZooKeys 365,5-24.

Bangueea-Hinestroza, E. , Cardenas, M. , Ruiz-Garcia, M. , Marmontel, M. , Gaitán, E. , Vázquez, R. , García-Vallejo, F. , 2008. Molecular identification of evolutionarily significant units in the Amazon river dolphin Inia sp. (Cetacea: Iniidae). J. Hered. 93,313-322.

Baum, D. A. , Smith, S. D. , 2013. Tree Thinking: An Introduction to Phylogenetic Biology. Roberts and Company Publishers, Greenwood Village, CO.

Beasley, I. , Robertson, K. M. , Arnold, P. , 2005. Description of a new dolphin, the Australian snubfin dolphin Orcaella heinsohni sp. n. (Cetacea, Delphinidae). Mar. Mamm. Sci. 21, 365-400.

Bull, J. J. , Hulsenbeck, J. P. , Cunningham, C. W. , Swofford, D. L. , Waddell, P. J. , 1993. Partitioning and combining data in phylogenetic analyses. Syst. Biol. 42,384-397.

Caballero, S. , Truijillo, F. , Vianna, J. A. , Barrios-Garrido, H. , Montiel, M. G. , Beltran-Pedreros, S. , Marmontel, M. , Santos, M. C. , Rossi-Santos, M. , Santos, F. R. , Baker, C. S. , 2007. Taxonomic status of the genus Sotalia: species-level ranking for "tucuxi" (Sotalia fluviatilis) and costero (Sotalia guianensis) dolphins. Mar. Mamm. Sci. 23,358-386.

Caro, T. , Stankowich, T. , Mesnick, S. L. , Costa, D. P. , Beeman, K. , 2012. Pelage coloration in pinnipeds: functional considerations. Behav. Ecol. 23,765-774.

Debey, L. M. , Pyenson, N. , 2013. Osteological correlates and phylogenetic analysis of deep diving in living and extinct pinnipeds: what good are big eyes? Mar. Mamm. Sci. 29,48-83.

Dalebout, M. L. , Baker, C. S. , Mead, J. G. , Cockcroft, V. G. , Yamada, T. K. , 2004. A comprehensive and validated molecular taxonomy of beaked whales, Ziphiidae. J. Hered. 95, 459-473.

Dalebout, M. L. , Baker, C. B. , Thompson, K. , et al. , 2014. Resurrection of Mesoplodon hotaula

Deraniyagala 1963: a new species of beaked whale in the tropical Indo – Pacific. Mar. Mamm. Sci. 30,1081–1108.

Felsenstein,J. ,2004. Inferring Phylogenies. Sinauer Associates,Sunderland,MA.

Fish,F. ,1993. Influence of hydrodynamic design and propulsive mode on mammalian swimming energetics. Aust. J. Zool. 42,79–101.

Goloboff,P. A. ,Farris,J. S. ,Nixon,K. C. ,2008. TNT,a free program for phylogenetic analysis. Cladistics 24,774–786.

Goldbogen,J. A. ,Potvin,J. ,Shadwick,R. E. ,2010. Skull and buccal cavity allometry increase massspecific engulfment capacity in fin whales. Proc. Roy. Soc. B,277,861–868.

Goldbogen,J. et al. 2010.

Hillis,D. ,1995. Approaches for assessing phylogenetic accuracy. Syst. Biol. 44,3–16.

Hrbek,T. ,da Silva, V. M. F. , Dutra, N. , et al. , 2014. A new species of river dolphin from Brazil or: how little do we know our biodiverisity. PLoS ONE 9 (1) e83623.

Hulsenbeck, J. P. , Bull, J. J. , 1996. A likelihood ratio test to detect conflicting phylogenetic signal. Syst. Biol. 45,92–98.

Hulsenbeck, J. P. , Ronquist, F. , Nielsen, R. , Bollback, J. P. , 2001. Bayesian inference of phylogeny and its impact on evolutionary biology. Science 294,2310–2314.

Insley,S. J. , Phillips, A. V. , Charrier, I. , 2003. A review of social recognition in pinnipeds. Aquat. Mamm. 29,181–201.

Jefferson,T. A. , Wang, J. Y. , 2011. Revision of the taxonomy of finless porpoises (genus: Neophoccaena): the existence of two species. J. Mar. Anim. Ecol. 4,3–16.

Johnston,C. ,Berta,A. ,2011. Comparative anatomy and evolutionary history of suction feeding in cetaceans. Mar. Mamm. Sci. 27,493–513.

Kaliszewska,Z. A. ,Seger,J. ,Rowntree,V. J. ,Barco,S. G. ,Benegas,R. ,Best,P. B. ,Brown, M. W. ,Brownell Jr,R. L. ,Carribero,A. ,Harcourt,R. ,Knowlton,A. R. ,Marshall-Tilas, K. ,Patenaude,N. J. ,Rivarola,M. ,Schaeff,C. M. ,Sironi,M. ,Smith,W. A. ,Yamada, T. K. ,2005. Population histories of right whales (Cetacea: Eubalaena) inferred from mitochondrial sequence diversities and divergences of their whale lice (Amphipoda: Cyamus). Mol. Ecol. 14,3439–3456.

Leclerc, L. M. , Lydersen, C. , Haug, T. , Glover, K. A. , Fisk, A. T. , Kovacs, K. M. ,

2011. Greenland sharks (Somniosus microcephalus) scavenge offal from minke (Balenoptera acutorostrata) whaling operations in Svalbard (Norway). Polar Res. 30, 7342. http://dx. doi. org/10. 3402/polar. v30i0. 7342.

Lusseau, D., 2003. The emergence of cetaceans; phylogenetic analysis of male social behavior supports the Cetartiodactyla clade. J. Evol. Biol. 16, 531–535.

Maddison, W., Donoghue, M., Maddison, D. R., 1984. Outgroup analysis and parsimony. Syst. Zool. 33, 83–103.

Maddison, W. P., Maddison, D. R., 2000. MacClade: Analysis of Phylogeny and Character Evolution, Version 4. 0. Sinauer Associates, Sunderland, MA.

Maddison, W. P., Maddison, D. R., 2014. Mesquite: A Modular System for Evolutionary Analysis. Version 3. 01. http://mesquiteproject. org.

Marsh, H., Kasuya, T., 1986. Evidence for reproductive senescence in female cetaceans. Spec. Issue Rep. Int. Whal. Comm. 8, 57–74.

May-Collado, L. J., Agnarsson, I., 2011. Phylogenetic analysis of conservation priorities for aquatic mammals, and their terrestrial relatives, with a comparison of methods. PLoS ONE 6. e22562.

Mirceta, S., Signore, A. V., Burns, J. M., Cossins, A. R., Campbell, K. L., Berenbrink, M., 2013. Evolution of mammalian diving capacity traced by myoglobin net surface charge. Science 340. http://dx. doi. org/10. 1126/science. 1234192.

Nummela, S. J., Thewissen, G. M., Bajapi, S., Hussain, S. T., Kumar, K., 2004. Eocene evolution of whale hearing. Nature 430, 776–778.

Page, R. D. M., 1996. On consensus, confidence, and "total evidence". Cladistics 12, 83–92.

Parker, J., Tsagogeorga, G., Cotton, J. A., Liu, Y., Provero, P., Stupka, E., Rossiter, S. J., 2013. Genomewide signatures of convergent evolution in echolocating mammals. Nature 502, 228–231.

Pitman, R. L., Ensor, P., 2003. Three forms of killer whales (Orcinus orca) in Antarctic waters. J. Cetacean Res. Manage. 5, 131–139.

Promislow, D. E. L., 1996. Using comparative approaches to integrate behavior and population biology. In: Martins, E. (Ed.), Phylogenies and the Comparative Methods in Animal Behavior. Oxford University Press, New York, pp. 232–288.

Swofford, D. L. , 2000. PAUP * : Phylogenetic Analysis Using Parsimony, Version 4. Sinauer Associates, Sunderland, MA.

Thewissen, J. G. M. , Cohn, M. J. , Stevens, L. S. , Bajpai, S. , Heyning, J. , Horton Jr. , W. E. , 2006. Developmental basis for hind-limb loss in dolphins and origin of the cetacean bodyplan. Proc. Natl. Acad. Sci. 103, 8414–8418.

Thewissen, J. G. M. , Cooper, L. N. , Behringer, R. R. , 2012. Developmental biology enriches paleontology. J. Vert. Paleo. 32, 1223–1234.

Wada, S. , Oishi, M. , Yamada, T. , 2003. A newly discovered species of living baleen whale. Nature 426, 278–281.

Wyss, A. R. , 1994. The evolution of body size in phocids: some ontogenetic and phylogenetic observations. Proc. San Diego Soc. Nat. Hist. 29, 69–75.

Yang, Z. , Rannala, B. , 2012. Molecular phylogenetics: principles and practice. Nat. Rev. Genet. 13, 303–314.

第3章　鳍脚类动物的进化与系统分类学

3.1　导言

鳍脚类动物是哺乳纲食肉目的水栖成员，由3个单系科组成：海狮科（海狗和海狮），海象科（海象）和海豹科（海豹）。鳍脚类动物在海洋哺乳动物中的多样性占比略超过1/4（28%）。现有33种鳍脚类物种在全世界分布：18种海豹科动物，14种海狮科动物和1种海象。大致上，鳍脚类全球种群总数的60%为海豹科动物；剩余40%为海狮科和海象科动物（贝尔塔和丘吉尔，2012年）。化石记录表明，鳍脚类动物曾经是一个高度多样化的类群，而现存鳍脚类仅代表其中的一小部分。例如，现今仅存在1种海象，而历史上曾经有至少14个属和15个种存在（博森奈克和丘吉尔，2013年）。关于鳍脚类动物的最早的、证据充分的记录来自渐新世晚期（2700万~2500万年前；图3.1）；此外还有学者提出了一个略早的记录（2900万年前），但尚未得到充分的证实（克莱茨基和桑德斯，2002年）。

鳍脚类动物化石的新发现，结合对现有分类单元的比较研究，使人们能够相对全面地理解鳍脚类动物的起源、多样化和形态学。当然，这方面的研究工作仍在继续。本章探索了人们目前对这些主题的理解。文中还列出了用于界定鳍脚类动物主要类群的特征以作为参考。此外，本章考虑了关于鳍脚类动物与其他食肉目动物关系的争论、鳍脚类动物之间的关系，以及一个已灭绝的鳍脚动物类群——皮海豹科的亲缘关系。

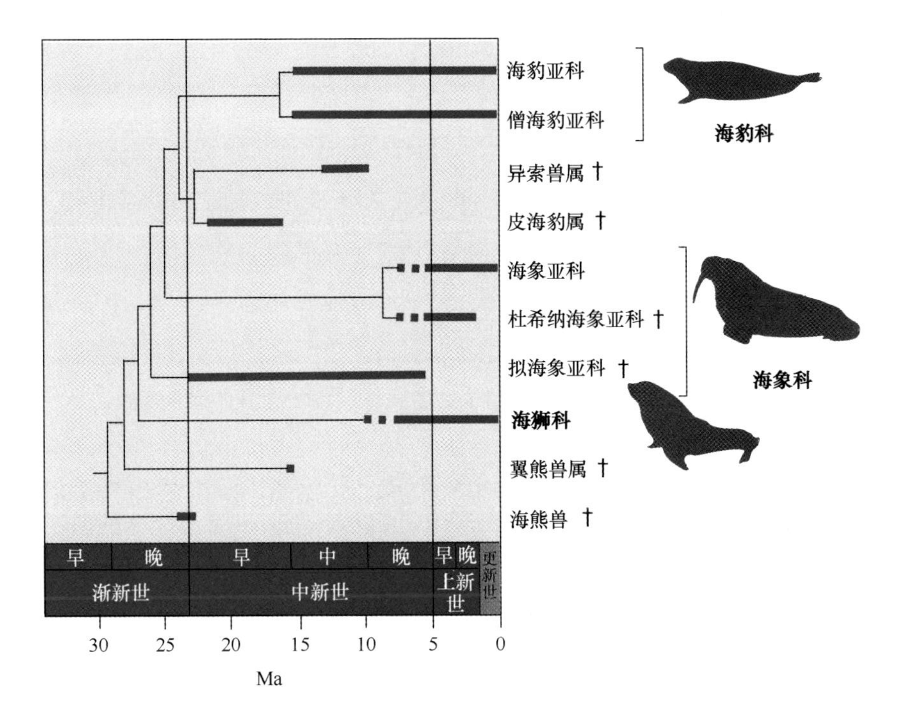

图 3.1 已灭绝和现存鳍脚类的生存时间范围（Ma=百万年前）

3.2 起源和进化

3.2.1 鳍脚类动物的定义

“鳍脚类”这个名称来自拉丁语词汇 *pinna* 和 *pedis*，意义是“羽状足”，指海豹、海狮和海象的桨状前肢和后肢。鳍脚类的一个基本特性是水陆两栖生活，即它们要在水中度过相当长的生命时光，但它们爬上陆地或冰层也是司空见惯。在此方面，它们不同于已完全适应水中生活的鲸目动物和海牛目动物。除鲸脂层外，一些鳍脚类动物还发展出厚毛皮层。

为寻找鳍脚类动物的起源，我们必须首先定义它们。该类群是否是单系的？虽然在 20 世纪围绕这个问题开展了大量争论（例如，乌恩，2007 年），但当今多数科学家一致认为，鳍脚亚目是一个自然、单系的类群。人们可通过一系列衍生的形态学特征对鳍脚类动物进行判断（完整列表参见怀斯，1987 年，1988 年；贝尔塔和怀斯，1994 年）。所有鳍脚类动物，包括化石动物群和最近的分类单元，均具有后文描述的特征，不过在较晚分支的分类单元中，其中一些特征已发生变化或消失。

鳍脚类动物具有的一些著名的共源性状（在图 3.2 中列举，图 3.3 至图 3.5 中说明）界定如下。

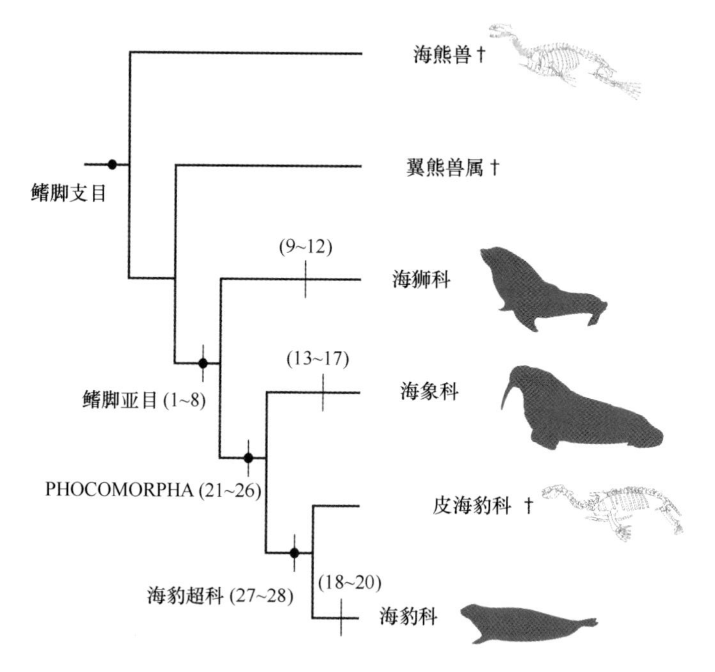

图 3.2　描述鳍脚类主要进化枝关系的进化分支图

节点数目指文中列出的共源性状编号，†=已灭绝的分类单元；另见图 3.3 至图 3.5。关于特定科的更详细的进化分支图，见图 3.14，图 3.19 和图 3.23（根据怀斯（1988 年）、贝尔塔和怀斯（1994 年）和德梅雷（1994 年 b）的作品修正）

(1) 大的眶下孔

顾名思义，眶下孔位于眼眶（或眼窝）之下。这个开口便于眼睛及周围组织所需的血管和神经通过。鳍脚类具有大眶下孔，相比之下大多数陆地食肉目动物的眶下孔较小。

(2) 上颌骨对眶壁结构至关重要

在食肉目动物中，鳍脚类具有一个独特的特征：上颌骨构成了眼眶侧壁和前壁的重要组成部分。在陆地食肉目中，上颌骨通常接触几块面颅骨（颧骨、上颚骨或泪骨）而局限于其后部。

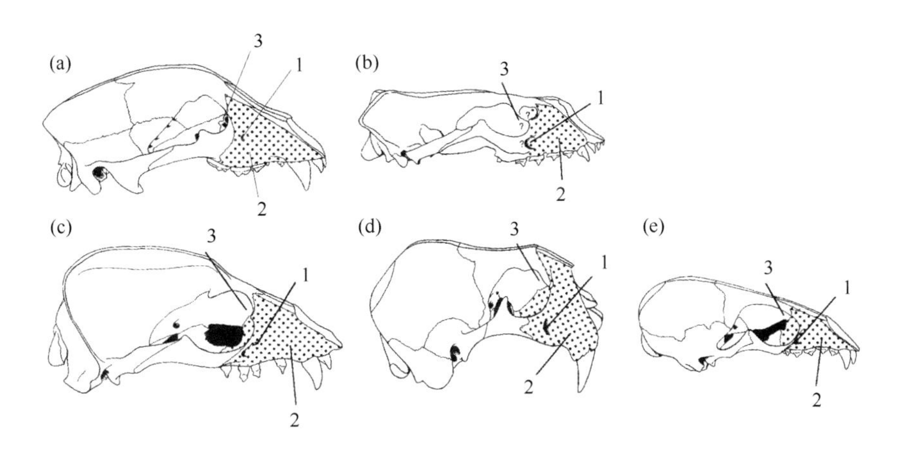

图 3.3 代表性鳍脚类和一般化的陆地熊类的颅骨侧视图

(a) 美洲黑熊（*Ursus americanus*）；(b) 鳍脚支目动物化石：米尔赛海熊兽（*Enaliarctos mealsi*）；(c) 加州海狮（*Zalophus californianus*）；(d) 海象（*Odobenus rosmarus*）；(e) 夏威夷僧海豹（*Neomonachus schauinslandi*），说明了鳍脚类的共有衍生特征。表示特征的编号（进一步描述详见文中）：1—大眶下孔；2—上颌骨（加点区，对眶壁结构至关重要）；3—泪骨缺失或融合，且不与颧骨相连（贝尔塔和怀斯（1994 年）的文献）

(3) 在个体发育早期，泪骨缺失或融合且不与颧骨相连

与鳍脚类动物上颌骨的构造（特征 2）有关，其作为面颅骨之一的泪骨明显减小或消失。陆地食肉目动物有一块泪骨，与颧骨相连或通过

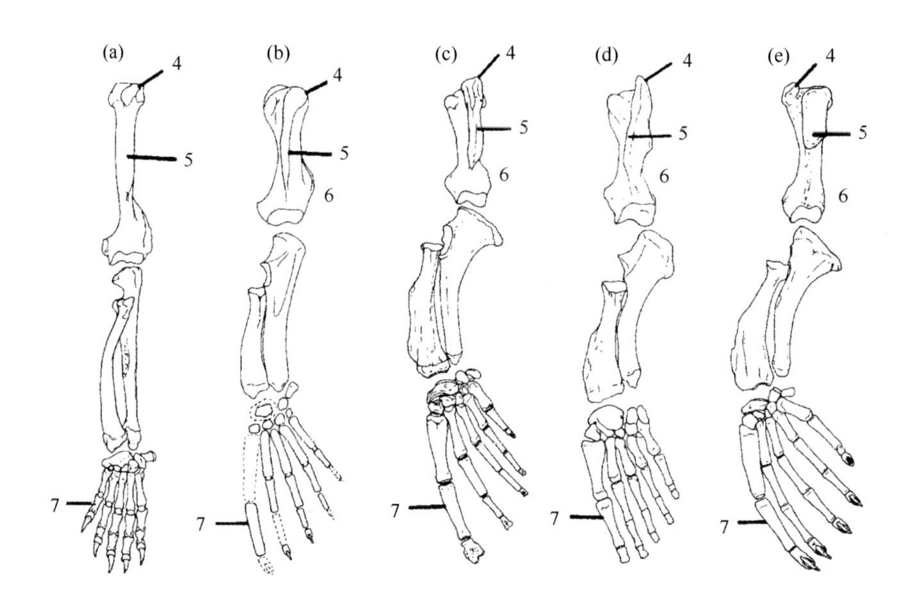

图 3.4 左前肢背面观

（a）一般化的陆地熊类；（b）至（e）代表性鳍脚类，说明了鳍脚类的共有衍生特征。标记表示特征编号（进一步描述详见文中）：4—较大的和较小的肱骨结节变大；5—肱骨的三角嵴高度发达；6—短而强壮的肱骨；7—前肢上的第 1 趾加强（贝尔塔和怀斯，1994 年）

一块薄片与颧骨相连。

（4）较大的和较小的肱骨结节变大

鳍脚类不同于陆地食肉目动物的分辨性特征，是鳍脚类肱骨（上臂骨）的近端有高度发展的结节（圆形凸起）。

（5）肱骨的三角嵴高度发达

鳍脚类肱骨的三角嵴高度发达，用于插入三角肌肉，相比之下陆地食肉目动物的这一结构发展程度不高。

（6）肱骨短而强壮

鳍脚类的肱骨短而强壮，陆地食肉目动物的肱骨较细长。

（7）前肢上的第 1 趾加强

鳍脚类的前肢第 1 趾（相当于拇指）变长，其他食肉目动物的中

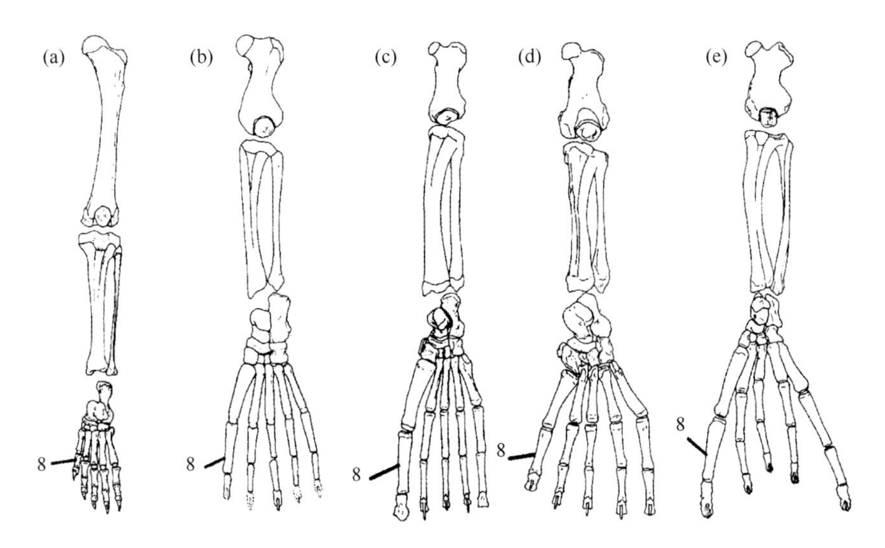

图 3.5　左后肢背面观

（a）一般化的陆地熊类；（b）至（e）代表性鳍脚类，说明了鳍脚类的共有衍生特征。标记表示特征编号（进一步描述详见文中）：8—后肢第 1 趾和第 5 趾加强（贝尔塔和怀斯，1994 年）

指发展得最强。

（8）后肢第 1 趾和第 5 趾加强

鳍脚类的后肢侧趾变长（第 1 趾和第 5 趾，相当于大脚趾和小脚趾），而其他食肉目动物的中趾发展得最强。

3.2.2　鳍脚类动物的亲缘关系

1811 年，伊利格首次提出了“鳍脚亚目”这个名称，自此以后，人们一直争论鳍脚类动物之间的关系以及鳍脚类动物与其他哺乳动物的关系（乌恩 2007 年综述）。研究者提出了两种假说。单系假说认为，鳍脚类动物的 3 个科具有同一进化起源（图 3.6（a））。**二源**观点（也称为鳍脚类双起源；图 3.6（b））主张鳍脚类动物起源于两个食肉目世系：海象和海狮均与熊有某种亲缘关系，海豹则单独起源于鼬科动物

（黄鼬、臭鼬、水獭及其同类）。

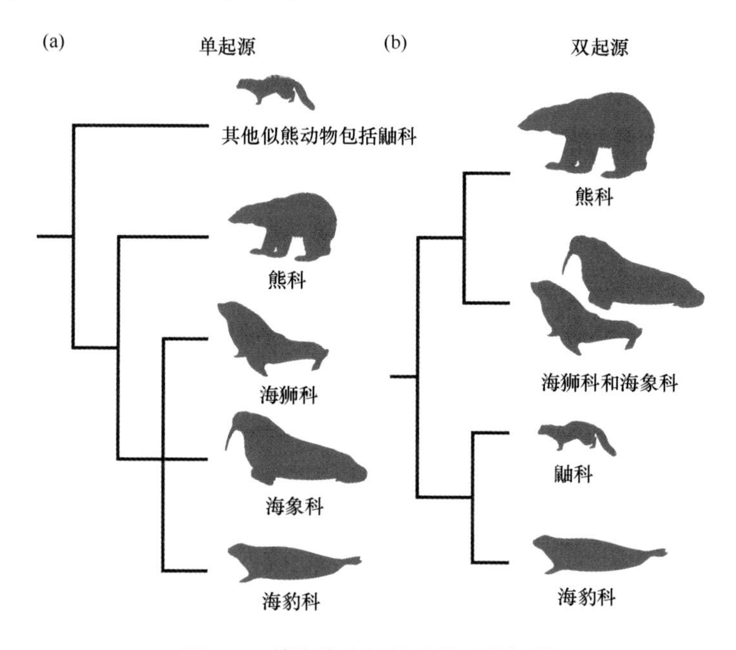

图 3.6 鳍脚类之间关系的两种假说

（a）单起源说：熊科动物是与鳍脚类亲缘最近的动物；（b）双起源说：海豹与鼬科动物为姐妹分类单元，海狮、海象与熊有亲缘关系

传统上，形态学和古生物学证据支持鳍脚类双起源假说（例如，泰德福德，1976 年；雷佩宁等，1979 年；穆隆，1982 年）。尽管如此，怀斯（1987 年）在重新评估形态学证据的基础上，转而主张赞同单起源的解释。鳍脚类动物单起源假说得到了来自形态学研究（例如，怀斯和弗林，1993 年；贝尔塔和怀斯，1994 年）和分子学研究（例如，希格登等，2007 年；富尔顿和斯托贝克，2010 年；尼亚卡图拉和比宁达-埃蒙德，2012 年）的大量证据支持。

最近，所有研究者一致认为，与鳍脚类动物关系最近的是似熊的食肉动物，包括浣熊类动物（浣熊及其近亲）、鼬科动物和熊科动物，但人们仍在争论，是何种具体的似熊类群发展成了与鳍脚类亲缘最近的动物。有证据支持鼬科动物（比宁达-埃蒙德和罗素，1996 年；弗林和奈德巴尔，1998 年；比宁达-埃蒙德等，1999 年；富尔顿和斯托贝克，2006 年；尼亚卡图拉和比宁达-埃蒙德，2012 年）、熊科动物（怀斯和弗林，1993 年；贝尔塔和怀斯，1994 年），或熊-鼬（戴维斯等，2004 年）谱系。

虽然形态学和分子数据都支持鳍脚类动物为单系群，但关于鳍脚类种间关系的意见分歧仍然存在。大部分争论关注海象是否是最接近海豹或海狮的类群。一些现存鳍脚目的形态学证据将海象和海豹联系为姐妹类群（图 3.7（a）；怀斯，1987 年；怀斯和弗林，1993 年；贝尔塔和怀斯，1994 年），本章后文将对此进行讨论。另一种观点得到了分子数据一贯的有力支持（例如，戴维斯等，2004 年；阿纳森等，2006 年；希格登等，2007 年），一些综合分析（例如，弗林和奈德巴尔，1998 年）也支持海象和海狮之间的联系（图 3.7（b））。

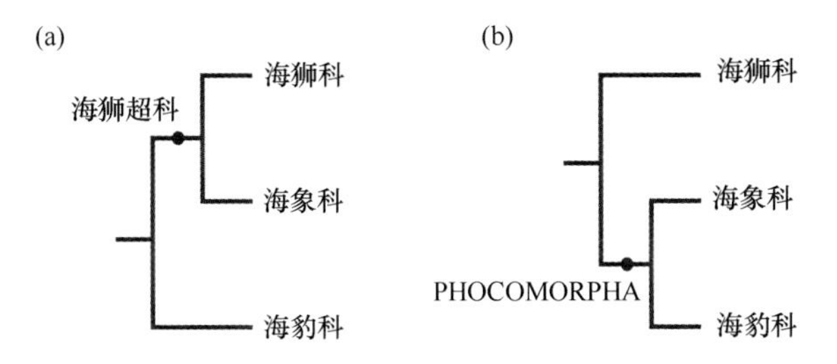

图 3.7　关于海象系统发育地位的两种假说

（a）“海狮超科”进化枝；（b）PHOCOMORPHA 进化枝

3.2.3　干群鳍脚类动物

为理解干群鳍脚类动物的进化历程，需要掌握关于某些化石分类单元的知识。鳍脚类动物最早的分支世系是鳍脚支目进化枝的成员，它们似乎在渐新世晚期起源于北太平洋东部（俄勒冈）（2700 万~2500 万年前，见图 3.1）。最早的具有代表性的鳍脚支目动物海熊兽

（*Enaliarctos*）包括 5 种著名物种（米切尔和泰德福德，1973 年；贝尔塔，1991 年）。最早鳍脚支目的齿系为**异型齿**，例如巴恩斯海熊兽（*Enaliarctos barnesi*）和米尔赛海熊兽（*Enaliarctos mealsi*），它们的上颊齿上有较大的刀片状尖齿，非常适合切割食物（图 3.8）。（当与陆地食肉目比较时）这些牙齿特征与颅骨特征表明，它们与古熊（半犬齿兽；见图 3.8）在衍生特征方面具有最高的相似性。最近，在北极 2400 万～2000 万年前的岩石中发现了一种半水栖的食肉目动物：达氏海幼兽（*Puijila darwani*），研究者认为该发现是一种早期的鳍脚支目动物或一种早期的似熊动物，可能是鳍脚类动物的近亲（雷布钦斯基等，2009 年；图 3.9）。

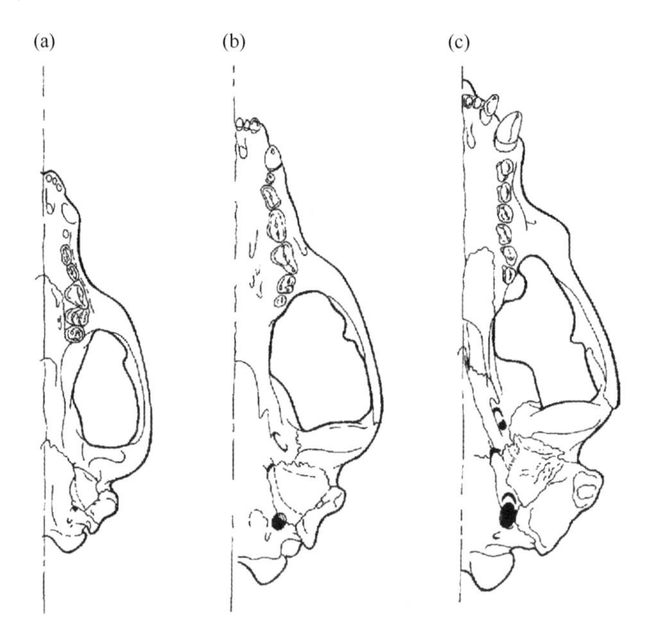

图 3.8　代表性鳍脚类和一般化陆地熊类的颅骨和齿系腹面观

（a）干群熊类 *Pachcynodon*（渐新世，法国）；（b）干群鳍脚支目动物，米尔赛海熊兽（*Enaliarctos mealsi*）（中新世早期）；（c）冠群海狮类，毛皮海狮属（全新世，南大西洋）

（来自泰德福德（1976 年）的文献）

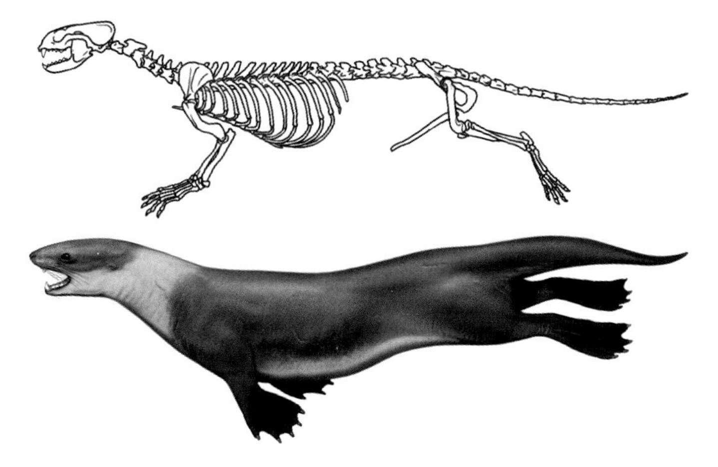

图 3.9 达氏海幼兽（*Puijila darwani*）的骨骼和生命复原图
（卡尔·比尔绘制）

海熊兽（*Enaliarctos*）属的其他种显示出颊齿切割功能降低的趋势（例如，尖齿变小、数量减少）。这些牙齿变化趋势预示着简单钉状颊齿，或称**同型齿**的发展，这即是大部分现存鳍脚类的特征（贝尔塔，1991年）。海熊兽的最近记录来自俄勒冈沿海2500万~1800万年前的化石。在北太平洋西部（日本），研究者从中新世岩石（1750万年至1700万年；河野，1992年）中发现并报道了一种名为enaliarctine的鳍脚类动物，不过需对该样本作进一步研究，以确认其分类地位。

在加利福尼亚中部发现了一个近乎完整的鳍脚支目动物骨架：米尔赛海熊兽（图3.10；贝尔塔等，1989年；贝尔塔和雷，1990年）。据估计，整个动物长1.4~1.5米、重73~88千克，大致相当于一头小型雄性港海豹的体长和体重。米尔赛海熊兽的脊柱能够做大幅度的横向和垂向运动。此外，其前肢和后肢均演化为鳍状肢，用于在水中运动。米尔赛海熊兽后肢的一些特征表明，它也能够在陆地上灵巧运动，并且与现存鳍脚类相比，它很可能在近岸或岸上度过更长时间（另见第8章）。与海熊兽和鳍脚类动物不同，达氏海幼兽不具有鳍状肢，却更类似于海獭，有一条长尾巴和很可能具蹼的硕大足部（见图 3. 9）。

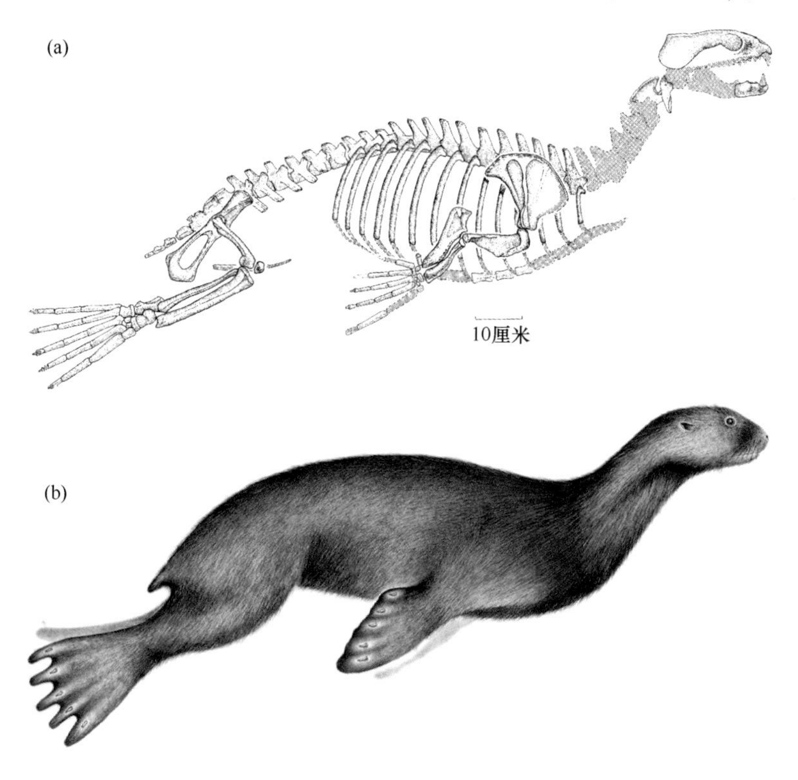

图 3. 10 鳍脚支目动物——米尔赛海熊兽

（a）骨骼重建图；（b）生命复原图

注：其总长（口鼻部至尾）估计为 1. 4 ~ 1. 5 米，图中阴影区为未保存骨骼的假设重建（来自贝尔塔和雷（1990 年）的文献）

一个较晚分化的鳍脚类世系包括中新世早期和中期（1900 万 ~ 1500 万年前）的翼熊兽（*Pteronarctos*）和太平洋熊兽（*Pacificotaria*），其化石来自俄勒冈沿海（巴恩斯，1989 年，1992 年；贝尔塔，1994 年；见图 3. 1）。与海熊兽相比，它们和鳍脚类动物的关系更密切。所有鳍脚类动物的一个显著的骨骼学特征是构成眼眶区的骨骼的几何形状（怀斯，1987 年）。在翼熊兽属中，发现了独特发展的上颌骨的首个证据。此外，如同鳍脚类动物，翼熊兽属的泪骨也显著缩小或缺失。在翼熊兽和鳍脚类动物中，可见最末前臼齿和第一臼齿之间的腭上存在浅凹陷，这指示着牙齿的切割能力降低，也标志着向同型齿进化的开始。

3.2.4 冠群鳍脚类动物

3.2.4.1 海狮科：海狮和海狗

海狮的特征是具有**外耳廓**，因此它们有时也称为有耳海豹（图3.11）。海狮的另一个特征是它们在陆地上的运动方式，人们可以据此区分海狮和海豹。海狮能够将后鳍肢转向前并使用它们在陆地上行走（在第8章中进行更详细的描述）。海狮通常比海豹小，潜水深度也不如海豹。海狮的一些特征虽然不是专有的共源性状，但也可用于区分海狮和其他鳍脚类世系，这些特征如下（图3.12）：额骨在鼻骨之间向前延展；额骨的眶上突较大、呈现架型，特别是成年雄性海狮；第二骨嵴对肩胛骨的冈上窝进行了再分；毛发单元间隔均匀；气管有一个支气管前分岔（费伊，1981年；金，1983年a）。干群海狮类包括化石分类单元皮氏美洲海狮属（*Pithanotaria*）和洋海狮属（*Thalassoleon* spp.）。研究者将冠群海狮类（现存分类单元及它们的化石近亲如 *Hydrarctos* 和 *Proterozetes*）判定为一个单系类群，依据是下述的牙科学和骨骼学特征（图3.2和图3.12）（丘吉尔等，2014年）。

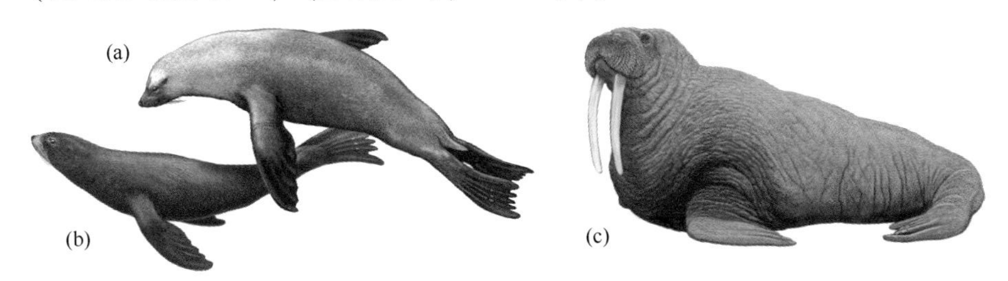

图3.11 代表性海狮类和海象

（a）加州海狮（*Zalophus californianus*）；（b）北海狗（*Callorhinus ursinus*）；（c）海象（*Odobenus rosmarus*）（卡尔·比尔绘制）

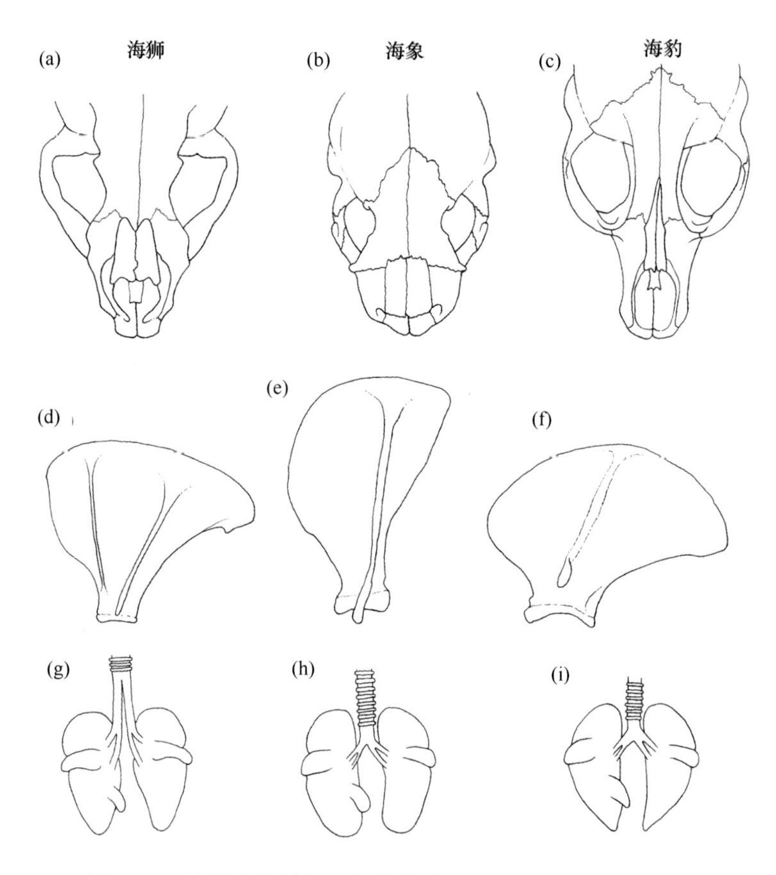

图 3.12 海狮类的特征及与其他鳍脚类对比（P 亚当绘制）

（a）至（c）颅骨背面观：额骨在鼻骨之间向前延展，这些骨骼之间的联系是横肌（海象）或 V 型（海豹），额骨的眶上突较大并呈现架型，在现代海象和海豹中该部分缺失；（d）至（f）左肩胛骨内侧观：第二骨嵴对肩胛骨的冈上窝进行了再分，在海象和海豹中该骨嵴缺失；（g）至（i）肺的腹面观：气管有一个支气管前分岔（根据金，1983 年 b 修改），在海象和海豹中该部分紧密连接在肺外

（9）P^3 和 P^4 为单根

在冠群海狮类动物中，P^3 和 P^4 是单根的。在干群鳍脚类动物（海熊兽和翼熊兽）中，P^{3-4}是三根（P^4）或双根的。

（10）P_2 和 P_4 为单根

在冠群海狮类动物中，P_2 和 P_4 是单根的。在干群鳍脚类动物（海熊兽和翼熊兽）中，P_2 和 P_4 是双根的。在不同的鳍脚类世系间，牙根的融合发生了多次。后犬齿根的融合可能是对颌上前端拥挤牙齿的适应，以增加张口的效率（博森奈克，2011 年；图 3. 13）。

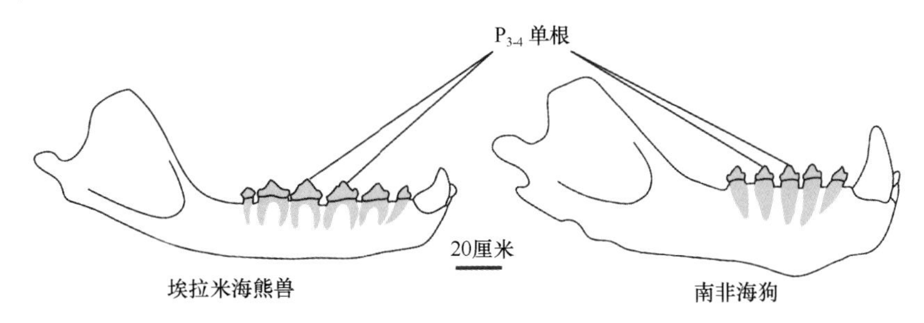

图 3. 13　冠群海狮类共源性状（10）：单根 P_2 和 P_4

（博森奈克，2011 年）（经许可）

（11）旋前圆肌插入位于桡骨的近身体中心端 40%处

在冠群海狮类中，旋前圆肌位于桡骨的近身体中心端40%处。在干群海狮类（皮氏美洲海狮、洋海狮）中，旋前圆肌位于桡骨末端60%处。

（12）跟骨载距突的第二架发展为一个宽架体

在冠群海狮类中，跟骨载距突的第二架发展为一个宽架体。在干群海狮类（洋海狮、海德拉海狗（*Hydrarctos*））中，跟骨载距突的第二架缺失，发展为一个细槽或窄架。

传统上，海狮科划分为两个亚科：海狮亚科（Otariinae）和海狗亚科（Arctocephalinae），依据是有（海狗）或无（海狮；见图 3. 11（a））丰富的下层绒毛，但形态学和分子数据表明这两类动物有强烈的一致性，即区别很少。海狗划分为两个属。南海狗属（*Arctocephalus*）（拉丁属名意为熊首海狗）主要生存在南半球；北海狗属只有一种北海狗（*Callorhinus ursinus*）（属名意为漂亮鼻子），栖息于北半球（见图3.11（b））。基于形态学和分子数据对海狮类之间的关系进行研究（米泽等，2009年；丘吉尔等，2014年；图3.14），结果表明北海狗是所有其他种的姐妹类群。

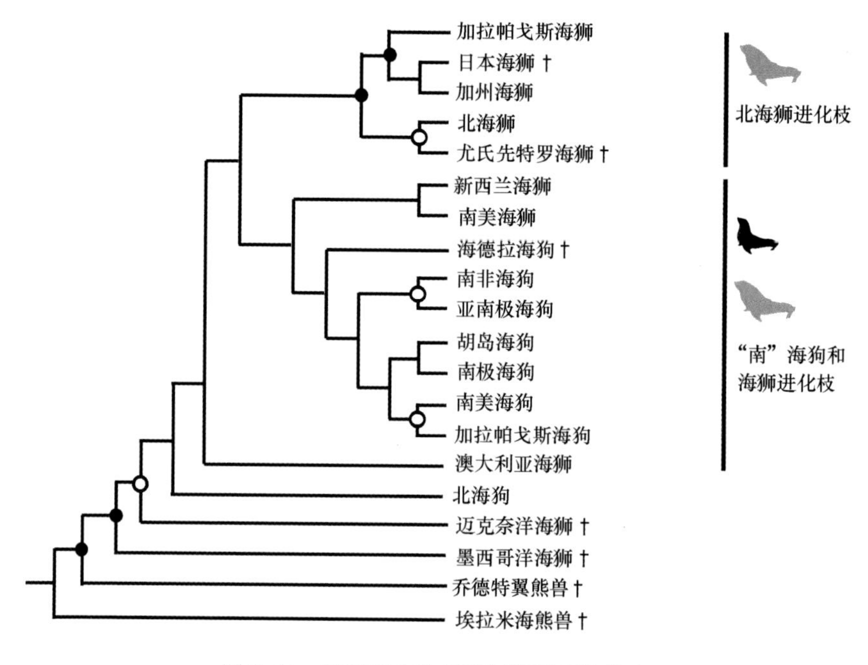

图3.14　基于综合数据的海狮科系统发育

（丘吉尔等，2014年）

分子序列数据（例如，维南等，2001年；米泽等，2009年）一贯支持海狗亚科和海狮亚科为并系类群。然而，除北海狗（*C. ursinus*）的基础位置已有定论外，海狮科的系统发育关系仍存在争议。综合的证据分析支持北海狮进化枝（*Zalophus*，*Eumetopias*）为南方进化枝（*Phocarctos*，*Otaria*，*Arctocephalus*，*Arctophoca*）的姐妹类群。该研究的一项新发现是复原了一条南方海狗进化枝（*Arctocephalus* s. l.）（丘吉尔等，2014年）。

除了两个现存海狗属，即北海狗属（*Callorhinus*）和南海狗属（*Arctocephalus*），研究者还发现了一些已灭绝的海狮类。最古老的干群海狮是在加利福尼亚发现的皮氏美洲海狮（*Pithanotaria starri*）（图3.15），生存于中新世晚期（1100万年前）。这是一种小型动物，具有双根颊齿的特征，研究者通过一副颅后骨架将它与其他海狮类联系起来。另一类已灭绝的干群海狮称为洋海狮属（*Thalassoleon*）（图3.16），是中新世晚期的分类单元（800万~600万年前），德梅雷和贝尔塔（2005年）进行了研究。洋海狮属有3个具有代表性的种：墨西哥洋海狮（*Thalassoleon mexicanus*），发现于墨西哥下加利福尼亚的塞德罗斯岛和美国加利福尼亚南部；迈克奈洋海狮（*T. macnallyae*），发现于加利福尼亚；井上洋海狮（*T. inouei*），发现于日本中部。洋海狮属区分于皮氏美洲海狮属的特征是，洋海狮属具有较大的体型而且上颚第三门齿基底处的牙釉质缺乏粗厚的脊状物（贝尔塔，1994年）。研究者发现，洋海狮属是干群海狮分类单元的一个并系阶元。在秘鲁发现的海德拉海狗（*Hydrarctos*）生存于上新世和更新世，穆隆（1978年）最初描述为

图3.15 属于干群海狮的皮氏美洲海狮（*Pithanotaria starri*）生命复原图（罗伯特·博森奈克绘制）

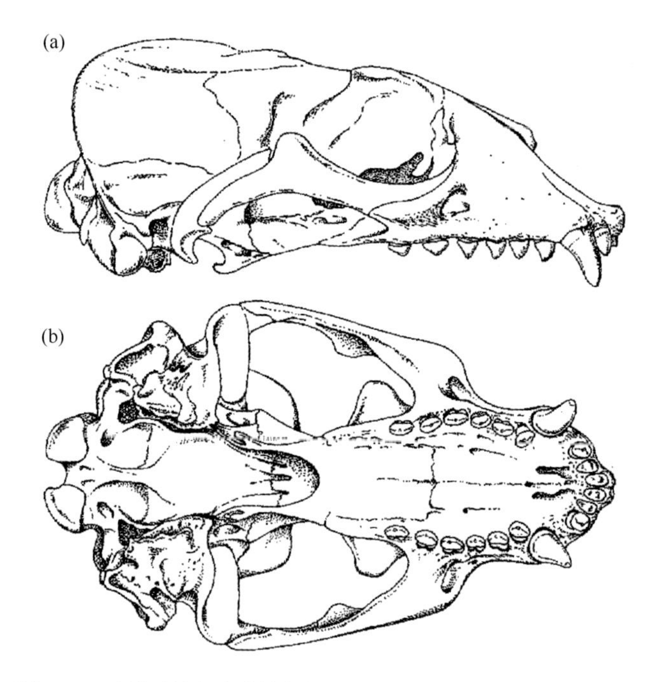

图 3.16 早期的墨西哥洋海狮（*Thalassoleon mexicanus*）颅骨

发现于北美西部，该物种生存于中新世晚期；（a）侧面观；（b）腹面观。样本原件长 25 厘米（雷佩宁和泰德福德，1977 年）

南方海狗进化枝（*Arctocephalus* s. l.）的一个亚属，后复原为冠群海狮科的姐妹分类单元（丘吉尔等，2014 年）。北海狗的一个已灭绝物种——吉氏北海狗（*Callorhinus gilmorei*）生存于上新世中晚期，发现于加利福尼亚和墨西哥（贝尔塔和德梅雷，1986 年；博森奈克，2011 年）以及日本（河野和柳泽，1997 年），研究者在下颌、牙齿和颅后骨的基础上对其进行了描述。在加利福尼亚北部发现并描述了新的化石，代表一个较晚分化的北海狗分类单元，生存于上新世晚期至更新世早期（博森奈克，2011 年）。南海狗属（*Arctocephalus*）的一些种的化石记录年代范围为 500 万 ~ 270 万年前（见丘吉尔等，2014 年引用的参考文献）。

海狮的化石记录并不显著。除描述了在俄勒冈发现的、生存于上新世晚期的尤氏先特罗海狮（*Proterozetes ulysses*）（巴恩斯和克莱茨基，2006年），研究者还发现了更新世晚期出现的两种海狮：来自巴西的南美海狮（*Otaria byronia*）（德雷默和里韦罗，1998年）和来自新西兰的帕拉丁澳洲海狮（*Neophoca palatina*）（金，1983年b）（德梅雷等，2003年）。

3.2.4.2　海象科：海象

有证据表明，现代海象（*Odobenus rosmarus*）最独特的特征是具有一双延长的上犬齿（长牙），并且雄性和雌性均具备这一特征（图3.11（c））。快速完善的化石记录表明，这些独特的结构在海象的单世系中演化，也说明长牙不是海象独有的。现代海象身躯庞大，潜水深度较浅，主要以底栖无脊椎动物为食，特别是软体动物。研究者通常认为海象有两个亚种：分布于北大西洋的海象指名亚种（*Odobenus r. rosmarus*）和分布于北太平洋的海象太平洋亚种（*O. r. Divergens*）。第三个声称的亚种是分布于拉普捷夫海的海象拉普捷夫海亚种（*O. r. laptevi*），由查普斯基（1940年）命名，但林德奎斯特等（2009年）证明这一分类是错误的，他得出结论，称所谓“拉普捷夫海亚种”应认定为太平洋海象最西边的种群。将海象科（Odobenidae）认定为单系，是基于5个明确的共源性状（博森奈克和丘吉尔，2013年，图3.2，图3.17和图3.18）。

（13）前鼻孔开口大、边缘厚、背腹侧为椭圆形

最初，鳍脚支目动物和陆地食肉目动物的骨性鼻腔大而圆（前面观），并有一个薄的腹缘。海象的骨性鼻腔横向压缩为椭圆形（前面观），并通过上颌骨的厚齿槽突从齿槽缘分离。

（14）翼状骨支柱横向宽、背腹性厚

翼状骨支柱是腭骨、翼蝶骨和翼状骨的水平方位的扩展，位于内鼻

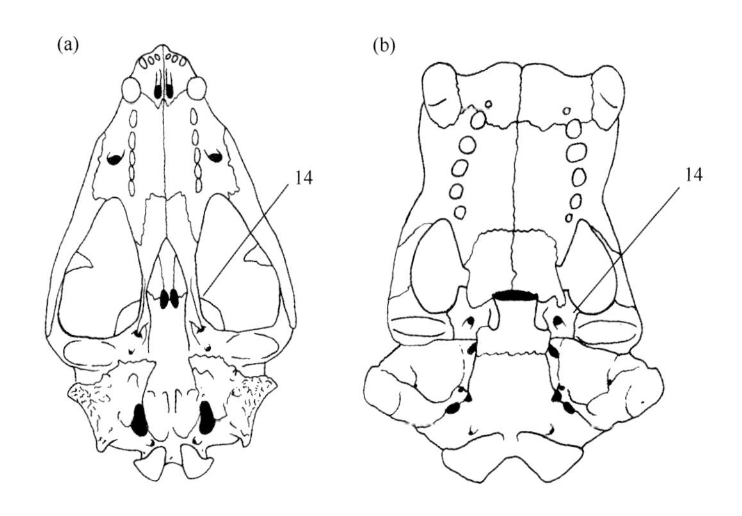

图 3.17 海象的共源性状，颅骨腹面观

（a）海狮；（b）海象，表明翼状骨区域的差异。特征编号：14—宽且厚的翼状骨支柱；海狮类的翼状骨支柱狭窄（德梅雷和贝尔塔，2001 年）

孔和翼突钩的侧面。鳍脚支目动物的特征是翼状骨支柱狭窄，而海象的翼状骨支柱较宽、翼蝶骨和翼状骨的腹侧露出。

（15）鼓上隐窝大

鼓上隐窝是描述鼓室背侧部分的术语。早期鳍脚支目动物（海熊兽和翼熊兽），以及早期海狮类（北海狗）的鼓上隐窝较小。所有海象类动物都具有扩大的鼓上隐窝。

（16）骨幕紧贴岩骨

骨幕是一个位于脑壳内部的近于水平的脊，与脑膜紧密相关；它将大脑两半球（背侧）和小脑（腹侧）分隔开。骨幕最初分离于岩骨的背侧表面，在早期海狗和皮海豹科中均发生了此变化。在现代海象属（*Odobenus*）和所有化石海象类中，骨幕紧贴岩骨的背侧表面。

（17）M^1 为三根

早期分化的海象类动物具有与陆地食肉目动物相似的硕大臼齿，包

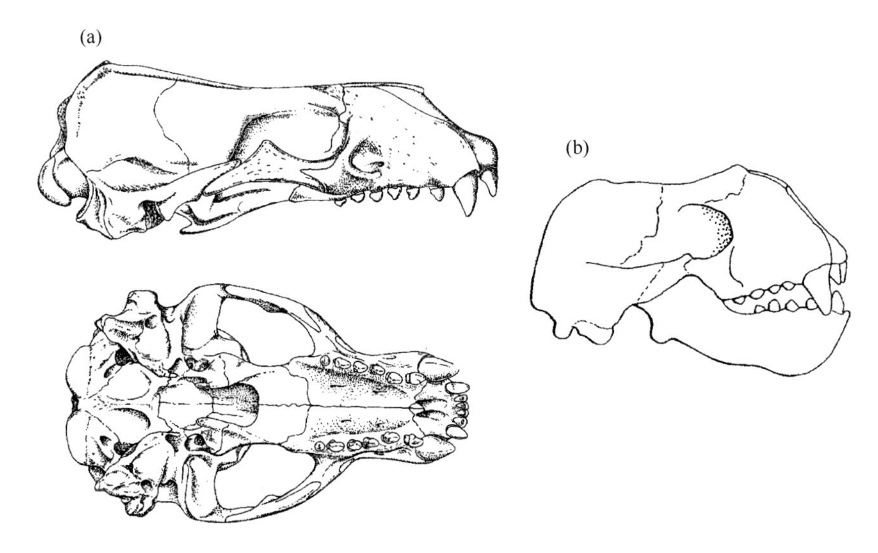

图 3.18 化石海象类的颅骨

(a) 拟海象 (*Imagotaria downsi*) 颅骨横向观和腹面观，拟海象生存于中新世，化石发现于北美西部，原件长 30 厘米 (雷佩宁和泰德福德，1977 年)； (b) 日本原海象 (*Protodobenus japonicus*) 颅骨横向观，日本原海象生存于上新世早期，化石发现于日本，原件长 25 厘米 (崛川，1995 年)

括原海狮兽 (*Prototaria*)、原新海象 (*Proneotherium*)、新海象 (*Neotherium*) 和堪察加兽 (*Kamtschatarctos*)。伪海狮兽 (*Pseudotaria*)、拟海象 (*Imagotaria*)、李海象 (*Pontolis*)、化石海狮科动物和大部分海豹科动物也具有双根 M^1。单根 M^1 出现于现存海狮科、象海豹属 (*Mirounga*)、塞夫顿杜希纳海象 (*Dusignathus seftoni*)、嵌齿海象 (*Gomphotaria*)、艾化海象 (*Aivukus*)、原海象 (*Protodobenus*) 和泽西哥海象 (*Ontocetus*) 中。在海象属 (*Odobenus*) 和壮海象 (*Valenictus*) 中 M^1 缺失。

基于形态学的研究认为，海象间进化关系为干群“拟海象亚科”和冠群“海象科”的两种单系类群。进化研究确认了干群“拟海象亚科”的原新海象 (*Proneotherium*) 和原海狮兽 (*Prototaria*)，它们生存于中新世中期（1600万~1400万年前）的北太平洋（德梅雷和贝尔塔，2001年；河野，2006年）。其他干群“拟海象亚科”海象包括新海象（*Neotherium*）、拟海象（*Imagotaria*）（图3.18）、伪海狮兽（*Pseudotaria*）和拟海熊兽（*Pelagiarctos*）（图3.19），它们生存于中新世中晚期的北太平洋东部（河野，2006年；博森奈克和丘吉尔，2013年）。这些古海象具有未扩大的犬齿和狭窄多根的前磨牙，表现出成臼齿作用的趋势，这种适应性特征显示，古鳍脚类保留了鱼类食谱，而非现代海象特化的软体动物食谱。杜希纳海象亚科（Dusignathinae）包括已灭绝的杜希纳海象属（*Dusignathus*）和嵌齿海象属（*Gomphotaria*）。除现代的海象属（*Odobenus*）外，海象亚科（Odobeninae）还包括已灭绝的艾化海象属（*Aivukus*）、泽西哥海象属（*Prorosmarus*）（河野和雷，2008年）、原海象属（*Protodobenus*）和壮海象属（*Valenictus*）（博森奈克和丘吉尔，2013年）。杜希纳海象发展出扩大的上犬齿和下犬齿，而海象亚科动物仅演化出扩大的上犬齿，与现代海象类同。

图3.19　“拟海象亚科”动物拟海熊兽（*Pelagiarctos*）头部生命复原图

（罗伯特·博森奈克绘制）

圣克鲁斯杜希纳海象（*Dusignathus santacruzensis*）和海象亚科的艾

化海象（*Aivukus cedroensis*）生存于中新世晚期，首次发现于美国加利福尼亚和墨西哥下加利福尼亚。现已知早期分化的海象亚科成员在上新世早期分布于整个太平洋和大西洋沿岸（例如，*Ontocetus emmoni*）（雷和河野，2008年）。研究者了解得较透彻的海象亚科化石成员——楚拉维斯特壮海象（*Valenictus chulavistensis*）由德梅雷（1994年b）描述，该物种与现代海象属密切相关，但也存在区别，因其下颌中没有牙齿并缺少所有上颌后犬齿。壮海象的牙齿缺失（除长牙外）在鳍脚类中是独有的，但与通过吮吸摄食的现代喙鲸和一角鲸的情况相似。

现代的海象属（*Odobenus*）的其他物种可追溯至上新世早期的比利时；这个分类单元出现在约60万年前的太平洋。

3.2.4.3 海豹科：海豹

现存海豹类是另一种主要的鳍脚类，通常称为“无耳海豹”，因为它们缺失可见的外耳廓，通过这个特征可便捷地将它们与海狮类区分。海豹的另一个独有特征是它们在陆地上的运动方式。海豹不能将它们的后鳍肢转向前，因此它们在陆地上通过身体的起伏波动实现运动（在第8章中进行更详细的描述）。海豹的其他特征包括它们的体型比海狮更大，雄性象海豹平均体重可达2吨。一些海豹种类是令人赞叹的潜水健将，最著名的是象海豹和威德尔海豹，它们在远洋中超过1000米的深海里活动，以垂直迁移的鱿鱼和鱼类为食。

怀斯（1988年）根据一些特征支持海豹科为单系类群，阿姆森和穆隆（2014年）基于海豹类群内部的关系证实了这一观点，海豹的主要特征如下（图3.2，图3.20和图3.21）。

（18）由于距骨部分的显著发展和跟结节的大幅缩小，海豹不具有将后肢转向前方身体下的能力

可通过由足拇长屈肌筋腱经过的向后导向的部分来辨认海豹的距骨

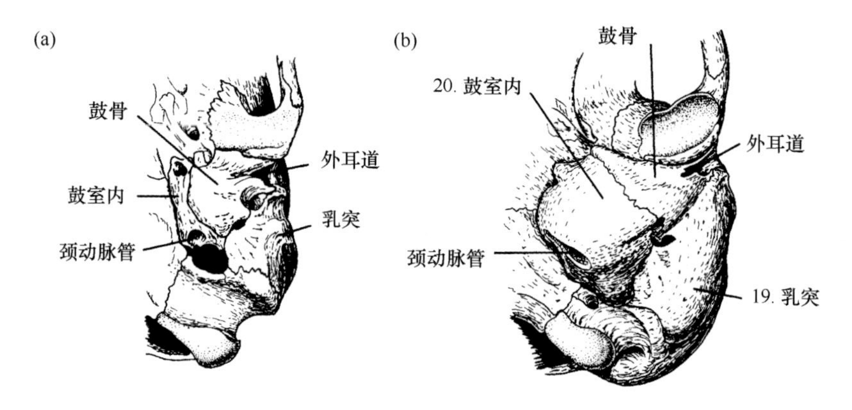

图 3.20　海豹的共源性状，耳区腹面观

（a）海狮；（b）海豹。特征编号（见文中详细描述）：19—骨肥厚乳突区，与其他鳍脚类的情况不同；20—显著膨大的内鼓骨，其他鳍脚类的内鼓骨则平坦或轻微膨大（根据金（1983 年 b）的作品修正）

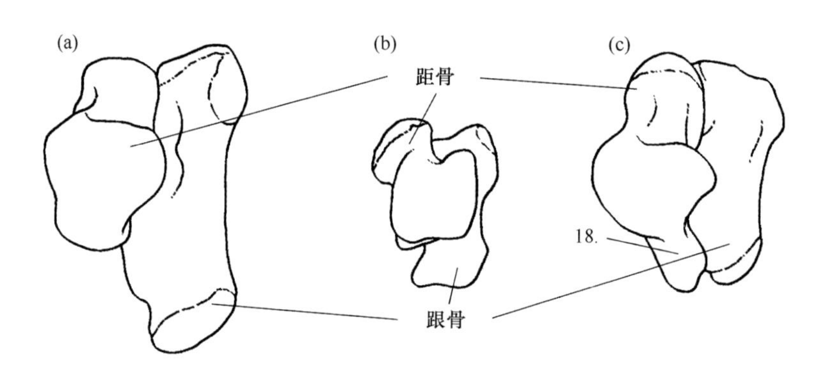

图 3.21　海豹的共源性状，左距骨（踝骨）和跟骨

（a）海狮；（b）海象；（c）海豹。特征编号：18—由于距骨部分的显著发展和跟结节的大幅缩小，海豹不具有将后肢转向前方身体下的能力；其他鳍脚类不发生这些变化（P 亚当绘制）

（踝骨）。海豹的跟骨也相应地发生了改变。跟结节缩短，仅突出至距骨部分。这一布局阻碍了足部的前屈，导致它们在陆地上运动时不能将后肢转向前。

(19) 骨肥厚乳突区

海豹类动物的乳突(耳)区由厚而致密的骨(骨肥厚)组成，与海狮或海象的情况不同。

(20) 显著膨大的内鼓骨

海豹的内鼓骨(组成耳骨或鼓泡的骨骼之一)膨大。其他鳍脚类动物的内鼓骨则平坦或仅轻微膨大(图3.20)。

图3.22 代表性的僧海豹亚科和海豹亚科动物

(a) 僧海豹亚科，北象海豹(*Mirounga angustirostris*)；(b) 海豹亚科，带纹环斑海豹(*Histriophoca fasciata*)(卡尔·比尔绘制)

大部分形态学和分子数据支持僧海豹亚科(僧海豹和包括象海豹在内的南方海豹)和海豹亚科(北半球的海豹)为单系类群(图3.22)(阿姆森和穆隆，2014年；贝尔塔等，2015年)。在缺少有力的海豹类系统发育分析(包括现存和已灭绝分类单元)的情况下，我们基于分子数据提出了海豹科系统发育树(图3.23)，得到了不同研究结果的普遍支持。除戴维斯等(2004年)的研究外，其他分子研究提供了关于海豹相互关系的数据(例如，戴维斯等，2004年；希格登等，2007年；富尔顿和斯托贝克，2010年；尼亚卡图拉和比宁达-埃蒙德，2012年；见图3.23)。在海豹亚科中，发现了持续、有力的证据，认定髯海豹(*Erignathus barbatus*)为其余分类单元的一个姐妹类群，其次是冠海豹(*Cystophora cristata*)。最近的研究发现，系统发育树的下一枝

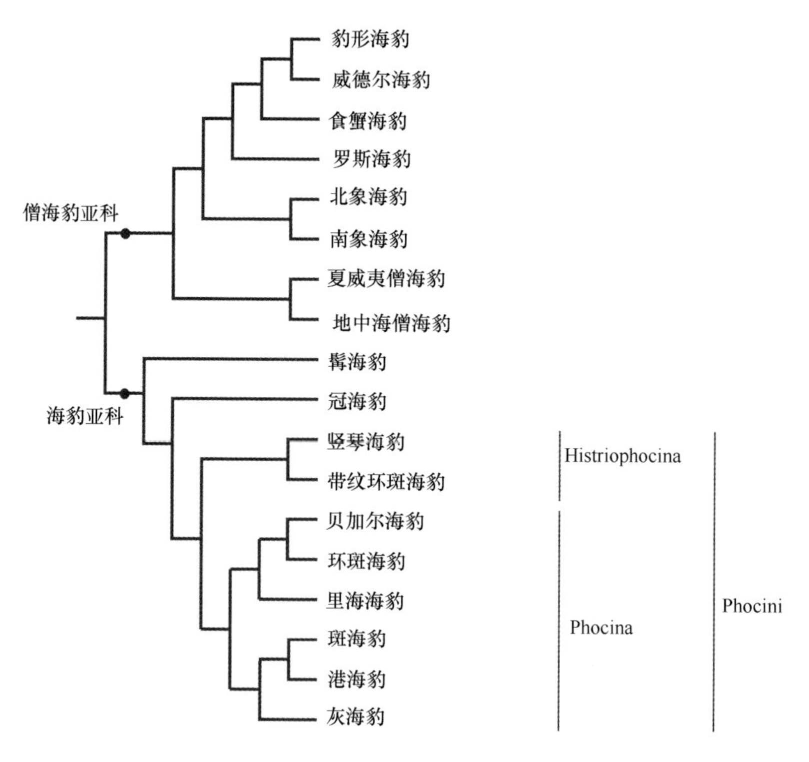

图 3.23 基于分子数据的海豹科系统发育图

（戴维斯等，2004 年）

应为带纹环斑海豹和竖琴海豹（=Histriophocina），它们是其余分类单元的姐妹类群。但其余物种（*Phoca*，*Pusa*，*Halichoerus*=Phocina）的分类存在分歧（例如，阿纳森等，2006 年）。一些研究（例如，富尔顿和斯托贝克，2010 年；尼亚卡图拉和比宁达-埃蒙德，2012 年）将灰海豹（*Halichoerus grypus*）定位为里海海豹（*Pusa caspica*）的姐妹种，但其他研究认为灰海豹属（*Halichoerus*）族群在海豹属（*Phoca*）内（例如，富尔顿和斯托贝克，2010 年）。港海豹（*Phoca vitulina*）和斑海豹（*Phoca largha*）之间的姐妹类群关系得到一致承认和有力支持。研究者还发现了对僧海豹亚科的 3 个世系的有力支持：① 夏威夷僧海豹（*Neomonachus schauinslandi*），是已灭绝的加勒比僧海豹（*Neomonachus tropicalis*）的姐妹分类单元；② 单源的象海豹属（*Mirounga* spp.），是南极海豹（Lobodontine）的姐妹分类单元；③ 南极海豹（Lobodontine）（例如，豹形海豹属、食蟹海豹属、罗斯海豹属和威德尔海豹属）（例如，戴维斯等，2004 年；希格登等，2007 年；谢尔等，2014 年）。

南卡罗来纳州有出土渐新世晚期（2900 万~2300 万年前）海豹化石的报告（克莱茨基和桑德斯，2002 年），如果其地层学出处是正确的，则该报告发现了已知最古老的海豹和已知最古老的鳍脚类动物（见图 3.1）。在该记录之前，人们对中新世中期（1500 万年前）之前的海豹类一无所知。在中新世中期，海豹亚科（例如，细海豹 *Leptophoca lenis* 和双大西洋细海豹 *Leptophoca amphiatlantica*）和僧海豹亚科（例如，维氏僧海豹 *Monotherium wymani*）发展成为了北大西洋的独特世系（克莱茨基，2001 年；克莱茨基和雷，2008 年）。双大西洋细海豹发现于比利时的安特卫普盆地（克莱茨基等，2012 年）。在马耳他发现了生存于中新世中期的一种不明僧海豹的残骸（比亚努奇等，2011 年），在利比亚发现了生存于中新世早期至中期的据称更古老的僧海豹 *Afrophoca libyca*（克莱茨基和多姆宁，2014 年）。这些记录表明僧海豹亚科在地中海海盆具有漫长的历史。保存完好的骨骼材料有助于了解其他化石真海豹。例如，长吻弓海豹（*Acrophoca longirostris*）（图 3.24）和太平洋皮斯科海豹（*Piscophoca pacifica*）（穆隆，1981 年）据报道生存于中新世晚期和上新世早期的（秘鲁，很可能包括智利）皮斯科形成期（沃尔什和纳什，2002 年），生存时间更近的 *Hadrokiris martini*（阿姆森和穆隆，2014 年）和胡氏海豹（*Homiphoca capensis*）发现于南非（亨迪和雷佩宁，1972 年；戈温德等，2012 年）。最近的研究（阿姆森和穆隆，2013 年；贝尔塔等，2015 年）表明，长吻弓海豹（*Acrophoca*）、皮斯科海豹（*Piscophoca*）、*Hadrokiris* 海豹和胡氏海豹（*Homiphoca*）可能属于僧海豹亚科。1400 万~1000 万年前，海豹亚科动物在古陆间广袤的副特提斯海（Paratethys Sea）中发展演化（克莱茨

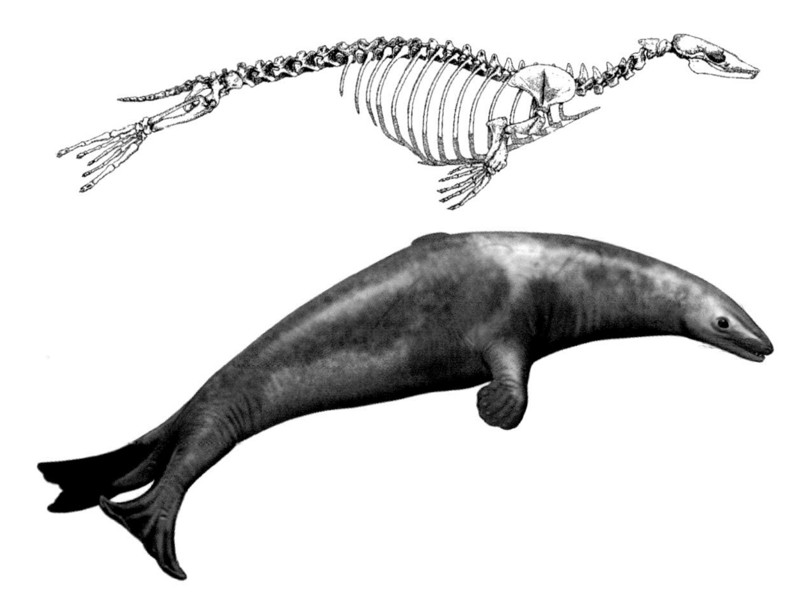

图 3.24 长吻弓海豹（*Acrophoca longirostris*）骨骼和生命复原图

注：这是一种来自中新世秘鲁的古海豹（来自穆隆（1981 年），卡尔·比尔绘制）

基，2001 年；克莱茨基和格里戈雷斯库，2002 年；克莱茨基和霍勒克，2002 年；克莱茨基和拉马特，2013 年；另见第 6 章）。之后，大部分海豹亚科动物在更新世发生分化。

3.2.5 海象和海豹是否有联系

如前文指出，研究者基于形态学数据提出了海象和海豹及其已灭绝的近亲（Phocomorpha 进化枝）之间的亲缘关系。将这些鳍脚类联系在一起的共源性状如下（见图 3.2）。

（21）中耳骨扩大

与其体型相比，海象和海豹的中耳骨较大，而海狮和陆地食肉目动物的情况不同。

（22）睾丸位于腹腔

海豹和海象的睾丸位于腹腔（腹股沟），而海狮和陆地食肉目动物的睾丸位于阴囊中腹股沟环外。

（23）主要毛发无髓鞘

海象和海豹的外层粗毛缺少髓质，而海狮和其他食肉目动物则有（见第 7 章）。

（24）皮下脂肪层厚

海象和海豹以皮下脂肪层厚为特征；而海狮和陆地食肉目动物的皮下脂肪层则不甚发达。

（25）外耳廓缺失

海象和海豹没有外耳廓，而外耳廓的存在是海狮和陆地食肉目动物的特征。

（26）静脉系统具有膨胀的肝血窦、发达的静脉括约肌、椎间括约肌、双后腔静脉和后肢臀肌血管通路

海象和海豹都有特化的静脉系统，这在某种程度上与它们卓越的潜水能力有关（见第 10 章）。相比之下，海狮和陆地食肉目动物的静脉系统特化程度较低，更近似于典型的陆地哺乳动物模式。

关于海象是更接近海豹还是更接近海狮的问题，研究者需进一步探索形态学和分子数据。对海象的基础研究将可能提供额外的特征，用于比较海象与海狮或海豹的亲缘关系。分子研究结论一贯支持海狮与海象之间的联系，人们将其解释为一个方法学问题或“长枝吸引效应”。当处理序列数据时，分支长度体现了沿着该分支的预期进化改变量。海象的世系是一个相对的长枝，尽管尚未深入研究，但海象亚种之间的种内变异不太可能使该枝一分为二。由于更长分支趋势的吸引，研究者容易得出误导性的系统发育树，但海象和海狮的亲缘关系可能并不正确。一种对分子数据更保守的解释是，海象是鳍脚类共同祖先的一个早期独立分支，但并非第一个分支（兰托等，1995 年）。

3.2.6 皮海豹：海豹的近亲或 Otarioid

通过对鳍脚类进化关系的研究，已确认了一类化石鳍脚类，包括皮海豹属（*Desmatophoca*）和异索兽（*Allodesmus*）（图 3.25），研究者将它们定位为海豹类的共同祖先（贝尔塔和怀斯，1994 年）。这个解释不同于以前的研究结论——将皮海豹认定为 Otarioid 鳍脚类（一个包括海象在内的类群）（巴恩斯，1989 年）。研究者利用一个综合性的鳍脚类数据集研究了 Otarioid 是否为单系的问题。假定 Otarioid 为单系而推论出的系统发育树比首选的系统发育假说长 34 步（贝尔塔和怀斯，1994 年）。

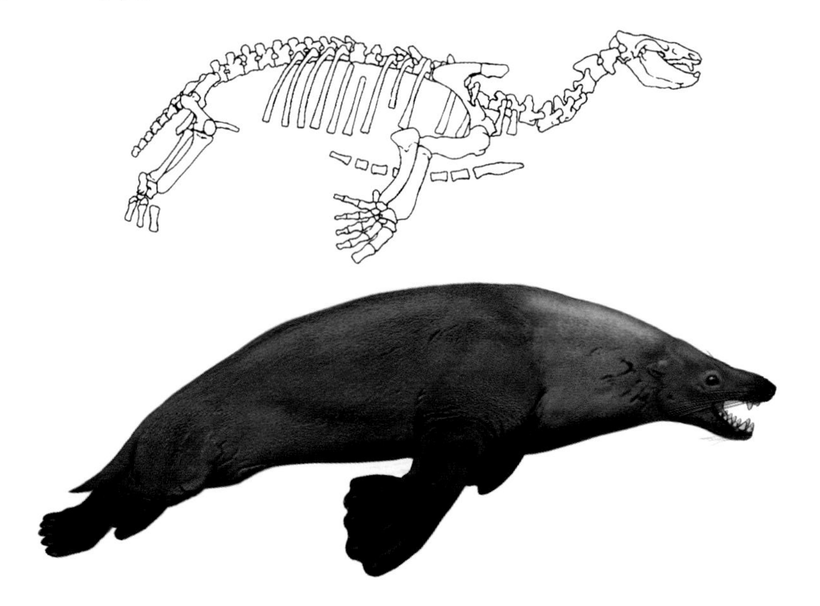

图 3.25 皮海豹——克氏异索兽（*Allodesmus kernensis*）的骨骼和生命复原图

注：该物种生存于中新世的北美西部，样本原件长 2.2 米（来自米切尔（1975 年），卡尔·比尔绘制）

已知皮海豹生存于中新世早期和中期（2300 万~1500 万年前）的美国西部和日本。来自俄勒冈的关于皮海豹属（*Desmatophoca*）的报道证实，这些鳍脚类动物具有两性异形现象和庞大体型（德梅雷和贝尔塔，2002年)。已知异索兽生存于中新世中期至晚期的加利福尼亚以及时间更近的日本（巴恩斯和广田，1995年)。它们是一个多样化的类群，主要特征包括：明显的两性异形、大眼眶、球根状的颊齿冠，以及较深的下颌。

海豹类及其化石近亲异索兽和皮海豹（确认为海豹超科(Phocoidea）进化枝）共同具有许多特征，并且这些特征支持这些分类单元之间存在密切联系（见图3.2)。这些共源性状主要包括：

(27）鼻骨后端位于额骨和上颌骨之间连接处的后面

在海豹和皮海豹中，额骨和上颌骨之间的V形连接是鼻骨在这些骨骼之间向后延伸的结果（见图3.12)。

(28）鳞骨和颧骨牢固连接

鳞骨和颧骨（颊骨）之间的牢固连接，或称互锁连接可将海豹和皮海豹从其他鳍脚类中区分出来。在其他鳍脚类中，这些骨骼在一个夹板状结构中相互重叠（见图3.3)。

3.3 总结和结论

鳍脚类动物单系起源假说一向得到形态学和分子数据的有力支持。与鳍脚类动物亲缘关系最近的物种是似熊食肉目动物，大多数证据支持鳍脚类动物和熊科动物之间的联系，或是鳍脚类动物与鼬科动物之间的联系。

最早的干群分类单元是鳍脚支目（例如，海熊兽)，它们出现在2700万~2500万年前北太平洋的化石记录中。此后不久，冠群鳍脚类世系分化出来，海豹科动物首次出现于北大西洋。海豹科动物分化为两个单系子群：南方的僧海豹亚科和北方的海豹亚科。约1000万年后，海象出现于北太平洋。长牙是现代雄性和雌性海象共有的特征，但快速完善的化石记录表明，海象的祖先没有出现长牙。确认了海象的两个单源世系（杜希纳海象亚科和海象亚科)。海狮类是最晚出现在化石记录中的鳍脚类世系，它们的历史仅可追溯至1100万年前的北太平洋。海狮（海狮亚科）和海狗（海狗亚科）都不是单系类群。

关于海象的精确进化地位仍存在争论。大部分形态学数据支持海豹和海象的亲缘关系，而分子学和综合数据则一贯支持海狮类和海象之间的联系。对形态学和分子数据集的深入探索将可能有益于解决这些争论。

3.4 延伸阅读与资源

弗林和韦斯利-亨特（2005年），尼亚卡图拉和比宁达-埃蒙德（2012年）论述了各种似熊食肉目动物和鳍脚类之间的关系。贝尔塔（1991年，1994年）和巴恩斯（1989年，1992年）研究了干群鳍脚支目动物，雷佩宁和泰德福德（1977年）及丘吉尔等（2014年）研究了化石海狮类，博森奈克和丘吉尔（2013年）研究了海象，穆隆（1981年）和克莱茨基（2001年）、克莱茨基和雷（2008年）、阿姆森和穆隆（2014年）研究了化石海豹类。对海象类进化和系统发育的论述包括德梅雷（1994年a，b）、河野（2006年）、德梅雷和贝尔塔（2001年），以及博森奈克和丘吉尔（2013年）。关于海豹类系统发育的其他观点，详见基于形态学的研究：怀斯（1988年），比宁达-埃蒙德和罗素（1996年），比宁达-埃蒙德等（1999年），阿姆森和穆隆（2014年）；以及分子学研究：阿纳森等（2006年），希格登等（2007年），富尔顿和斯托贝克（2010年）。米泽等（2009年）提供了关于海狮亲缘关系的分子学证据，但读者可另见丘吉尔等（2014年）基于综合数据的不同观点。

参考文献

Amson, E., Muizon, C. de, 2014. A new durophagous phocid (Mammalia: Carnivora) from the late Neogene of Peru and considerations on monachine seals phylogeny. Syst. Paleontol. 12, 523–548.

Arnason, U., Gullberg, A., Janke, A., Kullberg, M., Lehman, N., Petrov, E. A., Väinölä, R., 2006. Pinniped phylogeny and a new hypothesis for their origin and dispersal. Mol. Phylogenet. Evol. 41, 345–354.

Barnes, L. G., 1989. A new Enaliarctine pinniped from the Astoria formation, Oregon, and a classification of the Otariidae (Mammalia: Carnivora). Nat. Hist. Mus. L. A. Cty. Contrib. Sci. 403, 1–28.

Barnes, L. G., 1992. A new genus and species of middle Miocene Enaliarctine pinniped (Mammalia: Carnivora) from the Astoria Formation in coastal Oregon. Nat. Hist. Mus. LA. Cty. Contrib. Sci. 431, 1–27.

Barnes, L. G., Hirota, K., 1995. Miocene pinnipeds of the otariid subfamily Allodesminae in the North Pacific Ocean: systematics and relationships. Isl. Arc. 3, 329–360.

Barnes, L. G., Koretsky, I., 2006. A new Pliocene sea lion Proterozetes ulysses (Mammalia: Otariidae) from Oregon, U. S. A. In: Docenti, A. (Ed.), Mesozoic and Cenozoic Vertebrates and Paleoenvironments: Tributes to the Career of Prof. Dan Grigorescu, pp. 57 – 77 Bucharest.

Berta, A., 1991. New Enaliarctos (Pinnipedimorpha) from the Oligocene and Miocene of Oregon and the role of "Enaliarctids" in pinniped phylogeny. Smithson. Contrib. Paleobiol. 69, 1–33.

Berta, A., 1994. New specimens of the Pinnipediform Pteronarctos from the Miocene of Oregon. Smithson. Contrib. Paleobiol. 78, 1–30.

Berta, A., Deméré, T. A., 1986. Callorhinus gilmorei n. sp., (Carnivora: Otariidae) from the San Diego Formation (Blancan) and its implications for otariid phylogeny. Trans. San. Diego Soc. Nat. Hist. 21, 111–126.

Berta, A., Ray, C. E., Wyss, A. R., 1989. Skeleton of the oldest known pinniped, Enaliarctos mealsi. Science 244, 60–62.

Berta, A., Ray, C. E., 1990. Skeletal morphology and locomotor capabilities of the archaic pinniped Enaliarctos mealsi. J. Vertebr. Paleontol. 10, 141–157.

Berta, A., Wyss, A. R., 1994. Pinniped phylogeny. Proc. San. Diego Soc. Nat. Hist. 29, 33–56.

Berta, A., Churchill, M., 2012. Pinniped taxonomy: review of currently recognized species and subspecies, and evidence used for their description. Mamm. Rev. 42, 207–234.

Berta, A., Kienle, S., Bianucci, G., Sorbi, S., 2015. A re-evaluation of Pliophoca etrusca (Pinnipedia, Phocidae) from the Pliocene of Italy: phylogenetic and biogeographic implications. J. Vertebr. Paleontol. 35(1), e889144.

Bianucci, G., Gatt, M., Catanzariti, R., Sorbi, S., Bonavia, C. G., Curmi, R., Varola, A., 2011. Systematics, biostratigraphy and evolutionary pattern of the Oligo – Miocene marine mammals from the Maltese Islands. Geobios 44, 549–585.

Bininda – Emonds, O. R. P., Russell, A. P., 1996. A morphological perspective on the phylogenetic relationships of the extant phocid seals (Mammalia: Carnivora: Phocidae). Bonn. Zool. Monogr. 41, 1–256.

Bininda – Emonds, O. R. P., Gittleman, J. L., Purvis, A., 1999. Building large trees by combining information: a complete phylogeny of the extant Carnivora (Mammalia). Biol. Rev. 74, 143–175.

Boessenecker, R. W., 2011. New records of the fur seal Callorhinus (Carnivora: Otariidae) from the Plio–Pleistocene Rio Dell formation of northern California and comments on otariid dental evolution. J. Vertebr. Paleontol. 31, 454–467.

Boessenecker, R. W., Churchill, M., 2013. A reevaluation of the morphology, paleoecology, and phylogenetic relationshisps of the enigmatic walrus Pelagiarctos. PLoS ONE 8, e54311.

Chapskii, K. K., 1940. Raspostranenie morzha v moryakh Laptevykh I Vostochno Sibirkom. Probl. Arkt. 6, 80–94.

Churchill, M., Boessenecker, R. W., Clementz, M. T., 2014. The late Miocene colonization of the Southern Hemisphere by fur seals and sea lions (Carnivora: Otariidae). Zool. J. Linn. Soc. 172(1), 200–225.

Davis, C. S., Delisle, I., Stirling, I., Siniff, D. B., Strobeck, C., 2004. A phylogeny of the extant Phocidae inferred from complete mitochondrial DNA coding regions. Mol. Phylogenet. Evol. 33, 363–377.

Deméré, T. A., 1994a. The family Odobenidae: a phylogenetic analysis of fossil and living taxa. Proc. San. Diego Soc. Nat. Hist. 29, 99–123.

Deméré, T. A., 1994b. Two new species of fossil walruses (Pinnipedia: Odobenidae) from the upper Pliocene San Diego Formation, California. Proc. San. Diego Soc. Nat. Hist. 29, 77–98.

Deméré, T. A., Berta, A., 2001. A reevaluation of Proneotherium repenningi from the Miocene Astoria Formation of Oregon and its position as a basal odobenid (Pinnipedia: Mammalia). J. Vertebr. Paleontol. 21, 279–310.

Deméré, T. A., Berta, A., 2002. The pinniped Miocene Desmatophoca oregonensis Condon, 1906 (Mammalia: Carnivora) from the Astoria Formation, Oregon. Smithson. Contrib. Paleobiol. 93, 113–147.

Deméré, T. A., Berta, A., 2005. New skeletal material of Thalassoleon (Otariidae: Pinnipedia) from the late Miocene-early Piocene (Hemphillian) of California. Fla. Mus. Nat. Hist. Bull. 45, 379–411.

Deméré, T. A., Berta, A., Adam, P. J., 2003. Pinnipedimorph evolutionary biogeography. Bull. Am. Mus. Nat. Hist. 279, 32–76.

Drehmer, C. J., Ribeiro, A. M., 1998. A temporal bone of an Otariidae (Mammalia: Pinnipedia) from the late Pleistocene of Rio Grande do Sul State, Brazil. Geosci. 3, 39–44.

Fay, F. H., 1981. Walrus: Odobenus rosmarus. In: Ridgway, S. H., Harrison, R. J. (Eds.), Handbook of Marine Mammals, vol. 1. Academic Press, New York, pp. 1–23.

Flynn, J. J., Nedbal, M. A., 1998. Phylogeny of the Carnivora (Mammalia): congruence vs incompatibility among multiple data sets. Mol. Phylogenet. Evol. 9, 414–426.

Flynn, J. J., Wesley-Hunt, G. D., 2005. Carnivora. In: Rose, K. D., Archibald, J. D. (Eds.), The Rise of Placental Mammals. Johns Hopkins, Baltimore, MD, pp. 175–198.

Fulton, T. L., Strobeck, C., 2006. Molecular phylogeny of the Arctoidea (Carnivora): effect of missing data on supertree and supermatrix analyses of multiple gene data sets. Mol. Phylogenet. Evol. 41, 165–181.

Fulton, T. L., Strobeck, C., 2010. Multiple markers and multiple individuals refine true seal phylogeny and bring molecules and morphology back in line. Proc. R. Soc. B 277, 1065–1070.

Govender, R., Chinsamy, A., Ackermann, R. R., 2012. Anatomical and landmark morphometric analysis of fossil phocid seal remains from Langebaanweg, west coast of South Africa. Trans. R. Soc. S. Afr. 67, 135–149.

Hendey, Q. B., Repenning, C. A., 1972. A Pliocene phocid from South Africa. Ann. S. Afr.

Mus. 59,71-98.

Higdon, J. W., Binida-Emonds, O. R. P., Beck, R. M. D., Ferguson, S. H., 2007. Phylogeny and divergence of the pinnipeds (Carnivora: Mammalia) assessed using a multigene dataset. BMC Evol. Biol. 7,216.

Horikawa, H., 1995. A primitive odobenine walrus of early Pliocene age from Japan. Isl. Arc 3, 309-329.

Illiger, J. C. W., 1811. Prodromus systematics Mammalium et Avium. C. Salfeld, Berlin.

King, J. E., 1983a. Seals of the World. Oxford University Press, London.

King, J. E., 1983b. The Ohope skull-a new species of Pleistocene sealion from New Zealand. N. Z. J. Mar. Freshwater Res. 17,105-120.

Kohno, N., 1992. A new Pliocene fur seal (Carnivora: Otariidae) from the Senhata Formation, Boso Peninsula, Japan. Nat. Hist. Res. 2,15-28.

Kohno, N., 2006. A new Miocene odobenid (Mammalia: Carnivora) from Hokkaido, Japan, and its implications for odobenid phylogeny. J. Vertebr. Paleontol. 26,411-421.

Kohno, N., Yanagisawa, Y., 1997. The first record of the Pliocene Gilmore fur seal in the Western North Pacific Ocean. Bull. Natl. Sci. Mus. Ser. C: Geol. (Tokyo) 23,119-130.

Kohno, N., Ray, C. E., 2008. Pliocene Walruses from the Yorktown Formation of Virginia and North Carolina, and a systematic revision of the North Atlantic Pliocene Walruses. Virginia Museum of Natural History Special Publication. 14,39-80.

Koretsky, I. A., 2001. Morphology and systematics of Miocene Phocinae (Mammalia: Carnivora) from Paratethys and the North Atlantic region. Geol. Hung. Ser. Palaeontol. 54, 1-109.

Koretsky, I. A., Domning, D., 2014. One of the oldest seals (Carnivora, Phocidae) from the old World. J. Vert. Paleontol. 34,224-229.

Koretsky, I. A., Holec, P., 2002. A primitive seal (Mammalia: Phocidae) from the early middle Miocene of central Paratethys. Smithson. Contrib. Paleobiol. 93,163-178.

Koretsky, I. A., Sanders, A. E., 2002. Paleontology from the late Oligocene Ashley and Chandler Bridge Formations of South Carolina, 1: Paleogene pinniped remains; the oldest known seal (Carnivora: Phocidae). Smithson. Contrib. Paleobiol. 93,179-183.

Koretsky, I. A., Ray, C. E., Peters, N., 2012. A new species of Leptophoca (Carnivora,

Phocidae, Phocinae) from both sides of the North Atlantic ocean (Miocene seals of the Netherlands, part I). Denisea-Annual Nat. Hist. Mus. Rotterdam 15, 1–2.

Koretsky, I. A., Grigorescu, D., 2002. The fossil monk seal Pontophoca sarmatica (Alekseev) (Mammalia: Phocidae: Monachinae) from the Miocene of eastern Europe. Smithson. Contrib. Paleobio. 93, 149–162.

Koretsky, I. A., Ray, C. E., 2008. Phocidae of the Pliocene of eastern USA. In: Ray, C. E., Bohaska, D., Koretsky, I. A., et al. (Eds.), Geology and Paleontology of the Lee Creek Mine, North Carolina, IV, vol. 15. Virginia Museum of Natural History, Sp. Publ, pp. 81–140.

Koretsky, I. A., Rahmat, S., 2013. First record of fossil Cystophorinae (Carnivora, Phocidae): middle Miocene seals from the northern paratethys. Riv. Ital. Paleo. Strat. 119 (3), 325–350.

Lento, G. M., Hickson, R. E., Chambers, G. K., Penny, D., 1995. Use of spectral analysis to test hypotheses on the origin of pinnipeds. Mol. Biol. Evol. 12, 28–52.

Lindqvist, C., Bachmann, L., Andersen, L., Born, E. W., Arnason, U., Kovacs, K. M., Lydersen, C., Abramov, A. V., Wiig, O., 2009. The Laptev Sea walrus Odobenus rosmarus laptevi: an enigma revisited. Zool. Scr. 38, 113–127.

Mitchell, E. D., 1975. Parallelism and convergence in the evolution of the Otariidae and Phocidae. Rapp. P. -v. Réun. Cons. Int. Explor. Mer. 169, 12–26.

Mitchell, E. D., Tedford, R. H., 1973. The Enaliarctinae: a new group of extinct aquatic Carnivora and a consideration of the origin of the Otariidae. Bull. Am. Mus. Nat. Hist. 151, 201–284.

Muizon, C. de, 1978. Arctocephalus (Hydrarctos) lomasiensis, subgen. nov. et nov. sp. un nouvel Otariidae du Mio-Pliocène de Sacaco (Pérou). Bulletin de l'Institut Français d'Études Andines 7, 169–188.

Muizon, C. de, 1981. Les Vertébrés Fossiles de la Formation Pisco (Pérou). Part 1. Recherche sur les Grandes Civilisations, Mem. No. 6. Instituts Francais d'Études Andines, Paris.

Muizon, C. de, 1982. Phocid phylogeny and dispersal. Ann. S. Afr. Mus. 89, 175–213.

Nyakatura, K., Bininda-Emonds, O. R. P., 2012. Updating the evolutionary history of Carnivora (Mammalia): a new species-level supertree complete with divergence time estimates. BMC Biol. 10, 12.

Repenning, C. A., Tedford, R. H., 1977. Otarioid seals of the Neogene. Geol. Surv. Prof. Pap. (U. S.) 992, 1-93.

Repenning, C. A., Ray, C. E., Grigorcscu, D., 1979. Pinniped biogeography. In: Gray, J., Boucot, A. J. (Eds.), Historical Biogeography, Plate Tectonics, and Changing Environment. Oregon State University, Corvallis, OR, pp. 357-369.

Rybczynski, N., Dawson, M. R., Tedford, R. H., 2009. A semi-aquatic Arctic mammalian carnivore from the Miocene epoch and origin of Pinnipedia. Nature 458, 1021-1024.

Scheel, D. -M., Slater, G. J., Kolokotronis, S. -O., et al., 2014. Biogeography and taxonomy of extinct and endangered monk seals illuminated by ancient DNA and skull morphology. ZooKeys 409, 1-33.

Tedford, R. H., 1976. Relationships of pinnipeds to other carnivores (Mammalia). Syst. Zool. 25, 363-374.

Uhen, M., 2007. Marine mammals summary. In: Janis, C. M., Gunnell, G. F., Uhen, M. D. (Eds.), Evolution of Tertiary Mammals of North America, vol. 2. Cambridge University Press, New York, pp. 507-522.

Walsh, S., Naish, D., 2002. Fossil seals from late Neogene deposit in South America: a new pinniped (Carnivora, Mammalia) assemblage from Chile. Palaeontology 45, 821-842.

Wynen, L. P., Goldsworthy, S. D., Insley, S., Adams, M., Bickham, J., Gallo, J. P., Hoelzel, A. R., Majluf, P., White, R. P. G., Slade, R., 2001. Phylogenetic relationships within the family Otariidae (Carnivora). Mol. Phylogenet. Evol. 21, 270-284.

Wyss, A. R., 1987. The walrus auditory region and monophyly of pinnipeds. Am. Mus. Novit. 2871, 1-31.

Wyss, A. R., 1988. On "retrogression" in the evolution of the Phocinae and phylogenetic affinities of the monk seals. Am. Mus. Novit. 2924, 1-38.

Wyss, A. R., Flynn, J., 1993. A phylogenetic analysis and definition of the Carnivora. In: Szalay, F. S., Novacek, M. J., McKenna, M. C. (Eds.), Mammal Phylogeny: Placentals. Springer-Verlag, New York, pp. 32-52.

Yonezawa, T., Kohno, N., Hasegawa, M., 2009. The monophyletic origin of sea lions and fur seals (Carnivora: Otariidae) in the southern hemisphere. Gene 441, 85-99.

第4章　鲸目动物的进化与系统分类学

4.1　导言

大部分海洋哺乳动物属于鲸目（Cetacea）物种。“鲸目”来自希腊语词汇*ketos*，意为鲸类，包括鲸、海豚和鼠海豚。科学界承认，现存鲸类有两种主要类群——须鲸亚目（须鲸）和齿鲸亚目（齿鲸）。齿鲸种类更为多样化，现存大约有76种，相比之下现存须鲸只有14种。

鲸目动物与海牛目动物是人类记录最早的海洋哺乳动物；这两个类群都出现于始新世，鲸目动物出现于5400万～5300万年前（图4.1）。鲸目动物也是最多样化的适应海洋环境的哺乳动物类群。新发现的鲸类化石提供了令人信服的证据，指明了鲸类之间的系统发育联系，以及鲸类从陆地生活到完全水生生活的进化演变。

4.2　起源和进化

4.2.1　鲸类的定义

科学界认为，鲸目动物起源于偶蹄目（Artiodactyla），即趾为偶数的有蹄类动物，鲸类属于单系的鲸偶蹄总目（Cetartiodactyla）。鲸类和海牛类（见第5章）是仅有的在水中度过整个生命周期的海洋哺乳动物。它们依靠厚层的鲸脂，而非毛发或毛皮隔热保温。它们的后肢已消失，在水中它们利用水平方向的尾鳍产生推进力。当运动时，它们通过

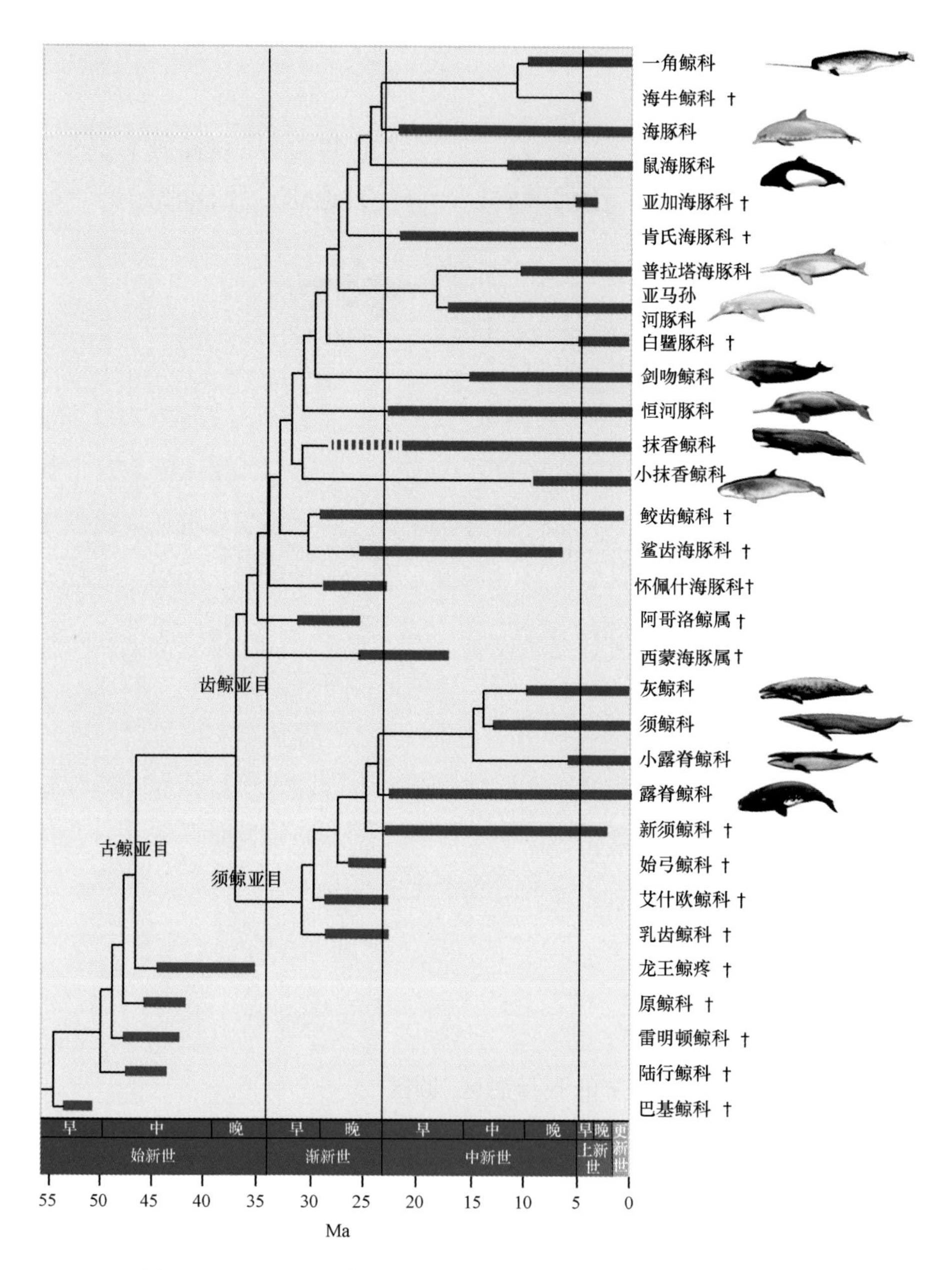

图 4.1 已灭绝和现存鲸目动物的生存时间范围（Ma=百万年前）

一对桨状的前鳍肢实现操控并保持稳定，就某些鲸豚类而言，背鳍也起到重要的平衡控制作用。

传统上，科学家将鲸类定义为一个单系类群。下述颅骨和牙齿的衍生特征可用于判别鲸目动物（乌恩，2010年的论述）（图4.2）。

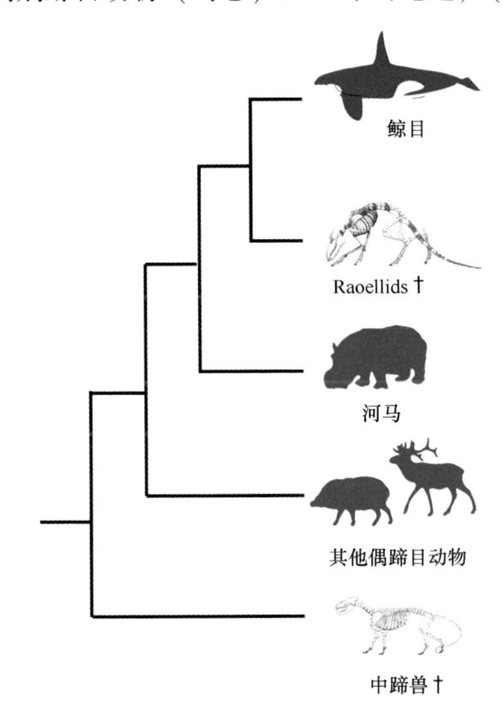

图4.2 描述鲸目动物及其陆地近亲关系的进化分支图

（德威森和巴杰帕伊，2009年）

（1）颅骨上的长而窄的眼窝后区/颞区

这个鲸类颅骨形状的变异可能与食物处理和感觉器官分布有关（德威森等，2007年）。

（2）与颊齿排成一线的门齿和犬齿

在鲸目动物中，前牙与颊齿排列成一线。在有蹄类动物和大部分其他哺乳动物中，门齿位于一个穿越口鼻前部的弧上（乌恩，2007年）。

（3）下臼齿缺少三角座和跟座盆，上臼齿的三角盆小或缺失

在有牙齿的鲸目动物中，牙齿上的研碎槽缩小。有蹄类动物，包括名为 raoellid 的原始偶蹄动物的牙齿具有大的研碎槽，这说明鲸目动物在起源中发生了牙齿功能的重大变化，很可能与显著的食谱变化相关（德威森等，2007 年）。

（4）颊齿变异适于剪切，臼齿前缘上有凹槽

鲸目动物在起源过程中发生的这个牙齿形状的改变也和食物加工有关，表明牙齿功能发生了重大变化。在有蹄类动物中，牙齿上的研碎槽大，可能适于处理植物（德威森等，2007 年）。

4.2.2 鲸目动物的亲缘关系

4.2.2.1 鲸目动物和其他有蹄类动物的关系

林奈在其早期版的《自然系统》（1735 年）一书中，将鲸目动物归属为鱼类，但到此书的第 10 版，他接受了雷（1693 年）的研究结论，承认鲸类为一个独特的类群，与鱼类无关。弗劳尔（1883 年）首次提出，鲸目动物和有蹄类动物有密切联系。在牙齿和颅骨证据的基础上，此观点得到范瓦伦（1966 年）和萨雷（1969 年）的支持，他们主张，鲸目动物和中蹄兽（*Mesonychian condylarths*）这一已灭绝的有蹄类群之间存在更明确的联系。在化石分类单元中，传统上认为中蹄兽与鲸目动物具有密切联系，直到最近认识发生了变化。现在学界普遍接受，另一种偶蹄类动物 raoellid 与鲸目动物的亲缘关系更近（见德威森等，2007 年；盖斯勒和西奥多，2009 年）。偶蹄动物（趾为偶数的有蹄类动物，包括鹿、羚羊、骆驼、猪、长颈鹿及河马）和早期鲸类的后肢呈现出远侧旁轴布局，即它们足部的对称轴位于第 3 趾和第 4 趾之间的一个平面上（图 4.3）。德威森等（2007 年）发现了类似鹿的 raoellid 偶蹄动物 *Indohyus*（图 4.4），新化石和随后开展的系统发育分析（盖

斯勒和西奥多，2009年）提供的证据表明，和中蹄兽相比，raoellid与鲸目动物具有更近的亲缘关系。德威森等（2007年）指出，*Indohyus* 的听泡内侧壁变厚（骨肥厚），称为包膜。这一从前用于判断鲸目动物的特征可解释为在通向raoellid+鲸目动物的分支上进化而来。

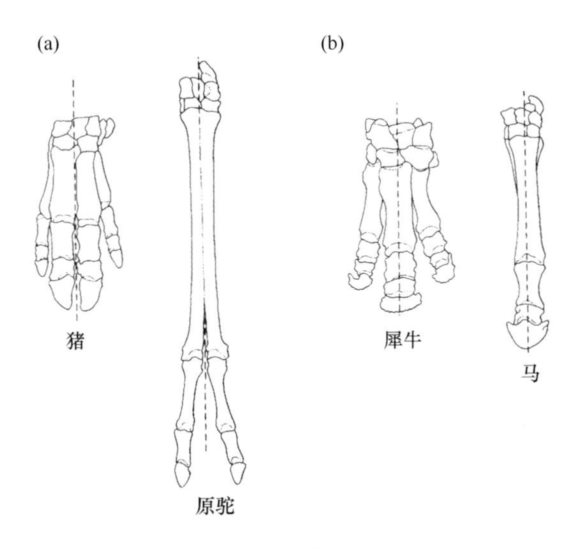

图4.3 偶蹄动物后肢的远侧旁轴布局

（a）旁轴足部形态，其中对称轴位于第3趾和第4趾之间（麦克费登，1992年）；

（b）原始的中轴形态，对称轴通过第3趾

同形态学分析结果相似，大多数分子序列数据，包括来自综合和独立数据集的数据（例如，非编码、蛋白质编码、核DNA、线粒体DNA和转座子；例如，欧文和阿纳森，1994年；盖特希，1997年，1998年；二阶堂等，1999年；周等，2011年），支持鲸目动物起源于一个并系偶蹄动物世系的学说，并且大部分研究进一步表明，鲸目动物和河马类偶蹄动物是姐妹分类单元。因此，可将河马科（Hippopotamidae）和鲸目（Cetacea）共同整合进一个进化枝，名为河马形类（Whippomorpha）（沃德尔等，1999年），这已得到形态学和分子学的一致支持（例如，盖斯勒和乌恩，2003年，2005年）。

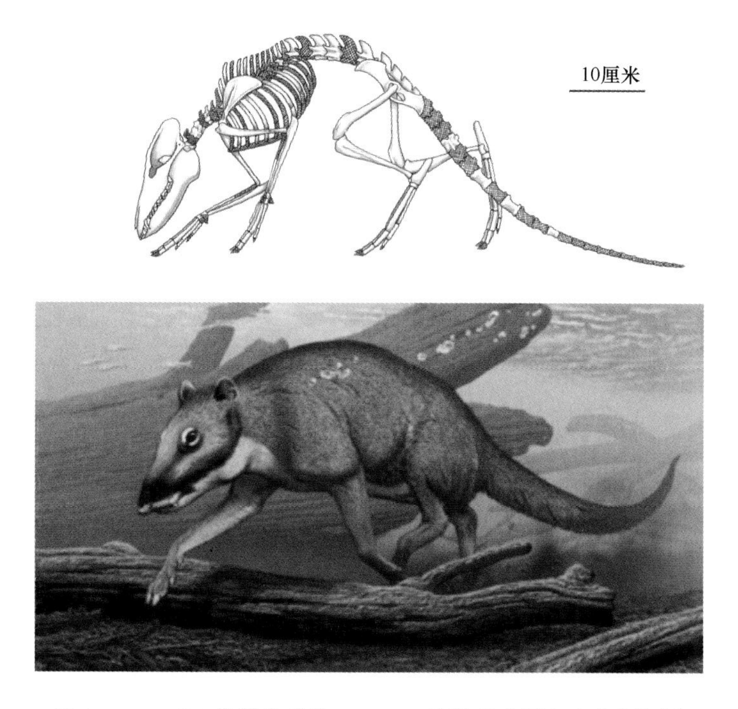

图 4. 4　raoellid 偶蹄类动物 *Indohyus* 骨骼重建图和生命复原图

注：缺失部分基于相关分类单元而重建（来自德威森等，2007 年，卡尔·比尔绘制）

基于分子研究的假说支持偶蹄类动物和鲸目动物之间存在密切联系，但直到最近，该假说尚未得到形态学数据的支持。特别是关于它们踝关节形态的争论仍在继续。在偶蹄动物的踝关节中，一个滑车在距骨的末端部位上发生，学界历来承认这个独有的特征使这些动物能够快速运动。最近发现的古代鲸目动物的踝骨显示，滑车踝关节或“双滑车”踝关节也存在于鲸目动物中，这支持了偶蹄动物和鲸目动物之间有紧密联系（金格里奇等，2001 年；德威森等，2001 年）。如果偶蹄类动物是并系的，则中蹄兽也并不与鲸目动物密切相关（许多牙齿特征趋同），或者在偶蹄动物中特化的后肢形态已独立演化了数次，或者它已消失在中蹄兽/鲸目动物进化枝中。无论如何，包含分子和形态学数据在内、迄今分析得最全面的数据集（斯波尔丁等，2009年；盖特希等，2013年）支持鲸目动物与*Indohyus*有密切联系的结论，而中蹄兽则落在此分类之外（图4.2和图4.5）。

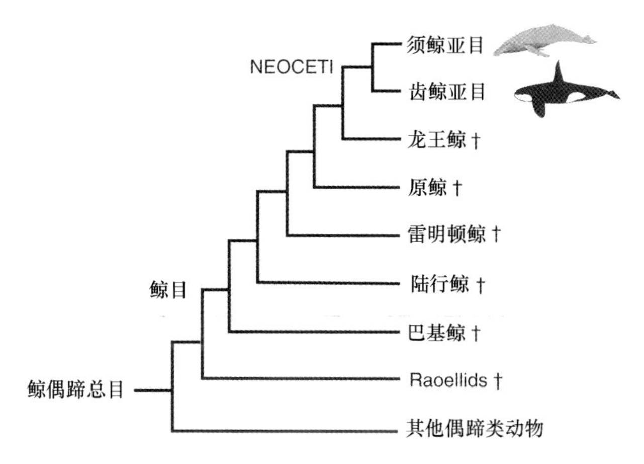

图4.5 鲸目动物与各种近亲之间的关系

（斯波尔丁等，2009年；盖特希等，2013年）

4.2.2.2 鲸目动物之间的关系

在系统发育分析中，研究者使用分子数据支持齿鲸亚目为并系类群，并指明抹香鲸和须鲸之间存在姐妹类群关系（米林科维奇等，1993年，1994年，1996年），但该分析得到的支持不足（梅辛杰和麦圭尔，1998年）。更近的分子研究一致地支持齿鲸亚目为单系类群（麦高恩等，2009年综述）。最近，其他一些研究为解决鲸目动物之间的相互关系做出了重要贡献，在这些研究中使用了综合数据集（包括形态学、化石）、分子数据和缜密的系统发育方法（例如，德梅雷等，2008年；盖斯勒等，2011年；盖特希等，2013年）。

4.2.3 干群鲸类——“古鲸亚目”的进化

最早出现的鲸类是古鲸亚目，它们是所有鲸目动物的并系干群。古鲸亚目从 raoellid 偶蹄动物演化而来。在非洲和北美的沉积物中发现了生存于始新世早期至中期（5200 万~4200 万年前）的古鲸亚目动物，但最知名的古鲸化石发现于巴基斯坦和印度。古鲸亚日被划分为 5 科或 6 科：巴基鲸科（Pakicetidae）、原鲸科（Protocetidae）、陆行鲸科（Ambulocetidae）、雷明顿鲸科（Remingtonocetidae）和龙王鲸科（Basilosauridae）(有时研究者将硬齿鲸亚科（Dorudontinae）认定为一个独立的科)（图 4.5）（德威森等，1998 年；德威森和威廉姆斯，2002 年；乌恩，2004 年）。乌恩（2008 年 a）确认了大量共源性状，并判断出一个名为 Pelagiceti 的新进化枝，包括龙王鲸科以及 Neoceti（齿鲸亚目和须鲸亚目）。

巴基鲸科是最古老、最原始的鲸目动物，该类群包括巴基鲸属（*Pakicetus*）、娜拉鲸属（*Nalacetus*）、喜马拉雅鲸属（*Himalayacetus*）和鱼中兽属（*Ichthyolestes*）（见德威森和侯赛因，1998 年；威廉姆斯，1998 年的分类学论著）。已知发现于巴基斯坦和印度的巴基鲸生存于始新世早期的较晚时期（例如，金格里奇和罗素，1981 年；金格里奇等，1983 年；德威森和侯赛因，1998 年；德威森等，2001 年）。巴基鲸属具有高密度、膨胀的听泡，与鳞骨（颊骨）部分分离，这个特征表明它们的耳朵适应了水下听觉（金格里奇和罗素，1990 年；德威森和侯赛因，1993 年）。来自巴基鲸骨骼以及同位素数据的证据（克莱门茨等，2006 年）表明，巴基鲸主要生存于淡水。虽然它们显示出奔跑的适应性（例如，细长的掌跖骨、具有长结节的跟骨），但它们可能不能够持续行走（德威森等，2001 年；马达尔，2007 年）。

单系的陆行鲸科包括陆行鲸属（*Ambulocetus*）、甘达克鲸属（*Gandakasia*）和喜马拉雅鲸属（*Himalayacetus*）（德威森和威廉姆斯，2002 年）。具有四肢和足的陆行鲸（*Ambulocetus natans*）化石是意义最重大的化石发现之一，与许多其他原始鲸目动物化石一样，始新世早期存在的陆行鲸也发现于巴基斯坦（德威森等，1994 年）。这种“走鲸”

具有发育良好的后肢和蹄末端的趾，毫无疑问，这说明这些附肢用于陆地运动。德威森等（1994 年）提出，陆行鲸属通过脊柱的起伏波动和后肢划水进行游泳，结合了现代海豹和海獭的特点，与现代鲸类使用的尾叶垂向运动截然不同（图 4.6；另见第 8 章）。陆行鲸属的前肢也发育良好，在肘部、腕部和趾部有灵活的关节。体型估计表明，陆行鲸属的重量为 141~235 千克，体型与雌性北海狮（*Eumetopias jubatus*）相似（德威森等，1996 年）。甘达克鲸属是陆行鲸科的另一个属，与陆行鲸属的区分特征是其体型更小（德威森等，1996 年）。同位素证据表明，喜马拉雅鲸属在海洋环境中度过相当长的时间，但它们返回淡水环境饮水（克莱门茨等，2006 年）。

图 4.6　陆行鲸（*Ambulocetus natans*）

（a）骨骼重建图；（b）生命复原图

（德威森和威廉姆斯，2002 年）

原鲸科是一个非常多样化的早期鲸类世系，包括 16 个确定的属：来自印度—巴基斯坦的罗德侯鲸属（*Rodhocetus*）、熊神鲸属（*Artiocetus*）、印支鲸属（*Indocetus*）、巴比亚鲸属（*Babiacetus*）、泰卡鲸属（*Takracetus*）、慈母鲸（*Maiacetus*）、麦卡鲸属（*Makaracetus*）、乔丹斯鲸属（*Qaisracetus*）和加伏特鲸属（*Gaviacetus*）；来自埃及的埃及鲸属（*Aegyptocetus*）、原鲸属（*Protocetus*）和始原鲸属（*Eocetus*）；来自西非的柏普鲸属（*Pappocetus*）和多哥鲸属（*Togocetus*）；以及来自北美的乔治亚鲸属（*Georgiacetus*）、卡罗莱鲸属（*Carolinacetus*）、圆齿鲸属（*Crenatocetus*）和支特鲸属（*Natchitochia*）（例如，盖斯勒等，2005 年；麦克劳德和巴恩斯，2008 年；金格里奇等，2009 年；比亚努奇和金格里奇，2011 年；乌恩，2014 年；金格里奇和卡佩塔，2014 年）。罗德侯鲸属、毛伊岛须鲸属（*Mauicetus*）、埃及鲸属和熊神鲸属的部分骨骼表明，原鲸类是半水生的，使用其强健的尾部以及前肢和后肢游泳（金格里奇等，2001 年，2009 年）（图 4. 7）。

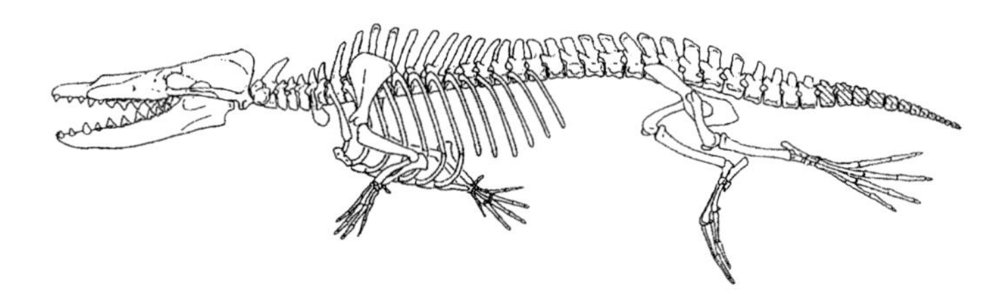

图 4. 7　罗德侯鲸（*Rodhocetus kasrani*）的骨骼

注：短划线和交叉影线表示重建的部分，原始样本 2 米长

（金格里奇等，2001 年）

雷明顿鲸科是生存时间短暂的古鲸亚目进化枝（生存于始新世中期之初的印度—巴基斯坦），包括雷明顿鲸属（*Remingtonocetus*）、大连特鲸属（*Dalanistes*）、安德鲁斯鲸属（*Andrewsiphius*）、阿托克鲸属（*Attockicetus*）和库奇鲸属（*Kutchicetus*）。雷明顿鲸科以长而狭窄的颅骨和下颌为主要特征（例如，德威森和威廉姆斯，2002 年；德威森和巴杰帕伊，2009 年；巴杰帕伊等，2011 年）。对雷明顿鲸属头部的一项解剖学研究表明，它是一种伏击型捕食者，具有高度发达的听觉。它口鼻部较长，可能有利于呼吸时保持水分，鉴于其独特的骨骼末端附近结构，它可能具有机械性刺激感受器，与海豹胆须中的感受器相似（巴杰帕伊等，2011 年；另见第 7 章）。肢体和骨骼数据表明，雷明顿鲸具

有骨肥厚（骨硬化，见格雷等，2007年）、强健的肢体，既能够在陆地上行走，也能够在水中游泳（例如，巴杰帕伊和德威森，2000年）。对雷明顿鲸属新种（*Remingtonocetus domandaensis*）部分骨骼的研究一致认为，这种动物主要通过其有力的后肢运动游泳，而非身体纵轴的背腹起伏（比比杰等，2012年）。同位素证据揭示，雷明顿鲸生存在近岸海洋生境中（克莱门茨等，2006年）。

4.2.4 基础的 Pelagiceti 进化枝

龙王鲸包括11个属，划分为3个亚科：硬齿鲸亚科（Dorudontinae）、龙王鲸亚科（Basilosaurinae）和空齿鲸亚科（Kekenodontinae）（见乌恩，2004年，2010年；戈尔丁和佐沃诺克，2013年）。一些龙王鲸亚科动物体型巨大，体长接近25米，已知它们的生存时间从始新世中期、晚期到渐新世晚期。在埃及中部的北方（特别是鲸鱼谷，也称为瓦迪阿希坦或械齿鲸山谷）发现了生存于始新世中期的伊西斯龙王鲸（*Basilosaurus isis*）的数百块骨骼，提供了该物种后肢极度缩小的证据（金格里奇等，1990年；乌恩，2004年；图4.8）。虽然研究表明，伊西斯龙王鲸在交配期间会使用微小的后肢抓住配偶（金格里奇等，1990年），但其后肢仍可简单解释为不具功能的退化的残余结构。

硬齿鲸亚科是一类体型较小、形似海豚的物种，可能是并系类群。同龙王鲸亚科相比，它们在分类学和生态学上更具多样性。研究者已知它们生存于始新世晚期，在埃及、北美东南部、欧洲、南美和新西兰均有发现（乌恩，2004年；乌恩等，2011年）。在埃及发掘的丰富的化石鲸目动物中，硬齿鲸（*Dorudon atrox*）的残骸尤为引人注目，这是最早实现完全水生的著名鲸目动物之一（乌恩，2004年）。硬齿鲸具有短的前鳍状肢和缩小的后肢，在运动上与现代鲸目动物相似，使用尾部产生推进力（乌恩，2004年）。在这一地区还发现了硬齿鲸亚科的一个新

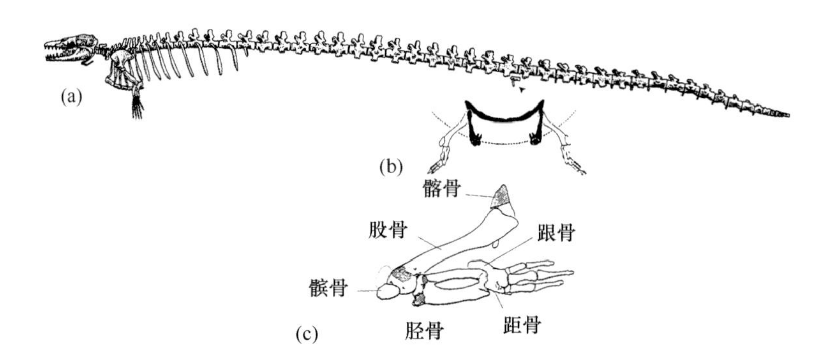

图 4.8 伊西斯龙王鲸（*Basilosaurus isis*）的骨骼和后肢

（a）骨骼左侧视图和后肢的位置（箭头）；（b）猜测中的功能骨盆带和休息姿势的后肢（实心部分）及功能扩展（开放部分）；（c）左后肢侧视图

（金格里奇和罗素，1990 年）

属（和种）：西蒙斯弯臂鲸（*Ancalecetes simonsi*）（金格里奇和乌恩，1996 年），该物种在前肢的一些特性上与硬齿鲸有差异，例如融合的肘部表明它的游泳能力非常有限（图 4.9）。

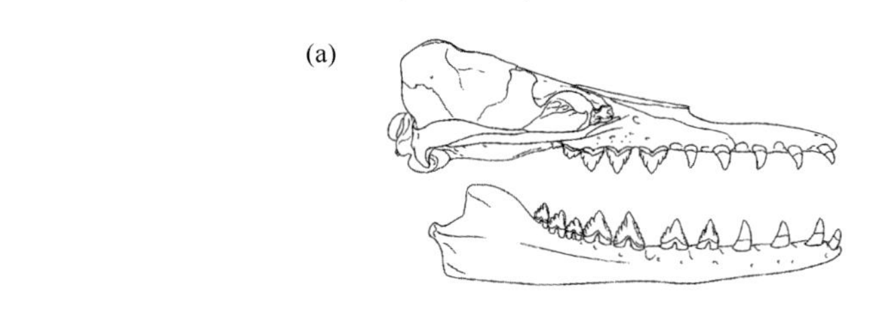

图 4.9 硬齿鲸（*Dorudon atrox*）骨骼重建图

（a）颅骨与颌部（乌恩，2002 年）；（b）骨骼右侧视图

（金格里奇和乌恩，1996 年）

研究者通过空齿鲸属（*Kekenodon*）的颅骨和牙齿特征以及来自新

西兰的未命名渐新世新样本，得知了空齿鲸亚科的存在（福代斯，2009年）。尽管研究者将空齿鲸亚科置于龙王鲸科之内，该类群的系统发育地位尚不清楚。

4.2.5 冠群鲸类动物

学界对须鲸类和齿鲸类分化时间的估计存在差异，这取决于分析的数据类型（基因序列、短散在序列的插入事件、化石）与使用的方法（分子钟、贝叶斯法）。根据化石记录，须鲸类和齿鲸类在大约3500万年前分化于一个共同的古鲸亚目祖先（福代斯，1980年；巴恩斯等，1985年）。基于分子数据和化石，估计冠群鲸类的起源发生在始新世晚期至渐新世早期（3500万~3050万年前），这取决于为分子钟分析选定的校准点（化石分类单元）（麦高恩等，2009年；盖斯勒等，2011年）。

冠群鲸目动物与干群鲸目动物的差异在于冠群鲸类具有许多衍生特征。这些特征包括：至少轻度的上颌骨颅后凹及具有多个背侧开放的眶下孔；吻中凹槽可向前开放到前颌骨沿着中线无接触的程度；最后面的牙齿位于眼眶和眶前凹之前；鳞骨的颧骨部分比干群鲸目动物更强壮；耳周骨的后部不向旁侧暴露在颅骨壁上；以及无换齿性（终生使用一代牙齿），但该特征对于化石分类单元是推测的而非确定的（福代斯，2009年）。

4.2.5.1 须鲸类动物

须鲸因其摄食器官——**鲸须**而得名。鲸须板从口腔顶部垂下，用于压紧口中的浮游生物等食物。虽然现存须鲸类没有牙齿（除胚胎阶段外）且具有鲸须，但这对于一些有齿的化石须鲸类并不正确，后文将对此进行讨论。该类群内主要的进化趋势包括：失去牙齿、发展出巨大体型和硕大头部、颞间区缩短，以及颈部缩短（福代斯和巴恩斯，1994年）。

下面是一些用于判断须鲸类动物的共源性状（德梅雷等，2005 年；菲茨杰拉德，2010 年；马克斯，2011 年）（图 4. 10）。

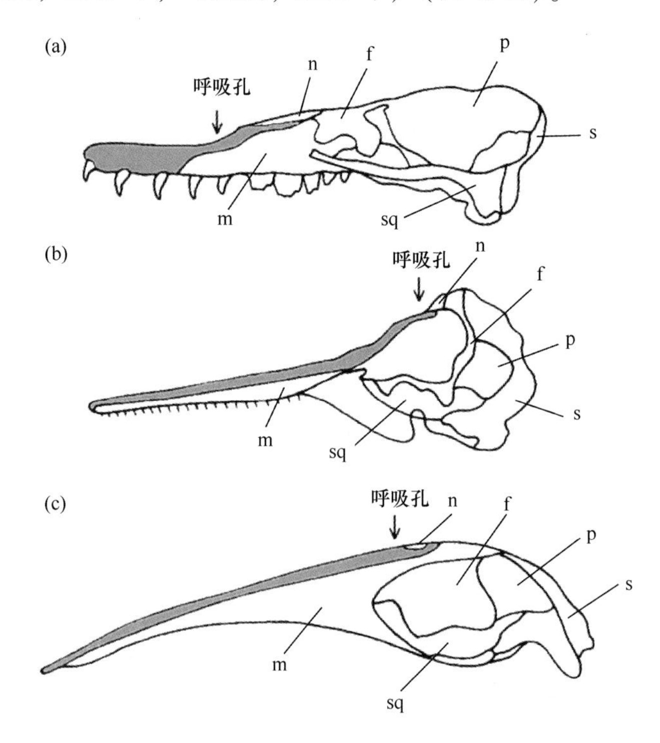

图 4. 10 须鲸类动物的共源性状

注意呼吸孔的后位和颅骨的不同排列方式（根据埃文斯（1987 年）的作品修正）

（a）古代鲸类（古鲸亚目）；（b）现代齿鲸亚目；（c）须鲸亚目

颅骨：前颌骨（加点部分）、额骨（f）、上颌骨（m）、鼻骨（n）、顶骨（p）、鳞骨（sq）、枕骨（s）

（1）上颌骨的下降部分呈现为一个宽眶下板

须鲸类动物呈现出一种独特的上颌骨结构，其下降部分发展为眼眶下的一个宽板。齿鲸类的上颌骨没有发展出下降部分。

（2）上颌骨的颧骨部分前外侧边缘上的陡峭面清楚地与上颌骨的喙部分隔

须鲸类动物在其上颌骨的颧骨部分前外侧边缘上具有或低或高的

面。齿鲸类的上颌骨上没有陡峭面。

（3）犁骨的后部暴露在头盖骨基部上，覆盖了基蝶骨/枕骨底部的接缝

须鲸类动物与齿鲸类动物的一个区别是其犁骨的后部暴露在头盖骨基部上，覆盖基蝶骨/枕骨底部的接缝。

（4）翼钩突明显或发达

须鲸类具有明显或发达的翼钩部分。在齿鲸类中，翼钩部分缩小或不发达。

（5）宽基枕骨嵴

须鲸类动物中的宽基枕骨嵴与齿鲸类动物中的横向狭窄的基枕骨嵴形成了鲜明的对比。

1）干群须鲸类动物

远古有齿须鲸类划分为3个科：艾什欧鲸科（Aetiocetidae）、拉诺鲸科（Llanocetidae）和乳齿鲸科（Mammalodontidae）。艾什欧鲸科共包括4个属：艾什欧鲸属（*Aetiocetus*）（*Aetiocetus cotylalveus*，*Aetiocetus polydentatus*（图4.11），*Aetiocetus tomitai*，*Aetiocetus weltoni*）；苏克西恩鲸属（*Chonecetus*）（*Chonecetus goedertorum*，*Chonecetus sookensis*）；艾沙鲸属（*Ashrocetus*）（*Ashrocetus eguchii*）；莫那印鲸属（*Morawanocetus*）（*Morawanocetus yabukii*）（巴恩斯等，1995年；德梅雷和贝尔塔，2008年）。艾什欧鲸属和苏克西恩鲸属具有多丘齿和营养孔（便于血管通过的开口），研究者将其猜测为与鲸须的出现有关的骨相关物（德梅雷和贝尔塔，2008年；艾克黛尔等，2015年）。艾什欧鲸的单系说得到了普遍支持（另见菲茨杰拉德，2010年）。研究者描述的最古老的须鲸是有齿形式——拉诺鲸科仅有的成员，刻齿鲸（*Llanocetus denticrenatus*）。根据来自始新世晚期或渐新世早期年代（发现于南极洲西摩岛）的下颚碎片（米切尔，1989年）和相关颅骨（后来发现，目前在研究中），研究者得知了刻齿鲸的存在。刻齿鲸是一种颅骨长约2米的大型有齿

鲸。除具有多丘齿外，刻齿鲸的齿槽周围还存在细槽，表明它出现了流向腭部的血液供应，这提示该物种还具有鲸须（乌恩，2004 年）。另两种古代有齿须鲸是乳齿鲸（*Mammalodon colliveri*）（图 4.12）和狩猎简君鲸（*Janjucetus hunderi*），它们归属于乳齿鲸科，生存于渐新世晚期或中新世早期，发现于澳大利亚，研究者近年对其进行了描述（菲茨杰拉德，2006 年，2010 年）。研究者猜测，乳齿鲸比狩猎简君鲸更具衍生性，其特征包括相对短的喙、平坦的腭部和异型齿（菲茨杰拉德，2010 年）。除这些已命名的有齿须鲸外，还描述了其他一些来自南卡罗来纳、生存于渐新世的大齿“古须鲸类（archaeomysticetes）”（盖斯勒和桑德斯，2003 年）。然而，进一步的研究可能将这些分类单元定位在须鲸亚目之外。

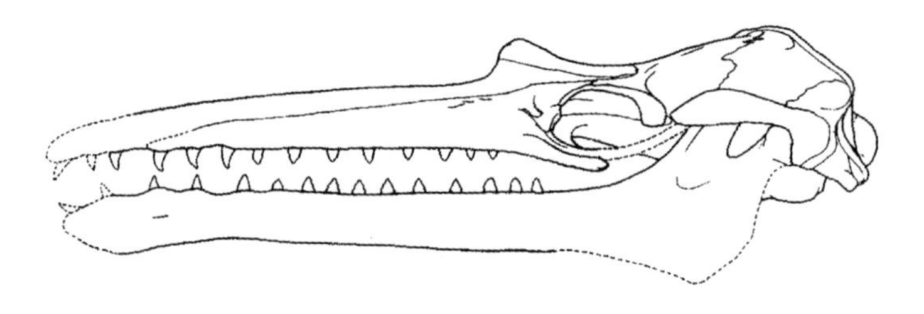

图 4.11　一种干群有齿须鲸——多齿艾什欧鲸（*Aetiocetus polydentatus*）的颅骨和下颌复原图

该物种生存于渐新世晚期，发现于日本（巴恩斯等，1995 年）

Chaeomysticeti 是具有鲸须的须鲸类动物，包括数种已灭绝的世系。该进化枝的共源性状特征，请参见艾尔·阿德利等（2014 年）的论著。已知的最早具有鲸须的须鲸是维氏始弓鲸（*Eomysticetus whitmorei*）（图 4.13），生存于渐新世晚期，发现于南卡罗来纳（桑德斯和巴恩斯，2002 年）。在日本发现了一种新的始弓鲸，名为细沟大和鲸（*Yamatocetus canaliculatus*），该物种似乎保留有齿槽，对其的重建表明它的牙齿减少（冈崎，2012 年）。此外，在新西兰发现了由头盖骨、齿

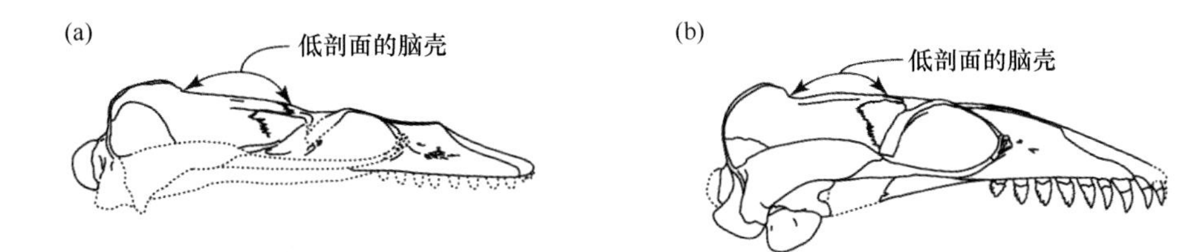

图 4.12　干群有齿须鲸的颅骨侧视图

（a）乳齿鲸（*Mammalodon colliveri*）；（b）狩猎简君鲸（*Janjucetus hunderi*）

（菲茨杰拉德，2010 年）

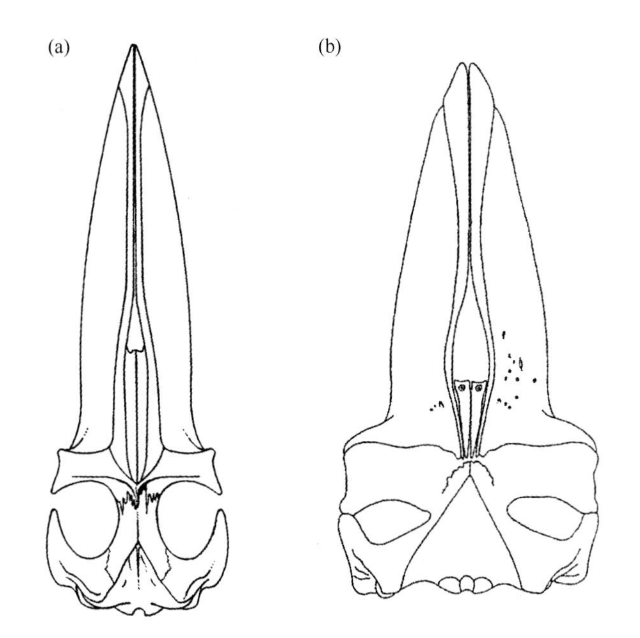

图 4.13　干群缺齿须鲸（非按比例绘制的示意图）

（a）维氏始弓鲸（*Eomysticetus whitmorei*）（来自桑德斯和巴恩斯，2002 年）；（b）"新须鲸" 展安格罗鲸（*Aglaocetus patulus*）（凯洛格，1968 年）

骨和头盖骨之后部分组成的新的化石材料，代表了渐新世的至少 4 个始弓鲸新属和种，目前正在研究（例如，博森奈克和福代斯，2014 年）。

新须鲸科（Cetotheriidae）是一类已灭绝的、具有多样化特征的非单系的无齿须鲸集合。研究者将这些须鲸动物归类在一起的主要原因是它们缺少现存须鲸类动物的特征（图 4.13）。“新须鲸”的生存年代范围为渐新世晚期到上新世晚期，其化石广泛分布于北美、南美、欧洲、日本、澳大利亚和新西兰。至少 60 种“新须鲸”已得到命名。然而，许多“新须鲸”物种的命名是基于非可比因素，而且整个类群明显地需要系统性的修正。大部分“新须鲸”为中等体型，最长可达 10 米，但一些种类的体长很可能只有 3 米。事实上，研究者已发现一些“新须鲸”化石上具有鲸须的印记。

有两种相互竞争的假说，一种认为“新须鲸”不属于冠群须鲸亚目（盖斯勒和桑德斯，2003 年；德梅雷等，2005 年；德梅雷和贝尔塔，2008 年；坂城等，2005 年；基穆拉和长谷川，2010 年；马克斯，2011 年），另一种将“新须鲸”定位在冠群须鲸亚目之内（比斯孔蒂，2005 年，2008 年，2010 年；坂城等，2005 年；布埃泰勒和穆隆，2006 年；菲茨杰拉德，2006 年，2010 年）。其他工作者将“新须鲸”与 Balaenoidea（盖斯勒和罗奥，1996 年）或须鲸超科（Balaenopteroidea）（基穆拉和小泽，2002 年；斯蒂曼，2007 年；基穆拉和长谷川，2010 年；马克斯，2011 年）的干群一并置于冠群之内。

2）冠群须鲸类动物

根据艾尔·阿德利等（2014 年）的研究，冠群须鲸类的共源性状特征有（图 4.10）：侧视图中喙部的背剖面不呈阶梯状，鼻孔窝后部平缓地上升；鼻为中等长度（颅基长度的 10%~17%）；背面观中颅顶点的暴露长度较短；额骨的眶上突自顶点起逐渐倾斜。现存须鲸类分为 4 科：须鲸科（Balaenopteridae）（**长须鲸**）；露脊鲸科（Balaenidae）（弓头鲸，*Balaena mysticetus* 和露脊鲸属所有种，*Eubalaena* spp.）；灰鲸科（Eschrichtiidae）（灰鲸，*Eschrichtius robustus*）；小露脊鲸科（Neobalaenidae）（小露脊鲸，*Caperea marginata*）。这 4 个科之间的关系一直存在争论。综合分子学和形态学数据分析，包括对化石分类单元的分析（德梅雷等，2008 年）将灰鲸定位为须鲸科的姐妹类群，并且认为小露脊鲸与须鲸科和灰鲸科的关系更近，而非与露脊鲸科的关系更近（图 4.14）。一些形态学分析支持须鲸科、灰鲸科和小露脊鲸之间存在近亲关系（马克斯，2011 年），但也有其他研究认为小露脊鲸和露脊鲸科之间的关系更近（例如，布埃泰勒和穆隆，2006 年；斯蒂曼，2007 年）。

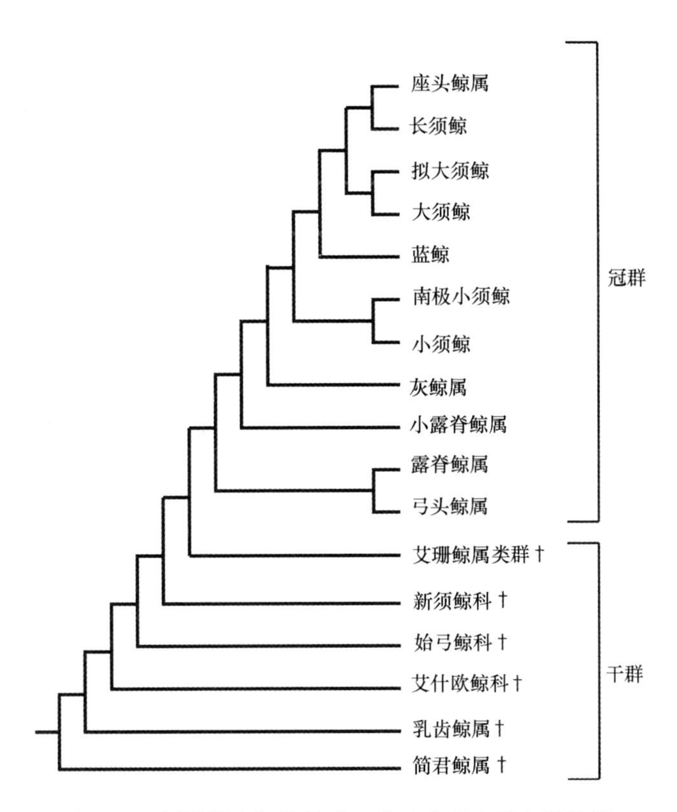

图 4.14　须鲸类之间的关系（基于分子和形态学数据）
（德梅雷等，2008 年）

须鲸科（Balaenopteridae）　须鲸科在英文中通常称为“rorquals”

(指它们自下颌到肚脐间有许多长沟状的皮肤皱折，称为喉腹折，这个名称由挪威语演变而来，原意为“有深沟的鲸”)。须鲸科的代表物种有长须鲸（*Balaenoptera physalus*）和座头鲸（*Megaptera novaeangliae*），是最丰富和多样化的现存须鲸类。须鲸科包括 8 个种，既有体长 9 米的小须鲸（*Balaenoptera acutorostrata*），也有巨大无朋的蓝鲸（*Balaenoptera musculus*）。蓝鲸是迄今为止最大的哺乳动物，成年体长可达 33 米，重量超过 160 吨（杰弗逊等，1993 年）。2003 年，日本科学家发现了一个须鲸科新物种，命名为角岛鲸（*Balaenoptera omurai*）。虽然角岛鲸（大村鲸）易与须鲸科成员混淆（成年角岛鲸体长可达 11 米，外型极似长须鲸，但较长须鲸小很多，译者注），但其在形态学和分子学上均有非常独特的辨别特征（瓦达等，2003 年）。

须鲸科成员的特征有：具有背鳍（不同于灰鲸和露脊鲸）；以及自下颌起有许多长沟状的喉腹折穿越喉部（巴恩斯和麦克劳德，1984 年；图 4.15）。该类群的化石记录上溯至中新世中期，化石广布于北美和南美、欧洲、亚洲和澳大利亚（见德梅雷等，2005 年的论述）。干群须鲸类包括渐新世晚期的毛伊岛须鲸属（*Mauicetus*），在新西兰也发现了历史稍近、和毛伊岛须鲸相似的其他干群须鲸化石（斯蒂曼，2007 年）。

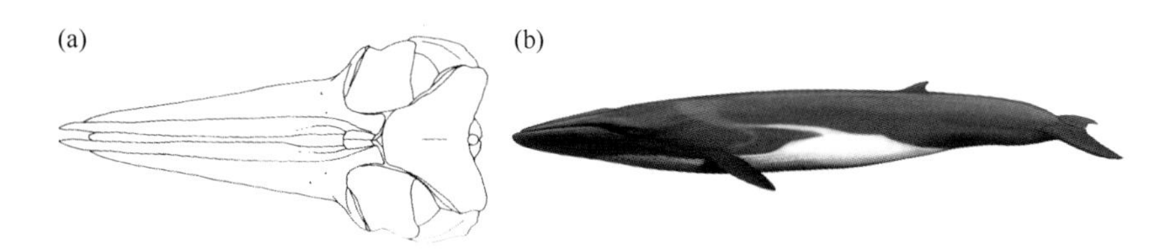

图 4.15　须鲸科（Balaenopteridae）的代表物种——长须鲸（*Balaenoptera physalus*）
（a）颅骨背面观；（b）身体的左侧（注意背鳍和喉腹折）
（卡尔·比尔绘制，颅骨来自巴恩斯和麦克劳德（1984 年），原始颅骨长度为 6 米）

露脊鲸科（Balaenidae）　露脊鲸科包括露脊鲸属（*Eubalaena*）

和弓头鲸属（*Balaena*），然而一些分子数据并不支持两者之间的遗传学区别（阿纳森和古尔伯格，1994年）。露脊鲸的3个种得到承认：北大西洋露脊鲸（*Eubalaena glacialis*）、北太平洋露脊鲸（*Eubalaena japonica*）和南露脊鲸（*Eubalaena australis*）。它们在英文中之所以被称为“right whales”是缘于捕鲸者认为它们是理想的捕杀对象，因为它们栖息在沿岸水域、游速缓慢、在被杀死后会浮上海面。露脊鲸以硕大的头部为特征，其头部可占体长的1/3。它的口部弯曲成非常坚固的拱状，口中容纳有极长的鲸须板（图4.16）。在一项形态学数据分析中，露脊鲸科的存在得到了支持，并且研究者确认了3个主要的进化枝：①已灭绝的似露脊鲸属（*Balaenula*）；②露脊鲸属（*Eubalaena*）的现存和已灭绝的种；③弓头鲸属（*Balaena*）的现存和已灭绝的种，加上已灭绝的侏露脊鲸属（*Balaenella*）。该研究的结论与分子学数据相一致。这些进化枝与另外一种进化枝的关系以及它们与干群露脊鲸——毛诺鲸属（*Morenocetus*）的关系仍未得到解决（丘吉尔等，2012年）。

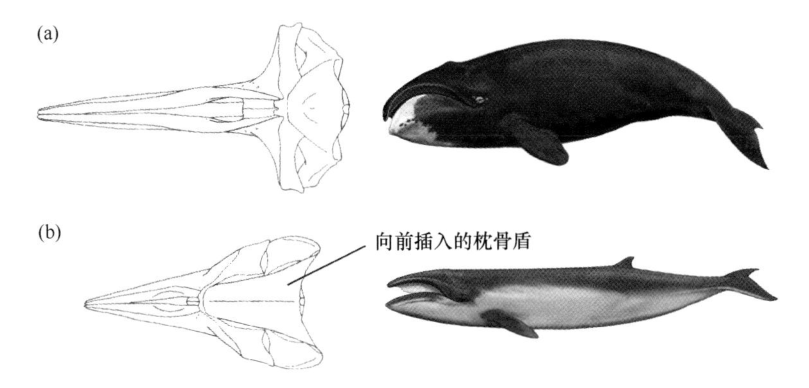

图4.16 露脊鲸和小露脊鲸的代表物种，颅骨和身体左侧的背面观，注意硕大的头部和弯曲成拱状的鲸口（卡尔·比尔绘制）

（a）弓头鲸（*Balaena mysticetus*）；（b）小露脊鲸（*Caperea marginata*）

（颅骨来自巴恩斯和麦克劳德（1984年），原始颅骨长度为1.97米和1.47米）

最古老的化石露脊鲸是毛诺鲸（*Morenocetus parvus*），生存于中新世早期（2300万年前）的南美（卡布雷拉，1926年）。毛诺鲸的眶上突变长，有一个向前延长的三角形枕骨盾；与后来的露脊鲸相比，这两个特征的发展程度都较小（麦克劳德等，1993年）。对于较晚分化的露脊鲸类，研究者发现了相对丰富的化石，特别是来自欧洲的化石。在美国东部的约克城的地层中，发现了一副近乎完整的骨骼，属于上新世弓头鲸属（*Balaena*）的一个新种（韦斯盖特和惠特莫尔，2002年）。

小露脊鲸科（Neobalaenidae） 小露脊鲸（*Caperea marginata*）体长4米，仅在南半球有发现，其系统发育地位最近引起了争论。传统上，学界承认小露脊鲸是小露脊鲸科中的一个单型物种。然而，根据福代斯和马克斯（2012年）的论著，小露脊鲸可能是据推测已灭绝的新须鲸科（Cetotheriidae）的最后幸存者。研究者根据形态学特征或分子生物学特征，将小露脊鲸类解释为露脊鲸和弓头鲸（露脊鲸科，Balaenidae）的姐妹分类单元，或认为其是须鲸科和灰鲸（须鲸超科，Balaenopteroidea）的姐妹分类单元，研究基础是形态学（例如，斯蒂曼，2007年；基穆拉和长谷川，2010年；丘吉尔等，2012年）或分子/总证据（例如，佐崎等，2005年；德梅雷等，2008年；麦高恩等，2009年；斯蒂曼等，2009年）。

小露脊鲸具有独特的颅骨结构，与其他须鲸类的主要区别是：具有更大、更前位插入的枕骨盾；口部较短、较宽，拱形不明显；口中的鲸须板相对较短（图4.16）。小露脊鲸和露脊鲸类之间的其他差异包括：小露脊鲸具有背鳍；喉部有纵向的皱纹（由下颌嵴引起，可能与喉腹折同源）；鲸须粗糙；头部占身体比例较小；肱部按比例较短；以及前鳍肢骨有4个而不是5个趾（巴恩斯和麦克劳德，1984年）。

除在澳大利亚发现了可能属于中新世小露脊鲸的耳骨（只有后部）（菲茨杰拉德，2012年），研究者最近还描述了来自中新世晚期秘鲁皮斯科地层的发现，这是关于一种化石小露脊鲸 *Miocaperea puchra* 的首次完善的记录（比斯孔蒂，2012年）。

灰鲸科（Eschrichtiidae） 灰鲸科只现存灰鲸（*Eschrichtius robustus*）一种。灰鲸的化石记录可上溯至更新世（10万年前），现仅存在于北太平洋，历史上曾有一个北大西洋种群于17世纪或18世纪早期灭绝（布莱恩特，1995年）。根据之前的历史记述《全新世记录》和在美国佐治亚州发现的更新世晚期化石，证实了以前灰鲸在北大西洋海盆的分布（诺克等，2013年）。这些在温带地区的发现一致地支持一种假说，即大西洋灰鲸在漫长的迁徙之后使用一个南方的摄食场，类似于现代太平洋灰鲸在墨西哥下加利福尼亚的潟湖中摄食，而夏季它们在北极水域摄食（另见第12章）。现存灰鲸分布于北太平洋，实际上有两个亚种群：西北太平洋种群沿着亚洲海岸迁徙，数量极其稀少；大得多的东北太平洋种群在19世纪晚期和20世纪早期曾被严重地过度捕杀，但现已恢复足够数量，移出了濒危物种名录。研究者在日本北太平洋（市岛等，2006年）、加利福尼亚（德梅雷等，2005年）和北卡罗来纳（惠特莫尔和卡尔滕巴赫，2008年）的岩石中发现了上新世晚期的灰鲸类，还报道了一个在意大利发现的中新世晚期的分类单元——弓灰鲸（*Archaeschrichtius*）（比斯孔蒂，2008年）。大部分形态学分析认为，须鲸科与灰鲸科接近（例如，德梅雷等，2005年；布埃泰勒和穆隆，2006年；菲茨杰拉德，2006年；斯蒂曼，2007年；斯蒂曼等，2009年；比斯孔蒂，2010年；基穆拉和长谷川，2010年；丘吉尔等，2012年；艾克黛尔等，2011年）。通过分子分析和综合分析，研究者将灰鲸定位为须鲸科的一个姐妹分类单元（例如，佐崎等，2005年；德梅雷等，2008年）或是认为灰鲸位于须鲸科的世系之内（例如，雷切尔等，2004年；梅-科拉多和阿纳森，2006年；见图4.15）。

灰鲸无背鳍，特征是具有一个小的背部隆起，之后背脊上有一系列低的峰状突。灰鲸仅有2~4个喉腹折，与须鲸科动物的众多喉腹折形成了鲜明的对比。灰鲸的鲸须板不同于露脊鲸，其数量更少、更粗大、颜色为白色。灰鲸还有一个独特的特征，即在颅骨的后部有成对的枕骨粗隆，用于插入来自颈区的肌肉（巴恩斯和麦克劳德，1984 年；图 4.17）。

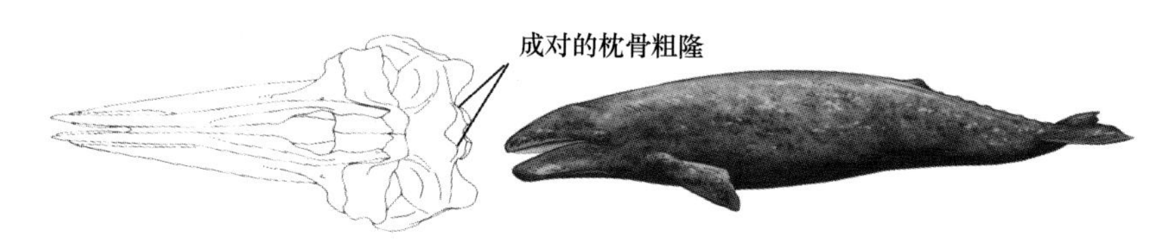

图 4.17 灰鲸科（灰鲸，*Eschrichtius robustus*）
颅骨背面观（表明成对的枕骨粗隆）和身体左侧图
（卡尔·比尔绘制，颅骨来自巴恩斯和麦克劳德（1984 年），原始颅骨长 2.33 米）

4.2.5.2 齿鲸类动物

大部分鲸属于齿鲸类动物，因成体有牙齿而得名，这个特征可将它们与现存须鲸类相区别。齿鲸类动物的形态具有高度的多样性：体型巨大、深潜能力卓越的抹香鲸（*Physeter macrocephalus*）通过吮吸摄食以相对较少的牙齿捕食鱿鱼，而最小的鲸目动物——鼠海豚使用许多铲状牙齿捕获鱼类。齿鲸类动物的另一个有用的特质是颅骨套叠作用的差异，其中上颌骨“套叠”，或向后延伸，跨越眼眶形成额骨上扩大的眶上骨区（米勒，1923 年；见图 4.10）。在现存齿鲸类动物中，这个眶上突成为面肌（颌面鼻中隔降肌）的起端（米德，1975 年），该肌嵌入单一的呼吸孔（须鲸类动物有 2 个呼吸孔，齿鲸类动物只有 1 个）和相关鼻道周围。现存齿鲸类可利用面肌群和鼻部结构发出高频声波用于回声定位（见第 11 章）。

研究者已明确地证实，齿鲸类动物有两个判断特征与回声定位能力有关：其一是存在**额隆**，即颅骨顶部上的一团脂肪组织，内含不同量的结缔组织；其二是**头骨左右不对称**和**面部不对称**，与左侧相比，面区右侧的骨骼（=头骨左右不对称）和软组织（=面部不对称）更大、更发达。在所有现存齿鲸的各科中，均发现了头骨左右不对称和面部不对称，但化石证据表明，在齿鲸类的更早的成员中，头骨左右不对称较不明显，在一些已灭绝的分类单元中甚至完全没有这种特征。当头骨左右不对称存在时，歪斜总是出现在左侧，而右侧更大。虽然海恩宁（1989年）提出，在齿鲸类中头骨不对称仅演化了一次，但最近关于古鲸类头骨不对称的发现（法奥克等，2012年）表明，这种不对称的演化时间比之前的观点早得多——在齿鲸和须鲸分化之前。

考虑到额隆的存在，米林科维奇（1995年）指出，须鲸类的鼻道正前方有一个脂肪结构，可能与齿鲸类的额隆同源（海恩宁和米德，1990年）。研究认为，须鲸类"退化的"额隆可能是一个线索，提示出其面部解剖结构更一般化的**幼稚形态**，在一个化石海豚的例子中，颅骨的套叠作用显著地反转（穆隆，1993年b）。米林科维奇（1995年）进一步提出，额隆的出现（伴随着面部和头骨的不对称和回声定位能力）可能是所有鲸目动物的始祖特征，并且认为这个特征在须鲸中极大地减弱或消失。海恩宁（1997年）就这个解释进行了争论，认为它假定了一个先验，即额隆从共同祖先的更大的额隆退化而来，这是一个缺乏实验证据的断言。此外，古代须鲸差不多更类似于不使用回声定位的现代须鲸类，而非早期化石齿鲸类。对古代须鲸内耳的研究不太支持以下观点：须鲸类祖先曾能够回声定位，但现存须鲸成员失去了这一能力（盖斯勒和罗奥，1996年）。总而言之，米林科维奇对齿鲸形态学共源性状特征变化的解释缺乏足够的说服力，并且这些解释缺少支持数据。

基于对形态学和分子数据的综合考虑，这里沿用了传统的齿鲸类单系观点（盖斯勒等，2011年）。用于判断齿鲸类的一些共源性状如下（福代斯，2009年；图4.18）。

（1）前颌骨囊窝位于鼻前部

齿鲸类动物的每条前颌骨上发展出了前颌骨囊窝，位于鼻的前外

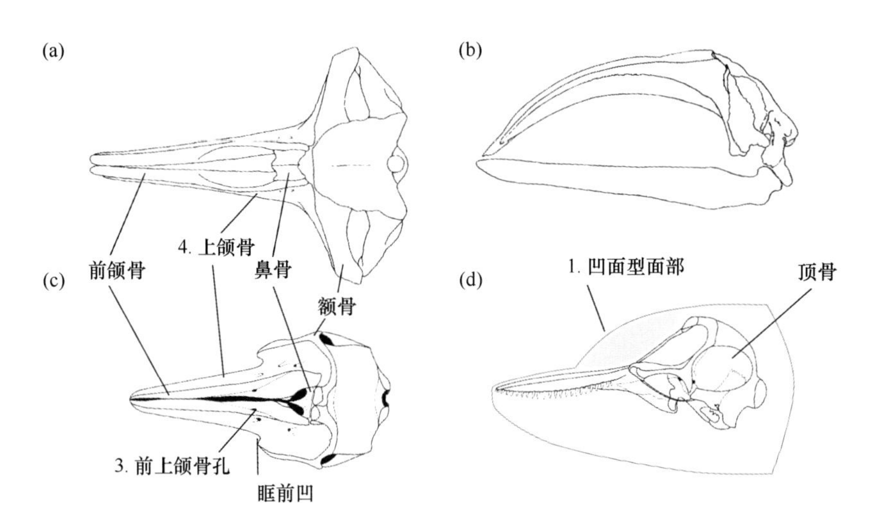

图 4.18 （a）（b）须鲸（弓头鲸，*Balaena mysticetus*）颅骨和（c）（d）齿鲸（宽吻海豚，*Tursiops truncatus*）颅骨和头部简略图（背面观和侧面观）
（根据福代斯（1982 年）的作品修正）

侧；须鲸类动物没有这些窝。

（2）面窝较大，容纳背眶下孔

齿鲸类动物的面窝较大，容纳背眶下孔；在须鲸的同样位置不存在这些眶下孔。

（3）存在前上颌骨孔

齿鲸类动物具有不同形状和大小的眶下孔或前上颌骨孔。须鲸类动物和偶蹄动物均无前上颌骨孔。

（4）上颌骨覆盖眶上突

齿鲸类动物颅骨的“套叠作用”表明上颌骨上升部分的存在，上颌骨覆盖额骨的大眶上突。这个特征在须鲸类动物或陆地哺乳动物中没有发现。

1）干群齿鲸类动物

一般公认的干群齿鲸类动物包括来自渐新世时代（2800 万～2400

万年前）的阿哥洛鲸属（*Agorophius*）、沙拿鲸属（*Xenorophus*）、艾伯特鲸属（*Albertocetus*）和弓海豚属（*Archaeodelphius*）。研究者对它们的系统发育关系正了解得越来越透彻（例如，乌恩，2008年b；盖斯勒等，2011年）。根据这些研究，弓海豚属是一个进化枝的最基础成员，该进化枝涵盖了沙拿鲸属和包括雷氏西蒙海豚（*Simocetus rayi*）（图4.19）在内的相关分类单元。人们对这些基础齿鲸类知之甚少，但其颅骨证明这些动物仅存在中度的套叠作用（鼻孔位于眼眶前），颊齿具有多根，在齿冠上有附属齿尖（巴恩斯，1984年）。在盖斯勒等（2011年）的综合研究中，确认了齿鲸类的其他一些干群，但关于它们之间的关系证据不足。鲛齿鲸科（Squalodontidae），或称鲨齿海豚，已知生存于渐新世晚期至中新世晚期，其化石广泛发现于北美、南美、欧洲、亚洲、新西兰和澳大利亚。它们因具有许多三角形、锯齿边缘的颊齿而得名。研究者通过保存完好的颅骨、整套齿系、耳骨和下颚得知了鲛齿鲸科的一些种，例如原鲛鲸（*Squalodon*）；但也仅基于单独的牙齿发现了许多不著名的种，它们可能属于其他科。大部分鲛齿鲸体型相对较大，身长可达3米或更长。它们的头盖骨几乎充分地套叠，呼吸孔位于头顶上两眼眶之间。鲛齿鲸的齿系是**多型齿**，但仍有异型齿，具长而尖的前齿和宽而多根的颊齿（图4.20）。它们的前齿可能展示威慑的作用大于进食，而坚固的颊齿（具有磨损的齿尖）可能反映了它们以企鹅等猎物为食（福代斯，1996年）。

角齿海豚科（Squalodelphidae）包括数个生存于中新世早期的属，盖斯勒等（2011年）对其进行了综合分析（例如，南鲸属，*Notocetus*；角齿海豚属，*Squalodelphis*）。角齿海豚科具有小而轻度不对称的颅骨、中等长度的喙和近同型齿的牙齿（穆隆，1987年），而一些形态学分析认为南鲸属更接近淡水豚类。在秘鲁发现了一个生存于中新世早期的新的属和种，支持了角齿海豚科单系说，并确认其与恒河豚科（Platanistidae）具有姐妹类群关系（兰伯特等，2014年）。

图 4.19 干群齿鲸——雷氏西蒙海豚（*Simocetus rayi*）
（卡尔·比尔绘制）

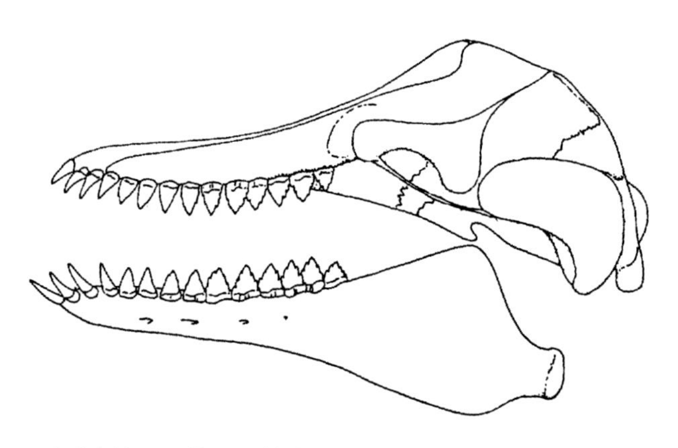

图 4.20 干群齿鲸——戴氏原鲛齿鲸（*Prosqualodon davidsi*）的颅骨和下颌
（该物种生存于中新世早期，发现于塔斯马尼亚。来自福代斯等，1995 年）

怀佩什海豚科（Waipatiidae）中的怀佩什海豚（*Waipatia maerewhenua*）是另一种生存于渐新世的干群齿鲸，发现于新西兰，其特征包括小而轻度不对称的颅骨、长喙部和小的异型齿（福代斯，1994 年）。在新西兰历史稍近（中新世早期）的岩层中发掘到了一个颅骨、下颚和一些颅后骨骼碎片，据此发现并描述了一种新的干群齿鲸 *Papau taitapu*，估计其体长约 2 米（阿吉雷·费尔南德斯和福代斯，2014 年）。最近对一种来自渐新世的新西兰的化石海豚进行了再研究，认为这是一个新属 *Otekaikea marplesi*。系统发育分析表明，角齿海豚科、怀佩什海豚和 Otekaikea 是冠群齿鲸类动物，不同于盖斯勒等（2011 年）的论述。这意味着恒河豚世系起源于渐新世（田中和福代斯，2014 年）。

2）冠群齿鲸类动物

基于综合证据分析，图 4.21 提出了冠群齿鲸类动物的系统发育树（盖斯勒等，2011 年）。两个主要的进化枝得到了现有证据的有力支持且目前为大多数工作者所接受：抹香鲸超科（Physeteroidea）（抹香鲸科（Physeteridae）+剑吻鲸科（Ziphiidae））和海豚超科（Delphinoidea）（海豚科（Delphinidae）+鼠海豚科（Phocoenidae）+一角鲸科（Monodontidae））。淡水豚超科（Platanistoidea）的经典概念包括所有现存淡水豚（例如，恒河豚科（Platanistidae）、普拉塔河豚科

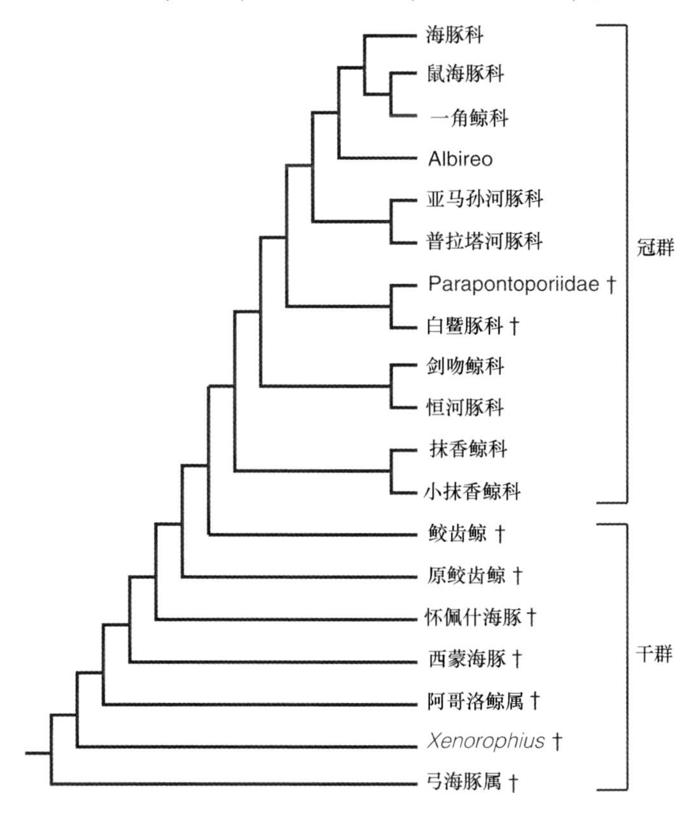

图 4.21　冠群齿鲸类的系统发育（基于综合分析）

（盖斯勒等，2011 年）

（Pontoporiidae）、亚马孙河豚科（Iniidae）和白鱀豚科（Lipotidae）），但最近的分子或形态学分析不支持这一概念（卡森斯等，2000 年；二阶堂等，2001 年；盖斯勒等，2011 年）。现在，淡水豚超科专指恒河豚及其已灭绝的近亲。

抹香鲸超科（Physeteroidea）——剑吻鲸科（Ziphiidae） 剑吻鲸科亦称喙鲸科，是一个多样化的齿鲸类群，由 6 个属、22 个现存种组成。它们是现代鲸目中物种多样性第二高的科。它们的特征是口鼻部常拉长形成喙，这是该类群通称的来源。喙鲸类栖息于大洋深处的海盆，人类关于它们的许多知识来自搁浅的喙鲸和捕鲸活动。喙鲸类的一个进化趋势是失去喙中所有牙齿和下颚的大部分牙齿，例外是下颌前端的一对或两对牙齿明显变大（图 4.22）。除耳部、前颌骨和腭区的数个特征外（例如，见福代斯，1994 年），可将现存喙鲸类动物与其他齿鲸相区分的一大特征是喙鲸具有一对在身体前部会聚的喉腹折（所有喙鲸的喉部均有一对 V 形深沟，有时亦称"喉腹折"，但与须鲸科具有的喉腹折在构造上不同，译者注）。

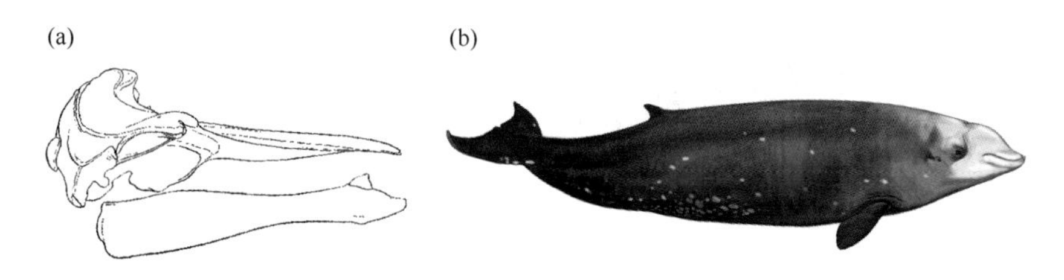

图 4.22 剑吻鲸科（Ziphiidae）的代表物种

（a）杰氏中喙鲸（*Mesoplodon europaeus*）的颅骨和下颌侧视图，注意齿系的减少（范·贝内登和杰维斯，1880 年）；（b）居氏喙鲸（*Ziphius cavirostris*）身体右侧视图（卡尔·比尔绘制）

分子学和形态学研究一致支持在抹香鲸超科（Physeteroidea）中，喙鲸类与抹香鲸存在联系（盖斯勒等，2011 年）。已知的喙鲸类化石记录来自中新世中期和上新世的欧洲、北美和南美、非洲、日本和澳大利亚（福代斯，2009年）。不断完善的化石记录表明，喙鲸类已知化石种的数量比现存种的数量更多（例如，比亚努奇等，2007年，2013年；兰伯特等，2013年；比诺和柯作诺，2013年）。长吻利隆喙鲸（*Ninoziphius platyrostris*）（图4.23）是最著名的化石喙鲸类之一，生存于中新世晚期至上新世的秘鲁，它的特化程度比大部分现存喙鲸为低，相比之下现存种更适于吮吸摄食，并且模式标本中的牙齿磨损说明它们在海底摄食（兰伯特等，2013年）。

图4.23 生存于晚第三纪晚期的长吻利隆喙鲸（*Ninoziphius platyrostris*）雄性成体沿着秘鲁海岸外的海床捕食中型鲟鱼

（照片提供：C 莱特纳尔）

抹香鲸科（Physeteridae） 抹香鲸具有古老而多样化的化石记录，但现今只存在单一种：抹香鲸（*Physeter macrocephalus*）。将抹香鲸类联系起来的颅骨衍生特征主要包括：一个大而深的颅顶凹陷，容纳着鲸蜡器官（图4.24）；以及失去了一个鼻骨或全部两个鼻骨（福代斯，

1984 年)。“抹香鲸”和“鲸蜡器官”这两个术语都源自命名者的怪诞想法——认为抹香鲸用头部装载精子。抹香鲸是最大的齿鲸，体长可达 19 米，重达 70 吨；它们还是深潜冠军（克拉克，1976 年；沃特金斯等，1985 年)。

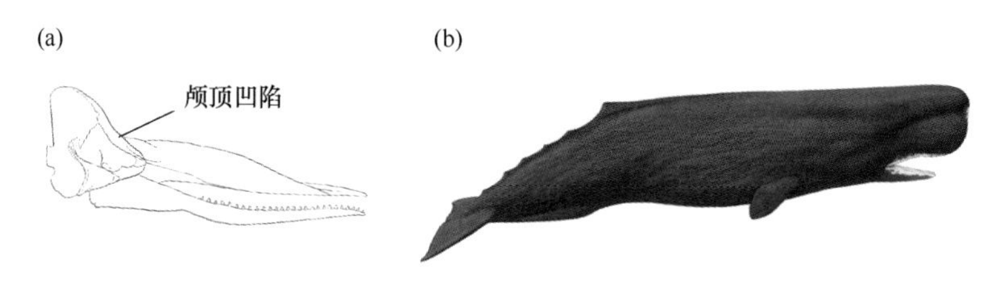

图 4.24 抹香鲸科（Physeteridae）——抹香鲸（*Physeter macrocephalus*）
（a）颅骨和下颌侧视图，注意大而深的颅顶凹陷（范·贝内登和杰维斯，1880 年)；
（b）身体右侧视图（卡尔·比尔绘制）

抹香鲸科（Physeteridae）的化石记录至少可上溯至中新世（中新世早期的较晚部分，2150 万~1630 万年前)，如果考虑到渐新世晚期（大于 2300 万年前）阿塞拜疆的凯氏法勒西鲸（*Ferecetotherium*)，抹香鲸的历史可追溯到更早年代。到中新世中期，抹香鲸类呈现出中等程度的多样化。抹香鲸科的化石广泛发现于南美、北美东部、欧洲西部、地中海地区、北美西部、澳大利亚、新西兰和日本，均得到了相当完善的记录（福代斯，2009 年；兰伯特等，2008 年，2010 年)。在赤道附近发现了来自更新世岩层的一个干群抹香鲸，这表明一些分类单元可能曾经栖息于温暖的低纬度海洋中，与现存种如出一辙（菲茨杰拉德，2011 年)。最大的化石类抹香鲸是梅氏利维坦鲸（*Lyviatan melvillei*)。图 4.25 描绘了 1200 万年前秘鲁的岩层所记录的事件。梅氏利维坦鲸（亦称梅尔维尔鲸）具有 36 厘米长的牙齿，是已知最大的掠食动物之一，估计体长可达 13.5~17.5 米（兰伯特等，2010 年)。

小抹香鲸科（Kogiidae） 小抹香鲸（*Kogia breviceps*）和侏抹香鲸（*Kogia simus*）与抹香鲸科（Physeteridae）具有密切的关系。小抹香鲸

图 4.25 已灭绝的掠食性抹香鲸——梅氏利维坦鲸（*Lyviatan melvillei*）攻击须鲸想象图
（来自兰伯特等，2010 年；生命复原图提供：C 莱特纳尔）

的命名恰如其分，因为雄性个体长度仅可达 4 米，雌性长度不超过 3 米。侏抹香鲸体型更小，成体体长仅为 2.1~2.7 米。同抹香鲸类相似，它们的颅骨呈现出一个明显的颅顶凹陷，但小抹香鲸类因其体型小、喙短和颅骨其他细节而不难区分（福代斯，2009 年；图 4.26）。最古老的小抹香鲸类生存于中新世晚期（880 万~520 万年前）的南美和上新世早期（670 万~500 万年前）的下加利福尼亚。

“淡水豚类” 全球现存的淡水豚类包括 4 个科：恒河豚科（Platanistidae）、白鳖豚科（Lipotidae）、亚马孙河豚科（Iniidae）和普拉塔河豚科（Pontoporiidae），它们在河口与淡水生境中繁衍生息。目前，一致认为淡水豚类不是单系的。恒河豚科与现存淡水豚类（亚马孙河豚或白鳖豚）或近岸海豚——普拉塔河豚并不密切相关。根据形态

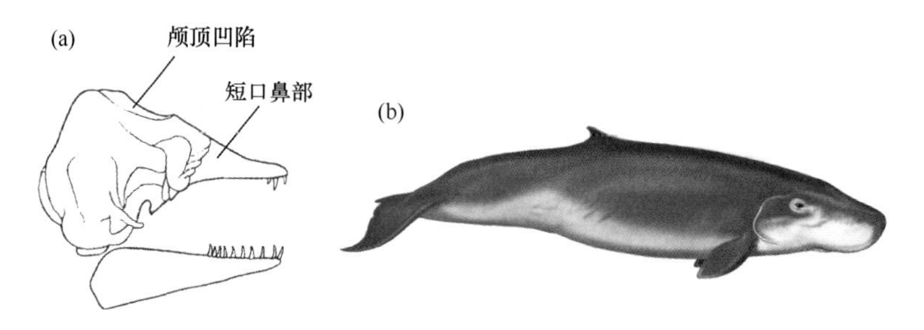

图 4.26 小抹香鲸科（Kogiidae）——小抹香鲸（*Kogia breviceps*）

（a）颅骨和下颌侧视图，注意短口鼻部和颅顶凹陷（巴宾斯基等，1965 年，p. 197）；（b）身体右侧视图（卡尔 · 比尔绘制）

学和分子分析，研究者将生活在河流的亚马孙河豚和生活在海洋的普拉塔河豚归入亚马孙河豚超科（Iniioidea），尽管化石和现存分类单元之间的关系不同。白鱀豚属（*Lipotes*）和普拉塔河豚属（*Pontoporia*）的近亲包括上新拉河豚属（*Pliopontos*）、短吻河豚属（*Brachydelphis*）和太平洋剑吻鲸属（*Parapontoporia*），它们生存于中新世晚期至上新世气候温和的亚热带海洋环境中，化石发现于东太平洋、欧洲和美国（北卡罗来纳）（佩因森和霍克，2007 年；盖斯勒等，2011 年）。

恒河豚科（Platanistidae） 现存的亚洲濒危淡水豚——恒河豚（*Platanista gangetica*）构成了恒河豚科，它们分布于恒河与印度河，视力几乎为零。该分类单元的特征是具有狭长的吻部、许多窄而尖的牙齿和宽桨状鳍肢。中新世中期至晚期的海洋种类——札哈豚属（*Zarhachis*）和盖豚属（*Pomatodelphis*）与恒河豚属（*Platanista*）具有密切的关系，但它们在吻部剖面、头骨对称性和发展的气骨面嵴方面具有差异（图 4.27；福代斯，2009 年）。以前，恒河豚科的化石记录一直缺失，直到在秘鲁的亚马孙盆地发现了一块中新世的恒河豚耳部化石，据此得到了恒河豚科的首次记录（比亚努奇等，2013 年）。

普拉塔河豚科（Pontoporiidae） 体型小而吻部长的普拉塔河豚（*Pontoporia blainvillei*）生活在南大西洋西部的沿岸水域，是仅存的

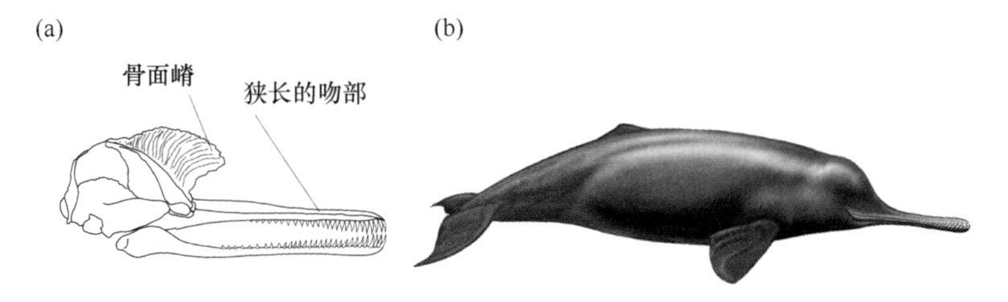

图 4.27 恒河豚科（Platanistidae）的代表物种——恒河豚（*Platanista gangetica*）
（a）颅骨和下颌侧视图（邓肯，1877—1883 年，p. 248），注意骨面嵴的发展；（b）身体右侧视图（卡尔·比尔绘制）

普拉塔河豚科动物。实际上，普拉塔河豚科中所有确认的物种均具有对称的头骨顶部，大部分物种具有长吻部和数量众多的小齿（图 4.28）。普拉塔河豚科似乎起源于中新世期间，对其化石种的描述来自中新世晚期至上新世早期的海洋沉积物中，其化石分布于南美、北美东海岸和北海。根据在秘鲁和智利发现的数个种，确认了干群淡水豚超科（Platanistoidea）的短吻河豚属（*Brachydelphis*）。该属的特征是兼有长吻和短吻的种；短吻种类更适应吮吸摄食，而长吻种类具有更多的齿数，可能更擅长捕食（兰伯特和穆隆，2013 年；盖斯勒等，2012 年）。

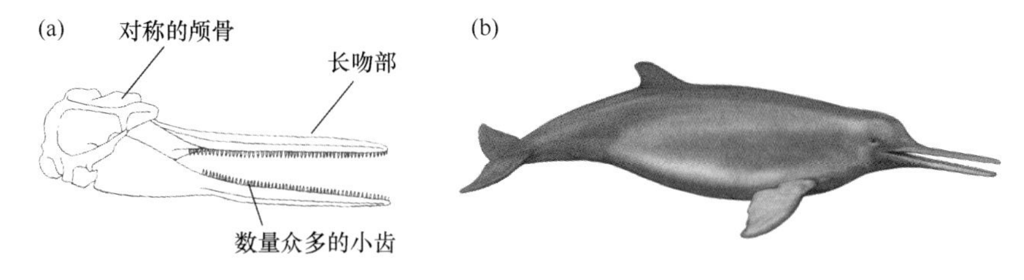

图 4.28 普拉塔河豚科（Pontoporiidae）——普拉塔河豚（*Pontoporia blainvillei*）
（a）颅骨和颌部侧视图（沃森，1981 年）；（b）身体右侧视图
注意对称的颅骨、长吻部和数量众多的小齿（卡尔·比尔绘制）

亚马孙河豚科（Iniidae） 亚马孙河豚（*Inia geoffrensis*），亦称粉

红河豚或“布托”，是一种眼睛缩小的淡水豚，仅在亚马孙河及奥里诺科河流域有发现。基于分子数据，在玻利维亚的亚马孙河流域确认了另一个种：坡利维亚河豚（*Inia boliviensis*）（鲁伊斯·加西亚和舒斯特尔，2012 年；霍拉茨等，2011 年）。最近，基于形态学和分子数据，描述了第三个种：阿拉瓜亚河豚（*Inia araguaiaensis*），来自巴西的阿拉瓜亚河流域（荷贝克等，2014 年）。然而，关于样本规模非常有限的问题依然存在。亚马孙河豚独特的粉色皮肤可能是因水体的温度和铁含量所致，其俗称“布托”是对其发声的模拟。根据海恩宁（1989 年）的论述，判断亚马孙河豚属（*Inia*）的一个要点是其前颌骨可横向移动且与鼻骨无接触（图 4.29）。在齿系方面，它们的判断特征是具有圆锥形的前齿和磨牙形的后齿。根据科佐尔（1996 年）的论述，亚马孙河豚科（包括化石分类单元）的特征包括：极长的吻部和下颚、非常狭窄的上枕骨、大幅缩小的眼窝区，以及含有气腔的上颌骨形成了嵴。亚马孙河豚科的化石记录可上溯至南美的中新世晚期（科佐尔，1996 年）和北美的上新世早期（穆隆，1988 年 b；摩根，1994 年）。在美国的北卡罗来纳发现了中新世晚期的新化石：伊氏梅赫林亚河豚（*Meherrinia isoni*），暂时归入亚马孙河豚科（盖斯勒等，2012 年）。以前，关于亚马孙河豚科系统发育史和化石记录的研究认为，它们起源于南美洲；然而，考虑到北美洲的化石记录，该类群也可能有一支起源于北大西洋（盖斯勒等，2012 年）。

白鱀豚科（Lipotidae） 白鱀豚（*Lipotes vexillifer*），亦称白鳍豚或中华淡水豚，曾栖息于中国长江。它们吻部狭长、前端略上翘，背鳍低矮呈三角形，胸鳍宽而钝圆，眼睛极小（周开亚等，1979 年；图 4.30）。最后有记录的白鱀豚目击事件是在 2002 年，现已宣布该物种灭绝（世界自然保护联盟（IUCN）濒危物种红色名录（2014 年））。提出的唯一化石白鱀豚类——原白鱀豚（*Prolipotes*）是基于在中国发现的一块下颚碎片（周开亚等，1984 年），事实上这不能证实其属于该分类单元

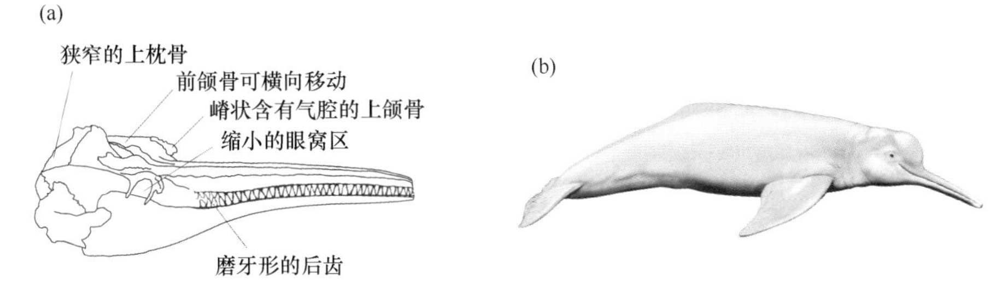

图 4.29 亚马孙河豚科——亚马孙河豚（俗称“布托”，*Inia geoffrensis*）

（a）颅骨侧视图（盖布尔，1859 年，p. 498），注意前颌骨（可横向移动且与鼻骨无接触）、狭窄的上枕骨、缩小的眼窝区、嵴状含有气腔的上颌骨、磨牙形的后齿；（b）身体右侧视图（卡尔·比尔绘制）

（汉密尔顿等，2001 年）。

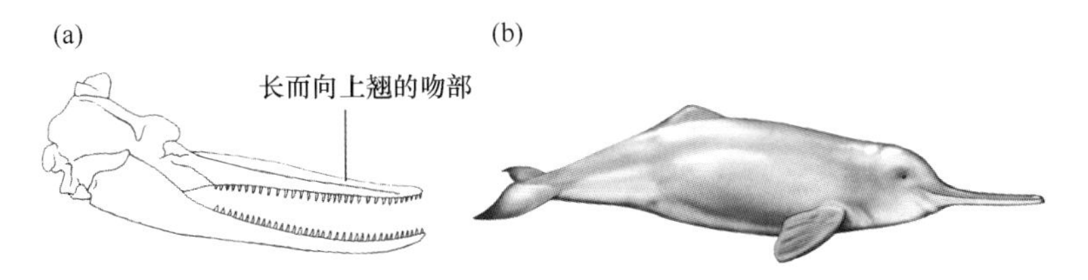

图 4.30 白鱀豚科——白鱀豚（*Lipotes vexillifer*），亦称中华淡水豚

（a）颅骨与颌部侧视图（沃森，1981 年），注意长而向上翘的吻部；（b）身体右侧视图（卡尔·比尔绘制）

传统上，生存于中新世的“古海豚”包括 3 个已灭绝的科：① 肯氏海豚科（Kentriodontidae）；② 阿波罗海豚科（Albeirodontidae）；③ 剑吻古豚科（Eurhinodelphidae）。最早分化的世系是肯氏海豚科，这些小动物体长仅约 2 米或更短，具有大量牙齿、结构复杂的颅底鼻窦和对称的头骨顶部（巴恩斯，1978 年；道森，1996 年）。该类群的单系说受到了质疑（科佐尔，1996 年），因为其物种相对多样化，在空间和时间上分布广泛。肯氏海豚科在大西洋和太平洋均有分布，跨越了从渐新世晚期到中新世晚期的时间（市岛等，1995 年）。关于肯氏海豚属

（*Kentriodon*）的进化地位有不同观点：处于亚马孙河豚科+海豚超科（Delphinoidea）之外，或是海豚超科的一个早期干群（盖斯勒等，2011年）。尽管仅发现了一个中新世晚期的物种，阿波罗海豚科（图 4.31）与肯氏海豚科或鼠海豚存在联系，盖斯勒等（2011 年）将它们定位为基础海豚超科动物。上颚长而尖的剑吻古豚在中新世早期和中期广泛分布，具有中等程度的多样性，并于中新世晚期消失（图 4.32）。关于剑吻古豚的系统发育关系存在争论。最近以来，它们被囊括进一个包含剑吻鲸科、海豚科和淡水豚科在内的进化枝，或是认为它们处于抹香鲸超科和其他冠群齿鲸之间（福代斯，2009 年；盖斯勒等，2011 年）。

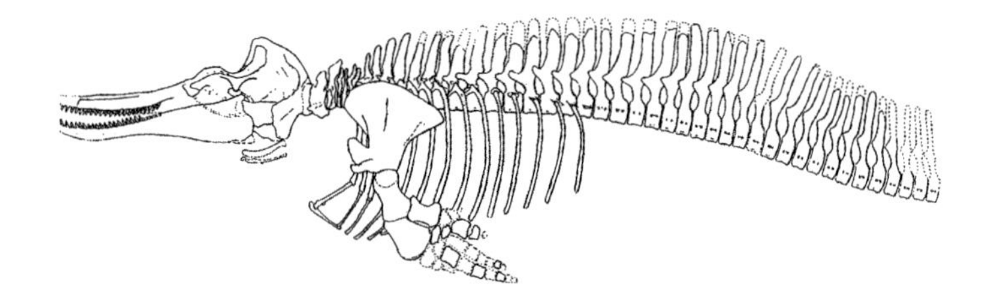

图 4.31　一种化石海豚 *Albireo whistleri* 部分骨骼重建图

（福代斯等，1995 年）

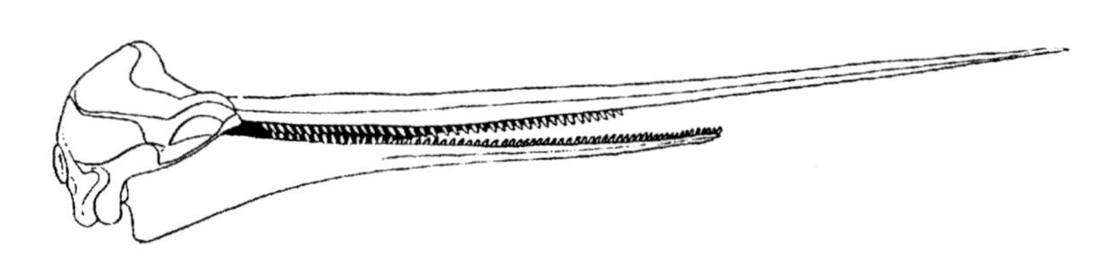

图 4.32　一种古海豚——哥塞剑吻古豚（*Eurhinodelphis cocheteuxi*）

（该物种生存于中新世晚期，发现于比利时（斯利珀，1962 年））

海豚科（Delphinidae）　遍布世界各大洋的海豚是鲸目中最多样化的科，包括 17 个属、36 个现存种的海豚、虎鲸（*Orcinus orca*）和领航鲸（*Globicephala* spp.）。海豚科的大部分成员为小型至中型，体长 1.5~4.5 米。海豚科中最大的虎鲸体长可达 9.5 米。虽然短吻海豚

（*Orcaella brevirostris*）（别称伊河海豚，仅在印度洋-太平洋有发现）一度被认为属于一角鲸科，但更新的形态学和分子学研究认为该物种是海豚科成员（盖斯勒等，2011 年）。包括短吻海豚属（*Orcaella*）在内的海豚科的共同特征是鼻道后囊消失（福代斯，1994 年）。海豚科的另一个辨别性特征是左前颌骨的后端缩小，以致它不接触鼻骨（图 4.33；海恩宁，1989 年）。通过分子数据（勒杜克等，1999 年；麦高恩，2011 年）发现了在亚科类群之间存在的细小区别，并提出斑纹海豚属（*Lagenorhynchus*）为多系的观点。虽然据称最古老的海豚科上溯至中新世（可能在 1100 万年前），但年代鉴定清楚、保存完好、最古老的已命名海豚科化石似乎不早于上新世（福代斯，2009 年）。分子研究支持海豚科分化时间的化石年代为大约 1000 万~900 万年前（麦高恩等，2009 年；库尼亚等，2011 年；维尔斯特鲁普等，2011 年）。来自意大利的上新世海豚化石的重要样本证实，在上新世—更新世期间发生了海豚科的爆发式辐射进化（比亚努奇，2013 年）。

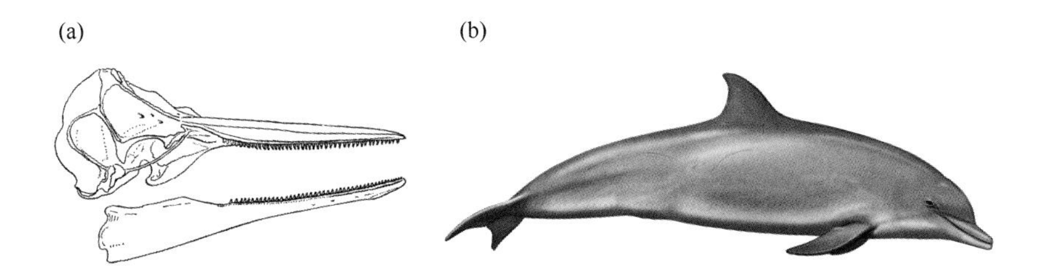

图 4.33 海豚科的代表物种

（a）短吻真海豚（*Delphinus delphis*）的颅骨和下颌侧视图（范·贝内登和杰维斯，1880 年）；（b）宽吻海豚（*Tursiops truncatus*）身体右侧视图（卡尔·比尔绘制）

鼠海豚科（Phocoenidae） 鼠海豚科包括 7 个现存种，最重要的判断特征是其前颌骨不向后延伸至鼻孔前半部的后面。鼠海豚科与其他齿鲸的另一项区别是其牙齿呈铲状而非圆锥形（图 4.34；海恩宁，1989 年）。虽然最近鲸目综合分析（盖斯勒等，2011 年）支持海豚超

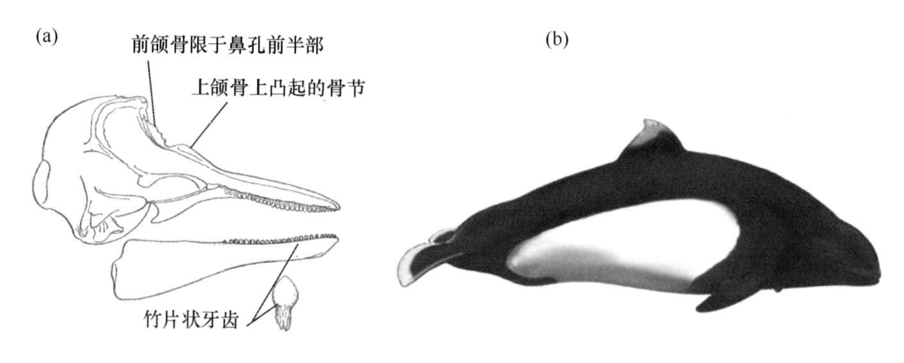

图 4.34 鼠海豚科的代表物种

（a）鼠海豚颅骨和下颌侧视图，显示前颌骨上凸起的圆形骨节（来自杰维斯，1855 年，p. 327）和竹片状牙齿（弗劳尔和莱德克，1891 年，p. 263）；（b）南美鼠海豚（*Phocoena dioptrica*）身体右侧视图（卡尔·比尔绘制）

科（Delphinoidea）为单系，认为一角鲸科（Monodontidae）和鼠海豚科（Phocoenidae）存在联系并同处一个新进化枝 Monodontoidae 中（见图 4.21），但也确认了鼠海豚科与海豚科的相互关系比其中任何一科与一角鲸科的关系都更加密切。基于分子数据的现存种之间的系统发育关系（麦高恩等，2009 年；图 4.35）表明，阿根廷鼠海豚（*Phocoena spinipinnis*）和加湾鼠海豚（*Phocoena sinus*）之间的关系尚未解决，及这两者与南美鼠海豚（*Phocoena dioptrica*）存在联系。这不同于以前基于形态学的观点（巴恩斯，1985 年）：南美鼠海豚与白腰鼠海豚（*Phocoenoides dalli*）处于亚科 Phocoeninae 中。对鼠海豚科的分子学分析和形态学研究（法哈多·梅勒，2006 年）结论不支持这一分类方法。分子数据（罗塞尔等，1995 年；麦高恩等，2009 年）表明，宽脊江豚（*Neophocaena phocaenoides*）是鼠海豚科最基础的现存成员。最近对鼠海豚科的形态学分析，包括对来自日本的数个中新世晚期新化石分类单元（*Pterophocoena*，*Miophocoena*，*Archaeophocoena*）的分析表明，它们占据更基础的位置（村上等，2012 年 a，b）。同海豚科类似，鼠海豚科的化石记录也可上溯至中新世晚期和上新世，分布于北太平洋、北大西洋和南大西洋（见兰伯特，2008年的综述）。

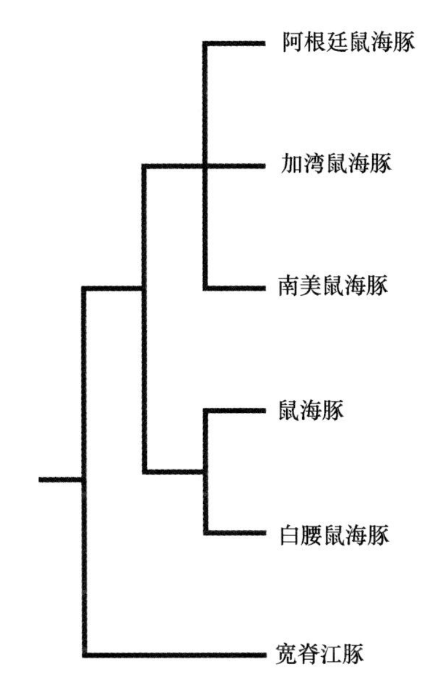

图4.35 鼠海豚科物种水平的系统发育

（麦高恩等，2009年；图中未显示窄脊江豚（*Neophocaena asiaorientalis*））

一角鲸科（Monodontidae） 一角鲸科包括两个现存种：① 一角鲸（*Monodon monoceros*）；② 白鲸（*Delphinapterus leucas*）。一角鲸很容易辨别，因雄鲸有一支螺旋状的长角（长牙），雌鲸偶尔也有长角（图4.36）。通过解剖，证实了一角鲸的长角是从左上颚突出的犬齿（纽威亚等，2012年）。研究表明，一角鲸的长牙可能是独角兽传说的源头。独角兽形如白马，具有偶蹄和狮尾、在额部中央长出单角，与一角鲸的长牙非常相似（斯利珀，1962年）。一角鲸科的另一种现存成员是白鲸，其特征是整个躯体呈现独特的白色。白鲸分布于北极附近海域中；一角鲸主要分布于北大西洋和北冰洋海域，有时也会漫游进太平洋。在中新世晚期和上新世期间，一角鲸科在气候温和的海域中繁衍生息，分布范围向南远至下加利福尼亚（巴恩斯，1973年，1977年，1984年；

穆隆，1988 年 a）。一个新的分类单元——似独角博哈斯卡鲸（*Bohaskaia*）在上新世早期生存于北大西洋，这证明一角鲸科过去曾出现在较温暖的纬度（维雷兹·朱亚伯和佩因森，2012 年）。一角鲸科的一种已灭绝的近亲是相貌奇特的鲸目动物——海牛鲸（*Odobenocetops*），其形态和推断的摄食习性（另见第 12 章）与现代海象趋同（穆隆，1993 年 a，b；穆隆等，1999 年，2001 年）。海牛鲸的发现源于来自秘鲁的两个上新世早期物种。

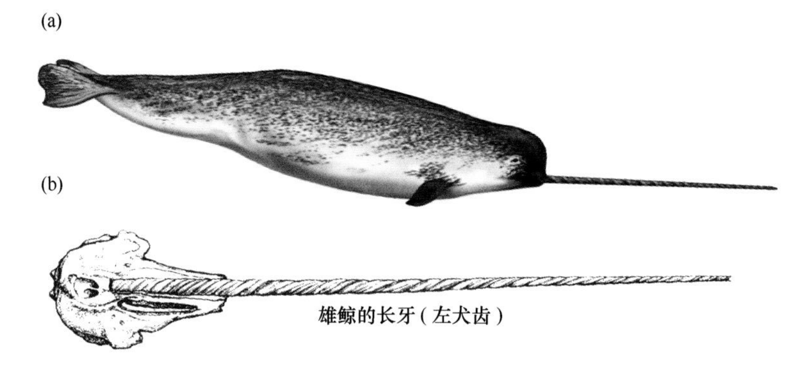

图 4.36 一角鲸科的代表物种—— 一角鲸（*Monodon monoceros*）

（a）一角鲸身体右侧视图（卡尔·比尔绘制）；（b）一角鲸颅骨背视图，注意图中去掉了吻突的顶部以显示长牙的根部

4.3 总结和结论

大部分形态学数据和所有分子数据一致支持偶蹄类动物（特别是河马）是与鲸目动物关系最近的现存近亲。齿鲸的单系说也得到普遍接受。最早的鲸目动物（例如，巴基鲸科（Pakicetidae）、陆行鲸科（Ambulocetidae）和雷明顿鲸科（Remingtonocetidae））出现在大约 5000 万年前（始新世早期和中期），最著名的化石来自印度和巴基斯坦。快速、持续扩大的化石记录证明，干群鲸类之间有高度的形态多样性，其中许多种类还具有发育健全的后肢和足。基于分子数据，可推断

须鲸和齿鲸在约3500万年前分化于一个共同的古鲸亚目祖先，这个估计与化石记录相一致。有证据表明，一些古代须鲸类曾兼具牙齿和鲸须，后来分化的须鲸类失去了牙齿但保留了鲸须。由于形态学和分子数据相互矛盾，须鲸类的现代各科之间的关系尚不清楚。齿鲸类之间的关系依然存在争议，然而，分子和形态学数据都普遍支持喙鲸类和抹香鲸是基础齿鲸类的观点。为确定其他齿鲸世系之间的关系，需要单独与结合性地进行形态学研究和分子数据分析，综合评价化石和最近的分类单元，这为下一代海洋哺乳动物分类学家留下了大量工作。

4.4 延伸阅读与资源

福代斯（2009年）总结了化石鲸类的进化史。关于鲸类早期进化的报告，见德威森（1998年）和乌恩（2010年）。古尔德（1994年）、齐默（1998年）、贝尔塔（2012年）和德威森（2014年）通俗地解释了最近鲸类化石发现的进化意义。斯波尔丁等（2009年）、盖特希等（2013年）基于形态学和分子数据综述了鲸目动物与其他有蹄类动物的关系。盖斯勒等（2011年）论述了齿鲸的系统发育；德梅雷等（2008年）、斯蒂曼等（2009年）和马克斯（2011年）在论著中对鲸类的系统发育进行了再评价。盖特希等（2013年）就鲸目动物系统发育展开了精彩的论述，重建了关键而新奇的进化事件。

参考文献

Aguirre-Fernández, G., Fordyce, R.E., 2014. *Papahu taitapu*, gen. et sp. nov., an early Miocene stem odontocete (Cetacea) from New Zealand. J. Vert. Paleontol. 34, 195–210.

Árnason, U., Gullberg, A., 1994. Relationship of baleen whales established by cytochrome b gene sequence comparison. Nature 367, 726–727.

Bajpai, S., Thewissen, J.G.M., 2000. A new, diminutive Eocene whale from Kachchh (Gujarat, India) and its implications for locomotor evolution of cetaceans. Curr. Sci. India

79, 1478–1482.

Bajpai, S., Thewissen, J.G.M., Conley, R.W., 2011. Cranial anatomy of middle Eocene *Remingtonocetus* (Cetacea, Mammalia) from Kutch, India. J. Paleontol. 85, 703–718.

Barnes, L.G., 1973. *Praekogia cedroensis*, a new genus and species of fossil pygmy sperm whale from Isla Cedros, Baja California, Mexico. Nat. Hist. Mus. L.A. Cty. Sci. Bull. 247, 1–20.

Barnes, L.G., 1977. Outline of eastern North Pacific cetacean assemblages. Syst. Zool. 25, 321–343.

Barnes, L.G., 1978. A review of *Lophocetus* and *Liolithax* and their relationships to the delphinoid family Kentriodontidae (Cetacea: Odontoceti). Nat. Hist. Mus. L.A. Cty. Sci. Bull. 28, 1–35.

Barnes, L.G., 1984. Whales, dolphins and porpoises: origin and evolution of the Cetacea. In: Broadhead, T.W. (Ed.), Mammals: Notes for a Short Course Organized by P. D. Gingerich and C. E. Badgley. University of Tennessee Press, Knoxville, TS, pp. 139–153.

Barnes, L.G., 1985. Evolution, taxonomy and antitropical distributions of the porpoises (Phocoenidae, Mammalia). Mar. Mammal Sci. 1, 149–165.

Barnes, L.G., McLeod, S.A., 1984. The fossil record and phyletic relationships of gray whales. In: Jones, M.L., Swartz, S.L., Leatherwood, S. (Eds.), The Gray Whale *Eschrichtius robustus*. Academic Press, NY, pp. 3–32.

Barnes, L.G., Domning, D.P., Ray, C.E., 1985. Status of studies on fossil marine mammals. Mar. Mammal Sci. 1, 15–53.

Barnes, L.G., Kimura, M., Furusawa, H., Sawamura, H., 1995. Classification and distribution of Oligocene Aetiocetidae (Mammalia; Cetacea; Mysticeti) from western North America and Japan. Island Arc 3, 392–431.

Bebej, R.M., ul-Haq, M., Zalmout, I.S., Gingerich, P.D., 2012. Morphology and function of the vertebral column in *Remingtonocetus domandensis* (Mammalia, Cetacea) from the middle Eocene Domanda Formation of Pakistan. J. Mammal. Evol. 19, 77–104.

Berta, A., 2012. Return to the Sea: The Life and Evolutionary Times of Marine Mammals. University of California Press, Berkeley, CA.

Bianucci, G., 2013. *Septidelphis morii*, n. gen. et sp., from the Piocene of Italy: new evidence of the explosive radiation of true dolphins (Odontoceti, Delphinidae). J. Vert. Paleontol. 33 (3), 722–740.

Bianucci, G., Gingerich, P. D., 2011. *Aegyptocetus tarfa*, n. gen. et sp. (Mammalia, Cetacea), from the middle Eocene of Egypt: clinorhynchy, olfaction, and hearing in a protocetid whale. J. Vert. Paleontol. 31, 1173–1188.

Bianucci, G., Lambert, O., Post, K., 2007. A high diversity in fossil beaked whales (Odontoceti, Ziphiidae) recovered by trawling from the sea floor off South Africa. Geodiversitas 29, 561–618.

Bianucci, G., Lambert, O., Sals-Gismondi, R., et al., 2013. A Miocene relative of the Ganges River dolphin (Odontoceti, Platanistidae) from the Amazon Basin. J. Vert. Paleontol. 33 (3), 741–745.

Bisconti, M., 2005. Skull morphology and phylogenetic relationships of a new diminutive balaenid from the lower Pliocene of Belgium. Palaeontology 48, 793–816.

Bisconti, M., 2008. Morphology and phylogenetic relationships of a new eschrichtiid genus (Cetacea: Mysticeti) from the early Pliocene of northern Italy. Zool. J. Linn. Soc. Lond. 153, 161–186.

Bisconti, M., 2010. A new balaenopterid whale from the late Miocene of the Stirone River, northern Italy (Mammalia, Cetacea, Mysticeti). J. Vert. Paleontol. 30, 943–958.

Bisconti, M., 2012. Comparative osteology and phylogenetic relationships of *Miocaperea pulchra*, the first fossil pygmy right whale genus and species (Cetacea, Mysticeti, Neobalaenidae). Zool. J. Linn. Soc. Lond. 166, 876–911.

Bobrinskii, N. A., Kuznekov, B. A., Kuzyakin, A. P., 1965. Key to the Mammals of the USSR, second ed. Moscow (In Russian).

Boessenecker, R.W., Fordyce, R.E., 2014. A new eomysticetid (Mammalia: Cetacea) from the late Oligocene of New Zealand and a re-evaluation of '*Mauicetus*' *waitakiensis*. Papers in Paleontology.

Bouetel, V., Muizon, C. de, 2006. The anatomy and relationships of *Piscobalaena nana* (Cetacea, Mysticeti), a Cetotheriidae s.s. from the early Pliocene of Peru. Geodiversitas 28, 319–395.

Bryant, P.J., 1995. Dating remains of gray whales from the eastern North Atlantic. J. Mammal. 76, 857–861.

Buono, M.R., Cozzuol, M.A., 2013. A new beaked whale (Cetacea, Odontoceti) from the late Miocene of Patagonia. J. Vert. Paleontol. 33 (4), 986–997.

Cabrera, A., 1926. Cetaceos Fosiles del Museo de La Plata. Rev. Mus. La Plata 29, 363–411.

Cassens, I., Vicario, S., Waddell, V., Balchowsky, H., Van Belle, D., Ding, W., Fan, C., Lal Mohan, R.S., Simoes-Lopes, P.C., Bastida, R., Meyer, A., Stanhope, M., Milinkovitch, M., 2000. Independent adaptation to riverine habitats allowed survival of ancient cetacean lineages. Proc. Natl. Acad. Sci. 97, 11343–11347.

Churchill, M., Berta, A., Deméré, T.A., 2012. The sytematics of right whales (Mysticeti: Balaenidae). Mar. Mamm. Sci. 28, 497–521.

Clarke, M.R., 1976. Observations on sperm whale diving. J. Mar. Biol. Assoc. U.K. 56, 809–810.

Clementz, M.T., Goswami, A., Gingerich, P.D., Koch, P.L., 2006. Isotopic records from early whales and sea cows: contrasting patterns of ecological transition. J. Vert. Paleontol. 26, 355–370.

Cozzuol, M.A., 1996. The record of the aquatic mammals in southern South America. Muench. Geowiss. Abh. 30, 321–342.

Cunha, H.A., Moraes, L.C., Medeiros, B.V., et al., 2011. Phylogenetic status and timescale for the diversification of *Steno* and *Sotalia* dolphins. PLoS ONE 6 (12), e28297.

Dawson, S.D., 1996. A description of the skull of *Hadrodelphis calvertense* and its position within the Kentriodontidae (Cetacea, Delphinoidea). J. Vert. Paleontol. 16, 125–134.

Deméré, T.A., Berta, A., McGowen, M.R., 2005. The taxonomic and evolutionary history of fossil and modern balaenopteroid mysticetes. J. Mammal. Evol. 12, 99–143.

Deméré, T.A., Berta, A., 2008. Skull anatomy of the Oligocene toothed mysticete *Aetiocetus weltoni* (Mammalia: Cetacea): implications for mysticete evolution and functional anatomy. Zool. J. Linn. Soc. Lond. 154, 308–352.

Deméré, T.A., McGowen, M.R., Berta, A., Gatesy, J., 2008. Morphological and molecular evidence for a stepwise evolutionary transition from teeth to baleen in mysticete whales. Syst. Biol. 57, 15–37.

Duncan, P.M., 1877-1883. Cassell's Natural History, vols 3. Cassell and Co., London.

Ekdale, E. G., Berta, A., Deméré, T. A., 2011. The comparative osteology of the petrotympanic complex (ear region) of extant baleen whales (Cetacea: Mysticeti). PLoS ONE 6 (6), e21311.

Ekdale, E., Deméré, T. A., Berta, A., 2015. Vascularization of the gray whale palate (Cetacea, Mysticeti, Eschrichtiidae): soft tissue evidence for an alveolar source of blood to baleen. Anat. Rec. http://dx.doi.org㊣ar23119.

El Adli, J.J., Deméré, T.A., Boessenecker, R.W., 2014. *Herpetocetus morrowi* (Cetacea: Mysticeti), a new species of diminutive baleen whale from the upper Pliocene (Piacenzian) of California, USA, with observations on the evolution and relationships of the Cetotheriidae. Zool. J. Linn. Soc. 170, 400-466.

Evans, P. G. H., 1987. The Natural History of Whales and Dolphins. Christopher Helm, London/Facts on File, New York.

Fajardo-Mellor, L., Berta, A., Brownell Jr., R.L., Boy, C., Goodall, N., 2006. The phylogenetic relationships and biogeography of true porpoises (Mammalia: Phocoenidae) based on morphological data. Mar. Mamm. Sci. 22 (4), 910-932.

Fahlke, J.M., Gingerich, P.D., Welsh, R.C., Wood, A.R., 2012. Cranial asymmetry in Eocene archaeocetes whales and the evolution of directional hearing. Proc. Natl. Acad. Sci. 408, 14545-14548.

Fitzgerald, E.M.G., 2006. A bizarre new toothed mysticete (Cetacea) from Australia and the early evolution of baleen whales. Proc. R. Soc. B 273, 2955-2963.

Fitzgerald, E.M., 2010. The morphology and systematics of *Mammalodon colliveri* (Cetacea: Mysticeti), a toothed mysticete from the Oligocene of Australia. Zool. J. Linn. Soc. Lond. 158, 367-476.

Fitzgerald, E.M., 2011. A fossil sperm whale (Cetacea, Physeteroidea) from the Pleistocene of Nauru, equatorial southwest Pacific. Jour. Vertebr. Paleontol. 31 (4), 929-931.

Fitzgerald, E.M.G., 2012. Possible neobalaenid from the Miocene of Australia implies a long evolutionary history for the pygmy right whale *Caperea marginata* (Cetacea, Mysticeti). J. Vert. Paleontol. 32, 976-980.

Flower, W.H., 1883. On whales, past and present, and their probable origin. Nat. Proc. R.

Inst. G. B. 10, 360–376.

Flower, W.H., Lydekker, R., 1891. An Introduction to the Study of Mammals Living and Extinct. Adam and Charles Black, London.

Fordyce, R. E., 1980. Whale evolution and Oligocene southern ocean environments. Palaeogeogr. Palaeoclimatol. Palaeoecol. 31, 319–336.

Fordyce, R.E., 1982. A review of Australian fossil Cetacea. Mem. Nat. Mus. Victoria 43, 43–58.

Fordyce, R.E., 1984. Evolution and zoogeography of cetaceans in Australia. In: Archer, M., Clayton, G. (Eds.), Vertebrate Zoogeography and Evolution in Australasia. Hesperian Press, Carlisle, Australia, pp. 929–948.

Fordyce, R.E., 1994. *Waipatia maerewhenua*, new genus and species (Waipatiidae, New Family), an archaic late Oligocene dolphin (Cetacea: Platanistidae) from New Zealand. Proc. San Diego Soc. Nat. Hist. 29, 147–176.

Fordyce, R.E., 1996. New Zealand Oligocene fossils and the early radiation of platanistoid dolphins. In: Mazin, J.-M., Vignaud, P., de Buffrénil, V. (Eds.), Abstracts of the Conference on Secondary Adaptation to Life in the Water. Poitiers, France, p. 12.

Fordyce, R.E., 2009. Neoceti. In: Perrin, W.F., Wursig, B., Thewissen, J.G.M. (Eds.), Encyclopedia of Marine Mammals, second ed. Elsevier, San Diego, CA, pp. 758–763.

Fordyce, R.E., Barnes, L.G., 1994. The evolutionary history of whales and dolphins. Annu. Rev. Earth Planet. Sci. 22, 419–455.

Fordyce, R.E., Barnes, L.G., Miyazaki, N., 1995. General aspects of the evolutionary history of whales and dolphins. Isl. Arc 3, 373–391.

Fordyce, R.E., Marx, F.G., 2012. The pygmy right whale *Caperea marginata*: the last of the cetotheres. Proc. R. Soc. B 280 (1753), 2012–2645.

Gatesy, J., 1997. More DNA support for a Cetacea/Hippopotamidae clade: the blood-clotting protein gene gamma–fibrinogen. Mol. Biol. Evol. 14, 537–543.

Gatesy, J., 1998. Molecular evidence for the phylogenetic affinities of Cetacea. In: Thewissen, J.G.M. (Ed.), The Emergence of Whales: Patterns in the Origin of Cetacea. Plenum Press, New York, pp. 63–111.

Gatesy, J., Geisler, J.H., Chang, J., Buell, C., Berta, A., Meredith, R.W., Springer, M.

S., McGowen, M. R., 2013. A phylogenetic blueprint for a modern whale. Mol. Phylogenet. Evol. 66, 479–506.

Geisler, J.H., Luo, Z., 1996. The petrosal and inner ear of *Herpetocetus* sp. (Mammalia: Cetacea) and their implications for the phylogeny and hearing of archaic mysticetes. J. Paleontol. 70, 1045–1066.

Geisler, J.H., Sanders, A.E., 2003. Morphological evidence for the phylogeny of Cetacea. J. Mammal. Evol. 10, 23–129.

Geisler, J.H., Uhen, M., 2003. Morphological support for a close relationship between whales and hippos. J. Vert. Paleontol. 23, 991–996.

Geisler, J. H., Sanders, A. E., Luo, Z., 2005. A new protocetid whale (Cetacea: Archaeoceti) from the late middle Eocene of South Carolina. Am. Mus. Novit. 3480, 1–65.

Geisler, J.H., Uhen, M.D., 2005. Phylogenetic relationships of extinct cetartiodactyls: results of simultaneous analyses of molecular, morphological, and stratigraphic data. J. Mammal. Evol. 12, 145–160.

Geisler, J. H., Theodor, J. M., 2009. Hippopotamus and whale phylogeny. Nature 458, E1–E4.

Geisler, J.H., McGowen, M.R., Yang, G., Gatesy, J., 2011. A supermatrix analysis of genomic, morphological and paleontological data from crown Cetacea. BMC Evol. Biol. 11, 112.

Geisler, J.H., Godfrey, S.J., Lambert, O., 2012. A new genus and species of late Miocene inioid (Cetacea, Odontoceti) from the Meherrin River, North Carolina, U.S.A. J. Vert. Paleontol. 32, 198–211.

Gervais, P., 1855. Histoire Naturelle de Mammiferes. L.Curtner, Paris.

Giebel, C.G., 1859. Die Naturgeschichte des Thierreichs. Book 1: Die Saugethiere. Verlag von Otto Wigand, Leipzig.

Gingerich, P.D., Russell, D.E., 1981. *Pakicetus inachus*, a new archaeocete (Mammalia, Cetacea) from the early-middle Eocene Kuldana Formation of Kohat (Pakistan) Contrib. Mus. Paleont. Univ. Mich.. 25, 235–246.

Gingerich, P. D., Wells, N. A., Russell, D. E., Shah, D. E., 1983. Origin of whales in epicontinental remnant seas: new evidence from the early Eocene of Pakistan. Science 220, 403–406.

Gingerich, P. D., Russell, D. E., 1990. Dentition of Early Eocene *Pakicetus* (Mammalia, Cetacea) Contrib. Mus. Paleont. Univ. Mich. 28, 1–20.

Gingerich, P.D., Smith, B.H., Simons, E.L., 1990. Hind limbs of Eocene *Basilosaurus isis*: evidence of feet in whales. Science 249, 154–157.

Gingerich, P. D., Uhen, M., 1996. *Ancalecetus simonsi*, a New Dorudontine Archaeocete (Mammalia, Cetacea) from the Early Late Eocene of Wadi Hitan, EgyptContrib. Mus. Paleont. Univ. Mich.. 29, 359–401.

Gingerich, P.D., Haq, M., Zalmout, I., Khan, I., Malkani, M., 2001. Origin of whales from early Artiodactyls: hands and feet of Eocene Protocetidae from Pakistan. Science 239, 2239–2242.

Gingerich, P.D., von Koenigswald, W., Sanders, W.J., Smith, B.H., Zalmout, I.S., 2009. New protocetid whale from the middle Eocene of Pakistan: birth on land, precocial development, and sexual dimorphism. PLoS ONE 4, e4366.

Gingerich, P.D., Cappetta, H., 2014. A new archaeocete and other marine mammals (Cetacea and Sirenia) from lower middle Eocene phosphate deposits of Togo. J. Paleontol. 88 (1), 109–129.

Gol'din, P., Zvonok, E., 2013. *Basilotritus uheni*, a new cetacean (Cetacea Basilosauridae) from the late middle Eocene of eastern Europe. J. Paleontol. 87, 254–268.

Gould, S.J., 1994. Hooking Leviathan by its past. Nat. Hist. 5, 8–15.

Gray, N.M., Kainec, K., Madar, S., Tomko, L., Wolfe, S., 2007. Sink or swim? Bone density as a mechanism for buoyancy control in early cetaceans. Anat. Rec. 290, 638–653.

Hamilton, H., Caballero, S., Collins, A.G., Brownell Jr., R.L., 2001. Evolution of river dolphins. Proc. R. Soc. Lond. B 268, 549–556.

Heyning, J.E., 1989. Comparative facial anatomy of beaked whales (Ziphiidae) and systematic revision among the family of extant Odontoceti. Nat. Hist. Mus. L.A. Cty. Contrib. Sci. 405, 1–64.

Heyning, J.E., 1997. Sperm whale phylogeny revisited: analysis of the morphological evidence. Mar. Mammal Sci. 13, 596–613.

Heyning, J.E., Mead, J., 1990. Evolution of the nasal anatomy of cetaceans. In: Thomas, J., Kastelain, R. (Eds.), Sensory Abilities of Cetaceans: Laboratory and Field Evidence. Plenum Press, New York, pp. 67–79.

Hollatz, C., Torres Vilaca, S., Redondo, R.A.F., Marmontel, M., Baker, C.S., Santos, F. R., 2011. The Amazon River system as an ecological barrier driving genetic differentiation of the pink dolphin (*Inia geoffrensis*). Biol. J. Linn. Soc. Lond. 102, 812–827.

Hrbek, T., da Silva, V.M.F., Dutra, N., et al., 2014. A new species of river dolphin from Brazil or: how little do we know our biodiversity. PLoS ONE 9 (1), e83623.

Ichishima, H., Barnes, L.G., Fordyce, R.E., Kimura, M., Bohaska, D.J., 1995. A review of kentriodontine dolphins (Cetacea: Delphinoidea; Kentriodontidae): systematics and biogeography. Isl. Arc 3, 486–492.

Ichishima, H., Sato, E., Sagayama, T., Kimura, M., 2006. The oldest record of Eschrichtiidae (Cetacea: Mysticeti) from the late Pliocene, Hokkaido, Japan. J. Paleontol. 80, 367–379.

Irwin, D.M., Árnason, U., 1994. Cytochrome b gene of marine mammals: phylogeny and evolution. J. Mammal. Evol. 2, 37–55.

IUCN, 2014. IUCN Red List of Threatened Species. Version 2014. 1 www.iucnredlist.org.

Jefferson, T.A., Leatherwood, S., Weber, M.A., 1993. FAO Species Identification Guide: Marine Mammals of the World. Food and Agriculture Organization, Rome.

Kellogg, R., 1968. Fossil mammals from the Miocene Calvert Formation of Maryland and Virginia. U.S. Natl. Mus. Bull. 247, 103–201.

Kimura, T., Ozawa, T., 2002. A new cetothere (Cetacea: Mysticeti) from the early Miocene of Japan. J. Vert. Paleontol. 22, 684–702.

Kimura, T., Hasegawa, Y., 2010. A new baleen whale (Mysticeti: Cetotheriidae) from the earliest late Miocene of Japan and a reconsideration of the phylogeny of cetotheres. J. Vert. Paleontol. 30, 577–591.

Lambert, O., 2008. A new porpoise (Cetacea, Odontoceti, Phocoenidae) from the Pliocene of the North Sea. J. Vert. Paleontol. 28, 863–872.

Lambert, O., Bianucci, G., Muizon, C. de, 2008. A new stem sperm whale (Cetacea, Odontoceti, Physeteroidea) from the latest Miocene of Peru. C.R. Palevol. 7, 361–369.

Lambert, O., Bianucci, G., Post, K., Muizon, C. de, Salas-Gismondi, R., Urbina, M., Reumer, J., 2010. The giant bite of a new raptorial sperm whale from the Miocene epoch of Peru. Nature 466, 105-108.

Lambert, O., Muizon, C. de, Bianucci, G., 2013. The most basal beaked whale *Ninoziphius platyrostris* Muizon, 1983: clues on the evolutionary history of the family Ziphiidae (Cetacea: Odontoceti). Zool. J. Linn. Soc. Lond. 167, 569-598.

Lambert, O., Muizon, C. de, 2013. A new long-snouted species of the Miocene ponotporiid dolphin *Brachydelphis* and a review of the Mio-Pliocene marine mammal levels in the Sacaco Basin, Peru. J. Vert. Paleontol. 33 (3), 709-721.

Lambert, O., Bianucci, G., Urbina, M., 2014. *Huaridelphis raimondii*, a new early Miocene Squalodelphinidae (Cetacea, Odontoceti) from the Chilcatay Formation, Peru. Jour. Vert. Paleontol 34 (5), 987-1004.

LeDuc, R., Perrin, W. F., Dizon, A. E., 1999. Phylogenetic relationships among the delphinind cetaceans based on full cytochrome b sequences. Mar. Mammal Sci. 15, 619-648.

Linnæus, C., 1735. Systema Natureæ, Sive Regna Tria Naturæ Systematice Proposita Per Classes, Ordines, Genera, & Species. Lugduni Batavorum, Leiden, Netherlands.

MacFadden, B.J., 1992. Fossil Horses: Systematics, Paleobiology and Evolution of the Family Equidae. Cambridge University Press, Port Chester, NY.

Madar, S.I., 2007. The postcranial skeleton of early Eocene pakicetid cetaceans. J. Paleontol. 81, 176-200.

Marx, F., 2011. The more the merrier? A large cladistic analysis of mysticetes, and comments on the transition from teeth to baleen. J. Mammal. Evol. 18, 77-100.

May-Collado, L., Agnarsson, I., 2006. Cytochrome b and Bayesian inference of whale phylogeny. Mol. Phylogenet. Evol. 38, 344-354.

McGowen, M.R., 2011. Toward the resolution of an explosive radiation-a multilocus phylogeny of oceanic dolphins (Delphinidae). Mol. Phylogent. Evol. 60, 345-357.

McGowen, M. R., Spaulding, M., Gatesy, J., 2009. Divergence date estimation and a comprehensive molecular tree of extant cetaceans. Mol. Phylogenet. Evol 53, 891-906.

McLeod, S. A., Barnes, L. G., 2008. A new genus and species of Eocene protocetid archaeocete whale (Mammalia, Cetacea) from the Atlantic Coastal Plain. Sci. Ser. Nat. Hist. Mus. Los Angeles County. 41, 73–98.

McLeod, S. A., Whitmore, F. C., Barnes, L. G., 1993. Evolutionary relationships and classification. In: Burns, J.J., Montague, J.J., Cowles, C.J. (Eds.), The Bowhead Whale. Allen Press, Lawrence, KS, pp. 45–70. Spec. Publ. No. 2, Soc. Mar. Mammal.

Mead, J., 1975. Anatomy of the external nasal passages and facial complex in the Delphinidae (Mammalia: Cetacea)Smithson. Contrib. Zool. 207, 1–72.

Messenger, S. L., McGuire, J., 1998. Morphology, molecules and the phylogenetics of cetaceans. Syst. Biol. 47, 90–124.

Milinkovitch, M.C., 1995. Molecular phylogeny of cetaceans prompts revision of morphological transformations. Trends Ecol. Evol. 10, 328–334.

Milinkovitch, M.C., Orti, G., Meyer, A., 1993. Revised phylogeny of whales suggested by mitochondrial ribosomal DNA sequences. Nature 361, 346–348.

Milinkovitch, M.C., Orti, G., Meyer, A., 1994. Phylogeny of all major groups of cetaceans based on DNA sequences from three mitochondrial genes. Mol. Biol. Evol. 11, 939–948.

Milinkovitch, M.C., Le Duc, R.G., Adachi, J., Farnir, F., Georges, M., Hasegawa, M., 1996. Effects of character weighting and species sampling on phylogeny reconstruction: a case study based on DNA sequence data in cetaceans. Genetics 144, 1817–1883.

Miller, G.S., 1923. The telescoping of the cetacean skullSmithson Misc. Coll.. 76, 1–71.

Mitchell, E.D., 1989. A new cetacean from the late Eocene La Meseta Formation, Seymour Island, Antarctic Peninsula. Can. J. Fish. Aquat. Sci. 46, 2219–2235.

Morgan, G., 1994. Miocene and Pliocene marine mammal faunas from the Bone Valley Formation of Central Florida. Proc. San Diego Soc. Nat. Hist. 29, 239–268.

Muizon, C. de, 1987. The affinities of *Notocetus vanbenedeni*, an early Miocene Platanistoid (Cetacea, Mammalia) from Patagonia, southern Argentina. Am. Mus. Novit. 2904, 1–27.

Muizon, C. de, 1988. The fossil vertebrates of the Pisco Formation (Peru). Part 3 (Les vertébrés fossils de la Formation Pisco (Pérou). Troisième partie: les odontocètes (Cetacea, Mammalia) du Miocène). Éditions Recherche sur les Civilisations 78, 4–244.

Muizon, C. de, 1988. Les relations phylogénétiques des Delphinida (Cetacea, Mammalia). Ann. Paléontol. 74, 159–227.

Muizon, C. de, 1993. Walrus-feeding adaptation in a new cetacean from the Pliocene of Peru. Nature 365, 745-748.

Muizon, C. de, 1993. *Odobenocetops peruvianus*: una remarcable convergencia de adaptacion alimentaria entre morsa y delphin. Bull. de l'Institut Francais d'Etudes Andines 22, 671-683.

Muizon, C. de, Domning, D.P., Parrish, M., 1999. Dimorphic tusks and adaptive strategies in the odobenocetopsidar, walrus-like dolphins from the Pliocene of Peru. C.R. Acad. Sci. Ser. II A 329, 449-455.

Muizon, C. de, Domning, D.P., Ketten, D.R., 2001. *Odobenocetops peruvianus*, the Walrus Convergent Delphinoid (Cetacea, Mammalia) from the Lower Pliocene of PeruSmithson. Contrib. Paleobiol. 93, 223-261.

Murakami, M., Shimada, C., Hikida, Y., Hirano, H., 2012. A new basal porpoise, *Pterophocaena nishinoi*(Cetacea, Odontoceti, Delphinoidea), from the upper Miocene of Japan and its phylogenetic relationships. J. Vert. Paleontol. 32, 1157-1171.

Murakami, M., Shimada, C., Hikida, Y., Hirano, H., 2012. Two new extinct basal phocoenids (Cetacea, Odontoceti, Delphinoidea), from the upper Miocene Koetoi Formation of Japan and their phylogenetic significance. J. Vert. Paleontol. 32, 1172-1185.

Nikaido, M., Matsuno, F., Hamilton, H., Brownell, R.L., Cao, Y., Ding, W., Zuoyan, Z., Shedlock, A.M., Fordyce, R.E., Hasegawa, M., Okada, N., 2001. Retroposon analysis of major cetacean lineages: the monophyly of toothed whales and the paraphyly of river dolphins. Proc. Natl. Acad. Sci. 98, 7384-7389.

Nikaido, M., Rooney, P., Okada, N., 1999. Phylogenetic relationships among cetartiodactyls based on insertions of short and long interspersed elements: Hippopatamuses are the closest extant relatives of whales. Proc. Natl. Acad. Sci. 96, 10261-10266.

Noakes, S.F., Pyenson, N.D., McFall, G., 2013. Late Pleistocene gray whales (*Eschrichtius robustus*) offshore Georgia, USA, and the antiquity of gray whale migration in the North Atlantic Ocean. Palaeogeogr. Palaeoclimatol. Palaeoecol. 392, 502-509.

Nweeia, M.T., Eichmiller, F., Hauschka, P., Tyler, E., Mead, J.G., Potter, C.W., Angnatsiak, D.P., Richard, P.R., Orr, J.R., Black, S.R., 2012. Vestigial tooth anatomy and tusk nomenclature for *Monodon monoceros*. Anat. Rec. 295, 1006-1016.

Okazaki, Y., 2012. A new mysticete from the upper Oligocene Ashiya Group, Kyushu, Japan and its significance to mysticete evolution. Bull. Kitakyushu Mus. Nat. Hist. Hum. Hist. Ser. A (Nat. Hist.) 10, 129–152.

Pyenson, N.D., Hoch, E., 2007. Tortonian pontoporiid odontocetes from the Eastern North Sea. J. Vert. Paleontol. 27, 757–762.

Ray, J., 1693. Synopsis Methodica Animalium Quadrupedum et Serpentine Generis. S. Smith and B. Walford, London.

Rosel, P.E., Haygood, M.G., Perrin, W.F., 1995. Phylogenetic relationships among the true porpoises (Cetacea: Phocoenidae). Mol. Phylogenet. Evol. 4, 463–474.

Ruiz-Garcia, M., Shostell, J.M., 2012. In: Biology, Evolution and Conservation of River Dolphins within South America and Asia. Nova Science Publishers, NY.

Rychel, A., Reeder, T., Berta, A., 2004. Phylogeny of mysticete whales based on mitochondrial and nuclear data. Mol. Phylogenet. Evol. 32, 892–901.

Sanders, A.E., Barnes, L.G., 2002. Paleontology of Late Oligocene Ashley and Chandler Bridge Formations of South Carolina, 3: Eomysticetidae, a new family of primitive mysticetes (Mammalia: Cetacea) Smithson. Contrib. Paleobiol. 93, 313–356.

Sasaki, T., Nikaido, M., Hamilton, H., Goto, M., Kato, H., Kanda, N., Pastene, L.A., Cao, Y., Fordyce, R.E., Hasegawa, M., Okada, N., 2005. Mitochondrial phylogenetics and evolution of mysticete whales. Syst. Biol. 54, 77–90.

Slijper, E.J., 1962. Whales. Basic Books, New York.

Spaulding, M., O'Leary, M.A., Gatesy, J., 2009. Relationships of Cetacea (Ariodactyla) among mammals: increased taxon sampling alters interpretation of key fossils and character evolution. PLoS ONE 4 (9), e7062.

Steeman, M.E., 2007. Cladistic analysis and a revised classification of fossil and recent mysticetes. Zool. J. Linn. Soc. Lond. 150, 875–894.

Steeman, M.E., Hebsgaard, M.B., Fordyce, R.E., Ho, S.Y., Rabosky, D.L., Nielsen, R., Rahbek, C., Glenner, H., Martin, V., Sørensen, M.V., Willerslev, E., 2009. Radiation of extant cetaceans driven by restructuring of the oceans. Syst. Biol. 58, 573–585.

Szalay, F., 1969. The Hapalodectinae and a phylogeny of the Mesonychidae (Mammalia,

Condylarthra). Am. Mus. Novit. 2361, 1-26.

Tanaka, Y., Fordyce, R.E., 2014. Fossil dolphin *Otekaikea marplesi* (latest Oligocene, New Zealand) expands the morphological and taxonomic diversity of Oligocene cetaceans. PLoS ONE 9 (9), e107972.

Thewissen, J.G.M. (Ed.), 1998. The Emergence of Whales: Patterns in the Origin of Cetacea. Plenum Press, New York.

Thewissen, J.G.M., Hussain, S.T., 1993. Origin of underwater hearing in whales. Nature 361, 444-445.

Thewissen, J.G.M., Hussain, S.T., Arif, M., 1994. *Ambulocetus natans*, the walking whale. Science 263, 210-212.

Thewissen, J.G.M., Madar, S.I., Hussain, S.T., 1996. *Ambulocetus natans*, an Eocene cetacean (Mammalia) from Pakistan. Cour. Forschungsinst. Senckenberg 191, 1-86.

Thewissen, J.G.M., Hussain, S.T., 1998. Systematic review of the Pakicetidae, early and middle Eocene Cetacea (Mammalia) from Pakistan and India. Bull. Carnegie Mus. Nat. Hist. 34, 220-238.

Thewissen, J.G.M., Madar, S.I., Hussain, S.T., 1998. Whale ankles and evolutionary relationships. Nature 395, 452.

Thewissen, J.G.M., Williams, E.S., Roe, L.J., Hussain, S.T., 2001. Skeletons of terrestrial cetaceans and the relationship of whales to artiodactyls. Nature 413, 277-281.

Thewissen, J.G.M., Williams, E.M., 2002. The early radiations of Cetacea (Mammalia): evolutionary pattern and developmental correlations. Ann. Rev. Ecol. Syst. 33, 73-90.

Thewissen, J.G.M., Cooper, L.N., Clemtz, M.T., Bajpai, S., Tiwari, B.N., 2007. Whales originated form aquatic artiodactyls in the Eocene epoch of India. Nature 450, 1190-1194.

Thewissen, J.G.M., Bajpai, S., 2009. New skeletal material of *Andrewsiphius* and *Kutchicetus*, two Eocene cetaceans from India. J. Paleontol. 83, 635-663.

Thewissen, J.G.M., 2014. The Walking Whales: From Land to Sea in Eight Million Years. University of California Press, Berkeley.

Uhen, M.D., 2002. Basilosaurids. In: Perrin, F., Würsig, B., Thewissen, J.G.M. (Eds.), Encyclopedia of Marine Mammals. Academic Press, San Diego, CA, pp. 70-80.

Uhen, M.D., 2004. Form, Function, and Anatomy of *Dorudon Atrox* (Mammalia, Cetacea):

An Archaeocete from the Middle to Late Eocene of EgyptUniv. Mich. Pap. Paleontol.. 34, 1-222.

Uhen, M.D., 2007. Evolution of marine mammals: Back to the sea after 300 million years. Anat. Rec. 290, 514-522.

Uhen, M.D., 2008. New protocetid whales from Alabama and Mississippi, and a new cetacean clade, Pelagiceti. J. Vert. Paleontol. 28, 589-593.

Uhen, M.D., 2008. A new *Xenorophius*-like odontocete cetacean from the Oligocene of North Carolina and a discussion of the basal odontocete radiation. J. Syst. Paleontol. 6, 433-452.

Uhen, M.D., 2010. The origin(s) of whales. Annu. Rev. Earth Pl. Sc. 38, 189-219.

Uhen, M.D., 2014. New specimens of Protocetidae (Mammalia, Cetacea) from New Jersey. J. Vert. Paleontol. 34, 211-219.

Uhen, M.D., Pyenson, N.D., DeVries, T.J., Urbina, M., Renne, P.R., 2011. New middle Eocene whales from the Pisco Basin of Peru. J. Paleontol. 85, 955-969.

Van Bénéden, P.J., Gervais, P., 1880. Ostéographie des Cétacés Vivants et Fossiles. Arthus Bertrand, Paris.

Van Valen, L., 1966. Deltatheridia, a new order of mammals. Bull. Am. Mus. Nat. Hist. 132, 1-126.

Vélez-Juarbe, J., Pyenson, N. D., 2012. *Bohaskaia monodontoides*, a new monodontid (Cetacea, Odontoceti, Delphinoidea) from the Pliocene of the western North Atlantic Ocean. J. Vert. Paleontol. 32, 476-484.

Vilstrup, J.T., Ho, S.Y.W., Foote, A.D., et al., 2011. Mitogenomic phylogenetic analyses of the Delphinidae with an emphasis on the Globicephalinae. BMC Evol. Biol. 11 (65), 1-10.

Wada, S., Oishi, M., Yamada, T.K., 2003. A newly discovered species of living baleen whale. Nature 426, 278-281.

Waddell, P. J., Okada, N., Hasegawa, M., 1999. Towards resolving the interordinal relationships of placental mammals. Syst. Biol. 48, 1-5.

Watkins, W. A., Moore, K. E., Tyack, P., 1985. Investigations of sperm whale acoustic behaviors in the southeast Caribbean. Cetology 49, 1-15.

Watson, L., 1981. Whales of the World. Hutchinson, London.

Westgate, J., Whitmore, F., 2002. *Balaena ricei*, a new species of Bowhead whale from the Yorktown Formation (Pliocene) of Hampton, VirginiaSmithson. Contrib. Paleobiol.. 93, 295-311.

Whitmore Jr., F.C., Kaltenbach, J.A., 2008. Neogene Cetacea of the Lee Creek phosphate mine, North Carolina. In: Ray, C.E., Bohaska, D.J., Koretsky, I.A., Ward, L.W., Barnes, L.G. (Eds.), Geology and Paleontology of the Lee Creek Mine, North Carolina, IV. Virginia Museum of Natural History Special Publication 14, Martinsville, VA, pp. 181-269.

Williams, E., 1998. Synopsis of the earliest cetaceans. In: Thewissen, J.G.M. (Ed.), The Emergence of Whales: Patterns in the Origin of Cetacea. Plenum Press, New York, pp. 1-28.

Zhou, K., Qian, W., Li, Y., 1979. The osteology and systematic of the baiji, *Lipotes vexillifer*. Acta Zool. Sin. 25, 58-74.

Zhou, K., Zhou, M., Zhao, Z., 1984. First discovery of a Tertiary platanistoid fossil from AsiaSci. Rep. Whales Res. Inst.. 35, 173-181.

Zhou, X., Xu, S., Yang, Y., Zhou, K., Yang, G., 2011. Phylogenomic analyses and improved resolution of Cetartiodactyla. Mol. Phylogenet. Evol. 61 (2), 255-264.

Zimmer, C., 1998. At the Water's Edge: Macroevolution and the Transformation of Life. Free Press/Simon and Schuster, New York.

第5章 海牛目动物及其他海洋哺乳动物：进化与系统分类学

5.1 导言

哺乳纲海牛目（Sirenia）包括两个现存科：海牛科（Trichechidae）和儒艮科（Dugongidae）。海牛目的命名来自希腊神话中的美人鱼——塞壬。海牛目的化石记录从始新世早期（5000万年前）延续至今（图5.1）。海牛科包括3个现存种，它们从中新世早期（1500万年前）存活至今（全新世），现分布于新大陆的热带地区。儒艮科只现存1种：儒艮（*Dugong dugon*），分布于印度洋-太平洋地区。儒艮类在过去曾经相当多样化，科学家描述的已灭绝的属超过了19个，其化石记录可上溯至始新世。儒艮科中的一个北太平洋世系度过了历史意义重大的事件而存活至今，这个独特的世系成功地适应了变冷的气候和海草食谱。所有海牛目动物在现存海洋哺乳动物中是独一无二的严格植食者，这反映在它们的牙齿形态和消化系统上（更多细节详见第12章）。链齿兽目（Desmostylia）是海洋哺乳动物中唯一已灭绝的目，也是海牛目的近亲，因此本章对其展开了讨论；已灭绝的海生似熊食肉目动物——獭犬熊（*Kolponomos*）是该类群中研究较充分的例子。其他海洋哺乳动物还包括食肉目的两个现存科的成员：鼬科（Mustelidae）（包括海獭（*Enhydra lutris*）、秘鲁水獭（*Lontra felina*）、已灭绝的海貂（*Neovison macrodon*））；熊科（Ursidae）（包括北极熊（*Ursus maritimus*））。此外，现已灭绝的大地懒科（Megalonychidae）也具有适应海洋的生活方式（包括水生的树懒世系，海懒兽（*Thalassocnus*））。

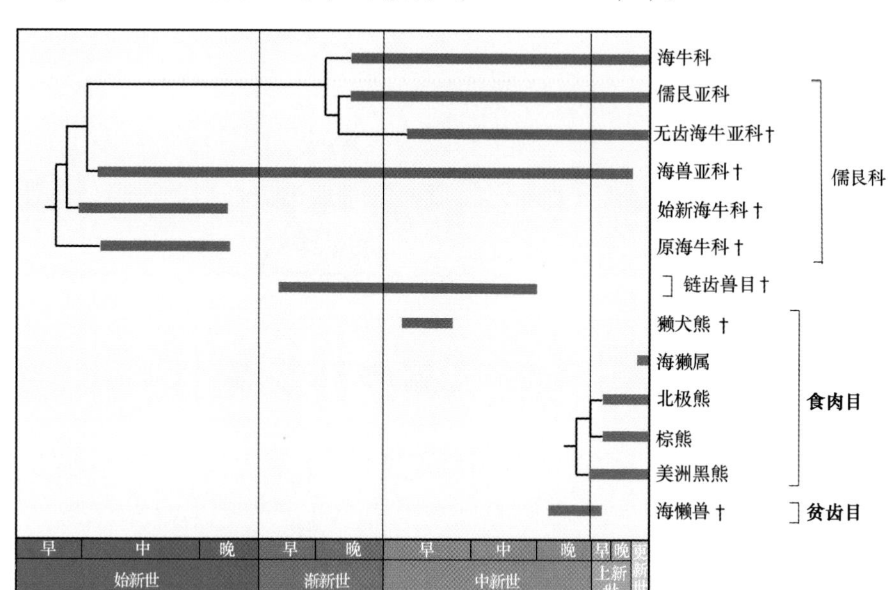

图 5.1　现存和已灭绝的海牛目动物、其他海洋哺乳动物及其近亲的生存时间范围

（Ma=百万年前，†=已灭绝的分类单元）

5.2　海牛目动物的起源和进化

5.2.1　海牛目动物的定义

海牛目动物具有相对大而圆的身体、向下弯曲的口鼻部、短而圆的桨状鳍肢和水平的尾鳍。人们可轻易地区分海牛与儒艮，因海牛体型较小、具有圆形而非有凹口的尾鳍，口鼻部的偏斜较不明显。海牛口鼻部的特征使其能够在水体中的任何水层进食，而非仅局限于摄食海底的食物。儒艮则具有明显向下弯曲的口鼻部。

学界清楚地确认海牛目为单系，由下述共源性状将海牛目联系在一起（多姆宁，1994年；维雷兹·朱亚伯和多姆宁，2014年；图5.2和图5.3）。

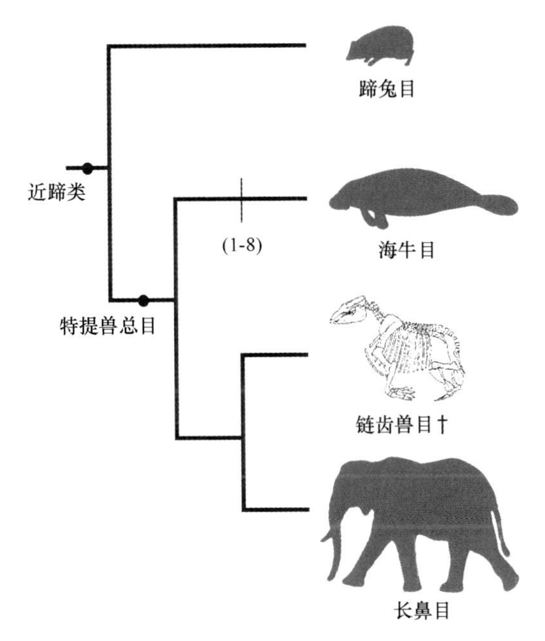

图5.2 描述海牛目动物及其近亲关系的进化分支图

注：数字表示海牛目动物的共源性状，其中一些形状在图5.3中予以说明，†=已灭绝的分类单元

（1）外鼻孔回缩并扩大，达到或越过眼眶前缘

原始状态下，外鼻孔不回缩。

（2）前颌骨接触额骨

所有海牛目动物以前颌骨-额骨接触为特征。原始状态下，前颌骨不接触额骨而向后接触鼻骨。

（3）前颌骨形成延长的喙部

所有海牛目动物的特征是其前颌骨形成延长的喙部（前颌联合的长度和颅基长度比较）。原始状态下，喙部不延长（维雷兹·朱亚伯和多姆宁，2014年；补充数据1）。

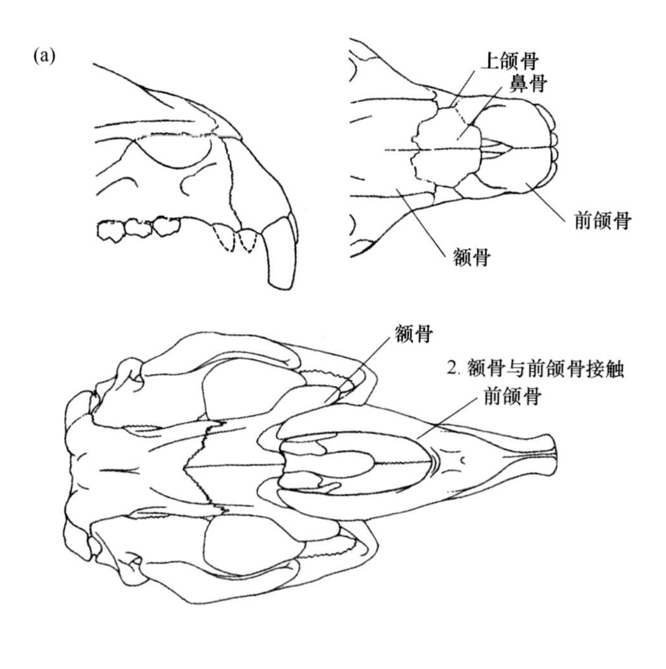

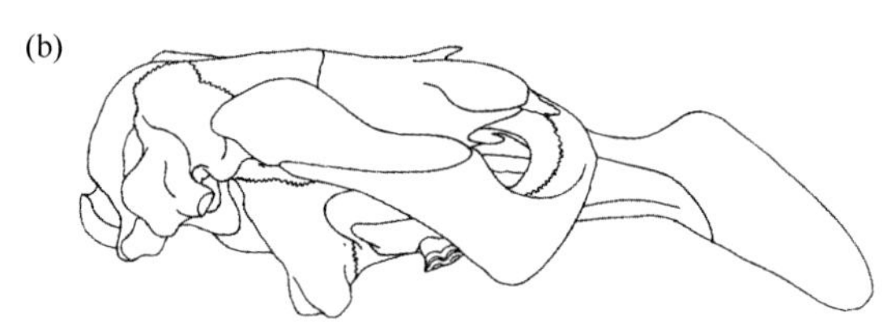

图 5.3　海牛目动物的共源性状

（a）始祖象（*Moeritherium*）的口鼻部背面观和侧面观，显示前颌骨和鼻骨之间没有接触（特征 2 的原始状态，进一步描述见文中）（修改自塔斯和绍沙尼（1988 年））；（b）已灭绝海牛 *Dusisiren* 的颅骨背面观和侧面观，显示特征 2 的衍生状态，前颌骨与鼻骨相接触（修改自多姆宁（1978 年））；海牛目动物的其他共源性状也可见，特征 1：外鼻孔回缩并扩大，达到或越过眼眶前缘

（4）前颌联合横向压缩。所有海牛目动物以前颌联合横向压缩为特征

原始状态下，前颌骨联合不横向压缩（维雷兹 · 朱亚伯和多姆宁，

2014年；补充数据1)。

(5) 前臼齿数小于或等于5，因前面的前臼齿失去、第二前臼齿缩小

早期海牛目动物具有5颗前臼齿，类似于祖先胎盘哺乳动物（阿奇博尔德，1996年)。但始新世之后的海牛类逆转了这个趋势，它们的前臼齿数目通常更少。有蹄类动物显示了原始状态，具有5颗前臼齿（德威森和多姆宁，1992年)。

(6) 乳突部膨胀、暴露，通过枕骨窗孔

海牛目动物的乳突部膨胀并充满背枕部大窗孔（窗状开口)，而不延伸至头盖骨基底周围形成腹侧枕部上的凸缘（诺瓦切克和怀斯，1987年)。在可见于大部分哺乳动物的原始状态下，乳突部在水平基颅和腹侧（垂向）枕骨部之间连续暴露。

(7) 外鼓骨膨胀并为水滴状

海牛目动物的分辨特征是具有膨胀的外鼓骨（组成听泡的骨骼之一)，外形为水滴状。原始状态下，外鼓骨不膨胀（塔斯和绍沙尼，1988年)。

(8) 骨骼中存在骨肥厚和骨硬化

海牛目动物的骨骼显示骨肥厚和骨硬化，均为与水压调节有关的变异（多姆宁和布弗莱尼尔，1991年)。

5.2.2 海牛目动物的亲缘关系

通常认为长鼻目（Proboscidea）（象）是与海牛目亲缘关系最近的现存动物（例如，麦肯纳，1975年；多姆宁等，1986年；德威森和多姆宁，1992年)。将长鼻目与海牛目联系在一起的特征包括：眼眶的喙移位与相关眶前区的重组、鳞骨上明显横向外展的颧骨部分和早期的双脊齿型（萨维奇等，1994年)。学界认定海牛目、长鼻目和已灭绝的链齿兽目同为一个单系进化枝，名为特提兽总目（Tethytheria）（因研究

者认为其早期成员栖息于古代特提斯海（Tethys）沿岸而得名；麦肯纳，1975年；图5.2）。

研究者现认为，多样化哺乳动物的非洲进化枝——非洲兽总目（Afrotheria）实际上包括两个进化枝：非洲食虫类（Afroinsectiphilia）（土豚、马岛猬、金鼹和象鼩）和近蹄类（Paenungulata）（海牛类、象、蹄兔）（诺瓦切克等，1988年；绍沙尼，1993年）。这个新的分类方法得到了分子研究的支持（斯普林格等，1999年；马德森等，2001年；墨菲等，2001年；斯加利等，2001年；昆特纳等，2010年）。支持非洲兽总目存在的形态特征包括恒齿晚萌和脊椎异常（桑切斯·维拉格拉等，2007年；阿舍和莱曼，2008年）。

5.2.3 干群海牛类动物的进化

非洲干群海牛类动物包括：始新海牛科（Prorastomidae）不明确的遗留物种，来自始新世的西非（塞内加尔）（豪提等，2012年），以及一个新的化石海牛类（科、属、种不明确），来自始新世的北非（突尼斯）（贝努瓦等，2013年）。除了干群海牛类，来自非洲的化石海牛类还包括：始新海牛科的始新海牛属（*Prorastomus*）和佩佐海牛属（*Pezosiren*），来自始新世早期和中期年代（5000万年前）的岩层，发现于西印度群岛（牙买加）和北美（见萨维奇等，1994年；多姆宁，2001年a）（图5.4和图5.5）；原海牛科（Protosirenidae）的原海牛属（*Protosiren*）和*Ashokia*属，来自始新世中期和晚期的埃及、印度、巴基斯坦和美国东南部（马什等，2012年）。始新海牛属和原海牛属是水陆两栖的四足动物，与较晚出现的完全水栖的海牛类动物有很大不同。始新海牛密集、膨胀并具有骨肥厚的肋骨，说明其生活方式为部分水栖，其化石在潟湖沉积物中的出现也指向这一点。其他形态学、生态学和埋葬学数据表明，植食性的始新海牛生存于河流或河口的半水生生境（萨维奇等，1994年）。始新海牛属和原海牛属的髋部和膝部关节（多姆宁和金格里奇，1994 年）以及 *Pezosiren portelli* 近乎完整的骨骼（多姆宁，2001 年 a）证实，最早的海牛类动物具有健全的后肢（图 5.4）。通过与现存窄口鼻部的有蹄类动物进行类比，始新海牛属和其他早期海牛古怪的钳状口鼻部指向它们具备选择性植食的习性。使用电子计算机断层扫描（CT）对 *Protosiren fraasi* 的颅型进行了研究（金格里奇等，1994 年），揭示其具有小嗅球、小视束和大上颌神经，这与在水生环境中嗅觉和视觉的重要性降低相一致，也与较晚出现的海牛类动物，特别是底栖摄食的海牛类动物变大、向下弯曲的口鼻部触觉敏感性增强相一致。原海牛科牙齿的同位素成分证实它们以各类海草为食（克莱门茨，2006 年，2009 年）。

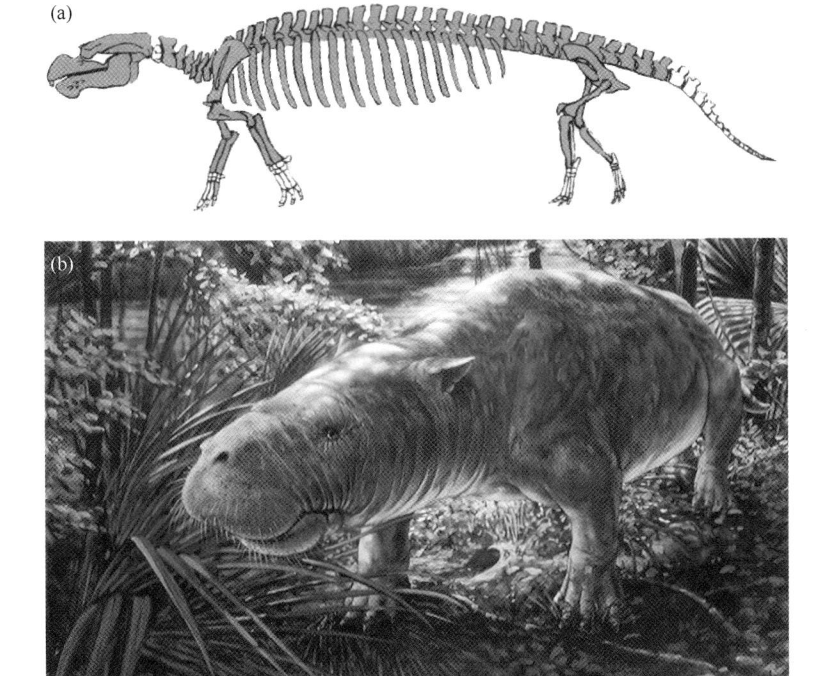

图 5.4 干群海牛 *Pezosiren portelli*

(a) 骨骼重建（非阴影区一定程度上为推测）（多姆宁，2001 年）；(b) 生命复原图（图片提供：蒂姆·谢勒，卡尔弗特海洋博物馆）

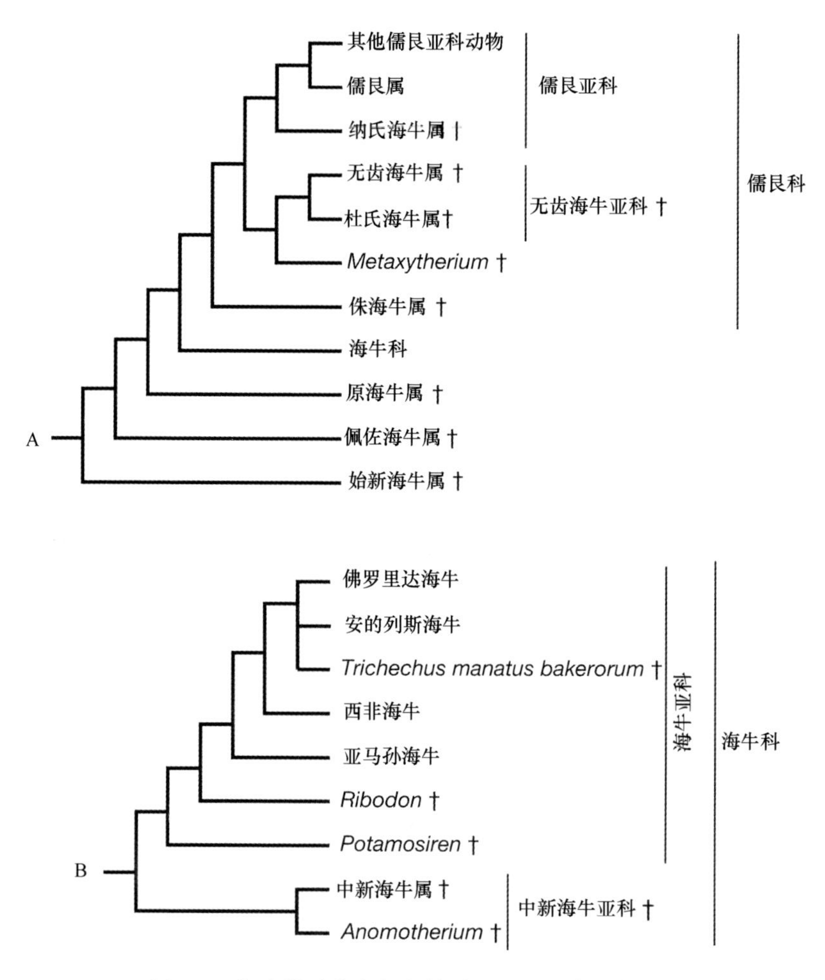

图 5.5 海牛类动物之间的关系（基于形态学数据）

根据维雷兹·朱亚伯等（2012 年）的作品修正，†=已灭绝的分类单元（佛罗里达海牛、安的列斯海牛均为美洲海牛（*Trichechus manatus*）的亚种，译者注）

5.2.4 冠群海牛类动物

5.2.4.1 海牛科

在 19 世纪，一些科学家将海牛视为一种不寻常的热带海象；事实上，海象曾经与海牛类动物一并列入海牛属（*Trichechus*）（雷诺兹和奥德尔，1991 年）。多姆宁（1994 年，2005 年）扩展了海牛科（Trichechidae）的范围，不仅包括海牛类（海牛亚科，Trichechinae），还包括中新海牛亚科（Miosireninae）——欧洲北部进化枝，由中新海牛属（*Miosiren*）和 *Anomotherium* 属组成。整体上看，海牛科进化枝似乎是从始新世晚期或渐新世早期的儒艮类或原海牛类演化而来（多姆宁，2005 年；吉尔布朗特等，2005 年）。海牛亚科（Trichechinae）于中新世首次出现，代表性物种有来自哥伦比亚淡水沉积层的 *Potamosiren magdalenensis*。海牛类在南美度过了漫长的演化史，然后在上新世或更新世从南美扩散至北美和非洲。根据形态学数据和一些分子数据，西非海牛（*Trichechus senegalensis*）和美洲海牛（*Trichechus manatus*）的共同祖先距今时间更近，两者的关系比其中任何一者与亚马孙海牛（*Trichechus inunguis*）的关系都近（图 5.6；例如，多姆宁和海克，1986 年；多姆宁，2005 年；维亚纳等，2006 年）。在形态学和地理学的基础上，人们区分出美洲海牛的两个亚种：安的列斯海牛（*Trichechus manatus manatus*）和佛罗里达海牛（*Trichechus manatus latirostris*）（多姆宁和海克，1986 年）。在更新世晚期，存在一个形态独特的亚种 *Trichechus manatus bakerorum*，分布于从佛罗里达至北卡罗来纳的区域中（多姆宁，2005 年）。根据颅骨特征（例如，耳区），研究者认为海牛类是一个单系进化枝。其他衍生特征包括：脊椎上神经棘缩小、体型存在变大的可能趋势以及（至少在海牛属中）胸椎中心椎体前后延长（多姆宁，1994 年）。线粒体序列数据支持 3 个海牛种具有较近的分化时间（帕尔和达菲尔德，2002 年）。此外，遗传学证据表明，海牛属的 4 个世系分布于新大陆，其中 1 个栖息于淡水的亚马孙河；另 3 个栖息于沿海生态系统和相关内陆水道（卡坦赫德等，2005 年）。维亚纳等（2006 年）进行的线粒体 DNA 研究证实，多样化的美洲海牛种群具有遗传学复杂性。他们通过分析发现，美洲海牛为并系，并与亚马孙海牛具有密切关系。学界还需要开展进一步的工作，因为遗传学研究以分子钟分析支持亚马孙海牛为基础物种，并且综合时间计算表明，发展出亚马孙海牛的世系的演化距今时间更近。

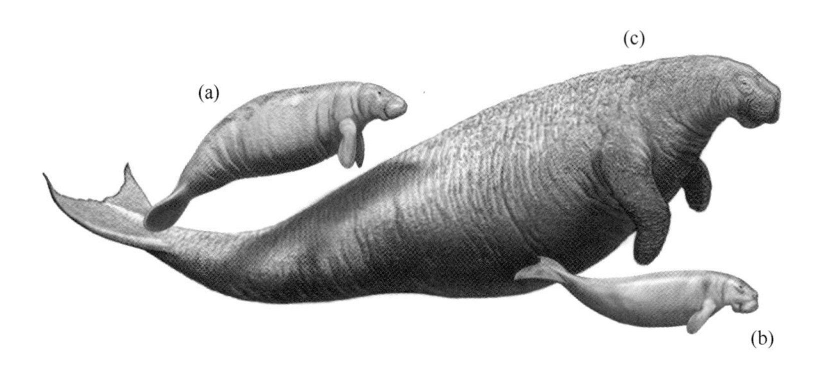

图 5.6 海牛目动物

（a）美洲海牛；（b）儒艮；（c）斯氏海牛

（卡尔·比尔绘制）

5.2.4.2 儒艮科

根据多姆宁（1994 年）的定义，儒艮科（Dugongidae）是并系群，包括：儒艮亚科（Dugonginae）和已灭绝的无齿海牛亚科（Hydrodamalinae），以及已灭绝的 *Metaxytherium* 进化枝和已灭绝的并系群“海兽亚科（Halitheriinae）”。这些进化枝的最早成员生存于始新世中期，发现于大西洋西部和加勒比海地区（例如，维雷兹·朱亚伯和多姆宁，2014 年）。相比于始新海牛类和原海牛类，早期儒艮类显示出渐进性的骨盆带和后肢缩小（多姆宁，2001 年 b）。

“海兽亚科”包括海兽属（*Halitherium*）、侏海牛属（*Eotheroides*）、*Prototherium*、*Eosiren*、*Caribosiren*、*Metaxytherium* 和 *Priscosiren* 等并系属，发现于欧洲、北非和西非—加勒比海地区，即史前的特提斯海（亦称古地中海，译者注）覆盖的区域。最著名的属 *Metaxytherium* 在中新世广泛分布于北大西洋和太平洋，并且研究提出该分类单元起源于大西洋西部—加勒比海（维雷兹·朱亚伯和多姆宁，2014年）。研究者还报道了该分类单元的一个更晚出现、更具衍生特征的种，分布于上新世晚期的地中海海盆（索尔比等，2012年）。*Metaxytherium* 具有明显向下弯曲的口鼻部，上门齿长牙较小。根据牙齿同位素测值（克莱门茨等，2009年），大部分海兽亚科动物为底栖摄食动物，以小型至中型海草根茎（根状茎）和海草叶片为食（多姆宁和古泽，1995年）。

已灭绝的无齿海牛亚科包括并系的杜氏海牛属（*Dusisiren*），研究者认为该世系进入了较冷水域并发展出了近代灭绝的斯氏海牛（*Hydrodamalis gigas*）（图5.7）。最早的无齿海牛亚科动物 *Dusiren reinhardi* 出现于中新世早期的墨西哥（下加利福尼亚）。杜氏海牛演化出了非常大的体型，其口鼻部偏斜程度降低并失去了长牙，这表明这些动物以海面或浅水层的大型海藻为食（多姆宁和古泽，1995年）。斯氏海牛是一种巨大的动物，以其发现者乔治·W·斯特勒（德国博物学者）命名，亦称大海牛，体长至少7.6米，估计重达4至10吨。该物种形态独特，缺少牙齿和趾骨，皮肤厚且表层剥脱。斯氏海牛在近代生存于白令海群岛附近的冷水海域，在史前时代分布于从日本到下加利福尼亚的区域，这与分布于热带或亚热带水域的其他海牛形成了鲜明对照。该物种的谱系包括来自中新世加利福尼亚的 *Metaxytherium* 和 *Dusisiren jordani*。在日本900万年前的岩层中发现并描述了 *Dusisiren dewana*，可能是 *D. jordani* 和斯氏海牛的中间物种，其依据是牙齿和趾骨数量减少。斯氏海牛生存于更新世至全新世，分布于加利福尼亚至堪察加半岛外的科曼多尔群岛，分布范围向南延伸至日本（多姆宁和古泽，1995年）。除此之外，其他较晚分化的无齿海牛类包括：*Hydrodamalis cuestae*，来自加利福尼亚和墨西哥的中新世晚期和上新世沉积层；以及 *H. Spissa*，来自上新世早期的日本。*H. cuestae* 缺少牙齿，很可能也缺少趾骨，体型非常硕大。

斯特勒描述斯氏海牛3~4英寸厚的脂肪“品尝味如杏仁油”，这可

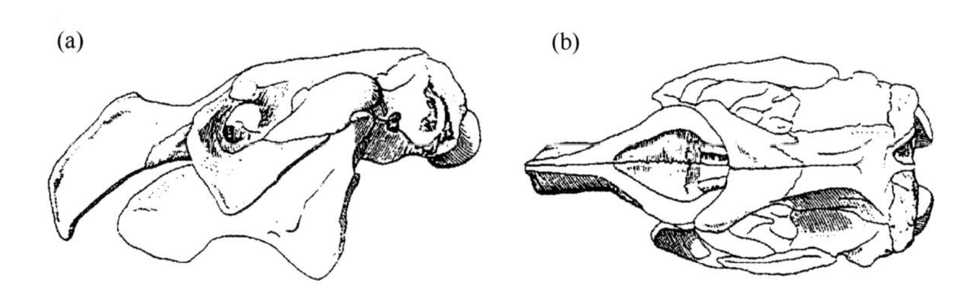

图 5.7　斯氏海牛的颅骨和下颌

（a）侧视图；（b）背视图（霍普纳，1974 年）

能对该物种的灭绝产生了不幸的推动作用。斯氏海牛迅速成为俄罗斯猎人和北太平洋的早期探险者的一个主要的食物来源。到 1768 年，斯氏海牛灭绝了，距其被人类发现仅 27 年。安德森（1995 年）提出，人类竞争和食物供应的减少可能也加速了斯氏海牛的灭绝，该事件发生时，原住民人口正将大陆海岸线和北太平洋沿岸岛屿开拓为定居地（在第 15 章继续讨论）。

现存的儒艮属于儒艮亚科（Dugonginae）。除儒艮（*Dugong*）外，该亚科还包括下述已灭绝的属：*Bharatisiren*，*Corystosiren*，*Crenatosiren*，*Dioplotherium*，*Domningia*，*Kutchisiren*，*Nanosiren*，*Rytiodus*，*Xenosiren*（最近的系统发育研究，见多姆宁和阿吉莱拉，2008 年）。在渐新世晚期的岩层中发现了儒艮进化枝的化石，分布于美国东南部和加勒比海地区，以及地中海、西欧、印度洋、南美和北太平洋的其他热带水域。海牛目（Sirenia）最复杂的长牙演化发现于较晚分化的儒艮亚科动物中，例如 *Bharatisiren*，*Rytiodus*，*Corystosiren*，*Domningia*，*Kutchisiren*，*Xenosiren*，*Dioplotherium*。这些物种演化出变大、自锐性的剑状长牙，其目的可能是为挖掘更大型海草的根茎（图 5.8）。现代儒艮可能因相似原因演化出了较大长牙，但目前它们似乎主要将长牙用于社会交往。同预期一致，研究者果然在印度洋发现了一个化石儒艮亚科动物（巴杰帕伊和多姆宁，1997年），而现今该区域也存在儒艮。这证实了多姆宁（1994年）提出的观点：在该区域中额外发现的化石支持该属起源于印度洋-太平洋的理论。

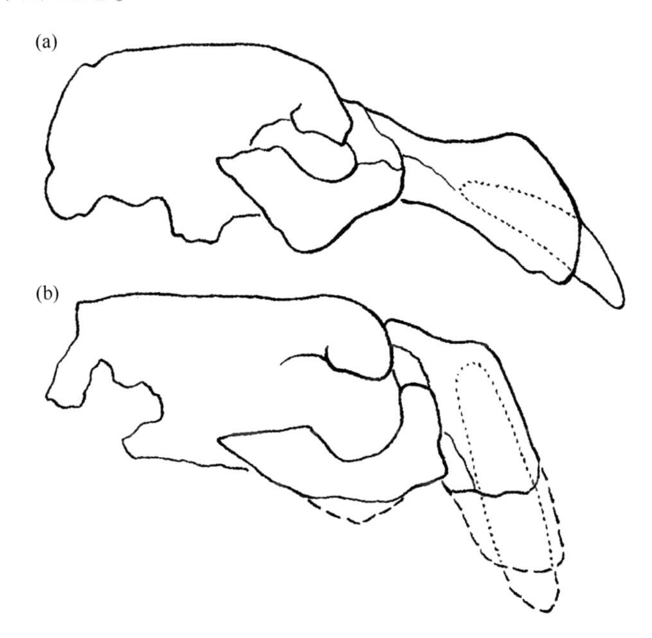

图5.8 儒艮世系成员，显示长牙的不同演化形式

（a）*Dioplotherium manigaulti*；（b）*Rytiodus* sp.（多姆宁，1994年）

现存的儒艮（*Dugong dugong*）（图5.9）可依据下列衍生特征进行分辨（多姆宁，1994年）：鼻骨缺失、幼体中总是存在第一乳门齿、成体中通常存在退化的下门齿、体型上为两性异形、恒齿（第一门齿）萌出、颊齿上的牙釉质冠失去功能，以及 M^{2-3} 和 M_{2-3} 的齿根持续开放。虽然近代儒艮种的化石记录尚未可知，但研究者在佛罗里达发现了其上新世晚期近亲的化石（多姆宁，2001年b）。

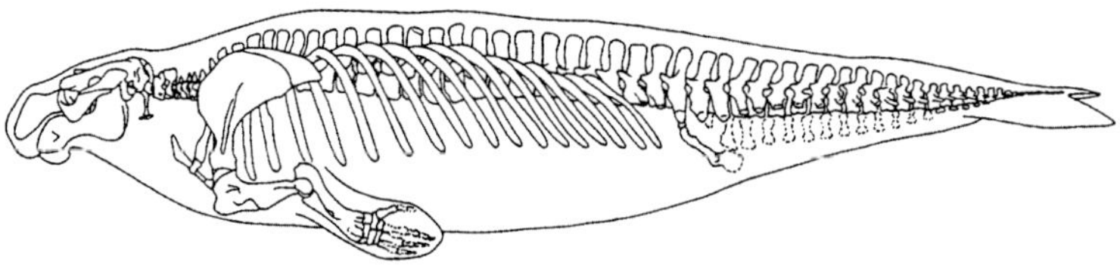

图 5.9 儒艮的一种化石近亲 *Dusisiren jordani* 的骨骼侧视图

注：该物种生存于中新世晚期至上新世早期，发现于加利福尼亚

（多姆宁，1978 年）

5.3 已灭绝的海牛目近亲——链齿兽目

5.3.1 起源和进化

研究者对链齿兽目（Desmostylia）的首次描述是根据牙齿碎片做出的，这个名称是因为一些分类单元的臼齿牙尖呈链索状（图 5.10）。这些外形奇特的动物组成了海洋哺乳动物中唯一已灭绝的目。它们生存于渐新世晚期至中新世中期（3300 万~1000 万年前），曾经的分布范围局限于北太平洋区域（日本、堪察加半岛和北美）。已发现的化石代表了至少 8 个属和 10 个种，它们是体型与河马相仿、水陆两栖生活的四足动物，分布于亚热带水域至温度较冷的水域，很可能以海藻和海草为食（图 5.10；巴恩斯等，1985 年；犬冢等，1995 年；克莱门茨等，2003 年；比蒂，2009 年；巴恩斯，2013 年）。

基础链齿兽的代表物种是河马眼链齿兽（*Behemotops*），生存于渐新世中期或晚期的北美和日本（多姆宁等，1986 年；雷等，1994 年）。较晚分化的 *Cornwallius* 属生存于渐新世晚期，其化石分布在北太平洋东部的数个区域（见比蒂，2009 年的论述）。研究得知，中新世的 *Paleoparadoxia* 属分布于太平洋两岸，研究者基于头盖骨和齿系的差异提出了该物种具有两性异形（长谷川等，1995 年）。在美国加州南部和墨西哥，研究者报道了 *Paleoparadoxia* 属的另一个新种（巴恩斯和阿兰

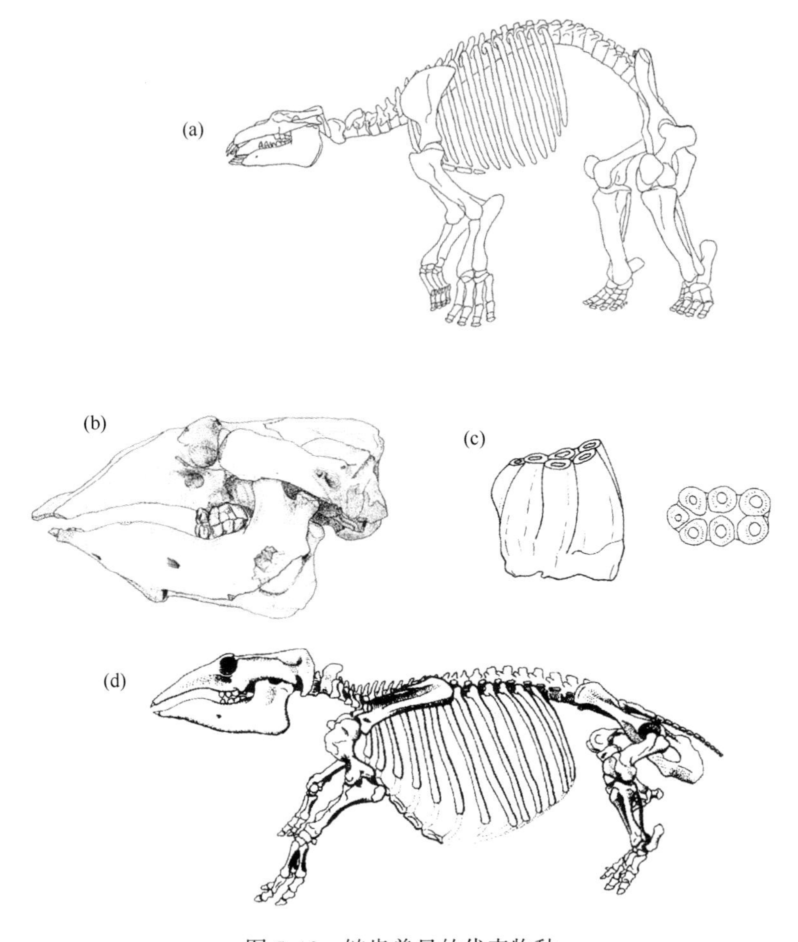

图 5.10 链齿兽目的代表物种

（a）*Paleoparadoxia tabatai* 骨骼复原图（多姆宁，2002 年）；（b）*Desmostylus hesperus* 的颅骨和下颌（多姆宁，2011 年 b）；（c）链齿兽（*Desmostylus*）的下臼齿侧面观和咬合面展示（修改自范德霍夫，1937 年）；（d）链齿兽骨骼复原图（多姆宁，2001 年）

达·曼蒂卡，1997 年）。在美国加州波因特阿里纳发现了一副具有颅骨的骨骼，最初被描述为新种 *Paleoparadoxia weltoni*（见克拉克，1991 年），现研究者认为其属于新的 *Archaeoparadoxia* 属（巴恩斯，2013

年）。最近，研究者描述了一个新种，基础是在加州发现了一副中新世晚期的骨骼 *Neoparadoxia cecilialina*（图 5.11），并对 *Neoparadoxia repenningi* 进行了重新分类（最初分类为 *Paleoparadoxia* 属）（巴恩斯，2013 年）。链齿兽属（*Desmostylus*）是链齿兽目中最具代表性、研究最多的属，其化石广泛地分布于北太平洋沿岸的中新世沉积层中。

图 5.11 *Neoparadoxia cecilialina* 生命复原图

（来自巴恩斯（2013 年），道尔·特兰吉纳绘制）

对链齿兽目的系统发育分析有力地支持了一个进化枝的存在，包括链齿兽属（*Desmostylus*）、*Vanderhoofius* 属、*Cornwallius* 属、*Archaeoparadoxia* 属和 *Paleoparadoxia* 属，而 *Neoparadoxia* 属和河马眼链齿兽属（*Behemotops*）为连续的姐妹分类单元（克拉克，1991 年；雷等，1994 年；巴恩斯，2013 年；图 5.12）。将链齿兽类联系在一起的共源性状包括：下门齿横向排成一线，从外耳道至颅骨顶部的鳞骨通道扩大，下颌第一前臼齿的齿根融合，以及枕骨部分延长。根据下臼齿和耳区的数个特征，链齿兽目与长鼻目（Proboscidea）（象）的关系最密切，而海牛类是亲缘关系仅次于象的姐妹类群（雷等，1994 年）。

关于链齿兽骨骼重建和根据骨骼推测的链齿兽运动方式一直存在争议，参见多姆宁（2002 年）的论著。对链齿兽运动的各种演绎版本参考了海狮、青蛙和鳄鱼的运动方式（例如，犬冢，1982 年，1984 年，1985 年；霍尔斯特德，1985 年）。多姆宁（2002 年）研究认为，链齿

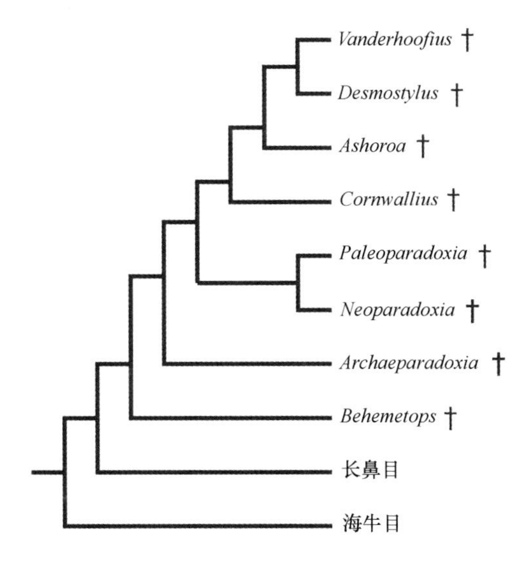

图 5.12　链齿兽目与相关分类单元之间的关系

（来自巴恩斯（2013 年），†=已灭绝的分类单元）

兽的直立姿势与一些地懒和爪兽科（Chalicotheres）动物相似。它们在水中通过前肢的推进而实现运动，类似于北极熊。链齿兽牙齿形态多变，较晚分化的种类显然适应了对牙齿有磨蚀作用的食物，它们很可能从海底或海滨水底大口铲起食物，这些食物是沙砾与植物的混合。对链齿兽属（*Desmostylus*）牙釉质的稳定同位素研究表明，该分类单元有时会在河口或淡水环境中生活，而非仅生活在海洋生态系统中，它们可能觅食各类海草和范围更广的其他水生植物（克莱门茨等，2003 年）。一项关于皮层质骨组织发展的研究（链齿兽与海牛类静水力学适应性的比较，另见第 8 章）表明，河马眼链齿兽属（*Behemotops*）、*Paleoparadoxia* 属和 *Ashoroa* 属具有骨容量和骨压实度增加的特征表现（例如，骨硬化和骨肥厚），这与它们浅水游泳者的身份相一致——它们或在习常的水深处缓慢巡游，或在水底行走。不过，链齿兽属不同于链齿兽目的其他动物，其具有一套海绵状的内骨组织（类似于骨质疏松的模式），研究者认为它们是一种更活跃的游泳者，可能更多地在海面摄食（林等，2013 年）。

5.4 已灭绝的海生似熊食肉目动物——獭犬熊

5.4.1 起源和进化

獭犬熊（*Kolponomos clallamensis*）是已灭绝的大型食肉目物种，研究者以一个中新世中期的口鼻部化石为蓝本，对其进行了初步的描述。该化石来自美国华盛顿州克拉兰湾，基本上无齿且保存得不完整。通过研究该样本，结合在俄勒冈州海岸发现的新材料，研究者描述了獭犬熊属的第二个种 *K. newportensis*（图 5.13；泰德福德等，1994 年）。獭犬熊属（*Kolponomos*）的颅骨硕大、口鼻部明显下倾、宽阔的牙齿为压碎型。

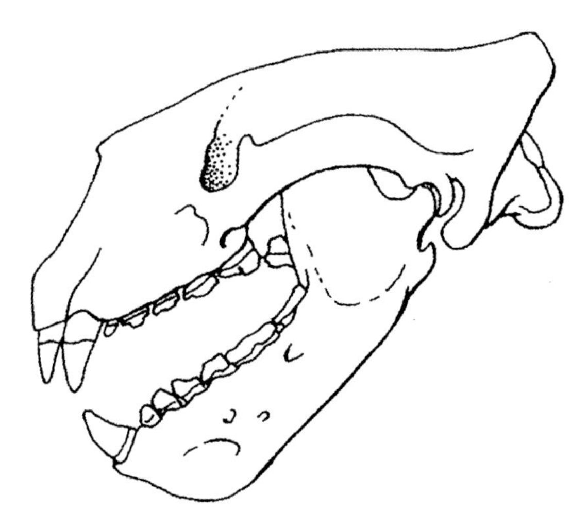

图 5.13 獭犬熊属 *Kolponomos newportensis* 的颅骨和下颌素描图

注：该物种生存于中新世早期，发现于美国俄勒冈州，原始样本长 25 厘米

（泰德福德等，1994 年）

獭犬熊属与其他食肉动物的关系一直未得到确定。最初，该属在存有疑问的情况下归类为浣熊科（Procyonidae）——包括浣熊及其近亲在内的陆地食肉动物科。通过研究其他样本，包括一个近乎完整的颅骨和下颌及一些颅后部分，研究者认定獭犬熊属是一类熊超科（Ursoidea）动物，与已灭绝的并系群——半犬齿兽科（Amphicynodontidae）的成员具有最密切的关系，而半犬齿兽科包括 *Amphicynodon* 属、*Pachycynodon* 属、*Allocyon* 属和獭犬熊属（泰德福德等，1994 年）。研究者假定獭犬熊属和 *Allocyon* 属为干群，而鳍脚支目正起源于这个干群（图 5.14）。颅骨和牙齿的细节是将 *Allocyon* 属、獭犬熊属和鳍脚支目联系在一起的共有的衍生特征（泰德福德等，1994 年）。然而，獭犬熊属的分类位置仍不清楚，因为最近一项关于基础熊类的分析将其排除出了熊科（雷布钦斯基等，2009 年）。

獭犬熊属很可能沿海岸分布，因为所有样本均发现于近海岸的岩层中。它们压碎型的牙齿应是对硬壳海洋无脊椎动物食谱的适应。獭犬熊属很可能以蟹类或生存于多岩石水底的蛤类为食，它们用门齿和犬齿探测出猎物，压碎它们的外壳，然后消化其柔软部分，与海獭的摄食行为类似。獭犬熊属代表了海洋食肉目动物的一种独特的适应性；其生活方式和生态位仅与海獭类接近（泰德福德等，1994 年）。

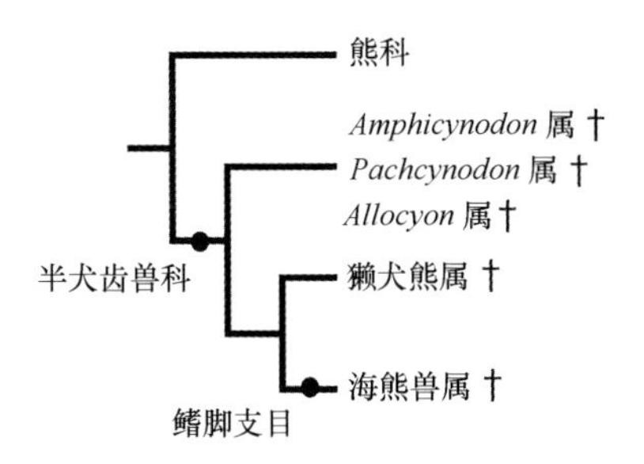

图 5.14　獭犬熊属与相关分类单元之间的关系

（根据泰德福德等（1994 年）的作品修正；†=已灭绝的分类单元）

5.5 已灭绝的水生树懒——海懒兽

5.5.1 起源和进化

1995 年，在秘鲁南方海岸的海洋岩层中发现了大量骨骼化石和完整骨架，据此报道了一种生存于上新世早期的水生树懒——海懒兽（*Thalassocnus natans*）（穆隆和麦克唐纳，1995 年）(图 5.15)。自此发现之后，海懒兽属（*Thalassocnus*）的另外 4 个种也先后得到了描述，它们生存于中新世晚期至上新世晚期（麦克唐纳和穆隆，2002 年；穆隆等，2003 年，2004 年 a)。随后，在智利中北部发现了一个中新世晚期的海懒兽下颌（坎托等，2008 年)，这表明该水生树懒世系的分布并

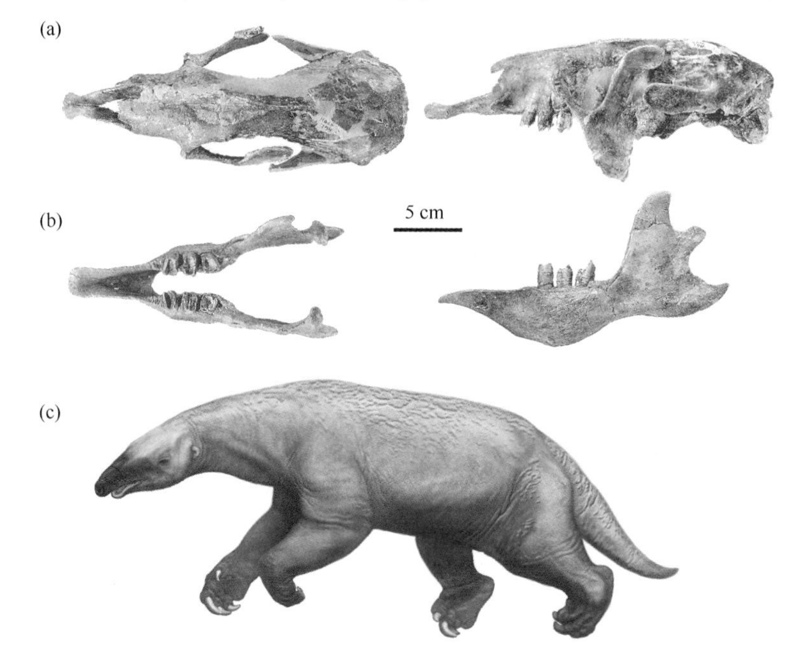

图 5.15 水生树懒——海懒兽（*Thalassocnus natans*）

该物种生存于上新世早期，发现于秘鲁。（a）颅骨；（b）下颌背面观和侧面观（穆隆等，2003 年，C de 穆隆提供图片)；（c）生命复原图（卡尔·比尔绘制）

非如以前认为的那样局限于秘鲁。基于对许多头盖骨、牙齿和颅后特征的判断，研究者认为海懒兽是属于 Nothrotheriidae 科的一种地懒。

海懒兽是中型或大型的植食动物，具有陆地或树栖习性。然而，根据其形态和分布地区的古环境，可判断出海懒兽还具有水生习性。海懒兽的尾部可能用于游泳，其向腹侧下倾的前颌骨顶部扩大，表明它的唇部发育健全以利于进食植物。它的齿系规模增加，颅骨和下颚也发生了相应变化，能够压碎和磨碎食物，由此说明海懒兽是植食动物，主要以海草为食（穆隆等，2004 年 b）。根据海懒兽和链齿兽的形态相似性（例如，延长、竹片状的喙），研究者提出一种有趣的可能：在南太平洋，这两类动物在生态系统中具有相似的作用（多姆宁，2001 年 b）。

5.6 海獭类动物

海獭类动物包括海獭（*Enhydra lutris*）以及秘鲁水獭（*Lontra felina*）的一个海生种类。这些海獭类均为食肉目鼬科（Mustelidae）的成员，鼬科还包括 70 种水獭、臭鼬、黄鼬和獾等动物。

5.6.1 海獭（*Enhydra lutris*）

海獭（图 5.16）虽然是最小的海洋哺乳动物，但却是最大的鼬科动物（体长 1.4 米）。海獭的属名来自希腊语“enhydris”，种名形容词来自拉丁语“lutra”，均表示“獭”。基于形态学和分布的差异，学界承认海獭有 3 个亚种：西太平洋海獭（*Enhydra lutris lutris*）（林奈，1758 年）栖息于千岛群岛、堪察加半岛东岸和科曼多尔群岛；阿拉斯加海獭（*Enhydra lutris kenyoni*）的分布范围从阿留申群岛延伸至俄勒冈；加利福尼亚海獭（*Enhydra lutris nereis*）的历史分布范围从加利福尼亚北部延伸至下加利福尼亚的蓬塔·阿布雷约斯附近（威尔森等，1991 年；施拉姆等，2014 年）（图 5.17）。

基于头盖骨形态测定分析，西太平洋海獭以大而宽的颅骨和短鼻骨

图 5.16　海獭（*Enhydra lutris*）

（a）海獭母亲和幼仔腹面观（图片提供：爱丽丝·科弗，研究项目编号：mmp ma 078，744-4，USFWS）；（b）颅骨背面观、侧面观和腹面观以及下颌侧面观（劳勒，1979 年）

为特征。加利福尼亚海獭的样本具有窄颅骨、喙部较长、牙齿小，其眼窝后部通常缺少特征性的缺口，而在其他两个亚种的大部分样本中均可发现此缺口。阿拉斯加海獭的样本是其他两个亚种的中间类型，但不具

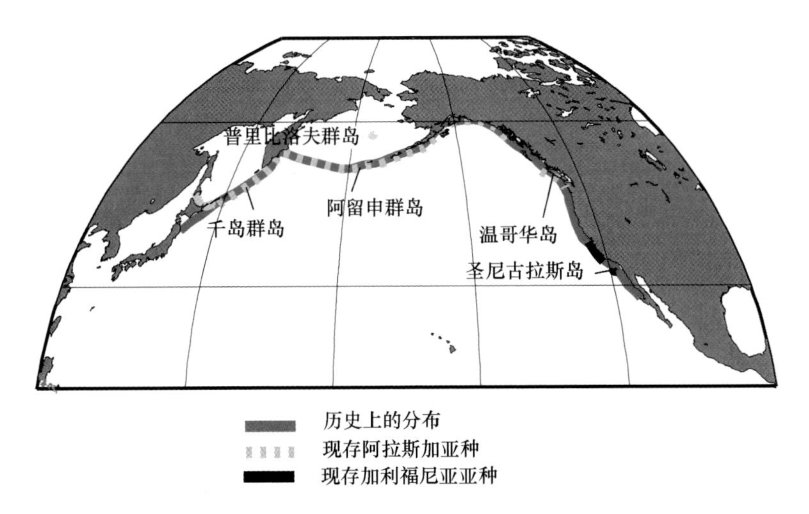

图 5.17 海獭的分布（埃斯蒂斯和波德金，2002 年）

有所有上述特征，下颌比其他两个亚种更长（威尔森等，1991 年）。

5.6.2 秘鲁水獭（*Lontra felina*）

研究者所掌握的关于秘鲁水獭海洋类型的生物学知识还很匮乏。它们与海獭属（*Enhydra*）和其他水獭具有亲缘关系，但关系较远（图 5.17）。它们是小型海洋哺乳动物，重 3.2～5.8 千克，体长 87～115 厘米（瓦尔基，2011 年）。这些秘鲁水獭独有的海洋种类极少冒险进入淡水或河口，它们通常栖息于具有裸露岩石的海岸，从秘鲁北部（钦博特）到智利海岸外的群岛都有分布。

5.6.3 海貂（*Neovison macrodon*）

研究者在美国缅因湾沿岸群岛上的贝冢中发现了已灭绝的海貂，化石历史可上溯至 5100 年前（米德等，2000 年）。细胞生物学和生物化学数据支持将美洲水貂和海貂归类于 *Neovison* 属而非鼬属（*Mustela*）（沃曾克拉夫特，2005 年）。同现存的美洲水貂（*Mustela vison*）相比，海洋种类的区分特征是体型更大、更健壮，特别是齿区更坚固。至19世纪晚期，该物种遭到大规模猎捕以致灭绝。

5.6.4 起源和进化

现代海獭在更新世初期（300万~100万年前）起源于北太平洋，不过至今尚未散布至世界其他地方。海獭属的记录可追溯至更新世早期，发现于美国俄勒冈（莱弗勒，1964年）和加利福尼亚（米切尔，1966年；雷佩宁，1976年）。海獭属已灭绝的种 *Enhydra macrodonta*（基尔默，1972年）生存于更新世晚期的加利福尼亚。

根据分子数据，与海獭属（*Enhydra*）关系最近的现存水獭类物种包括：水獭属（*Lutra*）（欧亚水獭）、斑颈水獭属（*Hydrictis*）（斑颈水獭）、小爪水獭属（*Aonyx*）（小爪水獭）和江獭属（*Lutrogale*）（江獭）（凯夫利等，2008年；图5.18）。贝尔塔和摩根（1985年）对现存海獭和相关已灭绝分类单元进行了系统发育分析，认为存在两个海獭世系：一个早期分化的世系发展出已灭绝的 *Enhydriodon* 属，另一个较晚分化的世系发展出已灭绝的 *Enhydritherium* 属和现存海獭属（*Enhydra*）。*Enhydriodon* 属仅在非洲和欧亚大陆有发现（见格拉德等，2011年）。上述所有材料均来自中新世晚期至上新世晚期。研究者尚不清楚 *Enhydriodon* 属生存于海洋还是淡水生境，抑或两种环境都能适应。然而，它们同现代海獭体型相仿甚至更大，并具有类似的发育健全的磨牙型齿系（雷佩宁，1976年）。已知 *Enhydritherium* 属来自中新世晚期的欧洲以及中新世晚期至上新世中期的北美。研究者命名了 *Enhydritherium* 属的两个种：来自西班牙的 *Enhydritherium lluecai*（皮克福德，2007年）和来自佛罗里达和加利福尼亚的巨海獭（*Enhydritherium terraenovae*）。根据牙齿的共源性状，研究者将 *Enhydritherium* 属与海獭属联系起来。根据皮克福德（2007年）的论著，旧大陆海獭（例如，*Enhydriodon* 属）和北美水獭（例如，海獭属

和 *Enhydritherium* 属）之间的密切关系可能是二者分化自同一物种的缘故。尽管如此，鉴于报道的新材料，需要对这个假设进行重新研究（例如，格拉德等，2011 年）。

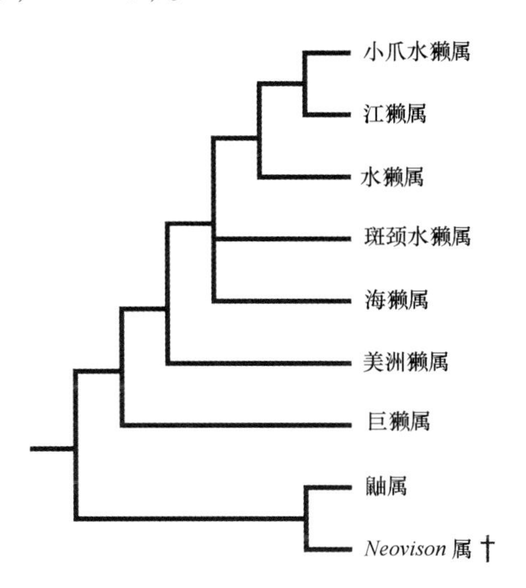

图 5.18　海獭属（*Enhydra*）和相关分类单元的关系（基于分子数据）

（†=已灭绝，凯夫利等，2008 年）

研究者在佛罗里达北部发现并描述了一件不完整、有关节的巨海獭（*E. terraenovae*）骨骼化石（图 5.19；兰伯特，1997 年）。发现地离海岸相当远，其沉积环境表明巨海獭除了生活在沿海环境中，还经常进入大型内陆河流和湖泊。*Enhydritherium* 属的体型与现存海獭属（*Enhydra*）相似，身体质量估计为 22 千克。*Enhydritherium* 属的后肢末端非特化、肱部肌肉发达，这清楚地说明该动物主要依靠前肢游泳，与海獭属相反。*Enhydritherium* 属的前肢和后肢比例更均衡，因此在陆地运动方面几乎肯定比现存海獭属更有效。巨海獭（*E. terraenovae*）上颌第四前臼齿具有加厚的齿尖和严重磨损的倾向，这说明这些古海獭像现代海獭属一样，摄食贝类等极其坚硬的食物（兰伯特，1997 年）。

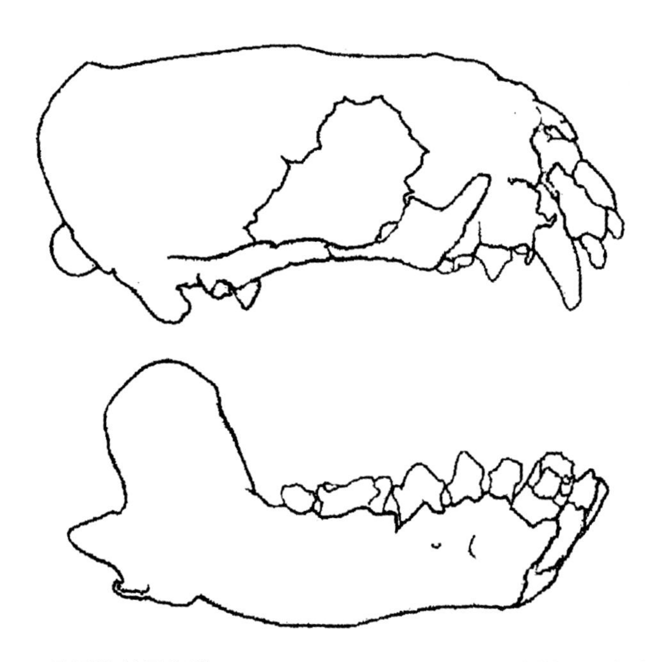

图 5.19 已灭绝的巨海獭（*Enhydritherium terraenovae*）颅骨和下颌侧视图

注：该物种生存于中新世晚期，发现于佛罗里达，原始样本长 16 厘米

（兰伯特，1997 年）

5.7 北极熊

5.7.1 起源和进化

北极熊也称为白熊或海熊，其在海水中度过时间之漫长在熊类中绝无仅有（图 5.20）。北极熊的属名 *Ursus* 是拉丁语“熊”，种名形容词 *maritimus* 意为其赖以生存的海洋生境。北极熊对水生环境的适应及其外貌并不支持其可能为独立的 *Thalarctos* 属的观点。北极熊（*Ursus maritimus*）的化石记录局限于更新世（库尔登，1964 年）。尽管研究者进行了广泛的 DNA 分析，研究结果揭示了北极熊（*Ursus maritimus*）和棕熊（*Ursus arctos*）具有密切联系，但两个物种之间关系的准确性质仍

图 5.20 北极熊

（a）卡尔·比尔绘图；（b）颅骨侧视图和背视图，下颌侧视图

（霍尔和科尔森，1959 年）

不清楚（见卡希尔等，2013 年的论述；刘等，2014 年，图 5.21）。根据两个种群疏远时关于有效种群规模和迁移的假设，北极熊和棕熊的分化时间范围估计为 500 万～400 万年前（米勒等，2012 年）至约 60 万年前（海勒等，2012 年）。根据基因组数据，北极熊应列入棕熊变异的范围，两者分化时间为 16 万年前（爱德华兹等，2011 年）。化石记录表明，北极熊在 80 万～15 万年前从棕熊中分化出来（库尔登，1964 年，1968 年；英格尔福森和韦格，2008 年）。刘等（2014 年）使用种群基因组建模的方法分析北极熊和棕熊种群的核基因组，发现两个种的分化仅发生在 47.9 万～34.3 万年前（图 5.22）。有充分的证据显示，物种分化后从北极熊进入棕熊的基因流动持续存在（也称基因转移，

译者注)，这与卡希尔等（2013 年）的研究结果一致。研究者在挪威斯瓦尔巴群岛采集到了一件更新世的下颌骨并对其进行了稳定同位素分析，结合基因组数据研究，证明北极熊最晚至 11 万年前已适应了海洋食物来源和在高纬度北极的生活（林德奎斯特等，2010 年）。这说明北极熊的进化非常迅速，其独特的适应性可能演化了大约 20 500 代（刘等，2014 年）。研究者在阿拉斯加东南部的阿德默勒尔蒂岛、巴拉诺夫岛和奇恰戈夫岛（ABC 群岛）研究了一组棕熊，从而揭示了棕熊和北极熊遗传史的另一个有趣的方面：这些棕熊的线粒体 DNA 与北极熊更为接近和匹配，而不是来自其他地区的棕熊。ABC 群岛棕熊最可能的进化史表明，它们由北极熊演化而来：北极熊通过与从阿拉斯加本土向外扩散的雄性棕熊杂交而逐渐演变为棕熊（卡希尔等，2013 年）。该假说与当今发生的气候事件相一致：由于气候变暖和海冰融化，一些区域中的北极熊被迫在陆地上度过更多的时间。

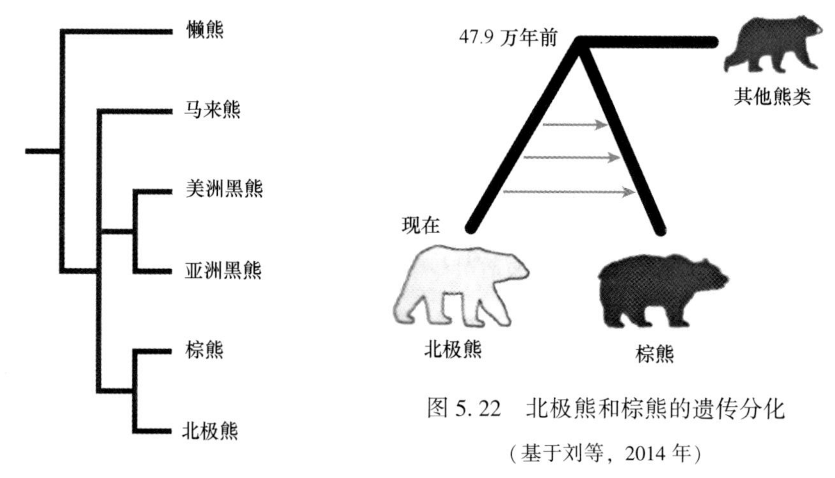

图 5.21　北极熊及其近亲的关系

（来自 mt DNA 的研究结果等，2004 年）

注：内含子、全基因组、转座子的 3 方面研究结果更相近

图 5.22　北极熊和棕熊的遗传分化

（基于刘等，2014 年）

5.8 总结和结论

学界普遍认可海牛目为单系群，并将象类视为与海牛关系最近的现存动物。海牛类、象类和已灭绝的链齿兽组成单系进化枝——特提兽总目（Tethytheria），而特提兽总目是更大、多样化的哺乳动物进化枝——非洲兽总目（Afrotheria）的重要组成部分。已知的海牛类化石记录可追溯至约5000万年前。早期海牛类是栖息于河流或河口的半水生植食动物，其后肢具有功能。海牛可能衍生自儒艮，一个已灭绝的儒艮世系发展出了近代灭绝的斯氏海牛。不同于该世系的其他成员（分布于热带或亚热带水域），斯氏海牛适应了白令海的寒冷环境。样貌与河马类似的链齿兽（3300万~1000万年前）组成了海洋哺乳动物中唯一已灭绝的目。当今研究者认为已灭绝的大型似熊食肉目动物——獭犬熊（*Kolponomos*）与半犬齿兽科和鳍脚支目动物关系更近，之前将其归类于浣熊科是错误的。学者曾认为树懒类仅有陆地和树栖习性，但后来发现了一个多样化的水生树懒世系——海懒兽（*Thalassocnus*），树懒类的适应范围由此得到扩展。现代海獭在300万~100万年前于北太平洋开始演化。化石海獭中的 *Enhydritherium* 属可能经常进入大型河流、湖泊以及沿岸海洋环境。其他海獭类包括：鲜为人知的秘鲁水獭，分布于南美洲的西南海岸；海貂（*Neovison macrodon*），曾分布于北美洲东北部，于19世纪晚期因猎捕导致灭绝。分化时间最近的海洋哺乳动物世系——北极熊似乎于大约500年前（原文疑有误，应为50万年前，译者注）从棕熊演化而来，但研究者需要开展更多工作以确定北极熊的进化时间表。

5.9 延伸阅读与资源

马尔什等（2012年）更新了关于海牛目动物起源和进化的论述，

雷诺兹和奥德尔（1991 年）出版了关于海牛类和儒艮类进化的通俗报告。比蒂（2009 年）和巴恩斯（2013 年）总结了链齿兽的进化和系统发育。泰德福德等（1994 年）对似熊食肉目动物——獭犬熊进行了描述。关于水生树懒的描述，见穆隆和麦克唐纳（1995 年）、麦克唐纳和穆隆（2002 年）及穆隆等（2003 年）的论著。关于海獭进化的论著，见贝尔塔和摩根（1985 年）、兰伯特（1997 年）和格拉德等（2011 年）。海勒等（2012 年）和卡希尔等（2013 年）主要以分子水平的内容为证据，讨论了北极熊的系统发育。

参考文献

Anderson, P.K., 1995. Competition, predation, and the evolution and extinction of Steller's sea cow. *Hydrodamalis gigas*. Mar. Mamm. Sci. 11, 391–394.

Archibald, J.D., 1996. Fossil evidence for a late Cretaceous origin of hoofed mammals. Science 272, 1150–1153.

Asher, R.J., Lehmann, T., 2008. Dental eruption in afrotherian mammals. BMC Biol. 6, 14.

Bajpai, S., Domning, D.P., 1997. A new dugongine sirenian from the early Miocene of India. J. Vertebr. Paleontol. 17, 219–228.

Barnes, L.G., 2013. A new genus and species of late Miocene paleoparadoxiid (Mammalia, Desmostylia) from California. Nat. Hist. Mus. L.A. Cty. Contrib. Sci. 521, 51–114.

Barnes, L.G., Domning, D.P., Ray, C.E., 1985. Status of studies on fossil marine mammals. Mar. Mammal Sci. 1, 15–53.

Beatty, B.L., 2009. New material of *Cornwallius sookensis* (Mammalia: Desmostylia) from the Yaquina formation of oregon. J. Vertebr. Paleontol. 29, 894–909.

Benoit, J., Adnet, S., El Mabrouk, E., Khayati, H., Ali, M. B. H., Marivaux, L., Merzeraud, G., Merigeaud, S., Vianey-Liaud, M., Tabuce, R., 2013. Cranial remain from Tunisia provides new clues for the origin and evolution of Sirenia (Mammalia, Afrotheria) in Africa. PLoS ONE 8, e54307.

Berta, A., Morgan, G. S., 1985. A new sea otter (Carnivora: Mustelidae) from the late

Miocene and early Pliocene (Hemphillian) of North America. J. Paleo. 59, 809–819.

Cahill, J.A., Green, R.E., Fulton, T.L., Stiller, M., Jay, F., Ovasyanikov, N., Salamzade, R., St John, J., Stirling, I., Slatkin, M., Shapiro, B., 2013. Genomic evidence for island population conversion resolves conflicting theories of polar bear evolution. PLoS Genet. 9, e10003345.

Cantanhede, A.M., Ferreira Da Silva, V.M., Farias, I.P., Hrbek, T., Lazzarini, S.M., Alves-Gomes, J., 2005. Phylogeography and population genetics of the endangered Amazonian manatee *Trichechus inunguis* Natterer, 1883 (Mammalia, Sirenia). Mol. Ecol. 14, 401–413.

Canto, J., Salas-Gismondi, R., Cozzuol, M., Yanez, J., 2008. The aquatic sloth *Thalassocnus* (Mammalia, Xenarthra) from the late Miocene of north-central Chile: biogeographic and ecologic implications. J. Vertebr. Paleontol. 28, 918–922.

Clark, J.M., 1991. A new early Miocene species of *Paleoparadoxia* (Mammalia: Desmostyla) from California. J. Vertebr. Paleontol. 11, 490–508.

Clementz, M.T., Hoppe, K.A., Koch, P.L., 2003. A paleoecological paradox: the habitat and dietary preferences of the extinct tethythere *Desmostylus*, inferred from stable isotope analysis. Paleobiol. 29, 506–519.

Clementz, M.T., Goswami, A., Gingerich, P.D., Koch, P.L., 2006. Isotopic records from early whales and sea cows: contrasting patterns of ecological transition. J. Vertebr. Paleontol. 26, 355–370.

Clementz, M.T., Sorbi, S., Domning, D.P., 2009. Evidence of Cenozoic environmental and ecological change from stable isotope analysis of sirenian remains from the Tethys-Mediterranean region. Geology 37, 307–310.

Domning, D.P., 1978. Sirenian evolution in the North Pacific Ocean. Univ. Calif. Publ. Geol. Sci. 118, 1–176.

Domning, D.P., 1994. A phylogenetic analysis of the Sirenia. Proc. San. Diego Soc Nat. Hist. 29, 177–189.

Domning, D.P., 2001. The earliest known fully quadrupedal sirenian. Nature 413, 625–627.

Domning, D.P., 2001. Evolution of the Sirenia and Desmostylia. In: Mazin, J.M., de Buffrenil, V. (Eds.), Secondary Adaptation of Tetrapods to Life in Water. Verlag Dr.

Frederich Pfeil, Munchen Germany, pp. 151–168.

Domning, D.P., 2002. The terrestrial posture of desmostylians. Smithson. Contrib. Paleobiol. 93, 99–111.

Domning, D.P., 2005. Fossil sirenia of the west Atlantic and caribbean region VII. Pleistocene *Trichechus manatus* Linneaus, 1758. J. Vertebr. Paleontol. 25, 685–701.

Domning, D.P., Hayek, L., 1986. Interspecific and intraspecific morphological variation in manatees (Sirenia: Trichechidae). Mar. Mamm. Sci. 2, 87–141.

Domning, D.P., Ray, C.E., McKenna, M.C., 1986. Two new Oligocene desmostylians and a discussion of tethytherian systematics. Smithson. Contrib. Paleobiol. 59, 1–56.

Domning, D.P., de Buffrénil, V., 1991. Hydrostasis in the Sirenia: quantitative data and functional interpretations. Mar. Mammal. Sci. 7, 331–368.

Domning, D.P., Gingerich, P.D., 1994. *Protosiren smithae*, new species (Mammalia, Sirenia), from the late middle Eocene of Wadi Hitan, Egypt. Contrib. Mus. Paleontol. Univ. Mich. 29, 69–87.

Domning, D.P., Furusawa, H., 1995. Summary of taxa and distribution of Sirenia in the North Pacific Ocean. Isl. Arc 3, 506–512.

Domning, D.P., Aguilera, O.A., 2008. Fossil Sirenia of the West Atlantic and Caribbean region. VIII. Nanosiren garciae, gen. et sp. nov. and Nanosiren sanchezi, sp. nov., Jour. Vert. Paleo. 2, 479–500.

Domning, D.P., Aguilera, O.A., 2008. Fossil Sirenia of the West Atlantic and Caribbean region. VIII. Nanosiren garciae, gen. et sp. nov. and Nanosiren sanchezi, sp. nov., Jour. Vert. Paleo. 2, 479–500.

Edwards, C.J., Suchard, M.A., Lemey, P., Welch, J.J., Barnes, I., Fulton, T.L., Barnett, R., O'Connell, T.C., Coxon, P., Monaghan, N., Valdiosera, C.E., Lorenzen, E.D., Baryshnikov, G.F., Rambaut, A., Thomas, M.G., Bradley, D.G., Shapiro, B., 2011. Ancient hybridization and an Irish origin for the modern polar bear matriline. Curr. Biol. 21, 1251–1258.

Estes, J.A., Bodkin, J.L., 2002. Otters. In: Perrin, W.F., B., Wursig, J.G.M., Thewissen (Eds.), Encyclopedia of Marine Mammals, first ed. Academic Press, San Diego, CA, pp. 842–855.

Geraads, D., Alemseged, Z., Bobe, R., Reed, D., 2011. *Enhydriodon dikae*, sp. nov. (Carnivora: Mammalia), a gigantic otter from the Pliocene of Dikika, Lower Awash, Ethiopia. J. Vertebr. Paleontol. 31, 447-453.

Gheerbrant, E., Domning, D.P., Tassy, P., 2005. Paenungulata (Sirenia, Proboscidea, Hyracoidea, and relatives). In: Rose, K.D., David Archibald, J. (Eds.), The Rise of Placental Mammals. Johns Hopkins, Baltimore, MA, pp. 84-105.

Gingerich, P.D., Domning, D.P., Blane, C.E., Uhen, M.D., 1994. Cranial morphology of *Protosiren fraasi* (Mammalia, Sirenia) from the middle Eocene of Egypt: a new study using computed tomography. Contrib. Mus. Paleontol. Univ. Mich. 29, 41-67.

Hall, E.R., Kelson, K.R., 1959. The Mammals of North America. Ronald Press, New York.

Hailer, F., Kutschera, V.E., Hallstrom, B.M., Klassert, D., Fain, S.R., Leonard, J.A., Arnason, U., Janke, A., 2012. Nuclear genomic sequences reveal that polar bears are an old and distinct bear lineage. Science 336, 344-347.

Halstead, L.B., 1985. On the posture of desmostylians: a discussion of Inuzuka's "herpetiform mammals". Mem. Fac. Sci. Kyoto Univ. Ser. Biol. 10, 137-144.

Hasegawa, Y., Taketani, Y., Taru, H., Sakamoto, O., Manabe, M., 1995. On sexual dimorphism in *Paleoparadoxia tabatai*. Isl. Arc 3, 513-521.

Hautier, L., Sarr, R., Tabuce, R., Lihoreau, F., Adnet, S., Domning, D.P., Samb, M., Hameh, P.M., 2012. First prorastomid sirenian from Senegal (Western Africa) and the Old World origin of sea cows. J. Vertebr. Paleontol. 32, 1218-1222.

Hayashi, S., Houssaye, A., Nakajima, Y., Chiba, K., Ando, T., Sawamura, H., Inunzuka, N., Kaneko, N., Osaki, T., 2013. Bone inner structure suggests increasing aquatic adaptations in Desmostylia (Mammalia, Afrotheria). PLoS ONE 8, e59146.

Heptner, V. G., 1974. Unterordnung Tricheciformes Hay, 1923, eigentliche Sirenen. In: Heptner, V.G., Naumov, N.P. (Eds.), Die Saugetier der Sowjetunion. Gustav Fischer Verlag, Jena, Germany, pp. 30-51.

Ingolfsson, O., Wiig, Ø., 2008. Late Pleistocene find in Svalbard: the oldest remains of a polar bear (*Ursus maritimus* Phipps, 1744) ever discovered. Polar Res. 28, 455-462.

Inuzuka, N., 1982. Atlas of Reconstructed Desmostylians. Association for the Geological Collaboration in Japan, Saitama.

Inuzuka, N., 1984. Skeletal restoration of the desmostylians: herpetiform mammals. Mem. Fac. Sci. Kyoto Univ. Ser. Biol. 9, 157–253.

Inuzuka, N., 1985. Are "herpetiform mammals" really impossible? A reply to Halstead's discussion. Mem. Fac. Sci. Kyoto Univ. Ser. Biol. 10, 145–150.

Inuzuka, N., Domning, D. P., Ray, C. E., 1995. Summary of taxa and morphological adaptations of Desmostylia. Isl. Arc 3, 522–537.

Kilmer, F. H., 1972. A new species of sea otter from the late Pleistocene of northwestern California. Bull. South. Calif. Acad. Sci. 71, 150–157.

Koepfli, K.P., Deere, K.A., Slater, G.J., Begg, C., Begg, K., Grassman, L., Lucherini, M., Veron, G., Wayne, R.K., 2008. Multigene phylogeny of the Mustelidae: resolving relationships, tempo and biogeographic history of a mammalian adaptive radiation. BMC Biol. 6, 10.

Kuntner, M., May-Collado, L.J., Agnarsson, I., 2010. Phylogeny and conservation priorities of afrotherian mammals (Afrotheria, Mammalia). Zool. Scr. 40, 1–15.

Kurtén, B.J., 1964. The evolution of the polar bear. *Ursus maritimus* Phipps. Acta Zool. Fenn. 108, 1–26.

Lambert, W. D., 1997. The osteology and paleoecology of the giant otter *Enhydritherium terranovae*. J. Vertebr. Paleontol. 17, 738–749.

Lawlor, T., 1979. Handbook to the Order and Families of Living Mammals. Mad River Press, California.

Leffler, S. R., 1964. Fossil mammals from the Elk river formation, Cape Blanco. Or. J. Mammal. 45, 53–61.

Lindqvist, C., Schuster, S.C., Sun, Y., Talbot, S.L., Qi, J., Ratan, A., Tomsco, L.P., Kasson, L., Zeyl, E., Aars, J., Miller, W., Ingólfsson, Ó., Bachmann, L., Wiig, Ø., 2010. Complete mitochondrial genome of a Pleistocene jawbone unveils the origin of polar bear. Proc. Natl. Acad. Sci. 107, 5053–5057.

Linnaeus, C., 1758. Systems Naturae, tenth ed. L. Salvii, Uppsala.

Liu, S., Lorenzen, E.D., Fumagalli, M., et al., 2014. Population genomics reveal recent speciation and rapid evolutionary adaptation in polar bears. Cell 157, 785–794.

Madsen, O., Scally, M., Douady, C.J., Kao, D.J., DeBry, R.W., Adkins, R., Amrine, H.

M., Stanhope, M.J., de Jong, W.W., Springer, M.S., 2001. Parallel adaptive radiations in two major clades of placental mammals. Nature 409, 610–614.

Marsh, H., O'Shea, T.J., Reynolds III, J.E., 2012. Ecology and Conservation of the Sirenia: Dugongs and Manatees. Cambridge University Press, Cambridge, U.K.

McDonald, H.G., Muizon, C.de, 2002. The cranial anatomy of *Thalassocnus* (Xenarthra, Mammalia) a derived nothrothere from the Neogene of the Pisco Formation (Peru). J. Vertebr. Paleontol. 22, 349–365.

McKenna, M.C., 1975. Toward a phylogenetic classification of the Mammalia. In: Luckett, W. P., Szalay, F.S. (Eds.), Phylogeny of the Primates. Plenum Press, New York, pp. 21–45.

Mead, J.I., Spies, A.E., Sobolik, K.D., 2000. Skeleton of extinct North American sea mink. Quat. Res. 53, 247–262.

Miller, W., Schuster, S.C., Welch, A.J., Ratan, A., Bedoya-Reina, O.C., Zhao, F., Kim, H.L., Burhans, R.C., Drautz, D.I., Wittekindt, N.E., Tomsho, L.P., Ibarra-Laclette, E., Herrera-Estrella, L., Peacock, E., Farley, S., Sage, G.K., Rode, K., Obbard, M., Montiel, R., Bachmann, L., Ingólfsson, Ó., Aars, J., Mailund, T., Wiig, Ø., Talbot, S.L., Lindqvist, C., 2012. Polar bear and brown bears genomes reveal ancient admixture and demographic footprints of past climate change. Proc. Natl. Acad. Sci. 9, E2382–E2390.

Mitchell, E.D., 1966. Northeastern Pacific Pleistocene otters. J. Fish. Res. Bd. Can. 23, 1897–1911.

Muizon, C. de, McDonald, H.G., 1995. An aquatic sloth from the Pliocene of Peru. Nature 375, 224–227.

Muizon, C. de, McDonald, H.G., Salas, R., Urbina, M., 2003. A new early species of the aquatic sloth *Thalassocnus* (Mammalia, Xenarthra) from the late Miocene of Peru. J. Vertebr. Paleontol. 23, 886–894.

Muizon, C. de, McDonald, H.G., Salas, R., Urbina, M., 2004. The youngest species of the aquatic sloth and a reassessment of the relationships of nothrothere sloths (Mammalia: Xenarthra). J. Vertebr. Paleontol. 24, 387–397.

Muizon, C. de, McDonald, H.G., Salas, R., Urbina, M., 2004. The evolution of feeding adaptations of the aquatic sloth *Thalassocnus*. J. Vertebr. Paleontol. 24, 398–410.

Murphy, W.J., Elzirk, E., Johnson, W.E., Zhang, Y.P., Ryder, O.A., O'Brien, S.J., 2001. Molecular phylogenetics and the origins of placental mammals. Nature 409, 614–618.

Novacek, M., Wyss, A.R., 1987. Selected features of the desmostylian skeleton and their phylogenetic implications. Am. Mus. Novit. 2870, 1–8.

Novacek, M., Wyss, A.R., McKenna, M.C., 1988. The major groups of eutherian mammals. In: Benton, M.J. (Ed.). The Phylogeny and Classification of the Tetrapods, vol. 2. Clarendon Press, Oxford, UK, pp. 31–71.

Parr, L., Duffield, D., 2002. Interspecific comparison of mitochondrial DNA among extant species of sirenians. In: Pfeiffer, C.J. (Ed.), Molecular and Cell Biology of Marine Mammals. Krieger Publ, Malabar, FL, pp. 152–160.

Pickford, M., 2007. Revision of the Mio-Pliocene otter – like mammals of the Indian subcontinent. Estud. Geol. 63, 83–127.

Ray, C.E., Domning, D.P., McKenna, M.C., 1994. A new specimen of *Behemetops proteus* (Order Desmostylia) from the marine Oligocene of Washington. Proc. San Diego Mus. Nat. Hist. 29, 205–222.

Repenning, C.A., 1976. *Enhydra* and *Enhydriodon* from the Pacific coast of North America. J. Res. U. S. Geol. Surv. 4, 305–315.

Reynolds III, J.E., Odell, D.K., 1991. Manatees and Dugongs. Facts on File, New York.

Rybczynski, N., Dawson, M.R., Tedford, R.H., 2009. A semi-aquatic Arctic mammalian carnivore from the Miocene epoch and origin of pinnipedia. Nature 458, 1021–1024.

Sánchez-Villagra, M.R., Narita, Y., Kuratani, S., 2007. Thoracolumbar vertebral number: the first skeletal synapomorphy for afrotherian mammals. Syst. Biodivers. 5, 1–7.

Savage, R.G.J., Domning, D.P., Thewissen, J.G.M., 1994. Fossil Sirenia of the west Atlantic and Caribbean region. V. The most primitive known sirenian, *Prorastomus sirenoides* Owen, 1855. J. Vertebr. Paleontol. 14, 427–449.

Scally, M., Madsen, O., Douady, C.J., de Jong, W.W., Stanhope, M.J., Springer, M.S., 2001. Molecular evidence for the major clades of placental mammals. J. Mammal. Evol. 8, 239–277.

Schramm, Y., Heckel, G., Saenz-Arroyo, A., et al., 2014. New evidence for the existence of southern sea otters (*Enhydra lutris nereis*) in Baja California, Mexico. Mar. Mamm. Sci 30, 1264–1271.

Shoshani, J., 1993. Hyracoidea-Tethytheria affinity based on myological data. In: Szalay, F. S., Novacek, M.J., McKenna, M.C. (Eds.), Mammal Phylogeny: Placentals. Springer-Verlag, New York, pp. 235–256.

Sorbi, S., Domning, D.P., Vaiani, S.C., Bianucci, G., 2012. *Metaxytherium subapenninum* (Bruno, 1839) (Mammalia, Dugongidae), the latest sirenian of the Mediterranean Basin. J. Vertebr. Paleontol. 32, 686–707.

Springer, M.S., Amrine, H., Burk, A., Stanhope, M.J., 1999. Additional support for Afrotheria and Paeungulata, the performance of mitochondrial versus nuclear genes, and the impact of data partitions with heterogeneous base composition. Syst. Biol. 48, 65–75.

Tassy, P., Shoshani, J., 1988. The Tethytheria: elephants and their relatives. Syst. Assoc. Spec. 35B, 283–315.

Tedford, R.H., Barnes, L.G., Ray, C.E., 1994. The early Miocene littoral ursoid carnivoran *Kolponomos*: systematics and mode of life. Proc. San. Diego Mus. Nat. Hist. 29, 11–32.

Thewissen, J.G.M., Domning, D.P., 1992. The role of phenacodontids in the origin of modern orders of ungulate mammals. J. Vertebr. Paleontol. 12, 494–504.

Valqui, J., 2011. The marine otter *Lontra felina* (Molina, 1782): a review of its present status and implications for future conservation. Mamm. Biol. 77, 75–83.

Vanderhoof, V.L., 1937. A study of the Miocene sirenian *Desmostylus*. Univ. Calif. Publ. Bull. Dept. Geol. Sci. 24, 169–262.

Vélez-Juarbe, J., Domning, D.P., Pyenson, N.D., 2012. Iterative evolution of sympatric seacow (Dugongidae, Sirenia) assemblages during the past ~ 26 million years. PloS ONE 7, e31294.

Vélez-Juarbe, J., Domning, D.P., 2014. Fossil Sirenia of the West Atlantic–Carribean region IX. *Metaxytherium albifontanum*. J. Vertebr. Paleontol. 34, 444–464.

Vianna, J.A., Bonde, R.K., Caballero, S., Giraldo, J.P., Lima, R.P., Clark, A., Marmontel, M., Morales-Vela, B., De Souza, M.J., Parr, L., Rodríguez-Lopez, M.A., Mignucci-Giannoni, A.A., Powell, J.A., Santos, F.R., 2006. Phylogeography, phylogeny and hybridization in trichechid sirenaians: implications for manatee conservation. Mol. Ecol. 15, 433–447.

Wilson, D.E., Bogan, M.A., Brownell Jr., R.L., Burdin, A.M., Maminov, M.K., 1991. Geographic variation in sea otters, *Enhydra lutris*. J. Mammal. 72, 22–36.

Wozencraft, W. C., 2005. Order Carnivora. In: Wilson, D. E., Reeder, D. E. (Eds.), Mammal Species of the World, third ed. Johns Hopkins University Press, Baltimore, MA, pp. 532–628.

Yu, L., Li, Q.-W., Ryder, O.A., Zhang, Y.P., 2004. Phylogeny of the bears (Ursidae) based on nuclear and mitochondrial genes. Mol. Phylogenet. Evol. 32, 480–494.

第6章 进化和地理学

6.1 导言

对过去和现在的物种地理分布的研究，通常与**物种形成**（即形成新物种）的过程有关。然而，在考虑物种分布或物种如何形成之前，我们需要确定物种是什么。本章中还探索了其他问题：① 一个物种如何占据其现在的分布范围；② 地质学事件，例如白令海峡或中美洲海道的开放，如何塑造物种的分布；③ 为何一些密切相关的物种仅局限于相同的区域，而其他一些广泛分布，甚至被发现分布在世界的另一边？

6.2 物种属性

当分类学家确认新物种时，一个普遍但有时难以回答的问题会产生决定性的作用。什么是物种（即物种的概念），以及确定物种的最佳标准是什么？学界对此存在意见分歧。佩兰等（2013年）论述了鲸目动物的种和亚种问题，贝尔塔和丘吉尔（2011年）、尼亚卡图拉和比宁达-埃蒙德（2013年）论述了鳍脚类的有关问题。由于对物种的保护水平通常比种群更高，因此错误地确认物种可能导致对生物多样性的评估不准确，有时还会导致无法开展必要的养护行动。例如，关于虎鲸（*Orcinus orca*）的物种现状目前存在争论。传统上，学界认为在世界所有海洋中只存在一种虎鲸。但现有充分证据表明，世界上存在数个不同的虎鲸物种；基于虎鲸体色、选择的猎物、生境和基因数据的差异（里斯克等，2012 年；另见第 12 章），研究者发现了 3 个新的虎鲸物种，分别来自北太平洋东部、北大西洋东部和南极洲附近海域。正确地分类和命名虎鲸至关重要，有利于了解虎鲸的生态学和养护需求。

6.3 物种形成

新物种主要通过 3 种方式形成：异域性物种形成（allopatric）、邻域性物种形成（parapatric）和同域性物种形成（sympatric）。**异域性物种形成**（allopatric speciation）是最普通的物种形成类型，新物种通过种群的地理隔离产生（图 6.1）。在异域性物种形成中，物理障碍阻止了两群或多群动物间经常的相互交配，于是独立的世系发展出自己的进化路线并随着时间的推移变得愈加不同。在海洋哺乳动物中，某种障碍的形成可能导致隔离的发生，例如，一种栖息于较凉水域的动物广泛分布的祖先种群被一个温暖的赤道水团分隔开。研究认为，栖息于北半球的太平洋短吻海豚（*Lagenorhynchus obliquidens*）为异域性物种起源；其姐妹种——暗色斑纹海豚（*Lagenorhynchus obscurus*）生存于南半球。这两个物种被暖赤道水团分隔开。

异域性物种形成的一个特殊版本是**边域性物种形成**（peripatric speciation）：一个小型种群从一个更大的祖先种群的边缘被隔离出来（图 6.2）。这个小型种群称为**建立者种群**。可以充分用于证明这一案例的现有物种如棕熊和北极熊。北极熊（*Ursus maritimus*）演化自棕熊（*Ursus arctos*），即通过位于祖先物种范围边缘的一个种群的演化而产生了另一个现存物种（见第 5 章）。

在**邻域性物种形成**（parapatric speciation）中，一个新物种产生于一个连续分布的种群之内（图 6.3）。在此情况下，不存在明确阻碍基因流动的物理障碍。种群是连续的，但尽管如此，该种群内并不随机交配。种群中的个体更可能与地理上相邻的个体交配，而不是该种群范围

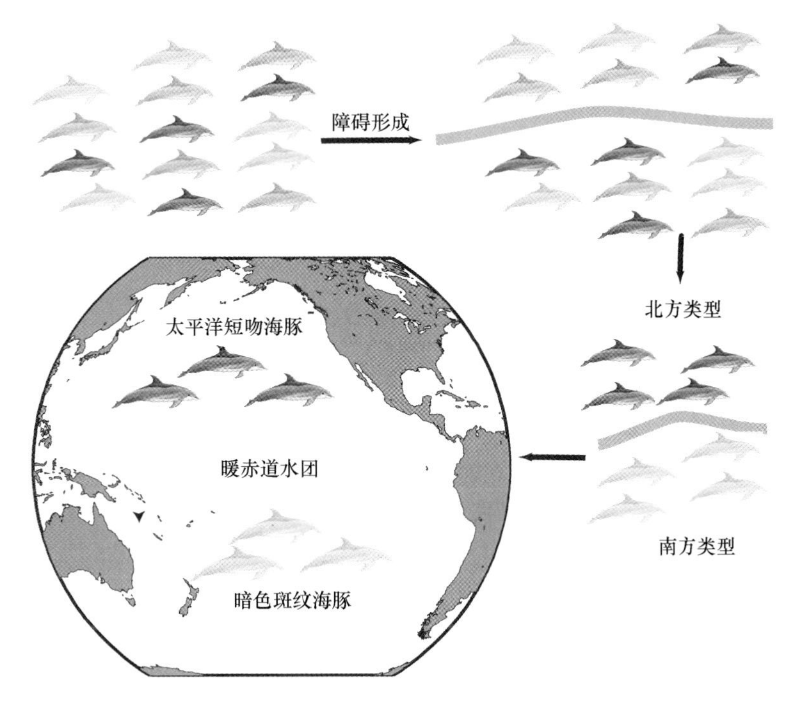

图 6.1　海豚的异域性物种形成

内另一部分的个体。关于邻域性物种形成最早阶段的一个可能的实例是宽吻海豚（*Tursiops truncatus*）的沿岸种群和外海种群。在这两个不同的生境类型中，这些海豚种群在形态学上存在差异、某些情况下在遗传学上也有区别。两种生境在各方面存在不同，包括可捕食的猎物，外海种群以较小的远洋鱼类为食，而沿岸种群吃较大的浅水鱼类（佩兰等，2011 年）。随着时间的推移，这些差异可能导致两个类群之间产生足够的区别，最终形成两个物种。

第三种主要的物种形成类型是**同域性物种形成**（sympatric speciation），即新物种在祖先种群的范围之内产生（图 6.4）。同邻域性物种形成相似，同域性物种形成未必有减少种群之间基因流动的地理障碍，而是开发了另一种生态位，例如某种群或亚种群开始以一种新的猎

图 6.2　北极熊的边域性物种形成

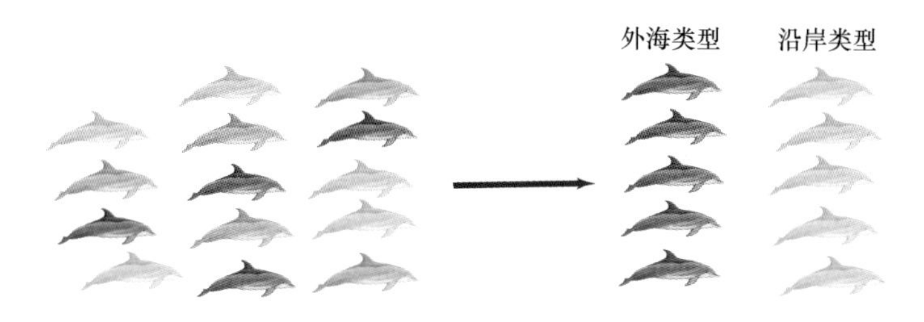

图 6.3　沿岸和外海海豚的邻域性物种形成

物为食，进而促进了种群间生殖隔离的形成。北太平洋的**定居型**（**resident**）、**过客型**（**transient**）和**外海型**（**offshore**）**虎鲸**是最近发生的一个同域性物种形成的实例，且具有持续的分化趋势。定居型种群出现在特定的沿岸区域，通常捕食鱼类；外海型种群栖息于离海岸较远的水域，也以鱼类为食；过客型种群的地理分布范围最大，并与另两种生态型重叠，它们专门捕食其他哺乳动物，例如海豚和海豹。最近的遗传学数据支持过客型虎鲸的物种现状以及定居型与外海型种群的亚种地位（莫林等，2010年）。北海的虎鲸也属于同域性物种形成（富特等，2011年，2013年）。对1万年前虎鲸猎物的同位素比值测定揭示了虎鲸的生态位变化（例如，从捕食鲱鱼到捕食斑海豹），不过这两种捕食策略呈现出一些重叠。物种形成阶段的测算方法（例如，线粒体基因组的谱系分选和遗传聚类分析）表明，北海虎鲸世系的物种形成处于一个早期阶段。根据虎鲸系统发育的分化年表，可以发现，先前发生过一个从北太平洋到北大西洋的奠基事件，随后经过一段时间，虎鲸回归北太平洋。

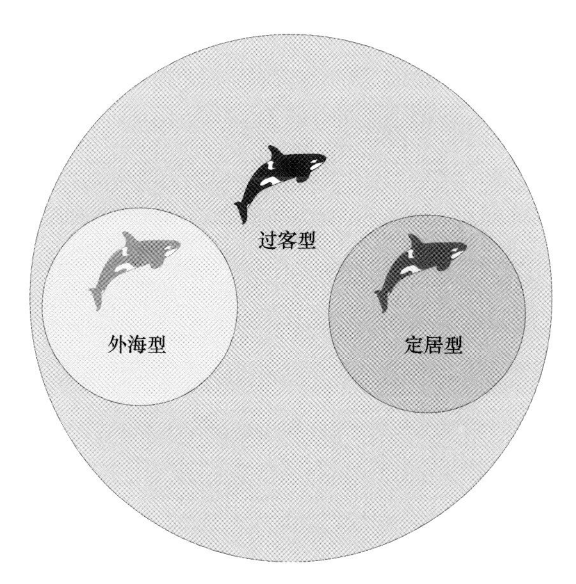

图6.4 过客型、外海型和定居型虎鲸的同域性物种形成

同域性物种形成的另一个例子是渐新世晚期（2600万~2300万年前）的海牛类多物种化石。化石记录显示了在不同洋盆（佛罗里达、墨西哥和印度）中同时出现的（即同域性）儒艮分类单元之间的形态学差异证据，表明资源分隔可能对这些种群的建立产生了作用。例如，在佛罗里达海牛类群中，长牙的形态是研究者用于区分海牛类摄食偏好的显性性状。相比之下，在印度和墨西哥的类群中，多个形态性状

（例如，体型小和喙部偏斜明显；后者为海牛对浅水区底栖摄食的一种适应）均可用于对同时出现的儒艮类进行区分（维雷兹·朱亚伯等，2012 年，图 6.5）（另见第 12 章）。

图 6.5　化石儒艮类群的重建

（生存于约 2600 万年前的佛罗里达、印度和墨西哥）

第四个物种形成模式是**杂交**，这需要两个不同物种的个体实现成功交配，并产生可育的后代。这种物种形成模式在动物中相对罕见，但在植物中常见，许多农作物（例如，玉米、小麦、燕麦）杂交形成的新物种还是物种形成的优势类型。尽管如此，海洋哺乳动物中将近 1/2 的已知物种出现过在野生环境或饲养条件下的杂交报道。大部分杂交是在鳍脚类海狮科内进行的，特别是在南海狗属（*Arctocephalus*）的各物种之间。高杂交率可归因于种群**瓶颈**（种群规模的缩小和遗传变异性的减少）。在 19 世纪，猎捕南极鳍脚类动物的产业导致海狗种群濒临灭绝（另见第 15 章），由此产生了种群瓶颈。北极熊的遗传史表明，过去的温暖时期促使北极熊有时与棕熊进行了广泛的杂交（米勒等，2012年）。当北极熊占据正常的海冰生境时，这两个物种被隔离；但当北极熊被迫在其正常分布范围以南的陆地上度过更长时间时，两个物种发生接触并交配。北极熊作为一个物种将在未来几十年间面对众多挑战，其中一个挑战便是未来的杂交会导致北极熊基因组的稀释。阿马拉尔等（2014年）第一次报道了海洋哺乳动物中导致物种形成的自然杂交：大西洋原海豚（短吻飞旋海豚，*Stenella clymene*）是由关系密切的长吻原海豚（*Stenella longirostris*）和条纹原海豚（*Stenella coeruleoalba*）杂交产生的物种。

6.4 影响海洋哺乳动物分布的生态因子

生态学和进化生物学都涉及到对物种及更高分类群分布模式的描述和理解。为理解海洋哺乳动物的分布，有必要掌握关于一个物种的生态需求的知识，生态需求既包括生物因素（例如，可得到的食物）也包括非生物因素（例如，水温）。海洋哺乳动物已经适应了其陆地祖先未曾经历的海洋环境的一些特性，包括：由海水相对高的密度引起的浮力增大、游泳时由水分子之间的黏性力引起的摩擦阻力、水下的低透光度、由**高渗的**海水引起的**渗透**生理学挑战，以及机体向寒冷的海洋环境中大量散热的趋势。后面的章节将对这些特性分别进行讨论。海洋哺乳动物的另两个生态学特征（随着海洋远近变化）似乎强烈地影响着海洋哺乳动物物种当今和过去的分布模式。它们是地理和季节表层水温变化模式、**初级生产力**及其导致的食物资源分布的空间和时间模式。

6.4.1 水温和海冰

海洋哺乳动物在其生命的大部分时间中都要直接接触比其身体核心温度低得多的海水。虽然海洋哺乳动物大而流线型的体型特征可减少热损失，但即使是中纬度海水的热容量也约为相同温度空气的热容量的25倍。海洋哺乳动物发展出大而浑圆的体型（可最大限度降低相对表面积），并通过鲸脂、毛皮或二者相结合产生了极好的隔热能力，从而尽可能降低向周围环境散失热量的趋势（里瓦纳格等，2012年a，b）。在地理方面，表层海洋温度在赤道附近趋于最高，随着纬度的增加向北极和南极方向降低。人们使用表层海洋的这种向极地方向的温度梯度建立了数个纬度海洋气候带（海表层温度的大致范围），见彩图2（a）。

大范围的海冰仅在极地和亚极地区形成，在暮春（4月）面积最大，在早秋（9月）面积最小。海冰冻结和融化的季节性循环使海洋哺乳动物的大部分物种只有在最温暖的夏季月份才能进入高纬度区域。然而，有3种与海冰密切相关的鲸目物种终生生存在北极，它们在充满海冰的水域中生生不息，这3种鲸包括1种须鲸——弓头鲸（*Balaena mysticetus*）和2种齿鲸——白鲸（*Delphinapterus leucas*）及其近亲一角鲸（*Monodon monoceros*）。栖息于南半球海冰区的鳍脚类包括：环斑海豹（*Pusa hispida*）、髯海豹（*Erignathus barbatus*）、竖琴海豹（*Pagophilus groenlandicus*）、冠海豹（*Cystophora cristata*）、带纹环斑海豹（*Histriophoca fasciata*）和斑海豹（*Phoca largha*），以及海象（*Odobenus rosmarus*）。此外，里海海豹（*Pusa caspica*）、贝加尔海豹（*Pusa sibirica*）以及一些环斑海豹亚种（波罗的海亚种（*P. h. botnica*）、塞马湖亚种（*P. h. saimensis*）、拉多加湖亚种（*P. h. ladogensis*）和鄂霍次克海亚种（*P. h. ochotensis*））在北半球纬度更向南一些的海冰生境中产仔。灰海豹（*Halichoerus grypus*）的同一生物种群既能在陆地上也能在海冰上产仔，这在鳍脚类物种中独一无二。在南极，罗斯海豹（*Ommatophoca rossii*）、威德尔海豹（*Leptonychotes weddellii*）、食蟹海豹（*Lobodon carcinophaga*）和豹形海豹（*Hydrurga leptonyx*）都是在冰上产仔的海豹。第13章将深入讨论海冰和海岛作为鳍脚类物种产仔和哺育幼兽的关键生境的重要性，第15章将讨论气候变化对极地海洋哺乳动物重要生境造成的风险。

6.4.2 初级生产力的分布

首要的事项是确定海洋初级生产模式，然后得出初级生产者和海洋哺乳动物消费者之间的**营养级**数量，进而确定海洋哺乳动物可得到的食物。浮游植物完成海洋初级生产的绝大部分，它们的细胞一般很小，许多营养级将这些极小的初级生产者与占据高营养级的大型动物，例如海洋哺乳动物联系起来（萨克舒格等，2009 年）。海牛目动物是唯一直接以初级生产者（海草）为食的海洋哺乳动物，而一些鳍脚类和齿鲸消费的猎物与初级生产者之间可相隔 5 个或更多营养级（图 6.6）。在不同的地理区域和季节之间，海洋初级生产率的差异可达几个数量级。初级生产的季节和空间变化与光强度（包括海冰对光线的减弱作用）、水温、营养物丰度和觅食压力的不同有关。发生这些时间变化的根本原因是阳光到达海表面的强度存在可预见的季节性变化。这也反过来影响了水温、密度和海水垂直混合模式的季节性变化，夏季和冬季之间的变化量级在较高纬度海域更为显著（图 6.7）。

热带和亚热带水域的阳光全年充裕，但强而持久稳定的温跃层抑制了来自更深水体的营养物的垂向混合。低营养物归还率通过一整年生长季和一个深**透光层**得到部分补偿。即使如此，净初级生产力和现存量依然较低，并且生产力的季节变化有限（图 6.7）。

温带海洋生产循环的一个突出特征是**春季硅藻水华**。一般而言，开阔大洋中的硅藻水华作为一个大范围的初级生产事件而发生，随着春季的开始和海冰盖的季节性回缩向极地方向扩展（阿里戈等，2008 年）。在北半球，硅藻水华向北移动，蔓延到随着冰盖边缘的回缩而暴露出的富营养区。硅藻的现存量快速增长，当富营养区暴露时达到年度峰值，然后现存量趋于稳定，当浮游动物摄食、消耗营养物时开始再次下降（图 6.7）。当秋季的空气温度开始为表层海水降温时，水的分层减弱，

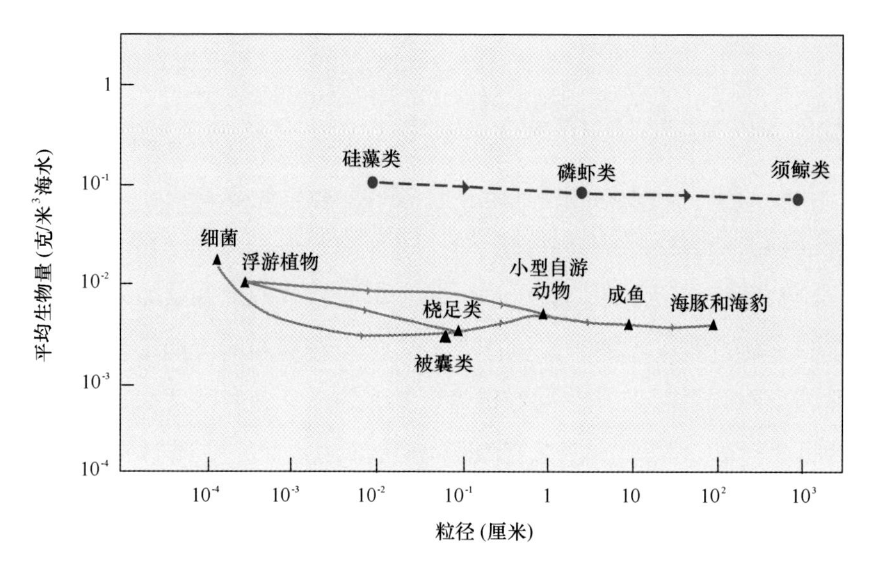

图 6.6 两个远洋食物网中食物粒径与生物量之间的关系

（虚线和圆点所有营养级的平均生物量比副热带环流系（实线和三角）高约 10 倍）

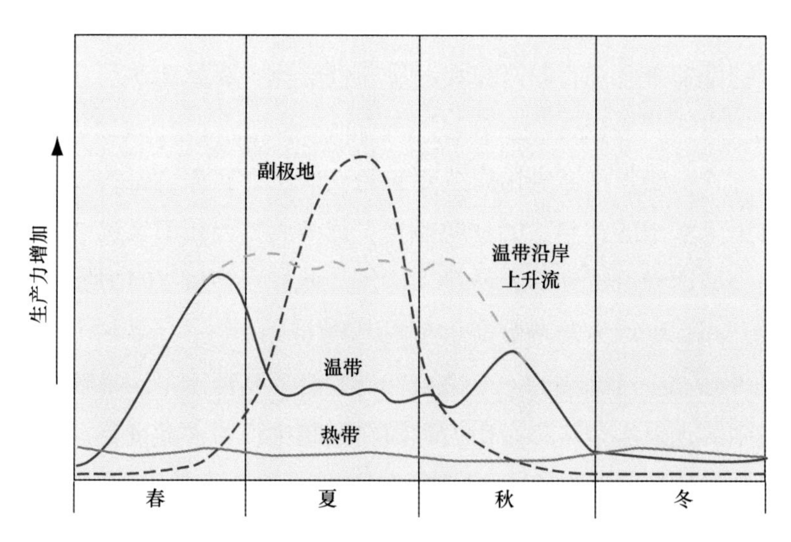

图 6.7 4 种不同的海洋生产系统的海洋初级生产力季节变化的一般模式

加强了不同温度（层）的水的混合，并更新了对透光层的营养物供应。

浮游植物迎来另一个快速增长期，虽然不像春季水华那般显著，但通常足够启动另一个浮游动物种群的增长期。随着冬季临近，光强减弱和温度降低中断了秋季水华。温带和亚极地海洋的平均生产率约为每年每平方米 120 克·碳，其中大部分发生在春季硅藻水华期间（另见博伊斯等，2014 年，和相关参考文献）。

沿岸上升流在夏季对即将耗尽的营养物进行了补充，从而改变了普遍的生产力状况（图 6.7）。只要有充足的光线和持续的上升流，浮游植物就会产生高生产力，并在当地动物种群的丰度中得到反映。温带沿岸上升流海区的平均生产率约为每年每平方米 970 克·碳。最明显的上升流沿着非洲、北美和南美的西海岸分布（图 6.7）。在上升流的前方有两个水团相遇，因此那里也是初级生产增强的重要源头。许多运动能力强劲的海洋哺乳动物物种懂得利用这些海洋特征觅食。

在极地海区，海表面温度始终低，温跃层也通常较弱。光线，更确切地说是缺少光线，是极地海域浮游植物生长的主要限制因子。用以维持较高初级生产力的光线仅在夏季的几个月间充足。在这段时间中，光合作用可以昼夜不停地持续进行，因此可迅速地生成巨大的浮游植物种群（图 6.7）。当光的强度减弱、昼长缩短时，短暂的夏季硅藻水华便快速减退。在极地海区，冬季的生产力状况类似于温带海区，只是持续时间长得多。这个完整的生产力年度循环包括：浮游植物的短暂生长，相当于温带海区的春季水华，紧随其后的是秋季水华，然后迎来净生产力降低的漫长冬季。北极海域的年平均生产率很低（约每年每平方米 35 克·碳）。因为全年有漫长的时间在黑暗中度过，此间浮游植物几乎不生长。然而，也有些例外的情况值得注意：在北极，巴伦支海北部的生产力水平至少为同纬度平均水平的两倍；白令陆架事实上也是一个北极“绿带”，其中一些区域的生产率超过每年每平方米 500 克·碳（萨克舒格等，2009 年）。在南极大陆周围，由营养丰富的深层水构成的上升流使夏季的初级生产率维持在非常高的水平，年生产率超过每年每平方米 300 克·碳（例如，巴莱里尼等，2014 年）。虽然一些鳍脚类、鲸类物种和北极熊全年都停留在这些夏季生产力集中的极地和亚极地生产系统中，但须鲸类（弓头鲸例外）开发这些高纬度生产系统的方法更普遍：夏季在极地和亚极地海区集中摄食，然后长距离迁徙至低纬度海区度过冬季月份。

彩图 2（b）显示了全球海洋初级生产力的年平均地理变化，此图根据星载海岸带水色扫描仪的数年观测数据编制而成。初级生产力在洋盆的中央环流中较低（低于每年每平方米 60 克·碳），在大部分沿岸区域为中等强度，在沿岸上升流海区较高。一般而言，位于较高营养级的海洋生物的分布与彩图 2（b）显示的初级生产力一般地理模式相似，动物最集中的分布区是沿岸区域和上升流海区。然而，随着海洋初级生产者生产的有机物向更高营养级移动，许多有机物从近海表层的透光层中分散出来。

利用这些有机物的动物种群也聚集在尖锐的密度界面，例如涡流、水团边界，特别是海底，一些海洋哺乳动物物种专门在这些区域集中摄食。浮游动物物种，例如磷虾（磷虾科（Euphausiidae）的小型甲壳类动物，图 6.8）和鱿鱼在昼间集中在深水区边界清晰的声反射层；在夜间，这些动物向上迁移至较浅的水层。在大陆架之上较浅的水域，海洋哺乳动物可最高效地捕获磷虾，因为大群磷虾在此处聚集。南极须鲸和海豹的分布在很大程度上与磷虾的分布相似，并且两者都反映出浮游植物的高生物量与南极绕极流一致（ACC；泰南，1998 年）。研究者认为南部边界是一个具有重要生态意义的海洋学结构，为鲸类和其他物种提供了一个可预测且富饶的觅食区。研究表明，磷虾的丰度在过去 30 年发生了波动，并且近年的丰度更低（洛布等，1997 年）。磷虾储量的减少可能对鳍脚类和鲸类等捕食磷虾的脊椎动物产生不利影响。

由于厄尔尼诺（包括拉尼娜）事件不同阶段的影响，水温和可获得食物资源具有年际变化，在某些年份的变化显著。**厄尔尼诺-南方涛**

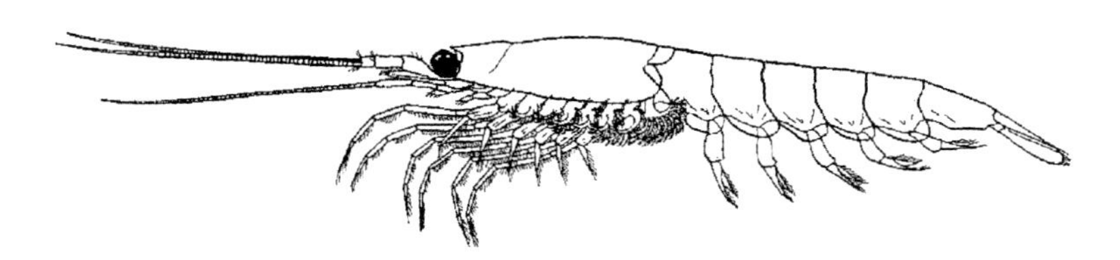

图6.8 南极磷虾（*Euphausia superba*）成体侧视图

（与实物等长，来自麦金托什和惠勒，1929年）

动（ENSO）是一个气象学和海洋学现象，以3~10年的不规则间隔发生。它最明显的特征是热带东太平洋的表层海水变暖（图6.9），阻碍了富含营养物的深层海水向上输送。在一个典型的ENSO事件期间，在热带太平洋向西流动的赤道流减慢，阻碍了东太平洋的加利福尼亚寒流和秘鲁寒流的流动，并中断了它们的上升流机制。ENSO事件伴随着浮游动物的大量减少。在1982—1983年和1997—1998年发生了20世纪最强的ENSO，这表明了ENSO事件发生得更频繁、更强烈的趋势。相反的情况是拉尼娜事件，当它发生时，盛行风比往常更强，并导致比平均温度更冷的结果。

ENSO事件深刻地影响产生它们的热带海洋环境并向极地扩散。从低纬度至高纬度，ENSO对海洋生物影响的严重性下降。1982—1983年和1997—1998年的ENSO都是食物短缺和死亡率增加的时期，特别是对温带和热带的鳍脚类而言。在加拉帕戈斯群岛上的海狮类动物间观察到了严重的不利影响：1982年，加拉帕戈斯海狗（*Arctocephalus galapagoensis*）幼仔的死亡率为100%，加州海狮（*Zalophus californianus*）的死亡率接近100%。1982—1983年ENSO的一个重要长期影响是导致了这些种群中雌性成体死亡率的增加，最可能的原因是初级生产力降低和可捕获的猎物减少（特里尔米希等，1991年）。在1997—1998年ENSO的余波中，也观察到了类似的影响。海豹类，特别是生活在热带和亚热带地区的海豹，也受到了厄尔尼诺事件的影响。例

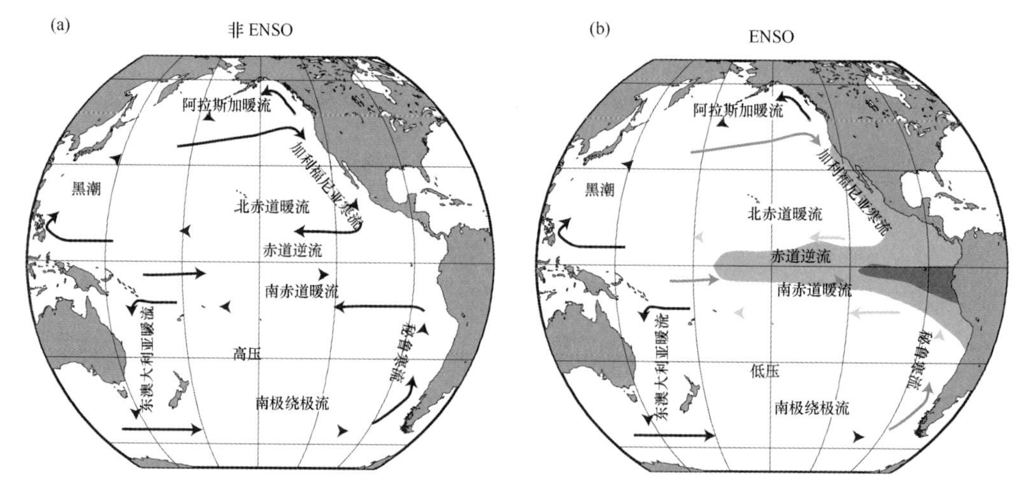

图 6.9　一般化的太平洋表层海流

（a）非 ENSO 期间；（b）ENSO 期间

（注意在 ENSO 期间，向西流动的赤道流显著减弱）

如在 1982—1983 年的 ENSO 期间，法拉隆群岛（北纬 38°）上的北象海豹（*Mirounga angustirostris*）幼仔死亡率为正常水平，而在阿诺努耶佛（北纬 37.5°）幼仔死亡率大致加倍，圣尼古拉斯岛（北纬 33°）上的幼仔死亡率则是正常水平的 5 倍以上（特里尔米希等，1991 年）。关于海洋学条件与人类影响之间关系的研究发现，厄尔尼诺状况与渔业相互影响增加（例如，齿轮缠绕）和加州海狮死亡率（部分原因是经验不足的幼兽搜寻猎物）相一致（科勒迪安和麦斯尼克，2013 年）。鲸目动物也受到了厄尔尼诺事件的影响。在秘鲁的皮斯科附近海滩搁浅的灰海豚、宽吻海豚、短吻真海豚（*Delphinus delphis*）和阿根廷鼠海豚（*Phocoena spinipinnis*）的高死亡率可归因于 1997—1998 年厄尔尼诺导致的食物短缺（多明戈等，2002 年引用的参考文献）。此外，厄尔尼诺事件导致鲸类的猎物资源发生改变，研究者基于此描述了鲸目动物分布由此发生的改变（伍尔希格等，2002 年引用的例子）。

除了 ENSO 事件等短期的气候波动，长期的气候变化也可能给海洋哺乳动物带来深刻影响。例如，**太平洋十年涛动（PDO）**是20~30年的气候模式，可导致北太平洋风、温度和环流改变，从而影响海洋哺乳动物的食物资源（黑尔和曼图亚，2000年）。其他长期气候波动也会影响海洋哺乳动物，特别是那些生活在北极的动物（例如，见亨廷顿和摩尔，2008年特刊；另见第15章）。通过分析，研究者继续证实了北冰洋海冰范围在过去几十年间呈现缩小的趋势。该趋势与全球气候变暖有关（见第15章）。长期的气候变化对海洋哺乳动物的直接影响包括海冰相关生境的丧失和可获得猎物的改变。冰栖海豹（例如，环斑海豹、髯海豹、竖琴海豹和冠海豹）依赖合适的冰层休息、养育幼兽和换毛，可能特别易受这些变化的影响。例如，环斑海豹密度的降低与波弗特海的海冰状况具有联系（斯特林，2002年）。对于栖息于北极的鲸目动物，气候变化更可能通过改变其可获得猎物对它们造成影响。例如，北极鳕鱼是白鲸和一角鲸的一种重要食物来源，脂质丰富的桡足类动物是弓头鲸的重要食物。这些猎物类型的分布随着海冰的状况而变化（泰南和德迈斯特，1997年引用的参考文献）。在北极，鉴于气候驱动的变化可能影响生境和可获得猎物，有必要开展区域研究和海洋哺乳动物监测，以记录并解释这些长期变化对生态系统构成的影响（隆格等，2005年）。例如，北极熊是全球气候变化的指示性生物，目前开展的一些长期研究旨在追踪海冰生境缩小对北极熊的影响（德罗什等，2004年；德罗什，2012年；图6.10）。

6.4.3 历史上的海洋温度和生产力波动情况

利普斯和米切尔（1976年）提出，历史上海洋哺乳动物物种的辐射和衰落是海洋环境中可获得资源发生变化的结果。这些营养资源与上升流过程的变化有关。他们认为气候或构造事件导致上升流增强，促进了鳍脚类动物和鲸目动物的最初兴起和进化辐射。他们进一步假设，提出海洋哺乳动物多样性在渐新世和上新世早期的明显下降反映了热梯度

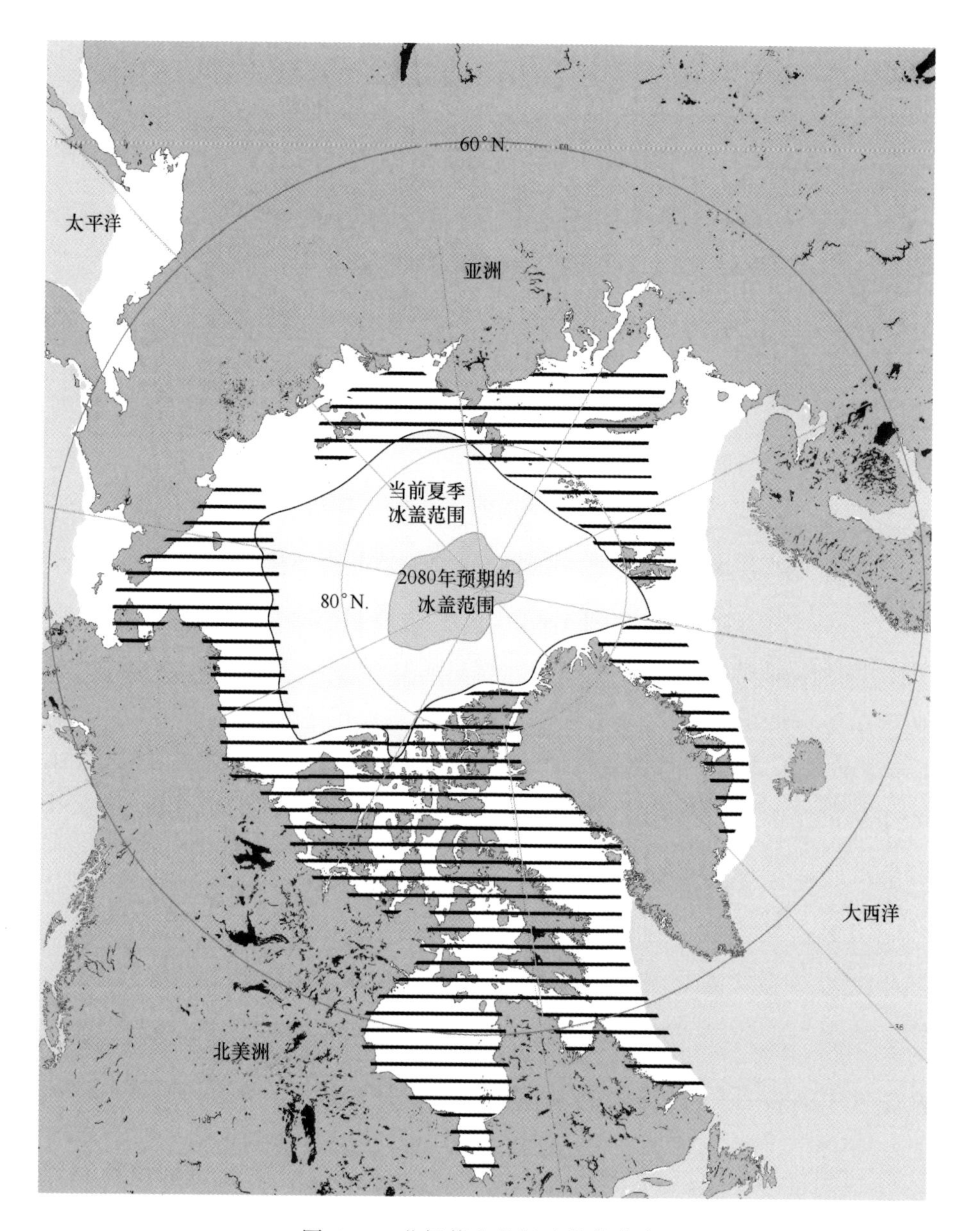

图 6.10　北极熊和北极冰盖的分布

（白色部分为当前冬季冰盖范围和北极熊正常分布范围，阴影部分表示北极熊密度较高的分布区）

的降低，这导致上升流减少、初级生产力降低，因此使海洋哺乳动物的散布和物种形成受限。

许多研究者就鲸目动物的进化对这个一般假说进行了探讨（例如，见福代斯，2003年，2009年综述；林德伯格和佩因森，2007年；马克斯和乌恩，2010年）。在始新世晚期至渐新世早期（3800万~3150万年前），全球发生了许多环境变迁。南方大陆的分裂与南冰洋的形成有关，这导致海洋循环模式的彻底重建和南极冰冠的发展，随之发生全球气候模式和海洋食物网的改变（例如，伯杰，2007年；卡茨等，2008年；胡本等，2013年）。大陆冰川作用主要发生在南极洲，导致温度显著下降。伴随着环境的冷却，深水底流的发展增强了富含营养物的水的运动和循环，也提高了小型猎物的物种丰度。福代斯（1980年）指出，在渐新世早期，南半球高生产力海区的建立很可能引发了齿鲸和须鲸的进化辐射。他甚至认为，早期齿鲸类和须鲸类或许仅限于南半球，因为北半球的营养资源未受到上升流的足够影响，不足以满足鲸类的需要。在渐新世中期（3150万~2800万年前），南极绕极流（ACC）的形成和南极洲冰川作用的增强引发了海水冷却、增加了营养物储备，由此提高了西南太平洋的浅海生产力。他认为滤食型须鲸在渐新世中期的多样化进程与初级生产力的提高有关。由于齿鲸类的猎物（例如，小型鱼类和鱿鱼）集中在浮游动物丰富的海区，同时代齿鲸多样性的提高可能也反映了这些主要水团特征的建立。通过对鲸类多样性综合数据集进行研究，马克斯和乌恩（2010年）确认，历史上鲸类的多样性可用硅藻增加的现象进行解释，而硅藻是占优势的海洋初级生产者（图6.11）。

6.5 当前的分布模式

对现存物种而言，现代海洋哺乳动物的分布具有两种主要模式：①**世界性分布**；② **间断性分布**。许多物种为广域性分布或世界性分布，栖息在世界大部分海洋中。鲸目动物世界性分布的例子如真海豚、伪虎

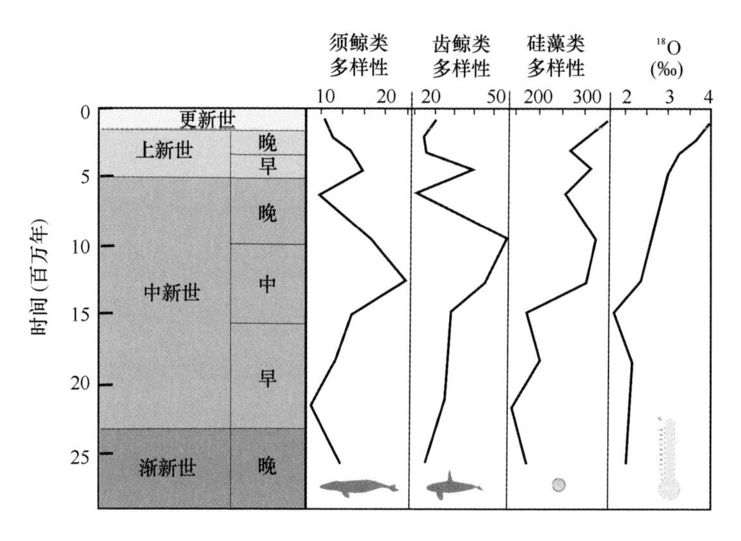

图 6.11 鲸目动物和硅藻的多样性以及^{18}O 水平随时间的变化

（根据马克斯和乌恩（2010 年）的作品修正）

鲸（*Pseudorca crassidens*）和灰海豚（*Grampus griseus*）。此外，数种广域性分布的鳍脚类，例如港海豹（*Phoca vitulina*），可能生活在广阔的环境中，包括沿岸区域、海湾、河口和一些淡水湖。

其他海洋哺乳动物虽分布广泛，但局限于特定生境，为**地方性**分布或**环极地**分布。有些海洋哺乳动物仅分布于寒温带或北极水域（即环极地分布），例如在北极和亚北极水域分布的白鲸。在上新世晚期（400 万年前）更温暖的气候盛行时，一角鲸科（白鲸和一角鲸世系）出现在更远的南方，从温带到亚热带水域都有分布（例如，下加利福尼亚）。物种发生在自然情况下局限于一个特定的区域也称为地方性分布。例如，“淡水豚类”局限分布于南美洲的河流水系（亚马孙河豚，*Inia geoffrensis*）、中国（白鳖豚，*Lipotes vexillifer*，近年已灭绝）和印度、巴基斯坦（恒河豚的印度河亚种 *Platanista gangetica minor* 与恒河亚种*Platanista gangetica gangetica*）。在鳍脚类动物中，里海海豹（*Pusa caspica*）是里海特有的物种，贝加尔海豹仅分布于贝加尔湖。环斑海豹的两个亚种——塞马湖海豹和拉多加湖海豹局限于两个内陆湖泊。

其他海洋哺乳动物分布于因地理障碍而相互隔离的多个区域。这称为**反赤道**或间断性分布。反赤道分布明确涉及相同物种或姐妹物种被赤道分隔的不同种群（图6.12）。例如，在鼠海豚属（*Phocoena*）中（见图4.34），加湾鼠海豚（*Phocoena sinus*）和阿根廷鼠海豚为一个种对，加湾鼠海豚占据北半球温带/亚热带的加利福尼亚湾北部区域，阿根廷鼠海豚则占据一个相似的南半球生境。另一个例证是分布于北太平洋的北露脊海豚（*Lissodelphis borealis*）和生活在南半球的南露脊海豚（*Lissodelphis peronii*）。剑吻鲸科的贝喙鲸属（*Berardius*）中，分布于北太平洋温带的贝氏喙鲸（*Berardius bairdii*）与生活在温带和南冰洋极地海域的阿氏贝喙鲸（*Berardius arnuxii*）具有相似的分布模式。在鳍脚类中，北象海豹和南象海豹（象海豹属（*Mirounga* spp.））是反赤道分布的一个例证。

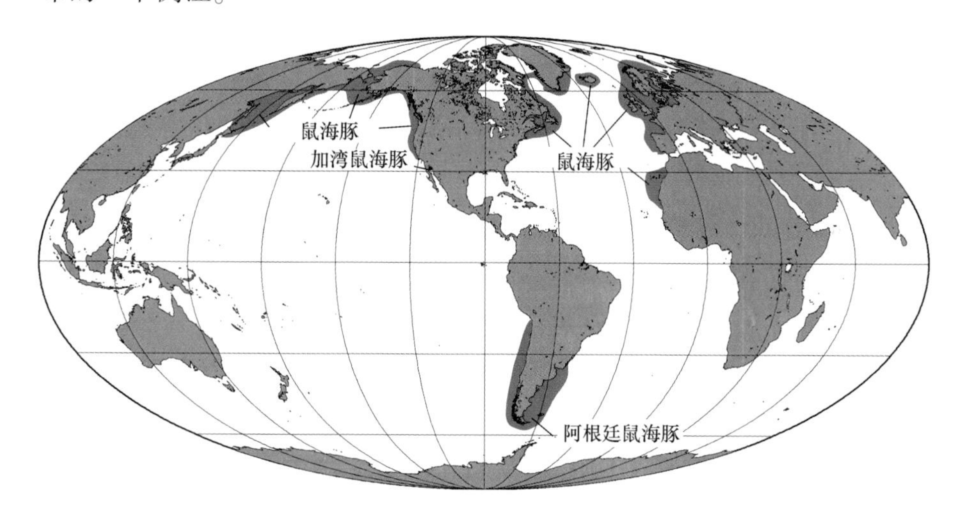

图6.12　鼠海豚属（*Phocoena*）中3种鼠海豚的反赤道（黑色）和间断性（深色）分布模式（根据加斯金（1982年）的作品修正）

当种群被隔离在热带的两边时，在不同的地区即可能产生反赤道分布。海洋生物的反赤道分布模式与各类地质事件具有相关性。雅各布斯等（2004年）提出，北太平洋东部的上升流产生了富含营养物的水体，促使许多海洋生物世系在中新世中期产生分化。随后，巴拿马海道于上新世闭合，使大洋温度和循环模式发生变化，致使北半球物种扩散至南半球（林德伯格，1991年）。更新世的气候变冷时期使得许多物种穿越赤道屏障，分别扩散进北半球和南半球。研究者使用这个模型解释鼠海豚科的生物地理学（法哈多，个人通信）。鼠海豚科的化石记录和系统发育表明，该类群在中新世起源于北太平洋东部。巴拿马海道的闭合致使鼠海豚于上新世扩散进入南半球，并形成了南方物种：黑眶鼠海豚和阿根廷鼠海豚。更新世的气候变冷导致了另一个方向的扩散，即进入北半球（例如，加湾鼠海豚）。

间断性分布的例子包括：鼠海豚（*Phocoena phocoena*；图6.12）的太平洋和大西洋种群、海象（*Odobenus*）两个亚种的分离、长须鲸（*Balaenoptera physalus*）、座头鲸（*Megaptera novaeangliae*）、灰鲸（*Eschrichtius robustus*）的西太平洋和东太平洋种群，以及海獭（*Enhydra lutris*）的北方种群和南方种群。

6.6 重建生物地理模式

通过重建海洋哺乳动物种间进化关系，结合化石记录，研究者找到了可用于解释这些模式的证据。例如，白鲸存在于美国北卡罗来纳和墨西哥下加利福尼亚的化石沉积层中（巴恩斯，1984年；福代斯，2009年），这表明该物种在历史上曾为间断性（大西洋和太平洋）分布，而非环极地分布。

传统上，试图解释生物分布的生物地理学家会寻找一个物种从中起源并开始扩散的小区域（或中心），这称为“起源中心/扩散论”。但现今的工作者并不以一个关于起源中心的假设开始研究，而是更愿意追溯该类群随时间推移发生的地理扩散和分裂，而不必为某类群寻找一个特定的起源地区。使用扩散论的情况是：可认定某生物在别处完成演化，并扩散进入研究区域。例如，研究者猜想，发展出现代海象的世系在北大西洋完成了演化，并于更新世晚期穿越北极走廊扩散进入北太平洋。在这个案例中，通过两个动物群要素（北太平洋和北大西洋）的融合解释了现代分布模式。

另一种假说是**地理分隔论**（有的出版物中称为分替论或离散论，译者注），认为生物之所以出现在一个地区，是因为它们在该处演化，然后地理、行为或其他因素使它们发生分裂，进而导致了物种形成。相应地，障碍的形成（该过程称为“地理分隔”）使曾经连续分布的物种范围发生分裂。因此，如果在不同的地区发现了相近物种，未必是因为在这些地区之间存在物种扩散，也可能只是在原本同一物种之间出现了障碍（例如，山脉、河流；对海洋生物而言还包括：分隔两个洋盆的陆地障碍、温度屏障、强劲海流）。

实际上，很可能大部分物种的联系既包括地理分隔也包括扩散因素。例如，考虑物种1至物种3在A至C区域中的分布（图6.13）。这种假设的生物地理重建称为**区域支序图法**，因为其与系统发育的进化分支图类似。在地理分隔论中，占据A+B+C区域的物种1~3应具有共同祖先。在海洋生物的情形中，一个陆地障碍的出现将首先分隔进入区域A的海洋，A为物种1所占据，B+C为物种2和物种3占据。然后，由物种2和物种3的共同祖先占据的B+C区域将出现另一个障碍分割它们的范围。在扩散论中，起源于区域A的物种1至物种3具有共同祖先。物种2和物种3的共同祖先将扩散进入区域B，然后是后代物种3扩散进入区域C。这些预测可与地球的地质学和气候历史学数据进行比较，也可与在相同时间、相同区域出现的其他已灭绝和现存物种的分布进行比较。当物种的分布范围发生分裂时，如果趋向形成不同的物种，它们系统发育和生物地理学之间的关系应全部显示为相似，并且它们的区域支序图应匹配。

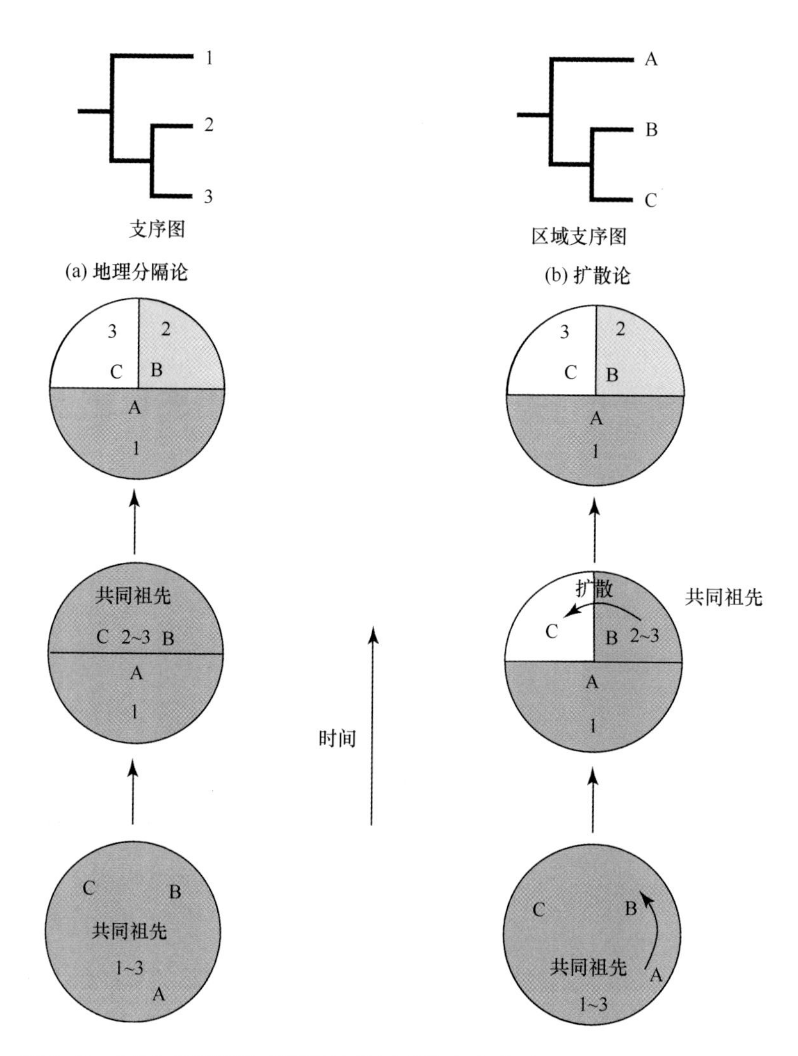

图 6. 13　区域支序图显示假设的种间系统发育关系以及相应的地理分隔论和扩散论以说明物种分布原因

物种以数字表示。区域以字母表示。(a) 在地理分隔论中，一个占据 A+B+C 区域的祖先物种的范围首先分裂为 A 和 B+C，然后 B+C 中的后代占据的范围发生分裂；(b) 在扩散论中，一个祖先物种的起源中心位于区域 A，该物种首先扩散至区域 B，然后其后代从区域 B 扩散至区域 C（根据里德利（1993 年）的作品修正）

对北海狮（*Eumetopias jubatus*）种群的研究是地理分隔论的一个真实例子（比卡姆等，1996年，1998年）。通过对线粒体DNA单倍型的分析，揭示了北海狮存在两种遗传学上不同的种群：西部种群（即北太平洋亚种，译者注）包括来自俄罗斯、阿留申群岛和阿拉斯加湾（白令海）栖息地的海狮；东部种群包括来自阿拉斯加东南部和美国俄勒冈（东北太平洋）的海狮。比卡姆等（1996年）认为，这两个北海狮种群由冰川期白令海和西北太平洋栖息地隔离种群演化而来。在此案例中，在冰川期和海平面波动开始时发生的地理分隔事件分裂了海狮种群的分布范围。他们进一步指出，在北太平洋的红鲑和王鲑中观察到了一个相似的种群分化模式。其他遗传学工作和颅骨形态测定分析也支持将北海狮区分为两个亚种：北海狮北太平洋亚种（指名亚种）（*E. jubatus jubatus*）和蒙特雷亚种（*E. jubatus monteriensis*）（另见贝尔塔和丘吉尔，2011年）。

6.7 历史上的分布模式

历史上大陆和洋盆的分布无疑影响了海洋哺乳动物的分布。辛普森（1936年，1940年）将术语**走廊**定义为使许多物种能够从一个地区扩散到另一个地区的通道。研究者证明一些更重要的海道是物种扩散走廊，随后论述了它们对海洋哺乳动物分布的影响（图6.14至图6.18）。

特提斯海（源于古希腊神话中海洋之神妻子的名字）是一个热带古海洋，它曾经横亘在北方大陆和南方大陆之间（图6.14）。特提斯海包括今日称为地中海的主体区域和与印度洋相连的南支。当印度与欧亚大陆漂移缝合时，特提斯海道发生了限定（4500万~4000万年前）。这对北美洲和南美洲之间扩散通路的开放有重要意义，物种可从大西洋经加勒比海进入太平洋，然后环绕南半球通往南冰洋。副特提斯海是特提斯海的一个北支，延伸穿越现今为黑海、里海和亚洲的咸海所占据的区域（图6.15）。600万~500万年前，地中海发生了大范围干涸（墨西

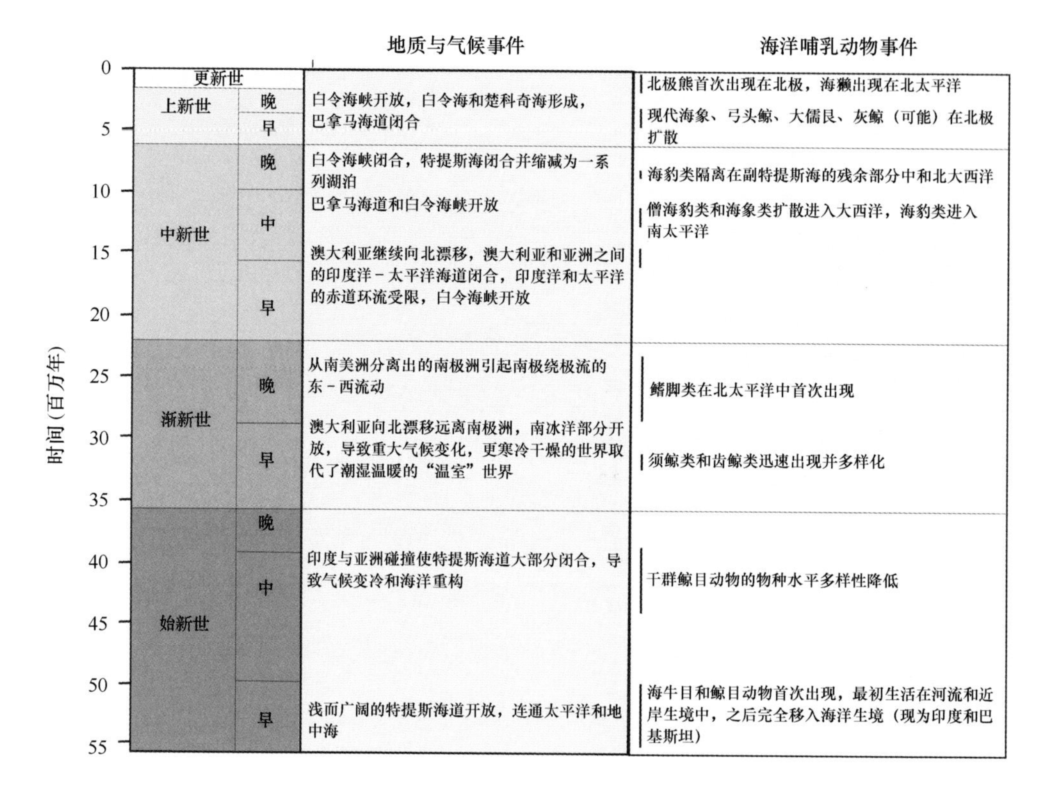

图 6.14　影响海洋哺乳动物分布的重大地质事件年表

拿盐度危机)，地中海和特提斯海道由此缩减为一系列被陆地包围的水体，包括低盐度的黑海、里海和咸海。在特提斯海或副特提斯海中分布的海洋哺乳动物包括最古老的鲸类和海牛类（图 6.15），可能还包括海豹等鳍脚类（图 6.16）。一些研究者就副特提斯海的隔离对海豹类产生的影响展开了争论：有的认为该世系起源于副特提斯海，然后扩散进入北极；而其他研究者则提出了北极起源说，然后该世系扩散进入副特提斯海（德梅雷等，2003 年）。

中美洲海道，或称巴拿马海道，如今分隔开北美洲和南美洲。它在新生代的大部分时候为开放状态，促进了太平洋和大西洋之间的动物区系交流。在 1100 万年前，由于该区域的构造活动，跨洋环流受到限制，

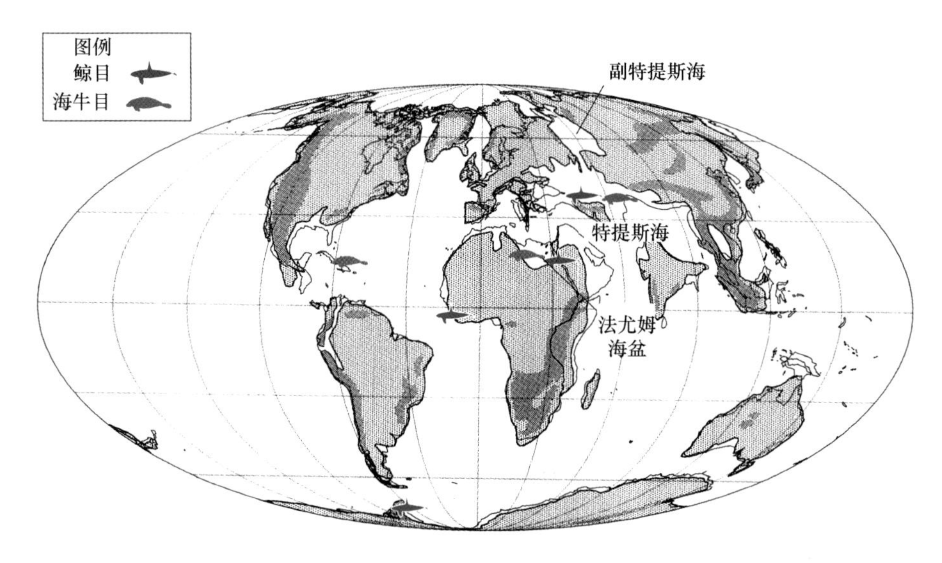

图 6.15 始新世早期至晚期的大陆、洋盆和古海岸线重建图和主要海洋哺乳动物化石产地

（注意特提斯海和副特提斯海道的范围。工作草图来自史密斯等（1994 年）；根据贝尔塔等（2006 年）和福代斯（2009 年）的作品修正）

然后至 630 万年前中美洲海道重建，直到 500 万年前它开始闭合。在 370 万~310 万年前，中美洲海道完全闭合，随之出现巴拿马地峡（杜克·卡洛，1990 年）（图 6.17）。中美洲海道可能影响了如下世系的发展：现代海獭（*Enhydra*）（贝尔塔和摩根，1985 年）、海象类、僧海豹（图 6.16）和海牛类中的儒艮（乌恩等，2010 年）。

白令海峡是位于阿拉斯加和西伯利亚之间的一个海道，因中新世末期至上新世初期（550 万~480 万年前）的板块构造活动（马林科维奇，2000 年）而首次开放，沟通了太平洋和北冰洋之间的联系。约 500 万年前形成的陆桥中断了这个海道。400 万~300 万年前，白令海峡再次开放，白令海和楚科奇海也在那时形成。北极海盆在过去 300 万年间出现的间冰期中是一个重要的扩散通道，影响着现代海象、弓头鲸、数种海豹、大儒艮和灰鲸。

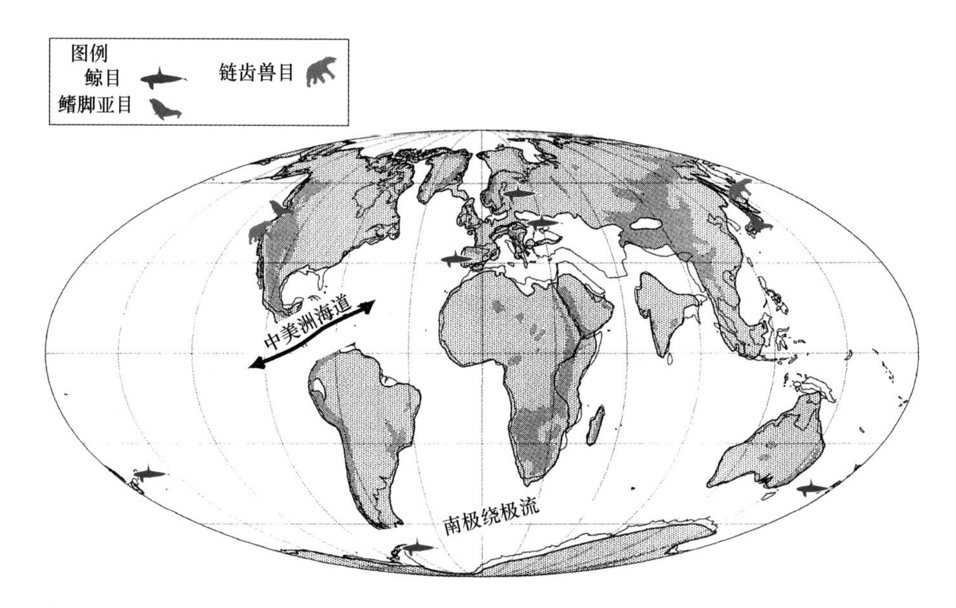

图 6.16 渐新世晚期至中新世早期（2000 万年前）的大陆、洋盆和古海岸线重建图及主要海洋哺乳动物化石产地

（工作草图来自史密斯等（1994 年）；根据贝尔塔等（2006 年）和福代斯（2009 年）的作品修正）

6.7.1 鳍脚类动物

海象类动物在约 1800 万年前的早中新世后期在北太平洋两边开始演化（例如，德梅雷等，2003 年综述；贝尔塔，2009 年，图 6.16）。这些干群“拟海象亚科”的海象类（博森奈克和丘吉尔，2013 年）在中新世中期局限于北太平洋，分布范围向南远至墨西哥的下加利福尼亚北部。中新世晚期，杜希纳海象亚科和海象亚科世系发生了分化。杜希纳海象亚科仍然仅分布于北太平洋东部；但海象亚科（现代海象世系）则经历了显著的多样化进程，从北太平洋经中美洲海道扩散进入北大西洋（800 万~500 万年前；雷佩宁等，1979 年）。根据该假设，现代海象类于上新世在太平洋灭绝。然后不到 100 万年前，现代海象属

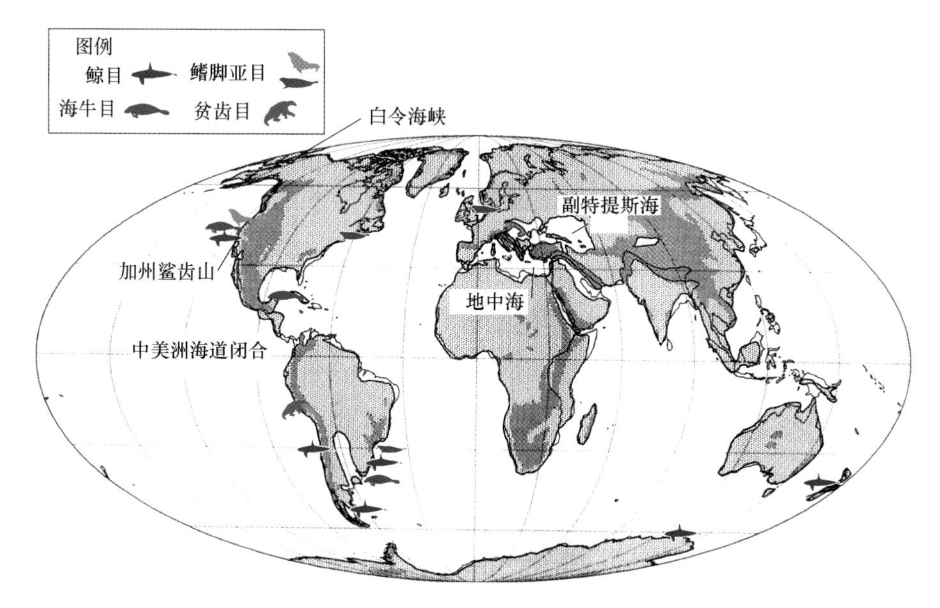

图 6.17 中新世中期至上新世的大陆、洋盆和古海岸线重建图和主要海洋哺乳动物化石产地

（工作草图来自史密斯等（1994 年）；数据来自福代斯（2009 年））

(*Odobenus*) 通过北冰洋回归北太平洋（雷佩宁和泰德福德，1977 年；雷佩宁等，1979 年）。另一种观点基于在日本发现的现代海象世系的新化石记录（上新世晚期 300 万年前），河野等（1998 年，1995 年）研究认为，现代海象世系（即 *Ontocetus* = *Alachtherium*，*Trichecodon*，*Prorosmarus*，河野和雷，2008 年）可能未在北太平洋中灭绝，反而可能在北太平洋继续多样化，直至更新世，并于上新世晚期扩散进入北大西洋。泽西哥海象属（*Ontocetus*）似乎在现代海象属到达之前就已在北大西洋中灭绝（河野和雷，2008 年）（图 6.18）。

现已知的最古老的海狮类化石来自中新世中期（1200 万~1100 万年前）（德梅雷等，2003 年；图 6.17）。干群海狮类包括并系、已灭绝的洋海狮属（*Thalassoleon*）的物种（丘吉尔等，2014 年），曾分布于北太平洋的两边。基于北海狗属（*Callorhinus*）与其他海狮类的分化，冠

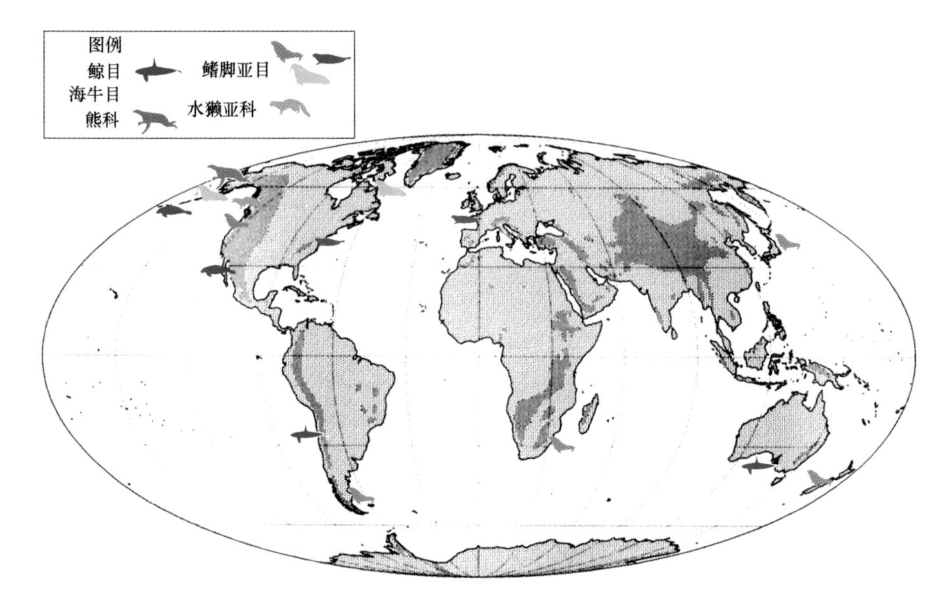

图 6.18 更新世期间大陆、洋盆和古海岸线重建图

（工作草图来自史密斯等（1994 年）；数据来自福代斯（2009 年））

群海狮类的起源时间估计为 1120 万年前（米泽等，2009 年）。一个北方海狮进化枝（即北海狮属（*Eumetopias*）、先特罗海狮属（*Proterozetes*）和加州海狮属（*Zalophus*），丘吉尔等，2014 年）为海狮类确立了北太平洋分布范围。一个南方海狮进化枝（即新西兰海狮属（*Phocarctos*）、南美海狮属（*Otaria*）、南海狗属（*Arctocephalus*）和 *Arctophoca*属，丘吉尔等，2014 年）在 700 万~600 万年前扩散进入南半球。虽然以前的研究者认为海狮类曾多次从北半球穿越至南半球（例如，阿纳森等，2006 年），但根据丘吉尔等（2014 年）的研究结论，仅发生过一次海狮类穿越赤道的扩散。丘吉尔等（2014 年）结合系统发育证据认为，海狮类最初的扩散很可能沿着东太平洋发生，这也得到了化石证据的支持。一个南方海狮进化枝迅速地扩展了其分布范围，包括南美洲西海岸、南大西洋南部和澳大利亚水域。南半球海狮类的多样化的原因似乎是由东太平洋赤道冷却驱动的生物生产力的提高（丘吉

尔等，2014 年）。现今在南美洲，海狮类在鳍脚类动物中占有优势；而在上新世晚期和更新世期间，海豹类曾广泛分布。研究认为，鳍脚类中发生的这个动物区系逆转有两个原因：① 海平面变化导致适宜海豹的岸上相对安全的地方数量减少；② 有利于海狮的岩石海岸生境增加（瓦伦苏埃拉·托罗等，2013 年）。

海豹类动物的演化可能发生在北太平洋。基础海豹类（海豹科（Phocidae）和已灭绝的皮海豹科（Desmatophocidae））的分化发生在中新世晚期，超过 1800 万年前（德梅雷等，2003 年）。僧海豹亚科（南方海豹）和海豹亚科（北方海豹）世系都在中新世中期（1500 万年前）出现在北大西洋（北美洲和欧洲；图 6. 17）。研究者在南大西洋的岩层（可能有 2900 万年的历史）中发现的海豹化石（克莱茨基和桑德斯，2002 年）表明，海豹类动物的共同祖先已在那时迁移至北大西洋，它们或是向北穿过了北极海盆，或是向南穿过了中美洲海道。根据哥斯达（1993 年）及比宁达·埃蒙德和罗素（1996 年）的讨论，南方扩散路线的可能性更高，因为考虑到白令陆桥在渐新世晚期和中新世早期的大部分时候阻断了进入北极的通道。也可能是整个北极海盆的气候更寒冷，阻碍了早期海豹沿着北方路线扩散。中美洲海道在这段时间是开放的，并与当时北大西洋海豹的暖水亲缘关系一致。

僧海豹类动物起源于北大西洋的观点得到了化石记录的支持。基础僧海豹类动物为环大西洋分布（即分布于副特提斯海和北大西洋），表明在中新世中期的某个时间发生了跨大西洋扩散事件（德梅雷等，2003 年）。研究者就僧海豹的起源提出了两种假说。第一种假说是僧海豹起源于特提斯海（地中海）。这个传统假说最初由穆隆（1982 年）提出并得到了一些分子数据的支持（菲勒等，2005 年）。一项基于综合（形态学+分子学）数据的分析有力地支持了该假说（贝尔塔等，2015 年）。上新海豹（*Pliophoca etrusca*）的记录和证据仅来自地中海的上新世沉积层，该物种显示出：① 僧海豹属（*Monachus* spp.）进化枝的一个基础位置；② 上新海豹与地中海僧海豹（*Monachus monachus*）的关系最近。根据该假说，僧海豹属起源于地中海，然后扩散至加勒比海和夏威夷并发生隔离，随后是一个新大陆进化枝——新僧海豹属（*Neomonachus*）的异域性物种形成（谢尔等，2014 年）。新的研究报告也支持该假说，报告论及了一种不明确的僧海豹，来自中新世中期（塞拉瓦尔阶地层）的马耳他（比亚努奇等，2011 年），以及一种历史更久远的利比亚非洲海豹（*Afrophoca libyca*），生存于中新世早期至中期（布迪加尔阶至兰哥阶）的利比亚（克莱茨基和多姆宁，2014 年），这说明僧海豹在地中海海盆具有漫长的历史。另一种假说认为僧海豹类起源于西大西洋，该假说的证据来自分子数据和化石（富尔顿和斯托贝克，2010 年；谢尔等，2014 年）。仅基于形态学数据的分析（贝尔塔等，2015 年）同样会得出僧海豹起源于西大西洋的结论。事实上，在这个分析中，地中海的上新海豹和地中海僧海豹相对于其他僧海豹是分化较晚的物种。根据该假说，基于在美国东部发现的（1530 万~300 万年前）新的干群僧海豹类（即维氏僧形海豹（*Monotherium wymani*），雷，1976 年；“上新海豹”、“加洛海豹（*Callophoca obscura*）”，克莱茨基和雷，2008 年），僧海豹类最初的多样化发生在西大西洋，然后扩散至加勒比海，并演化出了加勒比僧海豹（*Neomonachus tropicalis*）。僧海豹的祖先可能从两个方向扩散：① 进入地中海演化为上新海豹；② 在巴拿马海道闭合（约 300 万年前）之前进入太平洋，演化为夏威夷僧海豹（*Neomonachus schauinslandi*）。估计地中海僧海豹和夏威夷僧海豹之间的分化时间约为 640 万年前（富尔顿和斯托贝克，2010 年；谢尔等，2014 年），说明僧海豹进化枝的分裂时间更久远。僧海豹属的化石记录非常有限，且极少提供关于僧海豹属扩散历史的信息。最早的化石记录是加勒比僧海豹，发现于佛罗里达的更新世早期埃尔广登阶（177 万~105 万年前）沉积层（贝尔塔，1995 年）。象海豹在 1000 万年前从南极海豹类中分化出来，随后在高纬度的南极海区冷水中完成了多样化（希格登等，2007年）。

最近基于分子数据的研究证明，冠群海豹亚科的髯海豹（*Erignathus*）和冠海豹（*Cystophora*）估计在1700万年前发生了最深度的分裂。这表明它们在北大西洋发生了东向和北向迁移（德梅雷等，2003年；阿纳森等，2006年）。估计在900万年前，Phocini（带纹海豹和竖琴海豹）和Phocina（港海豹、斑海豹、环斑海豹、里海海豹和贝加尔海豹）之间发生了分化。已知最早的Phocini化石来自副特提斯海（1200万~1100万年前；克莱茨基，2001年；克莱茨基和荷莱克，2002年）。其余Phocina的分化在约450万年前发生在北极和北大西洋，可能经过了开放的白令海峡。环斑海豹、灰海豹（*H. grypus*）、里海海豹（*P. caspica*）和贝加尔海豹（*P. sibirica*）之间的区别有限，不足以得出精确的生物地理学结论。生活在里海和贝加尔湖的内陆海豹物种可能表明，独立的定居和隔离事件可能在冰期—间冰期波动期间发生，这段时期周期性地扩展和分裂物种分布范围、减少基因流动，并促进了物种的形成。

6.7.2 鲸目动物

福代斯和穆隆（2001年）及福代斯（2009年）论述了鲸目动物的历史的生物地理学。已知最早的干群鲸目动物是古鲸亚目（Archaeocetes），生存于始新世早期（超过5000万年前）。这些干群鲸目动物迅速地进化辐射，在温暖、亚热带的特提斯海东部（现为印度和巴基斯坦）完成了多样化（见德威森和威廉姆斯，2002年；金格里奇，2003年；乌恩，2010年）。后来分化的干群鲸目动物（原鲸科）扩展了其分布范围，进入非洲、欧洲和美洲。龙王鲸科（Basilosauridae）曾广泛分布，占据了环绕太平洋的海洋。4500万~4000万年前，印度与亚洲大陆的碰撞引发了特提斯海的闭合，伴随着全球气候变冷和海洋重构，显著导致了古鲸亚目物种水平生物多样性的降低（福代斯，2009 年）。然而，明确的是，在渐新世早期古鲸亚目并未简单地被冠群鲸类（Neoceti）取代。化石记录表明，与古鲸亚目类似的鲸目动物（例如，吉肯鲸，*Kekenodon*）曾与干群齿鲸类动物和须鲸类动物在南冰洋中共存（克莱门茨等，2014 年）。

冠群鲸目成员（Neoceti）在大约 3000 万年前的渐新世期间出现，此后鲸目动物呈现出爆发性多样化（福代斯，2009 年；斯莱特等，2011 年）。已知最早的须鲸类动物是有齿形式，生存于南半球，在西南太平洋和原南冰洋（南极洲和新西兰之间）3000 万年的岩层中发现。多样化的小齿须鲸类（例如，艾什欧鲸科，Aetiocetidae）也有报道，它们生存于渐新世晚期北太平洋的东部和西部。发展出鲸须的须鲸类（以须鲸类滤食出现为标志）和齿鲸类在渐新世呈现出爆发性进化辐射，可能由浮游动物生产力的变化引起，且该变化与南冰洋生态系统的重构有关（林德伯格和佩因森，2007 年）。中新世早期的一个标志是无齿须鲸类（例如，“新须鲸类（cetotheres）”）具有高度多样性，已知它们分布于北太平洋、北大西洋和副特提斯海，其记录延伸至上新世中期（另见福代斯和马克斯，2012 年）。

最早记录的冠群须鲸类是露脊鲸科（Balaenidae），来自中新世早期的南太平洋（巴塔哥尼亚）。此外，研究者还报道了一种来自新西兰的未命名干群露脊鲸。此后，露脊鲸的记录表明，它们在中新世和上新世的北大西洋东部具有中度多样性。在新西兰，最近的化石发现说明小露脊鲸科（Neobalaenidae）可能起源于南太平洋（菲茨杰拉德，2012 年）。已知最早的冠群须鲸科（Balaenopteridae）动物来自中新世晚期的北太平洋。须鲸科在上新世具有高度多样性，分布于北太平洋、南太平洋和北大西洋海盆东部。已知现存灰鲸世系的历史仅可上溯至上新世晚期。

干群齿鲸类（即，阿哥洛鲸属（*Agorophius*）、古海豚属（*Archaeodelphis*）、西蒙海豚属（*Simocetus*）和沙拿鲸属（*Xenorophus*））

生存于渐新世的北美。在现存世系中，抹香鲸类曾在渐新世晚期的副特提斯海中游弋。小抹香鲸类的记录始于中新世，来自南大西洋和北太平洋东部。剑吻鲸科（Ziphiidae）的记录始于渐新世末期至中新世早期的北太平洋东部，其大部分记录来自中新世中期或年代更近的沉积层。现存恒河豚科仅分布于巴基斯坦和印度的河流且没有化石记录；但其干群化石近亲则较为多样化，生存于中新世的北大西洋西部和副特提斯海。其他干群分类单元包括：鲨齿的角齿海豚科（Squalodelphidae），生存于中新世的地中海和副特提斯海、南大西洋和南太平洋；以及怀佩什海豚科（Waipatiidae），来自南太平洋。最早的大洋海豚类（海豚科（Delphinidae））始于中新世晚期，并且它们是上新世鲸类的重要组成部分。鼠海豚科（Phocoenidae）和一角鲸科（Monodontidae）（白鲸）的历史可上溯至中新世晚期。到中新世末期，鼠海豚类已扩散至北太平洋西部和南太平洋东部。在中新世晚期，两个已灭绝的海豚类世系包括北太平洋东部的阿波罗海豚科（Albeirodontidae）以及来自南大西洋的具有长牙的海牛鲸科（Odobenocetopsidae）两个物种。

6.7.3 海牛目动物

关于海牛目生物地理历史的许多总结是基于多姆宁（2005年，2009年）、贝努瓦等（2013年）和维雷兹·朱亚伯（2014年）的研究归纳的。已知在北非发现和记录了最早的海牛目动物，它们发端于古新世晚期。随后，它们向北美洲和南美洲扩散。水陆两栖生活的始新海牛类出现于始新世早期和中期（5000万年前），在大西洋的两边（非洲和加勒比海（牙买加））均有发现。在始新世结束之前，原海牛类占据了从热带大西洋西部通过特提斯海直至西太平洋的温暖水域。

儒艮类是海牛目中最成功和多样化的世系，在始新世中晚期出现于地中海。至渐新世，始新海牛类和原海牛类灭绝。海牛目在渐新世期间的化石记录匮乏，而尚不清楚这是否是因采样不足或灭绝事件所致

（乌恩和佩因森，2007 年）。在渐新世早期海牛目多样性的降低可能与此时海表面温度变得更冷、导致热带海草类减少有关（扎克斯等，2008 年）。这也可解释在渐新世晚期的温暖时期中海牛目多样性迅速提高。海兽亚科（Halitheriinae）的儒艮类占据了北大西洋西部，几个世系（例如，*Metaxytherium* 属）还在中新世早期通过中美洲海道扩散进入北太平洋东部。海兽亚科海牛类的多样性在中新世晚期出现大幅下降并于上新世晚期消失。渐新世期间，儒艮亚科从海兽亚科中分化出来，不过其大部分物种的分布仍然局限于大西洋。至更新世，儒艮属（*Dugong*）已进入太平洋，但仍局限于热带纬度的印度洋-太平洋海盆。另一个世系是无齿海牛亚科（Hydrodamalinae），于中新世早期和中期在太平洋中发生了进化辐射，其典型代表是 6 个渐变种（即，在不同时间点存在的相同世系的不同阶段；另见本章的进化模式）。多姆宁（1978 年）证明，东北太平洋 *Metaxytherium* 属的一个种群发展出了无齿海牛亚科的儒艮类。这个世系进化鼎盛期的代表物种是斯氏海牛（*Hydrodamalis gigas*），该物种在更新世晚期占据了寒冷的高纬度水域，其摄食偏好也发生了改变（从海草到大型海藻）。该物种遭到了早期极地探险者的大肆猎捕以致灭绝，距其发现仅有 27 年。

始新世晚期至渐新世中期，海牛类似乎已从儒艮类中分化出来。时至中新世中期（1400 万年），古海牛类（*Potamosiren*）占据了南美洲的沿岸河流与河口。中新世晚期和上新世期间（600 万~400 万年前），安第斯山脉的隆起导致溶解营养物经冲刷和径流进入河流水系，这极大提高了海草类（对牙齿有磨蚀作用）的丰度。海牛类动物演化出更小、更多、可持续替换的牙齿以适应这个新的食物资源。此外，形成牙齿咀嚼面的釉脊也变得更为复杂。海牛类对淡水海草的一些适应性可见于中新世至上新世的 *Ribodon* 属（发现于阿根廷和美国北卡罗来纳），该属可能是现存海牛属（*Trichechus*）的共同祖先。上新世晚期（300 万年前），海牛类得以进入亚马孙河流域，此时安第斯山脉的隆起使该流域暂时地隔离。因此，亚马孙海牛（*Trichechus inunguis*）的演化与海洋水体相隔绝。后来，海牛类扩散至北美洲（美洲海牛（*Trichechus manatus*）），已知生存于更新世，美国东南部。未找到显示海牛属向东扩散至西非的化石记录（西非海牛（*Trichechus senegalensis*）；图6.19）。

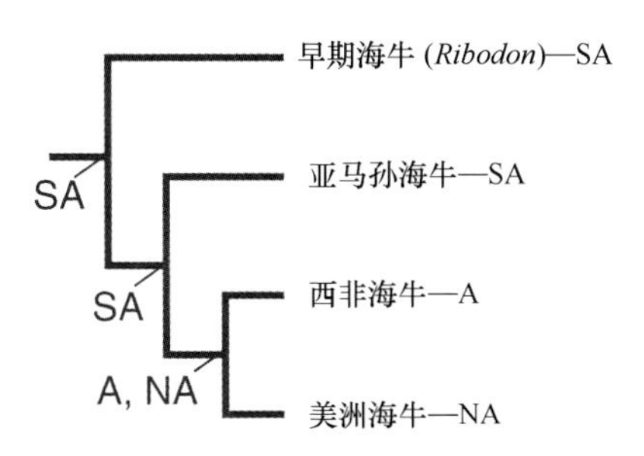

图6.19　海牛类的生物地理历史

A-非洲；NA-北美洲；SA-南美洲（多姆宁，1982年）

事件时间表：SA，500万年前——海牛类栖息于南美洲的河流与河口。安第斯山脉隆起，泥沙与海草类增加，齿系相应变化："传送带"型换齿，牙齿数量增加，牙齿变小，牙齿（牙釉质）复杂性增加。SA，300万年前——海牛类进入亚马孙河流域，亚马孙海牛（*Trichechus inunguis*）地方性物种形成。A，NA，200万~100万年前——海牛类的扩散：A（西非海牛，*Trichechus senegalensis*）和NA（美洲海牛，*Trichechus manatus*）

6.7.4　进化模式

6.7.4.1　适应辐射

适应辐射是指一个祖先物种或线系在短时间内多样化，发展出很多新的后代物种。在可引发适应辐射的因素之中，生态机会很可能是最重要的因素。当一个物种的少数个体突然出现，并且环境中有大量可利用资源时，即发生了一个生态机会。研究认为，冠群鲸类（Neoceti）的进化辐射是一种适应辐射（二阶堂等，2001年；福代斯，2003年）（图6.20）。根据这个假说，冠群鲸类世系在进化史中迅速地多样化，其生态学或形态学差异也同步增加，最终演化出新世系以填补新的适应带。以此为例，在冠群鲸类的进化史中，齿鲸类和须鲸类分化得较早，并分别获得了回声定位能力和滤食能力，这又促使它们进一步多样化。

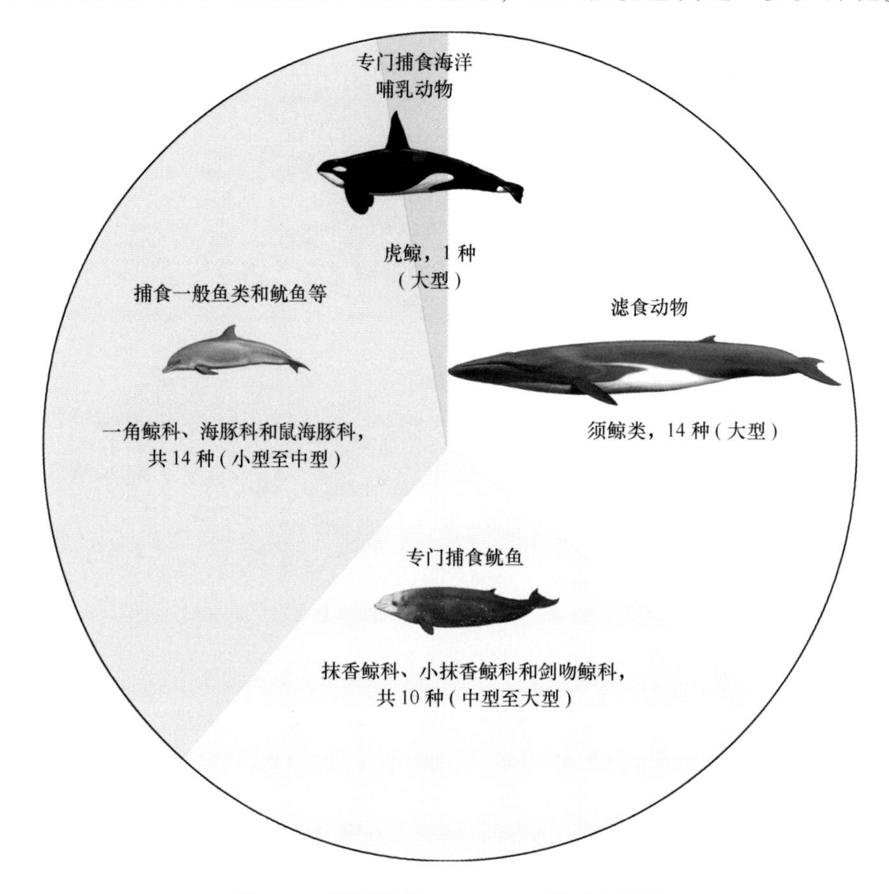

图 6.20 冠群鲸类（Neoceti）的适应辐射

然而，最近对该假说的检验结果并未发现支持“在现存鲸目动物进化史的早期存在快速的物种形成”理论的证据（斯蒂曼等，2009 年）。另一种假说认为，冠群鲸类适应辐射背后的驱动因素是非生物因素，例如海洋的物理重构，包括地理、环流和水温的变化（福代斯，1980 年，2003 年）。研究认为，该假说可更好地解释鲸目动物的多样化（斯蒂曼等，2009 年）。然而，关于鲸目动物间物种形成的速度，学者们存在意见分歧（斯莱特等，2011年）。研究发现，现存世系中的多样化速率长久以来是稳定的。有观点认为，在鲸目动物中已发生了足够的灭绝事件，以致抹掉了一个快速辐射的进化枝的明显特征，斯莱特等（2011年）研究了这种可能性，并且发布了一些证据，支持该情况的真实性。例如，多个辐射事件没有留下现存的后代（例如，肯氏海豚科），以前不明确的进化枝也在生态学上进行了重置（例如，古淡水豚进化枝：白鱀豚科（Lipotidae）、亚马孙河豚科（Iniidae）、普拉塔河豚科（Pontoporiidae）和淡水豚超科（Platanistoidea））。关于鲸目动物形态学差异（就体型和食谱而言）的证据表明，冠群鲸类间的适应辐射具有生态学基础（斯莱特等，2011年）。例如，须鲸类获得的庞大体型便于它们摄取猎物，而摄食鱼类的齿鲸类的体型逐渐减小，只有摄食鱿鱼的分类单元（例如，抹香鲸科）选择了体型变大的进化方向。冠群鲸类的物种形成和形态多样性之间可能并无联系，但研究者需要对鲸目世系进行综合性的系统发育分析才能检验这个观点。

6.7.4.2 停滞

化石记录还包含着许多物种的另一种进化情况：这些物种出现后继续存在了数百万年，变化极少或没有变化，与适应辐射形成了鲜明的对照。这种情况称为**停滞**。这种情况不同于适应辐射，没有爆发性物种形成和形态改变。研究者将已灭绝的海牛目 *Metaxytherium* 属的欧洲—北非种解释为一个连续物种的世系（也称为年代种），该世系经历了停滞，在数百万年间表现出相对极少的变化（图6.21）（比亚努奇等，2008年；索尔比等，2012年）。

6.8 总结和结论

对物种特性及其地理分布的理解涉及进化生物学和生态学知识。新物种形成有3种主要方式：异域性物种形成、邻域性物种形成和同域性

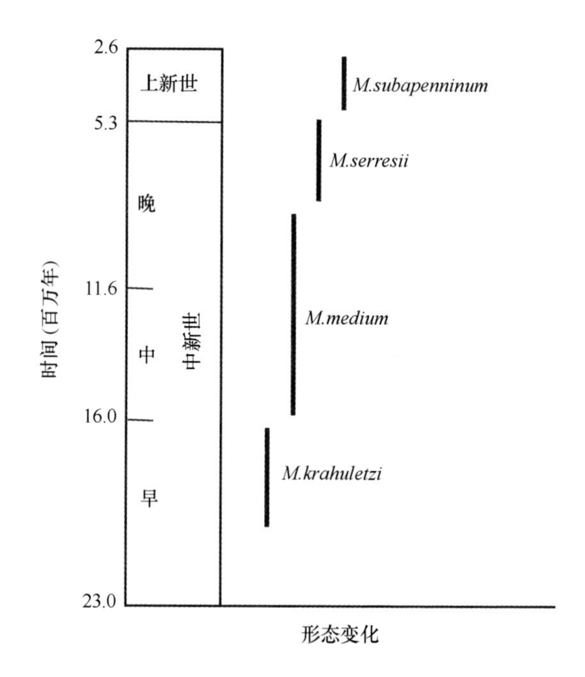

图 6.21 已灭绝的海牛目 *Metaxytherium* 属的停滞
（修改自索尔比等，2012 年）

物种形成。某物种的生态要求限制了其生存范围，但过去的事件对一个物种的实际发现区域可产生显著影响。对于海洋哺乳动物，海洋温度模式和初级生产力分布影响了它们历史上的分布，并继续影响它们现在的分布。研究确认，当今海洋哺乳动物的分布有两个主要模式：广域性分布或世界性分布；以及间断性分布或反赤道分布。两个重大的历史过程影响了物种的地理分布、扩散（某物种移入一个新区域）和地理分隔（障碍的形成使一个物种的分布范围发生分裂）。区域支序图显示了栖息在不同区域的物种之间的系统发育关系。如果地理分布主要通过地理分隔事件进行确定，则某分类单元的区域支序图应与相应区域的地质学历史相匹配。系统发育还用于研究海牛类的进化、生物地理学和摄食生态学。历史上世系多样化的模式有两种：有时物种辐射进入新生境

(适应辐射)，快速演化，形态变化多种多样；有时演化缓慢，形态变化相对极少（停滞）。

鳍脚类的历史生物地理学体现为下述主要模式。海象类的早期进化在约1800万年前发生于北太平洋。现代海象世系通过一条北冰洋路线扩散，不过其选取的方向仍在争论中。海狮类的进化主要发生在北太平洋。海狗和海狮于600万年前穿越赤道进入南半球，并于更新世期间迅速多样化。海豹类的进化史明显始于北大西洋，虽然海豹类的共同祖先可能在更早的时候从北太平洋迁移至北大西洋，随后海豹类在1800万年之前的某个时间通过中美洲海道（南方路线）扩散。后来，气候变冷迫使僧海豹亚科向南撤退，而海豹亚科则适应了北方更冷的气候。僧海豹亚科于北大西洋演化，此后在南半球更寒冷的水域中明显地多样化，产生了南极洲今日现存的南极海豹（Lobodontine）动物区系。海豹亚科的早期生物地理历史集中于北极和北大西洋。此后海豹亚科可能于更新世期间扩散进入副特提斯海和太平洋；在太平洋和北大西洋的物种形成受到了冰川事件的影响。

鲸目动物和海牛目动物都起源于特提斯海。最早的须鲸和齿鲸来自南半球。须鲸类滤食的演化与南极绕极流的形成和相关浮游动物生产力的提高具有联系。全新世鲸目动物的多样化与海平面变化有关，某些情况下海平面变化促进了隔离和物种的形成，但有时也会导致灭绝。儒艮类在历史上曾经高度多样化，但现今只剩下1个属，其分布局限于热带的印度洋-太平洋海盆。发展出斯氏海牛的世系曾分布于北太平洋，并在更新世晚期占据了白令海；后来，斯氏海牛因人类的猎捕而灭绝。

6.9 延伸阅读与资源

洛马力诺等（2010年）综合性地介绍了生物地理学；历史生物地理学参见克里希等（2003年）的论著。比较生物地理学方法见帕伦蒂和埃巴赫（2009年）的论著。斯蒂尔（1998年）论述了关于分布的生态影响，特里尔米希和欧诺（1991 年）总结了厄尔尼诺对鳍脚类的影响。雷佩宁等（1979 年）对鳍脚类生物地理学进行了经典介绍；关于该主题的最近论述，见德梅雷等（2003 年）、阿纳森等（2006 年）和丘吉尔等（2014 年）的论著。加斯金（1976 年）、福代斯（2001 年）、福代斯和穆隆（2001 年）总结了鲸目生物地理学。关于海牛目生物地理学，见多姆宁（1978 年，1982 年，2001 年）、多姆宁和古泽（1995 年）、维雷兹·朱亚伯等（2012 年）及贝努瓦等（2013 年）的论著。

大型脊椎动物种群的海洋生物地理信息系统空间生态分析（OBIS-SEAMAP；http：//seamap. env. duke. edu；哈尔平等，2006 年，2009 年）可提供地理坐标参考的分布、丰度和遥测数据，其工具可查询和评估海洋哺乳动物、海鸟和海龟。

古生物学数据库 www. pbdb. org 是有较强参考性的网站，可提供关于海洋哺乳动物的古地理和时间分布的数据。

获取历史生物地理学软件程序，参见由乔·费尔森斯坦建立的重要网站（http：//evolution. genetics. washington. edu）。

参考文献

Amaral, A.R., Lovewell, G., Coelho, M.M., Amato, G., Rosenbaum, H., 2014. Hybrid speciation in a marine mammal: the Clymene dolphin (*Stenella clymene*). PLoS ONE 9 (1), e83645.

Arnason, U., Gullberg, A., Janke, A., Kullberg, M., Lehman, N., Petrov, E., Vainola, R., 2006. Pinniped phylogeny and a new hypothesis for their origin and dispersal. Mol. Phylogenet. Evol. 41, 345–354.

Arrigo, K.R., van Dijken, G., Pabi, S., 2008. Impact of a shrinking Arctic sea ice cover on marine primary production. Geophys. Res. Lett. 35, L19603.

Ballerini, T., Hofmann, E.E., Ainley, D.G., Daly, K., Marrari, M., Ribic, C.A., Smith, W.O., Walker, O., Steele, J.H., 2014. Productivity and linkages of the food web of the southern region of the western Antarctic Peninsula continental shelf. Prog. Oceanogr. 122, 10–29.

Barnes, L. G., 1984. Fossil odontocetes from the Almejas Formation, Isla Cedros, Mexico. PaleoBios. 42, 1–46.

Benoit, J., Adnet, S., El Mabrouk, E., Khayati, H., Haj, M. B. H., Marivaux, L., Merzeraud, G., Merigeaud, S., Vianey-Liaud, M., Tabuce, R., 2013. Cranial remain from Tunisia provides new clues for the origin and evolution of Sirenia (Mammalia, Afrotheria) in Africa. PLoS ONE 8, e54307.

Berger, W.H., 2007. Cenozoic cooling, Antarctic nutrient pump, and the evolution of whales. Deep Sea Res. II 54, 2399–2431.

Berta, A., 1995. Fossil carnivores from the Leisey shell pits. Bull. Fla. Mus. Nat. Hist. Biol. Sci. 37, 463–499.

Berta, A., 2009. Pinniped evolution. In: Perrin, W.F., Wursig, B., Thewissen, J.G.M. (Eds.), Encyclopedia of Marine Mammals, second ed. Elsevier, San Diego, CA, pp. 861–868.

Berta, A., Morgan, G.S., 1985. A new sea otter (Carnivora: Mustelidae) from the late Miocene and early Pliocene (Hemphillian) of North America. J. Paleontol. 59, 809–819.

Berta, A., Churchill, M., 2011. Pinniped taxonomy: review of currently recognized species and subspecies and evidence used for their description. Mammal Rev. 42, 207–234.

Berta, A., Kovacs, K., Sumich, J., 2006. Marine Mammals: Evolutionary Biology, second ed. Elsevier, San Diego, CA.

Berta, A., Kienle, S., Bianucci, G., Sorbi, S., 2015. A re-evaluation of *Pliophoca etrusca* (Pinnipedia, Phocidae) from the Pliocene of Italy: phylogenetic and biogeographic implications. J. Vert. Paleontol e889144.

Bianucci, G., Carone, G., Domning, D.P., Landini, W., Rook, L., Sorbi, S., 2008. Peri-Messinian dwarfing in Mediterranean *Metaxytherium* (Mammalia: Sirenia): evidence of habitat degradation related to the Messinian salinity crisis. Garyounis Sci. Bull. 5, 145–157 (special issue).

Bianucci, G., Gatt, M., Catanzariti, R., Sorbi, S., Bonavia, C. G., Curmi, R., Varola, A., 2011. Systematics, biostratigraphy and evolutionary pattern of the Oligo-Miocene marine mammals from the Maltese Islands. Geobios 44, 549–585.

Bickham, J.W., Patton, J.C., Loughlin, T.R., 1996. High variability for control-region sequences in a marine mammal: implications for conservation and biogeography of Steller sea lions.

J. Mammal. 77,95–108.

Bickham,J. W., Loughlin, T. R., Calkins, D. G., Wickliffe, J. K., Patton, J. C., 1998. Genetic variability and population decline in Steller sea lions from the Culf of Alaska. J. Mammal. 79,1390–1395.

Bininda-Emonds,O.R.P.,Russell,A.P.,1996. A morphological perspective on the phylogenetic relationships of the extant phocid seals (Mammalia: Carnivora: Phocidae). Bonner Zool. Monogr. 41,1–256.

Boessenecker,R.W.,Churchill,M.,2013. A reevaluation of the morphology, paleoecology, and phylognetic relationships of the enigmatic walrus Pelagiarctos. PLoS ONE 8,e54311.

Boyce,D.G., Dowd, M., Lewis, M.R., Worm, B., 2014. Estimating global chlorophyll changes over the past century. Progr. Oceanogr. 122,163–173.

Churchill,M.,Boessenecker,R.W.,Clementz,M.T.,2014. The late Miocene colonization of the Southern Hemisphere by fur seals and sea lions (Carnivora: Otariidae). Zool. Jour. Linn. Soc. 172 (1),200–225.

Clementz,M.T., Fordyce, R.E., Peek, S.L., Fox, D.L., 2014. Ancient marine isoscapes and isotopic evidence of bulk-feeding by Oligocene cetaceans. Palaeogeogr. Palaeoclimatol. Palaeoecol. 400,28–40.

Costa,D.,1993. The relationship between reproductive and foraging energetics and the evolution of the Pinnipedia. Symp. Zool. Soc. Lond. 66,293–314.

Crisci,J.V.,Katinas,L.,Posadas,P.,2003. Historical Biogeography. Harvard University Press, Cambridge,MA.

Deméré,T.A., Berta, A., Adam, P.J., 2003. Pinnipedimorph evolutionary biogeography. Bull. Amer. Mus. Nat. Hist. 279,32–76.

Derocher,A.E.,2012. Polar Bears: A Complete Guide to Their Biology and Behavior. Johns Hopkins University Press,Baltimore,MA.

Derocher,A.E.,Lunn,N.J.,Stirling,I.,2004. Polar bears in a warming climate. Integr. Comp. Biol. 44,163–176.

Domingo, M., Kennedy, S., Van Bressum, M.F., 2002. Marine mammal mass mortalities. In: Evans,P.G.H., Raga, J.A. (Eds.), Marine Mammals Biology and Conservation. Kluwer Academic/Plenum,New York,pp. 425–456.

Domning, D.P., 1978. Sirenian evolution in the North Pacific Ocean. Univ. Calif. Publ. Geol. Sci. 118, 1–176.

Domning, D. P., 1982. The evolution of manatees: a speculative history. J. Paleontol. 56, 599–619.

Domning, D.P., 2001. The earliest known fully quadrupedal sirenian. Nature 413, 625–627.

Domning, D.P., 2005. Fossil sirenia of the west Atlantic and caribbean region VII. Pleistocene *Trichechus manatus* Linneaus, 1758. J. Vert. Paleontol. 25, 685–701.

Domning, D. P., 2009. Sirenian evolution. In: Perrin, W. F., Wursig, B., Thewissen, J. G. M. (Eds.), Encyclopedia of Marine Mammals, second ed. Elsevier, San Diego, CA, pp. 1016–1019.

Domning, D.P., Furusawa, H., 1995. Summary of taxa and distribution of Sirenia in the North Pacific Ocean. Isl. Arc 3, 506–512.

Duque-Caro, H., 1990. Neogene stratigraphy, paleoceanography, and paleobiogeography in northwestern South America and the evolution of the Panama Seaway. Paleogeogr. Paleoclimatol. Paleoecol. 77, 203–234.

Fitzgerald, E.M.G., 2012. Possible neobalaenid from the Miocene of Australia implies a long evolutionary history for the pygmy right whale *Caperea marginata* (Cetacea, Mysticeti). J. Vert. Paleontol. 32, 976–980.

Foote, A.D., Morin, P.A., Durban, J.W., Willerslev, E., Orlando, L., Gilbert, M.T.P., 2011. Out of the Pacific and back again: insights into the matrilineal history of Pacific killer whale ecotypes. PLoS ONE 6, e24980.

Foote, A. D., Newton, J., Avila-Arcos, M. C., Kampmann, M. L., Samaniego, J. A., Post, K., Rosing-Asvid, A., Holger, M.-S. S., Gilbert, M. T. P., 2013. Tracking niche variation over millennial timescales in sympatric killer whales. Proc. R. Soc. B 280.

Fordyce, R. E., 1980. Whale evolution and Oligocene Southern Ocean environments. Palaeogeogr. Palaeoclimatol. Palaeoecol. 31, 319–336.

Fordyce, R. E., 2001. *Simocetus rayi* (Odontoceti: Simocetidae, new family): a bizarre new archaic Oligocene dolphin from the eastern North Pacific. Smithson. Contrib. Paleobiol. 93, 185–222.

Fordyce, R.E., 2003. Cetacean evolution and Eocene-Oligocene oceans revisited. In: Prothero,

D.R., Ivany, L. C., Nesbitt, E. A. (Eds.), From Greenhouse to Icehouse: The Marine Eocene-Oligocene Transition. Columbia University Press, New York, pp. 154-170.

Fordyce, R. E., 2009. Cetacean evolution. In: Perrin, W. F., Wursig, B., Thewissen, J. G. M. (Eds.), Encyclopedia of Marine Mammals, second ed. Elsevier, San Diego, CA, pp. 201-207.

Fordyce, R.E., Muizon, C. de, 2001. Evolutionary history of cetaceans: a review. In: Mazin, J. M., de Buffrenil, V. (Eds.), Secondary Adaptation of Tetrapods to Life in Water. Verlag Dr Friedrich Pfeil, Munchen, Germany, pp. 169-233.

Fordyce, R.E., Marx, F.G., 2012. The pygmy right whale *Caperea marginata*: the last of the cetotheres. Proc. R. Soc. B 280, 1753.

Fulton, T. L., Strobeck, C., 2010. Multiple markers and multiple individuals refine true seal phylogeny and bring molecules and morphology back in line. Proc. R. Soc. B 277, 1065-1070.

Fyler, C. A., Reeder, T. W., Berta, A., Antonelis, G., Aguilar, A., Androukaki, E., 2005. Historical biogeography and phylogeny of monachine seals (Pinnipedia: Phocidae) based on mitochondrial and nuclear DNA data. J. Biogeogr. 32, 1267-1279.

Gaskin, D.E., 1976. The evolution, zoogeography and ecology of Cetacea. Oceanogr. Mar. Biol. 14, 247-346.

Gaskin, D.E., 1982. The Ecology of Whales and Dolphins. Heinemann, London.

Gingerich, P.D., 2003. Land-to-sea transition in early whales: evolution of Eocene Archaeoceti (Cetacea) in relation to skeletal proportions and locomotion of living semiaquatic mammals. Paleobiol. 29, 429-454.

Halpin, P.N., Read, A.J., Best, B.D., Hyrenbach, K.D., Fujiokam, E., Coyne, M.S., Crowder, L. B., Freeman, S. A., Spoerri, C., 2006. OBIS-SEAMAP: developing a biogeographic research data common for the ecological studies of marine mammals, seabirds and sea turtles. Mar. Ecol. Prog. Ser. 316, 239-246.

Halpin, P.N., Read, A.J., Fujioka, E., Best, B.D., Donnelly, B., Hazem, L.J., Kot, C., Urian, K., LaBrecque, E., Dimatteo, A., Cleary, J., Good, C., Crowder, L.B., Hyrenbach, K.D., 2009. OBIS-SEAMAP: the world data center for marine mammals, seabirds, and sea turtles distributions. Oceanogr. 22 (2), 104-115.

Hare, S.R., Mantua, N.J., 2000. Empirical evidence for North Pacific regime shifts in 1997 and 1989. Prog. Oceanogr. 47, 103–143.

Higdon, J. W., Bininda-Emonds, O. R., Beck, R. M., Ferguson, S. H., 2007. Phylogeny and divergence of the pinnipeds (Carnivora: Mammalia) assessed using a multigene dataset. BMC Evol. Biol. 7, 216.

Houben, A. J. P., Bijl, P. K., Pross, J., Bohaty, S. M., Passchier, S., Stickley, C. E., Röhl, U., Sugisaki, S., Tauxe, L., van de Flierdt, T., Olney, M., Sangiorgi, F., Sluijs, A., Escutia, C., Brinkhuis, H., ; the Expedition 318 Scientists., 2013. Reorganization of Southern Ocean plankton ecosystem at the onset of Antarctic glaciation. Science 340, 341–344.

Huntington, H.P., Moore, S.E., 2008. Arctic marine mammals and climate change. Ecol. Appl. 18 (Suppl.), S1–S174.

Jacobs, D.K., Haney, T. A., Louie, K. D., 2004. Genes, diversity, and geologic process on the Pacific coast. Ann. Rev. Earth Planet Sci. 32, 601–652.

Katz, M.E., Miller, K. G., Wright, J. D., Wade, B.S., Browning, J. V., Cramer, B. S., Rosenthal, Y., 2008. Stepwise transition from the Eocene greenhouse to the Oligocene icehouse. Nat. Geosci. 1, 329–334.

Keledjian, A.J., Mesnick, S., 2013. The impacts of El Niño conditions on California sea lions (*Zalophus californianus*) fisheries interactions: predicting spatial and temporal hotspots along the California coast. Aquat. Mamm. 39, 221–232.

Kohno, N., Barnes, L.G., Hirota, K., 1995. Miocene fossil pinnipeds of the genera *Prototaria* and *Neotherium* (Carnivora: Otariidae; Imagotariinae) in the North Pacific Ocean: evolution, relationships and distribution. Isl. Arc 3, 285–308.

Kohno, N., Narita, K., Koike, H., 1998. An early Pliocene odobenid (Mammalia: Carnivora) from the Joshita formation, Nagano Prefecture, central Japan. Res. Rep. Shinshushinmachi Fossil Mus. 1 1–7 (in Japanese with English abstract).

Kohno, N., Ray, C. E., 2008. Pliocene walruses from the Yorktown formation of Virginia and North Carolina, and a systematic revision of the North Atlantic Pliocene walruses. Va. Mus. Nat. Hist. 14, 39–80 (special publ.).

Koretsky, I. A., 2001. Morphology and systematics of Miocene Phocinae (Mammalia: Carnivora) from Paratethys and the North Atlantic region. Geol. Hung. Ser. Palaeontol.

54,1-109.

Koretsky, I., Sanders, A. E., 2002. Paleontology of the late Oligocene Ashley and Chandler Bridge Formation of South Carolina I: Paleogene pinniped remains; the oldest known seal (Carnivora: Phocidea). Smithson. Contrib. Paleobiol. 93,179-183.

Koretsky, I. A., Ray, C. E., 2008. Phocidae of the Pliocene of Eastern USA. In: Ray, C. E., Bohaska, D., Koretsky, I.A., Ward, L.W., Barnes, L.G. (Eds.). Geology and Paleontology of the Lee Creek Mine, North Carolina, IV, vol. 15. Virginia Museum of Natural History, Special Publication, pp. 81-140.

Koretsky, I.A., Domning, D.P., 2014. One of the oldest seals (Carnivora, Phocidae) from the old world. J. Vert. Paleo. 34,224-229.

Koretsky, I. A., Holec, P., 2002. A primitive seal (Mammalia: Phocidae) from the Badenian stage (early middle Miocene) of Central Paratethys. Smithson. Contr. Paleobiol. 93, 163-178.

Lindberg, D., 1991. Marine biotic interchange between the northern and southern hemispheres. Paleobiol. 17,308-324.

Lindberg, D. R., Pyenson, N. D., 2007. Things that go bump in the night: evolutionary interactions between cephalopods and cetaceans in the tertiary. Lethaia 40,335-343.

Lipps, J., Mitchell, E. D., 1976. Trophic model for the adaptive radiations and extinctions of pelagic marine mammals. Paleobiology 2,147-155.

Liwanag, H.E.M., Berta, A., Costa, D.P., Abney, M., Williams, T.M., 2012. Morphological and thermal properties of mammalian insulation: the evolution of fur for aquatic living. Biol. J. Linn. Soc. 106,926-939.

Liwanag, H.E.M., Berta, A., Costa, D.P., Budge, S.M., Williams, T.M., 2012. Morphological and thermal properties of mammalian insulation: the evolutionary transition to blubber in pinnipeds. Biol. J. Linn. Soc. 107,774-787.

Loeb, V., Siegel, V., Holm-Hansen, O., Hewitt, R., Fraser, W., Trivelpiece, W., Trivelpiece, S., 1997. Effects of sea-ice extent and krill or salp dominance on the Antarctic food web. Nature 387,897-898.

Loeng, H., Brander, K., Carmack, E., Denisenko, S., Drinkwater, K., Hansen, B., Kovacs, K.M., Livingston, P., McLaughlin, F., Sakshaug, E., 2005. Marine systems. In: Symon, C., Arris,

L.,Heal,B. (Eds.),Arctic Climate Impact Assessment. Cambridge University Press,New York,pp. 453–538.

Lomolino,M.V., Riddle, B.R., Whittaker, R.J., Brown, J.H., 2010. Biogeography, fourth ed. Sinauer Associates,Sunderland,MA.

Mackintosh,N.A., Wheeler, J.F.G., 1929. Southern blue and fin whales. Discov. Rep. 1, 257–540.

Marincovich Jr.,L.,2000. Central American paleogeography controlled Pliocene Arctic Ocean molluscan migrations. Geology 28,551–554.

Marx, F.G., Uhen, M.D., 2010. Climate, critters and cetaceans: Cenozoic drivers of the evolution of modern whales. Science 327,993–996.

Miller,W.,Schuster,S.C.,Welch,A.J.,Ratan,A.,Bedoya–Reina,O.C.,Zhao,F.,Kim,H.L., Burhans,R.C.,Drautz,D.I.,Wittekindt,N.E.,Tomsho,L.P.,Ibarra–Laclette,E.,Herrera–Estrella,L., Peacock, E., Farley, S., Sage, G.K., Rode, K., Obbard, M., Montiel, R., Bachmann,L.,Ingólfsson,Ó.,Aars,J.,Mailund,T.,Wiig,Ø.,Talbot,S.L.,Lindqvist,C., 2012. Polar bear and brown bears genomes reveal ancient admixture and demographic footprints of past climate change. Proc. Natl. Acad. Sci. 9,E2382–E2390.

Morin,P.A.,Archer,F.I.,Foote,A.D.,Vilstrup,J.,Allen,E.E.,Wade,P.,Durban,J.,Parsons, K.,Pitman,R.,Li,L.,Bouffard,P.,Abel Nielsen,S.C.,Rasmussen,M.,Willerslev,E., Gilbert,M.T.,Harkins,T.,2010. Complete mitochondrial genome phylogeographic analysis of killer whales (*Orcinus orca*) indicates multiple species. Genome Res. 20,908–916.

Muizon,C. de,1982. Phocid phylogeny and dispersal. Ann. S. Afr. Mus. 89,175–213.

Nikaido, M., Matsuno, F., Hamilton, H., Brownell, R.L., Cao, Y., Ding, W., Zuoyan, Z., Shedlock,A.M., Fordyce, R.E., Hasegawa, M., Okada, N., 2001. Retroposon analysis of major cetacean lineages: the monophyly of toothed whales and the paraphyly of river dolphins. Proc. Natl. Acad. Sci. 98,7384–7389.

Nyakatura,K.,Bininda-Emonds,O.R.P.,2013. Updating the evolutionary history of Carnivora (Mammalia): a new species-level supertree complete with divergence time estimates. BMC Biol. 10,1–31.

Parenti, L.R., Ebach, M.C., 2009. Comparative biogeography: discovering and classifying biogeographical patterns of a dynamic Earth. University of California Press,Berkeley,USA.

Perrin, W. F., Mead, J. G., Brownell Jr., R. L., 2013. Review of the Evidence Used in the Description of Currently Recognized Cetacean Subspecies. NOAA Tech. Mem NOAA-TM-NMFS-SWFSC, 450.

Perrin, W.F., Thieleking, J.L., Walker, W.A., Archer, F.I., Robertson, K.M., 2011. Common bottlenose dolphins (*Tursiops truncatus*) in California waters: cranial differentiation of coastal and offshore ecotypes. Mar. Mamm. Sci. 27, 769–792.

Ray, C.E., 1976. Geography of phocid evolution. Syst. Zool. 25, 391–406.

Repenning, C.A., Tedford, R.H., 1977. Otarioid seals of the Neogene. Prof. Pap. U.S. Geol. Surv. 992.

Repenning, C.A., Ray, Gigorescu, D., 1979. Pinniped biogeography. In: Gray, J., Boucot, A.J. (Eds.), Historical Biogeography, Plate Tectonics, and the Changing Environment. Oregon State University Press, Corvallis, pp. 357–369.

Ridley, M., 1993. Evolution. Blackwell Scientific, London.

Riesch, R., Barrett-Lennard, L.G., Ellis, G., Ford, J.K., Deecke, V.B., 2012. Cultural traditions and the evolution of reproductive isolation: ecological speciation in killer whales. Biol. J. Linn. Soc. 106, 1–17.

Sakshaug, E., Johnsen, G., Kovacs, K. M., 2009. Ecosystem Barents Sea. Tapir Acad. Press, Tronheim, Norway.

Scheel, D.-M., Slater, G.J., Kolokotronis, S.-O., Potter, C.W., Rothstein, D.S., Tsangarasm, K., Greenwood, A. D., Helgen, K. M., 2014. Biogeography and taxonomy of extinct and endangered monk seals illuminated by ancient DNA and skull morphology. ZooKeys 409, 1–33.

Simpson, G.G., 1936. Data on the relationships of local and continental mammalian faunas. J. Paleontol. 10, 410–414.

Simpson, G.G., 1940. Mammals and land bridges. J. Wash. Acad. Sci. 30, 137–163.

Slater, G.J., Price, S.A., Santini, F., Alfaro, M.E., 2011. Diversity versus disparity and the radiation of modern cetaceans. Proc. Roy. Soc. B 277, 3097–3104.

Smith, A.G., Smith, D.G., Funnel, B.M., 1994. Atlas of Mesozoic and Cenozoic Coastlines. Cambridge University Press, Cambridge.

Sorbi, S., Domning, D. P., Vaiani, S. C., Bianucci, G., 2012. *Metaxytherium subapenninum*

(Bruno, 1839) (Mammalia, Dugongidae), the latest sirenian of the Mediterranean Basin. J. Vert. Paleontol. 32, 686–707.

Steele, J.H., 1998. From carbon flux to regime shift. Fish. Oceanogr. 7, 176–181.

Steeman, M. E., Hebsgaard, M. B., Fordyce, R. E., Ho, S. Y. W., Rabosky, D. L., Nielsen, R., Rahbek, C., Glenner, H., Sørensen, M. V., Willerslev, E., 2009. Radiation of extant cetaceans driven by restructuring of the ocean. Syst. Biol. 58, 573–585.

Stirling, I., 2002. Polar bears and seals in the eastern Beaufort Sea and Amundsen Gulf: a synthesis of population trends and ecological relationships over three decades. Arctic 55 (Suppl. 1), 59–76.

Thewissen, J. G. M., Williams, E. M., 2002. The early radiations of Cetacea (Mammalia): evolutionary pattern and developmental correlations. Annu. Rev. Ecol. Syst. 33, 73–90.

Trillmich, F., Ono, K. A., 1991. Pinnipeds and El Niño. Ecol. Stud, vol. 88. Springer-Verlag, Berlin.

Trillmich, F., Ono, K.A., Costa, D.P., DeLong, R.L., Feldkamp, S.D., Francis, J.M., Gentry, R. L., Heath, C.B., LeBoeuf, B.J., Majluf, P., York, A.E., 1991. The effects of El Niño on pinniped populations in the eastern Pacific. In: Trillmich, F., Ono, K. A. (Eds.), Pinnipeds and El Niño. Springer-Verlag, Berlin, pp. 247–288.

Tynan, C.T., 1998. Ecological importance of the southern boundary of the Antarctic Circumpolar Current. Nature 392, 708–710.

Tynan, C. T., DeMaster, D. P., 1997. Observations and predictions of Arctic climate change: potential effects on marine mammals. Arctic 50, 308–322.

Uhen, M.D., 2010. The orign(s) of whales. Annu. Rev. Earth Planet Sci. 38, 189–219.

Uhen, M. D., Pyenson, N. D., 2007. Diversity estimates, biases, and historiographic effects: resolving cetacean diversity in the Tertiary. Palaeontol. Electron. 10, 1–22.

Uhen, M.D., Coates, A. G., Jaramillo, C. A., Montes, C., Pimiento, C., Rincon, A., Strong, N., Vélez-Juarbe, J., 2010. Marine mammals from the Miocene of Panama. J. South Am. Earth Sci. 30, 167–175.

Valenzuela-Toro, A.M., Gutstein, C.S., Varas-Malca, R.M., Suarez, M.E., Pyenson, N.D., 2013. Pinniped turnover in the South Pacific Ocean: new evidence from the Plio-Pleistocene of the Atacama Desert, Chile. J. Vert. Paleontol. 33 (1), 216–223.

Vélez-Juarbe, J., 2014. Ghost of seagrasses past: using sirenians as a proxy for historical distribution. Palaeogeogr. Palaeoclim. Palaeoecol. 400, 41–49.

Vélez–Juarbe, J., Domning, D., Pyenson, N. D., 2012. Iterative evolution of sympatric seacow (Dugongidae, Sirenia) assemblages during the past ~26 million years. PLoS ONE 7, e31294.

Wursig, B., Reeves, R. R., Ortega-Ortiz, J. G., 2002. Global climate change and marine mammals. In: Evans, P. G. H., Raga, J. A. (Eds.), Marine Mammals: Biology and Conservation. Kluwer Academic/Plenum, New York, pp. 589–608.

Yonezawa, T., Kohno, N., Hasegawa, M., 2009. The monophyletic origin of sea lions and fur seals (Carnivora: Otariidae) in the southern hemisphere. Gene 441, 85–99.

Zachos, J.C., Dickens, G.R., Zeebe, R.E., 2008. An early Cenozoic perspective on greenhouse warming and carbon–cycle dynamics. Nature 451, 279–283.

第 2 部分　进化生物学、生态学和行为学

第7章 皮肤系统和感觉系统

7.1 导言

在探索海洋哺乳动物对环境的行为适应和生态适应之前，有必要讨论这些动物的内部工作机理如何使不同的类群能够以不同的方式生活。本章总结了海洋哺乳动物的功能解剖学以及皮肤和感觉系统的生理学。对皮肤系统的论述包括对该系统组成部分（即，皮肤、毛发、腺体、触须和爪）的描述。在对神经系统的讨论中，强调了如何测量相对脑容量（及此概念的意义）以及脊髓不同节段的扩大如何与不同的运动模式相关。本章还说明了海洋哺乳动物在视觉、嗅觉和味觉感觉系统的发展方面的相似性和差异。由于声音在海洋哺乳动物的生活中发挥着独特作用，第11章将对海洋哺乳动物的发声和声接收作详细讨论。

7.2 皮肤系统

7.2.1 皮肤结构

同所有其他哺乳动物类似，海洋哺乳动物的皮肤，或称外皮，由一个外层（表皮）、一个中层（真皮）和一个深层（皮下组织）组成，皮下组织形成了鲸脂。真皮包括毛囊、皮脂腺和汗腺，以及爪的根部（在鳍脚类动物、海獭（*Enhydra lutris*）和北极熊（*Ursus maritimus*）中）。鲸目动物皮肤的辨别特征是没有腺体和毛发，口部周围的刚毛状毛发（触须）除外。海牛目动物的皮肤中也缺少腺体，其面部具有浓密的触须，并保留着稀疏的毛发散落分布在身体背侧。

海洋哺乳动物的表皮由多层复层扁平上皮细胞组成。典型哺乳动物有 5 层，海洋哺乳动物至少有 3 层：基底层、棘细胞层和角质层（图 7.1）。表皮的最外层是角质层，包含着一层扁平、坚固、角质化的细胞。在鳍脚类动物中，皮脂腺分泌的脂类对这些角质化细胞起到润滑作用，并形成柔韧的防水层。鳍脚类动物表皮的厚度因种类的不同而有差异：海象（*Odobenus rosmarus*）最厚，海狗最薄。海豹类的表皮着色浓重，详见下文讨论。

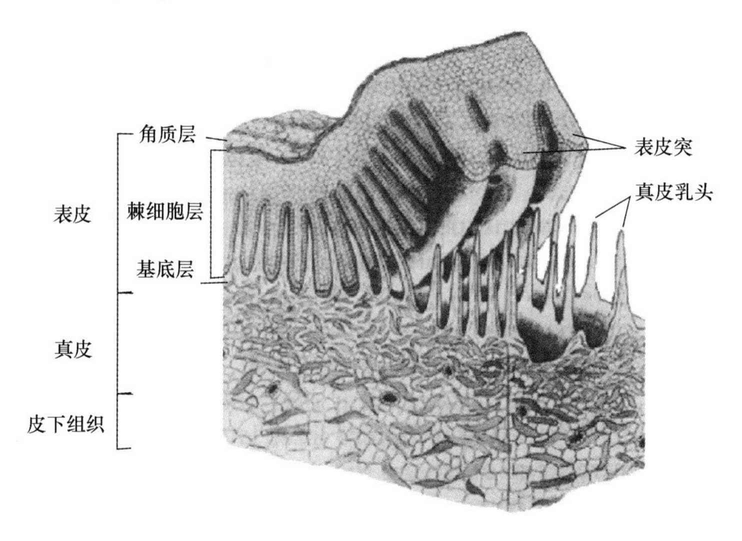

图 7.1 宽吻海豚（*Tursiops truncatus*）的皮肤

图中显示：表皮的 3 层（基底层、棘细胞层和角质层）、表皮和真皮之间的表皮突，以及皮下组织（杰拉奇等，1986 年）

海象的表皮特征是下侧面具有横向突起，与海牛类相似。

鲸目动物的皮肤光滑，具有橡胶般的弹性。研究者描述了许多鲸目动物皮肤表层上的**皮肤嵴**。虽然该结构的功能仍未知，但研究表明，它们可能在触觉功能或水动力特征上发挥作用，或是兼具这两种功能

(舒马克和里奇韦，1991年)。鲸目动物皮肤的另一个辨别性特征是在表皮的下面发展出了方向平行于身体轴线的**表皮突**，这些表皮突形成了细长的扁平状突起，真皮乳头位于其间（图7.1)。齿鲸类动物的表皮比陆地哺乳动物厚10~20倍（杰拉奇等，1986年)。表皮的厚度随着体表部位的不同和年龄的增长而变化（哈里森和瑟利，1974年)。在一项对宽吻海豚（*Tursiops truncatus*）皮肤生长的研究中，生发层细胞的平均代谢率为70日（杰拉奇等，1986年)。但因基底层细胞数量大，脱落率也较高。杰拉奇等（1986年）将此信息与生长研究相结合，计算出表皮的最外层每2小时更新1次，或日更新12次，这比人类的细胞脱落率快9倍（博格斯特莱斯和泰勒，1977年)。

白鲸（*Delphinapterus leucas*）表皮的表面层代谢的加速和生发细胞（基底层）产生的增加提供了季节性表皮换皮的证据（圣奥宾等，1990年)。在其他鲸类中尚未记录到类似于白鲸年周期性表皮生长的现象，但鉴于它们的解剖结构在许多方面相似，研究者推测一角鲸（*Monodon monoceros*）也会经历一个相似的过程；格陵兰岛猎人认为一角鲸确实会换皮（见瓦格曼和柯佐罗瓦斯卡，2005年)。当白鲸皮肤脱落时，它们会游进其分布范围内的一些温暖的河口。研究认为，它们在更温暖、盐度更低的水中比寒冷的海洋水域更有利于迅速地储存能量或换皮（圣奥宾等，1990年；波利，1995年)。另一项关于皮肤再生和热学性质的研究以南极的虎鲸（*Orcinus orca*）为对象。B型虎鲸的迁徙远离南极摄食场，并会游至乌拉圭和巴西外海的亚热带水域，研究者认为其迁徙与皮肤的生理机制有关（即，外层皮肤的更新和替换)。此观点与下述观察结果一致：在南极，虎鲸的皮肤上积累了厚层的硅藻，而在别处虎鲸的皮肤是“洁净”的（德班和皮特曼，2011年)。研究了南露脊鲸（*Eubalaena australis*）表层皮肤细胞脱落可能的季节变化，表明南露脊鲸的脱皮为全年持续（里布等，2007年)。

海洋哺乳动物的真皮由致密的不规则结缔组织组成（图 7.1）。真皮血管丰富，包含的脂肪细胞数量随着深度增加而增长，并延伸至皮下组织。鳍脚类动物、海獭和北极熊的真皮中有毛囊。海象皮肤异乎寻常的厚度、强度和耐久性主要与真皮的网状层有关，网状层中密集的胶原蛋白束形成了特别致密的网络结构（索科洛夫，1982 年）。海象皮肤在颈部和肩部厚度最大，特别是成年雄性，那些部位比周围皮肤厚约 1 厘米，其中圆形的“轴套”或团块替代了正常皮肤；雌性海象也具有“轴套”，但与雄性相比小很多（费伊，1982 年）。

鲸目动物真皮的最显著的特征是：没有毛囊、皮脂腺和汗腺，相对于表皮较薄，以及指状突起的精细结构（**真皮乳头**；图 7.1）延伸进表皮嵴（凌，1974 年）。

海牛目动物的真皮非常厚，由真皮乳头和乳头下层组成。真皮乳头通常刺入表皮，甚至会延伸进角质层，以致在表层下仅存在几排细胞。因此它们可能具有触觉功能（多施，1915 年），不过证实该假说显然需要更充分的研究。儒艮背侧面的真皮比腹侧面更厚，而海牛类的情况相反。儒艮（*Dugong dugon*）的皮肤比海牛（*Trichechus* spp.）略厚，可在交配期提供额外的保护（霍根等，2014 年）。

皮下组织通常为鲸脂，是疏松结缔组织，由脂肪细胞与胶原蛋白束相间组成（图 7.1）。它与其下的肌肉层疏松地连接。在海象、海豹类、鲸目和海牛目中，多脂肪的皮下组织具有隔绝层的功能。鲸脂的厚度和脂质含量根据物种、年龄、动物性别，以及个体和季节变化而有差异。鲸脂的厚度可变，其分布模式优化了流线型的体型、隔热性能和能量储备（例如，艾弗森的论著，2009 年）。鳍脚类间鲸脂特性的比较表明，海豹、海狮和海象（它们的皮毛密度比海狗低）的鲸脂层比海狗厚得多（里瓦纳格等，2012 年 b）。就脂质含量、水含量和脂肪酸（FA）组成而言，研究者发现在鳍脚类鲸脂区的内部和外部差异显著。斯特兰德伯格等（2008 年）描述了海豹类的 3 层鲸脂，分别为隔绝层、储备层和最内部的动态新陈代谢活跃层。里瓦纳格等（2012 年 b）也认为，海豹和海狮主要利用其外层鲸脂隔热，利用深层鲸脂储备能量；相比之下，海狗更多地依靠皮毛隔热，而其适度的鲸脂主要用于储备能量。北极熊脂肪组织的脂肪酸组成表明，北极熊也属于这种情况，依靠浓密的皮毛隔热（格拉尔 · 尼尔森等，2003 年）。北极熊没有鲸脂层，但确实会以明显的季节周期存储大量脂肪以度过漫长的禁食期（斯特林，1988 年）。

鲸目动物的鲸脂层分布比其他海洋哺乳动物更广，据报道，一些齿鲸比例高达 80%~90%的皮肤包含着鲸脂（梅尔等，1995 年）。一项对宽吻海豚鲸脂生长的研究显示，鲸脂的质量和厚度随着体重和体长的增长按比例增加。鲸脂的脂质含量随着动物年龄的增长而增加。就脂质的积累和消耗（在营养逆境中）而言，鲸脂的中层和深层表现为新陈代谢更活跃的重要储能场所，在必要时（例如，在怀孕期、哺乳期、换毛期，或是猎物匮乏的时期）可动员鲸脂分解产能。反之，表层鲸脂层可能更多地发挥结构性作用，包括促进身体的流线型（斯特伦茨等，2004 年）。海豚和鼠海豚在其外层鲸脂层中含有一种独特的脂肪酸（异戊酸），栖息于寒冷水域的海豚和鼠海豚相比来自更温暖海区的同类具有更高的异戊酸浓度，这表明异戊酸除具有重要的回声定位作用外，还具有第二作用：维持鲸脂的可塑性（库普曼等，2003 年；库普曼，2007 年；见第 11 章）。生活在冷水中的鲸目物种的中层和深层鲸脂也具有更高的脂质含量，可能同样用于保持鲸脂的可塑性。对一些齿鲸的鲸脂中微血管分布的研究认为，这可能与潜水行为有关，涉及到新陈代谢和体温调节，不过这需要在更多物种间开展更深入的研究（麦克莱兰德等，2012 年）。须鲸类具有所有海洋哺乳动物中最厚的鲸脂。弓头鲸（*Balaena mysticetus*）是唯一的北极特有的须鲸，在其身体的一些部位，鲸脂可达到近 40 厘米的厚度（乔治，2009 年）。海牛目动物的鲸脂较薄（基普斯等，2002 年；霍根等，2014 年），海獭基本上没有鲸脂。

7.2.2 体色

海洋哺乳动物的皮肤或皮毛的外层上皮通常有颜色。体色模式由表皮中黑色素细胞浓度的区域差异决定。海豹的整个表皮存在数量庞大的黑色素细胞，特别是暗色区的基底层。海狮的皮肤仅具有少量的黑色素。海象年轻个体的肤色较暗，随着年龄的增长肤色变浅。鳍脚类动物皮毛的颜色模式仅存在于海豹间（见图 3.22）。大部分冰栖海豹，或称冰上繁殖的海豹（例如，带纹环斑海豹（*Histriophoca fasciata*）；竖琴海豹（*Pagophilus groenlandicus*）；罗斯海豹（*Ommatophoca rossii*）；冠海豹（*Cystophora cristata*）；环斑海豹（*Pusa hispida*）；食蟹海豹（*Lobodon carcinophaga*）；威德尔海豹（*Leptonychotes weddellii*）和豹形海豹（*Hydrurga leptonyx*））的成体表现出暗色和亮色鲜明对比的模式。带纹环斑海豹和竖琴海豹独特、醒目的斑纹提供了关于年龄和性别的信息，因为它们随着年龄的增长而变化，在雄性个体中最明显（图 7.2）。大部分港海豹（*Phoca vitulina*）种群的体色斑驳，灰海豹（*Halichoerus grypus*）的体色近于同一，这使得它们能够轻易地融入海岸生境。对鳍脚类动物体色的比较系统发育分析强烈地支持“背景匹配（保护色）”观点，因为幼兽为白色皮毛的种类（例如，竖琴海豹和斑海豹（*Phoca largha*））生存在北极地区，并极易遭受捕食者的攻击。研究者还发现了支持海中背景匹配假说的证据，因为皮肤有斑点的种类（例如，威德尔海豹）在光线充足的大陆架浅水区觅食，而体色深暗的鳍脚类动物（例如，象海豹属（*Mirounga* spp.））在大洋深水区觅食。最后，在岛屿上或洞穴中（陆地捕食者较少）的种类（例如，僧海豹）的新生幼仔是黑色的（图 7.3）（卡罗等，2012 年）。然而，也有许多例外情况，例如冰上繁殖的冠海豹在出生时已经脱去了浅色胎毛，具有暗色皮毛。相似地，髯海豹（*Erignathus barbatus*）在冰上繁殖，但新生儿在

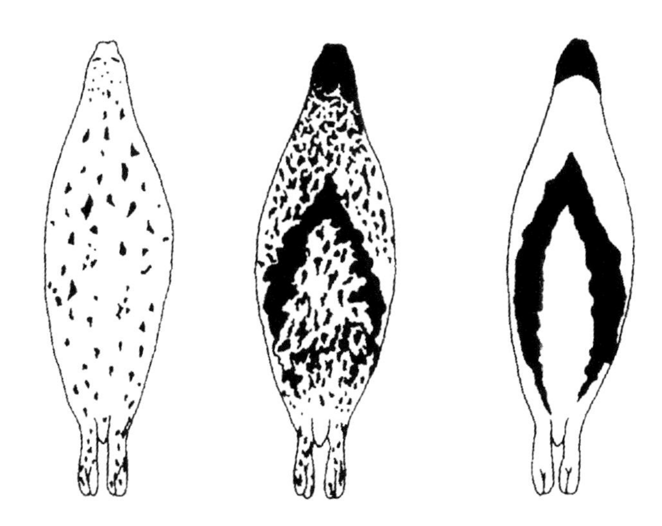

图 7.2 竖琴海豹（*Pagophilus groenlandicus*）皮毛斑纹的年龄变化

左为最年轻的海豹，右为最年老的海豹（拉维尼和科瓦奇，1988 年）

子宫内脱去胎毛，出生时即具有暗灰色皮毛。髯海豹新生幼仔的面部有独特的斑纹，但几年后消失（图 7.4）。这种独特面纹的功能可能类似于幼鸟的颈带，使幼体避免遭受栖居海岸的成体的攻击。关于鳍脚类动物体色的许多有趣的方面亟待关注和研究。

关于鲸目动物的体色模式，雅布罗科夫等（1972 年）和米切尔（1970 年）进行了讨论，佩兰（2009 年）也进行了论述。学界承认鲸目动物有 3 种基础的体色模式：① 均一色（例如，白鲸为纯白体色）；② 有斑点或条纹的模式，在头部、体侧、腹部和尾鳍有鲜明的色区（例如，虎鲸（*Orcinus orca*））；③ 反荫蔽模式，即背部颜色深，腹部颜色浅（例如，大部分海豚；图 7.5）。研究者认为，反荫蔽模式和有条纹模式的主要功能是隐藏，这可能也适用于有斑点模式。此外，卡罗等（2011 年）研究了鲸目动物体色的功能意义，发现的证据表明，反荫蔽也是一种机制，使较小的鲸目物种（例如，大部分鼠海豚、宽吻海豚、小抹香鲸（*Kogia breviceps*）、侏抹香鲸（*Kogia sima*））避免被

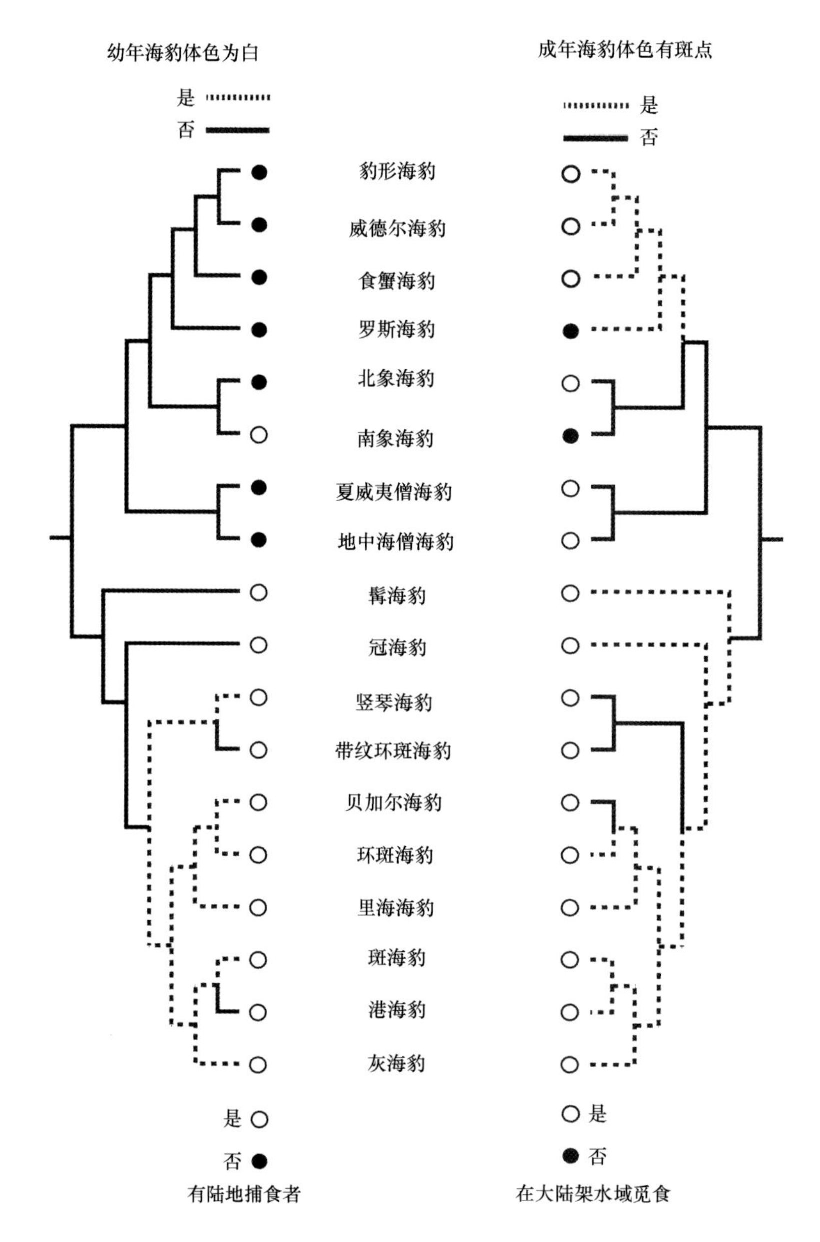

图 7.3　特征图谱，反映海豹幼仔皮毛颜色和陆地捕食者（左）之间的联系、海豹成体皮毛颜色和觅食深度（右）之间的联系

（根据卡罗等（2012 年）的作品修正）

图7.4 髯海豹新生儿显示出独特的面部斑纹

它们的猎物看到。有斑点或条纹的模式可能同时与多种功能有关，包括搜寻食物、保护自身免受捕食者攻击，以及种内交流。研究者认为长吻原海豚（*Stenella longirostris*）和太平洋短吻海豚（*Lagenorhynchus obliquidens*）通过改变身体的姿势以显示不同模式（根据突出展示的身体部位），完成个体间的信号传递。它们有暗灰色的背部、浅灰色的侧带和白色的腹部（米切尔，1970年；佩兰，1972年）。诺里斯等（1994年）认为，这些模式使海豚能够确定邻近个体的旋转角度。如果背部朝向邻近的海豚旋转，暗色的背部面积增加，同时腹部暴露。如果海豚以另一种方式旋转，暴露的白色腹部的面积更大（图7.6）。这样的模式关系线索可能作为海豚的整个交流系统的重要组成部分，该系统可使海豚（特别是大群海豚）在潜水和改变方向时保持同步。群体生活的海豚种类常具有鲜明的条纹。快速游泳和醒目的海面行为也证明，在种内交流中颜色或模式的各种展示方式均具有相应功能（卡罗等，2011年）。研究者已发现，鲸类会对日晒做出反应，加深皮肤着色，并随着年龄的增长不断累积皮肤损伤，这表明鲸类在海洋生态系统中是反映紫外线辐射水平的重要指示生物（马丁内斯·勒瓦瑟等，2013年）。

表皮起源的色素颗粒和树突状（分枝状）黑色素细胞存在于海牛

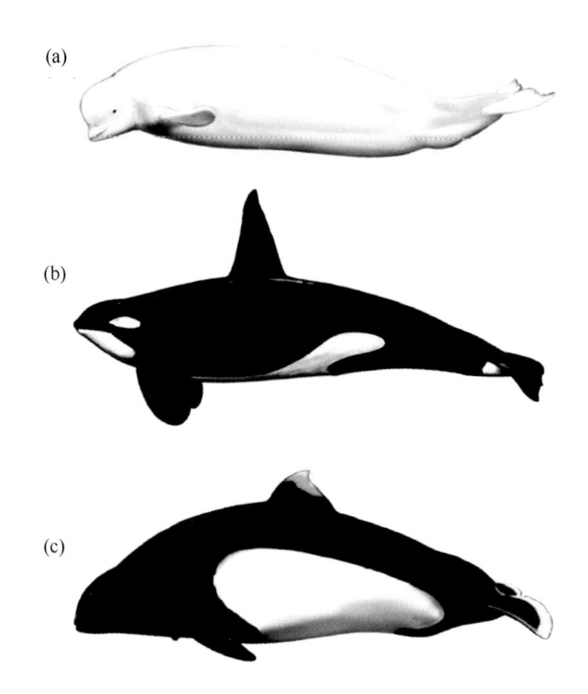

图 7.5 鲸目动物体色模式实例

（a）白鲸（*Delphinapterus leucas*）；（b）虎鲸（*Orcinus orca*）；（c）白腰鼠海豚（*Phocoenoides dalli*）

（卡尔·比尔绘制）

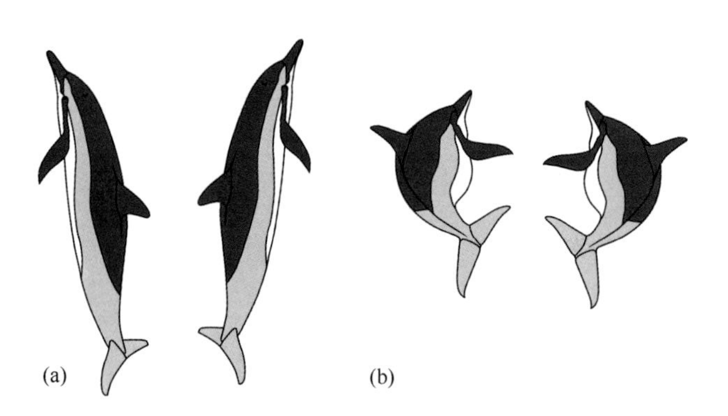

图 7.6 长吻原海豚（*Stenella longirostris*）的成对飞旋，说明体色模式在信号传递中的使用

（a）离向倾斜飞旋；（b）面向倾斜飞旋（诺里斯等，1994 年）

目动物中。棘细胞层的细胞中和细胞之间存在数量庞大的纤维，很可能使表皮具有相当大的弹性。除了成年儒艮的皮肤可能颜色较浅外，海牛类和儒艮的皮肤结构没有大的差异（凌，1974 年）。

7.2.3 体外寄生物

阿斯纳尔等（2002 年）论述了海洋哺乳动物体外寄生物的分布。研究者发现，大型鲸的皮肤上经常附着有硅藻、鲸虱和藤壶，在小型鲸豚的皮肤上偶尔也有发现。许多须鲸的皮肤上有一层黄绿色的硅藻薄膜（例如，蓝鲸（*Balaenoptera musculus*）皮肤上的卵形藻（*Cocconeis*）），形成于夏季在极地水域觅食期间。其存在有助于研究者辨识一些种类的迁移模式（根本，1956 年；根本等，1980 年）。甲壳亚门鲸虱科的片脚类生物（鲸虱属（*Cyamus* sp.）；见梁，1967 年，综述）通常称为鲸“虱”（图 7.7），常在大型鲸的身上发现，特别是座头鲸（*Megaptera novaeangliae*）、灰鲸（*Eschrichtius robustus*）和露脊鲸属所有种（*Eubalaena* spp.），而现已知一些中型齿鲸也是这些寄生虫的宿主。

鲸目动物体表上存在的鲸虱有其解剖学和生理学解释。这些皮外寄生虫以鲸皮肤的表皮层为食（朗特里，1996 年），需要庇护所以避免从鲸皮肤的表面冲下。鲸虱聚集在水流减缓的区域，例如覆盖着喉咙、胸部、喙部、口唇边缘，和**硬茧**的纵向深沟和突脊。硬茧是仅发现于露脊鲸头部的粗糙皮肤上隆起的斑块。围绕单根触觉毛的硬茧可能演化出了帮助鲸感知周围环境的作用，但它们粗糙的表面也为鲸虱提供了优良的附着点。覆盖着硬茧的鲸虱可能覆盖、损坏或弯折触觉毛，进而干扰鲸的感觉信号接收。

在游速缓慢的鲸的体表发现了 3 种主要类型的藤壶：丘形栎实藤壶（*Coronula* 和 *Cryptolepas*）、蕈形或船藤壶（*Conchoderma*）和伪蕈形藤壶（*Xenobalanus* 和 *Tubicinella*；图 7.8）。这些体外寄生物似乎不会导致任何感染或炎症。

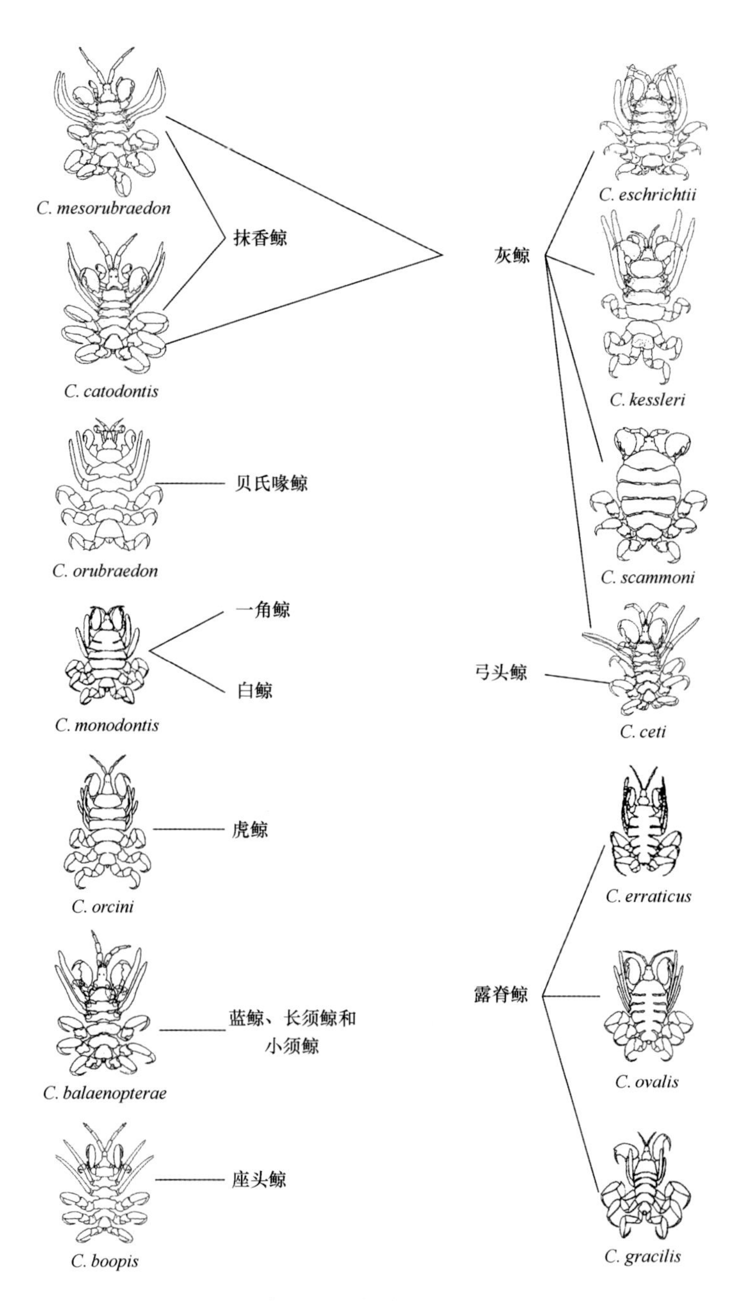

图 7.7　鲸虱属所有种（*Cyamus* spp.）
（根据马戈利斯等（1997 年）的作品修正）

(a)

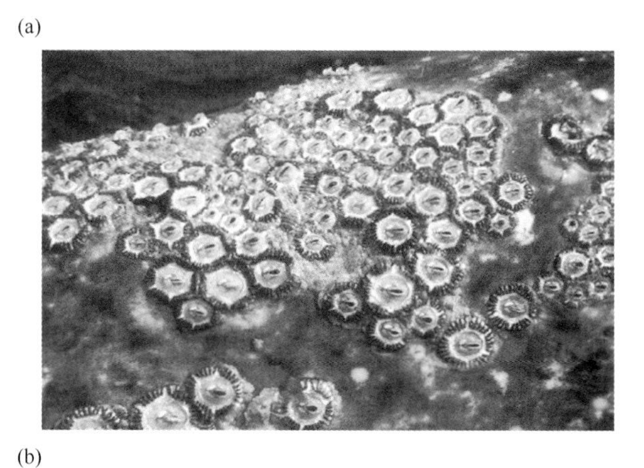

(b)

图 7.8 栎实藤壶和蕈形藤壶

(a) 灰鲸皮肤上的栎实藤壶；(b) 座头鲸皮肤上的蕈形藤壶

(图片提供：P 科拉)

露脊鲸属所有种（*Eubalaena* spp.）头部呼吸孔前方的硬茧上寄生着大群藤壶、寄生虫和鲸虱。最大的斑块位于口鼻部，从前的捕鲸者称之为“鲸帽”，这是一个用于辨别物种的鲜明特征。每头露脊鲸都具有各自独特的硬茧模式，研究者可据此识别不同的个体（图 7.9）。

鳍脚类动物的体外感染通常由吸血虱引起。海兽虱科（Echinophthiriidae）的吸血虱是海洋食肉目动物，主要是鳍脚类所独有

图 7.9 明显长有硬茧的露脊鲸“鲸帽”

（照片提供：J 古德伊尔）

的专性寄生虫。它们的爪可能发生了特化，适于紧紧抓住皮毛或皮肤，在眼睑、鼻孔内壁和肛门处均可发现（基姆，1985 年）。幼兽比成体更容易感染，在出生后不久即可能成为宿主。在新生幼兽口部附近常可发现吸血虱，表明哺乳过程可促进虱的转移。基姆等（1975 年）和莱特等（2010 年）讨论了吸血虱及其海狮类宿主的演化。体外寄生虫在海牛目中罕见，不过海牛类的身体上常覆盖着藻类和鲸藤壶（阿斯纳尔等，2002 年）。

7.2.4 毛发

毛发的存在是哺乳动物区别于其他脊椎动物的特征。鳍脚类动物、海獭和北极熊的毛发或皮毛通常包括两层：外层保护性的**针毛**和内层柔软的**下层绒毛**。更长、更厚的针毛长在短而纤细的下层绒毛顶部之上（图 7.10）。皮毛的生长受到甲状腺、肾上腺、性激素和营养的影响，以及昼长、温度和生殖的间接影响（埃布林和黑尔，1970 年；凌，1970 年）。在鳍脚类动物中，海豹类和海象缺少下层绒毛（谢弗，1964 年；凌，1974 年；费伊，1982 年）。海狮类和北极熊的针毛有髓（中

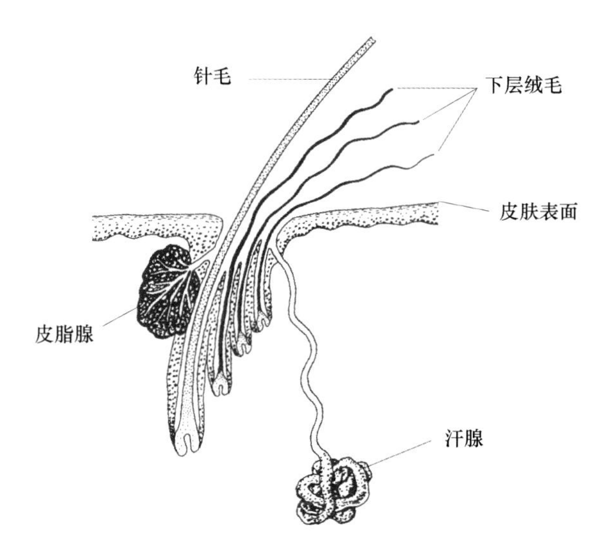

图 7.10 鳍脚类动物、海獭和北极熊的毛发和相关结构（邦纳，1994 年）

央腔)，而海象和海豹类的针毛无髓（谢弗，1964 年）。由于在其他食肉目动物中也发现了有髓毛发，研究者将毛发无髓的情况解释为海豹和海象系统发育的特征（怀斯，1987 年）。毛发在全身以不同的模式生长，在鳍脚类动物中这些模式也提供了系统发育信息。海狮类的毛发均匀排列；在海象、海豹类和其他食肉目动物中，毛发以 2~4 簇排列或成行排列（图 7.11）。同海獭一样，鳍脚类动物的毛发缺少用于使毛发竖立的立毛肌。这可能增强毛发在潜水期间保持平躺的能力，进一步促成了身体的流线型。里瓦纳格等（2012 年 a）研究了海洋食肉目（鳍脚类动物、海獭和北极熊）和陆地食肉目动物的皮毛特性（即，毛发外皮的形态、充实度、长度和密度）。使用皮毛隔绝热量的物种（例如，海狗）的毛发表皮上具有规则、拉长的鱼鳞纹，相比之下，海狮和海豹的毛发在生长中失去了鱼鳞纹（图 7.12）。研究者发现，可用于隔热的海洋食肉目动物的毛发比陆地食肉目动物明显更平、更短和更致密，这与它们的水生生活有关。在静水压力下检测的皮毛显示出毛发变平、鱼鳞纹拉长，以及皮毛密度增加，这些是在潜水期间维持隔热所需的重要特征。

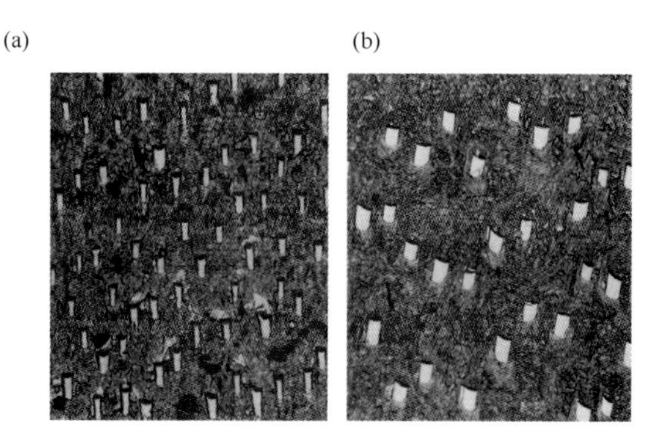

图 7.11　鳍脚类动物的毛发模式

（a）海狮类模式，毛发均匀排列；（b）海象和海豹类模式，毛发以 2～4 簇排列或成行排列（谢弗，1964 年；重印、照片提供：V B 谢弗）

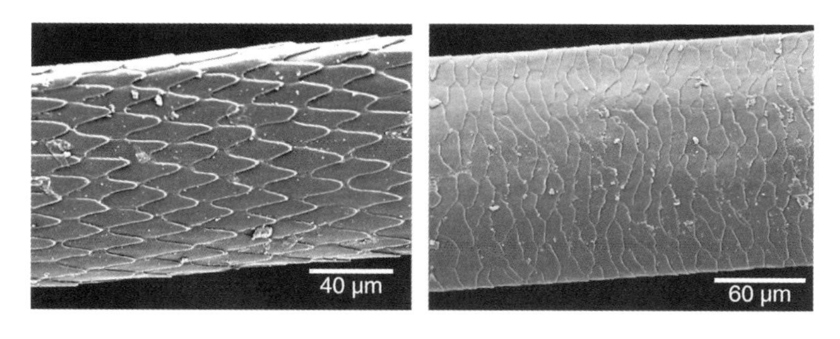

图 7.12　海洋食肉目动物（南极海狗，*Arctocephalus gazella*；加州海狮，*Zalophus californianus*）代表性毛发的扫描电子显微镜照片，显示表皮的鱼鳞纹差异

（里瓦纳格等，2012 年 a；重印、照片提供：H M E 里瓦纳格）

鳍脚类新生儿的胎毛不同于成体的皮毛。僧海豹和象海豹出生时即具有黑色皮毛（金，1966 年；凌和巴顿，1975 年），而海豹亚科种类和海象出生时具有白色或灰色的胎毛（凌和巴顿，1975 年；费伊，1982 年；金，1983 年）。海狮类的胎毛层是深棕色至黑色的（凌和巴

顿，1975年；金，1983年）。基于这些模式，怀斯（1988年）将海豹的浅色皮毛（不包括象海豹和僧海豹）解释为一个共有的衍生特征，可将海豹亚科种类和南极海豹类联系起来。一些种类的海豹出生时已经脱去或部分脱去了胎毛层（例如，冠海豹和髯海豹，见前文）。此外，大多数港海豹出生时具有光滑的幼年皮毛，不过在不同种群中总有一部分幼年海豹（比例可变）在出生时具有完整的灰白色胎毛层。

海獭的针毛通常是有髓的；下层绒毛的基部通常有髓（凯尼恩，1969年；威廉姆斯等，1992年，图7.13）。海獭具有所有哺乳动物中最浓密的皮毛，这是这种小型海洋恒温动物抵御热损失的一种适应性。海獭中背部的平均毛发密度约为125000根/厘米^2，这是北海狗（*Callorhinus ursinus*）的毛发密度的2倍多（塔拉索夫，1974年）。与下层绒毛相比，针毛较为稀疏，且很可能几乎不具有直接的隔热价值。它们的一个主要功能可能是：当海獭潜入水中时保护下层绒毛的完整性。此外，当海獭出水时，针毛的相对较短的毛干和弹性可能有助于提起下层绒毛以更新其中捕集的空气（塔拉索夫，1974年）。波状的下层绒毛比针毛更短，直径也更均一。波浪形有利于减小纵向平面的气腔体积。因此，当潜入水中时，海獭的下层绒毛相互覆盖、互锁，以帮助维持捕集的空气。海獭的皮毛上涂布着鲨烯（三十碳六烯），这种疏水性液体有助于使皮毛防水和抵御细菌感染（梅尔等，2003年）。

北极熊既有针毛也有下层绒毛，且均为有髓型毛发（艾弗森等，2013年）。北极熊的皮毛根据季节和光照状况，呈现出白色、黄色、灰色，甚至褐色。换皮之后，北极熊的皮毛即显现出近于纯白的颜色，与北极的冬季景色融为一体。在夏季，北极熊的皮毛通常呈现出淡黄色外观，很可能是由于太阳的氧化作用（里维斯等，1992年）。圈养的北极熊皮毛有时可显现出发绿的颜色，这是由藻类在毛干内的生长所引起（列文和罗宾逊，1979年）。有观点认为，北极熊的毛发可发挥光导纤维的作用，将太阳发出的紫外线传导至黑色的皮肤，从

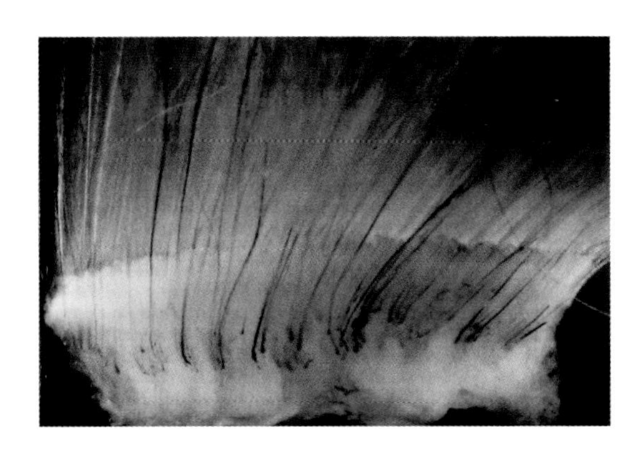

图 7.13 海獭（*Enhydra lutris*）的针毛和下层绒毛

（威廉姆斯等，1992 年）

而使北极熊感到温暖，但这一观点已被驳倒。通过对光在北极熊毛发中的传播进行直接测量，表明非常小的光损耗对北极熊的热储存并不重要（库恩，1998 年）。

7.2.5 换皮

所有海豹、海獭和白鲸每年都要经历换皮过程。如前所述，一角鲸很可能也会换皮，不过该物种的换皮过程尚未得到描述（见前文）。陆地哺乳动物的换皮是为了产生新皮毛，这是它们对热环境中季节变化的重要的适应过程。因为许多海豹在全年大部分时间中生活在远洋，它们在岸上短暂的换皮期可能有一个不同的目的：每年有机会修整、更新其皮毛和表皮（波利，1995 年）。

鳍脚类不同物种的换皮模式有差异。冠海豹、港海豹，某些程度上也包括髯海豹，幼兽出生之前在子宫中已脱去胎毛（科瓦奇等，1996 年）。麦克拉伦（1966 年）提出，出生前的脱毛与繁殖区的选择有关，但这个理论不符合冰栖海豹在出生前换为深色皮毛的事实。根据麦克拉伦的观点，海豹新生儿的浅色皮毛是对在冰上生育的一种适应。港海豹幼体在子宫内脱去胎毛，反映了一种对在陆地上生育的二次适应。最近有人认为，出生前的脱毛如同出生前的鲸脂累积一样是一种适应性，使新生幼仔能够进入寒冷的水中而不会带来不利后果（鲍恩，1991年）。在冠海豹和港海豹的繁殖生境中，这种早熟性的游泳能力使幼兽能够适应不稳定的环境，经常性地潜入水中（奥夫特戴尔等，1991年），增强了规避陆地捕食者的能力。然而，在发育的早期阶段，有多种因素对胎毛的保留抑或脱去产生明确的作用。环斑海豹是非常活跃的游泳健将，习惯于潜入水中以躲避北极熊和北极狐的猎食，但它们会保留胎毛至哺乳阶段的末期，可能是出于伪装和在空气中保温的综合需要（里德森和科瓦奇，1999年）。大部分鳍脚类动物在产后的不同时期，最迟至几个月大时脱去胎毛。在这次脱毛之后，成年鳍脚类每年都会脱去并更换其皮毛。

在南半球，换皮发生在夏季和秋季期间（12月至翌年的4月或5月）。在北半球，换皮的时间更具可变性，通常发生在春季期间（4月至6月）。鳍脚类中，换皮开始于脸部周围，之后是鳍肢、腹部，最后是背部（施图茨，1967年；阿什沃尔·埃里克森等，1986年）。然后，换皮扩展至整个体表，最终更换全部皮毛（沃希和拉维尼，1987年）。在幼兽处于营养逆境的情况下，换皮以相反的顺序发生，幼兽保留鳍肢和脸部的毛发，因为它们体内鲸脂的缺乏意味着它们必须动员所有可能的生理反应以防止热量损失（见里德森等，2000年）。

海豹类的换皮可相对较快（象海豹属所有种（*Mirounga* spp.），约25天；博伊德等，1993年）或较慢且渐进性（港海豹，26~43天）。然而，在种内的不同个体间，换皮的持续时间可有显著差异（例如，斑海豹持续7~154天；阿什沃尔·埃里克森等，1986年）。在冰况较好、海冰延续至春季的年份，在冰上繁殖的海豹的换皮时间较短。髯海豹在全年的所有月份中都会失去大量毛发，但在6月迎来集中换皮的高峰期。

象海豹和夏威夷僧海豹（*Neomonachus schauinslandi*）以不寻常的换皮模式为特征：脱落毛发的根部附着在大片脱落的表皮上（图 7.14；凯尼恩和莱斯，1959 年；凌和托马斯，1967 年；沃希等，1992 年）。在其他鳍脚类动物中，毛发独自脱落（凌，1970 年）。海狗和海狮没有年度性的换皮，而是在整年中渐进性地更新其皮毛。每年大部分针毛都会脱落，大约开始于下层绒毛脱落一周后，因此这些动物在每时每刻都保有外皮（凌，1970 年）。对海洋哺乳动物的热通量研究的结果表明，海豹类必须在陆地上或冰上换皮，以满足它们表皮的热量需求。该模型预测，虽然海豹类在水中应能够产生足够的热量以补偿在水中因换皮引起的热量损失，但其能量成本较高，并仅可能在有限的水温范围内发生（波利，1995 年）。

图 7.14　象海豹（和夏威夷僧海豹）的换皮模式：毛发和皮肤上层一并大片脱落（麦克唐纳德，1984 年）

海獭的换皮渐进性地贯穿全年，而圈养的阿拉斯加海獭的换皮高峰期似乎在春季发生（凯尼恩，1969 年）。北极熊的换皮期为 5 月至 9 月（德罗什，2012 年）。

7.2.6 皮肤腺体

在鳍脚类动物中，皮脂腺与每根毛管都有联系，其厚层分泌物的主要功能是保持表皮柔韧（图 7.10）。鳍脚类动物的汗腺靠近针毛囊且为单个分布，它们的导管通向毛囊（图 7.10）。汗腺结构因物种不同而有差异，海狗的汗腺为复杂的缠绕结构（与海狗需要较大的冷却表面积有关，特别是在陆地上；凌，1965 年），海豹的汗腺为简单缠绕的细管。海象的最大的汗腺位于口部附近，研究认为，它们散发气味的分泌物可能用于母兽和幼兽间的识别（凌，1974 年）。在春季繁殖期间，雄性环斑海豹面部区的腺体会分泌出一种非常强烈的气味（“tiggak”气味；吕格等，1992 年）。即使海豹不在，循着这股极其强烈的气味也可迅速识别出它们隐藏在雪中的洞穴。这种气味可能用于标记领地边界。当面部腺体充分地分泌时，腺体组织膨胀，以致雄性环斑海豹的面部呈现出明显的皱纹，这些腺体产生的分泌物也使面部湿润（见彩图 4）。其他种类的雄性海豹，例如竖琴海豹和灰海豹，在繁殖期也会发出这种气味，但远不及环斑海豹强烈（哈代等，1991 年）。

海獭的皮脂腺与毛囊具有联系，典型的皮脂腺为长而薄的管形，但常在基部扩大。海獭的皮脂腺分泌物主要由脂质组成，不同于以鲨烯作为分泌物主要成分的其他哺乳动物（威廉姆斯等，1992 年）。如果从这些皮脂腺分泌物中去除脂质成分，特别是对于海獭，会大幅降低皮毛的防水性，并降低其体温调节能力。大汗腺比其他皮脂腺的作用更突出（威廉姆斯等，1992 年）。鲸目动物和海牛目动物没有皮脂腺或汗腺（例外是海牛目动物具有退化的皮脂腺，与口鼻部的毛发有关）。

7.2.7 触须

研究者发现，所有海洋哺乳动物的面部都不同程度地长有触须。鳍脚类动物具有哺乳动物中最复杂的触须排列。触须是仅出现在面部的坚硬毛发，包括一个毛囊-窦复合体，嵌入各种机械刺激感受器（图7.15）。鳍脚类动物和其他食肉目动物的触须之间的差异包括：① 鳍脚类动物的触须及其神经分布位置扩大；② 鳍脚类动物的触须为更坚硬的毛发；③ 在陆地哺乳动物中，毛囊是被3个，而非2个血窦包围。鳍脚类动物具有3种面部触须：鼻触须（位于鼻孔后部）、眼睛上方（眶上）触须和唇触须（位于鼻下、脸颊上）。最突出和数量最多的触须是唇触须。海豹类的眼睛上方触须通常比海狮类发育得更好。鼻触须仅在海豹类中发现，每侧1~2根（凌，1977年）。

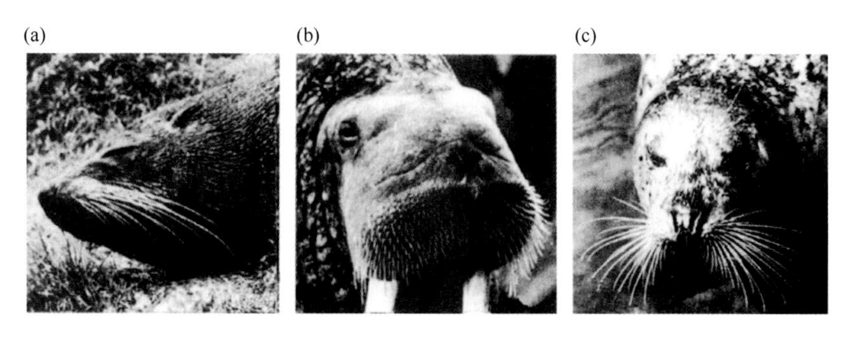

图7.15　鳍脚类各种动物的头部，显示面部触须

（a）新西兰海狗（*Arctocephalus forsteri*）；（b）海象（*Odobenus rosmarus*）；

（c）东太平洋港海豹（*Phoca vitulina richardsi*）

（凌，1977年；重印、照片提供：J K 凌）

在鳍脚类动物的胚胎发育中，触须出现较早，过很久之后皮毛才出现（凌，1977年）。触须的毛囊在发育和结构上类似于毛发的毛囊，但不同之处是受到随意肌的控制。鳍脚类动物的触须很大程度上受神经支配，包围着毛囊的结缔组织鞘中具有血管，突出的环形（圆形）窦围绕着触须。海象平均具有600~700根触须，比其他鳍脚类动物和大部分陆地食肉目动物都多。

最近，对代表性海豹和海狮的触须形态进行了定量研究（金特尔等，2012年）。唇触须沿着口鼻部边缘排列成行，外观顺滑或呈念珠状。念珠状的唇触须可见于港海豹、灰海豹、竖琴海豹、斑海豹和环斑海豹。髯海豹和僧海豹类具有光滑的触须，但与海狮类和海象的光滑触须有所差异。灰海豹的触须形态为念珠状和光滑型的中间态（汉克等，2012年；金特尔等，2012年）。这些差异的功能意义尚未可知，但研究认为它们可能具有不同的水动力功能。髯海豹触须的解剖结构表明，它们使用触须在软底质的海床上感知搜寻猎物（马歇尔等，2006年），而许多种类在水中跟踪鱼类或其他猎物（见下文）。唇触须长短不一，海象的刚毛状触须短而坚硬，海狗的触须非常长。海象具有最坚韧的唇触须。它们的上唇中具有毛囊，以小隔室与纤维性隔膜为特征，其中充满多脂肪的组织。这使得上唇具有高坚硬度和很好的柔韧性（卡斯特莱恩等，1993年）。与髯海豹相似，海象使用其唇触须在软底质的海床上定位猎物。如缪里（1871年）所述，海象既可以活动单根触须，也可以活动成组的触须。海象可以仅使用触须辨别出物体的不同形状，即使探测的目标极小。触须具有触觉感受器的功能，目前大部分研究是以海豹类动物为对象。雷努夫（1979年）、米尔斯和雷努夫（1986年）认为，触须对声音的敏感性随着刺激频率的增加而增强。研究发现，触须对100赫兹的震动最敏感，最高范围可至2 500赫兹，即检测仪器的上限。环斑海豹波罗的海亚种（*Pusa hispida botnica*）具有异常发达的触须，似乎能帮助它们在冰层下黑暗、昏沉的水中发现正确路径（海韦里恩，1989年，1995年）。环斑海豹波罗的海亚种的一根触须包含的神经纤维数量是通常在陆地哺乳动物触须中发现的神经纤维数量的10倍。海韦里恩认为，环斑海豹可以用触须感知在水中传播的声波（具体而言是用环形窦中分布的神经纤维感知）。声波通过触须，被血窦和组织传导接收。此外，触须可感知游泳速度和方向的变化，当在黑暗中潜行时这很重要。关于港海豹触须热传导的证据表明，在低环境温度下，它们在维持高敏感性的同时还具有体温调节作用（莫克等，2000年）。

研究者还探讨了触须在探测猎物中的可能应用。当切断港海豹的触须时，其捕获鱼类的成功率受到了干扰（雷努夫，1980 年）。在带有听觉线索（以金属杆轻轻敲击冰面）的条件下，蒙住圈养环斑海豹的眼睛进行实验观察，结果表明，在冰层覆盖的水池中，海豹能够利用触须的感觉功能使自己进入洞中，但无法定位洞中的位置（瓦特佐克等，1992 年）。在另一项试验中，蒙住眼睛的港海豹利用触须探测震动，跟踪鱼在水中的“行迹”（登哈特等，2001 年）。相似地，米尔施等（2012 年）证实，港海豹和加州海狮都使用它们的触须探测水动力刺激。对海象太平洋亚种（*Odobenus rosmarus divergens*）进行的心理物理学研究表明，它们使用触须辨别食物和海底物质的形状和大小（卡斯特莱恩和范·盖伦，1988 年；卡斯特莱恩等，1990 年）。相似的研究表明，加州海狮（*Zalophus californianus*）（登哈特，1994 年）和东太平洋港海豹（*Phoca vitulina richardsi*）（登哈特和卡明斯基，1995 年）可使用唇触须高效地分辨形状、大小和触觉，因此也可将其用于探测猎物。

在鲸目动物中，触须仅存在于头部，沿着上颌与下颌的边缘分布。触须的结构，特别是其神经分布表明它们具有感觉作用，它们的位置提示它们在摄食中也具有功能。须鲸类动物的触须比齿鲸类动物更多。弓头鲸（例如，哈尔迪曼和塔普利，1993 年）、露脊鲸（里布等，2007 年）和灰鲸（*Eschrichtius robustus*）（贝尔塔等，2015 年；图 7.16）的触觉毛中具有独特的神经分布和血窦系统。虽然据报道，大部分齿鲸有退化的毛囊，但莫克等（2000 年）的研究证明，亚马孙河白海豚（*Sotalia fluviatilis*）（或许还有其他海豚）的毛囊具有发育健全的窦系统，并可能具有水动力感受器的功能，这类似于港海豹。捷克·达马尔等（2012 年）进一步认为，亚马孙河白海豚的触须系统已从一种机械刺激感受系统转变为一种电感受系统。

海牛目动物的毛发为毛囊-血窦类型，即皮毛和真正触须的中间态。它们的毛发稀疏地散布在整个身躯上，但在口鼻部和口部周围变得更浓

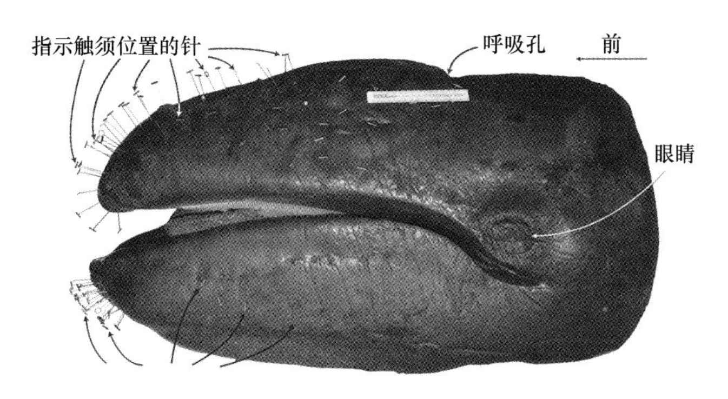

图 7.16　新生灰鲸的头部，显示触须的位置

（贝尔塔等，2015 年）

密且非常坚硬，这在海洋哺乳动物中是不寻常的现象。对佛罗里达海牛（*Trichechus manatus*）的体毛进行了研究，揭示出它们具有触觉毛的结构特征，并可能与鱼类的侧线系统相似（里普等，2002 年，2011 年；图 7.17）。同体毛不同，围绕海牛口部的面部毛发是突出的刚毛，呈现面部触须的特征，具有致密的结缔组织囊、明显的血窦复合体和大量的神经分布（里普等，2001 年）。除解剖数据外，行为测试表明，海牛的面触须和体触须可探测水动力刺激，但只有面触须可用于触觉探索，例如在摄食行为中进行的探索（里普等，2011 年；加斯帕德等，2013 年）。

在对佛罗里达海牛使用刚毛和摄食进行的一项研究中，马歇尔等（1998 年）报道，海牛口部周围的刚毛由各种面部肌肉控制，其运动和摄食期间口部形状的变化有明显关系（见第 12 章）。海獭具有唇触须、眼睛上方触须和鼻触须，其中唇触须的数量最多（凌，1977 年）。北极熊的触须数量很少，但非常坚硬。

7.2.8　爪和指甲

海豹亚科的海豹的前鳍肢和后鳍肢以存在发育健全的爪为特征（图 7.18）。相比之下，僧海豹亚科的海豹的爪则趋向发育不良。怀斯

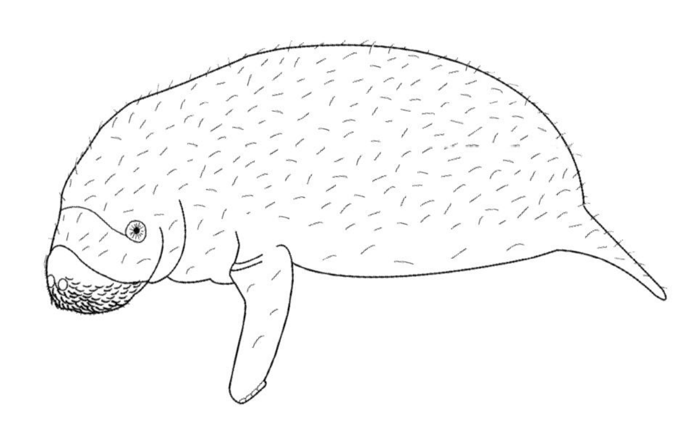

图 7.17　海牛的侧线系统假说

（图片提供：R 里普）

（1988 年）认为海豹类的原始情况是具有缩小的爪。在海狮类和海象中，前肢的爪也缩小为小结节。海狮类的前鳍肢和后鳍肢具有软骨，从鳍肢的远边伸出。海象的鳍肢上也延伸有短的软骨（图 7.18）。对环斑海豹的爪进行的研究表明，它们包含的生长层提供了关于海豹年龄变化、食谱（^{13}C 和 ^{15}N）、污染物累积（例如，汞）和生命史的时间记录

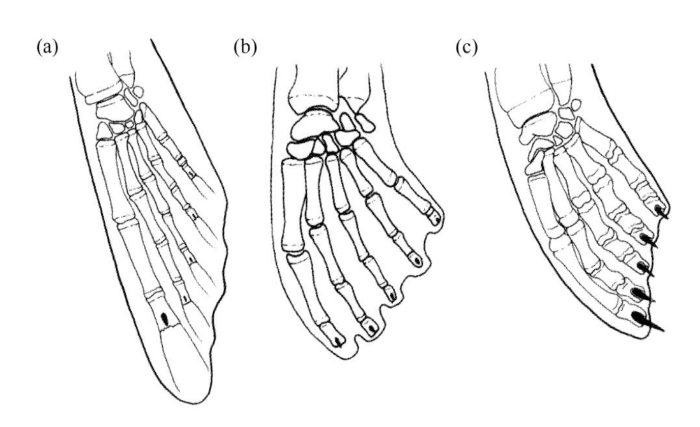

图 7.18　鳍脚类动物前鳍肢上的爪和软骨延伸

（a）海狮；（b）海象，图中表明海狮和海象的情况，其中有软骨延伸至趾，指甲缩小为小结节；（c）港海豹，表明海豹亚科具有发育健全的爪（插图：P 亚当；根据豪厄尔（1930 年）的作品修正）

(费雷拉等，2011年)。一些冰栖海豹积极地使用它们的爪以防止冰层上的洞口冻结，保证呼吸和出水通道畅通。它们也用于在湿滑的基底(冰、海藻覆盖的海岸线等)制造附着摩擦力。海狮类和海象用爪整理皮毛和搔痒司空见惯，但海豹类则不然。

鲸目动物的前鳍肢已失去了爪/指甲的所有痕迹。在海牛类中，退化的指甲存在于第二、第三和第四趾，例外的是缺失指甲的亚马孙海牛(*Trichechus inunguis*)。北极熊和海獭的前趾和后趾上具有发育健全的爪。北极熊的爪为不可缩回型；而在海獭中，只有前足上的爪伸缩自如。

7.3 神经与感觉器官

7.3.1 神经系统

7.3.1.1 脑

哈里森和库伊曼(1968年)、哈里森和汤姆林森(1963年)、弗拉尼甘(1972年)描述并总结了鳍脚类动物的脑解剖结构。异速生长分析表明，鳍脚类动物的脑通常比陆地食肉目动物更大。代表性的脑重为：灰海豹320克、威德尔海豹550克、海象1020克(表7.1)。鳍脚类动物的脑比陆地食肉目动物更近球形，且更高度复杂，尤其是海豹类。与陆地食肉目动物相比，鳍脚类动物脑的嗅觉区缩小(海豹比海象或海狮更明显)。鳍脚类动物的脑中，负责处理听觉和视觉刺激的部分很发达(金，1983年)。

对鲸豚类动物脑解剖结构的比较描述很多，综述类文献参见格雷泽(2002年)、奥尔施拉格(1992年)和奥尔施拉格(2009年)的作品。计算机断层扫描和磁共振成像已用于鲸豚类动物的脑神经解剖学研究中(例如，马里诺等，2000年，2001年，2003年a，b，2004年)。这些三维（3-D）可视化方法使人们能够分析它们精确解剖学位置的内部结构。鲸豚类动物的脑有一个特征与人类的脑相似，即大体积的大脑半球。鲸豚类动物的大脑表面有大量沟回（图 7. 19），一些齿鲸的大脑甚至比人类大脑的沟回更多，不过其大脑皮层比人类薄。齿鲸类的大脑还显示出一个趋势：听觉处理区的相对大小有所增加（见第 11 章）。

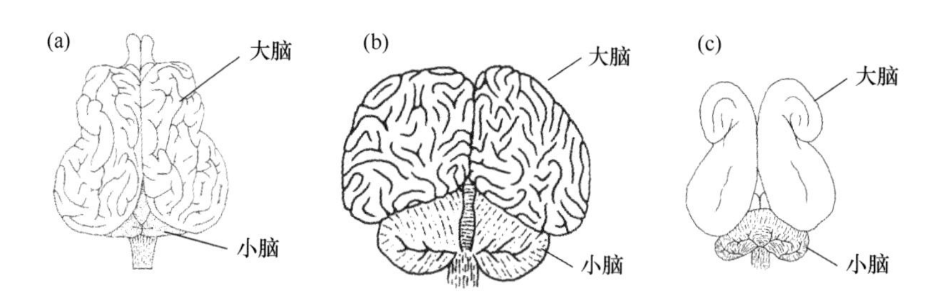

图 7. 19　海洋哺乳动物脑的比较（背面观）

（a）鳍脚类：南美海狮（*Otaria byronia*）；（b）鲸目动物：宽吻海豚（*Tursiops truncatus*）；
（c）海牛目动物：儒艮（*Dugong dugon*）（P 亚当绘制）

海牛目动物的脑相对较小（表 7. 1），脑沟（大脑中的沟；图 7. 19）很少且浅。海牛目动物的脑有一个值得注意的特征：大脑皮质的表面普遍缺少脑沟（里普和奥谢，1990 年）。它们的大脑半球被一个深而宽的大脑纵裂所分隔，并存在一个较深的外侧裂。虽然海牛的脑相对较小，表面沟回也很少，但对主要脑区的体积估计表明，海牛的大脑皮质可匹敌相对脑容量较大的各分类单元，包括灵长目动物（里普和奥谢，1990 年）。儒艮的脑比海牛的脑更长，大脑半球甚至被中间的大脑纵裂更显著地分隔开，并存在一个较浅的外侧裂（图 7. 15）。迪克勒（1913 年）详细地描述了儒艮的脑。

表 7.1 一些海洋哺乳动物的脑重和体重

物种	脑重（克）	体重（千克）	（脑重/体重）×100
鳍脚类			
海狮科			
北海狗	355	227	0.16
加拉帕戈斯海狗	303	65	0.47
南非海狗	401	280	0.14
北海狮	748	1000	0.07
南海狮	546	300	0.18
澳大利亚海狮	440	300	0.15
新西兰海狮	418	364	0.11
加州海狮	405	300	0.14
海豹科			
北象海豹	700	2275	0.03
灰海豹	343	233	0.15
威德尔海豹	502	360	0.14
豹形海豹	765	324	0.24
海象	1303	1233	0.11
鲸目动物			
齿鲸亚目			
宽吻海豚	1600	154	1.038
真海豚	840	100	0.840
领航鲸	2670	3178	0.074
虎鲸	5620	5448	0.103
抹香鲸	7820	33596	0.023

续表 7.1

物种	脑重（克）	体重（千克）	（脑重/体重）×100
须鲸亚目			
长须鲸	6930	81720	0.008
海牛目动物			
佛罗里达海牛	360	756	0.047
人类	1500	64	2.344

注：鳍脚类数据（仅雄性）来自比宁达·埃蒙德，2000 年；鲸目数据来自布莱登和科克伦，1988 年；海牛目数据来自奥谢和里普，1990 年。

脑体积的演化通常以脑形成商数（EQ）表示（杰里森，1973 年），即脑的大小和身体大小的比值。根据马里诺（2007 年，2009 年）、博迪等（2012 年）的论述，海洋哺乳动物脑体积的演化因物种的不同而有差异。鳍脚类动物、海獭和北极熊的脑体积与其他陆地食肉目动物相比没有明显差异，并且它们的 EQ 值都达不到齿鲸类动物的水平（例如，马里诺，2009 年；博迪等，2012 年）。化石鲸类的脑体积显然不大。对古鲸亚目动物相对脑体积的研究表明，古鲸的脑比现代鲸目动物小、EQ 值较低（例如，马里诺等，2000 年，2004 年）。鲸目动物的脑形成中，最初和最大幅的增长发生在约 3500 万年前，与冠群鲸类（Neoceti）的出现同时发生。这说明鲸目动物在适应了水生生活之后即发展出了大的脑体积（马里诺等，2004 年）。齿鲸类动物的脑体积相对较大，只有抹香鲸（*Physeter macrocephalus*）是例外。它们的相对脑体积与灵长目类人猿（大猩猩、黑猩猩和猩猩）近似。成年雄性宽吻海豚的 EQ 值比同体型哺乳动物的平均值大将近 4.5 倍。在脑体积方面，一些海豚科成员与大猩猩不相上下，仅次于人类。尽管脑体积大小与“智力”之间的联系具有争议（例如，利利，1964 年，1967 年），齿鲸类动物展示出了复杂的认知能力和复杂的社会结构（马里诺等，2007

年；另见第11章和第12章）。例如，宽吻海豚与类人猿和人类一道，都具有极其罕见的能力——镜像自我认知（瑞斯和马里诺，2001年）。须鲸类动物的脑与其巨大体型相比显得较小（表7.1）。现代须鲸的EQ值低于鲸类平均值（但对该类群而言，EQ可能不是合适的度量方法，因须鲸的摄食模式决定了它们具有不成比例的体型增长）（马里诺，2009年）。当前接受的观点认为，鲸目动物的较大脑体积是对生态或社会压力的反应，作为认知或信息处理能力增长的一项基础，但曼格（2006年）质疑该观点并得出有争议的结论，声称鲸目动物演化出大的脑体积是为了在渐新世海洋冷却期间产生热量。马里诺等（2008年）反驳了曼格的论据，但读者可参见曼格等（2013年）进行的反论证。

同其他海洋哺乳动物相比，海牛目动物的脑相对较小，并且其EQ值在哺乳动物中处于最低水平（奥谢和里普，1990年）。在哺乳动物中，脑形成商数（EQ）和相关的相对脑体积度量指标与一些生命史模式呈正相关，例如食谱策略、社会群体规模和断奶年龄。海牛目动物EQ值低的部分原因是体型较大，但可能涉及其他因素（即出生后发育的延长或低代谢率；奥谢和里普，1990年）。这得到了下述研究结果的进一步支持：海牛大脑的内部结构定义明确，证明它能够执行大量的信息处理（例如，控制上唇的触觉毛；里普等，1998年；马歇尔和里普，1995年）。

海豚脑部较大的主要原因可能是听觉区域的变大。相当多的实验工作均涉及到使用诱发电位研究海豚的听力和听觉处理（摩根等，1986年；另见第11章）。这些研究说明鲸豚类动物的脑部具有比较发达的听觉区域。

海豚还能够出色地完成复杂的任务，并表现出精确的听觉、视觉和空间记忆（例如，马里诺等，2007年）。实验室研究记录了它们的认知能力，包括学习简单的人工计算机语言的能力。这些语言的基于规则的句子包括：表示海豚水池中物体的人造“词语”；表示要对这些物体采取某种行动的词语；表达位置或相对时间的修饰词。海豚能够理解这些词语和连接它们的规则，例如，它们能够辨别听觉指令是“将球放在环中”（Put the ball in the ring），还是“把环放到球上”（Take the ring to the ball）。当任务信息只有听觉内容时，很可能没有其他非灵长目哺乳动物能够像海豚一样出色地完成这些类型的任务。舒斯特曼和同事以加州海狮为研究对象，进行了相似的动物语言研究实验（舒斯特曼和卡斯塔克，2002 年，和其中引用的参考文献），表明认知技能是构成听觉和视觉任务效能的基础。

对海豚基因组（超过 10000 基因）的测序揭示出，大致上 10%的基因序列与神经系统有关。其中一组基因似乎对脑中神经元突触的形成至关重要，而另一组基因相关于海豚奇特的睡眠方式：睡觉时睁开一只眼睛、“关闭”半个大脑。其他差异涉及线粒体、肺的发育、心血管的适应性、脂类代谢作用和产乳（麦高恩等，2012 年）。

7.3.1.2 脊髓

鳍脚类动物的脊髓较短，结束于第八和第十二胸椎之间（金，1983 年）。研究者发现，海洋食肉目动物的神经管大小与运动类型之间存在一种功能关系（吉芬，1992 年）。这种关系被解释为与鳍肢产生运动中涉及的差动神经支配和肌肉组织面积相关。海狮神经管的腰骶（骨盆的下背部）膨大小于臂部膨大，这一模式与其前肢主导的运动模式有关。在海洋食肉目动物中，海豹的神经管是独特的，其腰骶膨大总是比前肢的最高点更高，这与它们主要使用后肢的运动模式有关。海象的神经管显示出后肢膨大，这非常类似于海豹，反映在其前肢和后肢都使用的运动模式中（另见第 8 章）。

鲸目动物的脊髓长度因不同物种体型的不同而有明显差异。在鲸类中，体长/脊髓长度的比率为 4：1，大致等同于人类（詹森和詹森，1969 年）。鲸目动物脊髓的一个特征是，整个脊髓几乎都呈圆柱形。鲸目动物脊髓有一个显著的颈膨大，与鳍肢的发展有关；腰膨大非常不明显，无疑是由于后肢的退化特征。脊髓中有40~44对脊神经（弗拉尼根，1966年）。与腹侧的运动结构相比，背侧的感觉结构显得相对较小。虽然这不是鲸目动物独有的特征，但鲸类动物脊髓的感觉部分（背根神经和背角神经）比其他哺乳动物更小。研究者将此差异归因于外周感觉神经分布相对缺少和有力的尾部肌肉组织中的神经分布，特别是在腰骶区。

海牛的脊髓止于最末腰椎或第一尾椎（基凌和哈伦，1953年）。在海獭中，神经管在胸区和腰区的横截面积增加，说明有丰富的神经延伸至后部躯干和后肢肌肉。北极熊不同于其他海洋哺乳动物，在前肢和后肢均存在神经管膨大（吉芬，1992年）。它们的前肢具有重要的游泳功能，而前肢和后肢都是陆地和冰上运动所必需的。

7.3.1.3 内分泌腺

在海洋哺乳动物中，内分泌腺产生的激素的功能主要涉及孕育和换皮、新陈代谢和生殖（圣奥宾，2001年a，b综述）。许多海洋哺乳动物占据的环境中存在气温和光照的强烈季节变化。日光通过脑部的松果腺压制褪黑素的产生。在南象海豹（*Mirounga leonina*）中，有证据表明松果腺的大小具有明显的季节性：它在冬季的黑暗中随着褪黑素循环水平的升高而变得最大，而在春季繁殖期间激素水平较低（格里菲斯和布莱登，1981年）。虽然已确认鲸目动物也具有松果腺，但除此之外所知甚少。

甲状腺位于颈部，其分泌的主要激素是甲状腺素，涉及新陈代谢的调控。在鳍脚类中，竖琴海豹（达维多夫和玛卡洛娃，1964年）和象海豹（布莱登，1994年）的甲状腺在出生后几个小时之内非常活跃，表明幼仔在开始哺乳、建立脂肪储备之前对代谢产热的需求。甲状腺激素的水平在全年都有波动，特别是海豹类，换皮是一个与这些激素水平的变化有关的事件。在陆地哺乳动物中，甲状腺激素水平的升高可刺激毛发生长，在海豹类中可能也具有同样的效应。据报道，白鲸的甲状腺激素活动具有季节性，夏季白鲸表皮的更新导致激素水平升高。海牛目动物具有独特的甲状腺，其滤泡间结缔组织较为充盈、密度相对较大（哈里森，1969 年）。胶质是一种蛋白物质，胶质丰富意味着甲状腺活动低。

海牛类动物肥厚的骨、迟缓的行为和相对较低的耗氧率均与不寻常的甲状腺结构有关（哈里森和金，1965 年）。

海洋哺乳动物的肾上腺的形态（位于肾脏之上）与其他哺乳动物类似，具有两部分：外部的皮质和内部的髓质。肾上腺是在潜水期间保持血液供应的少数组织之一，主要的激素为肾上腺素和去甲肾上腺素。这可能是因为肾上腺素引起脾脏收缩，释放储存的红细胞，增强有氧潜水能力（见第 10 章），或者它可能仅与肾上腺素在急性应激反应中的基本作用有关。在威德尔海豹中，肾上腺素和去甲肾上腺素水平在长于数分钟的潜水期间升高，并在潜水之后迅速回归至正常值，说明这些儿茶酚胺类激素在氧储备管理中具有重要作用（圣奥宾，2001 年 a，b）。

7.3.2 感觉器官

海洋哺乳动物的感觉系统使它们能够接收和处理来自周围环境的信息。感觉系统包括机械性刺激感受作用（在本章前文讨论的触觉）、视觉、化学感受作用（嗅觉和味觉）和听觉（见第 11 章）。关于水生四足动物感觉系统的解剖结构、生理机能和演化，请参见德威森和努梅拉（2008 年）的一般性综述。

7.3.2.1 视觉系统：眼睛的形态和视觉灵敏度

鳍脚类动物、海獭和北极熊的眼睛表现出对水生生境和陆地生境的双重适应（例如，见麦斯和苏宾（2007 年，2009 年）、克罗格和卡兹尔（2008年）、路透和派彻尔（2008年）的论著）。大部分鳍脚类动物具有大眼睛（相对于其体型）。海象是例外，与其他鳍脚类动物相比，它们的眼睛相对较小。眼睛的暴露部分受到高度角质化的角膜上皮的保护，这可能是一种防止擦伤眼睛的适应性；在浑浊水域生活的海豹常具有这种结构，因其生存环境中常有悬浮的沙粒和其他碎片。巩膜也称为眼白，是不透明、纤维性、保护性的外层，包含胶原蛋白和弹性纤维；与大部分陆地食肉目动物相比，海洋哺乳动物的这层巩膜更厚。这一支持结构可防止因压力变化导致的眼睛变形，并在游泳时提供保护。

根据观察，鳍脚类动物的巩膜在眼球的赤道区较薄，这说明当它们的眼睛暴露于空气时，巩膜可能起到使眼睛变平的作用，从而减少近视的发生。脉络膜贴在巩膜的内面，含有丰富的血管和一个大细胞层，称为**反光膜**。反光膜使眼睛对光线更敏感，机理是反光膜作为一面镜子反射光线，以致光线穿过视网膜的感光细胞两次。在海豹中，反光膜达到了极致的发展。

海豹的晶状体几乎是球形的，主要用于适应水中生活的眼睛大多如此，这种适应特征可补偿眼睛在水中时角膜失去的折射能力（图7.20）。鳍脚类动物的睫状肌比鲸目动物发展得更好，但调节能力较弱或缺失。虹膜的肌肉非常强健且血管丰富，收缩的瞳孔为一条纵长的狭缝，只有海象的瞳孔收缩时为横向宽的椭圆形。海豹基于瞳孔大小的变化，表现出了非常高效的明暗适应（克罗格和卡兹尔，2008年）。在潜得较浅的港海豹和加州海狮等种类中，瞳孔区的变化范围相当小；相比之下，在潜得更深的北象海豹等动物中，瞳孔大小的变化范围更宽。此外，迄今为止的研究发现，象海豹的视觉系统能够在光线暗淡的条件下发挥作用，与其他鳍脚类动物的视觉系统相比还可适应更大的光亮度变化。当眼睛离开水时，角膜和球状晶状体的结合很可能使眼睛发生高度的近视，图像聚焦于视网膜的前方（图7.20）。然而，大部分鳍脚类通过缩小瞳孔，在一定程度上抵消了近视的影响。当光亮度增强时（当从水中进入空气中时常会发生)，许多鳍脚类的瞳孔变为一条狭缝或小孔。因此，鳍脚类动物在出水时很可能对深度具有较差的知觉。

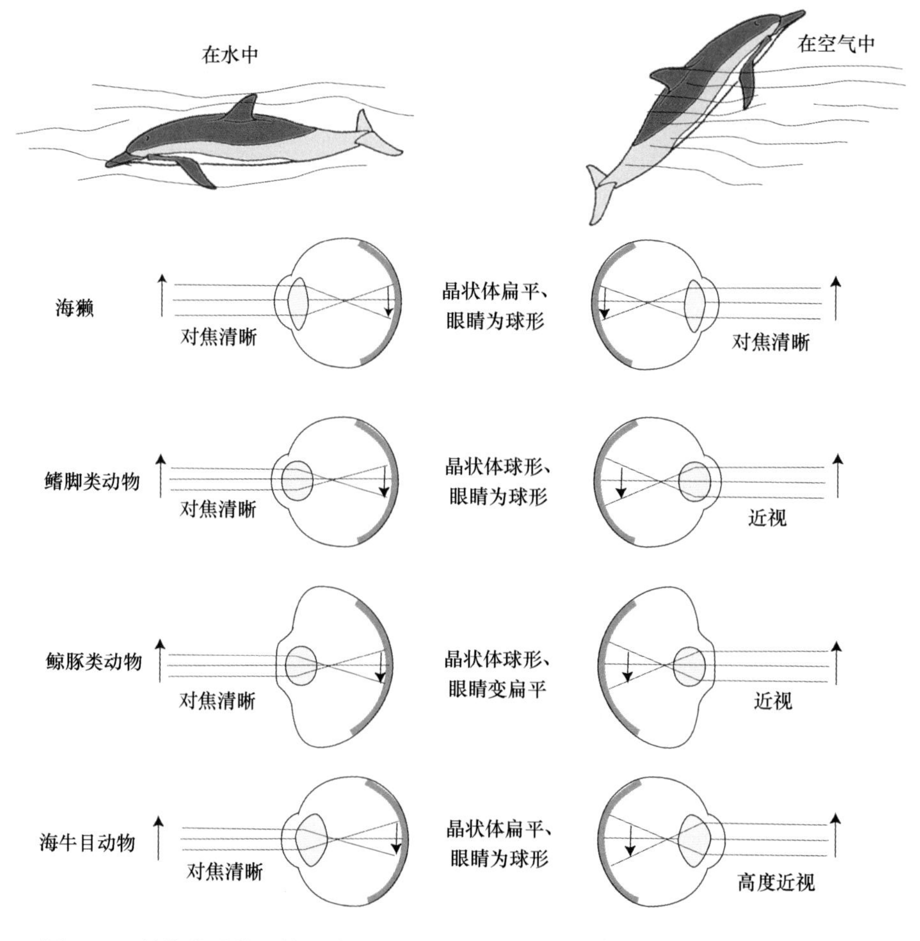

图 7.20　鳍脚类动物、鲸目动物、海牛目动物和海獭的眼睛和晶状体形状比较图及眼睛在空气和水中的光学原理图

哈德氏腺位于外眼角，可分泌含油的黏液以保护眼睛和防止角膜变干。较小的泪腺可产生眼泪，但没有鼻泪管。

鳍脚类动物的眼睛充分适应了水下环境，在水下具有高视觉灵敏度，这可归因于它们几乎呈球形的晶状体、厚视网膜带来的感光度增强和发育良好的反光膜。在视网膜中，数量最多的视杆细胞使海豹能够在微光中具有较高的眼睛感光度。对鳍脚类动物视觉灵敏度的精神物理学研究始于舒斯特曼及其合作者（例如，研究总结见舒斯特曼，1972年，1981年论著）。最近，关于视觉灵敏度的社会心理学评价（例如，莫克和登哈特，2005年）表明，港海豹能够在概念层处理复杂的视觉信息。海象的视觉灵敏度低于其他大部分鳍脚类动物（大多捕捉快速运动的猎物），因为海象眼睛的视网膜比其他鳍脚类小，单位表面积的视杆细胞数量相对很少，而单位视神经纤维中却有许多视杆细胞（卡斯特莱恩等，1993年；麦斯和苏宾，2009年）。海象的眼睛位于颅骨的两侧，导致其双眼视觉有限（费伊，1985年）。

研究表明，在哺乳动物中，眼睛大小是间接表示视觉灵敏度的合理替代指标。最近的分析证实，鳍脚类动物的骨性眼眶大小与眼球大小之间具有联系。考虑到这种联系，研究者根据眼眶大小预测鳍脚类动物的最大潜水深度。有假设认为，深海潜水动物为了在深水区觅食，需要高度敏感的眼睛。研究结果表明，鳍脚类动物与其近亲相比具有较大的骨性眼眶（按照比例），并且在冠群鳍脚亚目（例如，象海豹类）中，深海潜水能力已演化了多次（德比和佩因森，2013年）。

考虑到光谱范围随着水深的增加而损失，彩色视觉似乎对潜水哺乳动物不太重要，但是没有明确的证据表明它们的彩色视觉减弱。证明鳍脚类动物和鲸目动物的辨色能力是困难的，因为各种不同的数据源（例如，行为学数据-生理学数据）和遗传学证据会得出不同的结果（格里贝尔和派彻尔，2003年）。在哺乳动物中存在具有二色视觉的两种视锥感受器，但鳍脚类动物和鲸目动物通常缺少其中之一（S波长或短波长敏感视锥细胞）。虽然在视锥细胞型全色盲中也可实现彩色视觉，但这似乎局限于特定的光照条件。由于在海洋水域（蓝移随着深度增加而增强）缺少短波长敏感视锥细胞（S cone）可能是不利条件，有人提出短波长敏感视锥细胞的缺失可能是栖息于沿岸水域（红移；

派彻尔等，2001 年）的鳍脚类动物和鲸目动物祖先演化出的一种早期适应性。虽然缺失短波长敏感视锥细胞的精确起源尚未确定，但对齿鲸类和须鲸类视觉色素基因（视锥细胞的视蛋白）的一项系统发育研究表明，短波长敏感视锥细胞的缺失在这些世系分化之前就已发生（利文森和迪桑，2003 年）。鳍脚类动物和鲸目动物都保留了对其重要并且数量更多的长波长敏感视锥细胞（L cone），这些细胞可使它们形成彩色视觉和视力灵敏度（路透和派彻尔，2008 年）。

在海洋哺乳动物中，小型鲸目动物的眼睛解剖结构和视觉已得到相当充分的研究（例如，见克罗格和卡兹尔（2008 年）、麦斯和苏宾（2009 年）的论著）。在鲸目动物中，眼睛在头部侧面向前的位置。一些淡水豚类（例如，恒河豚属（*Platanista*）的印度河亚种与恒河亚种）的眼睛变得非常小，仅有光感，因为它们赖以生存的浑浊水体中存在着大量悬浮颗粒，使得视觉基本上失去作用。但相比之下，亚马孙河豚（*Inia geoffrensis*）的眼睛功能完善并显示出一些适应性，包括更靠前的眼睛位置、黄色晶状体和一层几乎不存在的反光膜。与大部分哺乳动物的球形眼睛不同，鲸豚类的眼睛前部明显是扁平的（图 7.20）。在其视网膜的后面有一层反光膜。鲸类的巩膜非常厚，并可能用于维持眼睛内球的椭圆形状。虽然鲸目动物没有泪腺，但哈德氏腺和睑结膜中的腺体分泌一种黏性溶液（有时称为鲸的眼泪）不断冲洗角膜，从而保护眼睛免受海水中颗粒物的磨蚀。鲸目动物瞳孔的大小和形状可显示出大范围的变化。

与鳍脚类动物相似，一些鲸目动物（尤其是宽吻海豚）的视网膜有两部分，意即它包含两种感光细胞。视网膜的二元感光系统是形成彩色视觉所必需的，虽然其存在并非证明是辨色能力存在的积极迹象。尽管鲸豚类动物的眼睛中存在杆状和锥状感受器细胞，一些行为学研究却支持海豚无法辨别色彩的观点（马德森和赫尔曼，1980 年；格里贝尔和施密德，2002 年）。据报道，海豚和鼠海豚具有大神经节细胞。研究认为，在大范围感受野上的神经节细胞的密度是在低光强度条件下（例如在海洋深层）改善视觉探测能力的一个有效策略（路透和派彻尔，2008年）。基于行为学观察结果，有人认为一些鲸目动物可能具有双眼视力。与齿鲸类相比，人们对须鲸类眼睛的解剖结构和视功能所知甚少（例如，朱等，2001年；博诺等，2012年；贝尔塔等，2015年）。目前适于探索须鲸彩色视觉的行为学数据不足。

海牛目动物的眼睛的解剖结构和视觉尚未得到充分的研究（例如，见克罗格和卡兹尔（2008年）、麦斯和苏宾（2009年）的论著）。海牛目动物的眼睛小，具有一层发育良好的瞬膜。它们的晶状体近于球形，巩膜的后部显得比其他部分更厚。同鲸目动物一样，海牛目动物也没有泪腺，哈德氏腺产生的大量分泌物似乎对角膜起到保护作用。海牛目动物的角膜具有永久性血管化的特征，而在其他哺乳动物中这种情况被视为病理状态。海牛目动物似乎不具有反光膜。据报道，儒艮和海牛都缺失一块发育良好的睫状肌，这与它们生存环境（浑浊的水体）的低能见度特性有关。

在野生环境中对海牛的行为观察表明，它们在洁净的水中时能够看相当远的距离，但由于它们易于撞上物体，研究者推测它们可能是远视眼（例如，鲍尔等，2003年）。根据一项行为学观察（它们碰到迎面物体的倾向性），有人提出海牛具有双眼视力（哈特曼，1979年）。美洲海牛（*Trichechus manatus*）的视网膜上具有杆状和锥状感受器。行为学实验支持这个结论，并证明美洲海牛具有二色性视觉（见格里贝尔和派彻尔（2003年）的论著）。

海獭的眼球几乎是球形的，与陆地食肉目动物相似（例如，见麦斯和苏宾，2009年）。与鳍脚类和鲸目动物的球形晶状体不同，海獭的晶状体为凸透镜状。海獭的眼睛以发育完善的睫状肌为特征，睫状肌具有健全的调节机制，能够改变晶状体的折射能力。此外，发育良好的前上皮可能是一种帮助海獭应对盐度变化的适应特征。它们似乎还具有发育健全的反光膜。海獭具有两种类型的视锥细胞，这是彩色视觉的先决条件，但对海獭这方面机制的研究仍很少。海獭在水面上和水面下的视觉灵敏度似乎都很好。

北极熊的眼睛不能很好地适应水下视觉；它们在岸上或冰上完成大部分捕猎活动，并在很大程度上依靠嗅觉（见下文）。北极熊的视网膜包含视杆细胞和视锥细胞，它们对不同的光适应和暗适应灵敏度也反映了这一事实。

7.3.2.2 嗅觉系统

鳍脚类动物的嗅觉系统不如陆地哺乳动物发达。海豹和海象的嗅觉结构比海狮小（哈里森和库伊曼，1968 年）。然而，广泛的行为学证据（例如，鼻对鼻的互蹭）说明了嗅觉在鳍脚类动物社会交往中的重要性（例如，埃文斯和巴斯蒂安，1969 年；罗斯，1972 年；米勒，1991 年）。鳍脚类动物可能还使用其嗅觉系统作为觅食线索。港海豹能够探测由浮游植物产生并指示海洋生产力状况的二甲基硫醚（DMS）（科瓦列夫斯基等，2006 年）。

齿鲸的嗅球通常明显缩小，或不具有嗅球或嗅神经束，因此其嗅觉大幅退化或没有嗅觉（奥施拉格，1992 年）。越来越多的研究者承认须鲸的嗅觉系统具有功能，不过与它们的陆地有蹄类近亲相比大幅缩小（德威森等，2011 年；岸田和德威森，2012 年）。例如，在弓头鲸中，嗅球的相对大小和嗅觉感受器的基因比例表明，它们的嗅觉相当发达，可能用于探测它们的浮游动物猎物（德威森等，2011 年；岸田和德威森，2012 年）。始新世的干群鲸目动物具有与嗅觉联系的骨骼学特征，类似于在一些须鲸科动物中见到的特征，这说明始祖鲸类的嗅觉曾是相当发达的感官（戈弗雷等，2012 年；贝尔塔等，2014 年）。

海牛具有不发达的嗅觉结构（麦凯·西姆等，1985 年）。在行为上，它们在食物的选择上常很挑剔，但尚未可知选择是通过嗅觉、味觉或触觉做出的，还是综合运用这些感官的结果。对海獭嗅觉的研究较少。它们的鼻甲骨发育良好、嗅觉敏感性强，这是陆地食肉目动物的典型特征。海獭的社会行为也说明产生气味和敏锐的嗅觉都重要。成年雄性可能通过嗅觉线索对处于发情期的雌性进行定位和确认（里德曼和埃斯蒂斯，1990 年）。嗅觉对北极熊很重要，既用于捕猎，也用于社会交往。北极熊具有敏锐的嗅觉，可部分归因于它们增大的嗅觉鼻甲(是哺乳动物鼻腔内的一个极薄而结构复杂的骨架，在呼吸和嗅觉中具有作用)，这个结构改善了它们使用嗅觉线索的能力，使它们能够在很远的距离上探测猎物和其他感兴趣的物体（格林等，2012 年）。它们能够在数千米的距离外发现海豹或其他潜在猎物的气味，甚至能感知冰雪下的气味（科尔诺斯基，1987 年）。嗅觉在它们的远距离通信中也很重要，例如，嗅觉使雄性能够跨越非常大的范围定位潜在配偶（斯特林，1998 年）。

7.3.2.3 味觉

味觉感觉器官是味蕾，通常分布于哺乳动物的舌上。虽然鳍脚类动物具有味蕾，但关于其味觉敏感性的研究很少；库兹涅佐夫（1982 年）证实，北海狮（*Eumetopias jubatus*）能够感受人类 4 种主要味觉中的 3 种：酸、苦和咸，但对甜不敏感。弗里德尔等（1990 年）发现对港海豹的研究可得出相似的结果。解剖学研究表明，鲸目动物在舌的基部具有味蕾，研究还证实真海豚、宽吻海豚和鼠海豚（*Phocoena phocoena*）均能够分辨出不同的化学物质，甚至是低浓度的柠檬酸（纳赫蒂加尔，1986 年；库兹涅佐夫，1990 年）。最近，对灰鲸新生儿舌部的观察研究首次证实，须鲸也具有味蕾（金勒等，2015 年）。

与鳍脚类动物和鲸目动物相比，海牛目动物的味蕾更多。儒艮的味蕾位于沿着舌侧缘的一排凹点中。海牛类的舌上具有一对包含着味蕾的肿块，与儒艮舌部凹点的功能相当（列文和法伊弗，2002 年）。浆液腺通向凹点和肿块，邻近的黏液腺也直接通向舌的表面。腺体的产物可用于冲洗味蕾，以海草为食的儒艮尤其如此。唾液中包含的一些酶也可能将海草和海藻的多糖转化为小分子，转而刺激味蕾。儒艮舌部的另一项特征是在舌的侧面存在成片的菌状乳头，可能具有触觉器官的作用（山崎等，1980 年）。

对海獭味觉能力的研究很少（科维泰克等，1991 年），对北极熊味觉的研究更是一片空白。

7.4 总结和结论

海洋哺乳动物的皮肤系统具有保护、体温调节和交流通信的功能。鲸目动物和海牛目动物的皮肤没有腺体和皮毛，这是与其他海洋哺乳动物相区分的特征。一角鲸科物种皮肤的表皮层外部每年都要经历换皮，这在鲸目动物中独一无二。皮肤的内层（真皮或鲸脂）具有可变的厚度和脂类含量，受到年龄、性别、个体和季节变化的影响。海洋哺乳动物皮肤和皮毛的体色模式主要具有隐蔽自身或交流通信的功能。附着在鲸目动物皮肤上的藤壶和鲸虱很可能属于共生生物而非寄生虫。鳍脚类动物、海獭和北极熊的毛发由长而厚的针毛和位于其下的短而纤细的下层绒毛组成（但海豹类和海象缺少下层绒毛）。海狗和海狮与海豹不同，并不每年一次地换皮，而是在全年中渐进性地更新皮毛。触须具有触觉感受功能，可能对探测猎物特别重要。关于海洋哺乳动物的神经系统，讨论最多的一个方面是一些齿鲸较大的相对脑体积及其据称与智力的关系。在海洋哺乳动物间比较脑形成商数（EQ），结果显示海豚类具有最高的脑容量与体型之比，这可能与生命史模式有关，包括它们的觅食策略以及社会群体的规模和复杂性。海牛目动物的脑形成商数（EQ）在哺乳动物中处于最低水平，这与其低代谢率和长期的出生后生长有关。脊髓的臂区和腰骶区发育程度的差异与不同海洋哺乳动物的特化运动模式有关。各类内分泌腺的运转关系到海牛类迟缓的行为（甲状腺）

和一些海豹的繁殖周期（松果腺）。

本章论述了三大感觉系统（视觉、嗅觉和味觉），其中最发达和研究最多的是视觉系统。海洋哺乳动物的眼睛的特征是：具有一层发育良好的反光膜，可使眼睛对光线更敏感，特别是在弱光条件下；具有哈德氏腺，可产生一种油性黏液以保护眼睛。睫状肌的调节机制可改变晶状体的折射能力，相比于鲸豚类动物或海牛类动物，鳍脚类动物和海獭的这种调节机制发育得尤其健全。虽然已对各物种开展了行为学实验，并发现它们的视网膜上既有视杆细胞也有视锥细胞，但是要证实鳍脚类动物、鲸豚类动物和海牛类动物的辨色能力仍是困难的。鳍脚类动物的嗅球小，齿鲸则完全没有嗅球。这与海牛、海獭和北极熊形成鲜明对比，后三者具有相对较大的嗅觉器官和更加敏锐的嗅觉。

7.5 延伸阅读与资源

关于鳍脚类动物解剖学和生理学的经典论著，参见里奇韦（1972年）、哈里森（1972—1977年）和金（1983年）的作品。鲸目动物解剖学论著见斯利珀（1979年）、诺里斯（1966年）和雅布罗科夫等（1972年）的作品。关于海牛目动物的解剖学报告，读者可在里奇韦和哈里森（1985年）、西胁和马尔什（1985年）以及考德威尔和考德威尔（1985年）的作品中寻找。波珀（1980年）、道森（1980年）、舒斯特曼（1981年）及福布斯和斯莫克（1981年）论述了海洋哺乳动物的各种感觉系统的能力，并且研究结果在以下作者的论著中得到了强调：沃特金斯和瓦尔特佐克（1985年）、托马斯和卡斯特莱恩（1990年）、卡斯特莱恩等（1995年），以及德威森和努梅拉（2008年）。

参考文献

Ashwell-Erikson, S., Fay, F. H., Elsner, R., Wartzok, D., 1986. Metabolic and hormonal correlates of molting and regeneration of pelage in Alaskan harbour and spotted seal (*Phoca vitulina* and *Phoca largha*). Can. J. Zool. 64,1086–1094.

Aznar,F.J.,Balbuena,J.A.,Fernandez,M.,Raga,J.A.,2002. Living together: the parasites of marine mammals. In: Evans,P.G.H.,Raga,J.A. (Eds.),Marine Mammals: Biology and Conservation. Kluwer Academic/Plenum Publishers,New York,pp. 385–423.

Bauer,G.B., Colbert, D.E., Gaspard III, J.C., Littlefield, B., Fellner, W., 2003. Underwater visual acuity of Florida manatees (*Trichechus manatus latirostris*). Int. J. Comp. Psychol. 16,130–142.

Bergstresser,P.R., Taylor, J.R., 1977. Epidermal turnover time—new examination. Brit. J. Dermatol. 96,503–509.

Berta,A.,Ekdale,E.G.,Cranford,T.W.,2014. Review of the Cetacean nose: form,function and evolution. Anat. Rec. 297 (11),2205–2215.

Berta,A.,Ekdale,E.G.,Zellmer,N.T.,Deméré,T.A.,Kienle,S.S.,Smallcomb,M.,2015. Eye, nose, and throat: external anatomy of the head of a neonate gray whale (Cetacea, Mysticeti,Eschrichtiidae). Anat. Rec.,.

Bininda-Emonds,O.R.,2000. Pinniped brain sizes. Mar. Mamm. Sci. 16,469–481.

Boddy,A.M.,McGowen,M.R.,Sherwood,C.C.,Grossman,L.I.,Goodman,M.,Wildman,D.E., 2012. Comparative analysis of encephalization in mammals reveals relaxed constraints on antropoid primate and cetacean brain scaling. J. Evol. Biol. 25,981–994.

Boily,P.,1995. Theoretical heat flux in water and habitat selection of phocid seals and beluga whales during the annual molt. J. Theor. Biol. 172,235–244.

Bonner,N.,1994. Seals and Sea Lions of the World. Facts on File,New York.

Bowen,W.D.,1991. Behavioural ecology of pinniped neonates. In: Renouf,D. (Ed.),Behavior of Pinnipeds. Chapman & Hall,London,pp. 66–127.

Boyd,I.,Arnbom,T.,Fedak,M.,1993. Water flux,body composition and metabolic rate during molt in female elephant seals (*Mirounga leonina*). Physiol. Zool. 66,43–60.

Bryden,M.M.,1994. Endocrine changes in newborn southern elephant seals. In: Le Boeuf,B. J.,Laws, R.M. (Eds.), Elephant Seals: Population Ecology, Behavior, and Physiology. University of California Press,Berkeley,CA,pp. 387–397.

Buono,M.R.,Fernández,M.S.,Herrera,Y.,2012. Morphology of the eye of the southern right whales (*Eubalaena australis*). Anat. Rec. 295,355-368.

Caldwell, D.K., Caldwell, M.C., 1985. Manatees—*Trichechus manatus*, *Trichechus senegalensis*, and *Trichechus inunguis*. In: Ridgway, S.H., Harrison, R. (Eds.), Handbook of Marine Mammals. Academic Press, London, pp. 33-66.

Caro, T., Beeman, K., Stankowich, T., Whitehead, H., 2011. The functional significance of colouration in cetaceans. Evol. Ecol. 25, 1231-1245.

Caro, T., Stankowich, T., Mesnick, S.L., Costa, D.P., Beeman, K., 2012. Pelage coloration in pinnipeds: functional considerations. Behav. Ecol. 765-774.

Czech-Damal, N.U., Liebschner, A., Miersch, L., Klauer, G., Hanke, F.D., Marshall, C., Dehnhardt, G., Hanke, W., 2012. Electroreception in the Guiana dolphin (*Sotalia guianensis*). Proc. Biol. Sci. 297 (1729), 663-668.

Davydov, A.F., Makarova, A.R., 1964. Changes in heat regulation and circulation in newborn seals on transition to aquatic form of life. Fizol. Zhur SSSR 50, 894-897.

Dawson, W.W., 1980. The cetacean eye. In: Herman, L. (Ed.), Cetacean Behavior. Wiley-Interscience, New York, pp. 53-100.

Debey, L.B., Pyenson, N.D., 2013. Osteological correlates and phylogenetic analysis of deep diving in living and extinct pinnipeds: what good are big eyes? Mar. Mamm. Sci. 29, 48-83.

Denhardt, G., 1994. Tactile size discrimination by a California sea lion (*Zalophus californianus*) using its mystacial vibrissae. J. Comp. Physiol. A 175, 791-800.

Denhardt, G., Kaminski, A., 1995. Sensitivity of the mysticial vibrissae of harbour seals (*Phoca vitulina*) for size differences of actively touched objects. J. Exp. Biol. 198, 2317-2323.

Denhardt, G., Mauck, B., Hanke, W., Bleckmann, H., 2001. Hydrodynamic trail-following in harbor seals (*Phoca vitulina*). Science 293, 102-104.

Derocher, A.E., 2012. Polar Bears: A Complete Guide to Their Biology and Behavior. Johns Hopkins University Press, Baltimore, MA.

Dexler, H., 1913. Das Him von Halicore dugong Erxl. Morphol. Jahrb. 45, 95-195.

Dosch, F., 1915. Structure and Development of the Integument of the Sirenia. NRC, Ottawa, Canada (D. A. Sinclair, transl.), Tech. Trans. No. 1624.

Durban, J.W., Pitman, R.L., 2011. Antarctic killer whales make rapid, round-trip movements to subtropical waters: evidence for physiological maintenance migrations? Biol. Lett. 8, 274–277.

Ebling, F.J., Hale, P.A., 1970. The control of the mammalian molt. Mem. Soc. Endocrinol. 18, 215–235.

Evans, W.E., Bastian, J., 1969. Marine mammal communication: social and ecological factors. In: Andersen, H.T. (Ed.), The Biology of Marine Mammals. Academic Press, New York, pp. 425–476.

Fay, F., 1982. Ecology and Biology of the Pacific Walrus, *Odobenus rosmarus divergens* Illiger. North Am. Fauna Ser., U.S. Dep. Inter., Fish Wildl. Serv, Washington, D.C. 74.

Fay, E., 1985. Odobenus rosmarus. Mamm. Species 238, 1–7.

Ferreira, E.O., Loseto, L.L., Ferguson, S.H., 2011. Assessment of claw growth-layer groups from ringed seals (*Pusa hispida*) as biomonitors of inter and intra annual Hg, ^{15}N and ^{13}C variation. Can. J. Zool. 89, 774–784.

Flanigan, N. J., 1966. The anatomy of the spinal cord of the Pacific striped dolphin, *Lagenorhynchus obliquidens*. In: Norris, K. S. (Ed.), Whales, Dolphins and Porpoises. University of California Press, Berkeley, CA, pp. 207–231.

Flanigan, N.J., 1972. The central nervous system. In: Ridgway, S. (Ed.), Mammals of the Sea: Biology and Medicine. Charles C Thomas, Springfield, IL, pp. 215–246.

Forbes, J.L., Smock, C.C., 1981. Sensory capabilities of marine mammals. Psychol. Bull. 89, 288–307.

Friedl, W.A., Nachtigall, P.E., Moore, P.W., Chun, N.K., Haun, J.E., Hall, R.W., Richards, J. L., 1990. Taste reception in the Pacific bottlenose dolphin (*Tursiops truncatus gilli*) and the California sea lion (*Zalophus californianus*). In: Thomas, A., Kastelein, R. A. (Eds.), Sensory Abilities of Cetaceans: Laboratory and Field Evidence. Plenum Press, New York, pp. 447–454.

Gaspard III, J. C., Reep, R. L., Dziuk, K., Read, L., Mann, D. A., 2013. Detection of hydrodynamic stimuli by the Florida manatee (*Trichechus manatus latirostris*). J. Comp. Physiol. A 199, 441–450.

Geraci, J.R., St Aubin, D.J., Hicks, B.D., 1986. The epidermis of odontocetes: a view from within. In: Bryden, M.M., Harrison, R. (Eds.), Research on Dolphins. Oxford University

Press, Oxford, pp. 3–31.

Giffin, E., 1992. Functional implications of neural canal anatomy in recent and fossil marine carnivores. J. Morphol. 214, 357–374.

Ginter, C.C., De Witt, T.J., Fish, F.E., Marshall, C.D., 2012. Fused traditional and geometric morphometrics demonstrate pinniped whisker diversity. PLoS ONE 7, e34481.

George, J. C., 2009. Growth, Morpholoy and Energetics of Bowhead Whales (*Balaena mysticetus*). Univ. Fairbanks, Alaska USA. PhD.

Glezer, I. I., 2002. Neural morphology. In: Hoelzel, A. R. (Ed.), Marine Mammal Biology. Blackwell Publishing, Oxford, pp. 98–115.

Godfrey, S.J., Geisler, J., Fitzgerald, E., 2012. On the olfactory anatomy in an archaic whale (Protocetidae, Cetacea) and the minke whale *Balaenoptera acutorostrata* (Balaenopteridae, Cetacea). Anat. Rec. 296, 257–272.

Grahl-Nielsen, O., Andersen, M., Derocher, A.E., Lydersen, C., Wiig, Ø., Kovacs, K.M., 2003. Fatty acid composition of the adipose tissue of polar bears and of their prey: ringed seals, bearded seals and harp seals. Mar. Ecol. Prog. Ser. 265, 275–282.

Green, P.A., Van Valkenburgh, b., Pang, B., Bird, D., Rowe, T., Curtis, A., 2012. Respiratory and olfactory turbinal size in canid and arctoid carnivorans. J. Anat. 221, 609–621.

Griebel, U., Schmid, A., 2002. Spectral sensitivity and color vision in the bottlenose dolphin (*Tursiops truncatus*). Mar. Freshw. Behav. Phy. 35, 129–137.

Griebel, U., Peichl, L., 2003. Colour vision in aquatic mammals – facts and open questions. Aquat. Mamm. 29, 18–30.

Griffiths, D.J., Bryden, M.M., 1981. The annual cycle of the pineal gland in the elephant seal (*Mirounga leonina*). In: Matthews, C., Seamark, R. (Eds.), Pineal Function. Elsevier, Amsterdam, pp. 57–66.

Haldiman, J.T., Tarpley, R., 1993. Anatomy and physiology. In: Burns, J.J., Montague, J.J., Cowles, C.J. (Eds.), The Bowhead Whale, Spec. Publ. 2, Soc. Mar. Mamm. Allen Press, NY, pp. 71–156.

Hanke, W., Wieskotten, S., Marshall, C., Dehnhardt, G., 2012. Hydrodynamic perception in true seals (Phocidae) and eared seals (Otariidae). J. Comp. Physiol. A 199, 421–440.

Hardy, M.H., Roff, E., Smith, T.G., Ryg, M., 1991. Facial skin glands of ringed and gray seals, and their possible function as odoriferous organs. Can. J. Zool. 69, 189–200.

Harrison, R.J., 1969. Endocrine organs: hypophysis, thyroid, and adrenal. In: Andersen, H.T. (Ed.), The Biology of Marine Mammals. Academic Press, New York, pp. 349–390.

Harrison, R. J., 1972 – 1977. Functional Anatomy of Marine Mammals, vols 1 – 3. Academic Press, London.

Harrison, R.J., Tomlinson, J.D.W., 1963. Anatomical and physiological adaptations in diving mammals. In: Carthy, J.D., Buddington, C.L. (Eds.). Viewpoints in Biology, vol 2. Butterworths, London, pp. 115–162.

Harrison, R.J., King, J.E., 1965. Marine mammals. Hutchinson, , London.

Harrison, R.J., Kooyman, G.L., 1968. General physiology of the Pinnipedia. In: Harrison, R.J., Hubbard, R.C., Peterson, R.S., Rice, C.E., Schusterman, R.J. (Eds.), The Behavior and Physiology of the Pinnipeds. Appleton-Century-Crofts, New York, pp. 211–296.

Harrison, R.J., Thurley, K.W., 1974. Structure of the epidermis in *Tursiops*, *Delphinus*, *Orcinus* and *Phocoena*. In: Harrison, R.J. (Ed.). Functional Anatomy of Marine Mammals, vol. 1. Academic Press, New York, pp. 45–71.

Hartman, D.S., 1979. Ecology and behavior of the manatee (*Trichechus manatus*) in Florida. Am. Soc. Mammal. Spec. Publ. 3, 1–153.

Horgan, P., Booth, D., Nichols, C., Lanyon, J.M., 2014. Insulative capacity of the integument of the dugong (*Dugong dugon*): thermal conductivity, conductance and resistance measured by in vitro heat flux. Mar. Biol. 161, 1395–1407.

Howell, A.B., 1930. Aquatic Mammals. Charles C. Thomas, Springfield, IL.

Hyvärinen, H., 1989. Diving in darkness: whiskers as sense organs of the ringed seal (*Phoca hispida saimensis*). J. Zool. Soc. Lond. 218, 663–678.

Hyvärinen, H., 1995. Structure and function of the vibrissae of the ringed seal (*Phoca hispida L.*). In: Kastelein, R.A., Thomas, J.A., Nachtigall, P.E. (Eds.), Sensory Systems of Aquatic Mammals. De Spit Publishers, Woerden, Netherlands, pp. 429–445.

Iversen, M., Aars, J., Haug, T., Alsos, I.G., Lydersen, C., Bachmann, L., Kovacs, K.M., 2013. The diet of polar bears (*Ursus maritimus*) from Svalbard, Norway, inferred from scat analysis. Polar Biol. 36, 561–571.

Iverson, S.J., 2009. Blubber. In: Perrin, W.F., Wursig, B., Thewissen, J.G.M. (Eds.),

Encyclopedia of Marine Mammals, second. ed. Elsevier, San Diego, CA, pp. 115–120.

Jansen, J., Jansen, J.K.S., 1969. The nervous system of Cetacea. In: Andersen, H.T. (Ed.), The Biology of Marine Mammals. Academic Press, New York, pp. 175–252.

Jerison, H.J., 1973. Evolution of the Brain and Intelligence. Academic Press, New York.

Kastelein, R.A., van Gaalen, M.A., 1988. The sensitivity of the vibrissae of a Pacific walrus (*Odobenus rosmarus divergens*). Part 1. Aquat. Mamm. 14, 123–133.

Kastelein, R.A., Stevens, S., Mosterd, P., 1990. The tactile sensitivity of the mystacial vibrissae of a Pacific walrus (*Odobenus rosmarus divergens*). Part 2: Masking. Aquat. Mamm. 16, 78–87.

Kastelein, R.A., Zweypfenning, R.C.V.J., Spekreijse, H., Dubbeldam, J.L., Born, E.W., 1993. The anatomy of the walrus head (*Odobenus rosmarus*). Part 3: the eyes and their function in walrus ecology. Aquat. Mamm. 19, 61–92.

Kastelein, R.A., Thomas, J.A., Nachtigall, P.E., 1995. Sensory Systems of Aquatic Mammals. De Spit Publishers, Woerden, Netherlands.

Kenyon, K.W., 1969. The Sea Otter in the Eastern Pacific Ocean. North Am. Fauna Ser., U.S. Dep. Int., Fish Wildl. Serv. No. 68.

Kenyon, K.W., Rice, D.W., 1959. Life history of the Hawaiian monk seal. Pac. Discov. 13, 215–252.

Kienle, S. S., Ekdale, E. G., Reidenberg, J. S., Deméré, T. A., 2015. Tongue and hyoid musculature and functional morphology of a neonate gray whale (Cetacea, Mysticeti, *Eschrichtius robustus*). Anat. Rec..

Kim, K. C., 1985. Evolution and host associations of Anoplura. In: Kim, K. C. (Ed.), Coevolution of Parasitic Arthropods and Mammals. Wiley, New York, pp. 197–232.

Kim, K.C., Repenning, C.A., Morejohn, G.V., 1975. Specific antiquity of the suckling lice and evolution of otariid seals. Rapp. P-v. Reun. Cons. Int. Explor. Mer. 169, 544–549.

King, J. E., 1966. Relationships of the hooded and elephant seals (Genera *Cystophora* and *Mirounga*). J. Zool. Lond. 148, 385–398.

King, J.E., 1983. Seals of the World, second ed. Cornell University Press, Ithaca, NY.

Kipps, E.K., McLellan, W.A., Rommel, S.A., Pabst, D.A., 2002. Skin density and its influence on buoyancy in the manatee (*Trichechus manatus latirostris*), harbor porpoises (*Phocoena*

phocoena) and bottlenose dolphin (*Tursiops truncatus*). Mar. Mamm. Sci. 18,765–778.

Kishida,T.,Thewissen,J.G.M.,2012. Evolutionary changes of the importance of olfaction in cetaceans based on the olfactory marker protein gene. Gene 492,349–353.

Kolenosky, G. B., 1987. Polar bear. In: Novak, M., Baker, J. A., Obbard, M. E., Malloch, B. (Eds.), Wild Furbearer Management and Conservation in North America. Ontario Trappers Association,Toronto,pp. 474–485.

Koon,D.W.,1998. Is polar bear hair fiber optic? Appl. Opt. 37,3198–3200.

Koopman, H. N., 2007. Phylogenetic, ecological, and ontogenetic factors influencing the biochemical structure of the blubber of odontocetes. Mar. Biol. 151,277–291.

Koopman,H.N.,Iverson,S.J.,Read,A.J.,2003. High concentrations of isovaleric acid in the fats of odontocetes: variation and patterns of accumulation in blubber vs. stability in the melon. J. Comp. Physiol. B 173,247–261.

Kovacs,K.M.,Lydersen,C.,Gjertz,I.,1996. Birth site characteristics and prenatal molting in bearded seals (*Erignathus barbatus*). J. Mammal. 77,1085–1091.

Kowalewsky,S.,Dambach,M.,Mauck,B.,Dehnhardt,G.,2006. High olfactory sensitivity for dimethyl sulphide in harbour seals. Biol. Lett. 2,106–109.

Kroger,R.H.H.,Katzir,G.,2008. Comparative anatomy and physiology of vision in aquatic tetrapods. In: Thewissen, J. G. M., Nummela, S. (Eds.), Sensory Evolution on the Threshold. University of California Press,Berkeley,CA,pp. 121–147.

Kuznetsov,V.B.,1982. Taste perception of sea lions. In: Zemsky,V.A. (Ed.),'Izucheniye, Okhrana, I Ratstional'noye Ispol'zovaniye Morskikh Mlekopitayushchikh. Ministry of Fisheries,USSR,Ichthyology Commission,VNIRO,and the Academy of Sciences,USSR, Astrakhan',p. 191.

Kuznetsov, V. B., 1990. Chemical senses of dolphins: quasiolfaction. In: Thomas, J. A., Kastelein,R.A. (Eds.),Sensory Abilities of Cetaceans. Plenum Press,New York,pp. 481–503.

Kvitek,R.G.,DeGange,A.R.,Beitler,M.K.,1991. Paralytic shellfish toxins mediate sea otter food preference. Limnol. Oceanogr. 36,393–404.

Lavigne,D.M.,Kovacs,K.M.,1988. Harps and Hoods. University of Waterloo Press,Ontario, Canada.

Leung, Y.M., 1967. An illustrated key to the species of whale lice. Crustaceana 12, 279–291.

Levenson, D.H., Dizon, A., 2003. Genetic evidence for the ancestral loss of short-wavelength-sensitive cone pigments in mysticete and odontocete cetaceans. Proc. R. Soc. B 270, 673–679.

Levin, M., Pfeiffer, C.J., 2002. Gross and microscopic observations on the lingual structure of the Florida Manatee *Trichechus manatus latirostris*. Anat. Histol. Embryol. 31, 278–285.

Lewin, R.A., Robinson, P.T., 1979. The greening of polar bears in zoos. Nature 278, 445–447.

Light, J.E., Smith, V.S., Allen, J.M., Durden, L.A., Reed, D.L., 2010. Evolutionary history of mammalian sucking lice (Phthiraptera: Anoplura). BMC Evol. Biol. 10, 292.

Lilly, J.C., 1964. Animals in aquatic environments: adaptation of mammals to the ocean. In: Dill, D.B., Adolph, E.F., Wilber, C.G. (Eds.), Handbook of Physiology, Section 4: Adaptation to the Environment. Am. Physio. Soc., Washington, DC, pp. 741–747.

Lilly, J.C., 1967. The Mind of the Dolphin. Doubleday, Garden City, NY.

Ling, J.K., 1965. Functional significance of sweat glands and sebaceous glands in seals. Nature 208, 560–562.

Ling, J.K., 1970. Pelage and molting in wild mammals with special reference to aquatic forms. Q. Rev. Biol. 45, 16–54.

Ling, J.K., 1974. The integument of marine mammals. In: Harrison, R.J. (Ed.). Functional Anatomy of Marine Mammals, vol. 2. Academic Press, London, pp. 1–44.

Ling, J.K., 1977. Vibrissae of marine mammals. In: Harrison, R.J. (Ed.). Functional Anatomy of Marine Mammals, vol. 3. Academic Press, London, pp. 387–415.

Ling, J.K., Thomas, C.D.B., 1967. The skin and hair of the Southern elephant seal, *Mirounga leonina* (L.) 2. Prenatal and early post-natal development and moulting. Aust. J. Zool. 15, 349–365.

Ling, J.K., Button, C.E., 1975. The skin and pelage of grey seal pups (*Halichoerus grypus Fabricus*): with a comparative study of foetal and neonatal moulting in the pinnipedia. Rapp. R.-v. Réun. Cons. Int. Explor. Mer. 169, 112–132.

Liwanag, H.E.M., Berta, A., Costa, D.P., Abney, M., Williams, T.M., 2012. Morphological and thermal properties of mammalian insulation: the evolution of fur for aquatic living. Biol. J. Linn. Soc. 106, 926–939.

Liwanag, H.E.M., Berta, A., Costa, D.P., Budge, S.M., Williams, T.M., 2012. Morphological and thermal properties of mammalian insulation: the evolutionary transition to blubber in pinnipeds. Biol. J. Linn. Soc. 107, 774–787.

Lydersen, C., Kovacs, K. M., 1999. Behaviour and energetics of ice-breeding North-Atlantic phocid seals during the lactation period. Mar. Ecol. Prog. Ser. 187, 265–281.

Lydersen, C., Kovacs, K.M., Hammill, M.O., 2000. Reversed molting pattern in starveling gray (*Halichoerus grypus*) and harp (*Phoca groenlandica*) seal pups. Mar. Mamm. Sci. 16, 489–493.

MacDonald, D. (Ed.), 1984. Sea Mammals. Torstar Books, New York.

MacKay-Sim, A., Duvall, D., Graves, B. M., 1985. The West Indian manatee, *Trichechus manatus*, lacks a vomeronasal organ. Brain Behav. Evol. 27, 186–194.

Madsen, C. J., Herman, L. M., 1980. Social and ecological correlates of cetacean vision and visual appearance. In: Herman, L. (Ed.), Cetacean Behavior. Wiley-Interscience, New York, pp. 101–147.

Manger, P. R., 2006. An examination of cetacean brain structure with a novel hypothesis correlating thermogeneiss to the evolution of a big brain. Biol. Rev. 81, 293–338.

Manger, P.R., Spoctoer, M.A., Patzke, N., 2013. The evolutions of large brain size in mammals: the "over-700-Gram club quartet". Brain Behav. Evol. 82, 68–78.

Margolis, L., Groff, J. M., Johnson, S. C., McDonald, T. E., Kent, M. L., Blaylock, R. B., 1997. Helminth parasites of sea otters (*Enhydra lutris*) from Prince William Sound, Alaska: comparisons with other populations of sea otters and comments on the origin of their parasites. J. Helminthol. Soc. Wash. 64, 161–168.

Margolis, L., McDonald, T.E., Bousfield, E.L., 2000. The whale lice (Amphipoda: Cyamidae) of the northeastern Pacific region. Amphipacifica 2, 63–119.

Marino, L., 2007. Cetacean brains: how aquatic are they? Anat. Rec. 290, 694–700.

Marino, L., 2009. Brain size evolution. In: Perrin, W. F., Wursig, B., Thewissen, J. G. M. (Eds.), Encyclopedia of Marine Mammals, second ed. Elsevier, San Diego, CA, pp. 149–152.

Marino, L., Uhen, M.D., Froelich, B., Aldag, J.M., Blane, C., Bohaska, D., Whitmore Jr., F.C., 2000. Endocranial volume of mid-late Eocene archaeocetes (Order Cetacea) revealed by computed tomography: implications for cetacean brain evolution. J. Mamm. Evol. 7, 81–94.

Marino, L., Murphy, T.L., Gozal, L., Johnson, J.L., 2001. Magnetic resonance imaging and three-dimensional reconstructions of the brain of the fetal common dolphin, *Delphinus delphis*. Anat. Embryol. 203, 393–402.

Marino, L., Sudheimer, K., Sarko, D., Sirpenski, G., Johnson, J.I., 2003. Neuroanatomy of the harbor porpoises (*Phocoena phocoena*) from magnetic resonance images. J. Morphol. 257, 308–347.

Marino, L., Uhen, M.D., Peyenson, N.D., Froelich, B., 2003. Reconstructing cetacean brain evolution using computed tomography. Anat. Rec. 272b, 107–117.

Marino, L., McShea, D., Uhen, M.D., 2004. The origin and evolution of large brains in toothed whales. Anat. Rec. 281, 1247–1255.

Marino, L., Connor, R.C., Fordyce, R.E., Herman, L.M., Hof, P.R., Lefebvre, L., 2007. Cetaceans have compex brains for complex cognition. PLoS Biol 5, e139.

Marino, L., Butt, C., Connor, R.C., Fordyce, R.E., Herman, L.M., Hof, P.R., Lusseau, D., McCowan, B., Nimchinsky, E.A., Pack, A.A., Reidenberg, J.S., Reiss, D., Rendell, L., Uhen, M.D., Van der Gucht, E., Whitehead, H., 2008. A claim in search of evidence: reply to Manger's thermogenesis hypothesis of cetacean brain structure. Biol. Rev. 83, 417–440.

Marshall, C.D., Reep, R.L., 1995. Manatee cerebral cortex: cytoarchitecture of the caudal region in *Trichechus manatus latirostris*. Brain Behav. Evol. 45, 1–18.

Marshall, C.D., Clark, L.A., Reep, R.L., 1998. The muscular hydrostat of the Florida manatee (*Trichechus manatus latirostris*): functional morphological model of perioral bristle use. Mar. Mamm. Sci. 14, 290–305.

Marshall, C.D., Amin, H., Kovacs, K.M., Lydersen, C., 2006. Microstructure and innervation of the mystacial vibrissal follicle-sinus complex in bearded seals, *Erignathus barbatus* (Pinnipedia: Phocidae). Anat. Rec. 288A, 13–25.

Martinez-Levasseur, L.M., Birch-Machin, M.A., Bowman, A., Gendron, D., Weatherhead, E., Knell, R.J., Acevedo-Whitehouse, K., 2013. Whales use distinct strategies to counteract solar ultraviolet radiation. Sci. Rep. 3, 2386.

Mass, A.M., Supin, A.Y., 2007. Adaptive features of aquatic mammals' eye. Anat. Rec. 290, 701–715.

Mass, A. M., Supin, A. Y., 2009. Vision. In: Perrin, W. F., Wursig, B., Thewissen, J. G. M. (Eds.), Encyclopedia of Marine Mammals, second. ed. Elsevier, San Diego, CA, pp. 1200–1211.

Mauck, B., Eysel, U., Dehnhardt, G., 2000. Selective heating of vibrissal follicles in seals (*Phoca vitulina*) and dolphins (*Sotalia fluviatus guianensis*). J. Exp. Biol. 203, 2125–2131.

Mauck, B., Dehnhardt, G., 2005. Identity concept formation during visual multiplechoice matching in a harbor seal (*Phoca vitulina*). Learn. Behav. 33, 428–436.

McClelland, S.J., Gay, M., Pabst, D. A., Dillaman, R., Westgate, A. J., Koopman, H. N., 2012. Microvascular patterns in the blubber of shallow and deep diving odontocetes. J. Morphol. 273, 932–942.

McGowen, M.R., Grossman, L.I., Wildman, D.E., 2012. Dolphin genome provides evidence for adaptive evolution of nervous system genes and a molecular rate slow down. Proc. R. Soc. B 279 (1743), 3643–3651.

McLaren, I.A., 1966. Taxonomy of harbor seals of the western North Pacific and the evolution of certain other hair seals. J. Mammal. 47, 466–473.

Meyer, W., Neurand, K., Klima, M., 1995. Prenatal development of the integument in Delphinidae (Cetacea: Odontoceti). J. Morphol. 223, 269–287.

Meyer, W., Seegers, U., Herrmann, J., Schnapper, A., 2003. Further aspects of the general antimicrobial properties of pinniped skin secretions. Dis. Aquat. Organ. 53, 177–179.

Miersch, L., Hanke, W., Wieskotten, S., Hanke, F.D., Oeffner, J., Leder, A., Brede, M., Witte, M., Dehnhardt, G., 2012. Flow sensing by pinniped whiskers. Phil. Trans. Roy. Soc. B 366, 3077–3084.

Miller, E. H., 1991. Communication in pinnipeds, with special reference to non-acoustic signaling. In: Renouf, D. (Ed.), Behaviour of Pinnipeds. Chapman and Hall, London, pp. 128–235.

Mills, F., Renouf, D., 1986. Determination of the vibrational sensitivity of the harbour seal *Phoca vitulina* (L.) vibrissae. J. Exp. Mar. Biol. Ecol. 100, 3–9.

Mitchell, E. D., 1970. Pigmentation pattern evolution in delphinid coloration: an essay in adaptive coloration. Can. J. Zool. 48,717-740.

Morgane, P.J., Jacobs, M.S., Galaburda, A., 1986. Evolutionary morphology of the dolphin brain. In: Schusterman, R. J., Thomas, J. A., Wood, F. G. (Eds.), Dolphin Cognition and Behavior: A Comparative Approach. Erlbaum, Hillsdale, NJ, pp. 5-28.

Murie, J., 1871. Researchers upon the anatomy of the Pinnipedia. Part I. On the walrus (*Trichechus rosmarus Linn.*). Trans. Zool. Soc. Lond. 7,411-464.

Nachtigall, P. E., 1986. Vision, audition, and chemoreception in dolphins and other marine mammals. In: Schusterman, R. J., Thomas, J. A., Wood, F. G. (Eds.), Dolphin Cognition and Behavior: A Comparative Approach. Erlbaum, Hillsdale, NJ, pp. 79-113.

Nemoto, T., 1956. On the diatoms of the skin film of whales in the Northern Pacific. Sci. Rep. Whales Res. Inst. Tokyo 11,99-132.

Nemoto, T., Best, P.B., Ishimaru, K., Takano, H., 1980. Diatom films on whales in South African waters. Sci. Rep. Whales Res. Inst. 32,97-103.

Nishiwaki, M., Marsh, H., 1985. *Dugong dugon* (Muller, 1776). In: Ridgway, S.H., Harrison, R. (Eds.). Handbook of Marine Mammals, vol. 3. Academic Press, New York, pp. 1-31.

Norris, K. S. (Ed.), 1966. Whales, Dolphins and Porpoises. University of California Press, Berkeley, CA.

Norris, K.S., Wells, R.S., Johnson, C.M., 1994. The visual domain. In: Norris, K.S., Wursig, B., Wells, R. S., Wursig, M. (Eds.), The Hawaiian Spinner Dolphin. University of California Press, Berkeley, CA, pp. 141-160.

Oelschläger, H., 1992. Development of the olfactory and terminalis systems in whales and dolphins. In: Doty, R., Muller-Schwarze, D. (Eds.), Chemical Signals in Vertebrates. Plenum Press, New York, NY, pp. 141-147.

Oelschläger, H.A., Oelschläger, J.S., 2009. Brain. In: Perrin, W.F., Wursig, B., Thewissen, J.G. M. (Eds.), Encyclopedia of Marine Mammals, second ed. Academic Press, San Diego, CA, pp. 134-148.

Oftedal, O.T., Bowen, W.D., Widdowson, E.M., Boness, D.J., 1991. The prenatal molt and its ecological significance in hooded and harbor seals. Can. J. Zool. 69,2489-2493.

O'Shea, T.J., Reep, R.L., 1990. Encephalization quotients and life-history traits in the Sirenia.

J. Mammal. 71,534–543.

Peichl,L.,Behrmann,G.,Kroger,R.H.H.,2001. For whales and seals the ocean is not blue：a visual pigment loss in marine mammals. Eur. J. Neurosci. 13,1520–1528.

Perrin,W.F.,1972. Color patterns of spinner porpoises（*Stenella* cf. *S. longirostris*）of the Eastern Pacific and Hawaii,with comments on delphinid pigmentation. Fish. Bull. 70, 983–1003.

Perrin,W. F.,2009. Coloration. In：Perrin,W. F.,Würsig,B.,Thewissen,J. G. M.（Eds.）, Encyclopedia of Marine Mammals,second ed. Academic Press,San Diego,CA,pp. 243–249.

Popper,A.N.,1980. Sound emission and detection by delphinids. In：Herman,L.M.（Ed.）, Cetacean Behavior. Wiley-Interscience,New York,pp. 1–52.

Quiring,D.P.,Harlan,C.F.,1953. On the anatomy of the Manatee. J. Mammal. 34,192–203.

Reeb,D.,Best,P.B.,Kidson,S.H.,2007. Structure of the integument of southern right whales, *Eubalaena australis*. Anat. Rec. 290,596–613.

Reep,R.L.,O'Shea,T.J.,1990. Regional brain morphometry and lissencephaly in the Sirenia. Brain Behav. Evol. 35,185–194.

Reep,R.L.,Marshall,C.D.,Stoll,M.L.,Whitaker,D.M.,1998. Distribution and innervation of facial bristles and hairs in the Florida manatee（*Trichechus manatus latirostris*）. Mar. Mamm. Sci. 14,257–273.

Reep,R.L.,Stoll,M.L.,Marshall,C.D.,Homer,B.L.,Samuelson,D.A.,2001. Microanatomy of facial vibrissae in the Florida manatee：the basis for specialized sensory function and oripulation. Brain Behav. Evol. 58,1–14.

Reep,R.L.,Marshall,C.D.,Stoll,M.L.,2002. Tactile hairs on the postcranial body in Florida manatees：a mammalian lateral line? Brain Behav. Evol. 59,141–154.

Reep,R.L.,Gaspard III,J.C.,Sarko,D.,Rice,F.L.,Mann,D.A.,Bauer,G.B.,2011. Manatee vibrissae：evidence for a "lateral line" function. Ann. N. Y. Acad. Sci. 1225,101–109.

Reeves,R.R.,Stewart,B.S.,Leatherwood,S.,1992. The Sierra Club Handbook of Seals and Sirenians. Sierra Club Books,San Francisco,CA.

Reiss,D.,Marino,L.,2001. Mirror self-recognition in the Bottlenose dolphin：a case of cognitive convergence. Proc. Natl. Acad. Sci. 98,5937–5942.

Renouf, D., 1979. Preliminary measurements of the sensitivity of the vibrissae of harbour seals (*Phoca vitulina*) to low frequency vibrations. J. Zool. Soc. Lond. 188, 443–450.

Renouf, D., 1980. Fishing in captive harbour seals (*Phoca vitulina concolor*): a possible role for vibrissae. Neth. J. Zool. 30, 504–509.

Reuter, T., Peichl, L., 2008. Structure and function of the retina in aquatic tetrapods. In: Thewissen, J.G.M., Nummela, S. (Eds.), Sensory Evolution on the Threshold. University of California Press, Berkeley, CA, pp. 149–172.

Ridgway, S. H., 1972. Homeostasis in the aquatic environment. In: Ridgway, S. H. (Ed.), Mammals of the Sea: Biology and Medicine. Charles C. Thomas, Springfield, IL, pp. 590–747.

Ridgway, S. H., Harrison, R. J., 1985. In: Handbook of Marine Mammals, vol. 3., Academic Press, New York.

Riedman, M. L., Estes, J. A., 1990. The sea otter (*Enhydra lutris*): behavior, ecology, and natural history. U. S. Fish. Wildl. Serv. Biol. Rep. 90, 1–126.

Ross, G.J.B., 1972. Nuzzling behavior in captive cape fur seals. Int. Zoo. Yearb. 12, 183–184.

Rowntree, V.J., 1996. Feeding, distribution, and reproductive behavior of cyamids (Crustacea: Amphipoda) living on humpback and right Whales. Can. J. Zool. 74, 103–109.

Ryg, M., Solberg, Y., Lydersen, C., Smith, T. G., 1992. The scent of rutting male ringed seals (*Phoca hispida*). J. Zool. Lond. 226, 681–689.

Scheffer, V., 1964. Hair patterns in seals (Pinnipedia). J. Morphol. 115, 291–304.

Schusterman, R. J., 1972. Visual acuity in pinnipeds. In: Winn, H. E., Olla, B. L. (Eds.), Behavior and Marine Animals. Plenum Publishers, New York, pp. 469–491.

Schusterman, R. J., 1981. Behavioral capabilities of seals and sea lions: a review of their hearing, visual, learning and diving skills. Psychol. Rec. 31, 125–143.

Schusterman, R.J., Kastak, D., 2002. Problem solving and memory. In: Hoelzel, A.R. (Ed.), Marine Mammal Biology. Blackwell Science, Oxford, pp. 371–387.

Shoemaker, P.A., Ridgway, S.H., 1991. Cutaneous ridges in odontocetes. Mar. Mamm. Sci. 7, 66–74.

Slijper, E.J., 1979. Whales, second ed. Hutchinson, University Press, London.

Sokolov, V.E., 1982. Mammal Skin. University of California Press, Berkeley, CA.

St Aubin, D. J., 2001. Endocrinology. In: Dierauf, L. A., Gulland, F. M. D. (Eds.), CRC Handbook of Marine Mammal Medicine, second ed.,. CRC Press, Boca Raton, FL, pp. 165–192.

St Aubin, D. J., 2001. Endocrine systems. In: Perrin, W. F., Würsig, B., Thewissen, J. G. M. (Eds.), Encyclopedia of Marine Mammals. Academic Press, San Diego, CA, pp. 382–387.

St Aubin, D. J., Smith, T. G., Geraci, J. R., 1990. Seasonal epidermal molt in beluga whales, *Delphinapterus leucas*. Can. J. Zool. 68, 359–367.

Strandberg, U., Käkelä, A., Lydersen, C., Kovacs, K. M., Grahl-Nielsen, O., Hyvärinen, H., Käkeä, R., 2008. Stratification, composition, and function of marine mammal blubber: the ecology of fatty acids in marine mammals. Physiol. Biochem. Zool. 81, 473–485.

Stirling, I., 1998. Polar Bears. University of Michigan Press, Ann Arbor, MI.

Struntz, D.J., McLellan, W.A., Dillaman, R.M., Blum, J.E., Kucklick, J.R., Pabst, D.A., 2004. Blubber development in bottlenose dolphins (*Tursiops truncatus*). J. Morphol. 259, 7–20.

Stutz, S.S., 1967. Moult in the Pacific harbour seal, *Phoca vitulina richardsi*. J. Fish. Res. Board Can. 24, 435–441.

Tarasoff, F. J., 1974. Anatomical adaptations in the river otter, sea otter and harp seal with reference to thermal regulation. In: Harrison, R.J. (Ed.). Functional Anatomy of Marine Mammals, vol. 2. Academic Press, London, pp. 111–142.

Thewissen, J. G. M., Nummela, S., 2008. Sensory Evolution on the Threshold. University of California Press, Berkeley, CA.

Thewissen, J. G. M., George, J., Rosa, C., Kishida, T., 2011. Olfaction and brain size in the bowhead whale (*Balaena mysticetus*). Mar. Mamm. Sci. 27 (2), 282–294.

Thomas, J. A., Kastelein, R. A. (Eds.), 1990. Sensory Abilities of Cetaceans: Laboratory and Field Evidence. Plenum Press, New York.

Wagemann, R., Kozlowska, H., 2005. Mercury distribution in the skin of beluga (Delphinapterus leucas) and narwhal (Monodon monoceros) from the Canadian Arctic and mercury burdens and excretion by moulting. Sci. Total Environ 351–352, 333–343.

Wartzok, D., Elsner, R., Stone, H., Kelly, B.P., Davis, R.W., 1992. Under-ice movements and sensory basis of hole finding by ringed and Weddell seals. Can. J. Zool. 70, 1712–1722.

Watkins, W.A., Wartzok, D., 1985. Sensory biophysics of marine mammals. Mar. Mamm. Sci.

1,219-260.

Williams, T.D., Allen, D.D., Groff, J.M., Glass, R.L., 1992. An analysis of California sea otter (*Enhydra lutris*) pelage and integument. Mar. Mamm. Sci. 8, 1-18.

Worthy, G.A.J., Lavigne, D.M., 1987. Mass-loss, metabolic-rate, and energy-utilization by harp and gray seal pups during the postweaning fast. Physiol. Zool. 60, 352-364.

Worthy, G. A. J., Morris, P. A., Costa, D. P., Le Boeuf, B. J., 1992. Moult energetics of the Northern elephant seal (*Mirounga angustirostris*). J. Zool. 227, 257-265.

Wyss, A.R., 1987. The walrus auditory region and the monophyly of pinnipeds. Am. Mus. Novit. 2871, 1-31.

Wyss, A. R., 1988. On "retrogression" in the evolution of the Phocinae and phylogenetic affinities of the monk seals. Am. Mus. Novit. 2924, 1-38.

Yablokov, A.V., Bel'kovich, V.M., Borisov, V.I., 1972. Whales and Dolphins. Israel Programs for Scientific Translations, Jerusalem.

Yamasaki, F., Komatsu, S., Kamiya, T., 1980. A comparative morphological study on the tongues of manatee and dugong (Sirenia). Sci. Rep. Whales Res. Inst. Tokyo 32, 127-144.

Zhu, Q., Hillmann, D.J., Henk, W.G., 2001. Morphology of the eye and surrounding structures of the bowhead whale, *Balaena mysticetus*. Mar. Mamm. Sci. 17, 729-750.

第8章　肌肉骨骼系统与运动

8.1　导言

本章专注于比较和考虑主要海洋哺乳动物类群的肌肉骨骼解剖结构的变异，特别是和运动有关的变异，而不对某一海洋哺乳动物分类单元进行详细的解剖学描述。海洋哺乳动物游泳的推进力源于成对肢体或鳍肢的运动（北极熊、鳍脚类和海獭），或是尾鳍的垂向运动（鲸目和海牛目动物）。在机动性至关重要的低速条件下，成对鳍肢的推进力更为高效。本章论述了海洋哺乳动物所有主要类群在运动方面的进化。第11章论及与发声相关的解剖结构特化作用，第12章进一步讨论了与摄食有关的解剖结构。本章中使用的命名法以及地志术语和方向术语来自《国际兽医解剖学名词》（2005年）和《兽医解剖学名词说明》（夏勒，1992年）。

8.2　鳍脚类动物

对鳍脚类动物肌肉骨骼解剖结构的讨论以豪厄尔（1929年）和金（1983年）的研究为基础。

8.2.1　颅骨和下颌

鳍脚类动物的颅骨与陆地哺乳动物相似，其特征为：大眼眶、相对短的口鼻部、收缩的眶间区和大眶窝（眼眶腹内侧壁的未骨化空间；

图 8. 1 和图 8. 2；另见图 3. 3）。海狮类的颅骨发展出了大而呈架状的额骨眶上突，不难与海豹类和海象的颅骨相区分。此外，在海狮类中，鼻骨和额骨的关系较独特：额骨向前延伸至鼻骨之间，形成了 W 形的鼻额连接（图 8. 1；另见第 3 章的图 3. 11）。

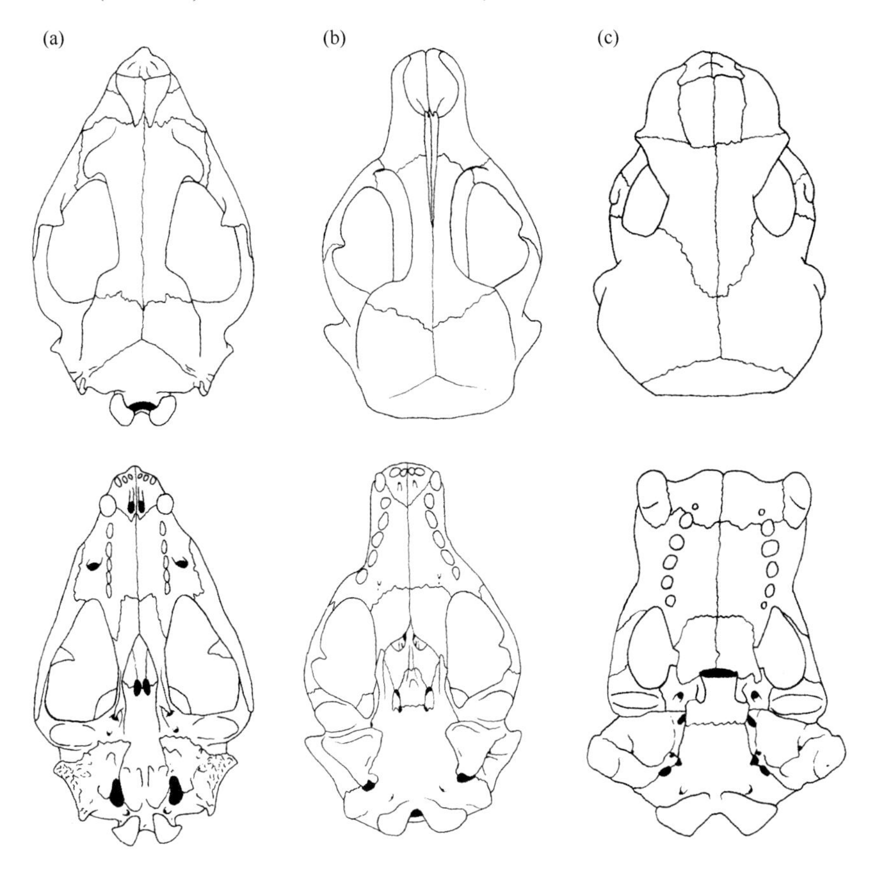

图 8. 1　鳍脚类代表物种的颅骨背面观和腹面观

（a）海狮类，北海狗（*Callorhinus ursinus*）；（b）海豹类，环斑海豹（*Pusa hispida*），修改自豪厄尔（1929 年）；（c）海象（*Odobenus rosmarus*）（P 亚当绘制）

现存海象的颅骨的独特之处是硕大的上颌骨容纳着伸长的上犬齿。整个颅骨的骨化程度高，并且其前部缩短。现代海象没有发展出眶上突。海象的判断特征是明显的眶前突，由上颌骨、额骨和扩大的眶下孔组成。眼轮匝肌附着在眶前突上，是主要的眼部肌肉之一，具有关闭上眼睑和下眼睑的功能。眉弓肌较短，也附着在眶前突上，能够提起上眼睑。现代海象具有一个明显的拱状腭。在横断面和纵断面上均可见拱形结构，在前齿（门齿）和后犬齿列末端之间的拱形度最大（德梅雷，1994 年）。外鼻孔提高，位于齿列之上。

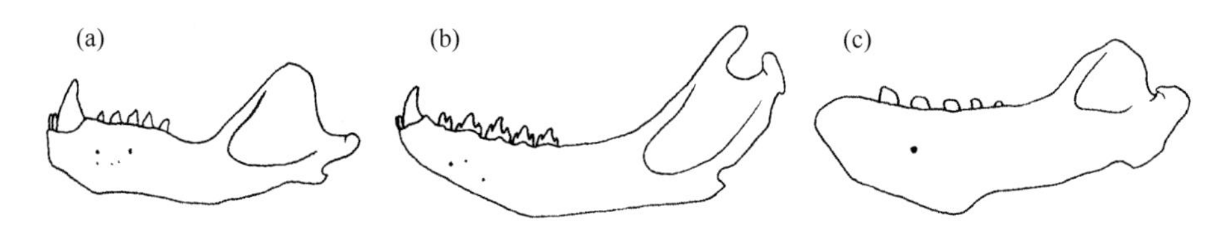

图 8.2　鳍脚类代表物种的下颌骨侧视图

（a）海狮类，北海狗（*Callorhinus ursinus*）；（b）海豹类，环斑海豹（*Pusa hispida*）（修改自豪厄尔（1929 年））；（c）海象（*Odobenus rosmarus*）（P 亚当绘制）

海豹的颅骨的特征是：缺少眶上突、有一个膨大的鼓膜泡，以及鼻骨大幅变窄、后移并延伸至额骨与上颌骨的 V 形缝合之后（图 8.1；另见图 3.11）。

使用三维（3-D）形态测定探索鳍脚类动物颅骨形状的变异，结果表现出了系统发育的强烈影响，每个世系（科）随着系统发育而分化进入不同的形态空间区。研究发现，海豹类动物在形态学上比海狮类表现出更高的多样性，并且这些形态差异与摄食或交配策略有关（琼斯和戈斯瓦米，2010 年 a，b）。对下颚骨的形态变异和强度特性进行了一项同步研究（琼斯等，2013 年），也揭示出强烈的系统发育迹象以及基于捕获猎物（即，滤食和吮吸摄食）和雄性之间战斗的变异。例如，食蟹海豹（*Lobodon carcinophaga*）等滤食者显示出细长联合和长齿列，可能有利于从海水中滤食磷虾（另见第 12 章）。在好斗的鳍脚类物种的雄性（例如，象海豹属所有种（*Mirounga* spp.）、南美海狮（*Otaria byronia*））中观察到了强大的咬合力，这可能是由于在这些一夫多妻制的鳍脚类动物中，与雄性成功相关的选择压力增加。对象海豹属

（*Mirounga*）和南美海狮属（*Otaria*）颅骨异速生长的其他研究提供了两性异形的证据，确认这是同性竞争的结果（塔尔纳瓦斯基等，2014年a，b）。

8.2.2 舌骨器

在鳍脚类动物中，舌骨是舌部肌肉的附着点，其组成部分与其他食肉目动物相同：舌骨体、舌骨腺、上舌骨和舌骨角。在两类海豹中，即罗斯海豹（*Ommatophoca rossii*）和豹形海豹（*Hydrurga leptonyx*），仅存在舌骨角和上舌骨。此外，这些分类单元的上舌骨近端未骨化，位于纤维管内（金，1969年）。

罗斯海豹的舌骨前部（下颌舌骨与茎突舌骨）以及咽部和舌部肌肉组织发育健全（金，1969年；布莱登和菲尔茨，1974年）。这些肌肉组织可能涉及进食，用于控制和吞咽大型头足类。这些肌肉组织，特别是咽部肌肉组织，也可能涉及罗斯海豹的发声，因为在发出声音之前咽喉扩张得相当大。海象舌部的肌肉涉及吮吸摄食；这将在第12章进一步讨论。

8.2.3 脊柱和轴肌

典型鳍脚类动物的椎骨式为C7，T15，L5，S3，C10~12。海狮类动物的颈椎较大，具有发育良好的横突和神经棘，同用于颈部和头部运动的肌肉相联系（图8.3）。海狮类动物头部和颈部的大范围运动发生在陆上运动的情况下，通过从地面抬起前肢帮助维持平衡（英格利士，1976年）。神经棘高度的增加为脊柱轴上方（背部至脊椎）肌肉组织（多裂腰肌和最长胸肌）提供了更大的附着点。海狮类的前胸区还具有强大的肌肉杠杆，用以在游泳运动时支持前鳍肢摆动（皮尔斯等，2011年）。海象和海豹类的颈椎比胸椎和腰椎小，并具有小横突和神经棘（费伊，1981年）。

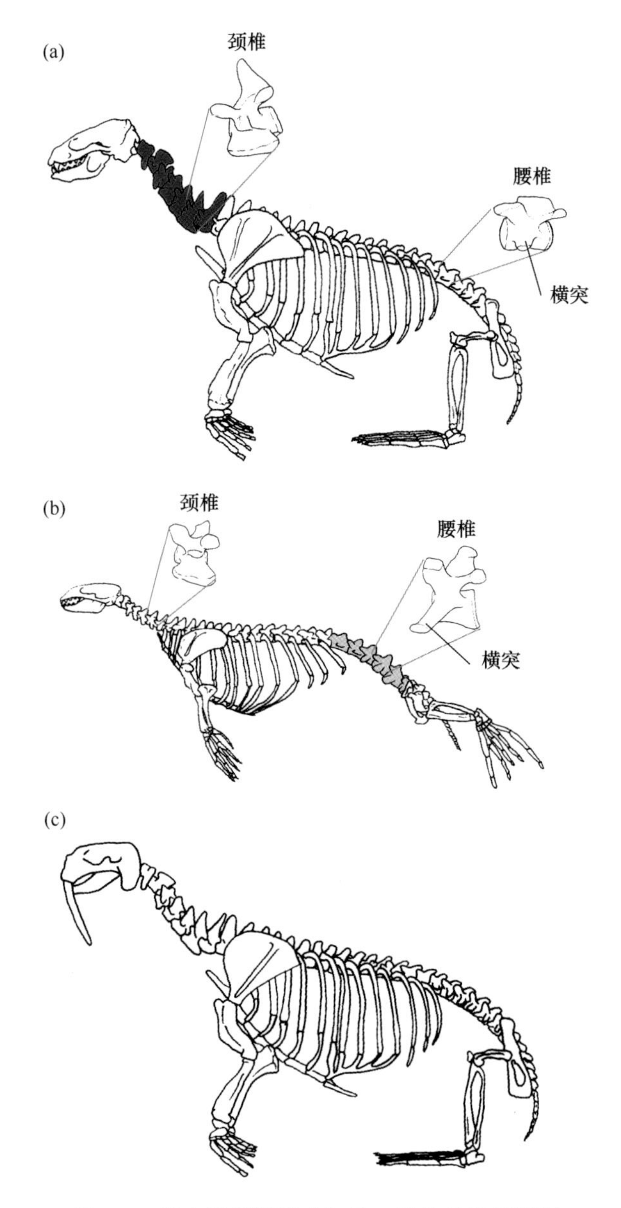

图 8.3 代表性鳍脚类动物的一般化骨骼侧视图

（a）海狮，根据麦克唐纳（1984 年）作品修正；（b）海豹，根据麦克唐纳（1984 年）作品修正；（c）海象，P 亚当绘制海狮类动物的腰椎上具有小横突和排列紧密的关节突（椎骨间通过关节突相连）；而海豹类动物的腰椎上的横突更大，关节突也更加松散（金，1983年）。在海象和海豹类中，横突的长为宽的2倍或3倍（费伊，1981年），而海狮类的横突长宽大致相等。除海象外的所有鳍脚类动物都具有5块腰椎。海象通常有6块腰椎（费伊，1981年）。海豹类动物延长的横突为脊柱轴下方（腹部至脊椎）肌肉组织（腰方肌、最长胸肌和髂尾肌）提供了更大的附着点，这与游泳或在陆地或冰上移动时身体后端的水平运动有关（图8.3）。海豹的胸区僵硬，相连的腰区却非常灵活，凭借长且肌肉发达的杠杆臂进行骨盆摆动。海狮则与之相反，沿着脊柱的长轴具有极其灵活的椎间关节，增强了机动性和转向性能。海象的脊椎特性与海豹最相似，但也有一些海狮的特征，这与其水中运动的混合形式一致（皮尔斯等，2011年）。由于所有鳍脚类动物在游泳时不使用尾部，因此它们都具有小而圆柱形的尾椎，且无强壮突起。

8.2.4 胸骨和肋骨

鳍脚类动物以细长的胸骨柄（组成胸骨的一种骨）为特征。在海狮类动物中，第一对肋骨的附着点有向前延伸的骨质部分，胸骨柄的长度由此增加。在海豹类动物和海象中，胸骨柄的长度因软骨结构而增加（金，1983年）。肋骨的肋骨小头和肋骨头发育良好并与胸椎紧密连接。在典型的鳍脚类动物中，可观察到8根真肋、4根假肋和3根浮肋。

8.2.5 鳍肢与运动

8.2.5.1 肩带和前肢

鳍脚类动物的前肢和后肢骨相对较短，并部分位于身体轮廓线之内。海狮和海象的腋窝大致位于前臂的中部，海豹的腋窝位于腕部。后鳍肢的踝远端可自由活动。

在鳍脚类动物中，海狮类的肩胛骨较为独特，因至少有一条脊（称为副棘）分割冈上窝（金，1983 年；图 8.4；另见图 3.11）。大冈上窝是海狮类和海象的共同特征。在海狮类动物中，冈上窝的扩大和肩胛冈的发展与冈上肌的强力发展有关，冈上肌具有翼状头部，为纤维性或膜状的腱膜所划分。相对于冈下窝的大小，海豹类动物，特别是海豹亚科动物的冈上窝趋于大幅缩小（图 8.4；怀斯，1988 年）。

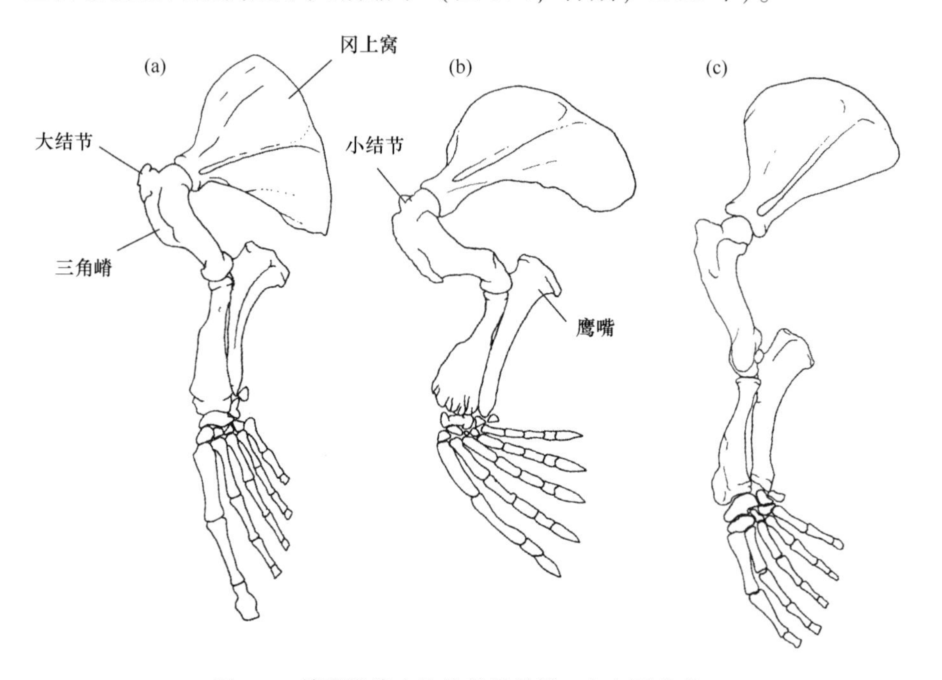

图 8.4　鳍脚类代表性物种的前肢（解剖学姿势）

（a）海狮类，加州海狮（*Zalophus californianus*）（根据豪厄尔（1930 年）的作品修正）；（b）海豹类，环斑海豹（*Pusa hispida*）（根据豪厄尔（1930 年）的作品修正）；（c）海象（*Odobenus rosmarus*）（P 亚当绘制）

鳍脚类动物的肱骨短而强壮。同陆地食肉目相比，鳍脚类动物的大小结节较为突出。在海狮类中，大结节位置高于肱骨头；而在海豹类中，小结节位置高于肱骨头。这些膨大的肱骨结节为大肩袖肌肉组织

(三角肌、冈下肌、肩胛下肌、冈上肌) 提供了扩大的插入区；这些肌肉如同量角器和肱部旋转器，其力臂位于肱骨头的近端关节面之上，且力臂大于无膨大肱骨结节的动物（英格利士，1974 年)。在僧海豹亚科、海狮科和海象科中，三角嵴延长为肱骨柄长度的 2/3~3/4，然后突然结束，与肱骨柄形成锐角（侧面观)。三角嵴不同寻常的发育与三角肌和胸肌以及背阔肌胸部的附着点位的扩大具有联系（英格利士，1977 年)。三角肌和肱三头肌的增大提高了鳍脚类动物的推进力。在海豹类中，港海豹（*Phoca vitulina*）和南象海豹（*Mirounga leonina*）均有一个独特的胸肌部分，即胸肌上升并延伸于肱骨之上（隆美尔和洛温斯坦，2001 年)。海豹亚科动物通常具有一个髁上孔，但在僧海豹亚科中未见此结构（一些化石“僧海豹类”是例外；怀斯，1988 年)。

海狮类动物的肘关节具有一些独具代表性的结构特征。其一是环状韧带的位置，在陆地食肉目动物中环状韧带形成了一个围绕桡骨颈的环，连接尺骨的关节面侧部，此外，半月切迹有助于保护桡尺骨近端关节面。在海狗和海狮中，环状韧带不连续；它结束于关节囊和外上髁之上。海狮类动物环状韧带的这种结构抑制或阻止了前臂旋转的动作。海狮类动物肘关节的另一个主要结构特征是尺骨关节面的形状。在海狗和海狮中，半月切迹的半侧发育不良，这不同于陆地食肉目的情况。突出的冠突形成了一个扩展槽的内侧缘，用于与桡骨接合（英格利士，1977 年)。关节结构的这种变型可能有利于支撑运动中关节必须承载的负荷。

桡骨和尺骨短，其前后部扁平。所有鳍脚类的尺骨鹰嘴横向扁平且非常膨大（图 8.4)。海狮类动物的尺骨鹰嘴构成屈肌和尺侧腕伸肌的唯一起端，在陆地食肉目动物中这两块肌肉的起端在肱骨（英格利士，1977 年)。大而扁平的鹰嘴使伸肘的肱三头肌复合体插入在尺骨上。

鳍脚类动物（除海豹亚科外）的特征是手骨的第一掌骨比第二掌骨明显延长并增厚（金，1966 年；怀斯，1988 年)。所有鳍脚类动物的手骨的第五中节指骨显著缩短。鳍脚类动物每个趾的远端都有软骨，使鳍肢边缘延伸。海狮类前鳍肢和后鳍肢的软骨延伸长，海象的软骨延伸短，一些海豹的软骨延伸则更短（见图 7.18；金，1969 年，1983 年）。

8.2.5.2 骨盆带和后肢

鳍脚类动物的臀部（或髋骨）具有一块短髂骨及延长的坐骨和骨盆。耻骨联合处的髋骨前部连接未融合，但有一条韧带联结相邻的各块骨。这不同于陆地食肉目的情况（耻骨联合为骨质并融合）。除髯海豹（*Erignathus barbatus*）外，海豹亚科以髂骨横向外翻为特征，同时髂骨翼具有一条横向的深凿痕（金，1983 年）。海豹髂骨的明显外翻说明髂骨的内侧面几乎朝向前方。这可能为强健的腰髂肋肌提供了大面积的连接区域，腰髂肋肌在很大程度上是游泳时大部分侧向身体运动的力量来源（金，1983 年）。髂骨外翻还致使臀中肌、臀小肌和梨状肌起始端面积增大。这些肌肉与股骨的大转子连接，并在子宫收缩分娩时导致股骨内收和旋转。如金（1983 年）所指出，只有海豹类动物具有发达、背向的坐棘，此处股二头肌的深头及与其相连的肌肉可举起后鳍肢，形成海豹的特征性姿势（图 8.5）。

股骨短而宽，其前后部扁平（图 8.6；另见图 3.5）。股骨头凹的位置仅见于股骨头上，并且股骨头和髋臼之间的圆韧带不在鳍脚类中出现。在陆地食肉目动物中，该韧带将股骨头固定在髋臼内，以使关节更加牢固，适于后肢承担动物体重的情况。因鳍脚类动物在水中度过大量时间，故失去了对圆韧带的需求（塔拉索夫，1972 年）。在海狮类中，股骨小转子（股骨近端处的数块骨性突起之一）仅作为头部远端的一块小突起而存在，而在海豹类中小转子缩小或缺失。在海象中，股骨小转子因有一个轻微凸起的区域而较明显（见图 3.5）。在海豹类动物（不能将其后鳍肢转向前）中，小转子的缩小或消失意味着使股骨向后

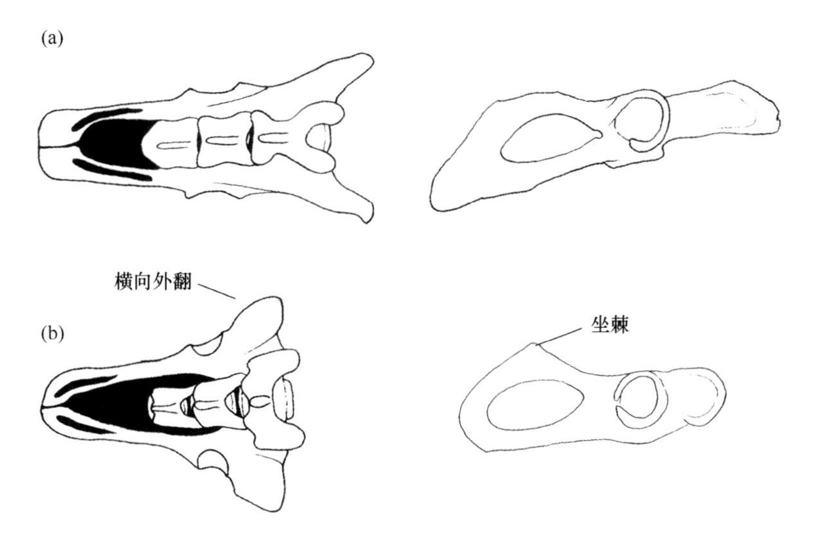

图 8.5 鳍脚类代表性物种的骨盆（背视图和侧视图）
（a）海狮类，北海狗（*Callorhinus ursinus*）；（b）海豹类，夏威夷僧海豹（*Neomonachus schauinslandi*）（P 亚当绘制）

转动的肌肉（髂肌和腰大肌）的插入区的缩小。在海豹类中，肌肉插入到髂骨翼之上（腰大肌）或在内侧股骨远端（髂肌）。这些肌肉的新附着点有助于增加脊柱腰骶区的横向波动力量，以及提高后肢关节的弯曲度。

前鳍肢与后鳍肢的形态具有相关性。鳍脚类动物（除海豹亚科外）以相对长而扁平的跖骨体为特征，跖骨头扁平，与光滑、铰链状的接合有关（怀斯，1988 年）。它们的另一个特征是足部第 1 趾和第 5 趾（第 1 跖骨和近节趾骨）延长（图 8.6）。在僧海豹亚科和冠海豹（*Cystophora cristata*）中，第 3 跖骨比其他跖骨短得多。海豹类动物的距骨以一个尾部方向的明显凸起（跟骨突）为特征，在跟骨突的上面有拇长屈肌的筋腱穿过（见图 3.17）。筋腱上的张力阻止了海豹鳍足背屈，使鳍足与腿部处于合适的角度，如同海狮的情况。在海象中，跟骨突有一个略微向后的延伸，这与海狮类动物不同。海豹类动物和海狮类

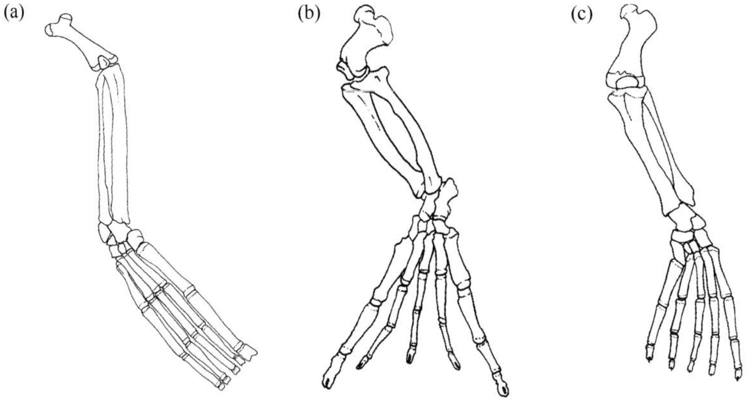

图 8.6　鳍脚类代表性物种的后肢

（a）海狮类，北海狗（*Callorhinus ursinus*）；（b）海豹类，加勒比僧海豹（*Neomonachus tropicalis*）；（c）海象（*Odobenus rosmarus*）（P 亚当绘制）

动物的跟骨也有差异。其中最明显的是海狮的跟骨结节上存在跟腱槽和一个向内的凸起（载距突）。从不依靠后鳍足行走的海豹类没有这两个特征（见下文，金，1983 年）。

8.2.5.3　运动力学

海洋哺乳动物必须克服重力（重量）和阻力以保持漂浮，这需要凭借升力和推力产生相等和相反的力。**升力**是向上的水压力，与向下的重力方向相反，重力表示为海洋哺乳动物的重量。**推力**是向前的力，凭鳍肢的水翼表面产生，它抵消湍流力和摩擦力（统称为**阻力**）的减速影响。当这 4 种力（重力、升力、阻力和推力）处于动态平衡时，一头海洋哺乳动物以一个恒定速度维持其在水中的位置。当游泳时，鳍脚类动物的鳍肢方向与其行进方向形成一个夹角（**迎角**），产生平行于行进方向的推力，以及垂直于行进方向的升力（图 8.7）。

冠群鳍脚类动物实现陆地和水中运动的方式不同（例如，最近的综述见库恩和弗雷（2012 年）的论著）。学界认为鳍脚类有 3 种不同的

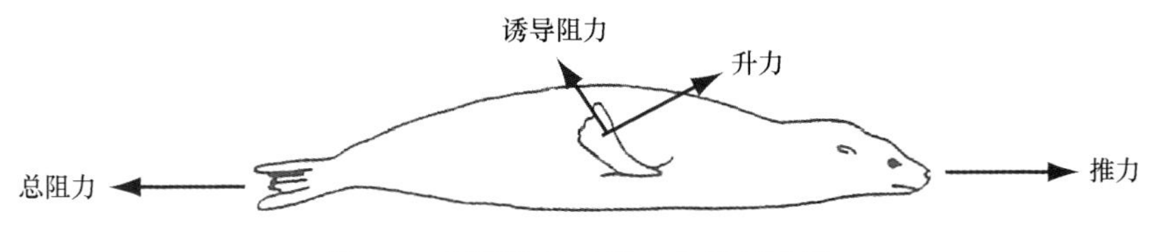

图 8.7 海狮游泳时阻力分量侧视图

游泳模式。其中胸部振动（前肢游泳）模式见于海狮类。海狮和海狗使用其前肢产生推力，这种方式类似于飞行中振翅的鸟。观察表明，后肢在提供机动性和方向控制上必不可少，但在推进方面产生的作用很小（戈弗雷，1985 年）。它们位于胸部的前鳍肢更大，其表面积将近后鳍肢的两倍，桨状的前鳍肢在划水中协调地运动，起到振荡水翼的作用，产生功率和恢复期（图 8.8；英格利士，1976 年；菲尔德坎普，1987 年）。做功性划水通过前鳍肢的旋内、内收和回缩产生，相比之下陆地食肉目动物行走时几乎只有单纯的肢体回缩。凭借较大的前鳍肢，加上极其灵活的身体，海狮类动物能够以小得多的半径转向，在此方面优于体型相仿、灵活性较差的海豹类动物或鲸豚类动物（例如，费希等，2003 年）。然而，机动性的提高以轨迹稳定性的损失为代价。

图 8.8 加州海狮（*Zalophus californianus*）水中运动斜视图

鳍肢和身体运动描绘图（英格利士，1976 年）

海狮类动物的陆地姿势使其四肢都能够承担体重，其后鳍肢朝向前方。在陆地上，运动是基于肢体的，尽管头部和颈部的大范围运动实际上比后肢运动对向前推进的贡献更大（图 8.9）。宾特杰斯（1990 年）记录了新西兰海狮（*Phocarctos hookeri*）和新西兰海狗（*Arctocephalus forsteri*）的行走和疾驰步态。他观察典型海狮（多生活在砂质基底上）的步态为鳍肢交替并独立地按顺序移动。相比之下，新西兰海狗以及其他海狗以一种跳跃步态运动，垂直地移动它们的重心。生活在多岩石基底上的海狮类动物更经常使用这种类型的步态，协调地移动后鳍肢。

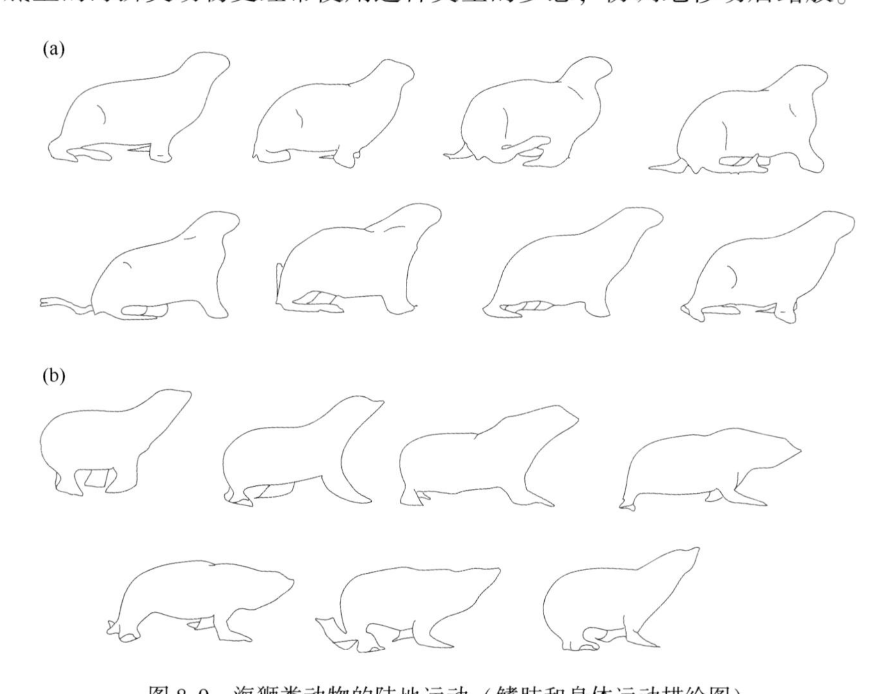

图 8.9　海狮类动物的陆地运动（鳍肢和身体运动描绘图）

（a）新西兰海狮（*Phocarctos hookeri*）；（b）新西兰海狗（*Arctocephalus forsteri*）

（宾特杰斯，1990 年）

鳍脚类动物水中运动的第二种方式是海豹的骨盆振动（后肢游泳）。在海豹类动物中，后鳍肢是在水中主要的推进力来源，前鳍肢主要起到转向的作用（图 8.10）。在游泳中，海豹科动物使其身体的腰骶区横向波动，增强由后肢产生的推进力。戴维斯等（2001 年）指出，北象海豹使用 3 种游泳模式：① 连续划水；② 划水和滑翔游泳；③ 长时间滑翔。海豹从海面潜至约 20 米的平均深度时使用连续划水模式，然后当肺塌缩并且海豹具有负浮力时使用划水和滑翔游泳模式。在潜至约 60 米的深度时，海豹转而采用长时间滑翔模式，此后海豹在大部分下潜过程中的代谢率接近休息状态，直至超过 300 米的深度。海豹在逐渐上浮的初始阶段中使用划水和滑翔模式，然后在最后的陡峭上升阶段中转为连续划水模式（另见第 9 章和第 10 章）。

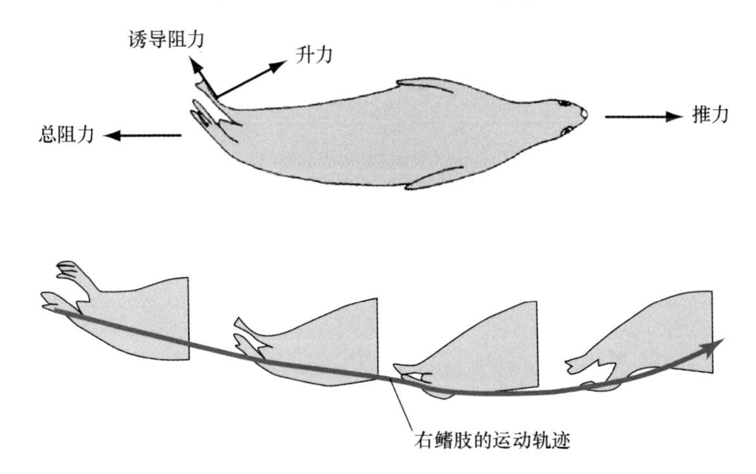

图 8.10 海豹类动物的水中运动，后鳍肢背面观描绘图

（根据费希等（1988 年）的作品修正）

海豹类动物不能够将后鳍肢转向前，因此它们在陆地运动中不使用后鳍肢。海豹类动物通常通过躯干的垂向波动实现陆上运动。当胸骨承载体重时，腰区的弓状结构能够带动骨盆向前运动。随后，当骨盆承载体重时，身体前端伸展（图 8.11）。前鳍肢可能通过提升或推动身体前部离开地面而帮助完成这个运动；后鳍肢通常举起，对这种曳步运动没有大的作用。巴克豪斯（1961 年）指出灰海豹（*Halichoerus grypus*）的

图 8.11 港海豹（*Phoca vitulina*）的陆地运动

（照片提供：T 贝尔塔）

前肢在陆地蠕动中的独特作用。一些海豹种类动物在坚固基底上迅速移动时还具有另一种陆地运动模式。食蟹海豹、带纹环斑海豹（*Histriophoca fasciata*）、竖琴海豹（*Pagophilus groenlandicus*）、环斑海豹（*Pusa hispida*）、灰海豹和豹形海豹以一种扭来扭去的方式移动，即身体横向波动，特别是当它们处于冰或其他非常滑的基底上时（奥戈尔曼，1963 年；伯恩斯，1981 年；库伊曼，1981 年；加勒特和费希，2014 年）。这种模式涉及前鳍肢向后划动和后部躯干的横向运动，而后鳍肢从基底上抬起。奥戈尔曼（1963 年）记录了豹形海豹异常迅速的水中和陆地运动。

海象的游泳方式为骨盆振动的变体，与海豹类动物相似（图 8.12）。海象的后鳍肢产生主要的推进力；在较低速度下，前鳍肢起到方向舵或桨的作用。前鳍肢的划水周期是双向的，包括做功性和恢复性划水。做功性划水包括内侧旋转的肢体的内收和回缩。恢复性划水通过侧旋完成，然后是前鳍肢的内收和伸展。后鳍肢的划水是单向的，包括做功性和恢复性划水。做功性划水之后是鳍肢和胫的内侧屈曲。恢复性划水使鳍肢恢复为伸展状态，但此时对侧肢体为做功性划水。海象与海狮类动物相似的是在陆地运动中可将后鳍肢转向前。海象的陆地运动独具一格，成年海象的身体在很大程度上由腹部而非鳍肢支撑（图 8.13）。足部运动为侧向的顺序行走，随着身体前冲交替进行，身体前冲是向前行进的主要动力。在前冲时，海象使用前肢将胸部从地面提

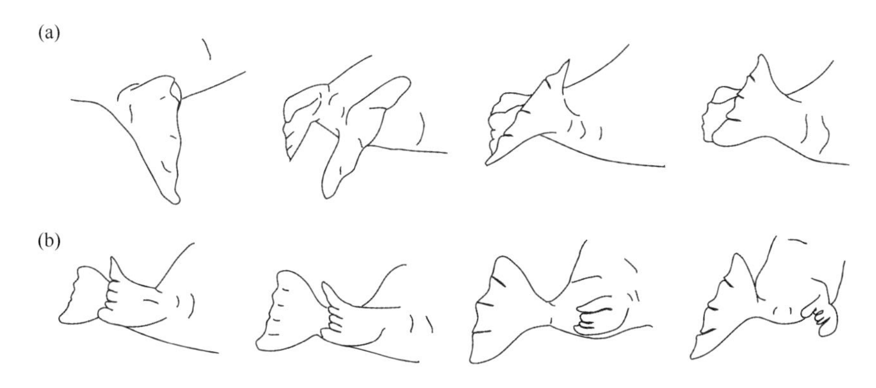

图 8.12 海象（*Odobenus rosmarus*）的水中运动，后鳍肢背面观描绘图

（a）做功性划水；（b）恢复性划水

（根据戈登（1981 年）作品修正）

起，同时躯干的腰区和胸区后部弯曲。然后，后鳍肢和躯干伸展，推动身体前进。年轻（小）海象的行走步态与海狮相似，不采用前冲的方式，它们用鳍肢支撑身体，并且腹部离开地面（戈登，1981 年）。费伊（1981 年）观察并报道了海象的冰上运动，它们仅使用前鳍肢，而臀部及后鳍肢受到被动牵引。

研究者已测定了鳍脚类多个物种的游泳速度，既有在受控的实验室条件下，也有在不受控制的自然条件下。加州海狮（*Zalophus californianus*）在水池中的游泳速度范围为 2.7~3.5 米/秒（菲尔德坎普，1987 年；戈弗雷，1985 年），此外，庞加尼斯等（1990 年）报道了 4 种海狮的游泳速度：海面游泳速度为 0.6~1.9 米/秒，水下游泳速度为 0.9~1.9 米/秒。雷波夫等（1992 年）在野外不受控制的条件下观察了一头在海中觅食的成年雌性象海豹，获得了相似的速度（0.9~1.7 米/秒）。在不受控制的条件下，觅食的威德尔海豹（*Leptonychotes weddellii*）的游泳速度为 1.3~1.9 米/秒（佐藤等，2003 年）。脂肪层较厚的海豹进行规律的划水和滑翔游泳；而较瘦的（可能浮力较小）海豹下潜时，做功性划水之间的持续滑翔时间明显更长。海面的恢复时

图 8.13 海象（*Odobenus rosmarus*）的陆地运动
（鳍肢和身体运动描绘图，根据戈登（1981 年）作品修正）

间长短表明，长时间的滑翔游泳是更高效节能的模式。

案例研究：系统发育和功能形态学的结合

通过在鳍脚类动物系统发育分析的基础上比对与特定运动模式（陆地运动的步行或波动以及水中运动的前肢或后肢游泳）联系的骨骼特征，对鳍脚类动物运动模式的演化进行了研究（图 8.14）。骨骼特征的分布说明下述变化。在鳍脚类中，海豹类的陆上蠕动运动方式似乎仅演化了一次，这种运动形态特征成为海豹科进化枝的标志，包括皮海豹科和基础海豹类（例如，弓海豹属（*Acrophoca*）和皮斯科海豹属（*Piscophoca*））。对海豹类动物而言，前肢游泳似乎是原始的运动方式（海熊兽属（*Enaliarctos*）显示出与前肢和后肢游泳相一致的特征，但似乎特化为侧重前肢游泳的方式），而在海豹科进化枝中（曾经也在海象科的拟海象（*Imagotaria*）和所有较晚分化的海象类中），这种形式为后肢游泳所取代。基础海豹类的异索兽属（*Allodesmus*）保留了一些与前肢推进相一致的特征，但也呈现出对后肢游泳的适应（吉芬，1992

年；皮尔斯等，2011年）。在化石海象（嵌齿海象，*Gomphotaria*）中，前肢游泳方式是独立地出现的。尽管此案例研究关注水中运动，陆地运动也已纳入一个更具普遍性的运动演化框架中（例如，贝尔塔和亚当，2001年）。在一项骨骼比例形态测定研究中，比比杰（2009年）就鳍脚类游泳模式的演化得出了一种略有不同的假说。根据这项研究，猜测海熊兽为一种主要采用后肢游泳的动物，因为其骨骼比例类似于后鳍肢游泳的海豹类。虽然将异索兽描述为一种主要靠前肢游泳的动物（基于其与前鳍肢游泳的海狮类的相似性），但鉴于无法确定熊科或鼬科是否与鳍脚类亲缘关系最近，尚不能准确地评估重建所有鳍脚类动物祖先的游泳模式。

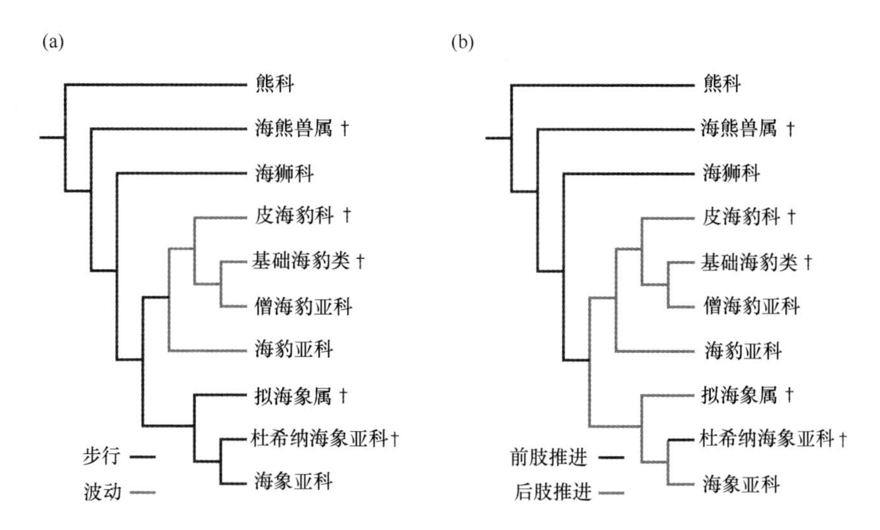

图8.14 鳍脚类动物运动的演化

（a）陆地运动；（b）水中运动，†=已灭绝的分类单元（贝尔塔和亚当，2001年）
陆地（步行）特征：坐耻骨区相对较短、胫骨-距骨关节接合、跗骨无变化；陆地（波动）特征：坐耻骨区延长、胫骨-距骨关节为球状、距骨后部延长；前肢游泳特征：冈上肩胛骨与副棘变大、肩胛关节窝为圆形、前肢的趾上有软骨延伸；后肢游泳特征：腰椎及其突起变大、肩胛关节窝中间外侧狭窄、后鳍肢的后缘为半月形（更多解释详见文中）

8.3 鲸目动物

下述讨论主要是基于斯利珀（1936 年）和雅布罗科夫等（1972 年）所做的鲸目动物解剖学综合研究。主要的近期工作是米德和福代斯（2009 年）进行的海豚科骨骼学和解剖术语学研究。

8.3.1 颅骨

与典型的哺乳动物颅骨相比，鲸目动物的颅骨是套叠的（如第 4 章所述）；它们的脑壳，或称喙部后面的颅骨部分变短（图 8.11）。套叠作用改变了颅骨上许多块骨的大小、形状和关系。外鼻孔的开口（呼吸孔）后移至头顶靠近背部的位置，鼻骨紧随其后，成为小而平板状的骨。须鲸类颅骨中的头盖骨的套叠作用包括上颌骨向后延伸至额骨之下。在齿鲸类中，前颌骨和上颌骨向后和向侧延伸，覆盖了额骨并横向挤进顶骨。

通常，齿鲸类动物的颅骨具有头盖骨和面骨不对称的特征，右侧骨骼和软组织的解剖结构大于左侧（图 8.15；另见第 4 章）。研究表明，在这种不对称的演化中，右侧变得专门适合发声，左侧更适合呼吸（诺里斯，1964 年；伍德，1964 年；米德，1975 年）。麦克劳德等（2007 年）发现在猎物大小和颅骨不对称之间具有明显关系，他认为齿鲸类的颅骨不对称与喉的复位有关，这使它们能在囫囵吞下较大水生猎物的同时保护呼吸道。

一些齿鲸的颅骨具有各种附加结构。鼠海豚科和一些淡水豚类的头盖骨的一个特征是在前颌骨上具有小而圆的凸起（海恩宁，1989 年；见图 4.33）。白鲸（*Delphinapterus leucas*）在齿鲸类动物中具有独特的面部区，整个表面略呈凸面，而非凹面。在恒河豚（*Platanista gangetica*）中，独特的上颌嵴向前突出面部区（海恩宁，1989 年）。上颌嵴的腹侧面为薄而平、结构复杂的气囊所覆盖，气囊衍生自翼状含气

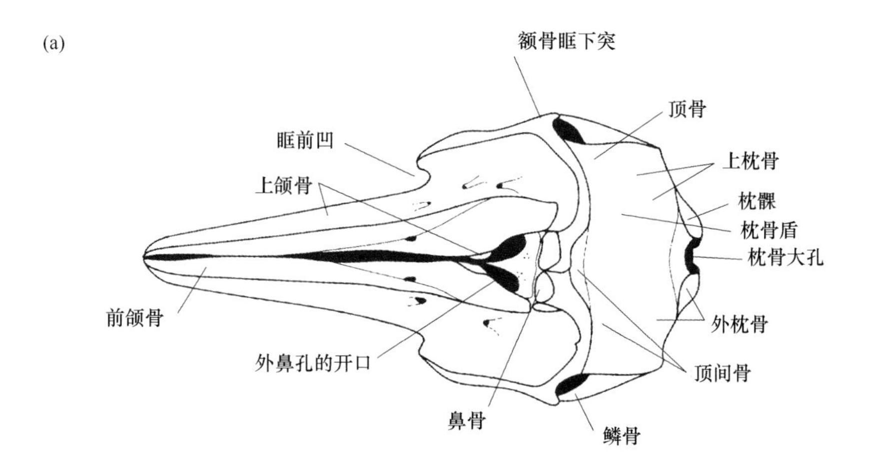

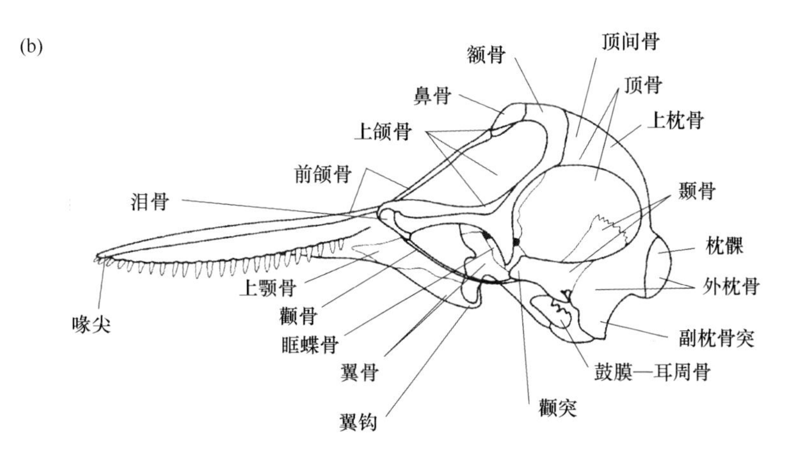

图 8.15 齿鲸类代表性物种——宽吻海豚（*Tursiops truncatus*）的颅骨

（a）背面观；（b）侧面观（根据隆美尔（1990 年）作品修正）

窦系统（弗雷泽和珀维斯，1960 年；珀维斯和皮尔莱利，1973 年；另见图 4.26）。

与须鲸的喙部不同，许多齿鲸的喙部骨骼致密。这特别适用于喙鲸类，尤其是柏氏中喙鲸（*Mesoplodon densirostris*）（布弗莱尼尔和卡西诺斯，1995 年；泽奥波斯等，1997 年）。研究者提出数种假说，试图解释高密度喙部的功能意义。海恩宁（1984 年）认为，在不同种类的喙鲸中，喙部的紧实状态增加了喙部的力量并降低了种内成年雄性间打斗导致骨折的风险。然而，布弗莱尼尔、卡西诺斯（1995 年）和泽奥波斯等（1997 年）提出的数据证实，喙部除高度矿物化外，还是坚硬而非常易碎的结构。他们认为，喙部和鼓泡之间的构成结构和力学性能的相似性说明喙部具有与声学相关的功能。

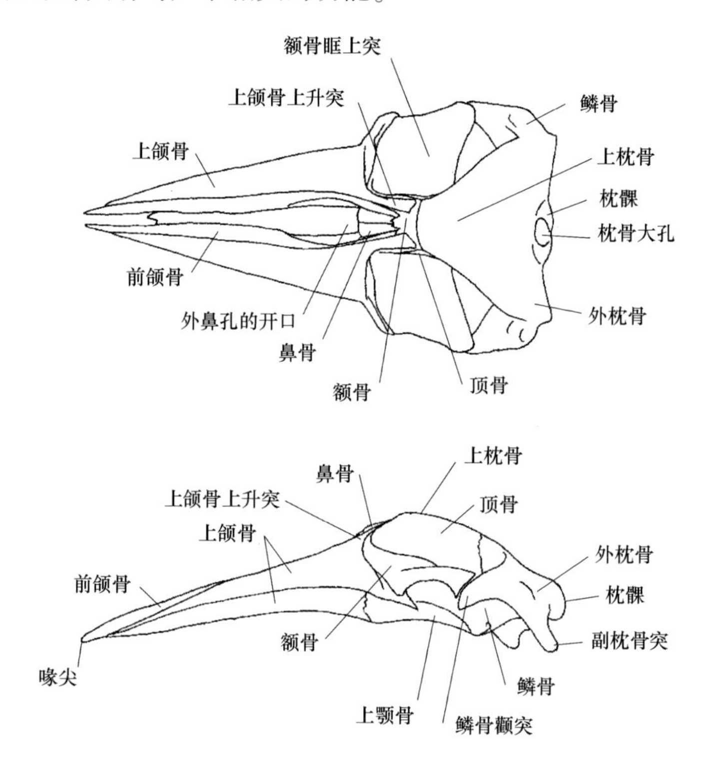

图 8.16 须鲸类代表性物种——小须鲸（*Balaenoptera acutorostrata*）的颅骨

（a）背面观；（b）侧面观（杜鲁，1904 年）

在须鲸类动物的颅骨中，整个面部区扩大，喙部呈拱形以容纳从上颌垂下的鲸须板（图 8.16）。须鲸类动物喙部的拱形度因种类的不同而有差异：须鲸科（Balaenopteridae）仅略呈拱形（头盖骨基部和喙部基底之间的拱形度低于 5%），灰鲸和小露脊鲸（*Caperea marginata*）的拱形度中等（分别为 10% 和 17%），而露脊鲸科（Balaenidae）的拱形度高（超过20%）（巴恩斯和麦克劳德，1984年）。露脊鲸科喙部的高拱形度便于容纳它们非常长的鲸须板。须鲸类动物与齿鲸类动物不同，具有一些发达的面骨和颅骨（即，犁骨、颞骨和腭骨）。

所有须鲸类动物都具有两条无分支的鼻道通向一对呼吸孔。在齿鲸类动物（除抹香鲸外）中，单鼻道（前庭）垂直延伸至鼻骨孔（图8.17）。从鼻道分支出一系列的盲端囊。种内和种间不同个体的鼻内气腔有差异。海恩宁（1989年）详细描述了这些鼻囊。与鼻道关联的肌肉组织极其复杂（见劳伦斯和谢维尔，1956年；米德，1975年；海恩宁，1989年）。在齿鲸类动物中，抹香鲸是独特的情况，保留了两条鼻道（图8.18）。左鼻道没有气囊，几乎以一条直线从膨大的左鼻骨孔向前延伸至呼吸孔。在鼻骨孔的上面，一个前额气囊止于右鼻道的后边。右鼻道向前延伸至远端的前庭气囊，然后竖直通向呼吸孔。在前庭气囊的后壁上有肌肉突起，突起上有狭缝状的开口通向右鼻道。这个阀门状结构的外观大体上与猴子的口鼻部相似，法语原文中称为“museau de singe”（普歇和博雷加德，1892年）。克兰福德（1999年）提出更具描述性的术语“声唇”以描述这个结构。

齿鲸类动物具有的一些功能可归因于其复杂的面部结构，这些功能包括潜水期间的浮力调节（克拉克，1970年，1979年）以及抹香鲸雄性间竞争时的头部互撞（加利等，2002年）。然而，毫无疑问，这些面部特化结构的主要功能与摄食、呼吸、发声和声接收有关（将在第11章详细讨论）。鼻栓（一对肌肉质的大团组织）堵塞了鲸目动物的鼻骨孔。这些鼻栓由结缔组织、肌肉和脂肪组成。同齿鲸类动物相比，须鲸类动物鼻栓中的脂肪组织较少，但在一般形态结构上相似。源于前颌骨的成对的鼻栓肌可令鼻栓回缩。鼻栓肌收缩时向前外侧拉动鼻栓。当鼻栓在吸气和呼气间缩回时，鼻道保持充分开放。除呼吸功能外，鼻栓在发声中也发挥了重要作用（见第11章）。

齿鲸类动物的面部区具有一个大椭球形的额隆。一般情况下，额隆

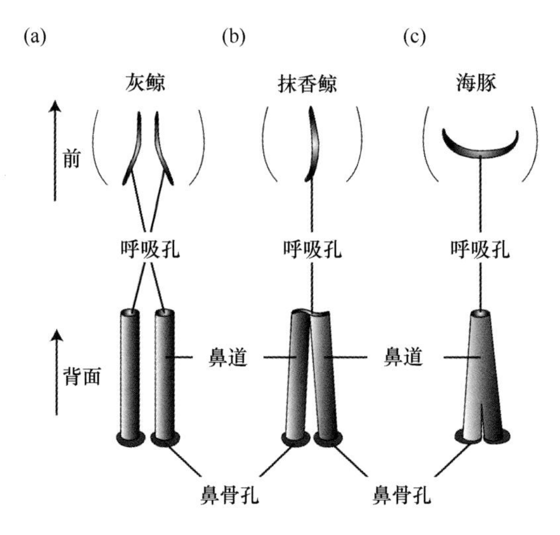

图 8.17 外鼻孔或呼吸孔示意图背面观（顶部）和肉质鼻道前面观（底部）

（a）灰鲸；（b）抹香鲸；（c）海豚

（来自贝尔塔等（2014 年）；根据米林科维奇（1995 年）作品中图 2 修正）

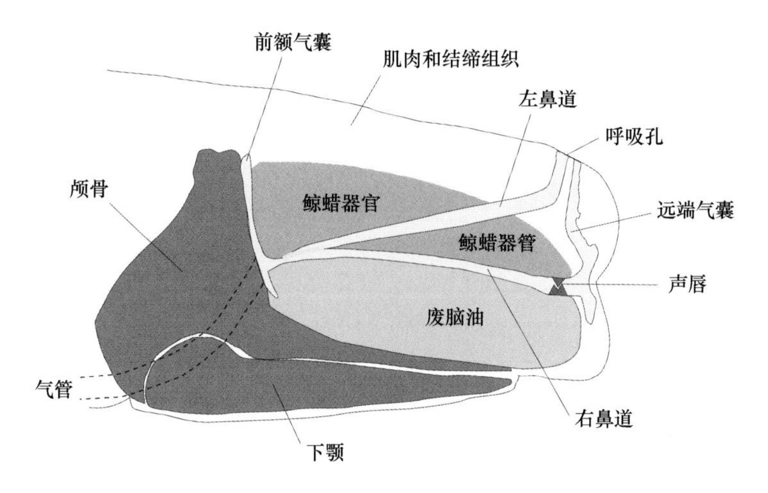

图 8.18 抹香鲸（*Physeter macrocephalus*）头部鼻道示意图

注：抹香鲸头部除鲸蜡器官外，剩余鲸脑油储存于一系列直角梯形块组织中

（根据埃文斯（1987 年）作品修正）

的位置不对称，略微偏向右侧。它位于颅骨的喙部骨骼顶部的一块致密

结缔组织上。额隆和颚部脂肪组织由富含异戊酸的独特脂肪酸组成，涉及齿鲸的发声和声接收（见第 11 章）（瓦拉纳西和马林斯，1970 年；加德纳和瓦拉纳西，2003 年）。在一些不同年龄的齿鲸中，这些脂类的生物化学成分的差异（推算自样本间的大小差异）表明，齿鲸出生时回声定位能力尚未充分发展（加德纳和瓦拉纳西，2003 年）。

如第 4 章的讨论，海恩宁和米德（1990 年）描述了须鲸类动物中具有的退化的额隆。他们认为，鲸目动物额隆的最初功能是使鼻栓能够自由运动，当前颌骨上方鼻栓肌收缩时向后拉动鼻栓。米林科维奇（1995 年）则认为，额隆在须鲸类中的存在表明，所有鲸类的祖先可能具有发育健全的额隆和相对健全的回声定位能力。使用断层扫描计算数据对额隆形态进行了比较研究，表明在齿鲸类动物的进化中额隆演化时间更早，更像是该世系的一个共源性状（麦肯纳等，2011 年）。

抹香鲸的前额部具有一个硕大的鲸蜡器官，其长度可能超过抹香鲸总体长的 30%，重量占其体重的 20%（图 8.18）。抹香鲸科动物面部区的脂肪组织在结构上高度特化，与所有其他齿鲸的额隆差异明显。它位于鼻道的后背侧，因此认为鲸蜡器官并非与额隆同源，而是一个极为过度生长的结构，与其他齿鲸的后囊同源（克兰福德等，1996 年）。成年抹香鲸具有一个延长的结缔组织囊，其中充满黏性的蜡状液体，称为鲸蜡。这种曾令捕鲸者趋之若鹜的抹香鲸油脂可用于制作蜡烛和点亮灯塔。鲸蜡器官被包裹在厚实的肌肉韧带囊内。在鲸蜡器官的下面是一个结缔组织区，与充满油的空间间隔分布。捕鲸者将该区域称作废脑油，因为其中包含的油质量较低（克拉克，1978 年；图 8.17）。“废脑油”很可能与其他齿鲸的额隆同源。第 11 章将更详细地讨论这些结构在发声中的功能。

8.3.2 下颌

当背面观时，齿鲸类动物的下颌，或称下颚呈现挺直的形状。颌后部的无齿承载部分骨壁薄，形成充满脂肪的盘状骨（图 8.18）。诺里斯（1964 年，1968 年，1969 年）指出，该区是齿鲸类动物接收声音的主要部位（第 11 章将进一步讨论）。须鲸类的下颌横向弯成弧形，盘状骨缺失。下颌联合为纤维软骨接合，连接成对齿骨的锥形远端。它在结构上类似于椎间关节；其中心充满胶状物质，为高密度的纤维软骨囊所包围。佩因森等（2012 年）对须鲸科的一些物种进行了研究，描述了一个由结缔组织构成的感觉器官，其上乳头内含嵌入下颌联合的神经。该感官可协调颌位所需的显著变化和喉囊扩张，确保须鲸成功完成猛扑型摄食。

在大部分齿鲸种类中，为颞肌提供附着点的冠状突（图 8.19）缩小（恒河豚是一个例外，保留了明显的突起），因为它们不需要颌部具有用于咀嚼的强咬合力，大部分物种整个吞下猎物。在须鲸类中，须鲸科物种的冠状突为中等大小，而灰鲸（*Eschrichtius robustus*）、小露脊鲸（*Caperea marginata*）和露脊鲸科物种的冠状突发展为一个略微隆起的区域（巴恩斯和麦克劳德，1984 年）。第 12 章将讨论冠状突在须鲸类

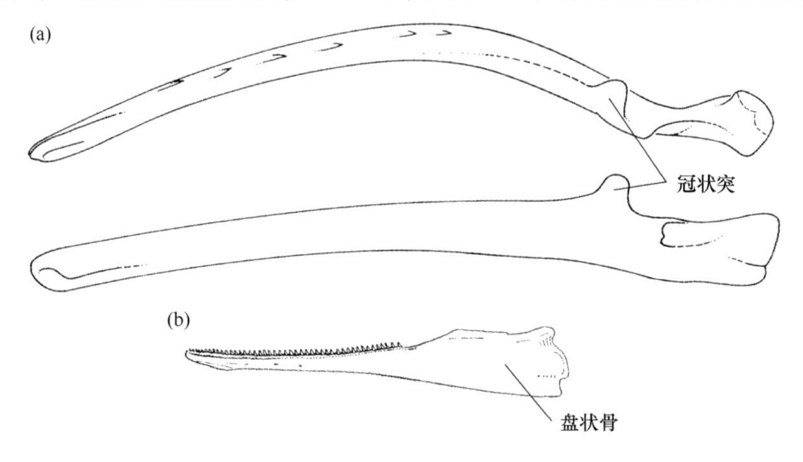

图 8.19 代表性鲸目动物的下颌侧视图

（a）须鲸类，小须鲸（*Balaenoptera acutorostrata*）（德梅雷，1986 年）；

（b）齿鲸类，原海豚属（*Stenella* sp.）

摄食中的功能。

8.3.3 舌骨器

所有鲸目动物的舌骨及与舌肌的连接发育良好（例如，沃思，2007年）。在齿鲸类中，舌骨可分为基底部分（舌骨体、成对的舌骨大角）和悬系部分（成对的舌骨角、上舌骨、茎突舌骨和鼓舌骨（雷登伯格和莱特曼，1994 年））。负责回缩舌骨器（例如，胸骨舌骨肌）或控制舌头（例如，茎突舌肌、舌骨舌肌）的肌肉增大，并且研究表明，它们在一些齿鲸类和须鲸类物种的吮吸摄食中可能具有重要作用（见第 12 章）。

8.3.4 脊柱和轴肌

鲸目动物的脊柱不包含骶椎区，因为它们缺失骨盆带。研究者根据肋骨的存在确定颈区、胸区和腰区之间的边界，并通过人字骨的存在确定腰部和尾部之间的边界（图 8.20）。典型鲸目动物的椎骨式为 C7，TI 1～12，L 通常 9～24 块（范围 2～30 块），C 通常 15～45 块（范围 15～49 块）（雅布罗科夫等，1972 年）。

所有鲸目动物都具有 7 块颈椎（图 8.20）。不同于其他哺乳动物，它们颈椎的椎体非常扁平，有时仅包括已失去椎骨主要特性的薄骨板。大部分鲸目动物，包括露脊鲸科、小露脊鲸科和齿鲸类（例如，瓶鼻鲸属所有种（*Hyperoodon* spp.）、小抹香鲸（*Kogia breviceps*）、宽吻海豚（*Tursiops truncatus*）），其颈椎中有两块或多块椎骨融合（隆美尔，1990 年；图 8.21（a））。抹香鲸的后 6 块颈椎融合（德斯梅特，1977 年）。结果是短而坚硬的颈部优化了身体的流线型并使头部更稳固（斯利珀，1962 年）。在须鲸科、灰鲸科、恒河豚科、亚马孙河豚科和普拉塔河豚科（巴恩斯和麦克劳德，1984 年）以及白鲸（*Delphinapterus leucas*）（雅布罗科夫等，1972 年）中，未融合的颈椎（图 8.20（b））

使颈部具有相当大的灵活性。

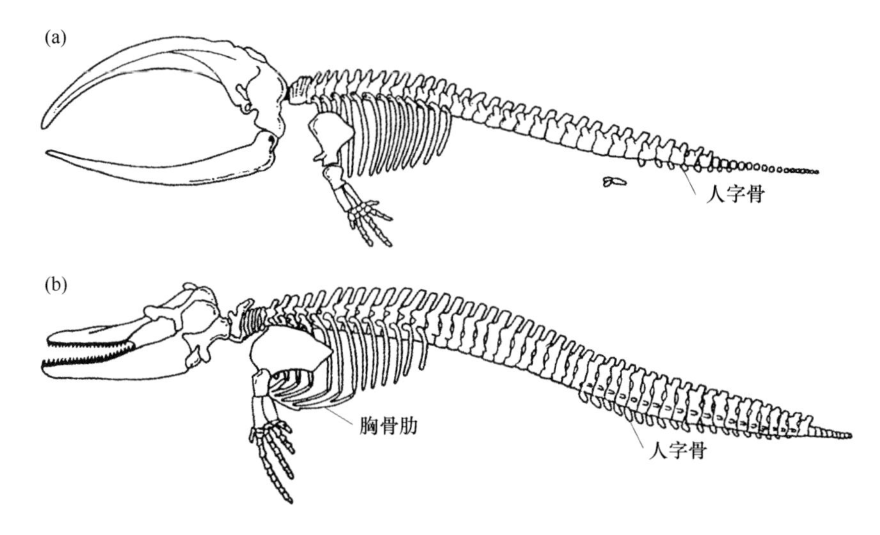

图 8.20 代表性鲸目动物的脊柱：（a）须鲸类；（b）齿鲸类

（根据哈里森和布莱登（1988 年）作品修正）

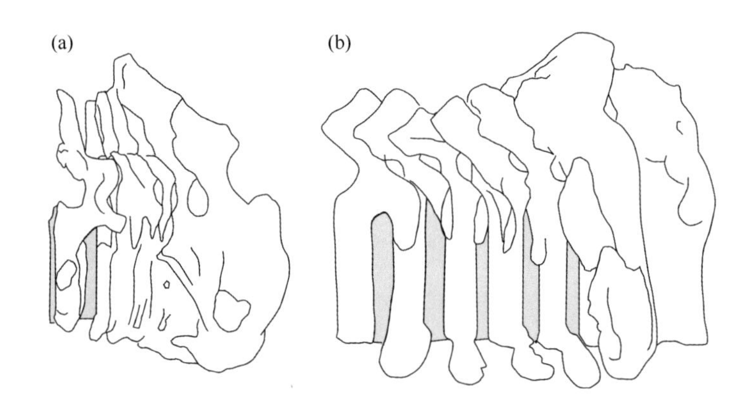

图 8.21 鲸目动物颈椎侧视图：（a）领航鲸属（*Globicephala* sp.）；（b）蓝鲸（*Balaenoptera musculus*）

注：领航鲸的前 6 块颈椎融合；蓝鲸的颈椎未融合，为椎间盘（灰色）所分隔（根据斯利珀（1962 年）作品重新描绘）

胸椎的侧面与肋骨相接。鲸目动物通常具有 11 块或 12 块胸椎。其胸椎的共同特征是椎体上关节面相对发育不良；通常仅第1至第4胸椎或第1至第5胸椎具有这些关节（雅布罗科夫等，1972年）。须鲸类椎体的相对大小显著大于齿鲸类；通常在齿鲸类中，椎体长度比高度大50%以上。一些胸椎具有腹侧突起或下垂体（不是椎骨的结构部分）。下垂体可能还出现于一些物种（例如，小抹香鲸属（*Kogia* spp.）的小抹香鲸和侏抹香鲸）的胸椎后部和腰椎前部。这些椎间结构增强了轴下肌的力学优势（隆美尔和雷诺兹，2001年）。

在胸椎后面，脊椎继续延伸，直至尾叶刻痕。腰椎不与肋骨连接。腰椎具有最大的椎体以及发育最好的横突和棘突。腰椎的数量因物种的不同而有相当大的差异。据报道，白腰鼠海豚（*Phocoenoides dalli*）具有最多的腰椎数量（29~30块）；而数量最少的包括小抹香鲸（2块）、恒河豚科（Platanistidae）（3~5块）和一角鲸科（Monodontidae）（6块；雅布罗科夫等，1972年）。宽吻海豚具有16~18块腰椎（隆美尔，1990年）。

鲸目动物没有清晰的骶椎。早期鲸目动物进化的特征是骶椎数量减少、骶椎间的融合减少以及骶椎与骨盆关节减少（布克霍尔茨，1998年）。鲸目动物的尾部或尾椎界定为：第一尾椎、紧接在其骨骺后面的一块人字骨，以及此后所有尾椎骨（图8.20）。人字骨为成对的腹侧骨化椎间盘，在许多脊椎动物的尾区均有发现。它们通过其前面椎骨的成对椎骨面连接，并通过韧带固定住。它们从前面观呈现Y形或V形。成对人字骨构成拱形结构，导致了脉弧管的产生，以保护向尾部供血的血管（隆美尔和雷诺兹，2001年）。在尾椎的数目上，不同物种间也存在差异：小露脊鲸的数目最少（13块），江豚属所有种（*Neophocoena* spp.）、居氏喙鲸（*Ziphius cavirostris*）和小抹香鲸的数目最多（49块）（雅布罗科夫等，1972年；隆美尔和雷诺兹，2001年）。宽吻海豚具有25~27块尾椎（隆美尔，1990年）。

在一项对现存海豚科成员椎骨形态的研究中，布克霍尔茨和舒尔

（2004年）描述了海豚科内的显著变异（即，椎骨数目、形状和神经棘排列方向的差异）。大部分现存海豚科成员与其祖先不同，脊椎在前部（向斜）和后部（尾叶基部）位置上具有局部柔韧性，这被认定为关键的进化革新，标志着双峰型躯干的演化。双峰型躯干与导致尾部灵活性提高的其他脊椎变化有关。布克霍尔茨（2007年）确认了鲸目动物的脊柱模块，其演化似乎相互关联，这与下述观点相一致：同源基因（Hox genes）操控着脊柱的分区，其他信号分子操控着每个种的椎骨数目。进化证据表明，骶前椎骨数目和脊柱分区为独立的特征，因此说明，不同的过程塑造了脊柱的进化（德威森等，2012年）。

在正常游泳时，鲸目动物的胸椎和腰椎为一层强韧的皮下胶原结缔组织膜所限制，这层膜使胸部坚硬，并为尾部的屈肌和伸肌提供了扩大的固定表面（帕布斯特，1993年，图8.22）。在背部中轴肌中，半棘肌的位置表明，其运动是为了改变颅骨相对于脊柱的位置（使头部伸展和侧屈）。半棘肌还帮助拉紧前部表面纤维和深部腱纤维。多裂肌是另一个主要的轴上肌群，其运动可使深部插入的肌腱绷紧，由此为最长肌（另一块轴上肌）提供稳定的平台。最长肌通过其插入肌腱和皮下结缔组织膜之间的互动，将其产生的大部分力量传送至尾部（帕布斯特，1993年）。

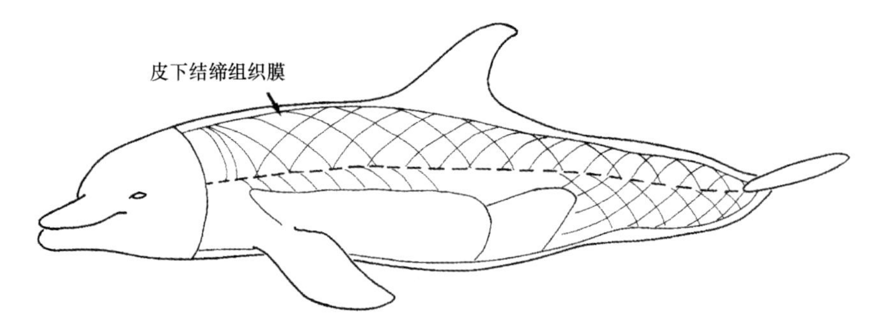

图8.22 宽吻海豚（*Tursiops truncatus*）的皮下结缔组织膜（SDS）

（去除了鲸脂和表层躯干肌，帕布斯特，1990年）

脊柱是海豚作为鲸目动物游泳时产生背腹性身体弯曲特征的首要结构（本章后文将进行讨论）。短吻真海豚（*Delphinus delphis*）在背腹性身体弯曲中，身体中部附近的椎间关节是僵硬的，而随着逐渐靠近头部和尾部，椎间关节变得更加灵活（朗等，1997 年）。有假说认为，附着在腰脊柱的中轴肌造成尾部的伸展，这与椎间关节僵硬的模式一致（帕布斯特，1993 年）。对短吻真海豚的身体弯曲动力学进行了一项力学研究，结果表明，尾叶基部的椎间关节作为“低阻力铰链，使尾叶的迎角发生微妙和持续的变化”（朗等，1997 年）。朗等（1997 年）还提出一种新的结构机理，海豚在尾部的伸展和弯曲中均运用该机理使关节变僵硬。在进行这些运动时，该机理通过韧带在紧张肌肉中的位置发挥作用。作为尾椎切力通过颅椎神经棘的关节突，其中间外侧方向的韧带伸长（图 8.23）。该研究得出的其他结论包括：海豚的脊柱有能力储存弹性能、抑制振荡，以及在游泳时控制身体变形的模式。

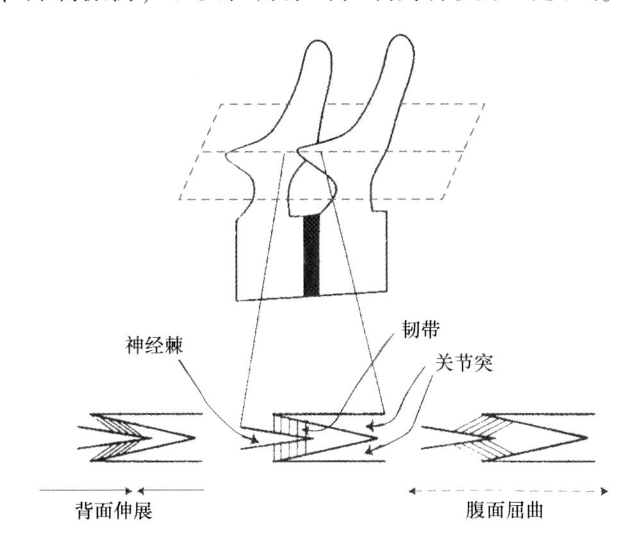

图 8.23 短吻真海豚（*Delphinus delphis*）的关节突硬化机制

一对脊椎骨的左侧视图；倾斜的虚线平面为关节突（图下方显示）的额切面

（朗等，1997 年）

8.3.5 胸骨和肋骨

齿鲸类动物的胸骨有几个特征与须鲸类动物不同。在齿鲸类动物中，通常有5~7对肋骨与胸骨（胸肋）连接，胸骨为一块长而扁平的骨，通常分段且前部变宽，在肋骨连接处有外倾的杯状凹（图8.20）。在须鲸类动物中，仅有1对肋骨与胸骨连接，其胸骨较齿鲸类动物短而宽（雅布罗科夫等，1972年）。与其他大部分哺乳动物不同，齿鲸类的胸肋为骨质，而非软骨（隆美尔和雷诺兹，2001年）。

鲸目动物的一个独特之处是具有单头肋骨（见后文），肋骨仅与相应椎骨的横突相连，而相比之下大部分哺乳动物有两个脊椎连接点：一个连接椎体；另一连接横突。宽吻海豚具有12~14根椎肋（隆美尔，1990年）。最前面的4~5根椎肋为双头，具有一近端小头和一远端结节。双头肋骨增加了肋骨与椎骨之间的关节数量，并赋予胸腔相当大的活动性。在深潜的抹香鲸和喙鲸中，真胸肋仅有3~5对，为软骨性。须鲸类没有真胸肋，仅第一对肋骨通过一条韧带与极小的胸骨连接。在须鲸类中，第一对肋骨无头（灰鲸为例外；雅布罗科夫等，1972年）。鲸目动物的肋间肌发育不良，依赖横隔膜进行强有力的吸气。

8.3.6 鳍肢与运动

在鲸目动物中，前肢已演化为鳍肢，并且它们的比例同陆地哺乳动物的前肢相比改变如此之大，以致肘部大约移至身体轮廓线上，并且可见的肢体包括几乎全部前臂和手部（例如，伍德沃德等，2006年；桑切斯和贝尔塔，2010年；韦伯等，2013年）。鳍肢与肩胛骨间为一个球窝关节，容许一定范围的运动，包括屈伸、外展-内收和旋转。在亚马孙河豚科（Iniidae）中可见到更进一步的解剖结构特化，该科具有独特的肩胛骨-胸骨关节，在河流生境中增强了鳍肢的可操控性（古斯泰因等，2014年）。鲸目动物鳍肢的大小和形状多样，这与每个物种的生态学相关（例如，伍德沃德等，2006年）。鳍肢形状包括：圆形和桨状（例如，虎鲸（*Orcinus orca*）、抹香鲸）、三角形（例如，宽吻海豚），以及长翼状（例如，座头鲸（*Megaptera novaeangliae*）、长须鲸（*Balaenoptera physalus*））（韦伯等，2009年；桑切斯和贝尔塔，2010年）。白鲸和一角鲸（*Monodon monoceros*）的鳍肢边缘通常向上弯曲。

座头鲸的鳍肢较薄而狭长，在鳍肢的前缘具有较大的瘤状突起，使鳍肢呈现出有圆齿的外观，这在鲸类中独一无二（费希和巴特尔，1995年）（图8.24）。通常，在瘤状突起的上部前缘可发现藤壶。鳍肢的横断面具有低阻力水翼的设计特征，利于产生升力、提高可操控性。鳍肢上瘤状突起的位置和数目表明，它们作为升力增强装置，可控制鳍肢上的水流并在高迎角时维持升力。座头鲸的鳍肢前缘的瘤状突起适合应用于风力涡轮机叶片前缘的设计，这是自然启迪的设计或**仿生学**的一个实例。更深入的研究表明，座头鲸的鳍肢形态适应了座头鲸独特的“气泡云”摄食行为所需的高度可控性（费希和巴特尔，1995年；米克罗索维奇等，2004年，第12章将进行更详细的讨论）。在与求偶展示有关的行为相互作用中，极长的鳍肢还成为一个非常有用的发送信号的工具（见第13章）。

鲸目动物的鳍肢在游泳、机动和稳定身体时具有水动力控制面的功能（例如，韦伯等，2013年；库珀等，2008年）。鲸目动物的鳍肢形态与摄食模式具有联系。例如，小须鲸的鳍肢（北半球的小须鲸胸鳍上有一条白色带，译者注）在维持进食秩序中有重要作用（库珀等，2008年）。在长须鲸中，鳍肢可能对身体转向的滚转运动有促进作用，并可在觅食潜水期间提高摄食效率（例如，哥德伯根等，2006年；见第12章）。同须鲸类动物相比，齿鲸类动物的鳍肢活动性受限，不过它们也能通过辅助转向和稳定身体，在追捕猎物的高速机动中发挥重要作用。对于在受限制的环境（即，浮冰群或河流）中生活和觅食的齿鲸，例如白鲸或淡水豚类，它们的鳍肢形状通常使它们能够在这些环境中进

图 8.24 座头鲸（*Megaptera novaeangliae*）的鳍肢，显示瘤状突起和符合流体动力设计的横断面

（费希和巴特尔，1995 年；照片提供：费利佩·瓦列霍）

行倾斜机动（韦伯等，2013 年）。在一项鲸目动物鳍肢的水动力效率研究中，韦伯等（2009 年）发现，就升力和阻力性能而言，宽吻海豚的三角形鳍肢最高效。

鲸目动物肢骨密度的降低（布弗莱尼尔等，1986 年）伴随着致密结缔组织基质的广泛发展，由此帮助维持鳍肢的力量。一项对鲸目动物前肢异速生长比例关系的研究表明，或是大型鲸目动物的骨不如预期的强壮，或是小型鲸目动物的肢骨比预期更加强壮。对这个负向异速生长情况的一种可能的解释是，小型海豚科和鼠海豚科动物可达到相对更高的游泳速度，以及高速游泳引起更大的应力（道森，1994 年）。

8.3.6.1 肩带和前肢

鲸目动物的肩胛骨通常为宽而扁平的扇状骨。在齿鲸类动物中，冠状突和肩峰发育良好；而一些须鲸类动物（例如，座头鲸）的肩峰缩小（豪厄尔，1930 年）。冈下窝几乎占据了整个肩胛骨的外侧（虽然肌肉仅覆盖该区的 1/2～2/3），而冈上窝的骨区不明显。因此，冈上肌的重要性降低（豪厄尔，1930 年）。普拉塔河豚（*Pontoporia blainvillei*）

的肩胛骨不同于已得到描述的海豚超科（海豚、鼠海豚、一角鲸、白鲸）和抹香鲸超科（抹香鲸和侏抹香鲸）动物，其冈上窝的面积相对较大（斯特里克勒，1978年）。鲸目动物没有斜方肌。在齿鲸类中，腹侧锯肌仅出现在普拉塔河豚中，尽管它还存在于须鲸类的长须鲸中。在普拉塔河豚和小抹香鲸中可发现胸腹肌和3个菱形肌区，但海豚很少具有这些肌肉。斯特里克勒（1978年）提出，这些特征与普拉塔河豚更普遍地使用前肢这一现象有联系。

鲸目动物的肱骨、桡骨和尺骨相对短而扁平（图8.25）。桡骨和尺骨的长度超过肱骨，其骨干为背腹性压缩。由于小关节面扁平，肘关节是固定的。肱骨的小结节位置居中并缩小，具有明显的粗糙度。小结节的发育不良表明，或是肩胛下肌异乎寻常地无力（与其大小不符），抑或是它的功能在某种程度上发生改变（即，当臂部显著弯曲时引起肱骨的旋转）。研究认为，后一种观点更具可能性（豪厄尔，1930年）。在须鲸类中，大结节发育良好，可能几乎与肱骨头一样高。虽然三角肌突起似乎与大结节同源，但它们除位置外并无相似性。齿鲸类的肱骨近端与须鲸类不同；肱骨头并不接近骨干的后部，而是位于其外侧。由于肱骨头的位移，大结节的位置使肩胛下肌（插入其上）成为一块高效的内收肌（豪厄尔，1930年）。一些化石古鲸保留了可活动的肘关节、长肱骨，并且它们的鳍肢不同于现存鲸类的流线型。在鲸目动物鳍肢的演化中，最重要的事件之一是肘关节和上肢关节的固定化；在须鲸类（即，艾什欧鲸）中，该事件发生在渐新世早期（库珀等，2007年）。

在哺乳动物中，鲸目动物的手骨为独特的多指型（它们的指骨数目很多，图8.25）。多指型的发展也出现在两个已灭绝的水生爬行动物世系中：鱼龙（赛德梅拉等，1997年）和沧龙（考德威尔，2002年）。在鲸目动物中，多指型局限于齿鲸类中间第2趾和第3趾以及须鲸类的第2趾和第4趾（库珀等，2007年）。在齿鲸中，领航鲸属（*Globicephalus* spp.）的指骨数量最多（第1趾、第2趾和第3趾分别多

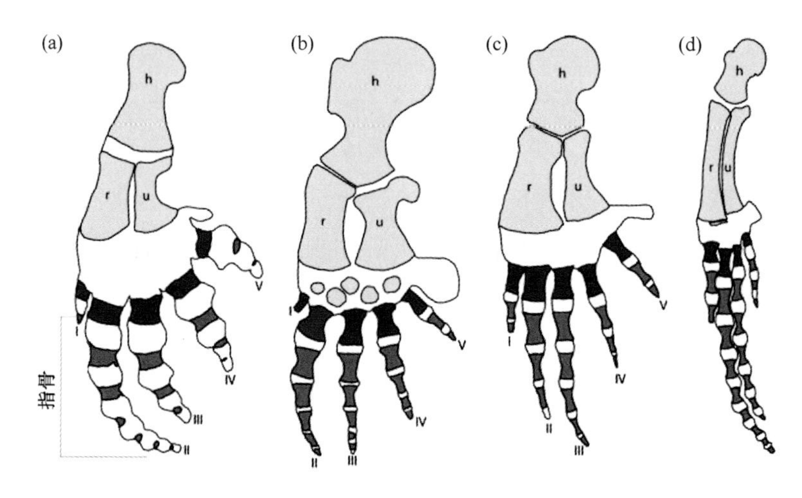

图 8.25 鲸目动物代表性物种的前肢

（a）虎鲸（*Orcinus orca*）；（b）抹香鲸（*Physeter macrocephalus*）；（c）北大西洋露脊鲸（*Eubalaena glacialis*）；（d）座头鲸（*Megaptera novaeangliae*）（库珀等，2007 年）

达 4 个，14 个，11 个；费达克和豪尔，2004 年；另见库珀等，2007 年）。在须鲸类动物中，露脊鲸科成员具有 5 趾，除灰鲸外的所有其他须鲸具有 4 趾。对鲸目动物前肢形态进行了一项研究，结果表明，许多鲸目动物的第 1 趾缩小（除领航鲸外），须鲸类动物（除露脊鲸科外）已失去第 1 趾的所有部分（库珀，2007 年），并且化石证据表明，这可能发生在约 1400 万年前。在鲸目动物的系统发育中，多指型的分布似乎历经数次演化而得到优化，研究者进一步假设，这个过程分别在须鲸类和齿鲸类中演化发展（费达克和豪尔，2004 年）。齿鲸类中的海豚科和须鲸类中的须鲸科具有最大程度的多指型。化石证据表明，鲸目动物的多指型演化至少经历了 700 万~800 万年（库珀等，2007 年）。趾的数目和多指型调整的发展基础，以及鲸目动物前肢形态的高度多样性，似乎与 5′*HoxD* 基因相关（王等，2008 年）。对鲸目动物的趾畸形进行了一项研究（库珀和道森，2009 年），结果显示大约 11%的齿鲸类具有某种异常骨化，其中大部分齿鲸的手骨（掌骨+指骨）各部分融合在一条趾线内。研究发现海豚科的趾畸形数量最大，并且仅有海豚科清楚地显示了与获得性关节变性病有关的病理学状况，关节变性病可能由老龄化或损伤引起（库珀和道森，2009 年）。在加湾鼠海豚（*Phocoena sinus*）的前肢上发现并报道了多趾畸形，即出现多余的趾（奥尔特加·奥尔蒂斯等，2000 年）。在加湾鼠海豚和相关分类单元间比较了手骨的骨化模式，结果表明，成年加湾鼠海豚的腕骨发育为幼稚形态，因为它们与其他鼠海豚相比保持了幼年的骨化模式（梅勒等，2009 年）。

8.3.6.2 骨盆带和后肢

鲸目动物仅保留了缩小并发生变化的骨盆骨。它们不与脊柱直接连接，而是嵌入内脏肌肉组织中。在一些情况下，股骨或胫骨依然存在；在更罕见的情况下，足部的残余结构存在（雅布罗科夫等，1972 年）。在不同鲸目物种的胚胎中发现后肢芽在胎儿期的早期退化（综述见赛德梅拉等，1997 年）。各种不同的机制可能涉及后肢消失，包括某些同源异形盒基因的不表达。在蛇类的发展模式（即，渐进性肢体消失与椎骨数量的增加相一致）和鲸目动物的进化模式（即，古鲸的趾数减少到现代鲸类后肢消失）之间，研究者观察到了有趣的相似性。就此提出了问题：是否有相同的基因控制着这两类动物相应区域的发展？（德威森和威廉姆斯，2002 年）。后来，对海豚胚胎中的基因表达模式进行了研究（德威森等，2006 年；另见德威森等，2012 年），由此回答了这个问题，为蛇类和鲸类中的后肢消失模式提出了普遍的发展机制。根据此项研究的结果，后肢芽的发育会开始，并且肢芽作为上皮增厚而存在（图 8.26）。然而，后肢芽的生长受到抑制，并且退化发生在发育的第五周，*Shh* 基因表达的减少和最终停止控制了后肢芽的发育。

古鲸亚目的一些（或许是全部）鲸类动物曾具有突出体外的后肢。对原鲸属（*Protocetus*）骶椎上的骨盆面进行观察，说明它们具有发育良好的骨盆。研究发现，原械齿鲸（*Prozeuglodon*）具有后肢，陆行鲸

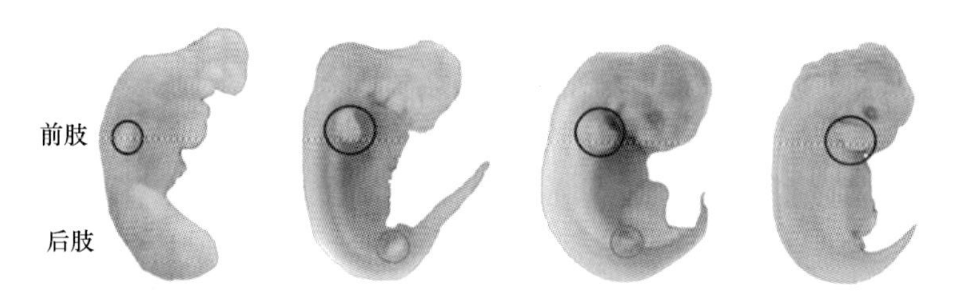

图 8.26 点斑原海豚（*Stenella attenuata*）的胚胎，显示前肢和后肢的发育
（德威森等，2009 年；照片提供：J G M 德威森）

（*Ambulocetus natans*）具有较大的后腿和足部，罗德侯鲸（*Rodhocetus kasrani*）具有较大骨盆，并且发现于美国佐治亚州的一种原鲸科动物也具有骨盆（赫尔伯特，1998 年）。古鲸亚目可在海滩上行进，类似于鳍脚类。研究表明，伊西斯龙王鲸（*Basilosaurus isis*）的小而具有功能的后肢可能在交配时帮助定位和稳定身体（金格里奇等，1990 年），或是有助于在浅水区进行划水运动（福代斯和巴恩斯，1994 年；另见第 4 章）。然而，这些肢体仅可合理解释为不具功能的退化的残余结构（贝尔塔，1994 年）。一头鲸在出生时带有体外后肢的残余部分，这种非常稀有的个体是突变的结果，突变使得后肢的发育重启（图 8.27）。

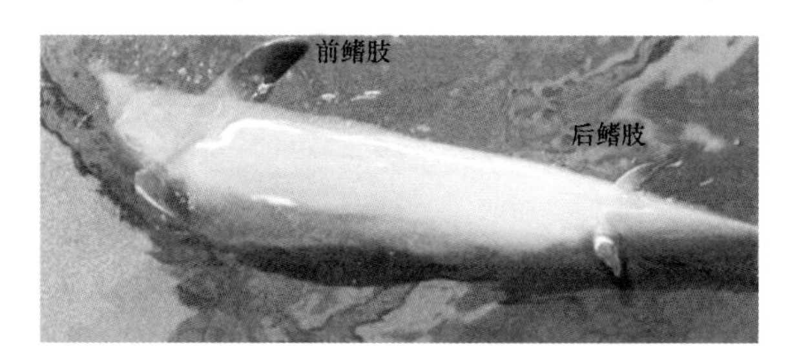

图 8.27 日本太极鲸类博物馆中，一头宽吻海豚（*Tursiops truncatus*）的后鳍肢
（德威森等，2009 年；照片提供：J G M 德威森）

8.3.6.3 尾部（尾鳍）

鲸目动物的尾部，或称尾鳍（图 8.28）具有下述基本组分：一层

皮肤、一层皮下鲸脂、一层韧带，以及韧带膜内极坚韧、致密的纤维组织核心，大部分尾鳍由此形成（菲尔茨，1966年）。穿过纤维组织核心，数量庞大的血管排列为逆流保温系统。

尾叶为尾侧的生长物（类似于肢芽伸出体侧壁的发育），主要由背腹扁长形的尾椎所支撑，尾椎几乎延伸至尾叶刻痕（隆美尔，1990年）。不同鲸目动物的尾叶形状不同（图8.28），这是对不同水动力参数的应对（费希，1998年；费希等，2007年）。以横截面观，尾叶显示出钝而圆的前缘和薄的后缘，大部分物种的后缘略呈凸形，但有一些几乎为直线（抹香鲸），还有明显的弧形（座头鲸）、镰刀形（长须鲸），甚至双面凸形（一角鲸）。研究者定量地表征了尾叶的形状，并发现齿鲸类代表性物种（数种海豚科动物、一种小抹香鲸科动物和一种鼠海豚科动物）的尾叶具有高升力性能（费希等，2007年；另见8.3.6.5运动力学）。

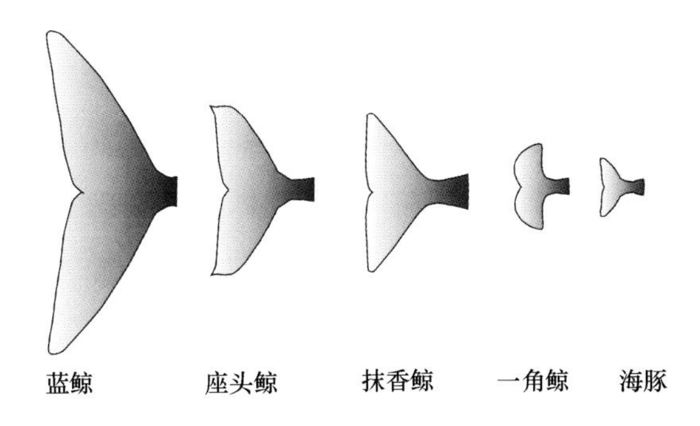

图8.28 鲸目各物种的不同形状的尾叶

鲸目动物尾鳍的进化学说依然基于推理，该进化事件可能不迟于始新世晚期，判断依据是硬齿鲸亚科（Dorudontinae）和龙王鲸科（Basilosauridae）物种的脊椎形态（布克霍尔茨，1998年；巴杰帕伊和德威森，2000年；金格里奇等，2001年）。

8.3.6.4 背鳍

大部分鲸目动物的背上通常有一个突出的背鳍（图 8.29），背鳍具有在游泳时稳定身体和防止身体滚动的作用（例如，费希，2002 年）。大部分齿鲸具有背鳍，成年雄性虎鲸的背鳍最大，高耸的背鳍可达到将近 2 米的长度。背鳍不通过骨骼而是通过坚韧的纤维组织支撑，类似尾鳍的结构。除提供控制面以帮助维持平衡和可操控性外，背鳍还有体温调节作用，可能也有助于个体或同种识别。鼠海豚（*Phocoena phocoena*）背鳍前缘上小结节的位置和结构可能具有重要的水动力功能（金特等，2011 年）。一些鲸目动物没有背鳍（露脊鲸科、抹香鲸、白鲸、一角鲸和江豚）。基于运动学分析和解剖学研究，沃思（2012 年）提出，白鲸的腹部脂肪层起到垂直稳定器的作用，可加强对身体姿态的控制。他进一步提出，在白鲸的近亲一角鲸中也可发现相似的成对腹肌系统和脂肪分布系统。

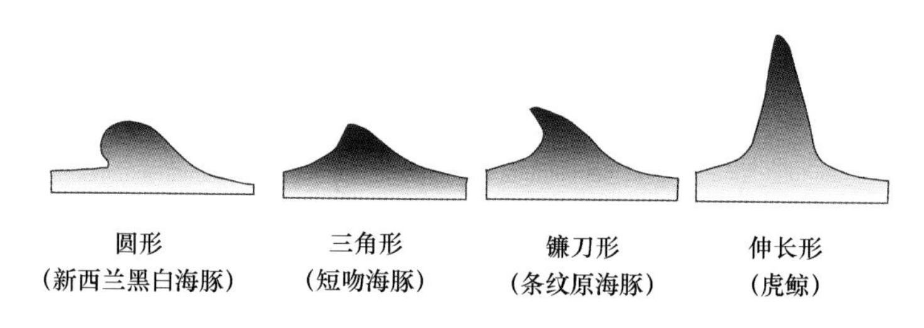

图 8.29　各种鲸目动物的代表性背鳍

静水压力适应性

对现存水生脊椎动物骨密度（肋骨）的研究揭示了陆地、半水生和水生哺乳动物的骨骼学特化作用。同肢体形态和运动的变化模式（见 8.3.6.6 鲸目动物运动模式的进化）相似，研究发现干群鲸类（例如，巴基鲸、原鲸）的高骨密度与浅水生活的静浮力控制有关，而低骨密度（例如，龙王鲸）与深水生活的动态浮力控制有关（格雷等，

2007年)。

发展和进化

一些鲸目动物，尤其是鼠海豚的骨骼显示出幼稚形态。例如，颅骨具有短喙部、圆形脑壳，并且颅骨缝融合时间延迟。相应的颅后特征包括在脊柱和鳍肢中延迟的骨骺融合（加拉蒂斯，2010年；加拉蒂斯等，2011年，和其中引用的参考文献)。鼠海豚的幼稚形态似乎是由初期发育引起，其中性发育更快，使得它们能够更早地达到性成熟。缩短的个体发育时间和更小的体型便于它们快速发育至生殖年龄，从而有利于在猎物丰富、猎物分布可预见的生境中生存。蔡和福代斯（2014年a，b）确认了在须鲸颅骨中影响系统发育的异时性过程。

8.3.6.5 运动力学

冠群鲸类通过尾部振荡实现运动；意即通过尾鳍的垂向运动进行游泳（图8.30)，而轴上肌和轴下肌的交替运动驱动着尾鳍进行垂向运动。尾叶起到一对振荡翼的作用；桨距控制着迎角（即，尾叶纵轴和迎面水流的夹角)，以致尾叶产生一个前向的升力（费希等，2007年)。除尾部运动的平面不同外，鲸目动物的游泳方式与金枪鱼和枪鱼十分相似。这一衍生的运动模式不同于除海牛类外的所有其他海洋哺乳动物。鲸类的尾部使用高纵横比的尾叶推进，这种尾叶的尾尖相对狭窄而尖锐，尾鳍推进提高了运动效率，使鲸类实现持久的高速度（费希，1997年)。轴上肌块和轴下肌块大小的差异引发了学界的早期论点：尾部的上下运动不是等效的；认为向上击水产生推力，而向下击水仅具有恢复性摆动的功能。更新的数据表明，这两个阶段均产生推力，而向下击水产生的推力的量级比向上击水产生的推力更大（费希和惠，1991年)。鲸类在击水周期的大部分时间内将尾叶维持在正迎角，这确保它们产生几乎连续的推力（费希，1998年)。

向上击水涉及延伸尾部的肌肉，主要由两块轴上肌提供能量：①

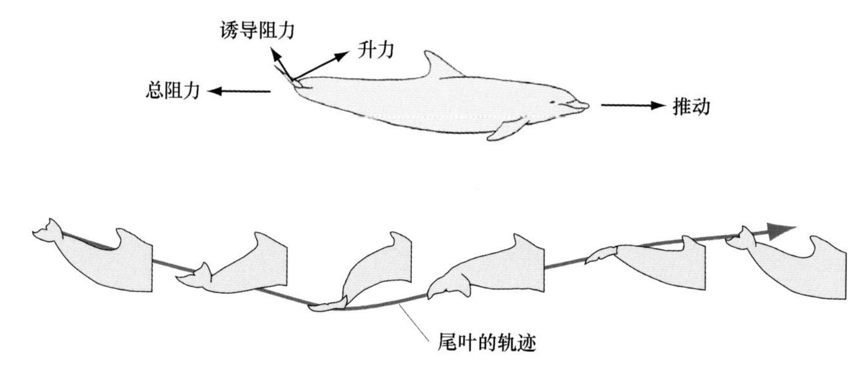

图 8.30　鲸目动物的水中推进，宽吻海豚尾叶的运动迹线

（根据科菲（1977 年）作品修正）

多裂肌及其尾部延伸（尾内侧伸肌）；② 最长肌及其尾部延伸（尾外侧伸肌；帕布斯特，1990 年，1993 年）。最长肌的尾部延伸是用于控制尾叶迎角的唯一轴上肌。向下击水涉及弯曲尾部和压低尾叶的肌肉，由尾外侧屈肌和尾内侧屈肌供能，这两块肌肉为轴下腰肌的延伸。另一块主要的尾部屈肌是坐骨尾肌，也提供了一些侧向力矩。研究发现，鲸目动物尾鳍中强健的弹性结缔组织有助于传递推进力。能量在尾鳍结缔组织（例如，筋腱）和皮下结缔组织膜中暂时地储存为弹性应变能，然后恢复为弹性反冲，而不是通过肌肉活动消散和随后复原（产生代谢值）（布利克汉和程，1994 年）。总体效应是在推进中限制身体后 1/3 的弯曲，并集中在尾鳍上产生推力。

一头鲸的尾鳍击水周期的频率随游泳速度的变化而直接变化。抹香鲸是游速最慢的鲸目动物之一，速度为 0.7~2.8 米/秒。长须鲸能以超过 10.3 米/秒的速度游泳，但常规情况下仅以 1.5~4.0 米/秒的速度游泳和猛扑进食（韦伯等（2013 年）引用的参考文献）。捕获并经过训练的宽吻海豚和大洋飞旋海豚（原海豚属（*Stenella* sp.））在受控的测试条件下记录下了超过 11.1 米/秒的速度（原书单位为千米/时，属于错误，译者注）（朗和普赖尔，1966 年；罗尔等，2002 年），而虎鲸的最高速度估计超过13.9米/秒。罗尔等（2002年）总结了其他圈养和野生海豚的最高游泳速度；其他齿鲸的游泳速度另见费希等（2007年）和韦伯等（2013年）的论著及其中引用的参考文献。在最高速度下，敏捷机动变得困难。然而，大部分海洋哺乳动物很少接近它们的最高游泳速度，因为在这些游速下非常消耗能量。

运动速度、机动性和能耗量全都取决于鲸目动物（和鳍脚类动物）的鳍肢和尾叶的大小和形状。鳍肢和尾叶的面积影响升力和阻力。研究者对各种须鲸和齿鲸的体长、尾叶和鳍肢面积进行了比较，揭示出与水动力性能和生态学有关的不同的鳍肢和尾叶类型：① 快速巡游型；② 慢速巡游型；③ 快速机动型；④ 慢速机动型。蓝鲸（*Balaenoptera musculus*）具有拉长的流线型身体和高纵横比（=长度/宽度，代表升力/阻力）尾叶和鳍肢，适于快速巡游通过开阔大洋。露脊鲸科（Balaenidae）具有更加浑圆的身体、高纵横比尾叶和短而圆的低纵横比鳍肢，充分适应了它们缓慢、持续的滤食性摄食技术。与巡游型的蓝鲸和露脊鲸形成鲜明对比的是机动型的典型：快速机动的座头鲸和慢速机动的灰鲸。座头鲸具有狭长的高纵横比鳍肢和低纵横比的巨大尾鳍，适于快速加速和高速机动。灰鲸具有硕大而低纵横比的鳍肢和尾叶，适于在通过沿岸水域时低速机动（伍德沃德等，2006年）（图8.31）。抹香鲸在低速机动时使用其圆形、低纵横比的鳍肢，并且它们的潜水行为说明在潜水时几乎无机动（另见第10章）。通常慢速机动的虎鲸虽然具有低纵横比的宽鳍肢，但也可表现出高速与高机动性，这使它们能够进行急转弯、俯冲，在攻击时以高机动性完胜猎物（韦伯等，2013年）。

8.3.6.6 鲸目动物运动模式的进化

鲸目动物游泳的尾部振荡模式从最初的四足运动阶段演化而来。四足运动之后发展出了骨盆运动阶段（陆行鲸属，*Ambulocetus*）、尾部波动阶段（库奇鲸属，*Kutchicetus*）和最终的尾部振荡模式，硬齿鲸科和

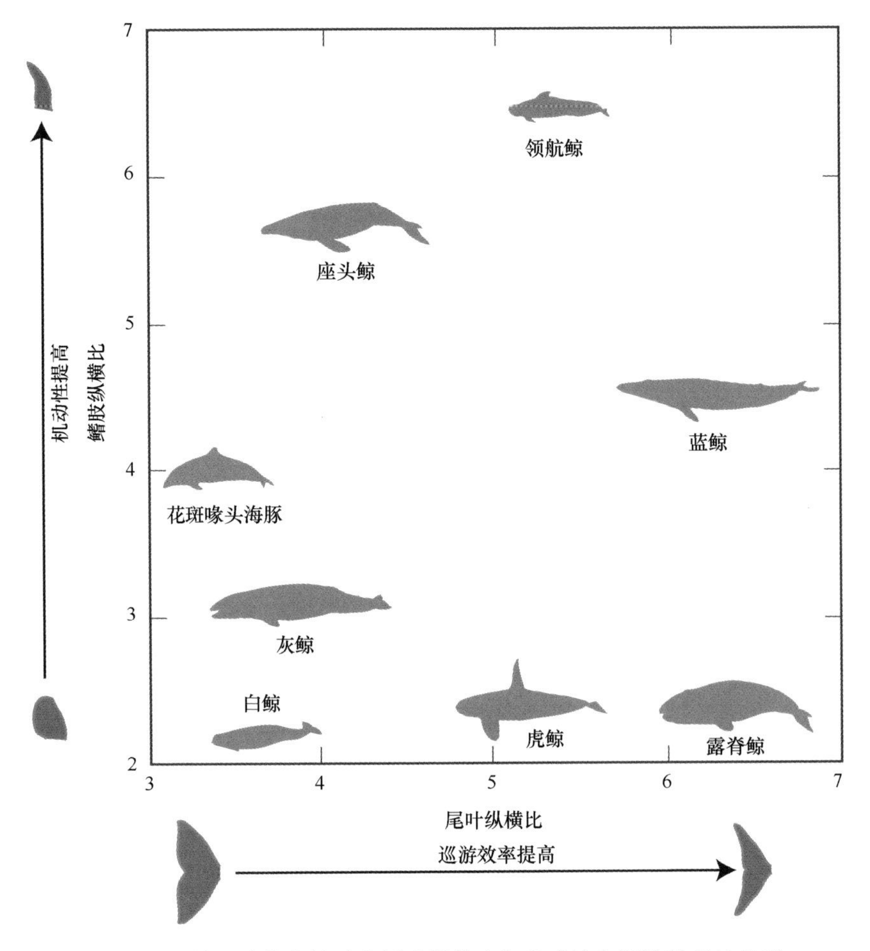

图 8.31 鲸目动物的鳍肢和尾叶纵横比与机动性和巡游效率的关系

（基于伍德沃德等（2006 年）的数据）

所有现代鲸目动物均采用尾部振荡的游泳模式（图 8.32；费希，1996 年；德威森和费希，1997 年；德威森和威廉姆斯，2002 年；金格里奇，2003 年）。在巴基斯坦始新世岩层中的化石发现揭示出一些关键的进化步骤，涉及从陆地生活到海中生活的变迁（德威森等，1996 年；德威森和费希，1997 年）。陆行鲸（*Ambulocetus natans*）别称“游走鲸”，可在陆地上行走，但也可使用后肢带动的骨盆划水方式进行游泳。研究者将其在水中的运动与现代水獭属（*Lutra*）相比。陆行鲸属（*Ambulocetus*）的前肢相对于足部较小，很可能不提供任何推进力。拇指在腕关节活动自如，但臂部僵硬。前肢运动受限，在游泳时改变前肢位置主要凭借肩部和拇指。其余的趾的关节可活动，并可能用于在陆地上的运动。较大的足部具有延长、扁平的趾骨，类似于鳍脚类，这表明陆行鲸属可能发展出了蹼足。

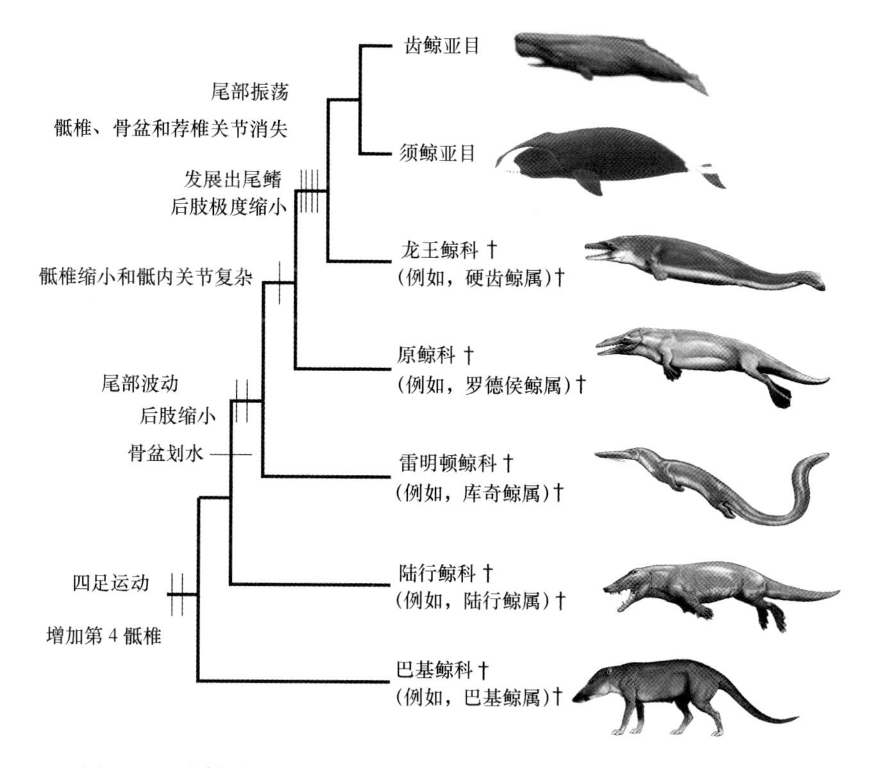

图 8.32 映射到鲸目动物系统发育和运动进化重建的脊椎和后肢特征

（基于德威森和威廉姆斯，2002年；乌恩，2014年；

†=已灭绝的分类单元，卡尔·比尔绘制）

此后分化的古鲸——库奇鲸属（*Kutchicetus*）发现于巴基斯坦。库奇鲸体型较小，大部分时间生活在水中，具有长而肌肉发达的背部和扁平的尾部。库奇鲸的游泳方式可能已类似于现今南美的淡水大水獭

（巨獭（*Pteronura*）；巴杰帕伊和德威森，2000 年）。

鲸目动物运动进化的另一个阶段以发现于美国东南部的两种分化时间更晚的古鲸为代表（赫尔伯特等，1998 年；乌恩，1999 年）。根据描述，原鲸科（Protocetidae）的乔治亚古鲸（*Georgiacetus vogtlensis*）的骨盆不与后肢连接，这说明在陆地运动中，它的后肢失去了所有明显的运动功能。根据推断，乔治亚古鲸的水中运动已是以尾部振荡为主，后肢发挥次要作用（赫尔伯特等，1998 年）。鲸目动物游泳进化的最终阶段可参见始新世晚期的硬齿鲸类，它们具有脊椎特化作用（即，球椎；乌恩，1998 年），这意味着它们具有尾鳍。它们很可能同现代鲸类相似，通过尾鳍的背腹性振荡游泳。

8.4 海牛目动物

8.4.1 颅骨和下颌

海牛目动物的骨骼具有骨肥厚的性质，因此其颅骨硕大而结实（见下文）。儒艮（*Dugong dugon*）的颅骨上，前颌骨明显膨大并下垂（图 8.33），鼻骨缺失。颅骨的一些特征显示出两性异形，其中最明显的是前颌骨厚度的差异；雄性的前颌骨更加强壮，这可能是由于该物种长牙萌出的差异（西胁和马尔什，1985 年）。

海牛属所有种（*Trichechus* spp.）的颅骨宽阔，口鼻部相对短，鼻盆膨大。前颌骨仅轻度下垂，相对较小且没有长牙（图 8.33（b））。西非海牛（*Trichechus senegalensis*）的犁骨短，仅向前延伸至眼眶中部水平面，而美洲海牛（*Trichechus manatus*）的犁骨延伸至切牙孔的后缘或更远处。它们的下颌硕大。海牛目动物具有特化的、充满脂质的结构（鳞骨颧突），研究认为此结构具有声接收功能，其方式类似于齿鲸类动物中充满脂肪的下颌管（将在第 11 章进一步讨论）。

多姆宁（1978 年）在对亚马孙海牛（*Trichechus inunguis*）肌肉组

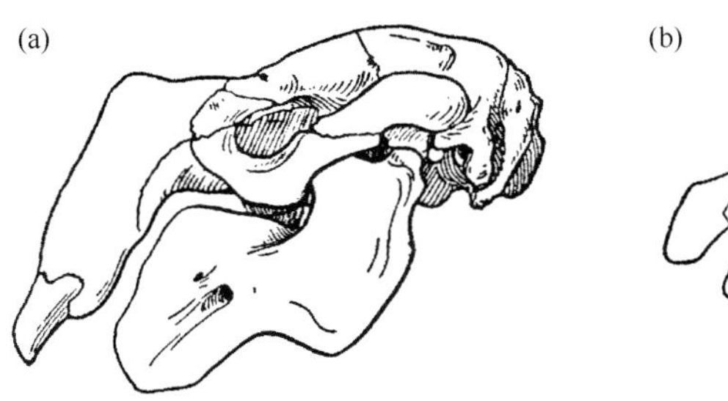

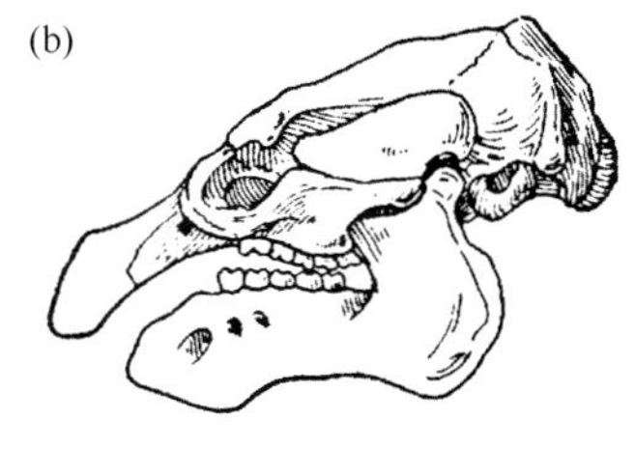

图 8.33 儒艮（a）和海牛（b）颅骨侧视图

（格雷戈里，1951 年）

织的描述中，将其与其他海牛和儒艮进行了比较，发现存在一些明显差异。亚马孙海牛的头直肌更强健，横向弯曲头部的功能也发生了变化，它作为寰枕关节的一块伸肌与半棘肌联动。

8.4.2 脊柱和轴肌

海牛目动物在进化中胸部变长，这导致腰区变短。儒艮的脊椎骨数目为57~60 块（C7，T17~19 块，L4，S3，C28~29 块），而海牛的脊椎骨数日为 43~54 块（C6，T15~19 块和 LSC23~29 块；胡萨尔，1977 年）。海牛（也包括两个树懒世系）具有 6 块而非 7 块颈椎，这似乎在哺乳动物中至少独立演化了 3 次（吉芬和吉莱特，1996 年）。对佛罗里达海牛（*Trichechus manatus latirostris*）的脊椎形态进行了研究，揭示了尾鳍的起源和颈椎的低生长速度，这些可能在海牛和儒艮分化之前就已出现。并且，胸椎变长可能是一种为了延长脊柱、减少尾前椎骨数量的策略，对稳定躯干也有重要意义（布克霍尔茨等，2007 年）。维雷拉·拉舍拉斯等（2011 年）在一项发育研究中提出，海牛（和树懒）的慢生活方式和低代谢率使颈长发生变化，而在其他哺乳动物中，这种骨骼异常不导致任何有害后果。海牛目动物腰尾区的椎骨关节缩小，在海牛中最为显著（豪厄尔，1930 年）。海牛与所有其他海洋哺乳动物不同，其脊椎骨骺模糊或缺失（隆美尔和雷诺兹，2001 年）。

8.4.3 胸骨和肋骨

儒艮和海牛的胸骨都是一块宽阔、扁平的单骨，没有单独或融合的胸骨部分，这在哺乳动物中属正常情况。美洲海牛的胸骨柄的前缘上有一条深刻的中切迹，而西非海牛的胸骨柄没有中切迹（胡萨尔，1977 年，1978 年）。仅有前 3 对肋骨与胸骨连接；其余肋骨没有远端关节。

8.4.4 鳍肢与运动

8.4.4.1 肩带和前肢

海牛目动物的腋窝距肘部很近。像所有其他海洋哺乳动物一样，海牛也没有锁骨，因此其肩带仅由肩胛骨构成。儒艮的肩胛骨具有短肩峰和发育良好的喙突。海牛的肩峰比儒艮发育得更好。肱骨具有明显的结节（图 8.34）。海牛和儒艮的肱骨头都位于主轴线后部。这说明运动的主方向在矢状面，小结节的位置不居中的事实也支持这一观点。然而，海牛的小结节与大结节为连续形态，它们结合在一起，在肱骨头的前部形成了宽阔的横嵴。儒艮没有小圆肌，因此插入横嵴上的肩胛肌有 3 部分：中间部位的肩胛下肌、外侧部的冈下肌和它们之间的冈上肌。海牛的三角肌插入在轴中部的一条皱褶上（豪厄尔，1930 年）。在儒艮中，肱骨头也位于轴线后部，这说明弯曲和伸展是主要的运动。大结节的位置高于小结节，并且大小结节均形态清晰，而不同于在海牛中的连续形态。此外，高而重的三角肌粗隆自大结节向远端延伸（豪厄尔，1930 年）。

儒艮的肱骨、桡骨和尺骨发育良好，特别是肱骨的近端部分具有非常强壮的肱骨突。海牛和儒艮的桡骨和尺骨均在近端融合，此外儒艮还有远端融合（图 8.34）。儒艮的尺骨鹰嘴发育得更健全。两个科动物的

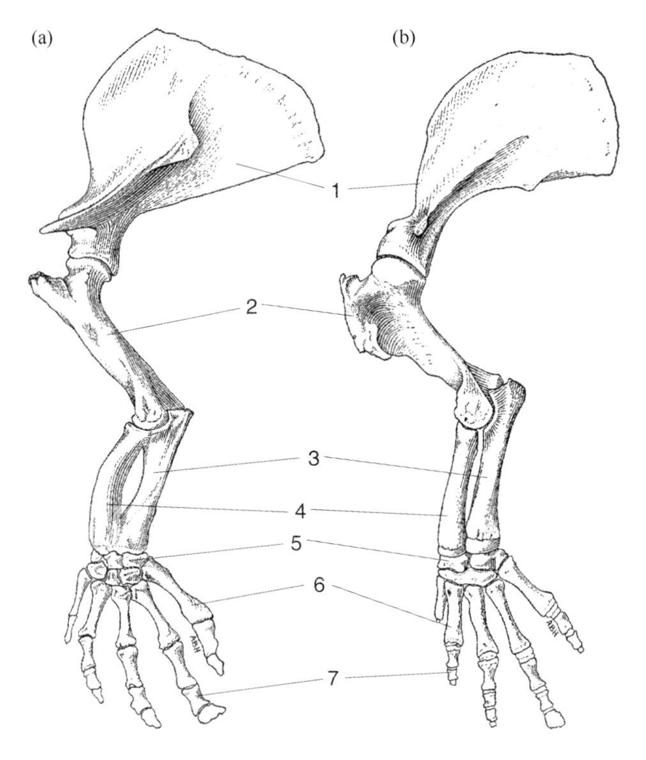

1-肩胛骨，2-肱骨，3-尺骨，4-桡骨，
5-腕骨，6-掌骨，7-趾骨

图 8.34 海牛（a）和儒艮（b）的前肢（豪厄尔，1930 年）

肘关节均可活动（凯萨，1974 年）。海牛目动物的肱尺关节的滑车螺旋与陆地哺乳动物方向相反（即，向后、向中央、向前和向侧扩展）。多姆宁（1978 年）提出，这可能是由于主要的推进力从肩部肌肉通过肱骨和肘部向前臂传递，而相反方向的力可忽略不计；意即前臂屈肌对推进运动的作用很小。

斯氏海牛（*Hydrodamalis gigas*）的前肢为短而钝的钩状，因此极少用于划水。它很可能栖息在浅水区，沿着海底使用前肢将身体向前牵拉。海牛目动物的桡腕关节是可活动的。豌豆骨（一块腕骨）缺失。儒艮的腕骨有融合的趋势（哈里森和金，1965 年）。第 5 趾发育不良，仅存在单个趾骨（凯萨，1974 年）。儒艮的腕骨减少为 3 部分，但海牛的腕骨有 6 部分（根据基灵和哈伦，1953 年论著，腕骨为 5 部分，桡腕骨与基质融合）。它们的掌骨和趾骨扁平，海牛尤其如此。在 5 个趾中，有 4 个趾有 2 块趾骨；儒艮的第 1 趾有 1 块趾骨，海牛的第 1 趾有 2 块趾骨（基灵和哈伦，1953 年）。末节趾骨（等于指尖）具有不规则的形状且特别扁平，拇指缩小。第 4 趾最长，伸至鳍肢的尖端（豪厄尔，1930 年）。

儒艮和海牛的肩部肌肉组织不同。多姆宁（1978 年）提出，这可能反映了它们在不同的生境中进行身体机动的不同要求；儒艮的海洋生境比海牛的沿岸生境更为开阔（西胁和马尔什，1985 年）。

8.4.4.2 骨盆带和后肢

海牛目动物具有退化残留的骨盆带；缺失耻骨，并且成年动物中杆状的坐骨和髂骨融合为一块髋骨。多姆宁（1991 年）描述了儒艮髋骨的两性异形。西非海牛的骨盆带缺失；美洲海牛和西非海牛的髋骨均缩小（胡萨尔，1977 年）。它们后肢的远端部分缺失。

8.4.4.3 静水压力适应性

大部分海牛目动物的骨骼具有骨肥厚和骨硬化的性质。一项对海牛目骨肥厚和骨硬化演化的研究（布弗莱尼尔等，2010 年）发现，在这两个特化作用中，骨肥厚首先出现，在始新世中期的基础海牛类（例如，*Pezosiren*）中发生。在此分类单元中，骨硬化仅得到初期发展，但该特征在后来更适应水生环境的海牛目分类单元中变得越来越显著。沉重的骨骼和水平肺是与维持中性浮力有关的适应特征（多姆宁和布弗莱尼尔，1991 年）。多姆宁（1977 年）还提出，海牛目动物的横隔膜具有与静水压力平衡相关的功能。美洲海牛的横隔膜位于一个水平平面并扩展了体腔的长度，与其他海洋哺乳动物的横膈膜不同。此外，它不与胸骨连接，而是连接一条中心腱的中部，形成了两片明显的偏侧膈。横隔膜的这种独特的排列方向和极为发达的肌肉与浮力控制有关。因此，横膈膜和腹肌的收缩可能改变周围胸膜腔的体积，进而影响浮力、翻滚角和俯仰角（隆美尔和雷诺兹，2000 年）。

8.4.4.4 运动力学与运动模式的进化

海牛目动物与鲸目动物相似，使用尾部振荡的方式产生推进力。同鲸目动物相比，海牛的游泳能力较差，不能达到或维持高速度。哈特曼（1979 年）描述了佛罗里达海牛的游泳运动。他指出，运动从一个静止位置凭借圆形、桨状尾部的上摆而启动，随后尾部下摆，如此重复直至建立波动运动。尾部的每次击水均使身体垂向移动，俯仰角度随做功性击水而增加（图 8.35）。对佛罗里达海牛的游泳运动学进行了一项研究（科杰泽瓦斯基和费希，2007 年），表明游泳涉及身体的背腹性波动运动，而非仅与尾部运动有关（哈特曼，1979 年提出）。同海牛相比，儒艮具有与鲸目动物更相近的翼状尾叶，因此游泳速度更快（考虑尾部的高纵横比），并且它们分布于更开阔水域的生境中。在运动中，海牛类对鳍肢的使用在某种程度上不同于鲸类。成年海牛在巡游时将鳍肢置于体侧，保持静止不动；而据报道幼年海牛则完全使用鳍肢进行游泳（摩尔，1956 年，1957 年）。鳍肢（或独立使用，或同时使用）通常仅用于精确的身体机动，以及在进食时矫正动作以稳定身体、调整方向。鳍肢的主要运动旨在向右或向左转动身体。儒艮与海牛不同，在巡游时可能使用鳍肢；儒艮还将鳍肢用于转向和维持平衡。

儒艮和海牛通常以一种悠闲的方式游泳（哈特曼，1979 年；西胁和马尔什，1985 年）。作为植食动物，海牛目成员不需要捕捉猎物所必备的高速度和急加速能力。低速游泳使它们能够精确地机动。海牛的游泳速度因所进行活动的不同而大幅变化：闲游速度为 0.5~1 米/秒，巡游速度为 1~2 米/秒（哈特曼，1979 年）。在成群迁徙期间，超过

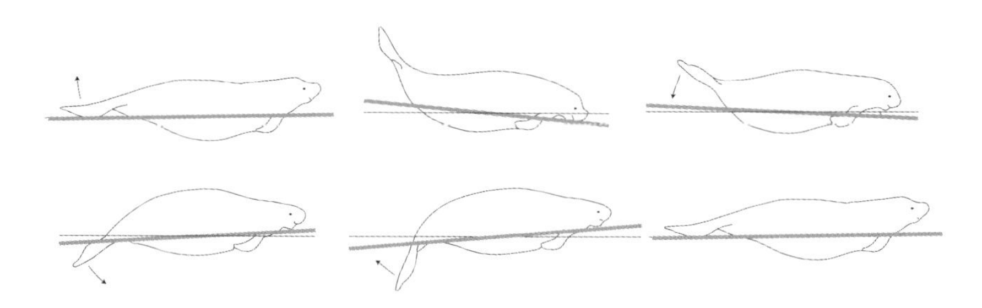

图 8.35 佛罗里达海牛（*Trichechus manatus latirostris*）游泳侧视图
描绘身体、肢体和尾部运动，箭头表示运动方向（哈特曼，1979 年）

6 米/秒（22 千米/时）的冲刺速度有助于逃避鲨鱼和鳄鱼等捕食者的攻击（哈特曼，1979 年；西胁和马尔什，1985 年；雷诺兹和奥德尔，1991 年）。儒艮的游泳能力比海牛更快、更强。

多姆宁（2000 年）提出（图 8.36），海牛目动物在对水生环境的适应中先后经历了下述阶段：① 与大部分陆地四足动物类似，通过肢体的交替推动游泳；② 水陆两栖四足动物游泳，通过脊柱的背腹性波动和两侧后肢的推动进行游泳；③ 仅使用尾部进行完全的水生动物游泳。海牛目运动模式进化的最早阶段的代表是始新海牛科（Prorastomidae），生存于始新世早期和中期，发现于牙买加（图 8.36）。始新海牛具有发育健全的骨盆和后肢骨。其脊椎后部发展出扩大的神经突，说明背部最长肌的不寻常发育利于脊柱的伸展。由于尾椎缺少横突，主要的推进器官很可能是后肢，而非尾部。在运动进化的早期阶段，骨肥厚和骨硬化也显而易见，这说明它们在游泳时需要重压载物。下一阶段的代表是原海牛属（*Protosiren*），生存于始新世中期的埃及。虽然原海牛保留了完整的后肢，但骨盆发生了变化，并且仅骶骨与骨盆有弱连接。尾椎具有宽横突是后来海牛目动物的特征，这说明虽然后肢很可能在游泳中也有一些作用，但尾部已成为主要的推进器官。颈部的缩短与后肢的缩小同时发生，这些都是原海牛的明显特征。与一些原海牛属物种同时存在的古代儒艮代表了一个更高级的进化阶段。其耻骨大幅缩小，显然这些动物不再将它们的体重支撑在后肢上。始新世晚期和渐新世的儒艮科动物在骨盆和后肢骨上显示出了相当大的变异。全新世的儒艮和已灭绝的无齿海牛属（*Hydrodamalis*）完全失去了股骨和骨盆部件（包括髋臼）。海牛科（Trichechidae）已经完全地失去了骨盆。

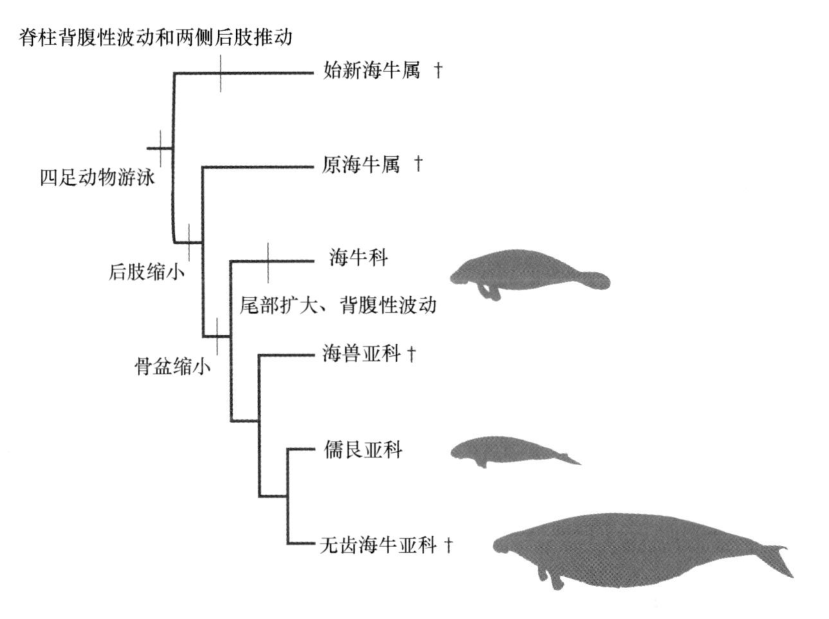

图 8.36 海牛目动物系统发育和运动进化重建的脊椎和后肢特征

（†=已灭绝的分类单元，基于多姆宁，2000 年）

8.5 海獭

8.5.1 颅骨和下颌

海獭（*Enhydra lutris*）的颅骨短而强壮，并以钝喙部、突出的颧弓和发达的矢状嵴和枕冠为特征。听泡大而膨胀。下颌具有较大下颌髁突和发育较弱的隅骨突（图 8.37）。颅骨长度数据显示出显著的两性异形（埃斯蒂斯，1989 年）。据报道，海獭的颅骨具有不对称的特征（巴拉巴什·尼基弗洛夫等，1947 年，1968 年），大部分个体的头盖骨左侧更大些。对这个现象进行了详细的研究，说明不同个体间和不同种群间的不对称程度有差异（勒斯特，1993 年）。

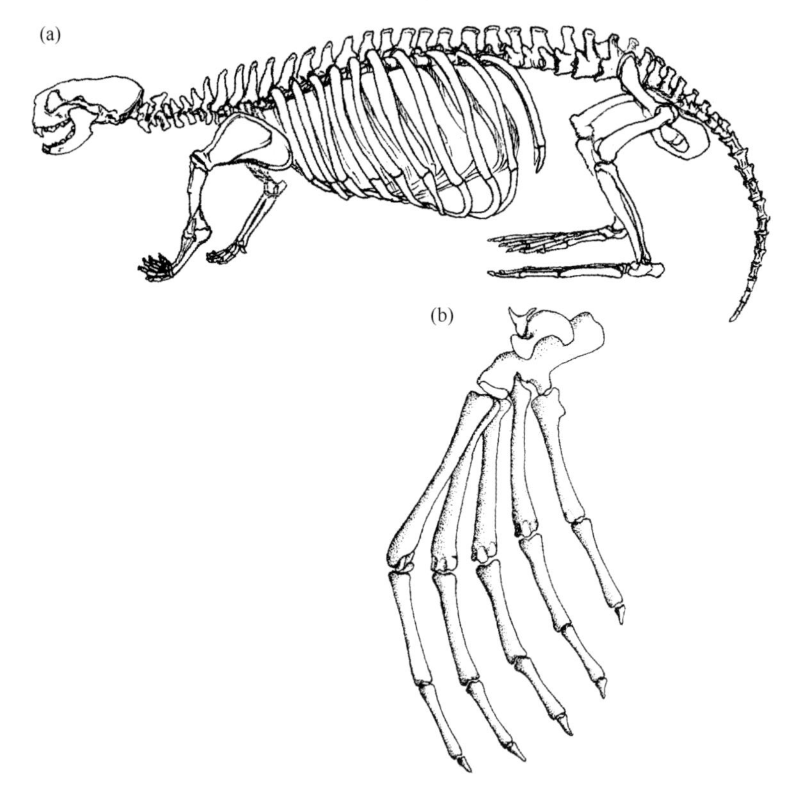

图 8.37 海獭（*Enhydra lutris*）

（a）骨架（查宁，1985 年）；（b）后足（泰勒，1989 年）

8.5.2 脊柱和轴肌

海獭具有 50~51 块脊椎骨，典型的椎骨式为：C7，T14，L6，S3，C20~21。海獭的脊椎与水獭不同，具有更大的椎间孔（特别是脊椎后部）和大幅缩小的椎骨突。同水獭相比，海獭的颈部相对于体长更短（泰勒，1914 年）。短颈与流线型身体有关，也涉及胸腰部和尾部（用于在水中推进）的发育。

在水中快速游动时，海獭（和北美水獭，*Lontra canadensis*）的腰骶区垂向振荡，同时尾部和后足也进行运动。如人们所料，轴上肌（腰部多裂肌和胸最长肌）质量的增加（甘巴拉杰和卡拉佩特杰，1961年）以及神经棘和横突高度的增长反映了这些运动部位发育的增强。神经棘和横突为这些肌肉提供了附着点。

8.5.3 胸骨和肋骨

海獭具有 14 对肋骨。前 10 对肋骨与胸骨松散地连接，并对胸区的活动能力起重要作用。

8.5.4 肩带和前肢

海獭的肩胛骨与水獭相比相对较小，且纵向长度小于水獭。这与海獭不依赖前肢支撑体重有关（泰勒，1914 年）。锁骨缺失，使肩带具有高度的活动能力。按照比例，海獭的前肢较比水獭小。一般而言，前肢，特别是腕部，具有高度的活动性。前足较小，掌骨和趾骨也缩小（图 8.37）。

8.5.5 骨盆带和后肢

海獭的骨盆位置提高，与水獭相比几乎平行于脊柱。髂骨前部明显向外张。股骨、胫骨和腓骨相对较短。海獭没有圆韧带，这反而赋予了股骨更大的活动性（图 8.37）。跖骨和趾骨均变长（图 8.37（b）），并且后足的趾间具有网状皮肤，当趾展开时足部的宽度可扩张一倍（泰勒，1989 年）。第 4 和第 5 趾紧密连接，使用于推进的后鳍肢具有坚硬度。在海獭中，伸出身体轮廓线的后肢的比例缩小。

8.5.6 运动

海獭的后肢比前肢大得多，以致它们的陆地运动笨拙而缓慢（塔拉索夫等，1972 年；凯尼恩，1981 年）。海獭在陆地上显示出两种运动模式：行走和跳跃。与水獭不同，研究者未在海獭中观察到跑的运动。为快速向前移动，海獭发展出跳跃的运动模式。在行走中，一般的运动模式为一种肢体的交替向前运动。

现代海獭在海面时采用骨盆划水的方式，在潜水时采用骨盆波动的方式实现水中运动（威廉姆斯，1989 年）。骨盆划水涉及后肢推进，骨盆波动由脊柱垂向弯曲产生（图 8.38）。这与已灭绝的巨海獭（*Enhydritherium*）专用前肢的游泳方式不同（兰伯特，1997 年；第 5 章有深入的讨论；德威森和费希，1997 年）。现代海獭骨盆划水的特化作用包括强壮的股骨和伸长的后肢远端部分（塔拉索夫等，1972 年）。威廉姆斯（1989 年）观察到海獭有 3 种主要的游泳模式：① 腹侧面向上游泳；② 腹侧面向下游泳；③ 腹侧面交替向上和向下游泳。海獭在处理食物和摄食期间，以及对侵扰的逃避反应初始阶段中采用腹侧面向上游泳方式。在此状态下，海獭的部分身体潜没水中，而头部和胸部保持在水面之上。前足于水线之上折叠且靠近胸部，后足提供推进力。研究者观察到了后足的交替划水和同时划水。有时，海獭缓慢地机动，此时其尾部横向波动，同时后足抬高于水面之上。在腹侧面向下游泳时，海獭的头部和背部肩胛区保持在水面之上。推进力通过后足的交替划水或同时划水而产生（图 8.38）。海獭的前爪紧贴在没入水中的胸部上。在推进中，前足和尾部似乎均不产生作用。该状态通常用于中等速度的跨区域迁徙，以及潜水和高速潜游之前。还观察到一种海面游泳的中间类型，该方式与梳理皮毛的行为有关。海獭不是维持一个固定的姿态，而是以其腹侧面交替向上和向下的方式游泳。海獭在向前行进中偶尔会进行这种沿着身体长轴的旋转。如同其他形式的海面游泳，后爪提供了推进力。

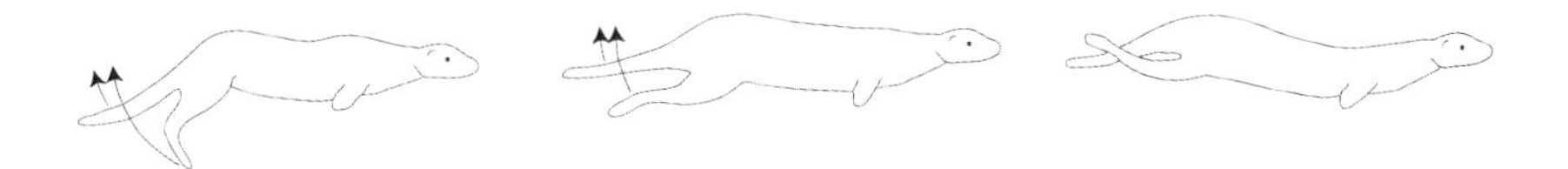

图 8.38 海獭（*Enhydra lutris*）的水中运动，身体、肢体和尾部运动绘图
（塔拉索夫等，1972 年）

在同一项研究中，发现海獭的不同游泳模式导致了两种截然不同的速度范围（威廉姆斯，1989 年）。海獭在持久的海面游泳中速度低于 0.8 米/秒，包括腹侧面向上、腹侧面向下和滚转身体的模式。腹侧向上游泳通常用于较低的优选速度范围（0.1~0.5 米/秒）。随着海面游泳速度的提高，该姿态为腹侧面向下和滚转的姿态所代替。通常腹侧面向下游泳出现在潜泳之前，因此潜泳在较高的速度范围中发生。海獭潜入水下进行状态稳定的游泳时，速度范围为 0.6~1.4 米/秒。基于这些结果，海獭在海面和潜泳之间的穿越速度范围为 0.6~0.8 米/秒。

8.6 北极熊

同其他海洋哺乳动物相比，有关北极熊（*Ursus maritimus*）解剖结构的可用信息相当匮乏。现代北极熊是最大的熊科物种，不过它们比其更新世的祖先体型小。雄性北极熊比雌性大，颅骨有相当多的两性异形，两性体型有全面差异。北极熊为应对进化改变发生了形态变化，并发展为专门以海豹鲸脂为食，此方面的研究表明，北极熊的颅骨形状和牙齿结构快速演化，标志着它们失去了普遍的杂食性适应性，而杂食性是它们的近亲——棕熊的特征。这些研究结果说明，全球变暖和它们主要食物资源的减少，以及来自向北推进的棕熊种群的竞争，可能对北极熊造成不利影响（斯拉特等，2010 年；另见第 15 章）。

北极熊（图 8.39）具有 39~45 块脊椎骨，其椎骨式为：C7，

T14~15，L5~6，S4~6，C9~11。北极熊长颈上的肌肉非常强健，足以捕获和移动大型猎物（乌斯潘斯基，1977 年）。

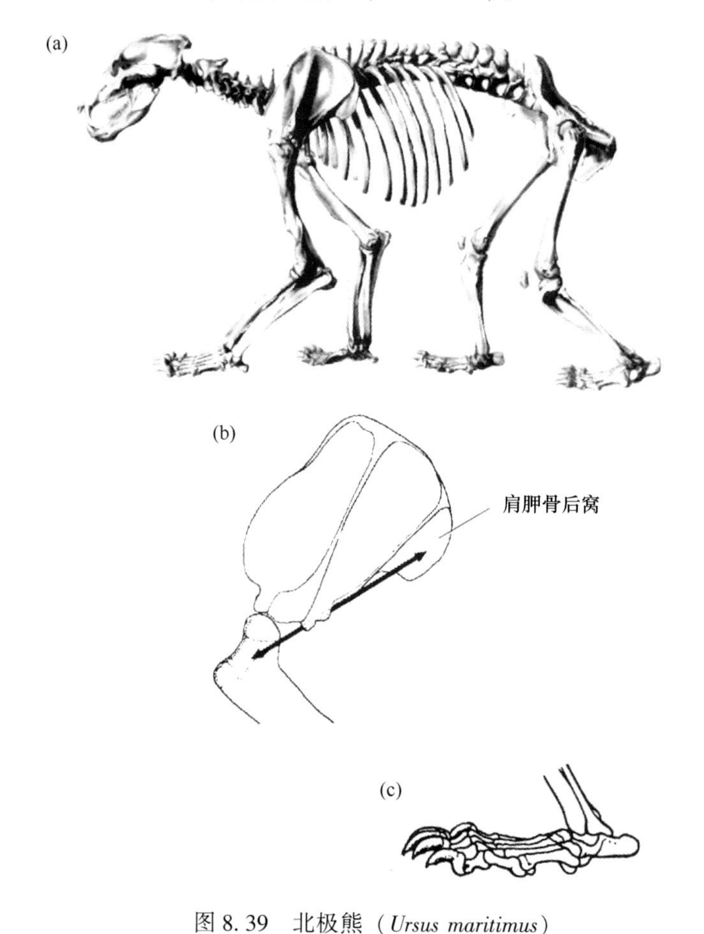

图 8.39 北极熊（*Ursus maritimus*）

（a）骨架；（b）肩胛骨，箭头表示肩胛下肌的活动线；（c）跖行的足部

（埃瓦，1973 年）

虽然北极熊是游泳健将，但实际上它们适应高效游泳的形态特征相对较少。它们在海冰上进行大部分捕猎活动。它们具有大而强壮的肢体和跖行的足部，在水中其足部形成垂直于运动方向的平板，产生基于阻力的推力，北极熊借此向前移动。北极熊以类似于爬行的姿势游泳，它

们以前肢划水，同时将后腿拖在体后（弗莱戈和汤森德，1968年）。这反映在肩胛骨后缘发展出的宽凹缘上，该结构称为肩胛骨后窝（戴维斯，1949年）。肩胛下肌在某种程度上起源于肩胛骨后窝，在熊类中肩胛下肌独特的位置与它们的攀登方式有关，在北极熊中，肩胛下肌的位置与游泳有关，这涉及到以前肢拉动沉重的身体。它们在体内大量储备的脂肪可能也有助于提高浮力。北极熊能够潜水至超过10米的深度，以在水下隐蔽地接近在冰上休息的海豹。

当在海冰或陆地上行进时，北极熊巨大的爪有助于分配它们的体重，它们的足垫覆盖有小而软的乳头状突起，增加了足部和光滑冰面之间的摩擦力（斯特林，1988年）。北极熊的爪相对大而强壮。当需要速度时，北极熊使用爪抓紧冰面，巨爪也有助于将海豹拉出它们的呼吸冰洞。北极熊使用一种陆地行走步态（达格，1979年），与其他大型食肉目动物的行走步态类似；北极熊主要使用外侧腿，而极少同时使用对角腿（泰勒，1989年）。据测量，北极熊的陆地奔跑速度可高达11米/秒（赫斯特等，1982年）。

8.7 总结和结论

鳍脚类动物的颅骨特征有：大眼眶、相对短的口鼻部、压缩的眶间区和大眶窝。现代海象的颅骨缩短，具有硕大的上颌骨以容纳上犬齿（长牙），因此可轻易地与其他鳍脚类动物的颅骨区分。海狮类、海豹类和海象的中轴骨发育得不同。海狮科的颈椎骨较大，具有发达的突起，这与实现头部和颈部运动的肌肉有关。在海象和海豹科中，腰椎上膨大的突起为轴下肌提供了附着面，轴下肌与游泳时身体后端的水平运动有关。鳍脚类动物前肢和后肢骨骼短而扁平，演化为鳍肢。海洋哺乳动物游泳的推进力来自成对的鳍肢运动（鳍脚类动物和海獭），或尾鳍的垂向运动（鲸目动物和海牛目动物）。现代鳍脚类动物以不同的方式实现水中运动和陆地运动。为了在水中推进，海狮类使用胸部振荡，而海豹类和海象使用骨盆振荡的方式。同样，陆地运动也通过不同的方式实现：海象和海狮类为走动姿态，而海豹类采用径向波动的方式。

鲸目动物的颅骨与典型哺乳动物的颅骨有显著不同，这是由于鲸目动物的颅骨因外鼻孔移至颅骨背侧的顶部而具有套叠作用。由于骨盆带的缺失，鲸目动物的脊柱不包括骶椎区。皮下结缔组织膜提供了扩大的表面以固定驱动尾叶的屈肌和伸肌。现代鲸目动物具有肘关节固定的独特结构特征。鲸目动物的前鳍肢主要用于转向而非推进。鲸目动物的鳍肢显示出“多指型”，在哺乳动物中独具一格。化石记录揭示了鲸类从陆地到海洋的变迁中的数个关键步骤。古代鲸类曾具有发育健全的骨盆和后肢，并在陆地上行走。后来分化的鲸类的后肢缩小，并在腰椎上发展出了大的突起，这说明其身体的尾部波动模式发育成型，与现代鲸目动物的状况相似。

海牛目动物的颅骨区分于其他海洋哺乳动物的特征是其前颌骨下垂。儒艮的前颌骨比海牛倾斜得更明显。除了肺和横膈膜的独特形态外，海牛目动物的重而致密的骨骼也是涉及静水压力调节的适应特征。像鲸目动物一样，海牛目动物的前鳍肢也主要用于转向。骨盆带为退化的残余结构。

海獭的颅骨短而强壮，特征包括较钝的喙部、突出的面颊和用于附着强有力闭颌肌的发达骨嵴。由于后肢大于前肢，海獭在陆地上的运动缓慢而笨拙。游泳涉及脊柱、尾部和后足的波动。与此相关的是腰骶区上椎骨突（附着涉及游泳的轴上肌肉组织）发育的增强。北极熊是世界上最大的熊，在游泳中它们使用巨大的跖行前足产生推进力。北极熊在陆地运动中使用巨大的爪行走和奔跑，巨爪还用于体重分配。

8.8 延伸阅读与资源

关于海洋哺乳动物解剖结构的比较研究，读者可参见帕布斯特等（1999 年）、隆美尔和雷诺兹（2000 年，2011 年）及隆美尔和洛温斯坦

(2001年)的论著。豪厄尔(1930年)对鳍脚类、鲸目、海牛目和海獭的功能解剖学进行了经典的比较研究;费希(1992年)关注并总结了水中运动的能量学。金(1983年)就鳍脚类的肌肉骨骼解剖学撰写了概论。穆隆(1981年)描述了化石和现存海豹类的骨骼学和肌肉学。雷佩宁等(1971年)对南方海狗的颅骨形态进行了一项比较研究。以不同的详细程度描述了下列鳍脚类动物的骨骼学和肌肉组织:髯海豹(米勒,1888年)、罗斯海豹(金,1969年;皮耶拉尔德和比塞隆,1979年)、威德尔海豹(豪厄尔,1929年;皮耶拉尔德,1971年)、冠海豹和南极海狗(米勒,1888年)、加州海狮(豪厄尔,1929年;莫利,1958年)、北海狮(缪里,1872年,1874年)、太平洋海象(缪里,1871年;比塞隆和皮耶拉尔德,1981年;卡斯特莱恩等,1991年)、港海豹(米勒,1888年)、贝加尔海豹(科斯特等,1990年)、环斑海豹(米勒,1888年;豪厄尔,1929年)和南象海豹(布莱登,1971年)。艾伦(1880年)对北美鳍脚类动物的自然历史进行了经典的整理,他就颅骨和骨骼解剖结构提供了相当多的细节。

研究者提供了下列鲸目动物的骨骼记录:露脊鲸(埃施里赫特和莱因哈特,1866年)、小须鲸(大村,1975年)、侏蓝鲸(大村等,1970年)、居氏喙鲸(大村,1972年)和宽吻海豚(隆美尔,1990年)。研究者详细描述了下列鲸目动物的肌肉组织:小抹香鲸(舒尔特和史密斯,1918年)、抹香鲸(伯津,1972年)、鼠海豚(伯恩宁豪斯,1902;舒尔特,1916年;豪厄尔,1927年;莫里斯,1969年;索科洛夫和罗季奥诺夫,1978年;米德,1975年;史密斯等,1976年;卡斯特莱恩等,1997年)、大须鲸(卡尔特和麦卡利斯特,1868年;舒尔特,1916年)、灰海豚(缪里,1871年)、领航鲸(缪里,1874年)、一角鲸(海因,1914年;豪厄尔,1930年)、宽吻海豚(休伯,1934年)和恒河豚(皮莱利等,1976年)。描述齿鲸类动物面部解剖结构的主要参考文献包括:劳伦斯和谢维尔(1956年)、米德(1975

年）、珀维斯和皮莱利（1973 年）、申根（1973 年）、海恩宁（1989 年）、库利（1992 年），以及克兰福德等（1996 年）。

凯萨（1974 年）提供了一部海牛目动物骨骼学图集。多姆宁（1977 年）对儒艮的肌肉学进行了详细描述，多姆宁（1978 年）对亚马孙海牛的肌肉学进行了描述。基灵和哈伦（1953 年）描述了美洲海牛的骨骼学。考德威尔和考德威尔（1985 年）对海牛的肌肉骨骼解剖结构和运动进行了简要评述；西胁和马尔什（1985 年）以及雷诺兹和奥德尔（1991 年）对儒艮进行了评述。

对海獭骨骼学和肌肉学做出贡献的主要研究者包括：泰勒（1914 年）、甘巴拉杰和卡拉佩特延（1961 年）以及霍华德（1973 年，1975 年）。关于海獭的肢体解剖结构与运动的关系，见塔拉索夫等（1972 年）的报告。

参考文献

Allen, J. A., 1880. History of North American pinnipeds: a monograph of the walruses, sea-lions, sea-bears and seals of North America. Government Printing Office, Washington, DC.

Backhouse, K. M., 1961. Locomotion of seals with particular reference to the forelimb. Symp. Zool. Soc. London 5, 59–75.

Bajpai, S., Thewissen, J. G. M., 2000. A new, diminutive whale from Kachchh (Gujarat, India) and its implications for locomotor evolution of cetaceans. Curr. Sci. 79, 1478–1482.

Barabash-Nikiforov, I. I., 1947. Kalan (The Sea Otter). Soviet Ministrov RSFSR. (Translated from Russian) Israel Program for Scientific Translations, Jerusalem.

Barabash-Nikiforov, I. I., Marakov, S. V., Nikolaev, A. M., 1968. Otters (Sea Otters). Izd-vo Nauka, Leningrad (in Russian).

Barnes, L. G., McLeod, S. A., 1984. The fossil record and phyletic relationships of gray whales. In: Jones, M. L., Swartz, S. L., Leatherwood, S. (Eds.), The Gray Whale, Eschrichtius robustus. Academic Press, New York, pp. 3–32.

Bebej, R. M., 2009. Swimming mode inferred from skeletal proportions in the fossil pinnipeds

Enaliarctos and *Allodesmus* (Mammalia, Carnivora). J. Mammal. Evol. 16, 77–97.

Beentjes, M.P., 1990. Comparative terrestrial locomotion of the Hooker's sea lion (*Phocarctos hookeri*) and the New Zealand fur seal (*Arctocephalus forsteri*): evolutionary and ecological implications. Zool. J. Linn. Soc. 98, 307–325.

Berta, A., 1994. What is a whale? Science 263, 181–182.

Berta, A., Adam, P., 2001. Evolutionary biology of pinnipeds. In: Mazin, J.M., de Buffrenil, V. (Eds.), Secondary Adaptation of Tetrapods to Life in Water. Verlag Dr. Friedrich Pfeil, Munchen, Germany, pp. 235–260.

Berzin, A.A., 1972. The sperm whale (Kashalot) (Translated from Russian) Israel Program for Scientific Translations, Jerusalem.

Bisaillon, A., Pierard, J., 1981. Oseologie du Morse de l'Atlantique (*Odobenus rosmarus*, L., 1758) Ceintures et membres. Zentralbl. Veterinaer Med. Reihe C. 10, 310–327.

Blickhan, R., Cheng, J.Y., 1994. Energy storage by elastic mechanisms in the tail of large swimmers: A re-evaluation. J. Theor. Biol. 168, 315–321.

Boenninghaus, G., 1902. Der Rachen von *Phocaena communis*. Zool. Jahrb. 17, 1–98.

Bryden, M.M., 1971. Myology of the southern elephant seal *Mirounga leonina* (L.). Antarc. Res. Ser. 18, 109–140.

Bryden, M.M., Felts, W.J.L., 1974. Quantitative anatomical observations on the skeletal and muscular system of four species of Antarctic seals. J. Anat. 118, 589–600.

Buchholtz, E.A., 1998. Implications of vertebral morphology for locomotor evolution in early Cetacea. In: Thewissen, J.G.M. (Ed.), The Emergence of Whales: Patterns in the Origin of Cetacea. Plenum Press, New York, pp. 325–351.

Buchholtz, E.A., 2007. Modular evolution of the cetacean vertebral column. Evol. Dev. 9, 278–289.

Buchholtz, E.A., Schur, S.A., 2004. Vertebral osteology in Delphinidae (Cetacea). Zool. J. Linn. Soc. Lond 140, 383–401.

Buchholtz, E.A., Booth, A.C., Webbink, K.E., 2007. Vertebral anatomy in the Florida manatee, *Trichechus manatus latirostris*: a developmental and evolutionary analysis. Anat. Rec. 290, 624–637.

Buffrénil, V. de, Canoville, A., D'Anastasio, R., Domning, D.P., 2010. Evolution of sirenian pachyosteosclerosis, a model-case for the study of bone structure in aquatic tetrapods. J. Mammal. Evol. 17, 101–120.

Buffrénil, V. de, Casinos, A., 1995. Observations on the microstructure of the rostrum of *Mesoplodon densirostris* (Mammalia, Cetacea, Ziphiidae): the highest density bone known. Ann. Sci. Nat. Zool. Biol. Anim. 16, 21–32.

Buffrénil, V. de, Canoville, A., D'Aunastasio, R., Domning, D. P., 2010. Evolution of sirenian pachyosteosclerosis, a model-case for the study of bone structure in aquatic tetrapods. J. Mammal. Evol. 17, 101–120.

Buffrénil, V. de, Sire, J. Y., Schoevaert, D., 1986. Comparison of the skeletal structure and volume between a delphinid (*Delphinus delphis* L.) and a terrestrial mammal (*Panthera leo* L.). Can. J. Zool. 64, 1750–1756.

Burns, J.J., 1981. Ribbon seal *Phoca fasciata* Zimmerman, 1783. In: Ridgway, S.H., Harrison, R.J. (Eds.), Handbook of Marine Mammals. Seals, vol. 2. Academic Press, London, pp. 89–109.

Caldwell, M.W., 2002. From fins to limbs: limb evolution in fossil marine reptiles. Am. J. Med. Genet. 112, 236–249.

Caldwell, D. K., Caldwell, M. C., 1985. Manatees. In: Ridgway, S. H., Harrison, R. (Eds.), Handbook of Marine Mammals. The Sirenians and Baleen Whales, vol. 3. Academic Press, New York, pp. 33–66.

Carrier, D. R., Deban, S. M., Otterstrom, J., 2002. The face that sank the Essex: potential function of the spermaceti organ in aggression. J. Exp. Biol. 205, 1755–1763.

Carte, A., McAlister, A., 1868. On the anatomy of *Balaenoptera rostrata*. Phil. Trans. R. Soc. 158, 201–261.

Chanin, P., 1985. The Natural History of Otters. Croom Helm, London.

Clarke, M. R., 1970. Function of the spermaceti organ of the sperm whale. Nature 228, 873–874.

Clarke, M.R., 1978. Buoyancy control as a function of the spermaceti organ in the sperm whale. J. Mar. Biol. Assoc. U.K. 58, 27–51.

Clarke, M.R., 1979. The head of the sperm whale. Sci. Am. 240, 106–117.

Coffey, D.L., 1977. Dolphins, Whales and Porpoises. MacMillan Press, New York.

Cooper, L.N., Berta, A., Dawson, S.D., Reidenberg, J.S., 2007. Evolution of hyperphalangy and digit reduction in the cetacean manus. Anat. Rec. 209, 654–672.

Cooper, L.N., Sedano, N., Johansson, S., May, B., Brown, J.D., Holliday, C.M., Kot, B.W., Fish, F.E., 2008. Hydrodynamic performance of the minke (*Balaenoptera acutorostrata*) flipper. J. Exp. Biol. 211, 1859–1867.

Cooper, L.N., Dawson, S.D., 2009. The trouble with flippers: a report on the prevalence of digital anomalies in Cetacea. Zool. J. Linn. Soc. 155, 722–735.

Cranford, T.W., 1999. The sperm whale's nose: sexual selection on a grand scale? Mar. Mamm. Sci. 15, 1133–1157.

Cranford, T.W., Amundin, M., Norris, K.S., 1996. Functional morphology and homology in the Odontocete nasal complex: implications for sound generation. J. Morphol. 228, 223–285.

Curry, B. E., 1992. Facial anatomy and potential function of facial structures for sound production in the harbor porpoise (*Phocoena phocoena*) and Dall's porpoise (*Phocoenoides dalli*). Can. J. Zool. 70, 2103–2114.

Dagg, A.L., 1979. The walk of the large quadrupedal mammals. Can. J. Zool. 57, 1157–1163.

Davis, D.D., 1949. The shoulder architecture of bears and other carnivores. Fieldiana Zool. 31, 285–305.

Davis, R.W., Fuiman, L., Williams, T.M., Le Boeuf, B.J., 2001. Three-dimensional movements and swimming activity of a northern elephant seals. Comp. Biochem. Phys. A 129, 759–770.

Dawson, S.D., 1994. Allometry of cetacean forelimb bones. J. Morphol. 222, 215–221.

Deméré, T.A., 1986. The fossil whale *Balaenoptera davidsonii* (Cope, 1872), with a review of other Neogene species of *Balaenoptera* (Cetacea: Mysticeti). Mar. Mamm. Sci. 2, 277–298.

Deméré, T.A., 1994. The family Odobenidae: a phylogenetic analysis of fossil and living taxa. Proc. San Diego Soc. Nat. Hist. 29, 99–123.

DeSmet, W. M. A., 1977. The regions of the cetacean vertebral column. In: Harrison, R. J. (Ed.). Functional Anatomy of Marine Mammals, vol. 3. Academic Press, London, pp. 59–79.

Domning, D. P., 1977. Observations on the myology of *Dugong dugon* (Muller). Smithson. Contrib. Zool. 226, 1–56.

Domning, D.P., 1978. The myology of the amazonian manatee, *Trichechus inunguis* (Natterer) (Mammalia: Sirenia). Acta Amaz. 8 (Suppl. 1), 1–81.

Domning, D.P., 1991. Sexual and ontogenetic variation in the pelvic bones of *Dugong dugon* (Sirenia). Mar. Mamm. Sci. 7, 311–316.

Domning, D.P., 2000. The readaptation of Eocene sirenians to life in the water. Hist. Biol. 14, 115–119.

Domning, D. P., de Buffrénil, V., 1991. Hydrostasis in the Sirenia: quantitative data and functional interpretations. Mar. Mamm. Sci. 7, 331–368.

English, A.W., 1974. Functional Anatomy of the Forelimb in Pinnipeds. PhD Thesis, University of Illinois MedCenter, Chicago.

English, A. W., 1976. Limb movements and locomotor function in the California sea lion (*Zalophus californianus*). J. Zool. 178, 341–364.

English, A.W., 1977. Structural correlates of forelimb function in fur seals and sea lions. J. Morphol. 151, 325–352.

Eschricht, D.F., Reinhardt, J., 1866. On the Greenland right whale (*Balaena mysticetus*). In: Flower, W.H. (Ed.), Recent Memoirs on the Cetacea. Ray Soc, London, pp. 1–45.

Estes, J., 1989. Adaptations for aquatic living by carnivores. In: Gittleman, J. L. (Ed.), Carnivore Behavior, Ecology and Evolution. Cornell University Press, Ithaca, NY, pp. 242–282.

Evans, P.G.H., 1987. The Natural History of Whales and Dolphins. Facts on File, New York.

Ewer, R.F., 1973. The Carnivores. Cornell University Press, Ithaca, NY.

Fay, F. H., 1981. Walrus, *Odobenus rosmarus*. In: Ridgway, S. H., Harrison, R. J. (Eds.), Handbook of Marine Mammals. The Walrus, Sea Lions, Fur Seals and Sea Otter, vol. 1. Academic Press, London, pp. 1–23.

Fedak, T.J., Hall, B.K., 2004. Perspectives on hyperphalangy: patterns and processes. J. Anat. 204, 151–163.

Feldkamp, S.D., 1987. Forelimb propulsion in the California sea lion *Zalophus californianus*. J. Zool. 212, 4333–4357.

Felts, W. J. L., 1966. Some functional and structural characteristics of cetacean flippers and flukes. In: Norris, K.S. (Ed.), Whales, Dolphins and Porpoises. University of California

Press, Berkeley, pp. 255–276.

Fish, F.E., 1992. Aquatic locomotion. In: Tomasci, T. E., Horton, T. H. (Eds.), Mammalian Energetics: Interdisciplinary Views of Metabolism and Reproduction. Cornell University Press, Ithaca, NY, pp. 34–63.

Fish, F.E., 1996. Transition from drag-based to lift-based propulsion in mammalian swimming. Am. Zool. 36, 628–641.

Fish, F.E., 1997. Biological designs for enhanced maneuverability: analysis of marine mammal performance. In: Proceedings of the Tenth International Symposium on Unmanned Untethered Submersible Technology: Proceedings of the special session on bio-engineering research related to autonomous underwater vehicles. Autonomous Undersea Systems Institute, Lee, New Hampshire, pp. 109–117.

Fish, F.E., 1998. Biomechanical perspective on the origin of cetacean flukes. In: Thewissen, J. G.M. (Ed.), The Emergence of Whales: Patterns in the Origin of Cetacea. Plenum Press, New York, pp. 303–324.

Fish, F.E., 2002. Balancing requirements for stability and maneuverability in cetaceans. Integ. Comp. Biol. 42, 85–93.

Fish, F.E., Innes, S., Ronald, K., 1988. Kinematics and estimated thrust production of swimming harp and ringed seals. J. Exp. Biol. 137, 157–173.

Fish, F.E., Hui, C.A., 1991. Dolphin swimming–a review. Mamm. Rev. 21, 181–195.

Fish, F.E., Battle, J.M., 1995. Hydrodynamic design of the humpback whale flipper. J. Morphol. 225, 51–60.

Fish, F.E., Peacock, J.E., Rohr, J.J., 2003. Stabilization mechanism in swimming odontocete cetaceans by phased movements. Mar. Mamm. Sci. 19, 515–528.

Fish, F.E., Beneski, J.T., Ketten, D.R., 2007. Examination of the three-dimensional geometry of cetaceans flukes using computed tomography scans: hydrodynamic implications. Anat. Rec. 290, 614–623.

Flyger, V., Townsend, M.R., 1968. The migration of polar bears. Sci. Am. 218, 108–116.

Fordyce, E., Barnes, L.G., 1994. The evolutionary history of whales and dolphins. Ann. Rev. Earth Planet Sci. 22, 419–455.

Fraser, E.C., Purves, P.E., 1960. Hearing in cetaceans. Bull. Brit. Mus. Nat. Hist. Zool. 7,

1–140.

Galatius, A., 2010. Paedomorphosis in two small species of toothed whales (Odontoceti): how and why. Biol. J. Linn. Soc. 99, 278–295.

Galatius, A., Berta, A., Frandsen, M.F., Goodall, N.P., 2011. Interspecific variation of onotogeny and skull shape among porpoises (Phocoenidae). J. Morphol. 272, 136–148.

Gambarajan, P.P., Karpetjan, W.S., 1961. Besonderheiten im Bau des Seelöwen (*Eumetopias californianus*), der Baikalrobbe (*Phoca sibirica*) and des Seotters (*Enhydra lutris*) in anpassung an die Fortbewegung im Wasser. Zool. Jahrb. Anat. 79, 123–148.

Gardner, S. C., Varanasi, U., 2003. Isovaleric acid accumulation in odotocete melon during development. Naturwissenschaften 90, 528–531.

Giffin, E.B., 1992. Functional implications of neural canal anatomy in recent and fossil marine carnivores. J. Morphol. 214, 357–374.

Giffin, E.B., Gillett, M., 1996. Neurological and osteological definition of cervical vertebrae in mammals. Brain Behav. Evol. 47, 214–218.

Gingerich, P.D., 2003. Land-to-sea transition in early whales. Paleobiol 29, 429–454.

Gingerich, P.D., Smith, B.H., Simons, E.L., 1990. Hind limbs of *Basilosaurus*: evidence of feet in whales. Science 249, 403–406.

Gingerich, P.D., Haq, M., Zalmout, I.S., Khan, I.H., Malkani, M.S., 2001. Origin of whales from early Artiodactyls: hands and feet of Eocene Protocetidae from Pakistan. Science 293, 2239–2242.

Ginter, C.C., Bottger, S.A., Fish, F.E., 2011. Morphology and microanatomy of harbor porpoise (*Phocoena phocoena*) dorsal fin tubercles. J. Morphol. 272, 27–33.

Godfrey, S.J., 1985. Additional observations of subaqueous locomotion in the California sea lion (*Zalophus californianus*). Aquat. Mamm. 11, 53–57.

Goldbogen, J. A., Calambokidis, J., Shadwick, R. E., Oleson, E. M., McDonald, M. A., Hildebrand, J.A., 2006. Kinematics of foraging dives and lunge-feeding in fin whales. J. Exp. Biol. 209, 1231–1244.

Gordon, K., 1981. Locomotor behaviour of the walrus (*Odobenus*). J. Zool. 195, 349–367.

Gray, N.M., Kainec, K., Madar, S., Tomko, L., Wolfe, S., 2007. Sink or swim? Bone density as a mechanism for buoyancy control in early cetaceans. Anat. Rec. 290, 638–653.

Gregory, W.K., 1951. Evolution Emerging, vol. 2. Macmillan, New York.

Gutstein, C.S., Cozzuol, M.A., Peyenson, N.P., 2014. The antiquity of riverine adaptations in Iniidae (Cetacea, Odontoceti) documented by a humerus from the late Miocene of the Ituzaingo Formation, Argentina. Anat. Rec. 297, 1096–1102.

Harrison, R.H., King, J.E., 1965. Marine mammals, second ed. Hutchinson, London.

Harrison, R.H., Bryden, M.M., 1988. Whales, Dolphins and Porpoises. Facts on File, New York.

Hartman, D.S., 1979. Ecology and behavior of the manatee (*Trichechus manatus*) in Florida. Am. Soc. Mammal. Spec. Publ. (5), 153.

Hein, S.A.A., 1914. Contributions to the anatomy of *Monodon monoceros*: the larynx and its surrounding in Monodon. Verh. K. Akad. Wet. Amst. Sect. 2 (18), 4–54.

Heyning, J.E., 1984. Functional morphology involved in intraspecific fighting of the beaked whale *Mesoplodon carlhubbsi*. Can. J. Zool. 62, 1645–1654.

Heyning, J.E., 1989. Comparative facial anatomy of beaked whales (Ziphiidae) and a systematic revision among the families of extant Odontoceti. Nat. Hist. Mus. L.A. Cty. Contrib. Sci. 405, 1–64.

Heyning, J.E., Mead, J.G., 1990. Function of the nasal anatomy of cetaceans. In: Thomas, J., Kastelein, R. (Eds.), Sensory Abilities of Cetaceans: Laboratory and Field Evidence. Plenum Press, New York, pp. 67–79.

Howard, L.D., 1973. Muscular anatomy of the forelimb of the sea otter (*Enhydra lutris*). Proc. Calif. Acad. Sci. 39, 411–500.

Howard, L.D., 1975. Muscular anatomy of the hind limb of the sea otter (*Enhydra lutris*). Proc. Calif. Acad. Sci. 40, 335–416.

Howell, A.B., 1927. Contribution to the anatomy of the Chinese finless porpoise, *Neomeris phocaenoides*. Proc. U.S. Natl. Mus. 70, 1–43.

Howell, A.B., 1929. Contribution to the comparative anatomy of the eared and earless seals (Genera *Zalophus* and *Phoca*). Proc. U.S. Natl. Mus. 73, 1–142.

Howell, A.B., 1930. Aquatic Mammals. Charles C. Thomas, Springfield, IL.

Howell, A.B., 1930. Myology of the narwhal (*Monodon*). Am. J. Sci. 46, 187–215.

Huber, E., 1934. Anatomical notes on Pinnipedia and Cetacea. Carnegie Inst. Washington, Publ. 447, 105–136.

Hulbert Jr, R.C., 1998. Postcranial osteology of the North American middle Eocene protocetid *Geogiacetus*. In: Thewissen, J.G.M. (Ed.), The Emergence of Whales. Plenum Press, New York, pp. 235-268.

Hulbert Jr, R. C., Petkewich, R. M., Bishop, G. A., Bukry, D., Aleshire, D. P., 1998. A new middle Eocene protocetid whale (Mammalia: Cetacea: Archaeoceti) and associated biota from Georgia. J. Paleontol. 72, 907-927.

Hurst, R.J., Leonard, M.L., Beckerton, P., Oritsland, N.A., 1982. Polar bear locomotion: body temperature and energetic cost. Can. J. Zool. 60, 222-228.

Husar, S., 1977. The West Indian manatee (*Trichechus manatus*). Res. Rep. U. S. Fish. Wildl. Serv. 7, 1-22.

Husar, S., 1978. Trichechus sengalensis. Mamm. Species 89, 1-3.

Jones, K. E., Goswami, A., 2010. Morphometric analysis of cranial shape in pinnipeds (Mammalia, Carnivora): convergence, ecology, ontogeny, and dimorphism. In: Goswami, A., Friscia, A. (Eds.), Carnivoran Evolution: New Views on Phylogeny, Form and Function. Cambridge University Press, Cambridge, pp. 342-373.

Jones, K. E., Goswami, A., 2010. Quantitative analysis of the influences of phylogeny and ecology on phocid and otariid pinniped (Mammalia; Carnivora) cranial morphology. J. Zool. 280, 297-308.

Jones, K.E., Ruff, C.B., Goswami, A., 2013. Morphology and biomechanics of the pinniped jaw: mandibular evolution without mastication. Anat. Rec. 296, 1049-1063.

Kaiser, H.E., 1974. Morphology of the Sirenia: A Macroscopic and X-ray Atlas of the Osteology of Recent Species. Karger, Basel.

Kastelein, R. A., Gerrits, N. M., Dubbledam, J. L., 1991. The anatomy of the walrus head (*Odobenus rosmarus*). Part 2: description of the muscles and of their role in feeding and haul-out behavior. Aquat. Mamm. 17, 156-180.

Kastelein, R. A., Dubbledam, J. L., Luksenburg, J., Staal, C., van Immerseel, A. A. H., 1997. Anatomical atlas of an adult female harbour porpoise (*Phocoena phocoena*). In: Read, A. J., Wiepkema, P.R., Nachtigall, P.E. (Eds.), The Biology of the Harbour Porpoise. De Spil Publishers, Woerden, The Netherlands, pp. 7-178.

Kenyon, K., 1981. Sea Otter—Enhydra lutris. In: Ridgway, S. H., Harrison, R. J. (Eds.),

Handbook of Marine Mammals. The Walrus, Sea Lions, Fur Seals and Sea Otter, vol 1. Academic Press, New York, pp. 209–223.

King, J. E., 1966. Relationships of the hooded and elephant seals (genera *Cystophora* and *Mirounga*). J. Zool. 148, 385–398.

King, J. E., 1969. Some aspects of the anatomy of the Ross seal, *Ommatophoca rossii* (Pinnipedia: Phocidae). Brit. Antarct. Surv. Sci. Rep. 63, 1–54.

King, J.E., 1983. Seals of the World. Oxford University Press, London.

Kojeszewski, T., Fish, F. E., 2007. Swimming kinematics of the Florida manatee (*Trichechus manatus latirostris*): hydrodynamic analysis of an undulatory mammalian swimmer. J. Exp. Biol. 210, 2411–2418.

Kooyman, G., 1981. Leopard seal, *Hydrurga leptonyx*. In: Ridgway, S.H., Harrison, R.J. (Eds.), Handbook of Marine Mammals. Seals, vol. 2. Academic Press, London, pp. 261–274.

Koster, M.D., Ronald, K., Van Bree, P., 1990. Thoracic anatomy of the Baikal seal compared with some phocid seals. Can. J. Zool. 68, 168–182.

Kuhn, C., Frey, E., 2012. Walking like caterpillars, flying like bats-pinniped locomotion. Palaeobio. Paleoenv. 92, 197–201.

Lambert, W. D., 1997. The osteology and paleoecology of the giant otter *Enhydritherium terranovae*. J. Vert. Paleontol. 17, 738–749.

Lang, T. G., Pryor, K., 1966. Hydrodynamic performance of porpoises (*Stenella attenuata*). Science 152, 531–533.

Lawrence, B., Schevill, W.E., 1956. The functional anatomy of the delphinid nose. Bull. Mus. Comp. Zool. 114, 103–151.

Le Boeuf, B.J., Naito, Y., Asaga, T., Crocker, D., Costa, D.P., 1992. Swim speeds in a female northern elephant seal: metabolic and foraging implications. Can. J. Zool. 70, 786–795.

Long, J.H., Pabst, D. A., Shepard, W. R., McLellan, W. A., 1997. Locomotor design of dolphin vertebral columns: bending mechanics and morphology of *Delphinus delphis*. J. Exp. Biol. 200, 65–81.

Macdonald, D. (Ed.), 1984. All the World's Animals: Sea Mammals. Torstar, New York.

MacLeod, C.D., Reidenberg, J.S., Weller, M., Santos, M.B., Herman, J., Goold, J., Pierce, G.J., 2007. Breaking symmetry: the marine environment, prey size, and the evolution of asymmetry in cetacean skulls. Anat. Rec. 290,539–545.

McKenna, M.F., Cranford, T.W., Berta, A., Pyenson, N.D., 2011. Morphology of the odontocete melon and its implications for acoustic function. Mar. Mamm. Sci. 28,690–713.

Mead, J., 1975. Anatomy of the external nasal passages and facial complex in the Delphinidae (Mammalia: Cetacea). Smithson. Contrib. Zool. 207,1–72.

Mead, J., Fordyce, R.E., 2009. The therian skull: a lexicon with emphasis on the odontocetes. Smithson. Contrib. Zool 627,1–248.

Mellor, L., Cooper, L. N., Torre, J., Brownell Jr, R. L., 2009. Paedomorphic ossification in porpoises with an emphasis on the vaquita (*Phocoena sinus*). Aquat. Mamm. 35,193–202.

Miklosovic, D.S., Murray, M.M., Howle, L.E., Fish, F.E., 2004. Leading-edge tubercles delay stall on humpback whale (*Megaptera novaeangliae*) flippers. Phys. Fluids 16,39–42.

Milinkovitch, M., 1995. Molecular phylogeny of cetaceans prompts revision of morphological transformations. Trends Ecol. Evol. 10,328–334.

Miller, W.C.G., 1888. The myology of the Pinnipedia. pp. 139–240. Report on the Scientific Results of the Voyage of the H.M.S. Challenger, vol. 26., Challenger Office, Edinburgh, UK. 1880–1895.

Moore, J.C., 1956. Observations of manatees in aggregations. Am. Mus. Novit. 1811,1–24.

Moore, J.C., 1957. Newborn young of a captive manatee. J.Mamm 38,137–138.

Mori, M., 1958. The skeleton and musculature of *Zalophus*. Okajimas Folia Anat. Jpn. 31, 203–284.

Moris, F., 1969. Étude anatomique de la region cephalique du marouin, *Phocoena phocoena* L. (Cétacé Odontocete). Mammalia 33,666–726.

Muizon, C.de, 1981. Les vertebres fossiles de la Formation Pisco (Perou). Premiere partie: Deux nouveaux Monachina (Phocidae, Mammalia) du Pliocene de Sud-Sacaco. Rech. Les Gd. Civilisations Memoire 6,1–150.

Murie, J., 1871. On Risso's grampus, *G. rissoanus* (Desm.). J. Anat. Physiol. 5,118–138.

Murie, J., 1872. Researches upon the anatomy of the Pinnipedia. Part 2. Descriptive anatomy of the sea lion (*Otaria jubata*). Trans. Zool. Soc. Lond. 7,527–596.

Murie, J., 1874. Researches upon the anatomy of the Pinnipedia. Part 3. Descriptive Anatomy of the sea lion (*Otaria jubata*). Trans. Zool. Soc. Lond. 8,501–582.

Nishiwaki, M., Marsh, H., 1985. Dugong *Dugong dugon* (Muller, 1776). In: Ridgway, S. H., Harrison, R. (Eds.), Handbook of Marine Mammals. The Sirenians and Baleen Whales, vol. 3. Academic Press, New York, pp. 1-31.

Nomina Anatomica Veterinaria (NAV)., 2005. International Committee on Veterinary Gross Anatomical Nomenclature, fifth ed. Hannover (Germany), Columbia (USA), Gent (Belgium) and Sapporo (Japan).

Norris, K.S., 1964. Some problems of echolocation in cetaceans. In: Tavolga, W.N. (Ed.), Marine bio-acoustics. Pergamon Press, Oxford, pp. 317-336.

Norris, K.S., 1968. The evolution of acoustic mechanisms in odontocete cetaceans. In: Drake, E.T. (Ed.), Evolution and Environment. Yale University Press, New Haven, CT, pp. 297-324.

Norris, K. S., 1969. The echolocation of marine mammals. In: Anderson, H. T. (Ed.), The Biology of Marine Mammals. Academic Press, New York, pp. 391-423.

O'Gorman, F., 1963. Observations on terrestrial locomotion in Antarctic seals. Proc. Zool. Soc. London 141, 837-850.

Omura, H., 1972. An osteological study of the Cuvier's beaked whale *Ziphius cavirostris*, in the Northwest Pacific. Sci. Rep. Whales Res. Inst. 24, 1-34.

Omura, H., 1975. Osteological study of the minke whale from the Antarctic. Sci. Rep. Whales Res. Inst. 27, 1-36.

Omura, H., Ichihara, T., Kasuya, T., 1970. Osteology of pygmy blue whale with additional information on external and other characteristics. Sci. Rep. Whales Res. Inst. 22, 1-27.

Ortega-Ortiz, J.G., Villa-Ramirez, B., Gersenowies, J.R., 2000. Polydactyly and other features of the manus of the vaquita, *Phocoena sinus*. Mar. Mamm. Sci. 16, 277-286.

Pabst, D. A., 1990. Axial muscles and connective tissues of the bottlenose dolphin. In: Leatherwood, S., Reeves, R. R. (Eds.), The Bottlenose Dolphin. Academic Press, San Diego, CA, pp. 51-67.

Pabst, D. A., 1993. Intramuscular morphology and tendon geometry of the epaxial swimming muscles of dolphins. J. Zool. Soc. Lond. 230, 159-176.

Pabst, D. A., Rommel, S. A., McLellan, W. A., 1999. The functional morphology of marine mammals. In: Reynolds, J. E., Rommel, S. A. (Eds.), Biology of Marine Mammals.

Smithsonian University Press, Washington DC, pp. 15–72.

Pierard, J., 1971. Osteology and myology of the Weddell seal *Leptonychotes weddellii* (Lesson, 1826). Antarct. Res. Ser. 18, 53–108.

Pierard, J., Bisaillon, A., 1979. Osteology of the Ross seal, *Ommatophoca rossii* (Gray, 1844). Antarct. Res. Ser. 31, 1–24.

Pierce, S.E., Clack, J.A., Hutchinson, J.R., 2011. Comparative axial morphology in pinnipeds and its correlation with aquatic locomotory behaviour. J. Anat. 219, 502–514.

Pilleri, G., Gihr, M., Purves, P.E., Zbinden, K., Kraus, C., 1976. On the behaviour, bioacoustics and functional morphology of the Indus river dolphin (*Platanista indi* Blyth, 1859). Investig. Cetacea 6, 13–141.

Ponganis, P.J., Ponganis, E.P., Ponganis, K.V., Kooyman, G.L., Gentry, R.L., Trillmich, F., 1990. Swimming velocities in otariids. Can. J. Zool. 68, 2105–2112.

Pouchet, M.G., Beauregard, H., 1892. Sur "l'organe des spermaceti". Compt. Rend. Soc. Biol. 11, 343–344.

Purves, P.E., Pilleri, G., 1973. Observations on the ear, nose, throat and eye of *Platanista indi*. Investig. Cetacea 5, 13–57.

Pyenson, N.D., Goldbogen, J.A., Vogl, A.W., Szathmary, G., Drake, R.L., Shadwick, R.E., 2012. Discovery of a sensory organ that coordinates lunge feeding in rorqual whales. Nature 485, 498–501.

Quiring, D.P., Harlan, C.F., 1953. On the anatomy of the manatee. J. Mammal. 34, 192–203.

Reidenberg, J.S., Laitman, J.T., 1994. Anatomy of the hyoid apparatus in Odontoceti (Toothed whales): specializations of their skeleton and musculature compared with those of terrestrial mammals. Anat. Rec. 240, 598–624.

Repenning, C.E., Peterson, R.S., Hubbs, C.L., 1971. Contributions to the systematics of the southern fur seals, with particular reference to the Juan Fernandez and Guadalupe species. In: Burt, W.H. (Ed.), Antarctic Pinnipedia Antarct. Res. Ser. 18. American Geophysical Union, Washington, DC, pp. 1–34.

Reynolds, J., Odell, D., 1991. Manatees and Dugongs. Facts on File, New York.

Roest, A.I., 1993. Asymmetry in the skulls of California sea otters (*Enhydra lutris nereis*). Mar. Mamm. Sci. 9, 190–194.

Rohr, J.J., Fish, F.E., Gilpatrick, J.W., 2002. Maximum swim speed of captive and free-ranging delphinids: critical analysis of extraordinary performance. Mar. Mamm. Sci. 18, 1–19.

Rommel, S.A., 1990. Osteology of the bottlenose dolphin. In: Leatherwood, S., Reeves, R.R. (Eds.), The Bottlenose Dolphin. Academic Press, San Diego, CA, pp. 29–49.

Rommel, S. A., Reynolds III, J. E., 2000. Diaphragm structure and function in the Florida manatee (*Trichechus manatus latriostris*). Anat. Rec. 259, 41–51.

Rommel, S. A., Lowenstine, L. J., 2001. Gross and microscopic anatomy. In: Dierauf, L. A., Gulland, F.M.D. (Eds.), CRC Handbook of Marine Mammal Medicine. CRC Press, Boca Raton, FL, pp. 129–164.

Rommel, S. A., Reynolds III, J. E., 2001. Skeletal anatomy. In: Perrin, W. F., Wursig, B., Thewissen, J.G.M. (Eds.), Encyclopedia of Marine Mammals. Academic Press, San Diego, CA, pp. 1089–1103.

Sanchez, J.A., Berta, A., 2010. Comparative anatomy and evolution of the odontocete forelimb. Mar. Mamm. Sci. 26, 140–160.

Sato, K., Mitani, Y., Cameron, M. F., Siniff, D. B., Naito, Y., 2003. Factors affecting stroking patterns and body angle in diving Weddell seals under natural conditions. J. Exp. Biol. 206, 1461–1470.

Schaller, O., 1992. Illustrated Veterinary Anatomical Nomenclature. Fedinan Enke Verlag, Stuttgart.

Schenkkan, E. J., 1973. On the comparative anatomy and function of the nasal tract in odontocetes (Mammalia, Cetacea). Bijdra. Dierkd. 43, 127–159.

Schulte, H., von W., 1916. Anatomy of a fetus of *Balaenoptera borealis*. Mem. Am. Mus. Nat. Hist. 1, 389–502.

Schulte, H. von W., Smith, M. De F., 1918. The external characters, skeletal muscles and peripheral nerves of *Kogia breviceps*. Bull. Am. Mus. Nat. Hist. 38, 7–72.

Sedmera, D., Misek, I., Klima, M., 1997. On the development of cetacean extremities: II. morphogenesis and histogenesis of the flippers in the spotted dolphin (*Stenella attenuata*). Eur. J. Morphol. 35, 117–123.

Sedmera, D., Misek, I., Klima, M., 1997. On the development of cetacean extremities: I. hind limb rudimentation in the spotted dolphin (*Stenella attenuata*). Eur. J. Morphol. 35,

25–30.

Slater, G. J., Figueirido, B., Louis, L., Yang, P., Van Valkenburgh, B., 2010. Biomechanical consequences of rapid evolution in the polar bear lineage. PLoS ONE 5, e13870.

Slijper, E.J., 1936. Die Cetaceen, vergleichendantomisch and systematisch. Capita Zool. 6/7, 1–600.

Slijper, E.J., 1962. Whales. Hutchinson, , London.

Smith, G.J.D., Browne, K.W., Gaskin, D.E., 1976. Functional myology of the harbour porpoise, *Phocoena phocoena*(L.). Can. J. Zool. 54, 716–729.

Sokolov, V. E., Rodionov, V. A., 1978. Weight characteristics of muscles in the black sea dolphins and porpoises. Zool. Zh. 57, 272–279.

Stirling, I., 1988. Polar Bears. University of Michigan Press, Ann Arbor, MI.

Strickler, T.L., 1978. Myology of the shoulder of *Pontoporia blainvillei*, including a review of the literature on shoulder morphology in the cetacea. Am. J. Anat. 152, 419–432.

Tarnawski, B.A., Cassini, G.H., Flores, D.A., 2014. Allometry of the postnatal cranial ontogeny and sexual dimorphism in Otaria byronia (Otariidae). Acta Theriol. 59, 81–97.

Tarnawski, B.A., Cassini, G.H., Flores, D.A., 2014. Skull allometry and sexual dimorphism in the ontogeny of the southern elephant seal (*Mirounga leonina*). Can. J. Zool. 92, 19–31.

Tarasoff, F.J., 1972. Comparative aspects of the hind limbs of the river otter, sea otter and seals. In: Harrison, R.J. (Ed.). Functional Anatomy of Marine Mammals, vol. 1. Academic Press, London, pp. 333–359.

Tarasoff, F.J., Bisaillon, A., Pierard, J., Whitt, A.P., 1972. Locomotory patterns and external morphology of the river otter, sea otter, and harp seal (Mammalia). Can. J. Zool. 50, 915–929.

Taylor, M.E., 1989. Locomotor adaptations by carnivores. In: Gittleman, J.L. (Ed.), Carnivore Behavior, Ecology and Evolution. Cornell University Press, Ithaca, NY, pp. 382–409.

Taylor, W.P., 1914. The problem of aquatic adaptation in the carnivora, as illustrated in the osteology and evolution of the sea-otter. Univ. Calif. Publ. Dept. Geol. 7, 465–495.

Thewissen, J.G.M., Madar, S.I., Hussain, S.T., 1996. *Ambulocetus natans*, an Eocene cetacean (Mammalia) from Pakistan. Cour. Forschungsinst. Senckenberg 191, 1–86.

Thewissen, J.G.M., Fish, F.E., 1997. Locomotor evolution in the earliest cetaceans: functional model, modern analogues, and paleontologic evidence. Paleobiol. 23, 482–490.

Thewissen, J. G. M., Williams, E. M., 2002. The early radiations of Cetacea (Mammalia): evolutionary pattern and developmental correlations. Annu. Rev. Ecol. Syst. 33, 73–90.

Thewissen, J.G.M., Cohn, M.J., Stevens, L.S., Bajpai, S., Heyning, J., Horton Jr, W.E., 2006. Developmental basis for hind-limb loss in dolphins and origin of the cetacean bodyplan. Proc. Natl. Acad. Sci. 103, 8414–8418.

Thewissen, J.G.M., Cooper, L.N., George, J.C., Bajpai, S., 2009. From land to water: the origin of whales, dolphins, and porpoises. Evol. Edu. Outreach 2, 272–288.

Thewissen, J. G. M., Cooper, L. N., Behringrt, R. R., 2012. Developmental biology enriches paleontology. J. Vert. Paleontol. 32, 1223–1234.

True, F.W., 1904. The Whalebone Whales of the Western North Atlantic Compared with Those Occurring in European Waters with Some Observations on the Species of the North Pacific. Smithsonian Contribution of Knowledge, vol. 33. Smithsonian Institution, Washington, DC.

Tsai, C.-H., Fordyce, R.E., 2014. Disparate heterochronic processes in baleen whale evolution. Evol. Biol. 41, 299–307.

Tsai, C.-H., Fordyce, R.E., 2014. Juvenile morphology in baleen whale phylogeny. Naturwiss 101, 765–769.

Uhen, M.D., 1998. Middle to late Eocene basilosaurines and dorudontines. In: Thewissen, J.G.M. (Ed.), The Emergence of Whales: Evolutionary Patterns in the Origin of Cetacea. Springer, U.S., pp. 29–61.

Uhen, M.D., 1999. New species of protocetid archaeocete whale, *Eocetus wardii* (Mammalia: Cetacea), from the middle Eocene of North Carolina. J. Paleontol. 73, 512–528.

Uhen, M.D., 2014. New material of *Natchitochia jonesi* and a comparison of the innominata and locomotor capabilities of Protocetidae. Mar. Mamm. Sci. 30 (3), 1029–1066.

Uspenskii, S.M., 1977. Belyi Medved (The Polar Bear). Navka, Moscow. Unedited Translation by Government of Canada Translation Bureau, No. 1541321, June, 1978.

Varanasi, U., Malins, D. C., 1970. Ester and ether-linked lipids in mandibular canal of a porpoise (*Phocoena phocoena*)—occurrence of isovaleric acid in glycerolipids. Biochem. 9, 4576–4579.

Varela-Lasheras, I., Bakker, A.J., van der Mije, S.D., Metz, J.A.J., Van Alphen, J., Frietson,

G., 2011. Breaking evolutionary and pleiotropic constraints in mammals: on sloths, manatees and homeotic mutations. EvoDevo 2,11.

Wang,Z.,Yuan,L.,Rossiter,S.J.,Zuo,X.,Ru,B.,Zhong,H.,Han,N.,Jones,G.,Jepson,P.D., Zhang,S.,2008. Adaptive evolution of 5' HoxD genes in the origin and diversification of the cetacean flipper. Mol. Biol. Evol. 26,613–622.

Watson,A.,1994. Polydactyly in a bottlenose dolphin,*Tursiops truncatus*. Mar. Mamm. Sci. 10, 93–100.

Weber,P. W., Howle, L. E., Murray, M. M., Fish, F. E., 2009. Lift and drag performance of odontocete cetacean flippers. J. Exp. Biol. 212,2149–2158.

Weber,P.W., Howle, L. E., Murray, M. M., Reidenberg, J. S., Fish, F. E., 2013. Hydrodynamic performance of the flippers of large-bodied cetaceans in relation to locomotor ecology. Mar. Mamm. Sci. 30,413–432.

Werth,A.J., 2007. Adaptations of the cetacean hyolingual apparatus for aquatic feeding and thermoregulation Anat. Rec. 290,546–568.

Werth,A.J.,2012. Abdominal fat pads as control surfaces in lieu of dorsal fins in the beluga (*Delphinapterus*). Mar. Mamm. Sci. 28,E516–E527.

Williams,T.M.,1989. Swimming by sea otters: adaptations for low energetic cost locomotion. J. Comp. Physiol. A 164,815–824.

Wood,F.G.,1964. General discussion. In: Tavolga,W.N. (Ed.). Marine bio-acoustics,vol. 1. Pergamon Press,New York,pp. 395–398.

Woodward,B.L.,Winn,J.P.,Fish,F.E.,2006. Morphological specializations of baleen whales associated with hydrodynamic performance and ecological niche. J. Morphol. 267, 1284–1294.

Wyss, A. R., 1988. On "retrogression" in the evolution of the Phocinae and phylogenetic affinities of the monk seals. Am. Mus. Novit. 2924,1–38.

Yablokov,A.V.,Bel'kovich,V.M.,Borisov,V.I.,1972. Whales and dolphins. Israel Program for Scientific Translations,Jerusalem.

Zioupos,P., Currey, J. D., Casinos, A., de Buffrénil, V., 1997. Mechanical properties of the rostrum of the whale *Mesoplodon densirostris*,a remarkably dense bony tissue. J. Zool. 241, 725–737.

第9章 能量学

9.1 导言

所有动物必须平衡它们获得和消耗的能量。为了生存，动物必须在维持、修复的成本和获取的食物能量之间达到正平衡。获取的过剩能量可用于生长、在体内产生能量储备，或者生殖。许多海洋哺乳动物物种经历“盛宴与饥荒”的动态平衡；它们以季节变化规律为基础，在高生产力的环境中摄取大量食物，然后它们在生殖、换皮或迁徙时禁食（或显著减少食物摄取量），在每年的这些时间中它们依靠储备的能量生存（哥斯达，2009年）。

海洋哺乳动物**能量学**的专业领域使用多种方法评估生命过程的能量成本和能量收益。这些过程包括获取所需资源的能量成本和分配这些资源的方式（代谢过程、能量储备、生殖等）。对海洋哺乳动物的能量分配进行的研究有助于阐明这些哺乳动物对海水生存环境所构成挑战的生理适应的进化，海水具有高密度、黏滞性和导热系数。这些适应性表现为海洋哺乳动物为日常活动或季节性活动分配能量的方式，范围包括它们对何时、何处迁徙或生殖的选择和它们选择的猎物。

能量成本和能量收益相互作用的模式通常描述为能量流动模型，其尺度范围从群落到个体（图9.1）。第14章解决了将个体能量学整合进动态的种群或群落能量学的需要。在本章中，我们将集中关注个体的维持能量消耗的主要模式，包括基础代谢、体温调节和渗透调节，以及运动。能量收益通过生长或生殖过程，常表达为机能的改善或组织构建的补足。第 10 章专门考虑了潜水生理学，第 13 章考虑了生殖的成本。第 12 章讨论了能量获取，包括进食和觅食能量学。

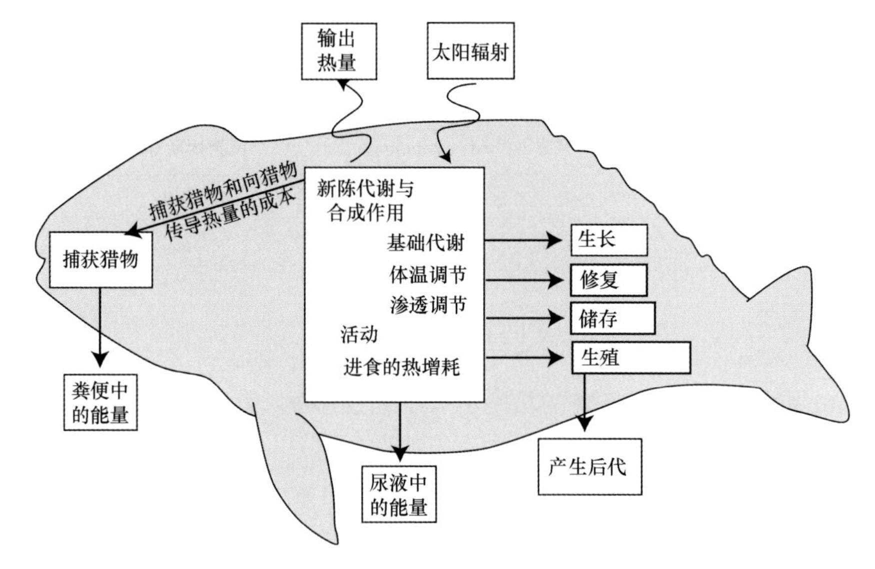

图 9.1　海洋哺乳动物的能量流动模型

（根据哥斯达（2009 年）作品修正）

9.2　代谢率

海洋哺乳动物用以加工富含能量的底物（主要是脂类）的细胞生物学机制与其他哺乳动物相比并无不同。然而，当潜水的海洋哺乳动物与氧气来源隔离时，它们必须合理利用体内储备的氧气，有时还必须应对比陆地哺乳动物体内更高的乳酸（产生于无氧糖酵解）浓度。

整体动物代谢率是指一个动物个体的所有器官和组织代谢率引起的总成本。个体的代谢率可通过多种方法测量，不过一些广泛使用的方法并不适合体型较大或非圈养的海洋哺乳动物（表 9.1）；关于这些方法的详细讨论超出了本书的范围（感兴趣的读者可详见博伊德，2002 年；哥斯达，2009 年的论著）。

表 9.1 海洋哺乳动物代谢率测量方法实例

方法	物种	出版文献实例
最小热损失	小须鲸（*Balaenoptera acutorostrata*）	布里克斯和福尔考（1995 年）
呼吸换气率	灰鲸（*Eschrichtius robustus*）	苏密西（1983 年）
氧气呼吸计量法	宽吻海豚（*Tursiops truncatus*）	威廉姆斯等（1993 年）
心率	加州海狮（*Zalophus californianus*）	博伊德等（1995 年）
质量平衡	港海豹（*Phoca vitulina*）	马库森等（1990 年）
标记水法	加州海狮（*Zalophus californianus*）	博伊德等（1995 年）

注：根据博伊德（2002 年）作品修正

用于测量代谢率的单位通常是测量方法的结果。例如，氧气呼吸计量法测量推导出单位时间内使用的氧气体积的单位，热损失的测量推导出卡（热量单位）。氧气消耗量和产热量的测量均仅能间接地估算代谢率，因为代谢率代表单位时间做功的单位（焦耳或瓦特）。代谢率的大部分测量结果可大致换算为瓦特（W）。单位时间内使用的氧气的单位推导自直接或间接呼吸计量法，表示为 $\dot{V}O_2$（毫升 O_2/秒）。虽然 $\dot{V}O_2$ 不测量每秒的功，但它可换算为功的等效单位。动物的呼吸商(RQ) = 产生的 CO_2/使用的 O_2。RQ 值的范围为 0.7（脂类氧化产生能量时）至 1.0（动物正在利用糖类时）。除植食性的海牛目动物外，海洋哺乳动物的 RQ 值的范围通常为 0.74~0.77，这反映出它们的食谱为脂类和蛋白质的混合。

研究者采用公认的标准化方法比较代谢率，这些方法不仅用于表达代谢过程的单位，也反映可显著地影响代谢率的生物学状态。**基础代谢率（BMR）**是指性成熟和生理成熟、吸收后状态的动物个体在**热中性**环境中静息时的代谢率测量值（克莱伯，1932 年，1947 年，1975 年）。BMR 通常是在物种间或更大的分类单位间进行比较的首选的测量值，因为它不因动物的活动程度、进食、生殖行为或变化的环境条件而复杂化。克莱伯（1947 年）出版了一部关于多种驯养哺乳动物 BMR 分析的论著，并推导出一个回归方程以描述 BMR 和身体质量之间的关系。该回归曲线通常称为“克莱伯曲线”（或称“从老鼠到大象曲线”）（图 9.2），根据该曲线，BMR 为身体质量的 0.75 次幂（$BMR = aM^{0.75}$），就单位质量的基础代谢率而言为身体质量的-0.25 次幂。克莱伯曲线常用作比较非基础条件下动物代谢率的一个基准；例如，确定各种活动水平的相对成本。这种比较对海洋哺乳动物的适用性常受到限制，因为对海洋哺乳动物代谢率（MR）的测量极少满足基础代谢率测量的条件。此外，它们的代谢过程未必优于克莱伯使用的物种，因其中许多为驯养的动物，经过遗传学优选，具有高生产率和新陈代谢率。

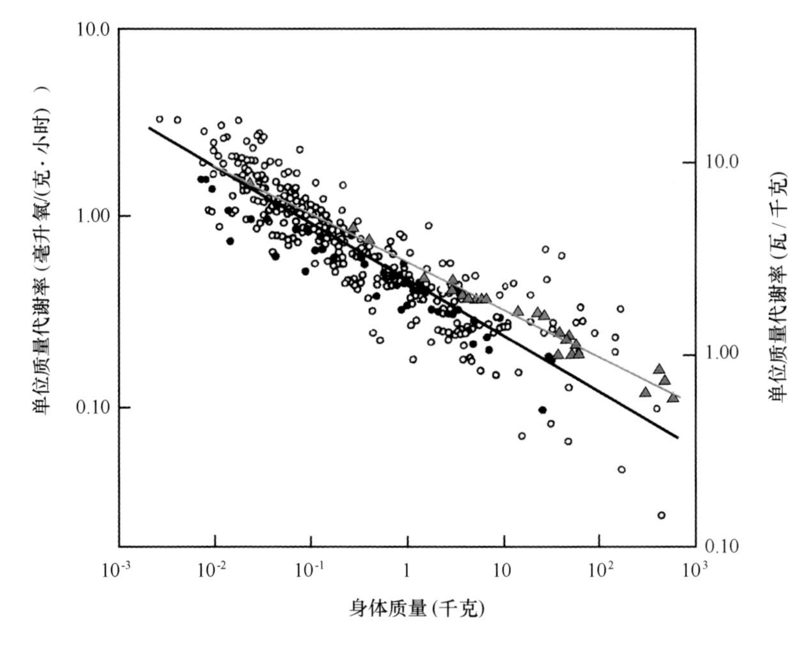

图 9.2 哺乳动物的身体质量和单位质量基础代谢率之间的关系

注：彩色点和回归线基于驯养哺乳动物（克莱伯，1947 年）；空心圆圈=有胎盘哺乳动物，实心圆圈=有袋目哺乳动物；黑色回归线基于野生哺乳动物（麦克纳布，1988 年）

研究者尝试估算海洋哺乳动物的代谢率，但计算方法常因许多因素而变得错综复杂，这些因素包括：许多物种的庞大体型、它们生存于非热中性环境的习性、因季节性发生的摄食和禁食导致它们身体质量出现较大季节性变化；此外，从小型鲸豚类、鳍脚类和其他圈养哺乳动物研究中推导出的异速生长关系如何帮助建立适合大得多的动物的新陈代谢模型，研究者对此缺乏一致意见（拉维尼等，1986年；麦克纳布，1988年；博伊德，2002年）。更实用的海洋哺乳动物代谢率测量指标包括：静息代谢率（RMR，在静息状态下测量，但不满足其他基础条件）、活动代谢率（AMR，在游泳或潜水等特定活动时测量）和野外代谢率（FMR，在野外条件下测量不受控制的动物，有时也描述为平均每日代谢率，MDMR）。野外代谢率（FMR）对了解海洋哺乳动物的能量策略有重要意义。宽吻海豚在活跃地游泳和潜水时以基础代谢率（BMR）的6倍消耗能量，而威德尔海豹（*Leptonychotes weddellii*）和象海豹属所有种（*Mirounga* spp.）的能耗值仅约为宽吻海豚的一半（BMR的3倍；卡斯特里尼等，1992年；哥斯达和威廉姆斯，1999年）。这无疑促使威德尔海豹、象海豹及所有其他海豹具备了非凡的潜水能力。

海洋哺乳动物的代谢率是否比体型相当的陆地哺乳动物更高？关于这个问题的争论仍在持续。不能深入理解控制代谢率的潜在因素和潜水反应对这些因素的影响，在一定程度上是造成争论的原因（威廉姆斯等，2001年）。潜水动物在两种状态下生活，在潜水时新陈代谢减退，而在两次潜水之间的海面活动时换气次数增加、心率提高，这使代谢作用的测量变得复杂。博伊德（2002年）提出，较大体型海洋哺乳动物野外代谢率（FMR）的测量值在克莱伯曲线上趋向聚集（图9.3）。对鳍脚类的新陈代谢（使用氧气呼吸计量法测量）进行了几项研究，表明鳍脚类动物的静息代谢率（RMR）大约比体型相似的陆地哺乳动物高1.5~3倍（例如，库伊曼，1981年；威廉姆斯等，2001年）。类似

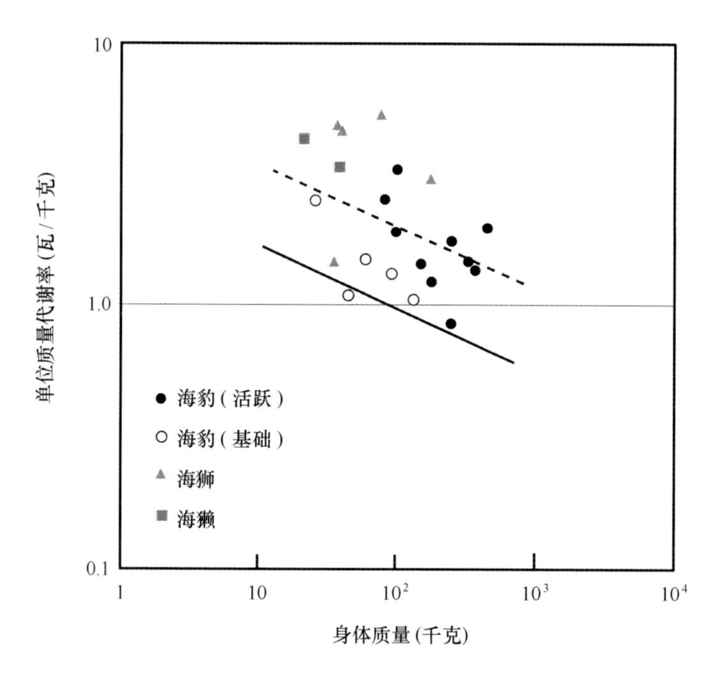

图 9.3 鳍脚类动物和海獭的单位质量代谢率

来源见表 9.1（博伊德，2002 年）；下方的线为克莱伯 BMR 曲线；上方的线为 2×克莱伯

地，鲸目动物的代谢率比体型相似的常见陆地哺乳动物更高（欧文等，1941 年；皮尔斯，1970 年；汉普顿等，1971 年；里奇韦和巴顿，1971 年；卡斯廷等，1989 年；威廉姆斯等，2001 年）。然而，可供比较之用的身体质量的范围有限，并且就用于比较的海洋哺乳动物而言，实验对象有时为未成熟、正在发育的动物。拉维尼等（1986 年）和亨特利等（1987 年）坚称，鳍脚类的代谢率与陆地哺乳动物相比无显著不同，他们提出，比较研究产生了另一种结论，而比较研究的实验未在标准化的条件下进行（图 9.4）。幼年动物的代谢率肯定比成熟个体更高，但也存在季节性影响，例如换皮期间的静息代谢率提高（例如，波利和拉维尼，1997 年）。研究者使用相似的数据，也提出了关于鲸目动物的相反证据（卡兰德瓦等，1973 年；拉维尼等，1986 年；英尼斯和拉维尼，

1991年)，以反驳代谢率更高的观点。但是，即使在这些评论之后，威廉姆斯等（2001年)、哥斯达和威廉姆斯（1999年）及其他研究者也提出，一些鳍脚类和鲸目动物确实具有更高的代谢率，在某种程度上是由于它们是肉食性的动物。研究者开始重新评估和解决海洋哺乳动物是否不同于陆地哺乳动物的问题，或许比较的对象应仅限于食肉的哺乳动物。不同的海洋哺乳动物类群可能因其生活方式、潜水模式等的多样化，而在新陈代谢模式上有差异。毫无争议的事实是，海牛属所有种(*Trichechus* spp.）的代谢率仅为克莱伯回归预测值的20%至35%（加利文和拜斯特，1980年；埃尔文，1983年)，研究者也推测儒艮(*Dugong dugon*）具有低代谢率，不过考虑到它们的生活方式更为活跃，儒艮的代谢率可能比海牛略高（兰尼恩等，2006年)。海牛目动物的低代谢率（图9.4）与它们相对低品质的食谱相称，这将在第12章深入讨论。海牛目动物基于觅食水生植物的生活方式不需要复杂的觅食策略或精密的感觉系统，并且其温暖水域的热带生境也使它们的能量维持成本相对较低。此外，奥谢和里普（1990年）认为，海牛目动物的低代谢率很可能限制了它们发展出更大的相对脑体积的潜在选择。因此，海牛目动物演化出硕大体型，这有利于节约能量和处理低品质食物，但相对脑体积不变或更小（见第7章)。

9.3 体温调节

海洋哺乳动物生活在寒冷、传导性强的介质中。水的热容量是空气的25倍。即使在热带水域，哺乳动物的核心体温和水生环境之间也存在10摄氏度的温度差，在极地水域此温度差可达35~40摄氏度。为在寒冷环境中减少热损失，海洋哺乳动物使用一些方法：体型变大、减小相对表面积、增加各类隔热方式，以及保存热量的血管逆流系统。这些结构适应性赋予许多海洋哺乳动物以非常宽的热中性区，因此它们只在很少的情况下出于纯粹的体温调节原因提高新陈代谢率。

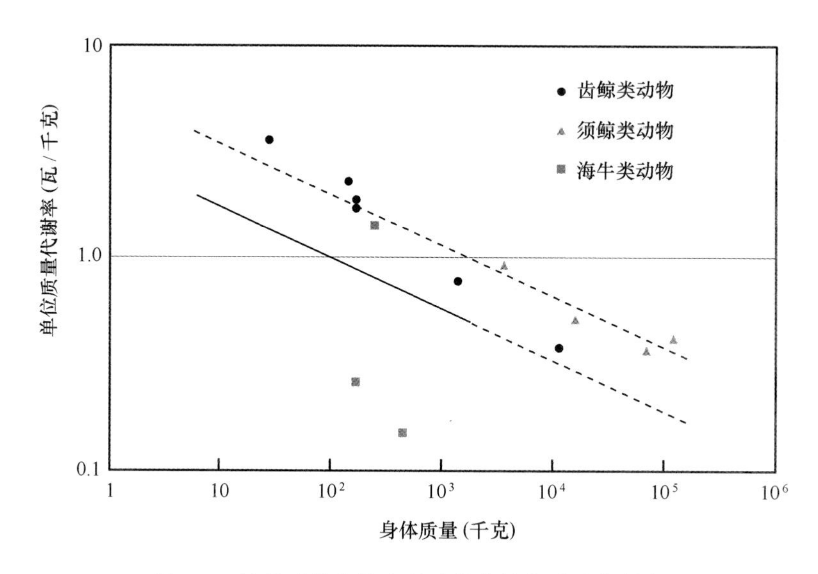

图 9.4 鲸目动物和海牛目动物的单位质量代谢率

（来源见表 9.1（博伊德，2002 年）；下方的线为克莱伯 BMR 曲线；上方的线为 2×克莱伯）

9.3.1 体型和相对表面积

海洋哺乳动物的身体质量范围跨越了大约 4 个数量级，从海獭新生儿（约 5 千克）到成年蓝鲸（约 100 吨）。身体的表面积按其体长的平方成比例增加，而其体积（大约等于其质量）按其立方成比例增加。由此得出结论，一般对于相同形状的身体，较大的动物具有较小的表面积与体积之比，即相对表面积（图 9.5）。大部分海洋哺乳动物具有大体型，它们因此能够产生相当多的热量，而在体表的热损失相对很少。与大部分海洋哺乳动物相比，海獭（*Enhydra lutris*）体型虽小，但也超过了最大的陆地鼬科动物——欧洲獾的两倍，与南美大水獭的质量相仿。海獭依靠梳理皮毛和游泳活动产生的热量，以及摄食热增耗，抵消一些体温调节成本。在海獭中，摄食热增耗代表了摄食后 4~5 小时代谢率超过 50%的增加（哥斯达，2002 年）。但是，这些成本似乎通过在海面休息而得到补偿，而且海獭的总野外代谢率（FMR）并不高于广大海洋哺乳动物的期望值（耶茨等，2007 年）。

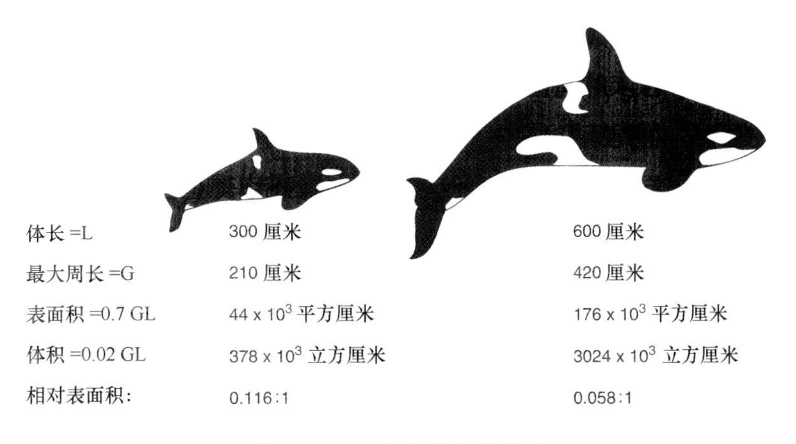

图 9.5　表面积与体积的关系

随着体型的增加（从左到右），其表面积和体积也增加；然而，其表面积与体积之比（相对表面积）降低

海洋哺乳动物也通过减少身体表面的总量降低热量损失，它们的流线型身体最大限度地减少了身体的突出部分。在体积一定的条件下，它们浑圆、流线型的体型尽可能地趋近实现最小的表面积，同时依然保持了适合高效运动、觅食和生殖活动的体型。鳍脚类动物、鲸目动物和海獭的身体表面积比相似身体质量的陆地哺乳动物平均小约 23%（英尼斯等，1990 年）。行为调节也对保存或释放热量很重要。在温暖的天气中，晒太阳的海豹经常伸展它们的后鳍肢，并将它们紧压在清凉的沙地或冰上冷却；但如果天气寒冷多风，海豹会将所有附肢紧贴在躯干上。海象（*Odobenus rosmarus*）和其他社会化的海豹在栖息时成群地挤在一起，这除具有群居和防范捕食者的作用外，毫无疑问还节省了大量身体热量（里瓦纳格等，2014 年）。

9.3.2 隔热

海洋哺乳动物的身体上覆盖着浓密的皮毛或鲸脂（或既有皮毛也有鲸脂），由此最大限度地减少在水中的热损失。鲸脂具有许多功能，包括体温调节、能量储备、浮力控制和促进流线型（见斯特伦茨等，2004 年论著中引用的参考文献）。与成年海豹和鲸的脂肪储备形成鲜明对比，大部分鳍脚类幼兽出生时具有的鲸脂非常少，它们必须迅速发展出一层隔热的脂肪以在环境中求生存。在威德尔海豹中，幼体的胎毛为成年海豹皮毛的数倍长，这有利于保存热量（埃尔斯纳等，1977 年）。竖琴海豹（*Pagophilus groenlandicus*）的幼兽出生在开阔海域的浮冰块上，它们能够充分地利用阳光：它们半透明（白色）的毛发将阳光反射到暗色皮肤上以吸收热量。幼兽的胎毛层在毛发和皮肤之间捕集热量，产生了一种“温室效应”，防止热损失（奥利茨兰德，1970 年，1971 年）。此外，虽然新生幼兽缺乏鲸脂层，但它们在沿着背部的位置和一些内脏处具有皮下**褐色脂肪**，包绕着颈部、心脏、肾脏和腹壁（布里克斯等，1975 年）。这种特化的褐色脂肪组织也存在于人类婴儿和许多冬眠的哺乳动物体内，帮助幼体依靠**非战栗产热**（也称代谢产热，译者注）保持温暖（格拉夫等，1974 年；布里克斯等，1975 年；格拉夫和布里克斯，1976 年）。幼兽通过代谢这种高能量的脂肪产生可观的热量，而非通过战栗产热。数日之后，产热的脂肪消耗殆尽，但届时幼兽已经积累了一些隔热的鲸脂（布里克斯等，1979 年）。当受到潮湿和寒冷的侵袭时，幼兽确实也会使用战栗产热，但其新陈代谢的代价非常高。

鲸脂的导热系数是其隔热值的倒数，并且是一个关于其厚度、其脂类含量及其外周血流量的函数。对于鲸目动物，鲸脂的导热系数主要是关于其脂类含量的函数。沃思和爱德华兹（1990 年）发现，同热带的点斑原海豚（*Stenella attenuata*）相比，温带海域的鼠海豚（*Phocoena*

phocoena）的鲸脂更厚、脂类含量也更高，鼠海豚的总隔热值是点斑原海豚的4倍（图9.6）。威廉姆斯和弗里德尔（1990年）指出，宽吻海豚的鲸脂层厚度可以2毫米/月的速率快速变化，以此适应水温的变化。布莱登（1964年）指出，海豹的鲸脂具有比鲸类的鲸脂更好的隔热性能，很可能是由于海豹的鲸脂中存在非常少的纤维组织。除鲸脂导热系数外，身体核心区周围鲸脂的分布是热损失模型的另一个重要变量。卡瓦德舍姆等（1997年）证实，一些基于穿越鲸脂层的热通量计算的热损失模型过高地估计了海豹身体的热损失，因为这些模型未能考虑鲸脂分布不对称的事实（已在第7章文中指出）。对数种齿鲸体内鲸脂的热学品质进行了研究，揭示出脂类的品质会显著影响鲸脂抵抗热流的能力（巴格等，2012年）。

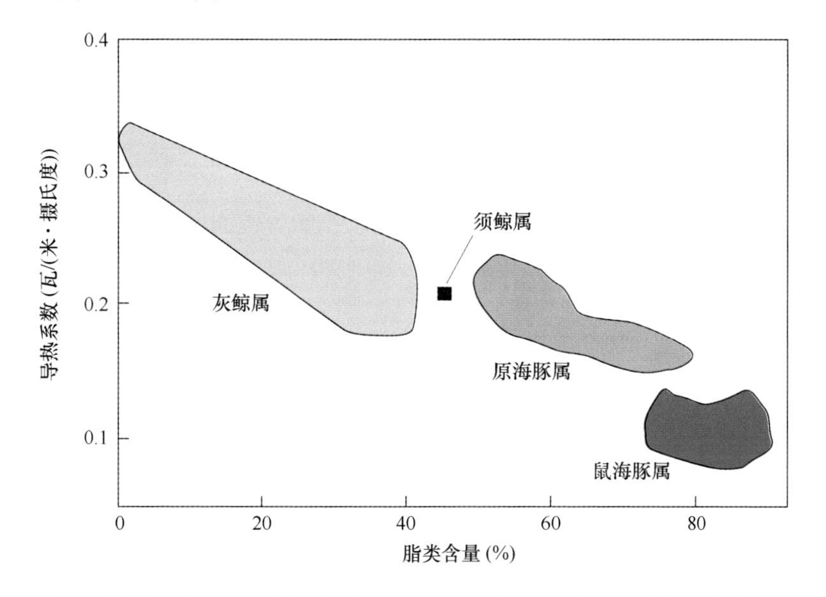

图9.6 鲸目动物的4个属中鲸脂的脂类含量和导热系数之间的关系

（根据沃思和爱德华兹（1990年）作品修正）

对港海豹（*Phoca vitulina*）和灰海豹（*Halichoerus grypus*）体温调节的研究（汉森等，1995年；汉森和拉维尼，1997年a，b）证明，环境空气温度对限制海豹的分布具有重要作用。寒冷的气温似乎主要通过繁殖季节影响灰海豹的分布，首先是通过对体型小、禁食的幼兽的体温调节的影响（在它们进入水中之前）。尽管如此，这些海豹在全年最寒冷的1月出生于加拿大东海岸。据推测，幼兽进入广阔的冬季浮冰区或在晚冬/早春获取食物有利于自身获得适应性优势，因此值得承担因冬季低气温导致的更高的体温调节成本（见第14章）。

鳍脚类的分布随着接近赤道而受限，因它们在温度升高的条件下无法经受体温调节，特别是当它们在陆地上时（即，分娩、哺乳和断奶后禁食期间，一些种类还包括每年换皮期间）（汉森等，1995年）。在一项关于水温对宽吻海豚（*Tursiops truncatus*）体温调节成本的影响的研究中，威廉姆斯等（1992年）发现，水温的变化改变了能量成本。习惯生活在15摄氏度下的动物的静息代谢率（RMR）为习惯生活在25摄氏度下的海豚的测量值的1.4倍。适应了较冷水温的海豚的低临界温度为低于6摄氏度，习惯于生活在温暖水域的海豚的低临界温度为11~16摄氏度。

另一个值得注意的事实是，这些在水中保存热量的解剖结构适应特征（即，鲸脂或皮毛隔热层）在哺乳动物出水时同样能够抑制热散逸。对于生活在温暖环境中的海洋哺乳动物，身体过热可引发不良反应。当温度过高时，海狗、海狮和海豹会进入水中，或在潮间带水坑中休息。一些鳍脚类动物使用鳍肢将沙砾抛到背上进行降温，例如北象海豹（*Mirounga angustirostris*）、新西兰海狮（*Phocarctos hookeri*）和南美海狮（*Otaria byronia*）。当直接暴露于阳光下时，鳍脚类动物特有的“抛沙”行为使它们盖上了一层清凉、潮湿的沙砾，降低了热增量并提高了传导性和蒸发性热损失（汉森等，1995年引用的参考文献）。北海狗（*Callorhinus ursinus*）实际上像狗一样喘息，用以消散热量（甘特利，1981年）。僧海豹是生活在热带环境中的仅有的一类海豹，它们在温暖的天气中在水边潮湿的沙地上休息，从而为身体降温，它们还经常挖洞，将更凉爽的沙层暴露出来（里德曼，1990年）；地中海僧海豹（*Monachus monachus*）经常栖息在洞穴中，可能是为了规避侵扰和过热的天气。当在陆地上时，加拉帕戈斯海狗（*Arctocephalus galapagoensis*）的幼仔由于太年幼，以致不能进入海中降温，只得在巨砺的阴影中寻找遮蔽处，并在全天最热的时段减少活动（林伯格等，1986年）。成年的加拉帕戈斯海狗、瓜达卢佩海狗（*Arctocephalus philippii townsendi*）和加拉帕戈斯海狮（*Zalophus wollebaeki*）也会充分利用巨砺乘凉，它们有时也进入洞穴寻找荫蔽（图9.7）。

图9.7　墨西哥的圣贝尼托群岛上，瓜达卢佩海狗在洞穴内和洞穴附近寻找荫蔽

9.3.3　逆流血管热交换系统

除了减小表面积外，海洋哺乳动物还可以通过附肢、鲸脂、鼻黏膜和生殖器官中的血管热交换系统控制外周血循环，由此减少向环境中散失的热量。鲸类和海豹依靠受控制的外周血流量保存或消耗热量，外周血流来自身体核心区，流向皮肤和附肢。不同于陆地哺乳动物（隔热

层通常位于通向皮肤的血管循环上面)，在鲸类和海豹中，血管床穿透鲸脂隔热层，到达表皮的基底（帕里，1949 年)。因此，当外周血管收缩程度最大时实现了最小热通量，独立于在热应力期间实现的最大热通量。

逆流热交换系统（CCHE；图 9. 8）通过维持相反方向血流之间的热差保存热量，从而增加转移的热量（与平行流相比)，使鳍肢、背鳍和尾叶保持机能，避免冻僵。当然，有必要维持一些流经它们的血液循环或每隔一段时间用血流灌注这些结构。在这些组织的供血结构中，静脉紧密包围着将血液运载至较冷远端的主动脉，从而将血液带回至身体核心区（图 9. 8)。静脉中的较冷血液吸收来自身体核心区的动脉血液的热量，以便加热返回身体的血液，并且最大限度地减少向环境中散失的热量。

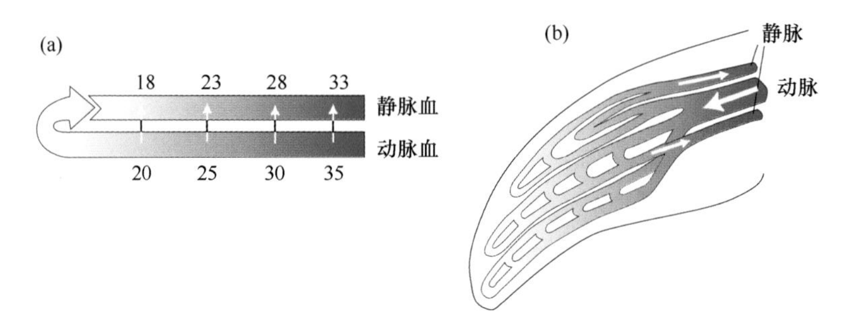

图 9. 8　热交换的一般模式

（a）理想的逆流系统；（b）简化的海豚鳍肢的血管交换网

海牛目动物的逆流热交换系统的形式为：血管束分散于整个身体，包括体壁、面部与颌部，尾部与脊髓（胡萨尔，1977 年)，但它们在鳍肢（考德威尔和考德威尔，1985 年）和尾部发育得最好。海牛类在温暖水中有力的游泳活动促使形成了阻止核心体温升高的机制。海牛类的尾部深静脉行使了旁支静脉血回流的功能。该回流可使动脉扩张，并向皮肤增加动脉供血，从而防止核心体温升高（隆美尔和卡普兰，2003年）。

逆流热交换系统也与生殖道相联系，防止这些热敏感的器官变得过热。海豹类和海豚类具有用以冷却睾丸的血管逆流交换系统（隆美尔等，1995年；帕布斯特等，1995年，1998年）。在一些海豹中，位于远端后肢和骨盆的静脉之间的静脉丛说明睾丸可得到直接冷却。后鳍肢中的冷却的血液流过位于腹股沟的腹股沟丛，带来热梯度，实现了睾丸与相邻肌肉的局部和直接的热传递。通过测量睾丸温度值，该解释得到了支持。在南象海豹（*Mirounga leonina*）中，睾丸温度低于核心体温的幅度可达6~7摄氏度（布莱登，1967年）。

在海豚类中，位于后腹部的精索动脉与特定的静脉并列，这些静脉运输的是回流自背鳍和尾鳍表面冷却的血液（图9.9）。在剧烈游泳之后，逆流热交换系统（CCHE）的温度立刻降低，低于静息和游泳前的测量值；CCHE的游泳后温度比游泳前温度最多降低0.5摄氏度（隆美尔等，1992年）。这些数据说明，当海豚正在游泳时，CCHE能够充分冷却流向睾丸的动脉供血。随后，隆美尔等（1994年）报道了雄性海豚的深部体温测量值，结果支持该体温调节假说。雄性的骨盆CCHE区具有较低温度。雌性海豚和海豹也运用类似的逆流交换系统，较凉的血液从海豚的尾鳍或从海豹的后鳍肢直接流向胎儿，防止胎儿（胎儿的代谢率约为母体代谢率的两倍）变得过热和经历热损伤、发育紊乱或死亡（隆美尔等，1993年，1995年）。在雄性和雌性海牛中也发现了用于为生殖系统降温的类似血管结构（隆美尔等，2001年），说明在海洋哺乳动物的这三个进化枝间演化出了趋同适应。

露脊鲸属所有种（*Eubalaena* spp.）、弓头鲸（*Balaena mysticetus*）和灰鲸（*Eschrichtius robustus*）的口部具有逆流热交换系统，当它们在寒冷水域摄食时，该结构使它们能够减少热损失（福德和克劳斯，1992年；海恩宁和米德，1997年；福德等，2013年；埃克戴尔等，2015年，图9.10）。另一个逆流交换系统的实例是象海豹、冠海豹

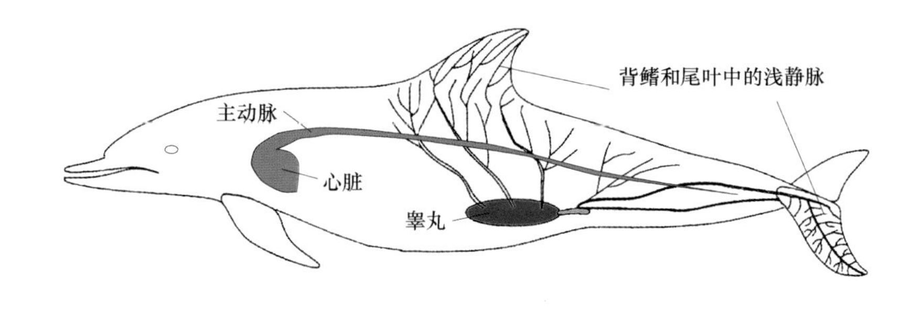

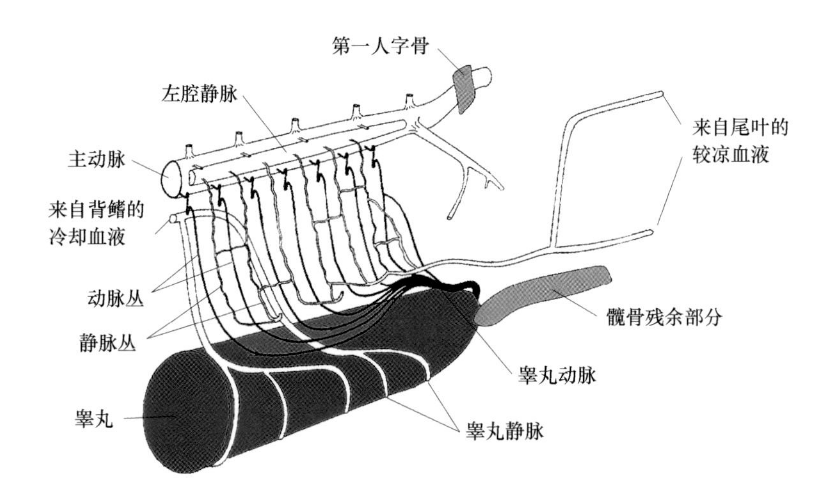

图 9.9　海豚的睾丸的逆流交换系统

（根据帕布斯特等（1995 年）作品修正）

（*Cystophora cristata*）和其他海豹的鼻道，该结构使它们能够减少它们的呼吸失水量（例如，亨特利等，1984 年；福尔考和布里克斯，1987 年；莱斯特和哥斯达，2006 年）。它们的鼻腔结构（即，呼吸鼻甲的进化）类似于荒漠啮齿动物，对它们而言保水具有重要意义（例如，范·瓦尔肯堡等，2011 年）。鼻部的逆流血流产生了温度梯度，使鼻道能够保存和循环利用水分。一般情况下，这些水分会在呼气中散失，但由于鼻道的温度梯度和表面积增加，呼气中的大量水分在鼻道较凉的上皮上冷凝。然后，这些水分将在吸气时得到利用，以在空气通向肺的过程中加湿吸入空气。与此相似，南露脊鲸（*Eubalaena* australis）鼻腔中的血管组织（奇网）具有加热吸入空气的作用（博诺等，2015年）。

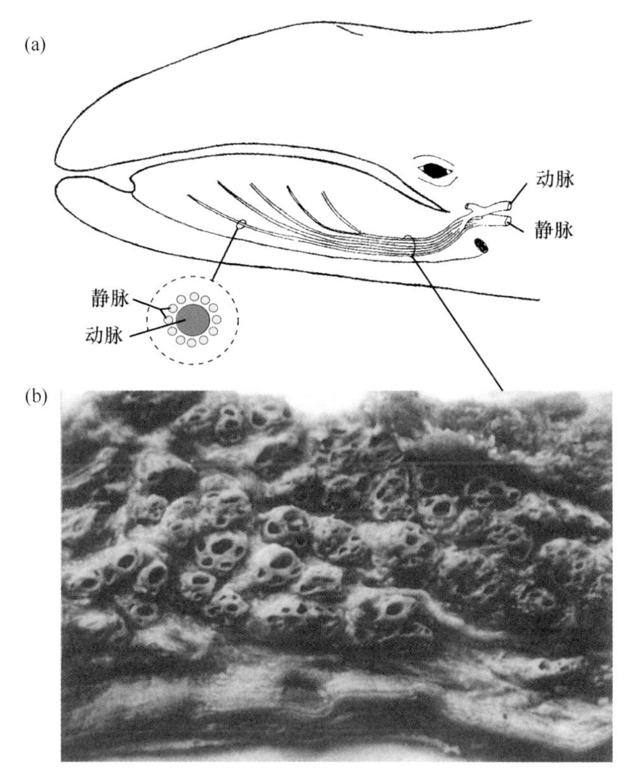

图9.10 灰鲸口部的逆流交换系统

（a）示意图；（b）通过舌静脉网的横截面

（海恩宁和米德，1997年；照片提供：约翰·海恩宁）

9.4 运动能量学

海洋哺乳动物的主要能量消耗途径是游泳和潜水。在野生宽吻海豚中，自主活动可超过其日间活动预算的80%（汉森和德弗兰，1993年）。根据水介质的物理特性，游泳的能量成本受到游泳者周围的水流模式的影响。在这些特性中，重要的物理量有密度、黏度和运动黏度

（黏度与密度之比）。水的密度是空气密度的 800 多倍，其黏度至少是空气的 30 倍。因此，在水中运动的摩擦阻力比在空气中运动大得多。对游泳哺乳动物而言，水中运动对速度和能量学性能提出了苛刻的限制。然而，水中运动也具有优势。例如，在水中比在空气中更容易产生推力。由于哺乳动物的身体密度与水的密度相近，大部分海洋哺乳动物具有近似的中性浮力。因此，游泳哺乳动物能够以很低的能耗量维持它们在水中的竖直位置，因为它们在运动时无需支撑它们的体重，而陆地哺乳动物和飞行动物需要克服重力（雷纳，1986 年；威瑟斯，1992 年；费希，1993 年）。

9.4.1 流体动力性能

海洋哺乳动物必须克服流体动力阻力的几个不同分量，以维持较高游泳速度或以能量学上高效的方式游泳，这些都受到游泳动物的体型和身体形状的影响。一头快速游泳的海洋哺乳动物，例如海豚的身体形状是一种在不同假设体型间的折中结果，其中每种体型可减小总阻力的某个分量，并使海豚能在水中以尽可能小的阻力运动。**摩擦阻力（D_f）**的决定因素有：该动物的浸湿表面积、水的运动黏度，以及游泳动物身体表面附近的边界层中水流的特征。如果边界层中的水流为层流，摩擦阻力低；如果为湍流，摩擦阻力高。**压差阻力（D_p）**有时称为形状阻力，是排开一定量的水的结果，与游泳动物的最大横断面面积（从正面观）成正比。当动物在海面或接近海面处水平游泳时，会产生额外的**波浪阻力（D_w）**，其源自海面上产生的波浪。由于所有海洋哺乳动物都必须浮出水面呼吸，波浪阻力可使游泳时必须克服的总阻力大幅增加。第四个阻力分量是**诱导阻力（D_i）**，因海洋哺乳动物用以产生推力的水翼（尾叶或鳍肢）而产生（费希，1993 年）。

流线型的体型减小了快速游泳动物的摩擦阻力和压差阻力，海豚的身体前端圆钝，然后逐渐变细至身体后部的一点，横截面为圆形。流线型的一个测量指标是**长径比**（最大体长与最大身体直径之比），高效游泳动物的长径比范围为3~7，理想值约为4.5（韦布，1975年）。大部分鲸目动物的长径比约为6~7，虎鲸（*Orcinus orca*）、露脊鲸和一些海豹具有接近理想值的长径比，4.0~5.0。

对于在水下游泳的海洋哺乳动物，惯性力和黏性力都重要。虽然惯性力占有优势，但流体黏度是边界层形成的原因，由于动物体表附近的剪切力的存在，流体黏度在表面摩擦的产生中很重要。关于作用在水下动物身体上的力，一个广泛使用的比较指标是**雷诺数（*R*）**，提供了这些力的同数量级的近似值（韦布，1975年）：

R=体长×游泳速度/水的运动黏度，或者

$$R = LV/\omega$$

由于运动黏度在典型的海水温度范围内变化很小，计算的R值主要受到体长和游泳速度的影响。对于具有流线型身体并且R值小于5×10^5的水下游泳动物，流过身体的水流保持着稳定层流，具有低总阻力特性。当R值大于5×10^6时，水流的模式变为不稳定的湍流，导致阻力特性大幅增加（当$5\times10^5<R<5\times10^6$时，水流在层流和湍流状态之间变化；韦布，1975年）。因此，低R值和层流水流模式与小型或缓慢的游泳动物相关。

流体动力性能模型表明，流线型动物水下游泳的动力需求与游泳速度的立方成正比。流线型的水下游泳动物的预期动力需求（P）可用以下方程式近似表示（韦布，1975年）：

$$P = 0.5\rho C_t SWV^3$$

式中，ρ为水的密度；C_t为总阻力系数；SW为游泳动物的浸湿表面积；V为游泳速度。

据估算，处于湍流边界状态的动物的总阻力系数（C_t）比处于层流流体特性的游泳动物至少大一个数量级。总阻力系数的经验确定方法仅可用于一些小型齿鲸种类（C_t=0.03~0.04；朗，1975年）和一种须

鲸（C_t=0.06；苏密西，1983 年）。小型齿鲸较低的 C_t 值可归因于它们大部分身体上的层流水流特性。完全的湍流模式是须鲸类庞大得多的身体上的水流特征，C_t 的计算结果也相应更大。费希（1993 年）总结了基于模型的 C_t 估计值。

研究者可避开一些涉及根据阻力因子和流体动力方程估算游泳动力需求的复杂因素，转而测定**单位距离耗能（COT）**（苏密西，1983 年；威廉姆斯等，1993 年；罗森和特里特斯，2002 年；威廉姆斯等，2004 年）。COT 是有用的测量指标，可比较不同运动模式的运动效率，或比较采用相同运动模式的不同物种间的运动效率。游泳动物 COT 的定义为：动力需求（P）以某速度（V）移动指定的身体质量（M）。因此，选择适当的单位，$COT=P/MV$，并与游泳的能量效率成反比例。研究者可估算动力输出的测量值，在受控或不受限制的游泳条件下采用直接或间接氧气呼吸计量法。适用于大部分游泳动物、描述总动力和作为结果的游泳速度之间关系的曲线为 U 型，动力需求在一定的中间最适速度下最低。在中间最适速度下的 COT 为 COT_{min}，在该速度下游泳的能量效率（但未必是时间效率）最高。塔克（1975 年）总结了多种游泳、飞行和陆地奔跑动物的已知 COT_{min} 值，它们在体型大小上跨越了几个数量级（图 9.11）。

根据图 9.11 显而易见，在任何一种运动模式（奔跑、飞行或游泳）中，COT_{min} 随着体型的增大而降低，并在本质上无关于所属的分类单元。在运动的 3 种一般模式中，游泳的代价最低，因为游泳动物无需支撑它们的体重和对抗重力的持续下拉。在塔克的总结中，明显缺少的是对鲸目动物或其他海洋哺乳动物 COT 的估算。体型和 COT_{min} 之间的一般关系表明，大型游泳动物的 COT_{min} 应非常低，但检验该预测的实验证据稀少。

为了测量动力输出率，必须测量受试动物的代谢率，但要测量游泳中、不受控制的大型鲸目动物很困难。威廉姆斯等（1992 年，1993

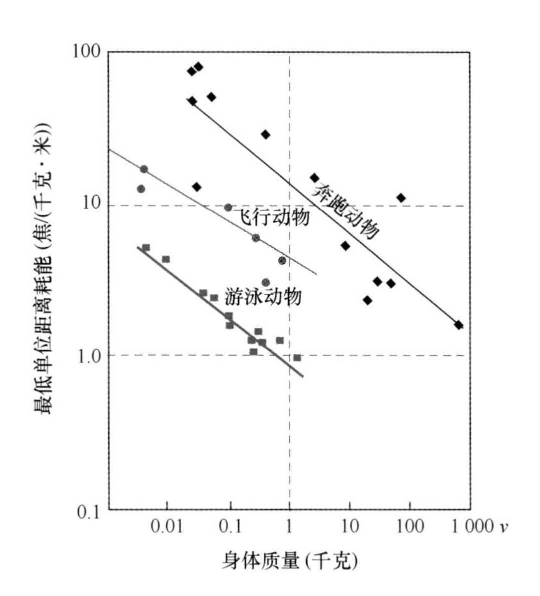

图 9.11 游泳动物、飞行动物和奔跑动物的 COT_{min} 和体重之间的关系，无关于它们所属的分类单元（根据塔克（1975 年）作品修正）

年）训练两头大西洋宽吻海豚（*Tursiops truncatus*）在开阔水域的一艘快船旁游泳并追赶上船速。在每次 20~25 分钟的试验阶段中持续地监测和记录心率和呼吸频率（以前标准化为氧消耗率）以估算代谢率。在每次游泳阶段后，立即采集血液样本用于分析乳酸（一种无氧呼吸的产物）。这项研究的结果表明，这些海豚在 2.1 米/秒的速度时 *COT* 最低（=*MCOT*），在 2.9 米/秒时 *COT* 加倍。在野外使用一种多向视频声呐测量海豚的游泳速度，测量结果（至少是 COT_{min}）已得到了证实（里杜克斯等，1997 年）。然而，当速度增加至超过约 3 米/秒时，威廉姆斯等（1992 年）研究中的海豚总是转变为**乘浪**的运动模式，乘浪行为可确切描述为在快船的船艉伴流中冲浪。当海豚在 3.8 米/秒的速度下乘浪时，*COT* 仅比2.1 米/秒的最低值高 13%。在较高速度下乘浪显然可大幅节省体能，这解释了在海豚，甚至包括大型鲸类中常见的船艏乘浪或船艉乘浪行为（图 9.12）。

图 9.12　真海豚在船艉乘浪

有趣的是，在海豚和灰鲸中，*COT* 最低时的游泳速度均接近 2 米/秒；向南迁徙的灰鲸的平均迁徙速度约为 2 米/秒（误差在±10%以内）（苏密西，1983 年）。游泳的能量学含义是选择合适的速度，尽可能降低 *COT* 并尽可能增加活动范围，以灰鲸为例，关键因素可能是成功完成极其漫长的迁徙。里杜克斯等（1997 年）对野生海豚的游泳速度和活动进行了观察，发现海豚会在涨潮期间继续进行觅食活动，这种觅食策略会带来额外成本，必须通过涨潮期间猎物密度、可利用性或可捕量的增加而得到平衡。在另一项探寻 *COT* 与体温调节成本的联系的研究中，发现 COT_{min} 和最理想游泳速度是一个关于水温的函数，并因物种的不同而变化（辛德和格尔尼，1997 年）。

如何将鲸目动物的 *COT* 与其他游泳动物的 *COT* 相比较？威廉姆斯（1999 年）比较了 3 种鲸目动物和 3 种鳍脚类的计算值（图 9.13）。显而易见，鲸目动物是高效的游泳者，其 COT_{min} 比人类或其他海面游泳动物大约低一个数量级。然而，鲸目动物的 COT_{min} 回归线仍然比假设的体型相近的变温鱼类高将近 10 倍。鲸目动物承担的额外成本可能与体温生理调节的额外成本有关。本质上，这是使运动肌保持温热和运转的间接成本，而无论该动物是否在运动。鲸目动物 COT_{min} 的扩展回归值通常低于鳍脚类，这可能反映了鲸目动物以尾鳍作为推进器官在某种程度上具有更高的效率。

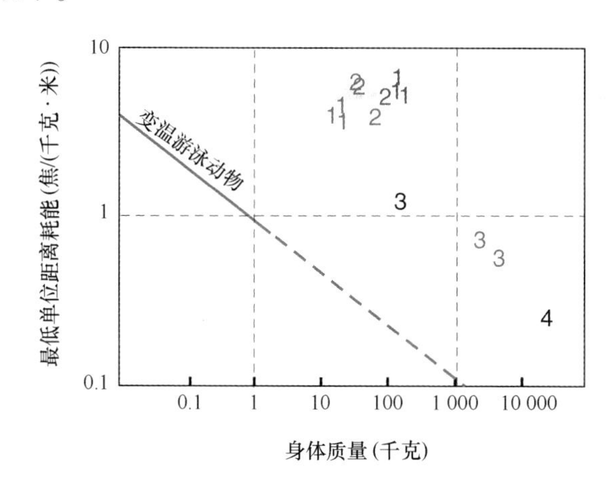

图 9.13 COT_{min} 测量值与身体质量的函数

1-海狮类；2-海豹类；3-齿鲸类；4-一种须鲸

注：颜色表示不同物种，根据图 9.11 变温游泳动物的回归线推算出更大的身体质量，数据来自威廉姆斯（1999 年）和罗森和特里特斯（2002 年）

当潜水时，游泳的哺乳动物需要上浮至海面进行呼吸，它们此时遭遇额外的波浪阻力，这是大气海洋分界面产生波浪导致引力的结果。当潜水深度大于潜水动物最大身体直径的 2.5 倍时，这些引力可忽略不计，但当游泳动物上升时，其总阻力迅速增加至最大值，可达海面总阻力的 5 倍，这是由于在表面波的形成中损耗了能量。图 9.14 显示了游泳动物靠近海面时阻力增加的模式。任何哺乳动物为降低其 COT，可在大于其 2.5 倍身体直径的深度游泳，持续时间接近其有氧屏息能力能支撑的时间（将在第 10 章定义），然后根据氧气需求状况上浮至海面进行必要的呼吸。这体现在许多游泳哺乳动物的长吸呼吸模式中（图 9.14），特点是潜水屏息游泳时间延长，而密集的上浮换气打断了这种模式。因此，短屏息明显利于实现高效的氧气同化率；而长屏息使得运动更高效，可跨越更长距离甚至是迁徙距离。

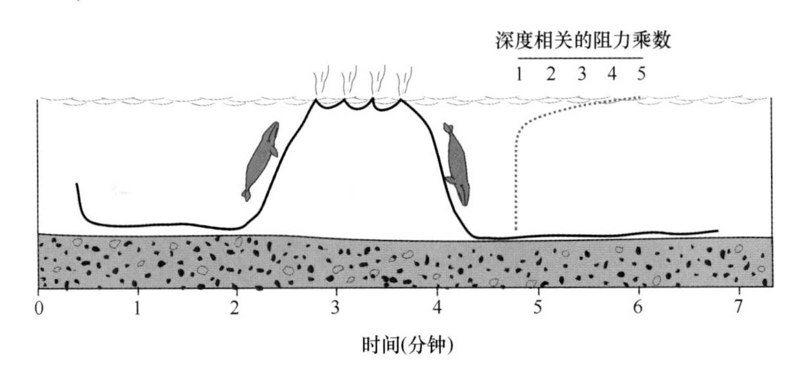

图 9.14　灰鲸迁徙中的长吸呼吸模式

右上方简表说明当灰鲸接近海面时阻力的相对增加

9.4.2　换气行为、游泳活动和能量学

海洋哺乳动物在较高的游泳速度下必须更频繁地浮上海面呼吸。与大型鲸类相比，小型鲸豚必须更频繁地浮上海面呼吸，这使得它们更难以逃避与海面有关的高阻力。在高速行进中，海豚会在水–空气界面之上跳跃，并在空中滑翔数倍体长的距离，从而在一定程度上规避由上浮呼吸带来的高波浪阻力（图 9.15）。在这种**周期性跃水**或称跳跃运动的空中阶段，海豚摆脱了水面的高阻力环境，同时还获得了呼吸的机会（诺里斯和约翰逊，1994 年）。海豚跳跃比保持潜泳更高效时的速度称为**跨界速度**（费希和惠，1991 年）。点斑原海豚的跨界速度约为 5 米/秒，并且跨界速度随着体型的增大而增加。但对于体长超过 10 米的鲸目动物而言，跳跃则成为一种成本极高的运动模式。

象海豹在下潜和上浮时使用“划水和滑翔游泳”模式和“长时间滑翔模式”以降低 COT 并延长潜水的持续时间（威廉姆斯等，2000 年；戴维斯等，2001 年）。它们还凭借自身的浮力（即，肥胖程度）采用“放流潜水”模式，即通过水柱轻盈地下降，或被动上浮至海面

图 9.15 周期性跃水的太平洋短吻海豚（*Lagenorhynchus obliquidens*）
（照片提供：美国国家海洋和大气管理局（NOAA））

(见比乌等，2003 年；图姆斯等，2013 年)。加速度测量数据表明，海豹在放流下潜时落入盘旋下降的水柱，类似于一片落叶（三谷等，2010 年），这可能减缓了它们的下降速度。海豚在潜水时也利用一种“游泳和滑行”的游泳模式以降低运动成本。在低速至中等游速时，无空中跳跃的游泳和滑行模式在匀速游泳中具有明确的能量学优势（维斯，2002 年）。在一项实验中，研究人员训练海豚以一条直线轨迹潜水至不同深度的水下目标物，威廉姆斯等（1996 年）报道，海豚并非匀速游泳，而总是转换为“游泳和滑行”游泳模式，从而在长时间潜水时降低能量成本。然而，当小型鲸目动物必须高速水平运动时，它们的新陈代谢需求和呼吸频率会提高。为了适应在海面附近高阻力环境中活动的需要，周期性跃水与“游泳和滑行”模式经常结合为一种三相的“跳跃-滑行-猛冲”的游泳模式。维斯（2002 年）提出，该模式可节省大量体能，同时保持较高的平均游泳速度和呼吸频率。

另一种节省体能的情况是幼兽在母兽身旁“跟游”。母兽身体运动所引起的排水效应使前方的水向前和向外移动，并使身后的水向前移动以替代母兽的身体质量。跟游产生的流体动力效应的最终结果是，幼鲸可获得高达90%的所需推力，足以在母鲸身旁以高达2.4米/秒的速度运动。对长吻原海豚（*Stenella longirostris*）（即长吻飞旋海豚，译者注）进行了观察和比较研究，结果表明在母海豚身旁游泳的幼豚可节省高达60%的推力（维斯，2004年）。与此相似，母海豹也与幼海豹成对游泳，当高速游泳时还会进行海豚式跃水，同时使幼海豹紧靠母海豹的胸部。

鲸目动物的呼吸系统解剖结构和换气行为（另见第10章）与运动和潜水行为有关。“快速”呼吸的鲸目动物包括海豚科和鼠海豚科，它们的呼吸频率高、流量高、呼吸周期短、肺容量大。在鲸目动物中，海豚科和鼠海豚科的游泳速度最快，它们在多次跃水或潜水前浮上海面时仅进行一次呼吸。相比之下，“慢速”呼吸的鲸目动物有小抹香鲸科、抹香鲸科、剑吻鲸科以及一些须鲸，它们的换气长而缓慢，肺容量较小，常表现出漫长的（例如，游动或休息）海面间隔时间（皮斯塞特利等，2010年，2013年）。

9.5 渗透调节

渗透调节包括平衡水摄入量与排泄和散失水分的过程。关于海洋哺乳动物的渗透调节的一般性综述，见奥尔蒂斯（2001年）、埃尔斯纳（1999年）和威廉姆斯和沃思（2002年）的论著。大部分海洋哺乳动物是**低渗的**；它们的体液中的离子含量比周围海水环境更低，同时它们不断地将一些水散失到它们赖以生活的高渗海水中。对鲸目动物渗透调节的遗传学基础进行了一项研究，结果表现为正选择，这说明鲸目动物为应对高渗的环境，可能已经适应了维持体内水盐平衡的方法（徐等，2013年）。

海洋哺乳动物从食物中获取所需水分：它们饮食中的预成水代谢为衍生水。大部分鱼类和无脊椎动物猎物的含水量为60%~80%，在消化食物期间，脂肪、蛋白质和糖类的代谢作用提供了食物代谢水。实验表明，海豹能够从食物中获取所需的全部水分。如果仅给海豹饮用海水，它们的胃部会出现不适，并且多余的盐分必须使用体内水分排除。尽管如此，研究者观察到生活在温暖气候生境中的海豹会**饮用海水**（金，1983年）。但是，鳍脚类为什么会饮用海水？有人提出，海豹间歇性地饮用少量海水（这不足以导致消化问题），目的是为了促进氮排泄。在成年雄性海狮中，饮用海水的行为尤其普遍（里德曼，1990年）。甘特利（1981年）指出，观察到吸收海水行为的大部分海狮生活在较温暖的环境中，并通过排尿、呼吸和出汗散失水分。他提出，这种失水，加之停留在陆地的雄性的长时间禁食，可能令形势严峻得足以促使它们饮用海水。通过补充脂肪储备氧化代谢产生的水分，该行为可能在氮排泄中发挥作用。在大西洋宽吻海豚、短吻真海豚（*Delphinus delphis*）和鼠海豚（*Phocoena phocoena*）中，也发现过饮用海水的行为。儒艮（*Dugong dugon*）饮用海水的发生率虽然未得到描述，但有解释认为，这与它们较高的水周转量有关（兰尼恩等，2006年）。

并非所有的海洋哺乳动物都生活在高盐度的环境中。现存海牛目动物的栖息地具有宽盐度范围。儒艮和海牛的盐度耐受性差异明显。儒艮完全栖息于海洋，无需进入淡水。相比之下，海牛包括一种几乎完全生活在淡水中的亚马孙海牛（*Trichechus inunguis*）。研究表明，虽然美洲海牛（*Trichechus manatus*）的盐水耐受性良好，但它们在生理上必须饮用淡水，这在以养护为目标的生境管理中是一个重要因素（见马尔什等，2011年）。

有学者对栖息于淡水的贝加尔海豹（*Pusa sibirica*）及其海洋近亲环斑海豹进行了一项比较研究，结果表明它们的肾功能并无重大差异。由此得出结论，从海水中隔离并在淡水中生活了50万年的贝加尔海豹保留了与它们在被隔离时相同的肾功能（洪等，1982年）。

哺乳动物牙齿中磷酸盐的同位素浓度反映了它们摄取的水的类型（即，海水还是淡水），并且研究者或许可以测定鲸目动物何时适应了与摄入海水有关的过量盐负荷。根据化石和现存鲸目动物牙齿（和骨骼）的同位素浓度研究，能够确定最早的鲸类（例如，巴基鲸）受到了陆地淡水和食物来源的限制。至始新世中期，第一批完全适应海洋的鲸目动物（即，原鲸科和雷明顿鲸科）出现了（德威森等，1996 年；罗等，1998 年）。渗透调节功能和食谱的变化反映了鲸目动物从陆地生境到海洋生境的变迁，这些变化使它们能够离开海岸，并迅速地向世界海洋扩散。

哥斯达（1978 年）证实，海獭会积极地饮用海水。因为海獭主要捕食无脊椎动物（它们体内的电解质浓度比多骨的鱼类或哺乳动物更高），所以海獭体内必须具有大量电解质、氮和水。海水的摄取增加了尿渗透空间，而不增加尿液中的电解质浓度，从而促进了尿素清除（哥斯达，1982 年；里德曼和埃斯蒂斯，1990 年）。

海洋哺乳动物通过排泄浓缩的尿液降低身体失水量。一般而言，海洋哺乳动物产生的尿液的渗透压略高于海水的渗透压，不过它们的能力远低于沙漠中栖居的更格卢鼠（尿液浓度为其血浆浓度的 14～17 倍）（埃尔斯纳，1999 年）。其他保水机制包括位于鳍脚类鼻道中的逆流热交换系统（CCHE）（前节已述）。

海洋哺乳动物的肾脏通常比相似身体质量的陆地哺乳动物大（波沙特，1996 年）。除海牛目外的所有海洋哺乳动物具有**多叶肾**（图 9.16）。这些动物的肾由小而分立的肾小叶组成。每个肾小叶都具有皮质、髓质和肾盂，如同一个小而独立的肾，并且各小叶的管道相互连接形成输尿管。

鲸目动物的肾小叶数量庞大，每个肾脏可有数百至数千个肾小叶（翁曼尼，1932 年；吉尔和克劳斯，1970 年）。鲸目动物和一些鳍脚类的肾小叶中具有独特的纤维肌性篮（sporta perimedullaris musculosa）结构：一层光滑的肌肉弹性纤维和穿透肾小叶并围绕髓质的胶原蛋白（瓦尔迪和布莱登，1981 年）。该特征连同鲸目动物肾小叶的其他特征，

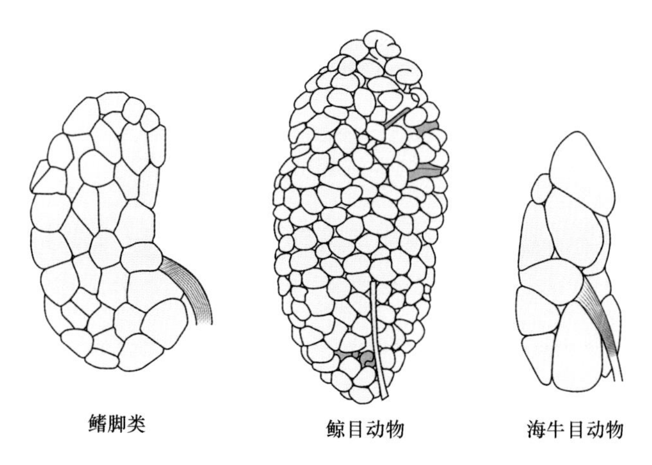

图 9.16 海洋哺乳动物的一般化肾脏外观比较图
鳍脚类和鲸目动物具有数量庞大的肾小叶，与海牛目动物不同
（斯利珀，1979 年）

例如大量储备的糖元和独特的髓质血管，可能是有利于潜水的适应特征，机理是当肾脏血液灌流在潜水期间减弱时，其负责供应局部组织储备的糖元（法伊弗，1997 年；见第 10 章）。儒艮的肾脏更长（巴特拉维，1957 年），不同于鲸目动物、鳍脚类和海牛的分叶状肾；海牛的肾脏为表面分叶状（图 9.16）。

9.6 总结和结论

海洋哺乳动物的主要能量成本包括新陈代谢、体温调节、运动和渗透调节。关于海洋哺乳动物是否具有高于预期的代谢率的问题，学界依然存在争论，不过目前普遍认为，不同的测量方法和标准化条件的缺乏使对比研究陷于混乱。虽然许多种海豹的新生儿缺少鲸脂，但它们的皮下有一层褐色脂肪，可通过非战栗产热使它们保持温暖，直到这种脂肪和它们吸收的奶水转化为隔热的鲸脂。由于鲸脂的导热系数在一定程度上是与其厚度有关的函数，温带水域的鼠海豚的鲸脂比热带的海豚更厚。关于海豹体温调节的研究表明，环境空气温度在限制它们的地理分布中具有重要作用。需要开展进一步研究，验证这在鳍脚类中是否是更普遍的现象。调节体温的逆流热交换系统（CCHE）可分布于全身，特别是在海洋哺乳动物的鳍肢、背鳍、尾鳍以及生殖器官中。海洋哺乳动物还通过减小身体表面积，减少散失至环境的热量。即使最小的海洋哺乳动物的体积也大于质量相当的陆地动物，它们因此获得了有利的相对表面积。在海洋哺乳动物中，游泳是一种主要的能量消耗，因此它们采用各种方法降低单位距离耗能（COT）（例如，在海豚中常见的乘浪、周期性跃水和“游泳和滑行”游泳模式）。海洋哺乳动物的多叶肾能够产生小体积浓缩尿液。海洋哺乳动物从摄取的食物中获得所需的水。海豹、海豚和鼠海豚的饮用海水行为与氮排泄有关，并可能补充了脂肪储备氧化代谢产生的水分。在海洋哺乳动物中，最古老的鲸类曾是淡水动物，这说明在它们的进化史中，它们在较晚的年代才适应了海洋环境。

9.7 延伸阅读与资源

关于海洋哺乳动物能量学的最新全面总结，读者可参阅博伊德（2002 年）和哥斯达（2009 年）的论著。

参考文献

Bagge, L.E., Koopman, H.N., Rommel, S.A., McLellan, W.A., Pabst, D.A., 2012. Lipid class and depth-specific thermal properties in the blubber of the short-finned pilot whale and pygmy sperm whale. J. Exp. Biol. 215, 4330–4339.

Batrawi, A., 1957. The structure of the dugong kidney. Publ. Mar. Biol. Stn., Ghardaqa, Red Sea 9, 51–68.

Beuchat, C.A., 1996. Structure and concentrating ability of the mammalian kidney: correlations with habitat. Am. J. Physiol. 271, R157–R179.

Biuw, M., McConnel, B., Bradshaw, C. J. A., Burton, H., Fedak, M., 2003. Blubber and buoyancy: monitoring the body condition of free-ranging seals using simple dive characteristics. J. Exp. Biol. 206,3405-3423.

Blix, A. S., Grav, H. J., Ronald, K., 1975. Brown adipose tissue and the significance of the venous plexes in pinnipeds. Acta Physiol. Scand. 94,133-135.

Blix, A.S., Miller, L.K., Keyes, M.C., Grav, H.J., Elsner, R., 1979. Newborn northern fur seals (*Callorhinus ursinus*) —do they suffer from cold? Am. J. Physiol. 236,322-327.

Blix, A.S., Folkow, L. P., 1995. Daily energy expenditure of free-living minke whales. Acta Physiol. Scand. 153,61-66.

Boily, P., Lavigne, D.M., 1997. Developmental and seasonal changes in resting metabolic rates of captive female grey seals. Can. J. Zool. 75,1781-1789.

Boyd, I. L., 2002. Energetics: consequences for fitness. In: Hoelzel, A. R. (Ed.), Marine Mammal Biology: An Evolutionary Approach. Blackwell Science, Oxford, UK, pp. 247-277.

Boyd, I.L., Woakes, A.J., Butler, P.J., Davis, R.W., Williams, T.M., 1995. Validation of heart rate and doubly labelled water as measures of metabolic rate during swimming in California sea lions. Funct. Ecol. 9,151-160.

Bryden, M.M., 1964. Insulating capacity of the subcutaneous fat of the southern elephant seal. Nature 203,1299-1300.

Bryden, M. M., 1967. Testicular temperature in the southern elephant seal, *Mirounga leonina* (L). J. Reprod. Fertil. 13,583-584.

Buono, M. R., Fernandez, M. S., Fordyce, R. E., Reidenberg, J. S., 2015. Anatomy of nasal complex in the southern right whale. Eubalaena australis (Cetacea, Mysticeti). J. Anat. 226 (1),81-92.

Caldwell, D.K., Caldwell, M.C., 1985. Manatees-*Trichechus manatus*, *Trichechus sengalensis*, and *Trichechus inunguis*. In: Ridgway, S. H., Harrison, R. J. (Eds.), Handbook of Marine Mammals, vol. 3: The Sirenians and Baleen Whales, pp. 33-36.

Castellini, M.A., Kooyman, G.I., Ponganis, P.J., 1992. Metabolic rates of freely diving Weddell seals-correlations with oxygen stores, swim velocity and diving duration. J. Exp. Biol. 165, 181-194.

Costa, D.P., 1978. The sea otter: its interaction with man. Oceanus 21,24-30.

Costa, D.P., 1982. Energy, nitrogen, and sea-water drinking in the sea otter, *Enhydra lutris*. Physiol. Zool. 55, 35–44.

Costa, D. P., 2002. Energetics. In: Perrin, W. F., Wursig, B., Thewissen, J. G. M. (Eds.), Encyclopedia of Marine Mammals. Academic Press, San Diego, CA, pp. 387–394.

Costa, D. P., 2009. Energetics. In: Perrin, W. F., Wursig, B., Thewissen, J. G. M. (Eds.), Encyclopedia of Marine Mammals, second ed. Academic Press, San Diego, CA, pp. 384–391.

Costa, D.P., Williams, T.M., 1999. Marine mammal energetics. In: Reynolds III, J.E., Rommel, S.A. (Eds.), Biology of Marine Mammals. Smithsonian Institution Press, Washington, DC, pp. 176–217.

Davis, R. W., Fuiman, L. A., Williams, T. M., Le Boeuf, B. J., 2001. Three-dimensional movements and swimming activity of a northern elephant seal. Comp. Biochem. Phys. A 129, 759–770.

Ekdale, E., Kienle, S., 2015. Passive restriction of blood flow and counter-current heat exchange via lingual retia in the tongue of a neonate gray whale *Eschrichtius robustus* (Cetacea, Mysticeti). Anat. Rec. http://dx.doi.org/10.1002/ar.23111.

Elsner, R., 1999. Living in water: solution to physiological problems. In: Reynolds, J. E., Rommel, S. (Eds.), Biology of Marine Mammals. Smithsonian Institution Press, Washington, DC, pp. 73–116.

Elsner, R., Hammond, D. D., Dension, D. M., Wyburn, R., 1977. Temperature regulation in the newborn Weddell seal *Leptonychotes weddellii*. In: Llano, G. A. (Ed.), Adaptation within Antarctic Ecosystems, Proceedings of the Third SCAR Symposium on Antarctic Biology. Smithsonian Institution, Washington DC, pp. 531–540. August 26–30, 1974.

Fish, F. E., 1993. Influence of hydrodynamic design and propulsive mode on mammalian swimming energetics. Aust. J. Zool. 42, 79–101.

Fish, F.E., Hui, C.A., 1991. Dolphin swimming—a review. Mamm. Rev. 21, 181–195.

Folkow, L.R., Blix, A.S., 1987. Nasal heat and water exchange in gray seals. Am. J. Physiol. 253, R883–R888.

Ford, T.J., Kraus, S.D., 1992. A rete in the right whale. Nature 359, 680.

Ford, T.J., Werth, A.J., George, J.C., 2013. An intraoral thermoregulatory organ in the bowhead whale (*Balaena mysticetus*), the corpus cavernosum maxillaris. Anat. Rec. 296, 701–708.

Gallivan, G. J., Best, R. C., 1980. Metabolism and respiration of the Amazonian manatee (*Trichechus inunguis*). Physiol. Zool. 59, 552–557.

Gentry, R.L., 1981. Sea water drinking in eared seals. Comp. Biochem. Physiol. A 68, 81–86.

Gihr, M., Kraus, C., 1970. Quantitative investigation on the cetacean kidney. In: Pilleri, G. (Ed.). Investigations on Cetacea, vol. 2. Berne, Switzerland, pp. 168–176.

Grav, H.H., Blix, A.S., Pasche, A., 1974. How do seal pups survive birth in Arctic winter? Acta Physiol. Scand. 92, 427–429.

Grav, H.H., Blix, A.S., 1976. Brown adipose tissue—a factor in the survival of harp seal pups. Can. J. Physiol. Pharmacol. 54, 409–412.

Hampton, I.F.G., Whitlow, G.C., Szekercezes, J., Rutherford, S., 1971. Heat transfer and body temperature in the Atlantic bottlenosed dolphin, *Tursiops truncatus*. Int. J. Biometeorol. 15, 247–253.

Hansen, M. T., Defran, R. H., 1993. The behavior and feeding ecology of the Pacific coast bottlenose dolphin, *Tursiops truncatus*. Aquat. Mamm. 19, 127–142.

Hansen, S., Lavigne, D.M., Innes, S., 1995. Energy metabolism and thermoregulation in juvenile harbor seals (*Phoca vitulina*). Physiol. Zool 68, 290–315.

Hansen, S., Lavigne, D. M., 1997. Ontogeny of the thermal limits in the harbor seal (*Phoca vitulina*). Physiol. Zool. 70, 85–92.

Hansen, S., Lavigne, D.M., 1997. Temperature effects on the breeding distribution of gray seals (*Halichoerus grypus*). Physiol. Zool. 70, 436–443.

Heyning, J., Mead, J., 1997. Thermoregulation in the mouths of feeding gray whales. Science 278, 1138–1139.

Hind, A.T., Gurney, W.S.C., 1997. The metabolic cost of swimming in marine homeotherms. J. Exp. Biol. 200, 531–542.

Hong, S.K., Elsner, R., Claybaugh, J.R., Ronald, K., 1982. Renal functions of the Baikal seal *Pusa sibirica* and ringed seal *Pusa hispida*. Physiol. Zool. 55, 289–299.

Huntley, A.C., Costa, D.P., Rubin, R.D., 1984. The contribution of nasal countercurrent heat-exchange to water-balance in the northern elephant seal, *Mirounga angustirostris*. J. Exp. Biol. 113, 447–454.

Huntley, A. C., Costa, D. P., Worthy, G. A. J., Castellini, M. A., 1987. Approaches to Marine Mammal Energetics. Allen Press, Lawrence, KS.

Husar, S., 1977. The West Indian Manatee: *Trichechus manatus*. Wildl. Res. Rep. No. 7. US. Department of the Interior, Fish and Wildlife Service, Washington, D.C.

Innes, S., Lavigne, D.M., 1991. Surface area of phocid seals. Can. J. Zool. 68, 2531–2538.

Innes, S., Worthy, G.A.J., Lavigne, D.M., Ronald, K., 1990. Surface area of phocid seals. Can. J. Zool. 68, 2531–2538.

Irvine, A. B., 1983. Manatee metabolism and its influence on distribution in Florida. Biol. Conserv. 25, 315–334.

Irving, L., Scholander, P. F., Grinnell, S. W., 1941. The respiration of the porpoise, *Tursiops truncatus*. J. Cell. Comp. Physiol. 17, 145–168.

Karandeeva, O.G., Matisheva, S.K., Shapunov, V.M., 1973. Features of external respiration in the Delphinidae. In: Chapskii, K.K., Sokolov, V.E. (Eds.), Morphology and Ecology of Marine Mammals. Seals, Dolphins, and Porpoises, Wiley, N.Y., pp. 196–206.

Kasting, N.W., Adderley, S.A.L., Safford, T., Hewlett, K.G., 1989. Thermoregulation of whales and dolphins. In: Norris, K. (Ed.), Whales, Dolphins and Porpoises. University of California Press, Berkeley, CA, pp. 397–407.

King, J.E., 1983. Seals of the World, second ed. Cornell University Press, Ithaca, NY.

Kleiber, M., 1932. Body size and metabolism. Hilgardia 6, 315–353.

Kleiber, M., 1947. Body size and metabolism. Physiol. Rev. 27, 511–541.

Kleiber, M., 1975. The Fire of Life. Robert E. Krieger Publishing Co, Huntington, NY.

Kooyman, G.L., 1981. Leopard seal, *Hydrurga leptonyx*, Blainville 1820. In: Ridgway, S.H., Harrison, R.J. (Eds.). Handbook of Marine Mammals, vol. 2. Seals, Academic Press, London, pp. 261–274.

Kvadsheim, P.V., Gotaas, A.R.L., Folkow, L.P., Blix, A.S., 1997. An experimental validation of heat loss models for marine mammals. J. Theor. Biol. 184, 15–23.

Lang, T.G., 1975. Speed, power, and drag measurement of dolphins and porpoises. In: Wu, T.Y. T., Brokaw, C.J., Brennen, C. (Eds.). Swimming and Flying in Nature, vol. 2. Plenum Press, New York, pp. 553–621.

Lanyon, J.M., Newgrain, K., Syah Alli, T.S., 2006. Estimation of water turnover rate in captive dugongs (*Dugong dugon*). Aquat. Mam. 32,103–108.

Lavigne,D.M., Innes, S., Worthy, G.A.J., Kovacs, K.M., Schmitz, O.J., Hickie, J.P., 1986. Metabolic rates of seals and whales. Can. J. Zool. 64,279–284.

Lester,C.W., Costa, D.P., 2006. Water conservation and fasting in northern elephant seals (*Mirounga angustirostris*). J. Exp. Biol. 209,4283–4294.

Linberger,D., Trillmich, F., Biebach, H., Stevenson, R.D., 1986. Temperature regulation and microhabitat choice by free-ranging Galapagos fur seals (*Arctocephalus galapagoensis*). Oecologia 69,53–59.

Liwanag,H.E.M.,Oraze,J.,Costa,D.P.,Willaims,T.M.,2014. Thermal benefits of aggregation in a large marine endotherm: huddling in California sea lions. J. Zool. 293,152–159.

Markussen,N.H., Ryg, M., Øritsland, N.A., 1990. Energy requirements for maintenance and growth of captive harbour seals,*Phoca vitulina*. Can. J. Zool. 68,423–426.

Marsh,H., O'Shea, T.J., Reynolds III, J.E., 2011. Ecology and Conservation of the Sirenia: Dugongs and Manatees. Cambridge University Press,Cambridge.

McNab,K.,1988. Complications inherent in scaling the basal rate of metabolism in mammals. Q. Rev. Biol. 63,25–54.

Mitani,R.,Andrews,R.D.,Sato,K.,Kato,A.,Naito,Y.,Costa,D.P.,2010. Three-dimensional resting behaviour of northern elephant seals: drifting like a falling leaf. Biol. Lett. 2, 163–166.

Norris,K.S., Johnson, C.M., 1994. Locomotion. In: Norris, K.S., Wursig, B., Wells, R.S., Wursig, M. (Eds.), The Hawaiian Spinner Dolphin. University of California Press, Berkeley,CA,pp. 201–205.

Ommanney,F.C.,1932. The urogenital system of the fin whale (*Balaenoptera physalus*) with appendix: the dimensions and growth of the kidney of blue and fin whales. Discovery Rep. 5,363–466.

Øritsland, N. A., 1970. Energetic significance of absorption of solar radiation in polar homeotherms. In: Holgate, M.W. (Ed.). Antarctic Ecology, vol. 1. Academic Press, London,pp. 464–470.

Øritsland, N. A., 1971. Wavelength-dependent solar heating of harp seals (*Pagophilus groenlandicus*). Comp. Biochem. Phys. A 40,359–361.

Ortiz, R.M., 2001. Osmoregulation in marine mammals. J. Exp. Biol. 204, 1831–1844.

O'Shea, T.J., Reep, R.L., 1990. Encephalization quotients and life-history traits in the Sirenia. J. Mamm. 71, 534–543.

Pabst, D. A., Rommel, S. A., McLellan, W. A., Williams, T. M., Rowles, T. K., 1995. Thermoregulation of the intra-abdominal testes of the bottlenose dolphin (*Tursiops truncatus*) during exercise. J. Exp. Biol. 198, 221–226.

Pabst, D.A., Rommel, S.A., McLellan, W.A., 1998. Evolution of the thermoregulatory function in the cetacean reproductive systems. In: Thewissen, J.G.M. (Ed.), The Emergence of Whales: Patterns in the Origin of Cetacea. Plenum Press, New York, pp. 379–397.

Parry, D.A., 1949. The structure of whale blubber, and a discussion of its thermal properties. Q. J. Microsc. Sci. 90, 13–25.

Pfeiffer, C.J., 1997. Renal cellular and tissue specializations in the bottlenose dolphin (*Tursiops truncatus*) and beluga whale (*Delphinapterus leucas*). Aquat. Mamm. 23, 75–84.

Pierce, W.H., 1970. Design and Operation of a Metabolic Chamber for Marine Mammals (Ph.D. thesis). University of California, Berkeley.

Piscitelli, M.A., McLellan, W.A., Rommel, S.A., Blum, J.E., Barco, S.G., Pabst, D.A., 2010. Lung size and thoracic morphology in shallow-and deep-diving cetaceans. J. Morphol. 271, 654–673.

Piscitelli, M.A., Raverty, S.A., Lillie, M.A., Shadwick, R.E., 2013. A review of cetacean lung morphology and mechanics. J. Morphol. 274, 1425–1440.

Rayner, J.M.V., 1986. Pleuston: animal which moves in water and air. Endeavour 10, 58–64.

Ridgway, S. H., Patton, G. S., 1971. Dolphin thyroid: some anatomical and physiological findings. Z. Vergl. Physiol. 71, 129–141.

Ridoux, V., Guinent, C., Liret, C., Creton, P., Steenstrup, R., Beauplet, G., 1997. A video sonar as a new tool to study marine mammals in the wild: measurements of dolphin swimming speed. Mar. Mamm. Sci. 13, 196–206.

Riedman, M.L., 1990. The Pinnipeds: Seals, Sea Lions and Walruses. University of California Press, Berkeley, CA.

Riedman, M. L., Estes, J. A., 1990. The sea otter (*Enhydra lutris*): behavior, ecology, and natural history. US Fish. Wildl. Serv. Biol. Rep. 90, 1–126.

Roe, L.J., Thewissen, J.G.M., Quade, L., O'Neill, J.R., Bajpal, S., Sahni, A., Hussain, S.T., 1998. Isotopic approaches to understanding the terrestrial-to-marine transition of the earliest cetaceans. In: Thewissen, J.G.M. (Ed.), The Emergence of Whales: Patterns in the Origin of Cetacea. Plenum Press, New York, pp. 399-422.

Rommel, S.A., Pabst, D.A., McLellan, W.A., Mead, J.G., Potter, C.W., 1992. Anatomical evidence for a countercurrent heat exchanger associated with dolphin testes. Anat. Rec. 232, 150-156.

Rommel, S.A., Pabst, D.A., McLellan, W.A., 1993. Functional morphology of the vascular plexuses associated with the cetacean uterus. Anat. Rec. 237, 538-546.

Rommel, S.A., Pabst, D.A., McLellan, W.A., Williams, T.M., Friedl, W.A., 1994. Temperature regulation of the testes of the bottlenose dolphin (*Tursiops truncatus*): evidence from colonic temperatures. J. Comp. Physiol. B 164, 130-134.

Rommel, S.A., Early, G.A., Matassa, K.A., Pabst, D.A., McLellan, W.A., 1995. Venous structures associated with thermoregulation of phocid seal reproductive organs. Anat. Rec. 243, 390-402.

Rommel, S.A., Pabst, D.A., McLellan, W.A., 2001. Functional morphology of venous structures associated with the male and female reproductive systems in Florida manatees (*Trichechus manatus latirostris*). Anat. Rec. 264, 339-347.

Rommel, S.A., Caplan, H., 2003. Vascular adaptations for heat conservation in the tail of Florida manatees. J. Anat. 202, 343-353.

Rosen, D.A.S., Trites, A.W., 2002. Cost of transport in Steller sea lions, *Eumetopias jubatus*. Mar. Mamm. Sci. 18, 513-524.

Slijper, E.J., 1979. Whales, second ed. Hutchinson, University Press, London.

Struntz, D.J., McLellan, W.A., Dillaman, R.M., Blum, J.E., Kucklick, J.R., Pabst, D.A., 2004. Blubber development in bottlenose dolphins (*Tursiops truncatus*). J. Morphol. 259, 7-20.

Sumich, J., 1983. Swimming velocities, breathing patterns, and estimated costs of locomotion in migrating gray whales, *Eschrichtius robustus*. Can. J. Zool. 61, 647-652.

Thewissen, J.G.M., Roe, L.J., O'Neill, J.R., Hussain, S.T., Sahni, A., Bajpal, S., 1996. Evolution of cetacean osmoregulation. Nature 381, 379-380.

Tucker, V.A., 1975. The energetic cost of moving about. Am. Sci. 63, 413-419.

Thums, M., Bradshaw, C.J.A., Sumner, M.D., Horsburgh, J.M., Hindell, M.A., 2013. Depletion of deep marine food patches forces divers to give up early. J. Anim. Ecol. 82, 72–83.

Van Valkenburgh, B., Curtis, A., Samuels, J.X., Bird, D., Fulkerson, B., Meachen-Samuels, J., Slater, G.S., 2011. Aquatic adaptations in the nose of carnivorans: evidence from the urbinates. J. Anat. 218, 298–310.

Vardy, P. H., Bryden, M. M., 1981. The kidney of *Leptonychotes weddellii* (Pinnipedia: Phocidae) with some observations on the kidneys of two other southern phocid seals. J. Morphol. 167, 13–34.

Webb, P.W., 1975. Hydrodynamics and energetics of fish propulsion. Bull. Fish. Res. Board Can. 190, 1–170.

Weihs, D., 2002. Dynamics of dolphin porpoising revisited. Integr. Comp. Biol. 42, 1071–1078.

Weihs, D., 2004. The hydrodynamics of dolphin drafting. J. Biol. 3, 8–21.

Williams, T.M., 1999. The evolution of cost efficient swimming in marine mammals: limits to energetic optimization. Phil. Trans. R. Soc. Lond. B 354, 193–201.

Williams, T.M., Friedl, W.A., 1990. Heat flow properties of dolphin blubber—insulating warm bodies in cold water. Am. Zool. 30 A33–A33.

Williams, T.M., Friedl, W.A., Fong, M.L., Yamada, R.M., Sedivy, P., Haun, J.E., 1992. Travel at low energetic cost by swimming and wave-riding bottlenose dolphins. Nature 355, 821–823.

Williams, T.M., Friedl, W.A., Haun, J.E., 1993. The physiology of bottlenose dolphins (*Tursiops truncatus*): heart rate, metabolic rate and plasma lactate concentrations during exercise. J. Exp. Biol. 179, 31–46.

Williams, T. M., Shippee, S. F., Rothe, M. J., 1996. Strategies for reducing foraging costs in dolphins. In: Greenstreet, S. P. R., Tasker, M. L. (Eds.), Aquatic Predators and Their Prey, Fishing News. Blackwell Science, London, pp. 4–9.

Williams, T. M., Davis, R. W., Fuiman, L. A., Francis, J., Le Boeuf, B. J., Horning, M., Calambokidis, J., Croll, D. A., 2000. Sink or swim: strategies for cost-efficient diving by marine mammals. Science 288, 133–136.

Williams, T. M., Haun, J., Davis, R. W., Fuiman, L. A., Kohn, S., 2001. A killer appetite: metabolic consequences of carnivory in marine mammals. Comp. Biochem. Phys. Part A

129,785–796.

Williams,T.M.,Worthy,G.A.J.,2002. Anatomy and physiology: the challenge of aquatic living. In: Hoelzel,A.R. (Ed.),Marine Mammal Biology: An Evolutionary Approach. Blackwell Science,Oxford,UK,pp. 73–97.

Williams,T.M., Fuiman, L.A., Horning, M., Davis, R.W., 2004. The cost of foraging by a marine predator,the Weddell seal *Leptonychotes weddellii*: pricing by the stroke. J. Exp. Biol. 207,973–982.

Withers,P.C.,1992. Comparative Animal Physiology. Saunders,Fort Worth,TX.

Worthy,G.A.J.,Edwards,V.,1990. Morphometric and biochemical factors affecting heat loss in a small temperate cetacean (*Phocoena phocoena*) and a small tropical cetacean (*Stenella attenuata*). Physiol. Zool. 63,432–442.

Xu,S., Yang, Y., Zhou, X., Xu, J., Zhou, K., Yang, G., 2013. Adaptive evolution of the osmoregulation-related genes in cetaceans during secondary aquatic adaptation. BMC Evol. Biol. 13,189.

Yeates,L.C.,Williams,T.M.,Fink,T.L.,2007. Diving and foraging energetics of the smallest marine mammal,the sea otter (*Enhydra lutris*). J. Exper. Biol. 210,1960–1970.

第10章 呼吸与潜水生理学

10.1 导言

所有海洋哺乳动物的常态行为都有一个突出的本领，即潜水。通常情况下，潜水行为的细节难于观察和解释，因为它们常发生在海面之下的深处。它们潜水的目的，无论是为了到海面下觅食，或是规避海面的高阻力环境以提高游泳效率，还是通过降低代谢成本以节省能量，抑或是去寻求睡眠之所，同时最大限度降低掠食者袭击的风险，总之大部分海洋哺乳动物在水面之下度过其生命的一大部分时光（例如，关于潜水解剖学、生理学、生物化学和行为学适应性的最新论述，见庞加尼斯，2011年；卡斯特里尼，2012年；戴维斯，2014年）。

无论是测量潜水可达到的最大深度，还是测量一次潜水的最长持续时间，海洋哺乳动物的潜水能力都显示出巨大的差异。在海洋哺乳动物中，一些物种仅略优于最出色的人类自由潜水者，而一些鲸类（即，大型齿鲸——抹香鲸（*Physeter macrocephalus*）和喙鲸类）和鳍脚类（即，大型海豹——威德尔海豹（*Leptonychotes weddellii*）、象海豹（*Mirounga* spp.）和冠海豹（*Cystophora cristata*））能够完成惊人的壮举，包括潜水至数千米的深度，时间长达数小时（表10.1）。目前，居氏喙鲸（*Ziphius cavirostris*）（别称剑吻鲸、柯氏喙鲸或鹅喙鲸，译者注）保持着潜水持续时间和深度的双重纪录，分别为137.5分钟和2992米（肖尔等，2014年）。无论在能力尺度的任何一端，海洋哺乳动物的潜水能力都使它们能够探索和利用世界各大海洋。虽然近年在记录海洋哺乳动物的潜水行为方面已取得相当大的进步，但科学家只对非常少的几个物种的潜水能力有所了解，而且对潜水生理学的理解依然处于初级水平。至于海洋哺乳动物如何潜水，迄今收集的大部分信息都来自对威德尔海豹和象海豹的研究，它们是两种最杰出的鳍脚类极限潜水健将。此外，研究者还对其他海豹和小型鲸豚类进行了实验并得出结论：在潜水方面不存在具有普遍代表性的海洋哺乳动物，从一个物种到另一个物种的推断必须慎重进行。不过，研究者在海洋哺乳动物中发现了一些关于潜水的基本模式。这些将是下述大部分内容讨论的中心点。

10.2 肺呼吸动物大深度、长时间潜水面临的挑战

在2000多年前，亚里士多德就认定海豚是呼吸空气的哺乳动物（见第1章）。然而，直到20世纪早期，人们才探索了海洋哺乳动物进行大深度、长时间潜水的生理学基础。与携带空气进行水下呼吸的人类水肺潜水者不同，海洋哺乳动物在潜水期间必须停止呼吸，这导致在**无呼吸**状态期间出现了一些恶化的，或至少是相矛盾的生理条件（卡斯特里尼，1985年，1991年；卡斯特里尼等，1985年）。首先，当活动强度增加时，氧气储备开始告罄，此时对氧气的需求最高。其次，因无法换气，二氧化碳和乳酸（脊椎动物在氧气储备不足时产生的一种终端代谢产物）在血液和肌肉组织中积累，使血清和细胞液酸性增加。在这些**缺氧**时期，持续的肌肉活动在缺氧状态下维持，导致乳酸积累量更高。在数十年前，人们对海洋哺乳动物的潜水能力极限知之甚少，但那时海洋哺乳动物的无氧生理学已得到了大量研究者的关注。然而最近以来，研究者转而关注，海洋哺乳动物在完成非凡的潜水壮举时，如何设法在它们的有氧极限内维持如此长的时间。根据多种海洋哺乳动物的海上行为记录资料，它们通常会在许多小时甚至许多天内按顺序依次潜水；有氧代谢是完成此行为的唯一现实选择。

表 10.1 海洋哺乳动物的最大潜水深度和屏气能力

（深度和持续时间未必符合同次潜水或同一动物）

物种	最大深度（米）	最长屏气时间（分钟）	来源
鳍脚类			
海豹科			
北象海豹—雄性	1581	119	
北象海豹—雌性	1273	62	
南象海豹—雌性	1430	120	斯利普等（1994 年）
南象海豹—雄性	1256	120	斯利普等（1994 年）
威德尔海豹	626	82	卡斯特里尼等（1992 年）
食蟹海豹	528	10.8	
港海豹	59	17	
竖琴海豹	370	16	
灰海豹	268	32	
夏威夷僧海豹		12	霍查什卡和莫蒂沙瓦（1998 年）
罗斯海豹		9.8	霍查什卡和莫蒂沙瓦（1998 年）
海狮科			
加州海狮	274	10	
新西兰海狮	474	12	
北海狮	250	8	
新西兰海狗	474	11	哥斯达等（1998 年）
北海狗	256	8	
南非海狗	204	8	
南极海狗	101	5	
南美海狗	170	7	

续表 10.1

物种	最大深度（米）	最长屏气时间（分钟）	来源
加拉帕戈斯海狗	115	5	
南海狮	112	6	
澳洲海狮	105	6	哥斯达和盖尔斯（2003年）
瓜达卢佩海狗	82	18	
海象	300	12.7	里德森，个人通信
鲸目动物			
齿鲸亚目			
抹香鲸	3000	138	
瓶鼻鲸	1453	120	虎克和贝尔德（1999年）
一角鲸	1400	20	莱德等（2003年）
柏氏中喙鲸	890	23	贝尔德等（2004年）
白鲸	647	20	
领航鲸	1483	70	
宽吻海豚	535	12	
虎鲸	260	15	
太平洋短吻海豚	214	6	
白腰鼠海豚	180	7	
须鲸亚目			
长须鲸	500	30	
弓头鲸	352	80	克鲁迪考斯基和马特（2000年）
露脊鲸	184	50	
灰鲸	170	26	
座头鲸	148	21	

续表 10.1

物种	最大深度（米）	最长屏气时间（分钟）	来源
蓝鲸	153	50	拉格基斯特等（2000 年）
海牛目动物			
美洲海牛	600	6	
儒艮	400	8	
其他海洋哺乳动物			
海獭	100		波德金等（2004 年）

注：数据来自施里尔和科瓦奇（1997 年）以及庞加尼斯（2011 年）的原始资料（另行指出的除外）

除需应对可获得氧气有限的挑战外，当哺乳动物在海面下潜水时，它们还必须承受水压的增加；水深每增加 10 米，压力增加 1 个标准大气压（atm），这是在深海必须应对的形势，并且当哺乳动物浮上海面时，还必须应对身体处于压力变化下所带来的挑战（抹香鲸在 3000 米水深处承受 300 个标准大气压，表 10.1）。动物体外增加的水压会挤压动物体内充满空气的空间，导致空间变形或塌缩（因为它们包含的空气被压缩），因此可损坏膜或使组织破裂。在高压下，从空气中吸收气体可对潜水的哺乳动物造成一些潜在的严重问题，因为高浓度的氧气有毒，而氮气可使中枢神经系统产生麻醉效应，并且在上浮期间和上浮之后，两种气体都可在组织和血管中形成破坏性的气泡（穆恩等，1995 年）。哺乳动物的神经系统通常也对暴露于高压很敏感。

10.3 肺和循环系统对潜水的适应

10.3.1 心血管系统的解剖结构和生理机能

10.3.1.1 心脏和血管

海洋哺乳动物在潜水期间经历重要的循环系统变化。总的来说，鲸目动物和鳍脚类动物的心脏结构与其他哺乳动物很相似（图10.1）。然而，在超微结构水平上，在环斑海豹（*Pusa hispida*）和竖琴海豹（*Pagophilus groenlandicus*）的心脏中观察到了一些明显的差异，例如糖元储备加强，这强烈地说明这些动物的心脏组织比陆地哺乳动物具有更强的无氧代谢能力（法伊弗，1990年；法伊弗和维尔斯，1995年）。里奇韦和约翰斯顿（1966年）提出，与近岸活动、不太活跃的大西洋宽吻海豚（*Tursiops truncatus*）相比，白腰鼠海豚（*Phocoenoides dalli*）的心脏相对更大，这与其远洋深潜习性有关。不过，海洋哺乳动物的心脏整体大小通常与陆地哺乳动物类似，因为在潜水时，此大小的海洋哺乳动物的心脏足以支持循环系统的工作（见后文）。

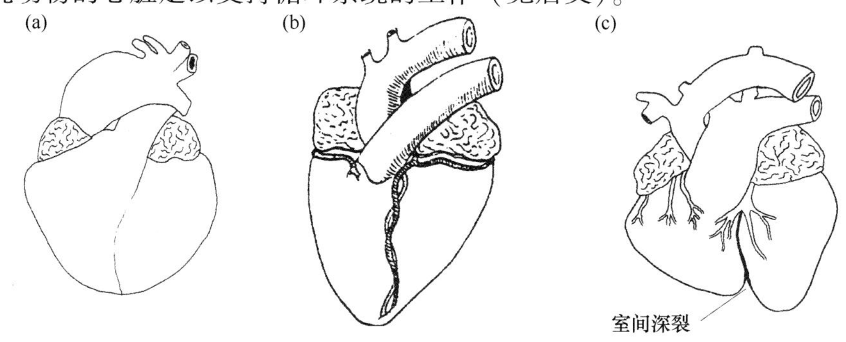

图10.1 海洋哺乳动物的心脏腹面观

（a）鳍脚类（威德尔海豹）（根据德拉贝克（1977年）修正）；（b）鲸目（鼠海豚）（根据斯利珀（1979年）修正）；（c）海牛目（儒艮）（根据罗拉特和马尔什（1985年）修正）

在鳍脚类动物中，紧接于心脏外的升主动脉直径增加了 30% ~ 40%，形成膨大的弹性动脉球（主动脉弓）。毕竟大血管（即，头臂动脉、左颈总动脉和左锁骨下动脉）从主动脉分支，约在动脉导管的水平面，主动脉的直径突然降低了约 50%，然后它向后延续为相对纤细的腹主动脉。大脑基部的动脉球和较小动脉有助于在每次心跳时抑制血压脉搏。

虽然膨大的动脉球是所有鳍脚类动物的特点（德拉贝克，1975 年，1977 年；金，1977 年；吉马雷斯等，2014 年），但研究者认为动脉球的具体大小和物种的潜水习性之间存在一些相关性。例如，与大深度潜水的威德尔海豹相比，在浅水活动的豹形海豹（*Hydrurga leptonyx*）具有较小的动脉球。大深度潜水的冠海豹（*Cystophora cristata*）具有体积/空间占有比更大的心脏和动脉球，其功能可能是：在上浮期间增加肺部灌流，并在潜水期间帮助维持整个心动周期的较高血压。冠海豹的心脏形态与年龄无关，这说明在潜水行为的发展中，这些适应性很重要（德拉贝克和伯恩斯，2002 年）。

据描述，一些鲸目动物也具有主动脉弓的球状膨大的特征，与鳍脚类动物相似（沙德威克和戈斯兰，1994 年；戈斯兰和沙德威克，1996 年；梅尔尼科夫，1997 年）。针对主动脉和相关血管结构特性的进一步研究（戈斯兰和沙德威克，1996 年）表明，鲸的循环系统中，动脉顺应性大部分源于主动脉弓体积膨胀及其血管壁的力学性能差异，例如弹性组织的厚度和结构。

除心脏具有一条几乎延伸为心室全长的室间深裂（双心室心尖部）外，海牛目动物区分于其他海洋哺乳动物的另一个特征是左心房位于背部（图 10.1）。在大多数方面，海牛属所有种（*Trichechus* spp.）的心脏与儒艮的心脏非常相似。在海牛目之内也有差异：海牛的左心室为方形，而儒艮为圆锥形；海牛的主动脉弓有球状膨大，类似于鳍脚类动物（德拉贝克，1977 年）和长须鲸（*Balaenoptera physalus*）（沙德威克和戈斯兰，1994年）。海牛的主动脉弓的膨大似乎不太可能归因于潜水表现的差异，因为与其他大部分海洋哺乳动物相比，所有海牛目动物的潜水能力都较为平庸（罗拉特和马尔什，1985年；见表10.1）。

海洋哺乳动物的循环系统以成组的血管（**血管网**）为特征。血管网是包含着大量扭曲螺旋血管的组织团块，以动脉为主，薄壁的静脉位于动脉之间，由此通常在胸腔的内背壁上和身体远端或边缘上形成了成块的组织（图10.2）。根据描述，在鲸目动物中，抹香鲸（*Physeter macrocephalus*）具有发育最广泛的胸腔血管网（梅尔尼科夫，1997年）。这些结构具有储血器的功能，可增加在潜水期间使用的氧气储备（例如，法伊弗和金基德，1990年）。

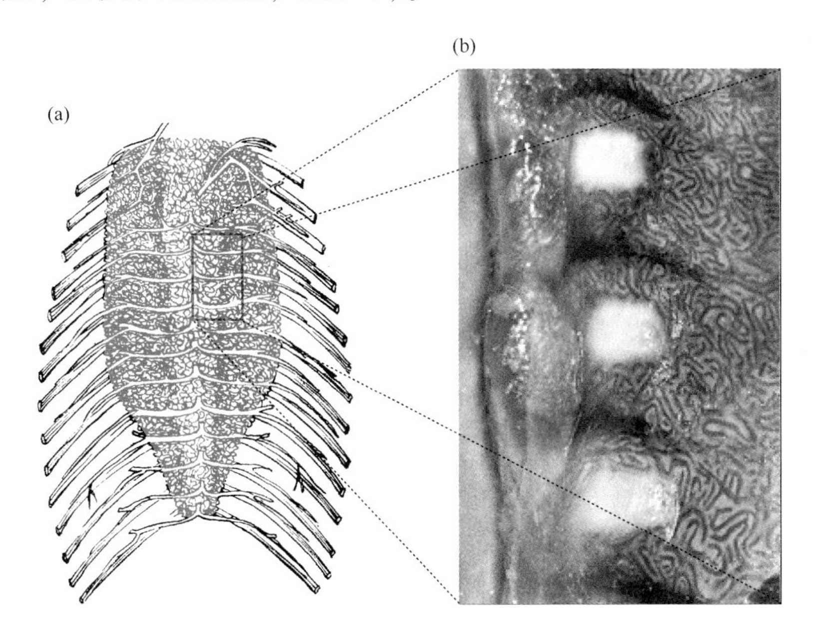

图10.2 海洋哺乳动物的血管网

（a）它们相对于肋骨的解剖学位置（根据斯利珀，1979年作品修正）；（b）点斑原海豚（*Stenella attenuata*）的右胸腔血管网

鳍脚类动物静脉系统内的静脉扩大且更加复杂，从而提高静脉的容

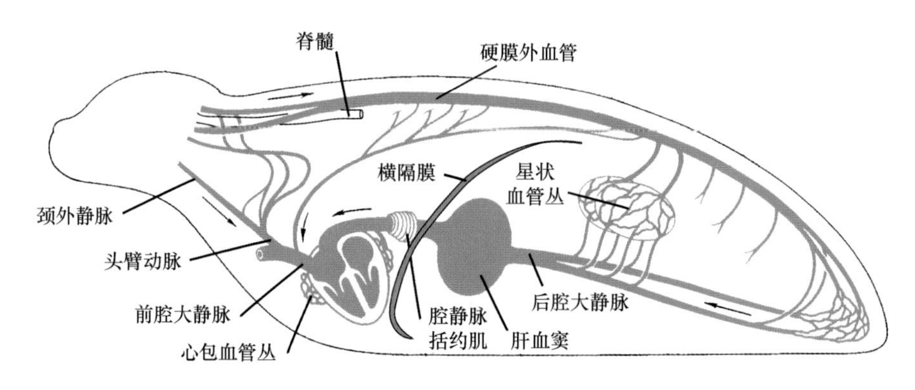

图 10.3　海豹体内的静脉循环图，标记出主要血管（金，1983 年）

量。对海豹类静脉系统的研究为我们提供了大部分鳍脚类适应潜水活动的生理学知识（例如，哈里森和库伊曼，1968 年；罗纳德等，1977 年；图 10.3）。在海豹类中，后腔大静脉常发育为一对血管，其中每条都具有薄而有弹性的血管壁，能够承受大幅度的扩张。后腔大静脉的两条分支均排出来自鳍肢、骨盆和侧腹壁中静脉的大量血液。每条分支还收纳了数条来自星状血管丛的大小不同的支血管，而肾脏为星状血管丛所围绕（图 10.3）。由膨大的肝静脉形成的肝血窦恰好位于横隔膜的后部，为肝叶所覆盖。肝血窦还收纳来自后腔大静脉的血液并输送至心脏。一个包围腔静脉的发达的静脉括约肌紧接在横隔膜的前面（图 10.3）。在括约肌的前面，来自心包血管丛的静脉汇入腔静脉。相互连接的静脉（常包裹在褐色脂肪组织中）以复杂的方式盘绕，形成围绕心包膜基部的环，并使叶片状突起伸入包含着肺的胸膜腔。该区域中的静脉壁相对较厚，其中胶原弹性纤维和光滑的肌纤维相缠绕，这说明静脉壁可承受相当大幅度的扩张。在海豹中，绝大部分静脉变异是结合的，包括心包血管丛、肾脏星状血管丛、收纳大部分颅脑出流血的硬膜外大静脉、肝血窦，以及腔静脉括约肌（哈里森和汤姆林森，1956 年；慕卡西和纽斯特德，1985 年）。海象（*Odobenus rosmarus*）与海豹的相似之处是具有较大的肝血窦和发育健全的腔静脉括约肌，而与海狮的相似之处是具有单一的奇静脉、没有发育良好的心包血管丛和没有显著的星状血管丛（费伊，1981年）。虽然最初认为，海豹的这些静脉系统变异与潜水有关，特别是硬膜外大静脉，但现在认为，它们很可能不太重要，仅作为潜水期间静脉血回流的额外通道（布里克斯，2011年）。

相对于体型，鲸目动物的静脉扩大程度不如鳍脚类动物的静脉，不过一些物种的后腔大静脉在肝区扩大。在鲸类种间甚至是种内，腔静脉的解剖结构可呈现显著的变异（哈里森和汤姆林森，1956年）。同鳍脚类动物相似，鲸目动物的后腔大静脉常发育为成对的血管。大部分鲸目动物的一个血管系统特征是在脊髓的腹侧发展出了一对大静脉，据称是与它们的潜水能力有关（斯利珀，1979年）。鲸目动物没有腔静脉括约肌或肝血窦（哈里森和金，1980年）。

10.3.1.2 氧气的输送和储存

在潜水的哺乳动物体内，氧气的输送和储存主要与血液红细胞中的**血红蛋白（Hb）**和肌肉中的**肌红蛋白（Mb）**有关，肌红蛋白是在肌细胞中发现的氧结合分子，使肌肉呈现出一种深红色的外观。潜水的哺乳动物体内肌红蛋白的浓度为陆地哺乳动物的10~30倍（庞加尼斯，2011年，表10.2）。肌红蛋白并非均匀地分布在运动的肌肉中，而是集中分布在游泳时产生较大力量（例如，轴上肌；另见第8章）和消耗更多氧气的区域。肌纤维的类型主要有快肌纤维和慢肌纤维，它们提高了线粒体的密度并增强了氧化酶的活性，特别是在肌肉产生最大力量的区域（见戴维斯，2014年，和其中引用的参考文献）。通过在红细胞中包裹血红蛋白，哺乳动物可维持高血红蛋白浓度，而无需相应地增加血浆的渗透压。与肌红蛋白在解剖学上的固定性相比，血红蛋白随血液而循环流通，并且动脉的调节可使氧合血红蛋白输送至最需要氧的器官系统。

表 10.2 一些海洋哺乳动物与氧代谢水平有关的血液值和肌肉值

物种	血量（毫升/千克）	血红蛋白（克/分升）	肌红蛋白（克/100 克）
鳍脚类			
北象海豹	216	25	6.5
港海豹	132	21	5.5
冠海豹	106	23	9.5
威德尔海豹	210	26	5.4
加州海狮	96~120[a]	18	2.7~5.4[a]
北海狗	109	17	3.5
澳洲海狮	178	19	2.7
海象	106	16	3.0
鲸目动物			
抹香鲸	200	22	5.4
宽吻海豚	71	14	3.3
白鲸	128	21	3.4
灰鲸	61~81[a]	10	–[b]
海牛目动物			
海牛	80	15	0.4
其他海洋哺乳动物			
海獭	91	17	2.6

注：[a]在不同的年龄测量；

[b]来自吉尔马丁等（1974 年），其他所有值来自庞加尼斯（2011 年）所列的来源

潜水哺乳动物和非潜水哺乳动物的红细胞（包含血红蛋白）体积大致相同；然而，潜水哺乳动物的一些种类具有更高的相对血量，这似乎至少与该物种的潜水能力和更多的单位血量红细胞相关。这两个特征

共同作用，有效地增加了**红细胞比容**，或称红细胞压积，并因此提高了血液的血红蛋白含量。除了血量、肌红蛋白和血红蛋白增加外，海洋哺乳动物的红细胞比容通常也更高。

全身氧储备的计算（图 10.4）通常是基于一些假设（可能有变动或误差），这些假设相关于呼吸空气体积（例如，在鳍脚类中，潜水与肺总容量）、血氧储备（例如，血量的精确测量值、血红蛋白初始饱和度和最终饱和度），以及肌氧参数（例如，所有肌肉的肌红蛋白含量相同）（庞加尼斯，2011 年总结）。一次潜水期间可用总氧储备的大部分受限于骨骼肌的肌红蛋白含量。潜水深度大于 100 米左右的所有哺乳动物都具有高浓度的肌红蛋白，这有力地说明肌红蛋白是适应潜水的关键特征（诺伦和威廉姆斯，2000 年；库伊曼，2002 年）。海洋哺乳动物的骨骼肌非常耐受潜水时经历的低氧条件；当肌肉耗尽其中的肌红蛋白氧储备时，肌肉和其他外周器官（例如肾脏和消化器官）可能被大量

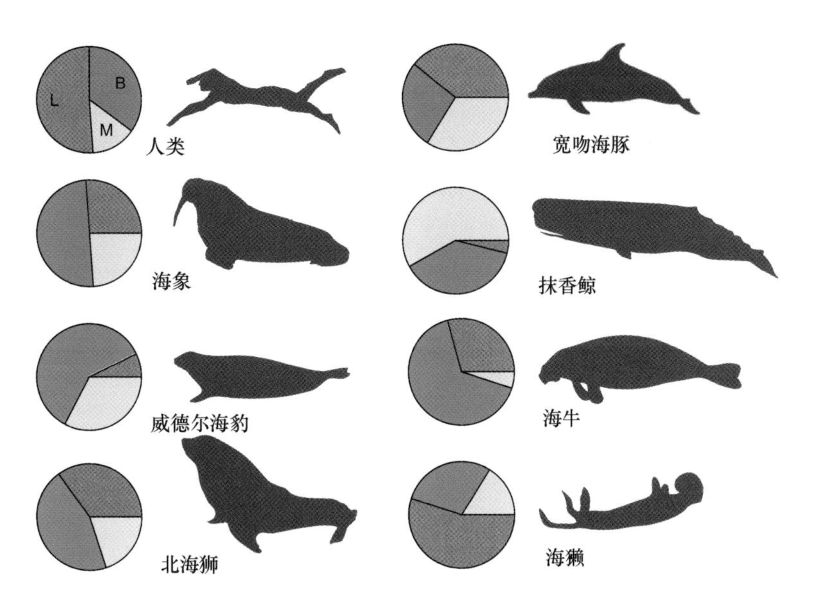

图 10.4　各种海洋哺乳动物和人类的相对血氧（B）、肌氧（M）和肺氧（L）储备的一般化比较，数据来自庞加尼斯（2011 年）

剥夺在血液中循环储备的合氧血红蛋白。该过程必不可少，因为肌红蛋白与血红蛋白相比具有更高的氧结合效率，会剥夺血氧，并因此使不耐受低氧的生命器官，例如脑受到损害。然而，最近的证据表明，在潜水期间可能确实会发生偶尔、短暂的骨骼肌再灌注（盖顿等，1995 年），以维持该组织的大部分氧化完整性。

米尔斯塔等（2013 年）进行了一项新的综合性研究，在肌红蛋白的表面上确认了一种鉴别性的分子信号，并发现它在潜水哺乳动物体内含量更高。通过将此分子信号映射到现存哺乳动物上，研究者能够重建肌氧储备，进而重建已灭绝鳍脚类、鲸类和海牛类祖先的潜水能力（图 10.5）。其结果表明，鳍脚类动物和鲸目动物的干群祖先体型较小，携氧能力较低，与它们的现存后代相比仅占据了较浅水域的生境。研究发现，海牛目中的干群半水栖分类单元（例如，*Pezosiren*）比现存种类具有更高的肌氧储存能力，可能是由于完成在陆地上和水中的双重功能需要更高的代谢成本。

10.3.1.3 肾脏和内脏器官功能

基于强制潜水研究，海洋哺乳动物的肾脏和内脏器官（即，肝脏、胃肠道、胰和脾）的功能似乎在潜水期间停止，并在回到海面时恢复。然而，当向外周组织和器官供应的血流明显足以维持有氧代谢时，肾脏和内脏功能是否运转受到了质疑。这些器官特别重要，因为海洋哺乳动物在潜水期间会进食，还必须在某种程度上处理水和营养物。根据研究威德尔海豹获得的有限数据，在大部分有氧潜水期间，肾脏和肝脏的功能似乎继续运转，甚至当海豹在深水区进食时也会发生消化和同化作用（卡斯特里尼，2012 年）。

有人指出，海豹（例如，威德尔海豹、冠海豹、竖琴海豹、北象海豹（*Mirounga angustirostris*））的脾较大（占体重的 2%～4%）并可根据环境状况大幅调整其体积。脾储备着氧化的红细胞。潜水能力与脾

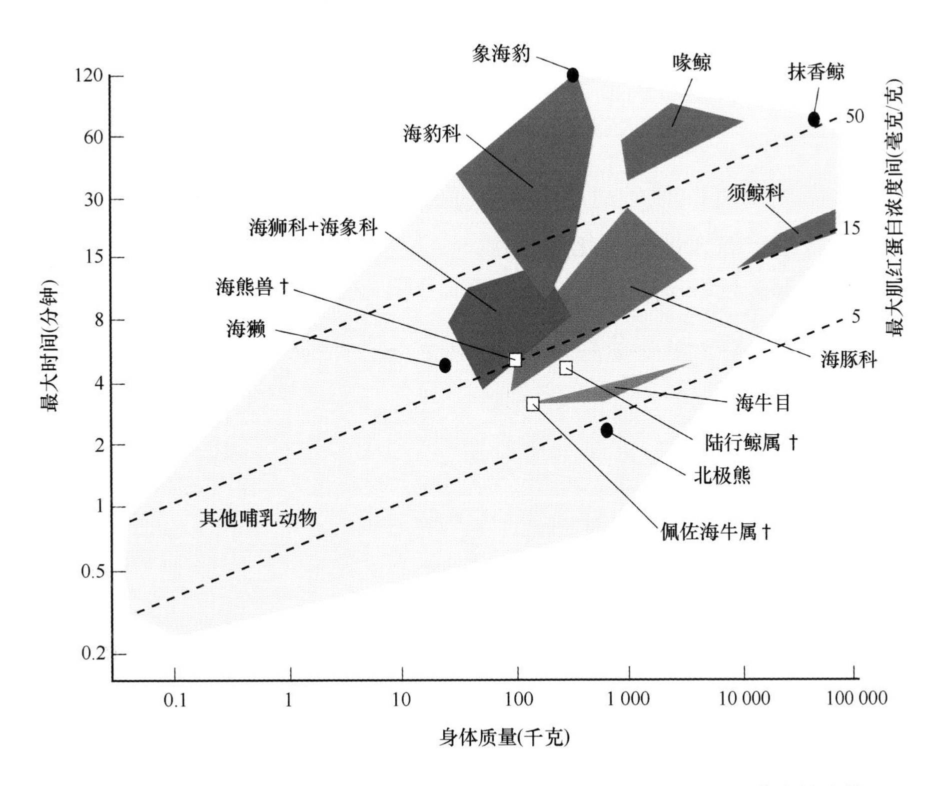

图 10.5 已灭绝和现存的鳍脚类、鲸类、海牛类、海獭和北极熊的潜水能力模型

表示现存分类单元（圆圈）和化石分类单元（方格）的最大时间（t_{max}）和身体质量的关系，以凸多边形表示所有哺乳动物（灰色阴影）和选定类群（彩色阴影）（根据米尔斯塔等，2013年作品修正）

的大小有关，因为脾能够在潜水反应期间暂时地隔离红细胞（霍查什卡和莫蒂沙瓦，1998 年；卡巴纳克等，1997 年，1999 年）。同大部分陆地哺乳动物相比，鲸目动物的脾非常小（仅占体重的 0.02%），并很可能不具有储存血液的作用（考恩和史密斯，1999 年），读者也可参见希尔瓦等（2014 年）的不同见解。

10.3.2 呼吸系统的解剖结构和生理机能

海洋哺乳动物的呼吸道始于鳍脚类动物和海牛类的外鼻孔或鲸目

动物的呼吸孔，并终于肺。在所有这些海洋哺乳动物类群中，鼻孔的开放通过骨骼肌的收缩实现，而鼻孔的关闭是一个被动过程。鼻孔或呼吸孔的主动开放是适应在水介质中生活的一个节能的过程，从而无需持续收缩肌肉以防止水进入呼吸道。皮希泰利等（2013 年）提供了一系列关于海洋哺乳动物呼吸系统解剖结构的出版文献（见附录 4 的支持信息）。

鳍脚类动物的鼻孔位置在哺乳动物中并无特殊，并且外鼻孔没有瓣膜。它们两块喉软骨（杓状软骨）扁平的近中面紧密相邻，并邻接会厌的后面，形成了防止水进入气管的密封结构。它们喉部的强有力的肌肉也有助于保持该入口关闭（金，1983 年）。

鲸目动物通过呼吸孔（外鼻孔）进行呼吸，它们的呼吸孔已移至头顶位置。抹香鲸是例外，它们的呼吸孔位于头部的前顶端，略中偏左。须鲸类动物有两个呼吸孔，相比之下齿鲸类动物只有一个呼吸孔。

海牛通过具有两个瓣膜的鼻孔呼吸，鼻孔位于喙端。儒艮（*Dugong dugon*）的鼻孔间距紧密，位于吻端前背面，因此儒艮能够在大部分身体没入水中时呼吸。在潜水时，它们通过前部铰链状瓣膜使鼻孔关闭（西胁和马尔什，1985 年）。

大深度潜水的海洋哺乳动物具有柔韧的胸壁及其他结构，使胸腔能够充分地塌缩，几乎将全部空气挤出肺部。在大部分鳍脚类中，气管为软骨环所支撑，而软骨环或形成满圆，或不完整且背侧交叠。该形态结构可使肺泡塌缩，同时近端气道依然开放，确保哺乳动物位于深水区时避免肺气体交换和肺气体捕集。

对海洋哺乳动物的气管进行了一项比较解剖学研究，表明与鲸目动物相比，鳍脚类动物具有更多的结构差异（莫尔等，2014 年）。罗斯海豹（*Ommatophoca rossii*）、威德尔海豹和豹形海豹的气管环缩小为腹联结片（金，1983 年）。带纹环斑海豹（*Histriophoca fasciata*）的气管背侧面上不完整的软骨环端部之间有一条纵向的裂缝，在它之前气管分支形成支气管。在身体右侧，一个具有未知功能的膜性囊自气管起向前方和后方延伸。雄性带纹环斑海豹具有这种膜性囊，并且囊的体积随着年龄的增长而增大，说明它可能在与交配行为有关的发声中具有作用。雌性带纹环斑海豹也具有气管裂缝，但膜性囊小或缺失（金，1983 年）。在海豹类和海象中，肺外的气管分为两条主支气管。在海狮类中，分支更靠前，大约在第一肋骨的水平面，并且两条延长的支气管相互平行，直至分支进入位于心脏背面的肺部（见图 3.12）。

鲸目动物的喉部由一个软骨框架和将其结合起来的一系列肌肉组成。为了保持吸入的空气与食物分开，齿鲸类动物（但不包括须鲸类动物）的喉具有两块延长的软骨片（图 10.6；劳伦斯和谢维尔，1965 年；斯利珀，1979 年；雷登伯格和莱特曼，1987 年）。同须鲸类动物相比，齿鲸类动物的这些结构使它们的气管和呼吸孔具有更直接的连接通道。

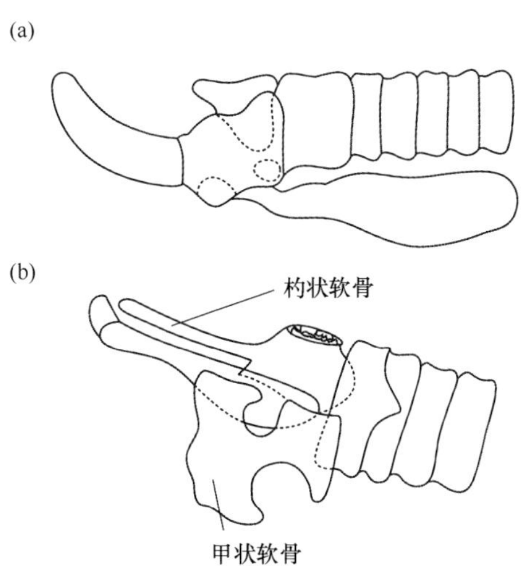

图 10.6　鲸目动物的喉部侧视图

（a）须鲸类（长须鲸）；（b）齿鲸类（一角鲸）

（齿鲸类具有较长的杓状软骨和甲状软骨，来自斯利珀（1979 年））

鲸目动物的气管短而宽，具有互锁的软骨环（白鲸（*Delphinapterus leucas*）和抹香鲸为 5~8 环，长须鲸和短吻真海豚（*Delphinus delphis*）为 13~15 环）。这些气管环强壮但不僵硬。与鳍脚类动物不同，鲸目动物具有副支气管（图 10.7），可能对肺功能很重要（即，帮助产生气流），不过它也可能是残留的祖先特征，因为它也存在于偶蹄目动物中（莫尔等，2014 年）。

图 10.7　鲸目动物的气管简略图

（显示副支气管，莫尔等，2014 年）

儒艮的气管短（仅有 4 个软骨环），并且它明显为中隔所分隔（希尔，1945 年；哈里森和金，1980 年）。海牛的气管相对长些，并为 8~12 个气管环所支撑（哈里森和金，1980 年）。

10.3.2.1　肺

海洋哺乳动物的肺不比陆地哺乳动物更大，但海洋哺乳动物的肺和陆地哺乳动物的肺存在一些重要的差异。鳍脚类动物的左肺和右肺体积大致相等，由肺叶组成，与陆地食肉目动物相似；两个肺都具有3片主叶，但右肺还具有一片额外的较小中间叶。一些鳍脚类动物的肺似乎有分叶减少的趋势，例如海象以及带纹环斑海豹、竖琴海豹和斑海豹（*Phoca largha*）。据报道，斑海豹的肺分叶很少，或没有分叶（金，1983年）。支气管在肺内再细分，形成细支气管并最终以肺泡为终端，但该过程的细节在鳍脚类动物的3个科之间有差异（见金，1983年）。

鲸目动物的肺与所有其他哺乳动物的肺不同，总体上呈椭圆形或金字塔形，并缺少肺叶（图10.8）。在宽吻海豚（*Tursiops truncatus*）中，肺的腹外侧面叠盖着心脏，但在小抹香鲸科中，完全位于心脏的背侧。一些种类的肺呈现出轻度的不对称，但其程度显著低于陆地哺乳动物（皮希泰利等，2010年）。

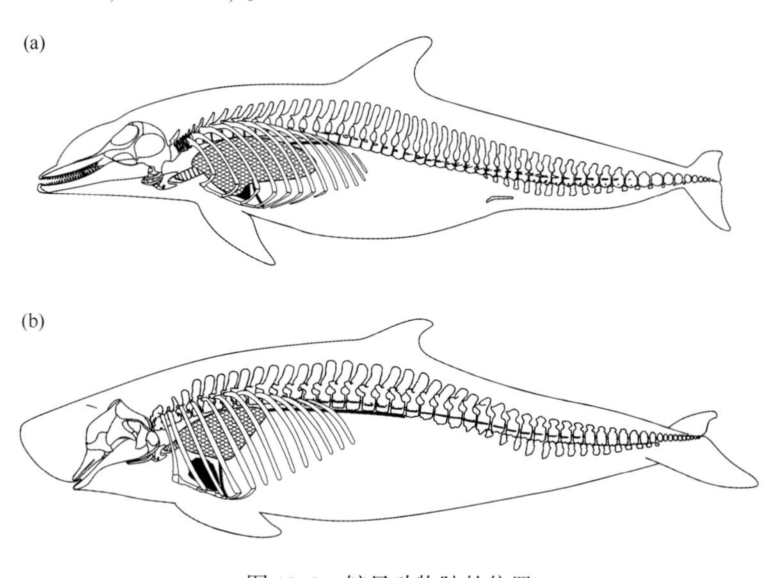

图10.8 鲸目动物肺的位置

（a）宽吻海豚（*Tursiops truncatus*）；（b）小抹香鲸属（*Kogia* spp.）

注：在宽吻海豚中，肺的腹外侧面叠盖着心脏，但在小抹香鲸中，肺完全离开心脏，位于心脏背侧；从胸骨穿到脊椎骨的黑线代表圆顶状的横隔膜（皮希泰利等，2010年）

同陆地哺乳动物相比，鲸目动物的呼吸系统结构因软骨支撑的增强，显示出更高的坚硬度和弹性。皮希泰利等（2013 年）将呼吸系统结构、换气力学和换气行为映射到了齿鲸类动物的系统发育上（图 10.9）。大深度潜水的齿鲸类动物（例如，剑吻鲸科、小抹香鲸科和抹香鲸科）的肺具有丰富的弹性纤维且外观松弛，能够放空气体直至残气量达到很低的水平，当它们处于深水区时，该结构可能有利于形成负浮力和使肺泡萎陷，并维持较小的静空气层体积和换气中较大的潮气量。相比之下，在分化较晚的齿鲸类动物中（即，一角鲸科、海豚科和鼠海豚科），它们的上呼吸道甚至得到了高度强化，保证气体经终端气道通向肺泡。研究表明，以软骨强化气道是屏气潜水动物的一个特征。此外，“快速”呼吸的鲸豚类动物在肺泡水平的软骨强化表明，软骨可在高流量、快流速下维持开放气道，这可见于具有高能量需求的物种（皮希泰利等，2013 年）。

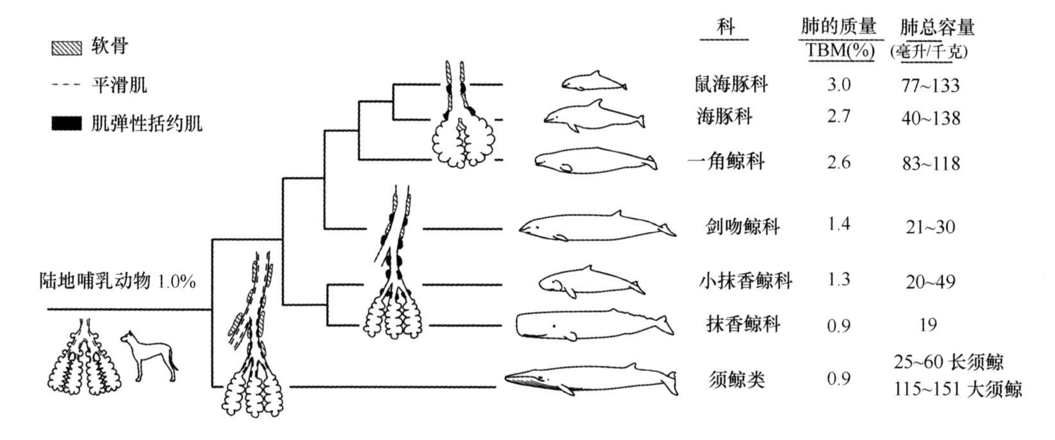

图 10.9 肺的质量（占身体质量百分比）、肺总容量（毫升/千克）、终端气道解剖图和鲸目动物系统发育的映射

（根据帕布斯特等（1999 年）和皮希泰利等（2010 年）作品修正）

鲸目动物的相对肺容量比陆地哺乳动物低。潜水深度浅、持续时间短的鲸豚类（例如，海豚科和鼠海豚科）的肺相对较大，能够承担重

要的氧气储备功能。这些快速呼吸的物种换气率高、换气时间短、潮气量大，足以支持其活跃的生活方式的代谢需求。大深度、长时间潜水的鲸目动物（例如，抹香鲸科、小抹香鲸科和剑吻鲸科）的相对肺容量较小，意味着它们的肺部能够更加彻底地放空，并且在一个呼吸周期中可进行更充分的气体交换（例如，奥尔森等，1969 年；丹尼森等，1971 年；皮希泰利等，2010 年，2013 年）。

海牛目动物的肺较长并向后延伸，几乎到达肾脏的位置。它们的肺通过大而倾斜的横隔膜、支气管树和呼吸组织与腹腔内脏分离（恩格尔，1959 年 a，b，1962 年）。主支气管几乎和肺等长，仅带有一些较小的侧枝或次级支气管。次级支气管分支为更小的细支气管，向呼吸囊泡供应空气。海牛目的另一项独有特征是，这些小囊泡沿细支气管的全长横向分布，而非产生于细支气管的端部，这是哺乳动物的典型情况（恩格尔，1959 年 a）。细支气管的肌肉非常发达，当需要时可能也有隔绝呼吸囊泡的功能。例如，儒艮可能运用此技术压缩肺中空气的体积和密度，从而能够在不使用鳍肢或尾部运动、不排出空气的条件下浮出水面或沉入水中（恩格尔，1962 年）。在气道的全长均有软骨结构（西胁和马尔什，1985 年）。

海獭（*Enhydra lutris*）的胸腔较大，横隔膜的位置倾斜（巴拉巴什・尼基福洛夫，1947 年）。右肺有 4 片肺叶，左肺有 2 片肺叶（塔拉索夫和库伊曼，1973 年 a，b）。相对于其体型，海獭的肺较大，差不多为其他相似体型哺乳动物的肺的 2. 5 倍大。之前的研究表明，海獭较大的肺有利于产生浮力，而新的研究认为，海獭也可能在持续时间相对较短的潜水时，将肺用作重要的氧气储备（沃尔特等，2012 年）。然而，由于尚未测量海獭的水下肺容量，无法确定其肺氧储备对总氧储备的实际贡献。北极熊（*Ursus maritimus*）的呼吸系统与其他熊类的呼吸系统相比并无不同。虽然北极熊是游泳健将，但已知它们不具有任何专门适应潜水的特殊生理结构。

10.3.2.2 呼吸

海洋哺乳动物的呼吸模式因种类的不同而有差异。鳍脚类动物在长时间潜水后的恢复阶段中有力地频繁呼吸，但许多物种在其他环境下进行典型的周期性呼吸。特别是在休息或睡眠时，海豹正常情况下会有相当长的呼吸暂停，并且在这些非呼吸期之间的间隔期进行短暂的快速呼吸（例如，亨特利等，1984 年）。虽然鳍脚类动物常在潜水之前呼气，但虎克等（2005 年）发现，南极海狗（*Arctocephalus gazella*）总是在潜水前使肺部充满空气，并在潜水后半段上升时进行呼气。

鲸目动物在浮出水面时非常迅速地进行单次呼气和吸气。鲸的**喷水**即鲸通过呼吸孔快速排出肺内的气体或呼气，为随后的吸气做好准备。喷水是鲸目动物在海面上时可观察到的最明显的行为之一。须鲸类可能喷出极大量的水，其呼吸孔位于相当深的褶皱中。人们能够看见喷水，是由于水蒸气和海水混合，形成海面上的呼气柱（图 10.10）。鲸目动物也会在海面下进行喷水，有时灰鲸（*Eschrichtius robustus*）会制造气泡爆破，座头鲸会发出成串气泡，此时它们可能通过呼气产生一种听觉或视觉信号，传递给位于附近的其他同类。座头鲸（*Megaptera novaeangliae*）还会在水下呼出成群气泡，使鱼陷入“气泡网”的圈套中以便于捕猎。“气泡网”由一头或多头鲸制造，并常为同种个体所利用（更多细节见第 11 章）。海面喷水的高低、形状和方向有助于人们在相当远的距离外确认某些种类的鲸。

由肺内温暖的气体和寒冷的外部空气相接触形成的水蒸气有时使鲸的喷水更加清晰可见。喷水的呼气中也包含着来自肺的**表面活性物质**。表面活性物质是一种复杂的脂蛋白混合物，可降低肺液的表面张力，并在鲸上浮过程中促使塌缩的肺顺利地再膨胀。肺表面活性物质由 II 型肺泡细胞分泌，是哺乳动物维持正常肺功能所必需的（米勒等，2004 年）。斯普拉格等（2004 年）发现，非潜水和潜水哺乳动物的表面活性

图 10.10 蓝鲸（*Balaenoptera musculus*）喷出的高耸水柱（照片提供：P 科拉）

物质存在差异，并认为这些差异与潜水动物的肺的反复塌缩和再膨胀有关。基于对鳍脚类表面活性物质结构的进一步分析，有人提出，在大深度潜水动物中，表面活性物质除可降低表面张力外，可能主要具有抗黏附的功能（即，减少呼吸面之间因表面张力变化产生的相互黏附作用）（富特等，2006 年）。

在鲸目动物中，一个完整的呼吸周期通常包括：一次迅速的呼气（喷水）和紧随其后的一次略长些、不太明显的吸气，然后是长时间但可变的屏气期或呼吸暂停期。在鲸的呼吸孔突破海面并喷水的典型过程中，迅速的呼气为随后吸气的完成提供了更多时间，并保证鲸能够尽快地再次下潜（库伊曼和康奈尔，1981 年）。迅速喷水的实现有赖于在几乎整个呼气过程中维持高换气流量（图 10. 11），这与人类和其他陆地哺乳动物形成了鲜明对照。鲸目动物之所以能够大幅提高呼气流量，是因为它们具有非常柔韧的胸壁，以及肺内最小的终端气道得到了软骨的加固以防止它们塌缩，直到肺几乎完全排空气体。例如，小型海豚在约 0. 1 秒内完成呼气和吸气，然后屏气 20~30 秒，之后进行另一次呼吸。即使是成年蓝鲸也可在短暂的 2 秒内排空肺中的 1500 升空气，并使肺再注满新鲜空气。

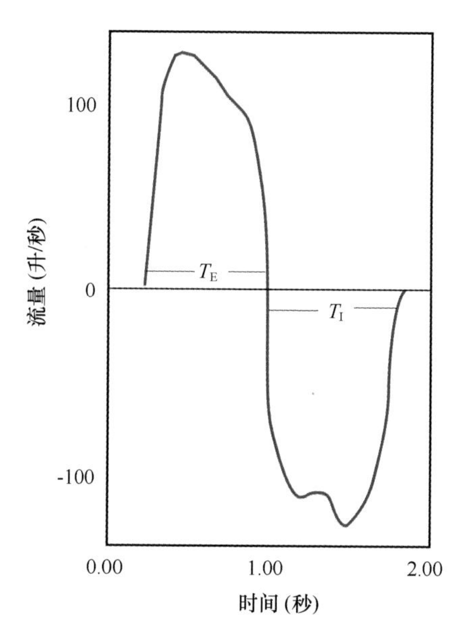

图 10. 11　一头迁徙的灰鲸（*Eschrichtius robustus*）幼仔单次呼气（T_E）/吸气（T_I）事件的典型换气流量

鲸类的喷水模式因行为的不同而呈现差异。当小型鲸目动物以低速游泳时，它们换气时呼吸孔的暴露程度很小，而当它们在较高游泳速度下转变为在海面上周期性跃水时，呼吸孔的暴露程度逐渐发生变化（见第 9 章）。较大的须鲸类在迁徙或摄食时，通常接连不断地浮上海面进行数次喷水，然后进行较长的潜水，持续时间可达数分钟。

在吸气时，横隔膜和肋间肌肉组织促使肺部和横隔膜中广泛分布的弹性组织伸展；在呼气时，这些纤维反弹，迅速并近乎彻底地清空肺部。当肺内空气进入肺泡并接触肺泡壁时，散布于全肺的小束肌弹性纤维产生活动，可能由此提高了肺泡内的摄氧量。一些鲸豚类的肺泡高度血管化，有利于氧的快速摄入。例如，宽吻海豚能够在每次呼吸中摄入将近90%的有效氧（里奇韦等，1969年）。相比之下，人类和其他大部分陆地哺乳动物仅能利用大约20%的吸入氧。研究表明，吸入空气或海水中的外源性颗粒物可能导致生物矿物结核，或称结石的形成，研究人员在一些海豚科动物的鼻囊中发现了此类结石（库里等，1994年）。

海牛在浮上水面之后会呼气，它们与鲸目动物相似，在一次呼吸中可更新约90%的肺内空气。相比之下，人类在静息状态下的一次呼吸中仅能更新约10%的肺内空气（雷诺兹和奥德尔，1991年）。

10.3.2.3 潜水

鲸目动物潜水时通常使肺部充满空气，而鳍脚类动物通常在潜水前呼气，特别是当它们意欲深潜时。这些差异支持下述论点：肺部空气体积在潜水的初始阶段并未起到供应氧气的作用，但它可能在一些类型的潜水期间起到实现中性浮力的作用。此外，肺和保护性的胸腔发生了变化，当水压随着深度而增加时，这些结构使肺部能够塌缩（图10.12）。发生肺完全塌缩的水深为：威德尔海豹25~50米（法尔科等，1985年）、宽吻海豚70米（里奇韦和霍华德，1979年），而大部分海洋哺乳动物很可能发生在海面下50~100米的地方。在此深度以下，残留在肺中的任何气体都会被挤出肺泡，进入肺部的支气管和气管。

潜水动物能够耐受肺部的完全塌缩，因此在深潜期间，其呼吸系统的结构无需抵抗极端水压。它们还因此获得了一项额外的优势，因为在潜水期间，当正在塌缩的肺挤出空气时，停留在更大气道内的压缩空气无法接触到用于气体交换的薄肺泡壁。因此，海洋哺乳动物在潜水时血

图 10.12　宽吻海豚在水深 300 米处出现明显的胸部塌缩，见左鳍肢后面
（照片提供：S 里奇韦，许可使用）

液极少吸收压缩空气，从而避免了潜在的严重潜水问题，包括减压病（DCS，也称**潜水病**）和**氮麻醉**，这些问题有时令呼吸压缩空气的人类潜水者倍感痛苦（穆恩等，1995 年）。然而，研究者对搁浅的喙鲸类（剑吻鲸科物种）和海豚（即，太平洋短吻海豚（*Lagenorhynchus obliquidens*）、短吻真海豚（*Delphinus delphis*）和宽吻海豚）进行了验尸检查，确认了减压病的存在，从而开始质疑上述论点。检查结果说明，气泡形成可能是一些搁浅事件的祸根，并且这种情况可能比最初认为的更普遍。现在看来，潜水哺乳动物面临多重应激原（例如，优化浮力、尽可能多地觅食、避免敌害攻击），其生理反应也会有差异，并且它们可能以不同的方式管理氮负荷，其血氮水平比之前认为的变化更大（齐默和泰克，2007 年；虎克等，2011 年；丹尼森等，2012 年）。在大部分鲸目动物中，缺少减压病（DCS 的晚期影响为一种骨病理状态，称为缺血性坏死）存在的证据，这说明，反复大深度潜水所必需的潜

水生理机能在齿鲸类动物的进化中出现得较早，而在须鲸类动物的进化中出现得略晚些（比蒂和罗斯柴尔德，2008年）。

10.4 潜水反应

当海洋哺乳动物离开海面下潜时，其携带的氧储备（前文已描述）必须满足潜水全程的需要。随着潜水的进行，可用氧气的量减少（缺氧）而二氧化碳增加（**高碳酸血症**），导致哺乳动物进入**窒息**状态。最终，如果潜水继续进行，超过有氧代谢可提供支持的时间，则无氧代谢的副产物，例如乳酸和氢离子开始积累。然而，海洋哺乳动物和发展出窒息期应对策略的其他动物具有一系列复杂的生理反应，在供氧量一定的条件下延长了供氧支持其身体机能的时间。这些反应包括心率显著下降（**心动过缓**），伴随着局部血管收缩（选择性**缺血**），这牵涉到循环血液对氧敏感器官的优先供给以及核心体温降低，供血减少部位的代谢率可能也会降低。

自19世纪晚期以来，学界将心动过缓及其伴随的代谢成本降低认定为潜水反应（波特，1870年；里歇，1894年，1899年）。然而，直到20世纪30年代，欧文的实验室研究（例如，欧文等，1935年；欧文，1939年）才证实，动物在潜水期间通过心动过缓期的选择性循环调节节约氧气。欧文和朔兰德在实验室以强制潜水的海洋哺乳动物为研究对象，进行了一系列复杂的生理学实验，证实了潜水动物为节约氧气和在潜水后期处理无氧代谢产物所采用的基本因素（例如，欧文等，1941年a，b；欧文等，1942年；朔兰德，1940年，1960年，1964年；朔兰德等，1942年a，b）。由于在非自然的条件下强制动物潜水，这些实验一度招致批评。然而，随着技术的进步，在野外条件下对不受控制的动物进行了研究，结果清晰地表明，早期实验确实唤起了自然的潜水反应，不过这些反应的表现趋向极端，据推测是因为在强制实验过程中，动物不知道它们何时才能浮出水面。

心率潜水反应的范围存在种间差异，同一物种在不同环境下也会发生变化。在潜水期间，心率曲线的一项共同特征是：潜水时心率会显著降低，然后在深水区出现相对无变化的心动过缓，在上升期间心率则提高（上升或预期性心动过速）。研究认为，心率提高使得通向肌肉的血流量增加，为重新储备氧气做好准备，由此最大程度增强了呼吸交换并尽可能缩短了水面休息时间（汤普森和费达克，1993 年）。在自由潜水的宽吻海豚中，就心率而言，研究者发现其潜水反应具有灵活性，可通过训练和行为进行调节（诺伦等，2012 年），早先在港海豹（*Phoca vitulina*）中也测量到了类似的潜水反应（汤普森和费达克，1993 年）。总的来说，短时间潜水仅唤起轻微的反应，而长时间潜水会促成更显著的心动过缓，并且当潜水动物离开海面时，它们显然已为即将进行的潜水做好了准备（见下文）。在自由潜水的海豹类中记录到了心率降低的最极端水平：心率下降至潜水前水平的 5%（例如，琼斯等，1973 年；埃尔斯纳等，1989 年；汤普森和费达克，1993 年；安德鲁斯等，1995 年）。

潜水反应的变化至少部分是由于，至少一些物种似乎能有效地对心血管系统进行随意控制（图 10. 13）。研究者对一些种类的海豹进行了自由潜水实验，显示出海豹在潜水初始阶段的心率与随后发生的阶段具有相关性，这有力地说明海豹从海面出发开始下潜时已为特定时长的潜水做好了准备，并且预期的心率提高也发生在潜水结束前（例如，费达克，1986 年；希尔等，1987 年；埃尔斯纳等，1989 年；瓦尔特佐克等，1992 年）。不断增加的证据表明，一些物种也可在潜水时进行精微调节（安德鲁斯等，1997 年）。就鲸目动物而言，虽然可获得的数据较少，但它们在潜水时显然也会心动过缓（例如，埃尔斯纳等，1966 年；斯潘塞等，1967 年）。海牛和儒艮在潜水时发生的心动过缓同它们的潜水能力一样处于中等水平（埃尔斯纳，1999 年）。

虽然在潜水期间它们的心排血量显著下降并伴随着心率下降，但身

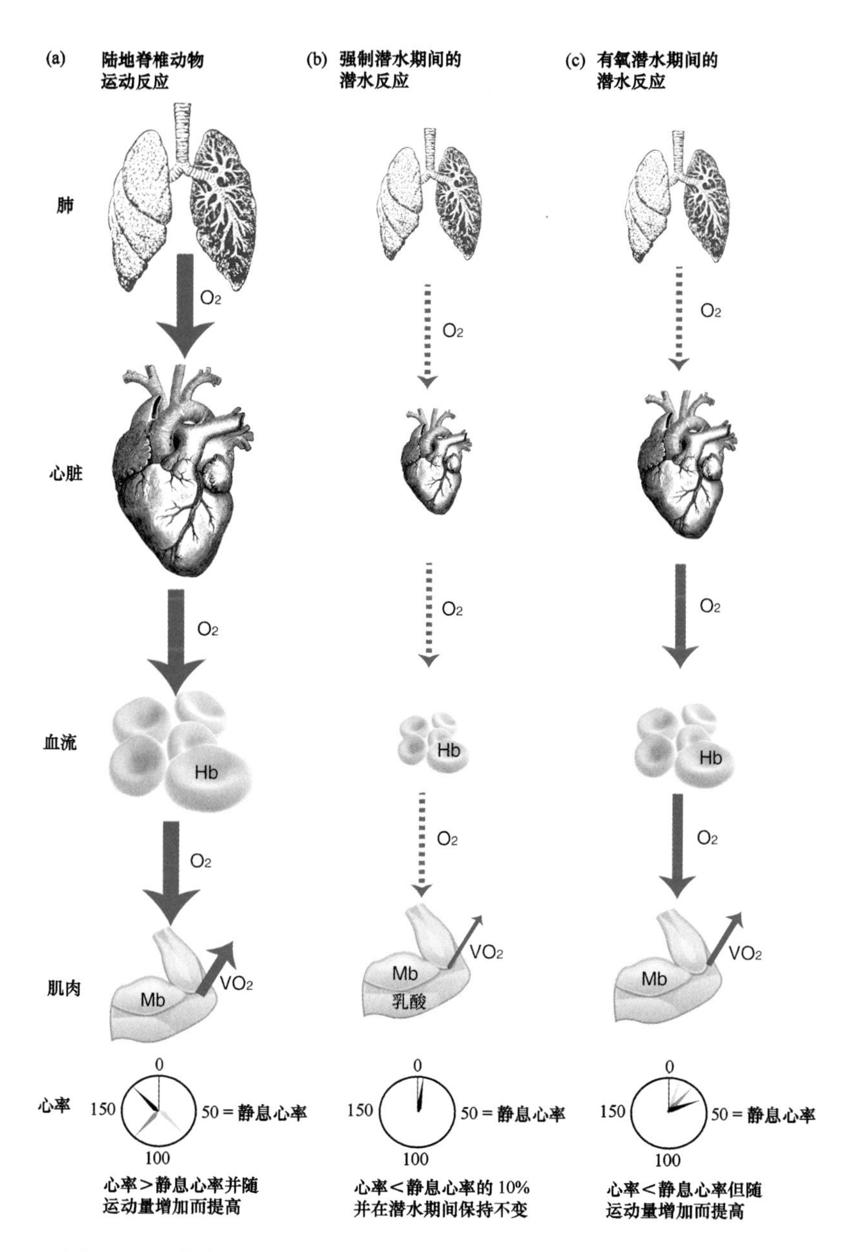

图 10.13 潜水期间呼吸和心血管系统变化及其对肌氧运输的影响比较

(a) 陆地哺乳动物；(b) 威德尔海豹，强制潜水和极长时间自发潜水；(c) 威德尔海豹，自发有氧潜水（根据戴维斯和威廉姆斯（2012 年）作品修正）

体核心动脉血压依然相对恒定，以便维持生命器官（眼睛、脑、心脏、肾上腺、胎盘等）的血液灌注。这在一定程度上通过海洋哺乳动物心脏中动脉球的弹性反冲实现，但实现该机能的主要途径是选择性缺血，即限制血液流向内脏器官、皮肤和肌肉。它们的身体组织显示出对这些状况及其后果的极度耐受，例如肝脏和肾脏组织在潜水期间经常承受血流量的极度减少。一些器官选择性地失去动脉血流，这导致体温逐渐降低（朔兰德等，1942 年 b；哈梅尔等，1977 年；希尔等，1987 年；安德鲁斯等，1995 年；布里克斯等，2010 年）；在极端情况下，甚至会发生受控的脑部降温（奥登等，1999 年）。竖琴海豹和冠海豹在潜水时通过鳍肢中的血管逆流热交换系统（另见第 9 章）将脑部温度下调了多达 2.5℃。有证据表明，在一些物种中，即使是敏感的器官，例如海洋哺乳动物的脑和心脏，也适应了应对低氧状况（里奇韦等，1969 年；科杰克舒斯等，1982 年；埃尔斯纳和古登，1983 年；怀特等，1990 年）。

这些海洋哺乳动物在潜水期间几乎肯定会发生代谢减退，因为潜水的代谢成本是如此之低（库伊曼等，1973 年；卡斯特里尼等，1992 年；哥斯达，1993 年；安德鲁斯等，1995 年），但在野外难以获得直接的证据。不过，在圈养的灰海豹（*Halichoerus grypus*）自发潜水期间，研究人员直接记录到了低下的代谢率（斯帕尔林和费达克，2004 年）。除温度降低外，可能导致潜水期间代谢抑制的另一种机制即增加组织的酸性（哈金，1976 年），不过迄今就该问题进行的研究很少。

通过在水生哺乳动物的运动测试平台——大型水槽开展实验，研究人员研究了海豹（即，灰海豹和港海豹）和海狮（加州海狮）在运动时的心血管反应和游泳模式。结果表明，海狮和港海豹均显示出 8～10 倍的代谢范围，相当于或高于大部分哺乳动物，但低于高水平的赛狗和赛马等运动健将（庞加尼斯，2011 年，和其中引用的参考文献）。对鲸目动物运动的研究集中于宽吻海豚，在自由游泳和圈养情况下，宽吻海豚的心血管反应与海狮相似，具有海面和水下心率随工作负荷的增加而提高的清晰模式（威廉姆斯等，1991年，1993年；另见第9章）。

潜水期间的组织分子生物化学是最近的热门研究领域（例如，沃森等，2007年；卡纳图斯等，2008年）。在潜水哺乳动物中，组织生物化学最重要的差异是肌红蛋白水平和肌肉缓冲能力。缓冲能力是在无氧代谢产生的酸性终端产物不断增加的条件下，使组织的pH保持恒定的能力。海洋哺乳动物的缓冲能力比陆地哺乳动物更强，并且海豹类的非碳酸盐血浆缓冲能力比海狮类或大部分鲸目动物更强（布提里尔等，1993年）。这很可能反映了它们普遍的屏气潜水能力，以及耐受低氧和代谢性酸中毒的相对潜能。海洋哺乳动物的一些生物化学属性表明，它们的生活方式通常不需要持续地耐受剧烈的运动，而似乎只需支持爆发性活动，这种活动的水平可在短时间内将能量转换为无氧能量源（哥斯达和威廉姆斯，1999年）。研究者还利用现代生物化学方法，探索海洋哺乳动物在海面恢复期时避免臭氧损害身体组织的方式（卡斯特里尼，2012年，和其中引用的参考文献）。然而，对各类海洋哺乳动物进行了许多自由潜水研究，其结果清楚地说明，大部分的潜水活动是在潜水动物的有氧代谢能力范围之内进行的，这样不会引起缺氧，而缺氧意味着在潜水后需要长时间的海面休息加以补偿（庞加尼斯，2011年；卡斯特里尼，2012年；格尔林斯基等，2013年）。研究海豹屏气潜水的另一种方法，是研究睡眠时长时间、无意识的屏气（也称为睡眠呼吸暂停）。在睡眠呼吸暂停期间，可见到许多类似于潜水呼吸暂停的生理反应（即，心动过缓、循环红细胞比容变化、肌红蛋白饱和度）（卡斯特里尼，2012年）。

迄今，对各种海洋哺乳动物潜水能力的研究显示出了个体发育的发展模式（例如，卡斯特里尼，2012年论述）。当然，从生理学观点出发，海洋哺乳动物在出生时即在一定程度上成为“经验丰富的”潜水健将，当它们尚处于子宫内时已经跟随母亲进行潜水。不过，在出生后的一个阶段内，它们才可获得其他技能，包括在肌肉和血液中储备氧气等（例如，伯恩斯，1999 年；伯恩斯等，2007 年；乔根森等，2001 年；里奇曼等，2005 年；库恩等，2006 年）。虽然新生的海豚和海豹缺少长时间潜水所必需的肌红蛋白浓度，但在随后的发育期间，它们骨骼肌中的肌红蛋白含量显著增加（诺伦和威廉姆斯，2000 年）。诺伦等（2001 年）还证实，宽吻海豚具有一种与年龄相关的能力，可在潜水期间降低心率。

有许多问题依然亟待解决：海洋哺乳动物在大深度潜水中频繁地暴露在高压环境下，它们如何自我保护，抵御高压环境导致的不利影响？海洋哺乳动物体内的脂类水平随季节更替而大幅变化，它们如何处理浮力变化带来的挑战？在漆黑深海的汹涌水体中，它们如何在没有回声定位帮助的情况下设法捕获猎物？它们如何导航，完成遥远距离的旅程？诸如此类。然而，目前经过科学家们的研究，关于海洋哺乳动物潜水表现的一般模式正在不断涌现。

10.5 潜水行为学与系统发育模式

在过去，人们在深水区对海洋哺乳动物进行了简单观察，潜水器的齿轮装置偶尔也会卡住它们，这证明一些海洋哺乳动物可长时间潜水至极大的深度。然而，直到各种类型的时间-深度记录仪（TDR）问世，人们才开始积累关于海洋哺乳动物潜水行为的系统性数据。这项开创性的研究始于 20 世纪 60 年代末，库伊曼及其同事将研制的机械装置应用在南极的威德尔海豹身上（例如，库伊曼，1966 年，1985 年；库伊曼和坎贝尔，1972 年）。激动人心的研究结果促进了技术的快速进步，人们研制出了体积更小的电子仪器，携载着日渐增多的复杂传感器，既研究海洋哺乳动物的潜水，也研究它们的身体对深度的反应（例如，希尔等，1987 年）。必须回收和下载数据的时间-深度记录仪（TDR），以及后来发展的独立报告的卫星连接平台发射器终端，为研究海洋哺乳动物提供了新的机遇，使人们能够在多种多样的物种身上安装仪器。虽然关于许多物种的数据仍不足，或是仅可获得其年周期中部分时段的一些年龄或性别等级的数据，但研究者获得了某些物种（特别是威德尔海豹和象海豹）的许多令人兴奋的数据集成果，使得海洋哺乳动物潜水行为的模式也逐渐清晰。

无疑，潜水能力与生理能力具有密切联系，但体型、生态位和生命史策略也在潜水类型中发挥作用，潜水类型影响着一个物种的全部本领（博伊德和克罗克索尔，1996 年；博伊德，1997 年；施里尔和科瓦奇，1997 年；施里尔等，1998 年；哥斯达和威廉姆斯，1999 年；哥斯达等，2001 年）。研究者将这些多样化的数据集与动物携带的数据标签相结合（图 10.14；另见第 12 章、第 14 章），从而深入地了解海洋哺乳动物生态学（罗宾逊等，2012 年；哥德伯根等，2013 年）。就体型而言，海豹类的潜水能力在所有海洋哺乳动物中最强。它们利用一种称为“能量节省”的策略（霍查什卡等，1997 年；莫蒂沙瓦等，1999 年），并且与相同体型的海狮类或鲸豚类相比，所有海豹类均展示出大深度、长时间潜水的能力。海豹类趋向具有较大体型，这意味着它们的单位质量代谢率较低，并且它们能够在身体组织中携带大量氧气。它们的血液还具有更高的血氧储备能力，因为它们提高了红细胞比容（朗方等，1970 年）。在鳍脚类动物中，海豹类还显示出最显著的心动过缓反应和最大程度的血管收缩，这使它们在潜水时极度降低新陈代谢水平（例如，卡斯特里尼等，1992 年；哥斯达，1993 年）。它们的游泳速度也较慢，从而最大限度地降低了运动成本。

在野外环境下，威德尔海豹已成为潜水生理学的最广泛的综合性研究对象（图 10.14）。库伊曼（1967 年）和其他研究者（例如，施里尔和泰斯塔，1996 年；戴维斯等，2003 年，2013 年；麦登等，2008 年）对威德尔海豹的潜水行为进行了分类，以求为各类潜水匹配功能。最初，库伊曼（1967 年）使用时间-深度记录仪（TDR），确认了 3 种不

图 10.14 威德尔海豹携带视频和数据记录仪（VDR）潜水捕猎想象图

（照片提供：W 蒙特隆）

同类型的潜水。研究认为，其中一种涉及到觅食，因为潜水次数很多、达到 300~400 米的深度、持续时间短（持续 8~14 分钟），而且上升和下潜的轨迹陡峭。这些研究结果表明，威德尔海豹具有充足的氧气储备，可维持约 20 分钟。只有当潜水时长大于这个时间时，它们才显示出潜水反应的迹象。这似乎是威德尔海豹的**有氧潜水限度（ADL）**，库伊曼（1985 年）将 ADL 明确定义为：在潜水时不会导致血液乳酸浓度增加的最长潜水时间。如果动物在其 ADL 范围内潜水，则乳酸不会积累至需要在潜水后代谢的水平，并且该动物在消耗殆尽的体内氧储备得到补充后即可进行随后的潜水，潜水动物能够非常迅速地重新储备氧气。研究者可通过测量有效氧储备计算 ADL，并通过测量或估算代谢率（测量耗氧量）划分 ADL。血液乳酸水平测量仅针对自由潜水的受训动物或野生动物，包括威德尔海豹、加州海狮、贝加尔海豹（*Pusa sibirica*）、白鲸和宽吻海豚，因此大部分研究者使用有氧潜水限度计算值（cADL）代替 ADL。可根据特定物种的可用氧储备估算值计算

cADL，并根据潜水时的氧气消耗率（VO_2）估算值划分 cADL（哥斯达等，2001 年；布特勒，2004 年）。

如果动物超出它们的有氧潜水限度（ADL）并积累乳酸，则它们在潜水后需要经历海面恢复期。威德尔海豹在极长时间潜水后变得精疲力竭，会睡眠几个小时。在长时间潜水时（见表 10.1），威德尔海豹显示出充分的潜水反应：自潜水开始时即最大限度地出现外周血管收缩和心动过缓，并在潜水全程保持这种反应。在接近 1 小时的长时间潜水中，其核心体温可降低至 35 摄氏度，并在两次潜水之间保持低体温。在一系列潜水的最后一次潜水之后，其体温会迅速升高。虽然威德尔海豹能够潜水超过 1 小时，但它们很少这样做。该物种的大部分潜水活动不超过其 ADL 范围（计算值为 20 分钟）（图 10.15）。

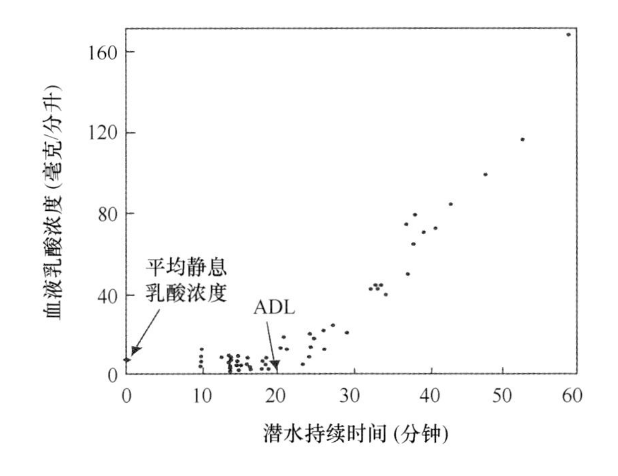

图 10.15 追踪 3 头威德尔海豹不同时长的潜水时获得的动脉血乳酸浓度峰值

（潜水后动脉血乳酸增加的起点界定了 ADL，根据库伊曼等，1981 年作品重绘）

对威德尔海豹潜水行为的三维（3-D）监测使研究者确认了 4 种类型的潜水（图 10.16）。1 型、2 型和 3 型潜水具有相似的模式：漫游搜索和从孤立的冰层通气孔潜水。1 型潜水为觅食性潜水，主要猎物是南极银鱼（图 10.16）。1 型潜水深度最大（平均最大深度 324~378 米）、持续时间最长（15.0~27.0 分钟）。2 型和 3 型潜水由冰洞口附近的数次连续的短时（3.6~7.7 分钟）、小深度潜水组成。其中一些潜水行为涉及觅食，但在非觅食性的 3 型潜水中，海豹似乎穿越冰洞口之间的水域或是探索新的水域（图 10.15）。研究者还确认，海豹会进行持续时间漫长的 4 型探索性潜水，但此类潜水仅出现在与孤立的通气孔研究有关的非自然条件下。

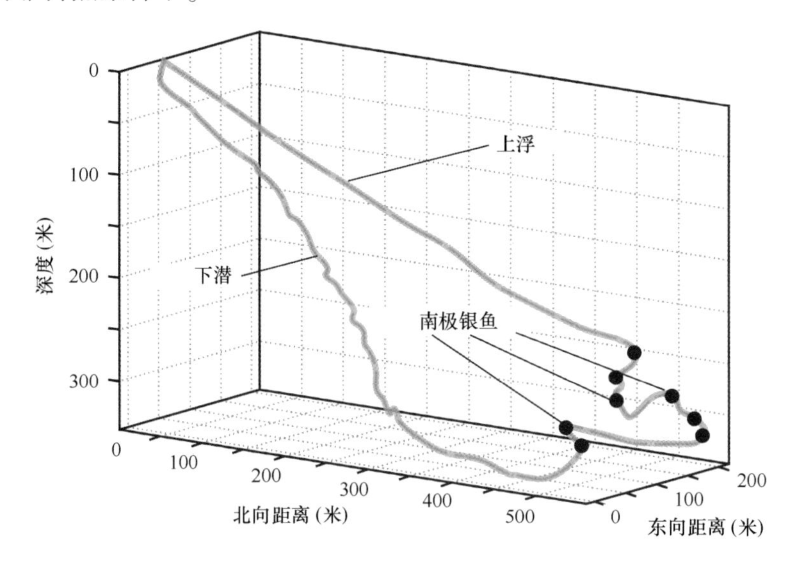

图 10.16 威德尔海豹在近岸水域进行漫游搜索型潜水的三维路线图

（根据戴维斯等（2013 年）作品修正）

一头动物的有氧潜水限度（ADL）的实际持续时间取决于其活动水平，这个数值非常难以精确地计算，因为不同骨骼肌中的肌红蛋白浓度有差异，血液中循环的脾脏储血也使计算变得复杂。即使如此，ADL 依然是一个有用的概念，可确认潜水时氧化代谢与无氧代谢过程之间的界限。虽然潜水实际时长在种间有显著差异，但绝大多数潜水都发生在十分狭窄的时间限度内。仅在比例非常小的一部分潜水时，它们的潜水活动才会超出这个时间。这些值可能接近它们的种特异的 ADL。

在海豹类中，最大潜水深度和最长潜水时间的纪录保持者是该类群中体型最大的成员——象海豹，包括北象海豹和南象海豹

(*Mirounga leonina*)（例如，见雷波夫和劳斯，1994 年；哈斯里克等，2007 年；三谷等，2010 年；萨拉等，2011 年）。北象海豹和南象海豹在全年长距离海上迁徙/觅食期间展示出非凡的长时间潜水能力（见第 12 章）。在每年两次的摄食迁徙期间（一次在生育后，另一次在换皮后），它们会在海上停留数月之久。对这种大型海洋哺乳动物追踪数据集的分析（TOPP；另见第 14 章；罗宾逊等，2012 年）表明，北象海豹一生的大部分时间（91%）是在海洋潜水中度过，其平均潜水时间约为 23 分钟。它们的总平均潜水深度为 516 米，但潜水深度表现出明显的昼夜模式。最大深度的潜水发生在昼间，而较小深度的潜水发生在夜间（另见第 11 章）。根据研究者的描述，北象海豹有 5 种主要的潜水类型（即，A 型至 E 型；雷波夫等，1992 年，1993 年；克罗克等，1994 年，1997 年），不同类型的潜水具有不同的功能。大多数潜水为远洋觅食潜水，然后是交通潜水、放流潜水和海底摄食潜水。最近，对象海豹的觅食潜水进行了三维研究，结果显示它们存在大量的螺旋上升和翻滚行为，这些行为可扩大象海豹的视野，因此增加了它们发现猎物的机会（萨拉等，2011 年，图 10. 17）。**放流潜水**可归因于食物处理或休息。这种潜水包括一个快速下潜阶段，然后相当快速地上浮至海面（图 10. 18；克罗克等，1997 年；三谷等，2010 年）。雌雄个体夜以继日地依次潜水，时长可达数日之久，且并不在海面进行长时间的休息。在每次潜水之后，它们通常仅在海面上度过数分钟，然后开始下一次潜水（图 10. 17）。因此，象海豹被称为“上浮者”，而相比之下威德尔海豹被认为是“下潜者”。短暂的海面停留时间说明，这些潜水活动未超出该物种的 ADL。象海豹很可能会调整它们的游泳速度和代谢率，从而将几乎所有潜水活动维持在有氧潜水的范围内，因此在开始下一次潜水之前，它们需要在海面恢复的时间很短。相似地，漫游搜索的灰海豹在漫长的潜水后，似乎并不需要延长海面恢复时间（汤普森和费达克，1993 年）。这说明，它们并非将代谢方式转换为无氧代谢，而是降低了整体代谢率，这是灰海豹用以延长潜水时间的最可能的机制。这些动物在潜水过程中似乎不使心率或代谢率保持恒定，而是根据潜水时的需要进行调整（安德鲁斯等，1997 年）。冠海豹是另一种有深潜能力的大型海豹，它们似乎专门捕食深海鱼类，并能够下潜至 1000 米的深度，可坚持 52 分钟或更长时间。然而，冠海豹的大多数潜水活动持续时间短得多，且发生在 100~600 米的深度（福尔考和布里克斯，1995 年）。根据观察研究，冠海豹还会进行放流潜水（安德森等，2014 年）。

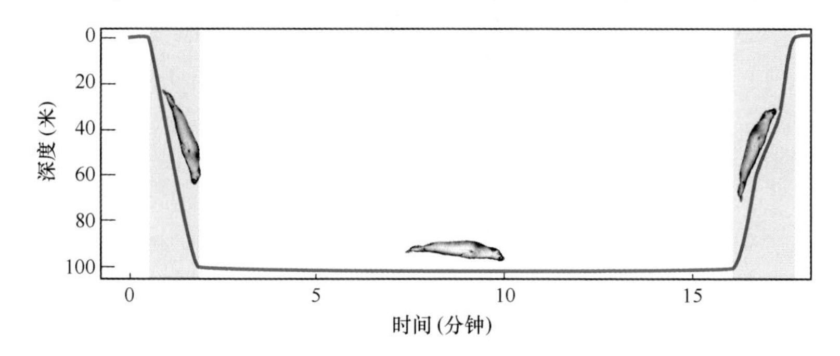

图 10.17　象海豹 D 型觅食潜水的深度，显示身体的方向

（根据萨拉等（2011 年）作品修正）

中等体型的海豹趋向于表现出与其体型协调的潜水行为。灰海豹、竖琴海豹、罗斯海豹和食蟹海豹（*Lobodon carcinophaga*）等物种在其大部分潜水活动中，潜水深度约为 100 米，持续时间小于 10 分钟，而它们的最高潜水能力远超这种水平（例如，里德森和科瓦奇，1993 年；本特森和斯图尔特，1992 年，1997 年；里德森等，1994 年；福尔考等，2004 年）。在海豹类中，小型海豹趋向于进行最保守的潜水活动，贝加尔海豹、环斑海豹塞马湖亚种（*Pusa hispida saimensis*）、环斑海豹和港海豹的潜水活动常仅持续数分钟，下潜深度相对较浅。然而，即使是这些小型海豹有时也会表现出长时间的深潜行为。根据记录，港海豹在超过 30 分钟的潜水期间下潜到了超过 450 米的深度（鲍恩等，1999 年；格尔茨等，2001 年）；体重低于 40 千克的幼年环斑海豹可下潜至

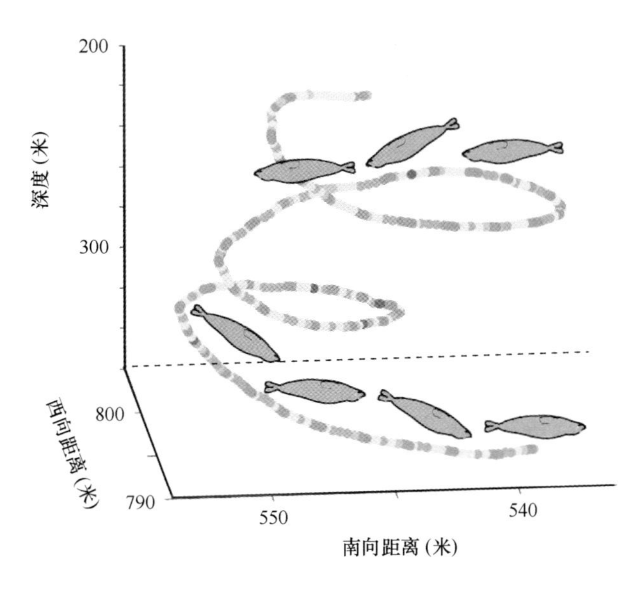

图 10.18 幼年北象海豹进行典型放流潜水的三维轨迹图
（根据三谷等（2010年）作品修正）

超过500米的深度，潜水持续时间超过30分钟（里德森等，未出版的数据资料）。

但并非所有的海豹类物种都具有深潜能力。夏威夷僧海豹（*Neomonachus schauinslandi*）和髯海豹（*Erignathus barbatus*）都是相对大型的海豹，但这两个物种表现出深度浅、时间短的潜水模式，因为它们通常在沿岸浅水区觅食。然而，成年僧海豹有时也会在潟湖区外潜水，在那里成年雄性可下潜至550米的深处，而髯海豹显然也能比在沿岸时潜得更深。仅几个月大的髯海豹幼仔的潜水深度就可达到该物种的潜水记录。在它们的早期漫游期间，7头换皮后的幼仔下潜到了超过400米的深度（格尔茨等，2000年），而成年髯海豹通常仅潜水数分钟（2~4分钟），到达20米的深度（格尔茨等，2000年；克拉夫特等，2000年）。这两个物种证明了在潜水中，觅食偏好对行为模式的强烈影响。

海狮类动物的总潜水时间不如海豹类长，并且它们通常仅潜水数分钟，潜水深度相对较浅。与在远洋度过漫长时间的许多海豹相比，海狮在海洋中度过的时间也相对较短。研究者将海狮类动物的策略描述为“能量消耗型”（霍查什卡等，1997 年；莫蒂沙瓦等，1999 年，表 10. 3）。海狮类动物的体型相对较小、具有圆滑的水动力外形，这与其作为高速捕食者的生活方式相一致。它们似乎为更高的游泳速度牺牲了更长的觅食时间（哥斯达，1991 年）。海狮类的有氧潜水限度（ADL）的基本模式与海豹类相同，它们将大部分潜水活动保持在其有氧限度内，不过或许该模式在某种程度上更具可变性。对南极海狗的研究数据表明，在它们的潜水活动中，不到 6%的潜水超出了其 ADL 估算值，一些潜水行为的持续时间长得多，其后的海面休息时间也更长（博伊德和克罗克索尔，1996 年）。对分布于白令海东部的北海狗（*Callorhinus ursinus*）的觅食潜水进行了研究，结果表明，这些海狗通常是夜间潜水动物（甘特利，1998 年），它们在大陆架外海表现出较浅的潜水模式（<30 米），将在夜间垂直迁徙的白眼狭鳕作为捕食目标（诺德斯特隆等，2012 年；贝努瓦・比尔德等，2013）；（图 10. 19）。在一项研究中发现，北海狗 92%的深夜潜水活动超出了其 ADL 计算值，而仅有 8%的浅海觅食潜水（<40 米）超出了 ADL（庞加尼斯等，1992 年），这说明这些海狗尽可能地增加其夜间潜水时长以延长夜间觅食时间。同时说明，至少有一些海狮类动物，除采用无氧代谢以延长潜水时间外，可能还使用能量节约/代谢策略。虽然一般情况下加州海狮的潜水时间较短（3~5 分钟），但它们也能够进行长达 14 分钟的更长时间潜水。此外，还对哺乳期海狮的觅食行为进行了研究，表明它们可根据潜水需要，相应地采取不同的氧气管理方式（麦克唐纳和庞加尼斯，2013 年）。

表 10.3 海豹类动物和海狮类动物潜水策略比较

海豹类动物特征
1. 无呼吸，在潜水开始时呼气
2. 心动过缓与心输出量变化呈 1∶1 比例
3. 外周血管收缩和灌注不足（为中枢神经系统和心脏节省氧气）
4. （血管收缩）缺血的组织代谢减退
5. 氧气携载能力增强（血容量扩大、全血红细胞（RBC）质量增加——即红细胞比容升高、血红蛋白浓度升高、肌肉和心脏中肌红蛋白浓度可能升高）
6. 脾增大（可调控红细胞比容，非常高的红细胞数量不必在所有生理条件下循环）
海狮类动物特征
1. 无呼吸，在潜水开始时吸气，气体交换系统不完全塌缩
2. 心动过缓
3. 外周血管收缩，产生推进力的肌肉的微血管系统可能比海豹类更松弛
4. 缺血的组织代谢减退
5. 氧气携载能力介于大型海豹类和陆地哺乳动物之间
6. 脾脏占体重的百分比不明显大于陆地哺乳动物

注：基于莫蒂沙瓦等（1999 年）

海狮类动物在种内和种间具有明显的异速生长模式。在两性异形的海狮物种中，雄性通常比雌性潜得更深，并且与大型海狮相比，小型海狮有潜水时间短、潜水深度小的趋势（施里尔和科瓦奇，1997 年）。然而，海狮的潜水深度通常反映了猎物在水层中的垂直分布，而非海狮的潜水生理极限（甘特利，2002 年；哥斯达等，2001 年）。海狮类中超过 5~7 分钟的潜水并不常见，不过也有例外：新西兰海狮（*Phocarctos hookeri*）的潜水深度相对较大，它们能够比许多中型和小型海豹潜得更深。哺乳期的雌性新西兰海狮在其平均 4~6 分钟的潜水期间，下潜平均深度为 123 米，而其最高潜水纪录为深度 474 米，时间 11 分钟。新西兰海狮的血容量在海狮类中最高，达到了海豹类的

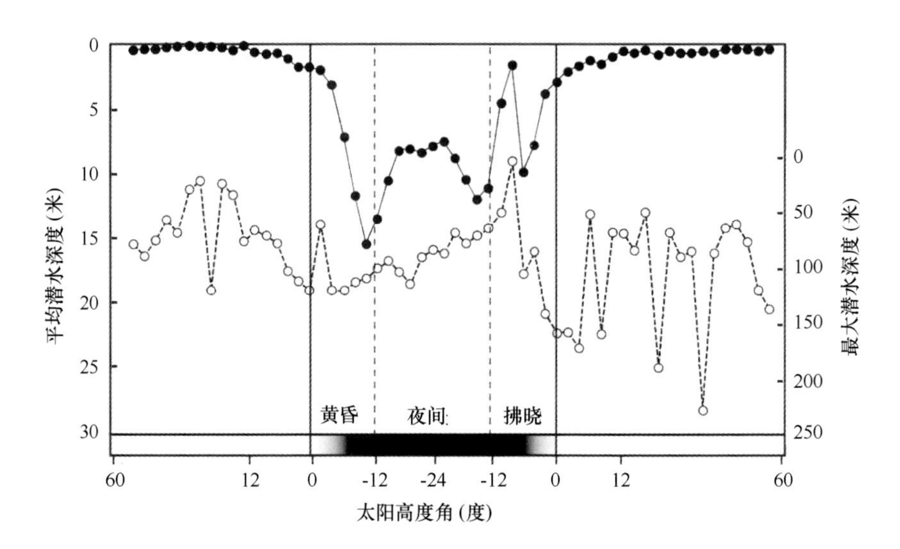

图 10.19 北海狗（*Callorhinus ursinus*）沿白令海东部，圣保罗岛的大陆坡生境的深度分布（空心圆圈＝最大值，实心圆圈＝平均最大值）

（根据贝努瓦·比尔德等（2013 年）作品修正）

水平（哥斯达等，1998 年）。

虽然海象是最大的鳍脚类之一，但它们通常进行短时潜水，潜水深度非常小（费伊和伯恩斯，1988 年）。这反映了如下事实：它们与髯海豹类似，在大陆架浅水区捕食海底猎物。然而，海象的实际深潜能力比大部分研究报告中记载的强得多。在斯瓦尔巴群岛的越夏区和法兰士约瑟夫地群岛的冬季繁殖区之间活动的海象可潜水至超过 300 米的深度（该处准许水深测量）（里德森等，未出版的数据资料）。海象的生理极限尚不清楚，但几乎肯定超过了迄今文献中提供的该物种潜水纪录。

研究者基于体型大小，认为鲸目动物应能够比其他海洋哺乳动物下潜得更深并维持更长时间，因为它们能储备更多氧气，单位质量代谢率也更低。然而情况并非如此，而且体型小得多的海豹类动物在平均潜水能力方面超越了鲸目动物（除抹香鲸和一些喙鲸外；虎克和贝尔德，1999 年；沃特金斯等，2002 年；天野和吉冈，2003 年；肖尔等，2014

年）（见施里尔和科瓦奇，1997年；哥斯达和威廉姆斯，1999年论著）。这可归结为几个原因。首先，许多鲸目动物的摄食生态学涉及到对海洋上层猎物的利用，因此与捕食多样化或深水区猎物的物种不同，鲸类可能不需要进行如此大深度、长时间的潜水。或许还可以这样说，巨大的鲸脂体积和变大的口部使须鲸类动物的体型在异速生长中变形（见第12章）。在须鲸科中，颌部及其支撑结构占据了大约1/3的体长。在齿鲸类动物中，体型最大的物种——抹香鲸和大型喙鲸具有明显的异速生长模式。在所有海洋哺乳动物中，抹香鲸和大型喙鲸能够进行最长时间和最大深度的潜水（见表10.1）。

科学家对不同地理区位的抹香鲸的潜水行为进行了研究，结果表明它们在典型觅食行为中进行平均长达45分钟的潜水，从而利用海洋中400~1200米深度的摄食场（图10.20）。觅食行为以使用回声定位探测猎物为特征（瓦特伍德等，2006年；另见第11章）。居氏喙鲸和柏氏中喙鲸（*Mesoplodon densirostris*）的相似潜水行为说明，其长时间、大深度潜水（平均深度1401米）与觅食有关（存在回声定位短声信号），并且它们会在深潜之间进行短时、浅表而安静的潜水，这可能具有社交或生理恢复功能（平均深度0.17米）（图10.21）（贝尔德等，2006年；肖尔等，2014年）。居氏喙鲸的大深度潜水平均时间为其ADL估算值的2倍，因此它们在下一次深潜之前，必须在海面或海面附近恢复一段时间。一些中型齿鲸表现出相当强的潜水能力。一角鲸和白鲸在其部分生境中经常进行大深度潜水（>500米），并且它们能够下潜至超过1000米的深度。它们的潜水持续时间为中等长度，其大部分潜水活动仅持续5~15分钟。虎鲸（*Orcinus orca*）就其体型（≤12米）而言具有非凡的浅海潜水能力，而长鳍领航鲸（*Globicephalus melas*）和北瓶鼻鲸（*Hyperoodon ampullatus*）分别能够下潜至500~600米和800~1 500米的海洋深处。其他体型较小的海豚，例如短吻真海豚（*Delphinus delphis*）和点斑原海豚（*Stenella attenuata*），常下潜至约100

米的深度，不过它们有能力到达约 200 米的深度。迄今研究的所有较小的海豚通常进行时长仅数分钟的潜水（斯图尔特，2009 年，和其中引用的参考文献）。

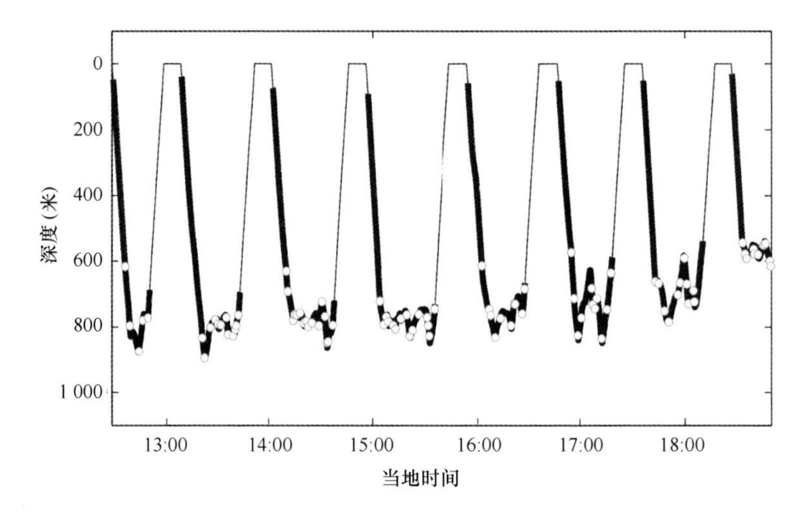

图 10. 20　一头抹香鲸在墨西哥湾中的潜水轨迹和发声记录
（深色线 = 短声信号，空心圆圈 = 低声信号）
（根据瓦特伍德等（2006 年）作品修正）

须鲸类动物潜水深度小，它们也不会长时间潜水。它们在海洋哺乳动物中属于反常现象：具有庞大的体型，但潜水能力却非常平庸。即使是在海底摄食的灰鲸（*Eschrichtius robustus*）的潜水时间通常也非常短（平均 4～5 分钟），其平均潜水深度为：在潟湖繁殖区仅 4～10 米，在白令海夏季摄食期间 10～79 米。巨大的蓝鲸能够下潜至 150～200 米的深度，持续时间长达 50 分钟，但在记录中其大部分的潜水活动时长非常短且发生在距海面 100 米之内（朗格基斯特等，2000 年）。长须鲸通常将栖居于深海的磷虾作为捕食目标，因此趋向于比其他须鲸科成员潜得更深；根据记录，它们在利古里亚海（地中海的一个支海）反复地潜水至 180 米的深度，平均时长 10 分钟（最长 20 分钟），不过在其他

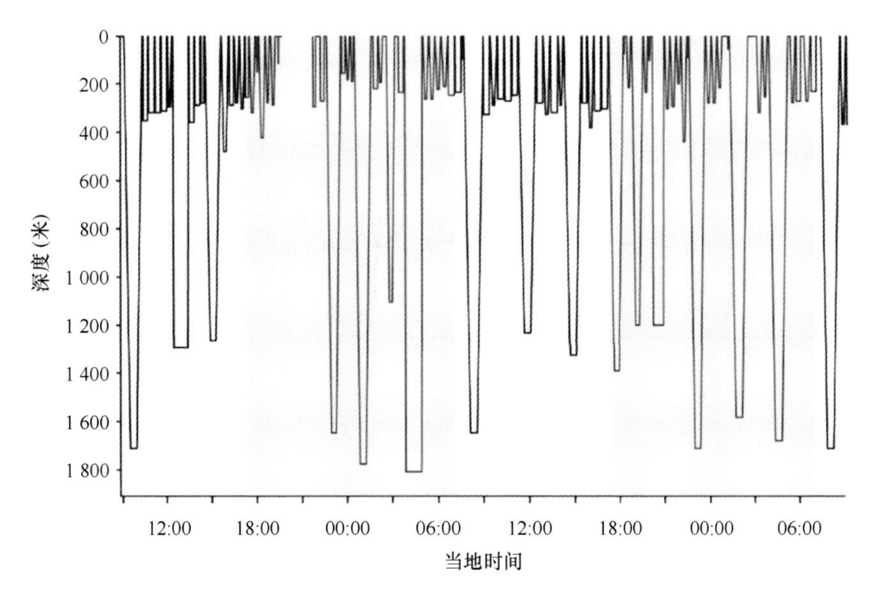

图 10.21 一头居氏喙鲸（48 小时）潜水记录，说明大深度潜水和浅水潜水
（根据肖尔等（2014 年）作品修正）

海域它们尚未表现出这些长时间、大深度的潜水行为。科学家在阿拉斯加对座头鲸进行了研究，发现它们的潜水持续时间较短（<3 分钟），潜水深度较浅（60 米或更浅）（斯图尔特，2009 年，和其中引用的参考文献）。有研究揭示了北大西洋露脊鲸（*Eubalaena glacialis*）的一种潜水模式，其下潜阶段为稳定的游泳所驱动（海底游泳觅食阶段），而上升阶段是正浮力的结果，主要为滑行状态（图 10.22）（诺瓦塞克等，2001 年）。而对弓头鲸（*Balaena mysticetus*）的研究显示出相似的 U 形觅食潜水迹线（图 10.23，西蒙等，2009 年）。露脊鲸科动物具有硕大、高纵横比的尾叶和鳍肢以及浑圆的身体，似乎非常适合于它们持续巡游滤食策略所需的慢速游泳（伍德沃德等，2006 年；另见第 8 章和第 12 章）。在一些方面，须鲸科动物（例如，长须鲸和蓝鲸）的潜水模式不同于游速较慢的露脊鲸科动物。须鲸科的觅食潜水特征是：在滑行中下潜、在深水区进行数次猛冲，然后通过稳定的游泳方式上浮（图

10.24；哥德伯根等，2006年，2011年；多尼尔·瓦尔克罗兹等，2011年）。根据记录，座头鲸和长须鲸在猛冲时有明显的身体滚转行为（哥德伯根等，2006年；斯蒂姆贝尔特等，2007年）。关于大型鲸的摄食表现和觅食生态学与潜水行为的联系，第12章将提供更多细节。

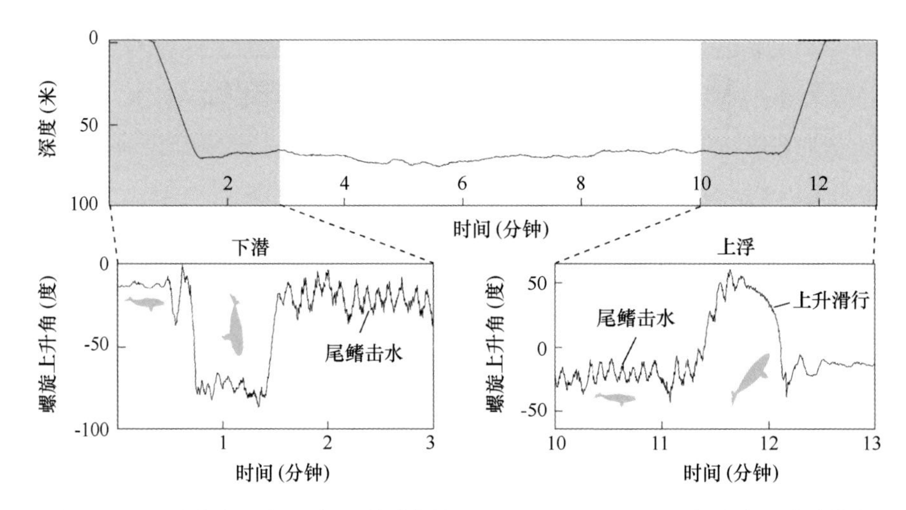

图10.22 一头加标记的北大西洋露脊鲸（*Eubalaena glacialis*）的游泳和潜水数据（根据诺瓦塞克等（2001年）作品修正）

研究者在可行的条件下，进行了时间-深度记录仪（TDR）研究和观察研究，发现儒艮和海牛生活的大部分时间在浅水中度过，它们的潜水能力非常平庸（见威尔斯等，1999年）。海牛运动缓慢，在海岸区以漂浮和浸没在浅水中的植物为食。在野外对海牛进行的观察表明，海牛大部分潜水活动的持续时间少于5分钟。虽然观察到了一些超过20分钟的较长时长的潜水行为（雷诺兹，1981年），但有人认为这种情况可能是海牛潜至水底睡眠的行为。儒艮的游泳速度比海牛快，并且它们会潜至水下20米处进食近海海草场。儒艮的大多数潜水活动持续2~5分钟，但觅食潜水过程可持续下潜超过12分钟（奇尔弗斯等，2004年）。

海獭栖息于海岸生境，在近岸浅水区摄食。它们常进行阶段性潜

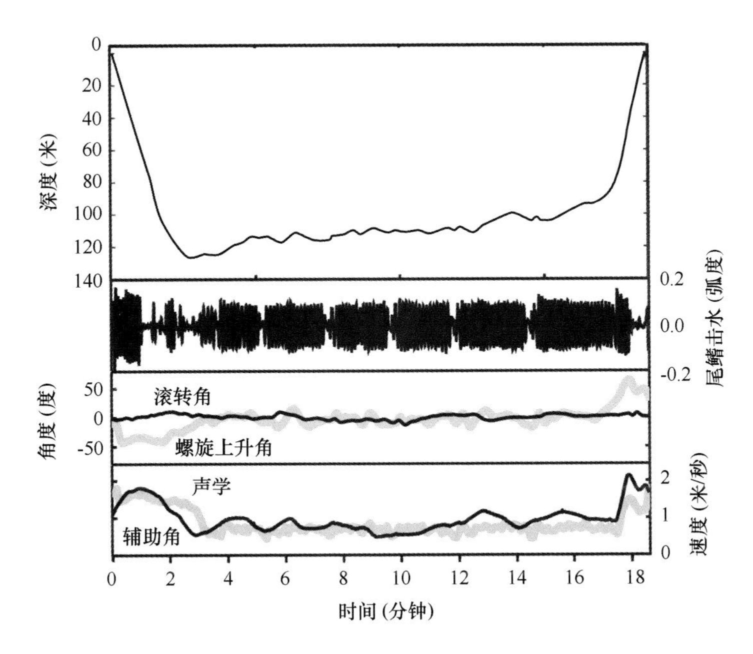

图 10.23 弓头鲸觅食潜水运动学（哥德伯根等，2013 年）

（根据西蒙等（2009 年）作品修正）

水，在潜水的间隙会在海面漂浮的植物上休息相当长的时间，梳理它们的皮毛并恢复体力。北极熊的潜水能力相当有限。它们会在海面上悄无声息地游泳，然后潜到海面下潜泳 1~2 分钟，以接近正在浮冰边缘休息的海豹。研究者还发现它们试图潜水猎捕白鲸：它们会从冰的边缘跳入水中，并保持 1 分钟左右的潜泳，但北极熊在水中的大部分时间是在海面上游泳。

10.6 总结和结论

在海面下，海洋哺乳动物以觅食为目的的长时间潜水，涉及到循环系统和呼吸系统的适应。在进化中，鳍脚类和鲸目动物的循环系统发生了变化，它们的血管扩张、变得更复杂，并且发展出了遍布全身的血管

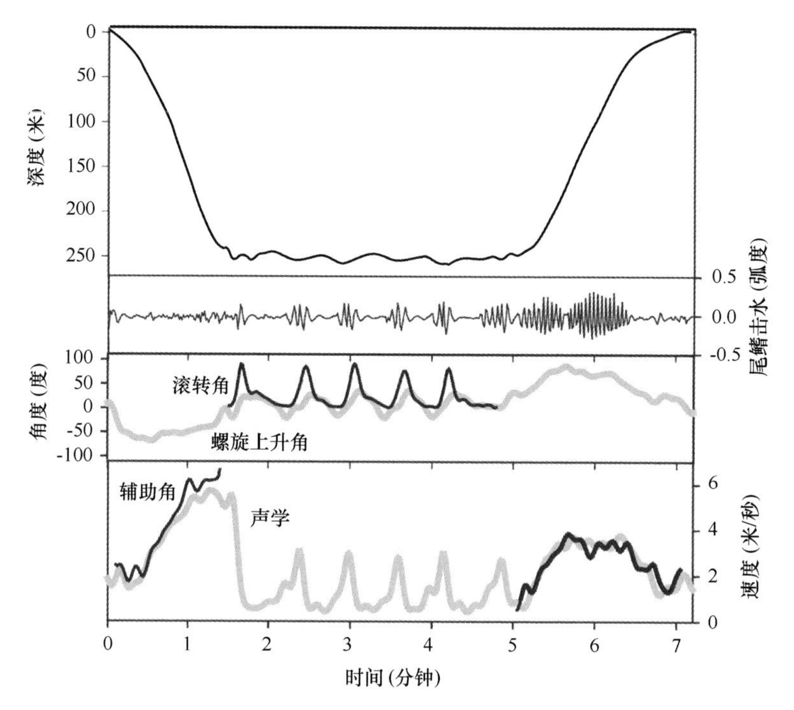

图 10.24　长须鲸觅食潜水运动学（哥德伯根等，2013 年）
（根据哥德伯根等（2006 年）作品修正）

网，从而在大深度潜水期间作为氧气储备库。在海洋哺乳动物中，肌肉、血液和脾均是重要的氧储备组织。在潜水时也会发生呼吸系统的调整，其中涉及到肺结构的变化，特别是细支气管。

心动过缓、外周血管收缩，及其他循环系统调整均是一整套潜水反应的重要组成部分。对威德尔海豹和其他鳍脚类动物的研究表明，大部分潜水活动为有氧潜水。潜水模式的系统发育研究说明在鳍脚类中存在两种策略：海狮类的“能量消耗”策略和海豹类的“能量节省”策略。研究表明，海象能够进行大深度潜水但极少需要这样做，因为它们主要在浅水区捕获猎物。鳍脚类动物的潜水模式除了具有节省能量和觅食的功能外，可能还具有规避捕食者的作用。在潜水和屏气能力方面，一些海豹类显著超越了大部分鲸目动物（除抹香鲸和至少一些喙鲸外）。对此，可能的解释包括：须鲸类动物主要利用位于海洋上层的猎物。对鲸目动物潜水的研究仍处于初期阶段，人们对很多领域依然一无所知。

10.7 延伸阅读与资源

库伊曼（1989年）概述了海洋哺乳动物的潜水生理学和行为学；库伊曼（1981年）和威廉姆斯（2004年）提供了威德尔海豹的潜水记录，在学界内广受欢迎。目前，主要的研究方式已从实验潜水研究转变为在野外环境下对自由潜水的海洋哺乳动物开展研究，库伊曼等（1980年）的论著是对这一关键变化感兴趣的研究者的必读文献。一部生物学文献汇编（雷波夫和劳斯，1994年）总结并综合性地记录了象海豹的潜水行为，甘特利和库伊曼（1986年）就各类海狗的潜水行为提供了纲要。卡斯特里尼（2012年）在其潜水生理学论著中提出一种时序方法，并就有氧潜水限度（ADL）问题提出见解。关于鲸目动物潜水的早期总结记录包括里奇韦（1986年）及里奇韦和哈里森（1986年）的作品；而关于潜水解剖学、生理学、生物化学和行为学适应性的最新综述，读者可参见庞加尼斯（2011年）、卡斯特里尼（2012年）和戴维斯（2014年）的作品。

参考文献

Amano, M., Yoshioka, M., 2003. Sperm whale diving behavior monitored using a suction-cup-attached TDR tag. Mar. Ecol. Progr. Ser. 258, 291–295.

Andersen, J. M., Stenson, G. B., Skern-Maurizen, M., Wiersma, Y. F., Rosing-Asvid, A., Hammill, M.O., Boehem, L., 2014. Drift diving by hooded seals (*Cystophora cristata*) in the Northwest Atlantic Ocean. PLoS ONE 9 (7), e103072.

Andrews, R.D., Jones, D.R., Williams, J.D., Crocker, D.E., Costa, D.P., Le Boeuf, B.J., 1995. Metabolic and cardiovascular adjustments to diving in northern elephant seals (*Mirounga* angustirostris). Physiol. Zool. 68,105.

Andrews,R. D., Jones, D. R., Williams, J. D., Thorson, P. H., Oliver, G. W., Costa, D. P., Le Boeuf,B.J.,1997. Heart rates of northern elephant seals diving at sea and resting on the beach. J. Exp. Biol. 200,2083-2095.

Baird,R. W., McSweeney, D. J., Ligon, A. D., Webster, D. L., 2004. Tagging Feasibility and Diving of Cuvier's Beaked Whales (*Ziphius cavirostris*) and Blainville's Beaked Whales (*Mesoplodon densirostris*) in Hawaii. Report prepared under Order No. AB133F-03-SE-0986 to the Hawaii Wildlife Fund,Volcano,HI.

Baird,R. W., Webster, D. L., McSweeney, D. J., Ligon, A. D., Schorr, G. S., Barlow, J., 2006. Diving behavior and ecology of Cuvier's (*Ziphius cavirostris*) and Blainville's (*Mesoplodon densirostris*) beaked whales in Hawaii. Can. J. Zool. 84,1120-1128.

Barabash-Nikiforov,I.I., 1947. Kalan (The Sea Otter). Soviet Ministrov RSFSR (Translated from Russian,Israel Program for Scientific Translations,Jerusalem,1962).

Beatty,B.L.,Rotschild,B.M.,2008. Decompression syndrome and the evolution of deep diving physiology in cetaceans. Nauturwissenschaften 95,793-801.

Bengtson,J. L., Stewart, B. S., 1992. Diving and haulout behavior of crabeater seals in the Weddell Sea,Antarctic during March 1996. Polar Biol. 12,635-644.

Bengtson,J.L.,Stewart,B.S.,1997. Diving patterns of a Ross seal (*Ommatophoca rossii*) near the eastern coast of the Antarctic Peninsula. Polar Biol. 18,214-218.

Benoit-Bird,K.J., Battaile, B.C., Nordstrom, C. A., Trites, A. W., 2013. Foraging behavior of northern fur seals closely matches the hierarchical patch scale of prey. Mar. Ecol. Prog. Ser. 479,283-302.

Bert,P., 1870. Leçons sure la Physiologie Comparéde la Respiration. Baillière, Paris. pp. 526-553.

Blix,A. S., 2011. The venous system of seals, with new ideas on the significance of the extradural intravertebral vein. J. Exp. Biol. 214,3507-3510.

Blix,A. S., Wallace, L., Messelt, E. B., Folkow, L. P., 2010. Selective brain cooling and its vascular basis in diving seals. J. Exp. Biol. 213,2610-2616.

Bodkin,J. L., Esslinger, G. G., Monson, D. H., 2004. Foraging depths of sea otters and implications to coastal marine communities. Mar. Mamm. Sci 20,305-321.

Boutilier, R. G., Nikinmaa, M., Tufts, B. L., 1993. Relationship between blood buffering properties, erythrocyte pH and water content, in gray seals (*Halichoerus grypus*). Acta Physiol. Scand. 147, 241-247.

Bowen, W.D., Boness, D.J., Iverson, S.J., 1999. Diving behaviour of lactating harbour seals and their pups during maternal foraging trips. Can. J. Zool. 77, 978-988.

Boyd, I.L., 1997. The behavioural and physiological ecology of diving. Trends Ecol. Evol. 12, 213-217.

Boyd, I.L., Croxall, J.P., 1996. Dive durations in pinnipeds and seabirds. Can. J. Zool. 74, 1696-1705.

Burns, J. M., 1999. The development of diving behavior in juvenile Weddell seals: pushing physiological limits in order to survive. Can. J. Zool. 77, 737-747.

Burns, J.M., Lestyk, K.C., Folkow, L.P., Hammill, M.O., Blix, A.S., 2007. Size and distribution of oxygen stores in harp and hooded seals from birth to maturity. J. Comp. Physiol. B 177 (6), 687-700.

Butler, P. J., 2004. Metabolic regulation in diving birds and mammals. Respir. Physiol. Neurobiol. 141, 297-315.

Cabanac, A., Folkow, L.P., Blix, A.S., 1997. Volume capacity and contraction control of the seal spleen. J. Appl. Physiol. 82, 1989-1994.

Cabanac, A., Messelt, E., Folkow, L. P., Blix, A. S., 1999. The structure and blood-storing function of the spleen of the hooded seal. J. Zool. 248, 75-81.

Castellini, M.A., 1985. Metabolic depression in tissues and organs of marine mammals during diving: living with less oxygen. Mol. Physiol. 8, 427-437.

Castellini, M. A., 1991. The biology of diving mammals: behavioral, physiological, and biochemical limits. Adv. Comp. Physiol. 8, 105-134.

Castellini, M.A., 2012. Life under water: physiological adaptations to diving and living at sea. Compr. Physiol. 2, 1889-1919.

Castellini, M. A., Murphy, B. J., Fedak, M., Ronald, K., Gofton, N., Hochachka, P. W., 1985. Potentially conflicting metabolic demands of diving and exercise in seals. J. Appl. Physiol. 58, 392-399.

Castellini, M.A., Kooyman, G.L., Ponganis, P.J., 1992. Metabolic rates of freely diving Weddell seals: correlations with oxygen stores, swim velocity and diving duration. J. Exp. Biol. 165, 181–194.

Chilvers, B. L., Delean, S., Gales, N. J., Holley, D. K., Lawler, I. R., Marsh, H., Preen, A. R., 2004. Diving behaviour of dugongs, *Dugong dugon*. J. Exp. Mar. Biol. Ecol. 304, 203–224.

Costa, D. P., 1991. Reproductive and foraging energetics of pinnipeds: implications for life history patterns. In: Renouf, D. (Ed.), The Behavior of Pinnipeds. Chapman & Hall, London, pp. 300–344.

Costa, D. P., 1993. The relationship between reproduction and foraging energetics and the evolution of the Pinnipedia. In: Boyd, I. (Ed.), Recent Advances in Marine Mammal Science. Symp. Zool. Soc., Lond, vol. 66. Oxford University Press, London, pp. 293–314.

Costa, D.P., Gales, N.J., 2003. Energetics of a benthic diver: seasonal foraging ecology of the Australian sea lion, *Neophoca cinerea*. Ecol. Monogr 73, 27–43.

Costa, D. P., Gales, N. J., Crocker, D. E., 1998. Blood volume and diving ability of the New Zealand sea lion, *Phocarctos hookeri*. Physiol. Zool. 71, 208–213.

Costa, D.P., Williams, T.M., 1999. Marine mammal energetics. In: Reynolds, R.E., Rommel, S. A. (Eds.), Biology of Marine Mammals. Smithsonian Institute Press, Washington, DC, pp. 176–217.

Costa, D.P., Gales, N.J., Goebel, M.E., 2001. Aerobic dive limit: how often does it occur in nature? Comp. Biochem. Physiol. A 129, 771–783.

Crocker, D.E., Le Boeuf, B.J., Naito, Y., Asaga, T., Costa, D.P., 1994. Swim speed and dive function in a female northern elephant seals. In: Le Boeuf, B.J., Laws, R.M. (Eds.), Elephant Seals: Population Ecology, Behavior and Physiology. University of California Press, Berkeley, CA, pp. 328–337.

Crocker, D.E., Gales, N.J., Costa, D.P., 1997. Drift diving in female northern elephant seals: implications for food processing. Can. J. Zool. 75, 27–29.

Cowan, D.F., Smith, T.L., 1999. Morphology of the lymphoid organs of the bottlenose dolphin, *Tursiops truncatus*. J. Anat. 194, 505–517.

Curry, B.E., Mead, J., Purgue, A.P., 1994. The occurrence of calculi in the nasal diverticula of porpoises (Phocoenidae). Mar. Mamm. Sci. 10, 81–86.

Davis, R.W., 2014. A review of the multi-level adaptations for maximizing aerobic dive duration in marine mammals: from biochemistry to behavior. J. Comp. Physiol. B 184, 23–53.

Davis, R.W., Fuiman, L.A., Williams, T.M., Horning, M., Hagey, W., 2003. Classification of Weddell seal dives based on 3 dimensional movements and video-recorded observations. Mar. Ecol. Prog. Ser. 264, 109–122.

Davis, R.W., Williams, T.M., 2012. The marine mammal dive response is exercise modulated to maximize aerobic dive duration. J. Comp. Physiol. A 198, 583–591.

Davis, R.W., Fuiman, L.A., Madden, K.M., Williams, T.M., 2013. Classification and behavior of free-ranging Weddell seal dives based on three-dimensional movements and video-recorded observations. Deep-Sea Res. II 88–89, 65–77.

Denison, D.M., Warrell, D.A., West, J.B., 1971. Airway structure and alveolar emptying in the lungs of sea lions and dogs. Respir. Physiol. 13, 253–260.

Dennison, S., Moore, M.J., Fahlman, A., Moore, K., Sharp, S., Harry, C.T., Hoppe, J., Niemeyer, M., Lentell, B., Wells, R.S., 2012. Bubbles in live-stranded dolphins. Proc. R. Soc. B 279, 1396–1404.

Doniol-Valcroze, T., Leasage, V., Giard, J., Michaud, R., 2011. Optimal foraging theory predicts diving and feeding strategies of the largest marine predator. Behav. Ecol. 22, 880–888.

Drabek, C.M., 1975. Some anatomical aspects of the cardiovascular system of Antarctic seals and their possible functional significance in diving. J. Morphol. 145, 85–106.

Drabek, C.M., 1977. Some anatomical and functional aspects of seal hearts and aortae. In: Harrison, R.J. (Ed.). Functional Anatomy of Marine Mammals, vol. 3. Academic Press, London, pp. 217–234.

Drabek, C.M., Burns, J.M., 2002. Heart and aorta morphology of the deep-diving hooded seal (*Cystophora cristata*). Can. J. Zool. 80, 2030–2036.

Elsner, R., 1999. Living in water: solutions to physiological problems. In: Reynolds, R.E., Rommel, S.A. (Eds.), Biology of Marine Mammals. Smithsonian Institute Press, Washington, DC, pp. 73–116.

Elsner, R., Kenney, D.W., Burgess, K., 1966. Diving bradycardia in the trained dolphin. Nature 212, 407–408.

Elsner, R., Gooden, B., 1983. Diving and Asphyxia: A Comparative Study of Animals and Men.

Cambridge University Press, New York.

Elsner, R., Wartzok, D., Sonafrank, N. B., Kelly, B. P., 1989. Behavioural and physiological reactions of Arctic seals during under-ice pilotage. Can. J. Zool. 67, 2506–2513.

Engel, S., 1959. The respiratory tissue of dugong (*Halicore dugong*). Anat. Anz. 106, 90–100.

Engel, S., 1959. Rudimentary mammalian lungs. Gegenbaurs Morphol. Jahrb. 106, 95–114.

Engel, S., 1962. The air passages of the dugong lung. Acta Anat. 48, 95–107.

Falke, K.J., Hill, R.D., Qvist, J., Schneider, R.C., Guppy, M., Liggins, G.C., Hochachka, P.W., Elliott, R.E., Zapol, W.M., 1985. Seal lungs collapse during free diving: evidence from arterial nitrogen tensions. Science 229, 556–557.

Fay, F. H., 1981. Walrus-*Odobenus rosmarus*. In: Ridgway, S. H., Harrison, R. J. (Eds.), Handbook of Marine Mammals, vol 1: The Walrus, Sea Lions, Fur Seals and Sea Otter. Academic Press, London, pp. 1–23.

Fay, F.H., Burns, J.J., 1988. Maximum feeding depth of walruses. Arctic 41, 239–240.

Fedak, M. A., 1986. Diving and exercise in seals a benthic perspective. In: Brubakk, A., Kanwisher, J.W., Sundnes, G. (Eds.), Diving in Animals and Man. Tapir Publishing, Trondheim, Norway, pp. 11–32.

Folkow, L.P., Blix, A.S., 1995. Distribution and diving behaviour of hooded seals. In: Blix, A. S., Walløe, L., Ulltang, Ø (Eds.), Whales, Seals, Fish and Man. Elsevier, Amsterdam, The Netherlands, pp. 193–202.

Folkow, L.P., Nordøy, E.S., Blix, A.S., 2004. Distribution and diving behaviour of harp seals (*Pagophilus groenlandicus*) from the Greenland Sea stock. Polar Biol. 27, 281–298.

Foot, N. J., Orgeig, S., Daniels, C. B., 2006. The evolution of a physiological system: the pulmonary surfactant system in diving mammals. Respir. Physiol. Neurobiol. 154, 118–138.

Gentry, R., 1998. Behavior and Ecology of the Northern Fur Seal. Princeton University Press, Princeton, NJ.

Gentry, R.L., 2002. Eared seals. In: Perrin, W.F., Würsig, B., Thewissen, J.G.M. (Eds.), Encyclopedia of Marine Mammals. Academic Press, San Diego, CA, pp. 348–351.

Gentry, R. L., Kooyman, G. L., 1986. Fur Seals: Maternal Strategies on Land and at Sea. Princeton University Press, Princeton, NJ.

Gerlinsky, C.D., Rosen, D.A.S., Trites, A.W., 2013. High diving metabolism results in a short aerobic dive limit for Steller sea lions (*Eumetopias jubatus*). J. Comp. Physiol. B 183, 699–708.

Gilmartin, W.G., Pierce, R.W., Antonelis, G.A., 1974. Some physiological parameters of the blood of the California gray whale. Marine Fisheries Rev 36, 28–31.

Gjertz, I., Kovacs, K.M., Lydersen, C., Wiig, Ø., 2000. Movements and diving of bearded seal (*Erignathus barbatus*) mother and pups during lactation and post–weaning. Polar Biol. 23, 559–566.

Gjertz, I., Lydersen, C., Wiig, Ø., 2001. Distribution and diving of harbour seals (*Phoca vitulina*) in Svalbard. Polar Biol. 24, 209–214.

Goldbogen, J. A., Calambokidis, J., Shadwick, R. E., Oleson, E. M., McDonald, M. A., Hildebrand, J.A., 2006. Kinematics of foraging dives and lunge-feeding in fin whales. J. Exp. Biol. 209, 1231–1244.

Goldbogen, J.A., Calambokidis, J., Oleson, J., Potvin, J., Pyenson, N., Schorr, G., Shadwick, R. E., 2011. Mechanics, hydrodynamics, and energetics of blue whale lunge feeding : efficiency dependence on krill density. J. Exp. Biol. 214, 131–146.

Goldbogen, J.A., Friedlander, A.S., Calambokidis, J., McKenna, M.F., Simon, M., Nowacek, D. P., 2013. Integrative approaches to the study of baleen whale diving behavior, feeding performance, and foraging ecology. BioSci. 63, 90–100.

Gosline, J. M., Shadwick, R. E., 1996. The mechanical properties of fin whale arteries are explained by novel connective tissue designs. J. Exp. Biol. 199, 985–997.

Guimarães, J.P., Mari, R.B., Le Bas, A., Watanabe, I.-S., 2014. Adaptive morphology of the heart of southern fur seal (*Arctocephalus australis*; Zimmerman, 1783)†. Acta. Zool. 95, 239–247.

Guyton, G.P., Stanek, K.S., Schneider, R.C., Hochachka, P.W., Hurford, W.E., Zapol, D.G., Liggins, G.C., Zapol, W.M., 1995. Myoglobin saturation in free-diving Weddell seals. J. Appl. Physiol. 79, 1148–1155.

Hammel, H.T., Elsner, R., Heller, H.C., Maggert, J.A., Bainton, C.R., 1977. Thermoregulatory responses to alternating hypothalamic temperature in the harbor seal. Am. J. Physiol. 232, R18–R26.

Harken, A.H., 1976. Hydrogen ion concentration and oxygen uptake in an isolated canine limb. J. Appl. Physiol. 40, 1–5.

Harrison, R. J., Tomlinson, J. D. W., 1956. Observations on the venous system in certain Pinnipedía and Cetacea. Trans. Zool. Soc. Lond. 126, 205–233.

Harrison, R.J., Kooyman, G.L., 1968. General physiology of the pinnipedia. In: Harrison, R.J., Hubbard, R.C., Peterson, R.S., Rice, R.E., Schusterman, R.J. (Eds.), The Behavior and Physiology of the Pinnipeds. Appleton-Century-Crofts, New York, pp. 211–296.

Harrison, R.J., King, J.E., 1980. Marine Mammals, second ed. Hutchinson, London.

Hassrick, J.L., Crocker, D.E., Zeno, R.L., Blackwell, S.B., Costa, D.P., Le Boeuf, B.J., 2007. Swimming speed and foraging strategies of northern elephant seals. Deep–Sea Res. II 54, 369–383.

Hill, R. D., Schneider, R. C., Liggins, G. C., Schuette, A. H., Elliott, R. L., Guppy, M., Hochachka, P. W., Qvist, J., Falke, K. J., Zapol, W. M., 1987. Heart rate and body temperature during free diving of Weddell seals. Am. J. Physiol. 253, R344–R351.

Hill, W.C.O., 1945. Notes on the dissection of two dugongs. J. Mammal. 26, 153–175.

Hochachka, P. W., Land, S. C., Buck, L. T., 1997. Oxygen sensing and signal transduction in metabolic defense against hypoxia: lessons from vertebrate facultative anaerobes. Comp. Biochem. Physiol. A 118, 23–29.

Hochachka, P. W., Mottishaw, P. D., 1998. Evolution and adaptation of the diving response: phocids and otariids. In: Portwer, H. O., Playle, R. C. (Eds.), Cold Ocean Symposia. Cambridge University Press, Cambridge, MA, pp. 391–431.

Hooker, S. K., Baird, R. W., 1999. Deep-diving behaviour of the northern bottlenose whale, *Hyperoodon ampullatus* (Cetacea: Ziphiidae). Proc. R. Soc. B 266, 671–676.

Hooker, S.K., Miller, P.J.O., Johnson, M.P., Cox, O.P., Boyd, I.L., 2005. Ascent exhalations of Antarctic fur seals: a behavioural adaptation for breath-hold diving? Proc. R. Soc. B 272, 355–363.

Hooker, S.K., Fahlman, A., Moore, M.J., de Soto, N.A., de Quirós, Y.B., Brubakk, A.O., Costa, D.P., Costidis, A.M., Dennison, S., Falke, K.J., Fernandez, A., Ferrigno, M., Fitz-Clarke, J.R., Garner, M.M., Houser, D.S., Jepson, P.D., Ketten, D.R., Kvadsheim, P.H., Madsen, P.T., Pollock, N. W., Rotstein, D. S., Rowles, T. K., Simmons, S. E., Van Bonn, W.,

Weathersby, P. K., Weise, M. J., Williams, T. M., Tyack, P. L., 2011. Deadly diving? Physiological and behavioural management of decompression stress in diving mammals. Proc. R. Soc. B 279, 1041–1050.

Huntley, A.C., Costa, D.P., Rubin, R.D., 1984. The contribution of nasal countercurrent heat exchange to water balance in the northern elephant seal, *Mirounga angustirostris*. J. Exp. Biol. 113, 447–454.

Irving, L., 1939. Respiration in diving mammals. Physiol. Rev. 19, 112–134.

Irving, L., Solandt, O. M., Solandt, D. Y., Fisher, K. C., 1935. Respiratory characteristics of the blood of the seal. J. Cell. Comp. Physiol. 6, 393–403.

Irving, L., Scholander, P. F., Grinnell, S. W., 1941. The respiration of the porpoises, *Tursiops truncatus*. J. Cell. Comp. Physiol. 17, 1–45.

Irving, L., Scholander, P. F., Grinnell, S. W., 1941. Significance of the heart rate to the diving ability of seals. J. Cell. Comp. Physiol. 18, 283–297.

Irving, L., Scholander, P. F., Grinnell, S. W., 1942. The regulation of arterial blood pressure in the seal during diving. Am. J. Physiol. 135, 557–566.

Jones, D.R., Fisher, H. D., McTaggart, S., West, N. H., 1973. Heart rate during breath-holding and diving in the unrestrained harbor seal, *Phoca vitulina richardsi*. Can. J. Zool. 51, 671–680.

Jørgensen, C., Lydersen, C., Brix, O., Kovacs, K. M., 2001. Diving development in nursing harbour seals. J. Exp. Biol. 204, 3993–4004.

Kanatous, S., Hawke, T., Trumble, S., Pearson, L., Watson, R., Garry, D., Williams, T., Davis, R., 2008. The ontogeny of aerobic and diving capacity in the skeletal muscles of Weddell seals. J. Exp. Biol. 211, 2559–2565.

King, J. E., 1977. Comparative anatomy of the blood vessels of the sea lions *Neophoca* and *Phocarctos*; with comments on the differences between the otariid and phocid vascular systems. J. Zool. 181, 69–94.

King, J.E., 1983. Seals of the World, second ed. Comstock, Ithaca, NY.

Kjekshus, J.K., Blix, A.S., Elsner, R., Hol, R., Amundsen, E., 1982. Myocardial blood flow and metabolism in the diving seal. Am. J. Physiol. 242, R79–R104.

Kooyman, G. L., 1966. Maximum diving capacities of the Weddell seal (*Leptonychotes* weddellii). Science 151,1553–1554.

Kooyman,G.L.,1967. An analysis of some behavioral and physiological characteristics related to diving in the Weddell seal. In: Schmitt,W.L.,Llano,G.A. (Eds.),Antarctic Research Series. Biology of the Antarctic Seas III, vol. 11. American Geophysical Union, Washington,DC,pp. 227–261.

Kooyman, G. L., 1981. Weddell Seal: Consummate Diver. Cambridge University Press, Cambridge.

Kooyman,G.L., 1985. Physiology without restraint in diving mammals. Mar. Mamm. Sci. 1, 166–178.

Kooyman,G.L.,1989. Diverse Divers: Physiology and Behavior. Springer-Verlag,New York.

Kooyman,G.L., 2002. Diving physiology. In: Perrin, W.F., Würsig, B., Thewissen, J.G.M. (Eds.), Encyclopedia of Marine Mammals. Academic Press, San Diego, CA, pp. 339–344.

Kooyman,G.L.,Campbell,W.B.,1972. Heart rates in freely diving Weddell seals,*Leptonychotes weddellii*. Comp. Biochem. Physiol. A 43,31–36.

Kooyman,G.L.,Kerem,D.H.,Campbell,W.B.,Wright,J.J.,1973. Pulmonary gas exchange in freely diving Weddell seals (*Leptonychotes weddellii*). Respir. Physiol. 17,283–290.

Kooyman,G.L.,Castellini,M.A.,Davis,R.W.,1981. Physiology of diving in marine mammals. Annu. Rev. Physiol. 43,343–356.

Kooyman,G.L.,Cornell,L.H.,1981. Flow properties of expiration and inspiration in a trained bottle-nosed porpoise. Physiol. Zool. 54,55–61.

Kooyman,G.L.,Wahrenbrock,E.A.,Castellini,M.A.,Davis,R.W.,Sinnett,E.E.,1980. Aerobic and anaerobic metabolism during voluntary diving in Weddell seals: evidence of preferred pathways from blood chemistry and behavior. J. Comp. Physiol. 138,335–346.

Krafft,B. A., Lydersen, C., Kovacs, K. M., Gjertz, I., Haug, T., 2000. Diving behaviour of lactating bearded seals (*Erignathus barbatus*) in the Svalbard area. Can. J. Zool. 78, 1408–1418.

Kuhn,C.E.,McDonald,B.I.,Shaffer,S.A.,Barnes,J.,Crocker,D.E.,Burns,J.,Costa,D.P., 2006. Diving physiology and winter foraging behavior of a juvenile leopard seal (*Hydrurga leptonyx*). Polar Biol. 29,303–307.

Laidre, K. L., Heide-Jorgensen, M. P., Dietz, R., Hobbs, R. C., Jorgensen, O. A., 2003. Deep-diving by narwhals *Monodon monoceros*: differences in foraging behavior between wintering areas? Mar. Ecol. Prog. Ser. 261, 269–281.

Langerquist, B. A., Stafford, K. M., Mate, B. R., 2000. Dive characteristics of satellite-monitored blue whales (*Balaenoptera musculus*) off the California coast. Mar. Mamm. Sci. 16, 375–391.

Lawrence, B., Schevill, W. E., 1965. Gular musculature in delphinids. Bull. Mus. Comp. Zool. 133, 1–65.

Le Boeuf, B. J., Naito, Y., Asaga, T., Crocker, D., Costa, D. P., 1992. Swim speed in a female northern elephant seal metabolic and foraging implications. Can. J. Zool. 70, 786–794.

Le Boeuf, B. J., Crocker, D. E., Blackwell, S. B., Morris, P. A., Thorson, P. H., 1993. Sex differences in diving and foraging behaviour of northern elephant seals. Symp. Zool. Soc. Lond 66, 149–178.

Le Boeuf, B. J., Laws, R. M. (Eds.), 1994. Elephant Seals. University of California Press, Berkeley, CA.

Lenfant, C., Johansen, K., Torrance, J. D., 1970. Gas transport and oxygen storage capacity in some pinnipeds and the sea otter. Respir. Physiol. 9, 227–286.

Lydersen, C., Kovacs, K. M., 1993. Diving behaviour of lactating harp seal, *Phoca groenlandica*, females from the Gulf of St. Lawrence, Canada. Anim. Behav. 46, 1213–1221.

Lydersen, C., Hammill, M. O., Kovacs, K. M., 1994. Activity of lactating ice-breeding grey seals (*Halichoerus grypus*) from the Gulf of St Lawrence, Canada. Anim. Behav. 48, 1417–1425.

Madden, K. M., Fuiman, L. A., Williams, T. M., Davis, R. W., 2008. Identi㊣cation of foraging dives in free-ranging Weddell seals (*Leptonychotes weddellii*): con㊣rmation using video records. Mar. Ecol. Prog. Ser. 365, 263–275.

McDonald, B. I., Ponganis, P. J., 2013. Insights from venous oxygen profiles: oxygen utilization and management in diving California sea lions. J. Exp. Biol. 216, 3332–3341.

Melnikov, V. V., 1997. The arterial system of the sperm whale (*Physeter macrocephalus*). J. Morphol. 234, 37–50.

Miller, N. J., Daniels, C. B., Costa, D. P., Orgeig, S., 2004. Control of pulmonary surfactant secretion in adult California sea lions. Biochem. Biophys. Res. Commun. 313,727–732.

Mirceta,S.,Signore,A.V.,Burns,J.M.,Cossins,A.R.,Campbell,K.L.,Berenbrink,M.,2013. Evolution of mammalian diving capacity traced by myoglobin net surface charge. Science 340.

Mitani,Y.,Andrews,R.D.,Sato,K.,Kato,A.,Naito,Y.,Costa,D.P.,2010. Three-dimensional resting behaviour of northern elephant seals：drifting like a falling leaf. Biol. Lett. 6, 163–166.

Moon,R.E.,Vann,R.D.,Bennett,P.B.,1995. The physiology of decompression illness. Sci. Am. 273,70–77.

Moore,C.,Moore,M.,Trumble,S.,Niemeyer,M.,Lentell,B.,McLellan,W.,Costidis,A., Fahlman,A.,2014. A comparative anatomy of marine mammal tracheas. J. Exp. Biol. 217,1154–1166.

Mottishaw,P.D.,Thornton,S.J.,Hochachka,P.W.,1999. The diving response mechanism and its surprising evolutionary path in seals and sea lions. Am. Zool. 39,434–450.

Munkacsi,I.M.,Newstead,J.D.,1985. The intrarenal and pericapsular venous systems of kidneys of the ringed seal,*Phoca hispida*. J. Morphol. 184,361–373.

Nishiwaki,M.,Marsh,H.,1985. Dugong *Dugong dugon*(Muller,1776). In：Ridgway,S.H., Harrison,R.(Eds.),Handbook of Marine Mammals,vol. 3：The Sirenians and Baleen Whales. Academic Press,New York.

Nordstrom,C.A.,Battaile,B.C.,Cotte,C.,Trites,A.W.,2012. Foraging habitats of lactating northern fur seals are structured by thermocline depths and submesoscale fronts in the eastern Bering Sea. Deep-Sea Res. II 88–89,78–96.

Noren,S.R.,Williams,T.M.,2000. Body size and skeletal muscle myoglobin of cetaceans：adaptations for maximizing dive duration. Comp. Biochem. Physiol. A 126,181–191.

Noren,S.R.,Williams,T.M.,Pabst,D.A.,McLellan,W.A.,Dearolf,J.L.,2001. The development of diving in marine endotherms：preparing the skeletal muscles of dolphins, penguins,and seals for activity during submergence. J. Comp. Physiol. B 171,127–134.

Noren,S.R.,Kendall,T.,Cuccurullo,V.,Williams,T.M.,2012. The dive response redefined：underwater behavior influences cardiac variability in freely diving dolphins. J. Exp. Biol. 215,2735–2741.

Nowacek, D.P., Johnson, M.P., Tyack, P.L., Shorter, K.A., McLellan, W.A., Pabst, A., 2001. Buoyant balaenids: the ups and downs of buoyancy in right whales. Proc. R. Soc. B 268, 1811-1816.

Odden, Å., Folkow, L.P., Caputa, M., Hotvedt, R., Blix, A.S., 1999. Brain cooling in diving seals. Acta Physiol. Scand. 166, 77-78.

Olsen, C.R., Hale, F.C., Elsner, R., 1969. Mechanics of ventilation in the pilot whale. Respir. Physiol. 7, 137-149.

Pabst, D.A., Rommel, S.A., McLellan, W.A., 1999. Functional anatomy of marine mammals. In: Reynolds III, J.E., Rommel, S.A. (Eds.), Biology of Marine Mammals. Smithsonian Institution Press, Washington, DC, pp. 15-72.

Pfeiffer, C.J., 1990. Observations on the ultrastructural morphology of the bowhead whale (*Balaena mysticetus*) heart. J. Zool. Wild. Med. 21, 48-55.

Pfeiffer, C.J., Kinkead, T.P., 1990. Microanatomy of retia mirabilia of bowhead whale foramen magnum and mandibular roramen. Acta Anat. 139, 141-150.

Pfeiffer, C.J., Viers, V.S., 1995. Cardiac ultrastructure in the ringed seal, *Phoca hispida* and harp seal, *Phoca groenlandica*. Aquat. Mamm. 21, 109-119.

Piscitelli, M.A., McLellan, W.A., Rommel, S.A., Blum, J.E., Barco, S.G., Pabst, D.A., 2010. Lung size and thoracic morphology in shallow-and deep-diving cetaceans. J. Morphol. 271, 654-673.

Piscitelli, M.A., Raverty, S.A., Lillie, M.A., Shadwick, R.E., 2013. A review of cetacean lung morphology and mechanics. J. Morphol. 274, 1425-1440.

Ponganis, P.J., 2011. Diving mammals. Comp. Physiol. 1, 517-535.

Ponganis, P.J., Gentry, R.L., Ponganis, E.P., Ponganis, K.V., 1992. Analysis of swim velocities during deep and shallow dives of two northern fur seals, *Callorhinus ursinus*. Mar. Mamm. Sci. 8, 69-75.

Reidenberg, J.S., Laitman, J.T., 1987. Position of the larynx in Odontoceti. Anat. Rec. 218, 98-106.

Reynolds, J., 1981. Behavior patterns of the West Indian manatee, with emphasis on feeding and diving. Fla. Sci. 44, 233-242.

Reynolds, J., Odell, D., 1991. Manatees and Dugongs. Facts on File, New York.

Richet, C., 1894. La résistance des canards á l'asphyxie. J. Physiol. Path. Gen. 1, 244–245.

Richet, C., 1899. De la résistance des canards á l'asphyxie. J. Physiol. Path. Gen. 5, 641–650.

Richmond, J. P., Burns, J. M., Rea, L. D., Mashburn, K. L., 2005. Postnatal ontogeny of erythropoietin and hematology in free-ranging Steller sea lions (*Eumetopias jubatus*). Gen. Comp. Endo cr. 141, 240–247.

Ridgway, S. H., 1986. Diving by cetaceans. In: Brubakk, A., Kanwisher, J. W., Sundnes, G. (Eds.), Diving in Animals and Man. Tapir Publishing, Trondheim, Norway, pp. 33–62.

Ridgway, S.H., Johnston, D.G., 1966. Blood oxygen and ecology of porpoises of three genera. Science 151, 456–458.

Ridgway, S. H., Scronce, B. L., Kaniwisher, J., 1969. Respiration and deep diving in the bottlenose porpoise. Science 166, 1651–1653.

Ridgway, S.H., Howard, R., 1979. Dolphin lung collapse and intramuscular circulation during free diving: evidence from nitrogen washout. Science 206, 1182–1183.

Ridgway, S. H., Harrison, R. J., 1986. Diving dolphins. In: Bryden, M. M., Harrison, R. H. (Eds.), Research on Dolphins. Oxford University Press, Oxford, UK, pp. 33–58.

Robinson, P.W., Costa, D.P., Crocker, D.E., Gallo-Reynoso, J.P., Champagne, C.D., Fowler, M. A., Goetsch, C., Goetz, K.T., Hassrick, J.L., Huckstadt, L.A., Kuhn, C.E., Maresh, J.L., Maxwell, S.M., McDonald, B.I., Peterson, S.H., Simmons, S.E., Teutschel, N.M., Villegas-Amtmann, S., Yoda, K., 2012. Foraging behavior and success of a mesopelagic predator in the northeast Pacific Ocean: insights from a data-rich species, the northern elephant seal. PLoS ONE 7, e36728.

Ronald, K., McCarter, R., Selley, L.J., 1977. Venous circulation in the harp seal (*Pagophilus groenlandicus*). In: Harrison, R.J. (Ed.). Functional Anatomy of Marine Mammals, vol. 3. Academic Press, New York, pp. 235–270.

Rowlatt, U., Marsh, H., 1985. The heart of the dugong (*Dugong dugon*) and the West Indian manatee (*Trichechus manatus*) (Sirenia). J. Morphol. 186, 95–105.

Sala, J.E., Quintana, F., Wilson, R.P., Dignani, J., Lewis, M.N., Campagna, C., 2011. Pitching a new angle on elephant seals dive patterns. Polar Biol. 34, 1197–1209.

Scholander, P. F., 1940. Experimental investigations on the respiratory function in diving mammals and birds. Hvalradets Skr. 22, 1–131.

Scholander, P.F., 1960. Oxygen transport through hemoglobin solutions. Science 131, 585–590.

Scholander, P.F., 1964. Animals in aquatic environments: diving mammals and birds. In: Dill, D.B., Adolph, E.F., Wiber, C.G. (Eds.), Handbook of Physiology, Section 4: Adaptations to the Environment. American Physiology Society, Washington, DC, pp. 729–739.

Scholander, P.F., Irving, L., Grinell, S.W., 1942. Aerobic and anaerobic changes in seal muscles during diving. J. Biol. Chem. 142, 431–440.

Scholander, P.F., Irving, L., Grinnell, S.W., 1942. On the temperature and metabolism of the seal during diving. J. Cell. Comp. Physiol. 21, 53–63.

Schorr, G.S., Falcone, E., Moretti, D.J., Andrews, R.D., 2014. First long-term behavioral records from Cuvier's beaked whales (*Ziphius cavirostris*) reveal record-breaking dives. PLoS ONE 9, e92633.

Schreer, J.F., Testa, J.W., 1996. Classification of Weddell seal diving behavior. Mar. Mamm. Sci. 12, 227–250.

Schreer, J.F., Kovacs, K.M., 1997. Allometry of diving capacity in air–breathing vertebrates. Can. J. Zool. 75, 339–358.

Schreer, J.F., O'Hara Hines, R.J., Kovacs, K.M., 1998. Classification of multivariate diving data from air–breathing vertebrates: a comparison of traditional statistical clustering and unsupervised neural networks. J. Agric. Biol. Environ. Stat. 3, 383–404.

Shadwick, R.E., Gosline, J.M., 1994. Arterial mechanics in the fin whale suggest a unique hemodynamic design. Am. J. Physiol. 267, R805–R818.

Silva, F.M.O., Carvalho, V.L., Guimarães, J.P., Vergara-Parente, J.E., Meirelles, A.C.O., Marmontel, M., 2014. Accessory spleen in cetaceans and its relevance as a secondary lymphoid organ. Zoomorphol 133, 343–350.

Simon, M., Johnson, M., Tyack, P., Madsen, P.T., 2009. Behaviour and kinematics of continuous ran filtration in bowhead whales (*Balaena mysticetus*). Proc. R. Soc. B 276, 3819–3828.

Slijper, E.J., 1979. Whales, second ed. Hutchinson, London.

Slip, D.J., Hindell, M.A., Burton, H.R., 1994. Diving behavior of southern elephant seals from Macquarie Island. In: Le Boeuf, B.J., Laws, R.M. (Eds.), Elephant Seals. University of California Press, Berkeley, pp. 253–270.

Sparling, C.E., Fedak, M.A., 2004. Metabolic rates of captive grey seals during voluntary diving.

J. Exp. Biol. 201,1615–1624.

Spencer, M. P., Gornall, T. A., Poulter, T. C., 1967. Respiratory and cardiac activity of killer whales. J. Appl. Physiol. 22,974–981.

Spragg, R. G., Ponganis, P. J., Marsh, J. J., Rau, G. A., Bernhard, W., 2004. Surfactant from diving aquatic mammals. J. Appl. Physiol. 96,1626–1632.

Stimpert, A.K., Wiley, D.N., Au, W.W.L., Johnson, M.P., Arsenault, R., 2007. "Megapclicks": acoustic click trains and buzzes used during nighttime foraging of humpback whales (*Megaptera novaeangliae*). Biol. Lett. 3,467–470.

Stewart, B.S., 2009. Diving behavior. In: Perrin, W.F., Wursig, B., Thewissen, G.W. (Eds.), Encyclopedia of Marine Mammals, second ed. Elsevier, San Diego, CA, pp. 321–327.

Tarasoff, F.J., Kooyman, G.L., 1973. Observations on the anatomy of the respiratory system of the river otter, sea otter, and harp seal I. The topography, weight, and measurements of the lungs. Can. J. Zool. 51,163–170.

Tarasoff, F.J., Kooyman, G.L., 1973. Observations on the anatomy of the respiratory system of the river otter, sea otter, and harp seal II. The trachea and bronchial tree. Can. J. Zool. 51,171–177.

Thompson, D., Fedak, M.A., 1993. Cardiac responses of gray seals during diving at sea. J. Exp. Biol. 174,139–164.

Wartzok, D., Elsner, R., Stone, H., Kelly, B.P., Davies, R.W., 1992. Under-ice movements and the sensory basis of hole finding by ringed and Weddell seals. Can. J. Zool. 70, 1712–1722.

Watkins, W.A., Daher, M.A., DiMarzio, N.A., Samuels, A., Wartzok, D., Fristrup, K.M., Howey, P.W., Maiefski, R. R., 2002. Sperm whale dives tracked by radio tag telemetry. Mar. Mamm. Sci. 18,55–68.

Watson, R., Kanatous, S., Cowan, D., Wen, J., Han, V., Davis, R., 2007. Volume density and distribution of mitochondria in harbor seal (*Phoca vitulina*) skeletal muscle. J. Comp. Physiol. B 177,89–98.

Watwood, S. L., Miller, P. J. O., Johnson, M., Madsen, P. T., Tyack, P. L., 2006. Deep-diving foraging behaviour of sperm whales (*Physeter macrocephalus*). J. Anim. Ecol. 75, 814–825.

Wells, R., Boness, D.J., Rathbun, G.B., 1999. Behavior. In: Reynolds II, J.E., Rommel, S.A. (Eds.), Biology of Marine Mammal. Smithsonian Institution Press, Washington DC, pp. 324-422.

White, F.C., Elsner, R., Willford, D., Hill, E., Merhoff, E., 1990. Responses of harbor seal and pig heart to progressive and acute hypoxia. Am. J. Physiol. 259, R849-R856.

Williams, T.M., 2004. The Hunter's Breath. M. Evans and Company, New York.

Williams, T.M., Kooyman, G.L., Croll, D.A., 1991. The effect of submergence on heart rate and oxygen consumption of swimming seals and sea lions. J. Comp. Physiol. B 160, 637-644.

Williams, T.M., Friedl, W.A., Haun, J.E., 1993. The physiology of bottlenose dolphins (*Tursiops truncatus*): heart rate, metabolic rate and plasma lactate concentration during exercise. J. Exp. Biol. 179, 31-46.

Woodward, B.L., Winn, J.P., Fish, F.E., 2006. Morphological specializations of baleen whales associated with hydrodynamic performance and ecological niche. J. Morphol. 267, 1284-1294.

Wolt, R.C., Gelwick, F.P., Weltz, F., Davis, R.W., 2012. Foraging behavior and prey of sea otters in a soft-and mixed-sediment benthos in Alaska. Mamm. Biol. 77, 271-280.

Zimmer, W.M.X., Tyack, P.L., 2007. Repetitive shallow dives pose decompression risk in deep-diving beaked whales. Mar. Mam. Sci. 23, 888-925.

第11章 发声系统：用于交流、回声定位和捕猎

11.1 导言

本章主要论述海洋哺乳动物在空气中和水下的发声、声传播和声接收问题。在不同的海洋哺乳动物分类单元之间，发声和声接收的方式有差异，并受到发声时所处的介质的影响（即，声音在空气中或水中传播）。发声的目的多种多样，从与同种个体交流，到使用回声定位探测看不见的目标物。本章还简要地论及了位于耳内的平衡感觉器官，它们涉及运动和空间定向的知觉。

11.2 声音在空气和水中的传播

声能可以通过其速度（取决于传导介质的密度）、频率、波长和振幅进行描述。声音的频率和波长与其传播速度（声速）的关系可用下列方程表示：

声速（米/秒）= 频率（振动次数/秒）× 波长（米）

人类的耳朵是极其敏感的器官，可分析和比较由其他动物产生、经空气传播的听觉信号，并分辨它们的质量特性。大部分人可感知的声音频率范围，下限为振动约18次/秒，或赫兹（Hz），上限为15 000赫兹（或15千赫兹）。海洋哺乳动物的发声频率范围较宽，通常其上限和下限均超出了人类听觉的范围。为了研究的方便，对于超出我们一般人类

的听觉能力的声音，我们将频率低于18赫兹的声音称为**次声**，频率高于20千赫兹的声音称为**超声**。

由于水是高密度的介质，声音在水中的传播速度约为空气传播速度的5倍。声音在空气中的传播速度约为340米/秒，而水中声速介于1450米/秒和1550米/秒之间，取决于温度和盐度（这两个物理量随着深度而变化；斯维尔德鲁普等，1970年）。一些海洋哺乳动物利用水下声速高的特性，补偿光在水下传播的减弱和因此发生的水中视力不佳，它们将听觉作为一种主要的感官模式，探索周围环境并与同种个体交流。

在20世纪早期，人们将第一批扩音器布放在海洋中，之后很快发现，海洋明显是充满噪声的嘈杂环境。波浪和碎浪产生的非生物声音、人类活动产生的噪声，以及生物源发出的歌声，汇聚成水下声音的交响曲。鱼类和甲壳类动物，以及鲸类、鳍脚类和其他动物，共同出演了水下声音的恢弘剧目。虽然本章的重点是关于发声的主动使用，但许多动物具有敏锐的听觉，也能够仅通过被动地聆听由其他动物制造的声音，获取关于其直接声学环境的大量信息，而避免泄露关于它们自身的类似信息。

研究者已经证实并提出，海洋哺乳动物有意发出的声音具有一些非同寻常的功能。海豚能够发出各种各样的哨叫声（波珀，1980年），并且研究者发现圈养的海豚能够理解复杂的语言细微差别（赫尔曼，1991年）。它们会发出多种呻吟声、尖叫声和哀号声用于交流。一些种类的鲸会发出独特的标志性声音用于个体识别，包括海豚的哨声、抹香鲸（*Physeter macrocephalus*）的**咔嗒强音**，以及蓝鲸（*Balaenoptera musculus*）和长须鲸（*Balaenoptera physalus*）发出的非常低频的声调。其他声音，特别是座头鲸（*Megaptera novaeangliae*）的歌声，具有迷人的音色，研究者认为这主要是成年雄性在求爱期的一种展示。人们记录到宽吻海豚（*Tursiops truncatus*）、虎鲸（*Orcinus orca*）和抹香鲸会发出响亮的脉冲声，有研究者认为，该声学机制可能用于使其他动物的感觉系统不堪承受，从而使猎物失去自卫能力，或是用于恐吓同类（诺里斯和莫尔，1983 年；荷晶，2004 年）。最后，关于水下发声研究最多的功能是**回声定位**，即一些鲸目动物使用声音主动地探测和识别目标物。

任何声学信号的基本特征，即频率、持续时间和能级，通常可生动地描述为**声谱图**（频率与时间的关系；图 11.1（a））、**功率谱**（声压级和时间的关系；图 11.1（b））和**频率谱**（声压级和频率的关系；图 11.1（c））。本章使用这些谱图形象化地展示所讨论声音的特征。声谱图的时间尺度选取合适的单位（从毫秒到分钟），频率的单位为赫兹或千赫兹，而声压级通过对数分贝尺度进行度量（奥，1993 年）。

声音在水中的速度接近恒定，因此水下声音的波长随着它们的频率而变化。低频声音衰减缓慢，非常适合长距离交流，但不适合回声定位。如果使用声音进行回声定位，则目标物的尺寸不能比声音的波长更小（100 赫兹时约为 15 米，100 千赫兹时为 1.5 厘米）。较高频率的声音衰减得更快，但由于它们的波长更短，高频声音有能力提供更多的目标物分辨率信息。声音（声呐）的空间分辨率直接取决于使用的波长。波长越短（即频率越高），空间分辨率越好，反之亦然（更多信息详见苏宾等，2001 年）。

传统上，在水中传播的声能通过声压而非强度（振幅）度量。它定义为声压级（SPL），单位为分贝（dB）：

$$SPL = 20\log(p/p_0)$$

式中，p_0 为标准化的基准压力（通常为水下 1 微帕的压力）。在声学中，将分贝作为一个方便的度量单位，表示测量声压相对于基准声压的比值。这些单位提供了方便的对数尺度，用以比较差别极大的声压级。

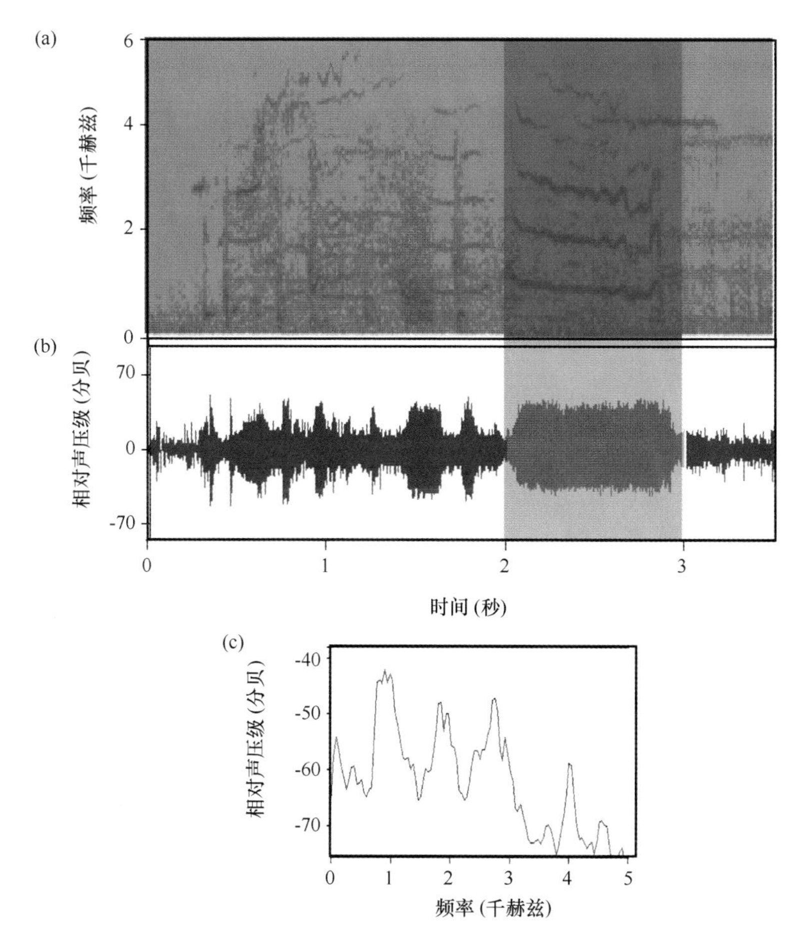

图 11.1 白鲸发出的复杂哨叫声

(a) 声谱图，(b) 功率谱，(c) a 和 b 阴影部分的频率谱

在声谱图中，声音的相对声压级（SPL）以信号强度的变化表示

11.3 发声和声接收系统的解剖学和生理学

11.3.1 哺乳动物的耳

哺乳动物的耳为了探测空气中的声音振动而演化。典型哺乳动物的

耳可划分为3个主要的解剖学部分：外耳、中耳和内耳。中耳和内耳的骨质部分常称为岩鼓复合体。在大部分陆地哺乳动物中，外耳或耳廓收集声波，并将声波汇入一条听道（图11.2（a）），直至鼓膜（或称鼓室），外耳和中耳为鼓膜所分隔（图11.2（b））。中耳是鼓骨内充满空气的内庭，包含由3小块骨质部分，或听小骨（锤骨、砧骨和镫骨；图11.2（b））构成的听骨链。这些骨形成一条连续的骨桥，将声振动从鼓膜内部传导至内耳的卵圆窗，并沿着听骨链显著放大声振动。耳蜗内的柯蒂氏器接收传入的声音，这是内耳中实际上的听觉部分。螺旋形的耳蜗位于岩骨之中，纵向分隔为3条平行的管道，朝着顶部方向逐渐变窄（图11.2（c））。镫骨位于卵圆窗（通向前庭阶的开口）。鼓阶与前庭阶连续，并为圆窗所关闭，两阶均充满外淋巴液。耳蜗管位于平行的鼓阶与前庭阶之间，含有柯蒂氏器（图11.2（c））。在柯蒂氏器内分布着一排排、成千上万的感觉毛细胞，每个细胞与听神经的神经元相连。这些毛细胞支撑在基底膜上，耳蜗覆膜恰好位于它们的上面。整个柯蒂氏器浸润在耳蜗管的内淋巴液中。哺乳动物的内耳有两个平衡器官，即前庭和半规管。当哺乳动物的头部变换位置时，半规管内流动的液体和前庭将剪应力施加在毛细胞上。剪应力的变化传递为神经冲动，而神经冲动将信息传递给大脑。鲸目动物的半规管结构（即，明显缩小的弧和管腔体积）不同于鳍脚类动物和陆地哺乳动物，这说明鲸目动物的半规管除了在身体运动时具有稳定头部的作用外，其功能还赋予了它们相对敏捷的运动能力和杂技能力。关于海洋哺乳动物的平衡器官的结构和功能，读者可参见斯珀尔（2009年）及斯珀尔和德威森（2008年）的论述。

空气传播的声波能量冲击鼓膜，通过中耳的听小骨传导和放大，直至卵圆窗。在卵圆窗上，声波的振动传递给前庭阶和鼓阶的液体。这些振荡的液体同时导致支撑着毛细胞的基底膜振动。根据膜的宽度和刚度，基底膜的不同部分响应不同频率的声音。基底膜的基部窄而厚，用

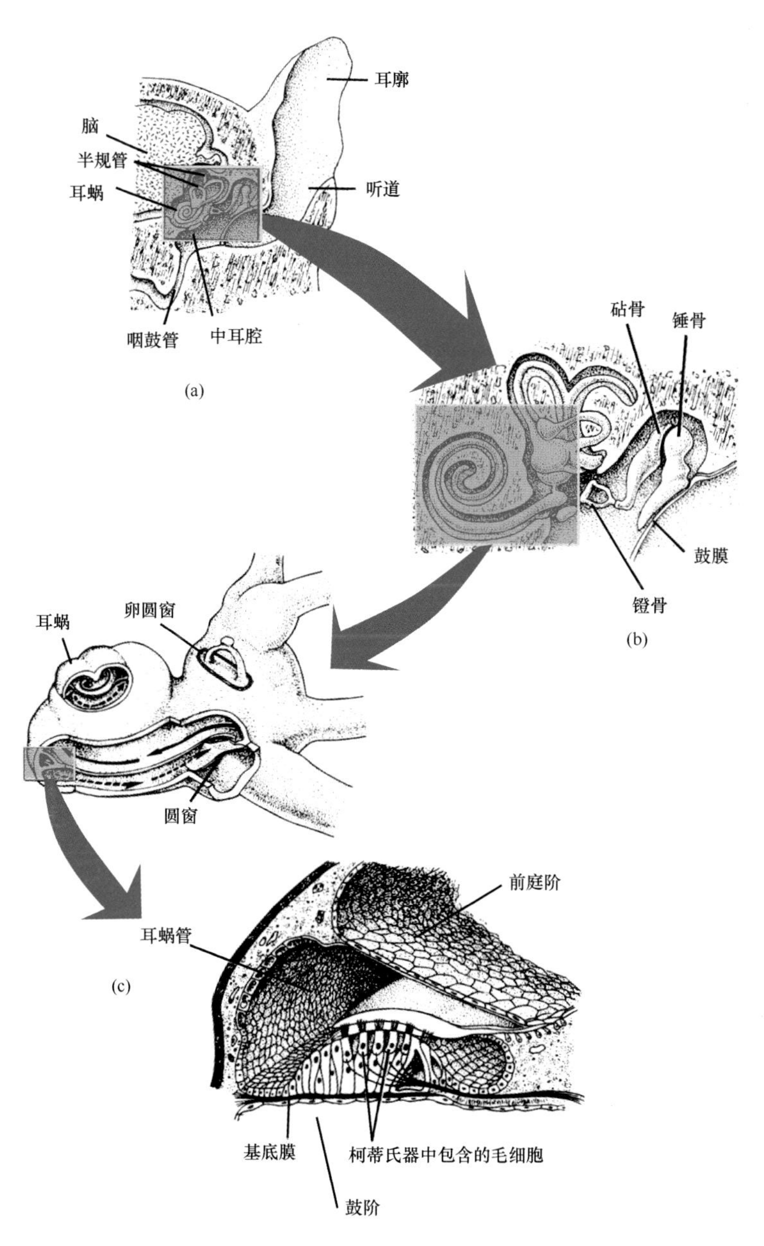

图 11.2 典型哺乳动物的耳

(a) 通过典型哺乳动物颅骨的横截面；(b) 耳蜗的内部结构；(c) 柯蒂氏器的截面

(卡顿，1995 年)

于探测高频率；顶部宽而薄，用于探测低频率。声音的振幅或音量，通过受到刺激的毛细胞数量测定；而其频率或音高，取决于受刺激毛细胞的分布模式。

11.3.2 鳍脚类动物的发声和声接收

鳍脚类动物发出的声音在空气中传播时，通常处于人类听觉的范围之内，人们常将这些声音描述为呼噜声、喷鼻声或似吠声。研究者推定，这些声音有时与它们的社交功能有关，例如繁殖期的雄性会发出“威胁性咆哮”，母亲会发出“吸引幼仔的召唤”。大部分鳍脚类在喉中发声，而雄性海象（*Odobenus rosmarus*）还会用它们的牙齿制造噼啪作响的声音，并用膨胀的咽囊（喉袋）在空气中和水下发出独特的钟铃般声音。只有雄性具有咽囊，它们主要在繁殖季发出钟铃般声音，作为求偶展示的重要环节。髯海豹（*Erignathus barbatus*）和带纹环斑海豹（*Histriophoca fasciata*）还具有可膨胀的咽囊，在发声中具有作用（见下文），但它们的解剖结构尚不清楚。冠海豹（*Cystophora cristata*；见第13章描述）的冠和鼻中隔用于在水下和空气中发出声音。成年雄性在求偶或战斗时会发出这些声音（特休恩和罗纳德，1973年；巴拉德和科瓦奇，1995年）。

除耳廓缩小（海狮类）或完全缺失（海豹类和海象）（图11.3）外，鳍脚类在空气中接收声音的系统与典型哺乳动物的耳并无明显不同。鳍脚类动物的鼓泡相对较大，因此中耳腔也大，这使它们在空气中具有更出色的低频听觉。在空气中，鳍脚类动物的听觉与陆地哺乳动物相似：声音通过外耳道传导至鼓膜，并通过听小骨传导至内耳。尽管如此，鳍脚类动物的耳确实显示出一些适应水下听觉的变化。这些变化增强了声接收功能。外耳和中耳含有海绵状组织，当鳍脚类动物下潜时能够充满血液。除在下潜时有助于压力平衡外，这些海绵状组织还可能增强传导至内耳的声音，特别是可使耳部对高频率更加敏感（雷佩宁，

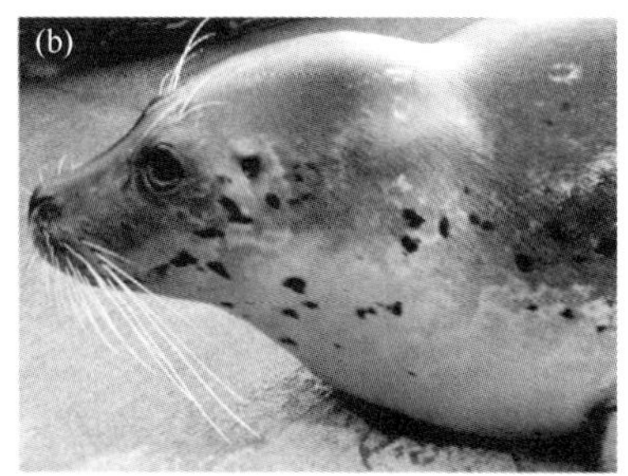

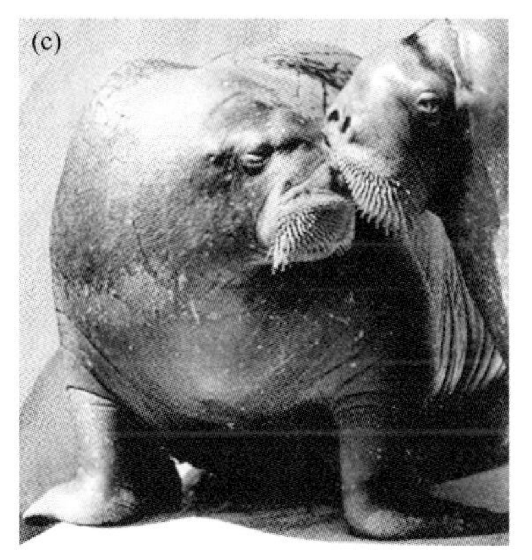

图 11.3 鳍脚类动物耳部侧视图

（a）海狮；（b）港海豹；（c）海象

1972年；卡斯特莱恩等，1996年）。中耳专门适应了水中通过骨传导的听觉（莫尔，1968年；努梅拉，1995年，2008年）。海豹类的中耳骨显示出许多变化（例如，砧骨极度扩张以致形成砧骨头，在锤骨上演化出额外的接合），而海狮类、海象或其他食肉目动物没有这些特征。海象和海豹类的中耳骨均变大。它们还都具有特化的锤骨（怀斯，1987年）和其他耳部复合体特征，包括外耳廓消失、耳孔受到肌肉控制，外耳和中耳分布有海绵状组织、听泡膨胀和鼓膜扩大（瓦尔特佐克和凯登，1999年）。研究者据此描述了独特的"海豹耳型"，存在于所有海豹和海象中（努梅拉，2008年）。听小骨的变大使振动的听骨链的质量增加，这还改变了听骨链的旋转轴，实现了骨传导的听觉。在海豹和海象中，听小骨质量的增加改变了它们在空气中的听觉频率范围（偏向较低频率）；而海狮的听觉略偏向较高频率（努梅拉，1995 年；荷米拉等，1995 年）。鳍脚类动物具有敏感的水下听觉，与鲸目动物和海牛目动物类似，并保留了其陆地近亲在空气中的听觉能力。海豹类和海狮类的水下听力图就听觉阈值而言存在差异。在海狮类动物中，水下和空气中的听力图相似，而许多海豹类物种的水下高频限值范围为 70~100 千赫兹，这明显比空气中的高频限值更高（荷米拉等，2006 年；莱克马特等，2013 年）。以新数据和实验协议为基础，对鳍脚类动物的听觉进行了一项重新评估，研究结果表明，鳍脚类动物通常对宽频率范围的声音敏感，但与鲸目动物和海牛目动物的最低阈值（40~50 分贝之间）相比，鳍脚类动物的最低阈值（55~58 分贝）略升高。此外，与鲸目动物或海牛目动物相比（除海牛属所有种（*Trichechus* spp.）外），鳍脚类动物的高频听觉限值出现在更低的频率（莱克马特等，2013 年）。

11.3.3 鲸目动物的发声和声接收

11.3.3.1 *发声*

经过了数十年的研究之后，关于齿鲸类动物发声系统的解剖学来源已少有争论。许多研究（克兰弗德等，1996 年，1997 年）的结果确切地证明，小型齿鲸位于呼吸孔内的鼻囊系统是发出哨叫声和回声定位咔嗒声的结构（图 11.4）。

基本的齿鲸类动物发声系统（图 11.4）包含一个与上鼻道相联系的结构复合体，称为“猴唇”/背囊（MLDB 复合体）。术语“猴唇”源自抹香鲸用以发声的囊的外观（图 11.5（a）），但在较小的齿鲸中这一结构有差异。因此，研究者首选不太生动、但更具描述性的术语“**声唇**”定义该结构，不过有时仍使用 MLDB 这一缩略语。除抹香鲸外的所有齿鲸都具有两对声唇，位于头顶两侧。每对声唇恰好位于前庭气

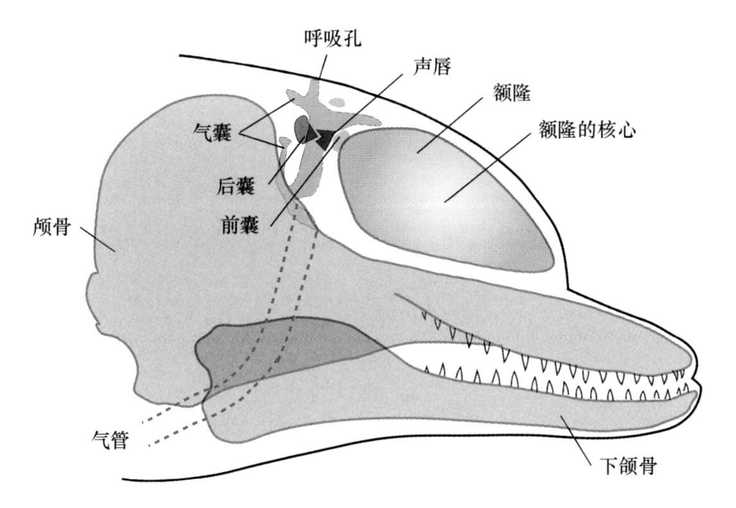

图 11.4 海豚头部的半透明示意图

显示额隆的位置和相关的发声结构，脂质密度的变化以底纹表示

（根据克兰弗德等（1996 年）作品修正）

囊的腹侧面之下，并包含下列结构：一对充满脂肪的前后背囊中嵌入一对狭缝状的肌肉声唇、一片弹性软骨（囊软骨）和一条结实的呼吸孔韧带，所有结构都悬挂在一系列肌肉和气腔中（克兰弗德等，1996 年）。克兰弗德（1988 年，1992 年）和克兰弗德等（1996 年）已提出，尽管海豚和抹香鲸的头部存在明显的结构差异，但抹香鲸和其他齿鲸发出咔嗒声的机制是同源的。例如，他们提出：抹香鲸的废脑油（图 11.5（b））与其他齿鲸的额隆同源，抹香鲸的鲸蜡器官与其他齿鲸的右后囊同源。

对同源的发声结构进行了比较，表明所有的齿鲸都使用相似的机制发出脉冲回声定位信号。咔嗒声通过鼻孔内腔中的气动增压产生。克兰弗德等（1996 年）假设，当声唇之间压迫空气时产生震音。声唇的周期性开放和关闭挤爆了气流，发出一列咔嗒声，并且决定了咔嗒声的重复率。当声唇猛然闭合产生咔嗒声时，囊中可能发生振动。它们调控鼻孔背侧气道中的空气运动时，可能涉及鼻栓及其结节、呼吸孔韧带和其

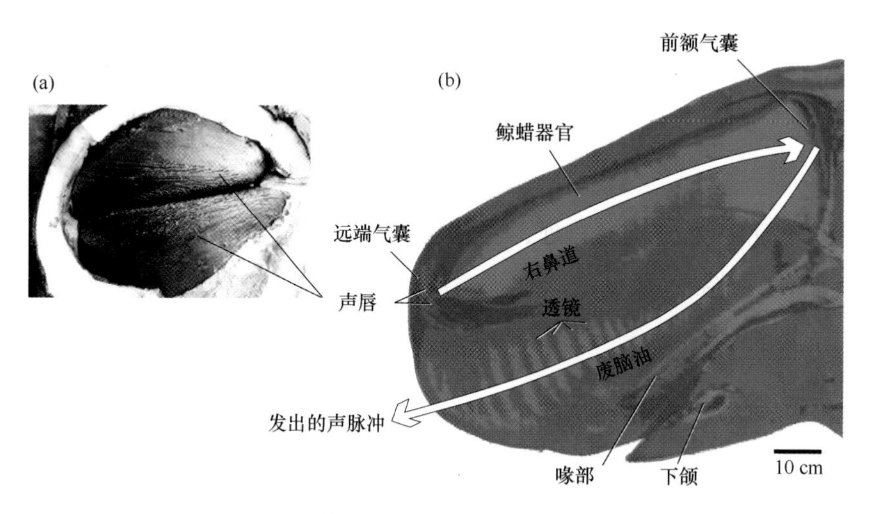

图 11.5 抹香鲸的发声系统解剖和截面图

（a）抹香鲸的发声系统，去除了部分声唇与远端前囊（照片提供：T 克兰弗德）；（b）一头新生抹香鲸头部的计算机辅助断层摄影（CAT）径向截面，主要的发声结构以标记指出，箭头表示推定的声脉冲路径：自声唇通过鲸蜡器官至前额气囊，在气囊中声脉冲反射向前，并通过废脑油的脂肪透镜阵列会聚为一束（CAT 截面来自克兰弗德，1999 年）

他膜的运动，这些结构也可能用于发出哨叫声。克兰弗德等（1997 年）使用高速内窥镜对发声的宽吻海豚进行直接观察，证实声唇是用于产生回声定位信号的唯一结构。

许多研究探索了鲸豚类动物如何同时驱动两对声唇以产生两股脉冲，然后融合并形成单一的回声定位咔嗒声，这称为双重驱动假说。如马德森等（2013 年）的论述，一些研究支持该假说，但其他研究结果与其不符，而是认为进行回声定位的齿鲸以单一信号源调制声束。马德森等（2013 年）测量了海豚科动物在回声定位时的发声，并为下述假说提供了支持：齿鲸每次仅使用一对声唇产生咔嗒声，并且它们主要使用右边的那对声唇发出回声定位的咔嗒声，而左边的那对声唇则用于发出哨叫声。

小型齿鲸的发声系统与声传导结构（额隆）结合，使发出的声音会聚并向前传入水中。额隆位于颅骨顶部，在声唇的前面（图 11.6）；额隆由低密度脂类和结缔组织构成，具有声透镜的功能，可在额隆前面形成会聚的定向波束（图 11.7）。抹香鲸的发声系统更大、结构上更复杂，与小型齿鲸的发声系统有很强的同源性，但也存在重要差异。抹香鲸除具有明显的鲸蜡器官外，其声唇（即，猴唇）大而角质化，位于废脑油和鲸蜡器官的前端（图 11.5（a））。使用计算机辅助断层摄影（CAT）扫描数据，对额隆形态学（即，密度结构、长度、形状及与囊的连接）进行了一项研究，揭示出影响各种齿鲸发声信号的特征。例如，额隆结构可能具有滤波器的作用，可为通过头部传导的声音频率设定下限（麦肯纳等，2012 年）。

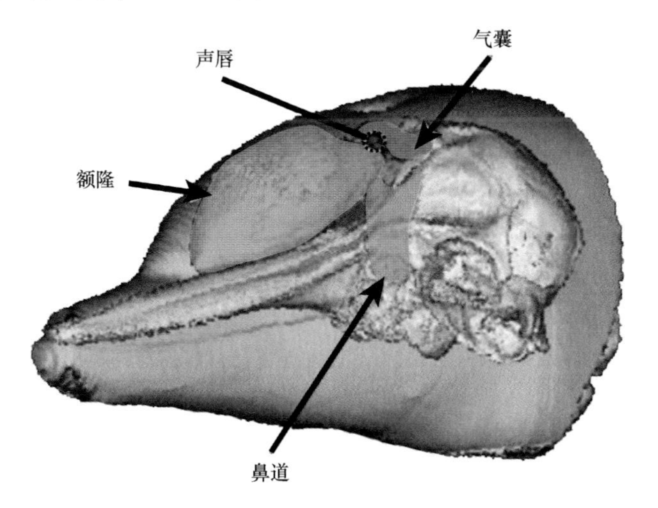

图 11.6 对宽吻海豚头部的斜位 CT 扫描，显示额隆、气囊和鼻道的位置（彩色）（麦肯纳等，2012 年）

抹香鲸的发声包含着混响脉冲，与海豚科动物的发声相比，混响脉冲的重复速率较慢、频率较低（图 11.8（a））。每次咔嗒声中包含着一系列间隔均匀的脉冲，每次脉冲持续约 24 毫秒，脉冲的振幅逐渐衰减（图 11.8（b））。诺里斯和哈维（1972 年）首次提出了抹香鲸的咔

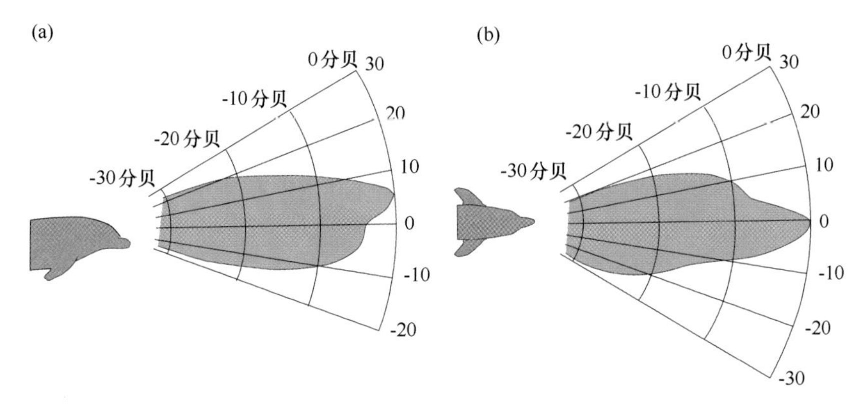

图 11.7　宽吻海豚的声束会聚传播模式

（a）垂直面；（b）水平面（根据奥（1993 年）作品重绘）

嗒声具有多脉冲性质的机制。他们指出，声唇产生的声脉冲从鲸的头部向前传入水中。部分声能被远端气囊向后反射通过鲸蜡器官，然后再自前额气囊向前传导。在逐次反射中，一些声能传入鲸前方的水中，一些再次反射回来通过鲸蜡器官。抹香鲸以较少的能量，降低一次咔嗒声内每次连续脉冲的声压级（SPL），然而相邻脉冲时间间隔保持恒定（图 11.8（b）和图 11.9（a））。相邻脉冲时间间隔可解释为远端和前额气囊之间反射的声脉冲的双向传播时间；对每头鲸的个体而言，脉冲序列的这个特征为常量。

莫尔等（2003 年）研究了抹香鲸的回声定位，并提出一种更加复杂的不同构想。莫尔等（2003 年）使用水听器星阵测定正在觅食的抹香鲸的发声方向性，发现当该阵列的一部水听器相对于抹香鲸“同轴”（认定为与鲸的回声定位声束对准）时，咔嗒声的多脉冲特性消失（图 11.9（b））。单脉冲的咔嗒声的定向性强，声源级很高（约 235 分贝；可能是由除人类外的动物产生的已知最响亮的声音）。莫尔等（2003 年）提出，抹香鲸的鼻部具有声学倍增器的作用。声唇产生的声脉冲的几乎全部能量（图 11.9（b）中的 p0）向后传递，通过鲸蜡器官至

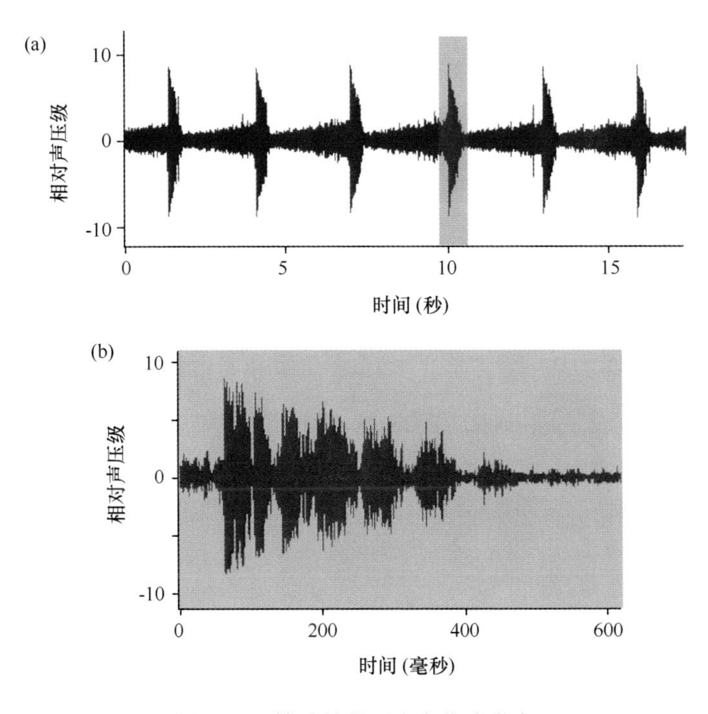

图 11.8 抹香鲸的回声定位咔嗒声

（a）一系列回声定位咔嗒声的相对声压级，间隔约 2.5 秒；（b）分离自（a）的单一咔嗒声（有色区）时序脉冲声压级的衰减

（注意时间尺度的变化；记录提供：J 费希）

前额气囊，然后反射向前传递，通过废脑油而非鲸蜡器官（图 11.5），进而作为 p1 脉冲（图 11.9（b））射出。废脑油的脂肪透镜可将声音会聚为向前的波束，与小型齿鲸的额隆功能相似。然而，“离轴的”水听器记录下了较低强度、非定向、多脉冲的咔嗒声，见图 11.8（b）和图 11.9（a）的描述。只有“同轴的”水听器能够记录定向的单脉冲咔嗒声特征，因此对抹香鲸咔嗒声的大部分记录仅包括离轴的咔嗒声特征，研究者在过去 30 年间使用这些特征描述抹香鲸的咔嗒声特性。

尚未有解剖学研究表明，须鲸类动物存在和齿鲸类动物相当的发声或声传播结构特化作用。须鲸类动物具有喉，但声带缺失。无论以前的

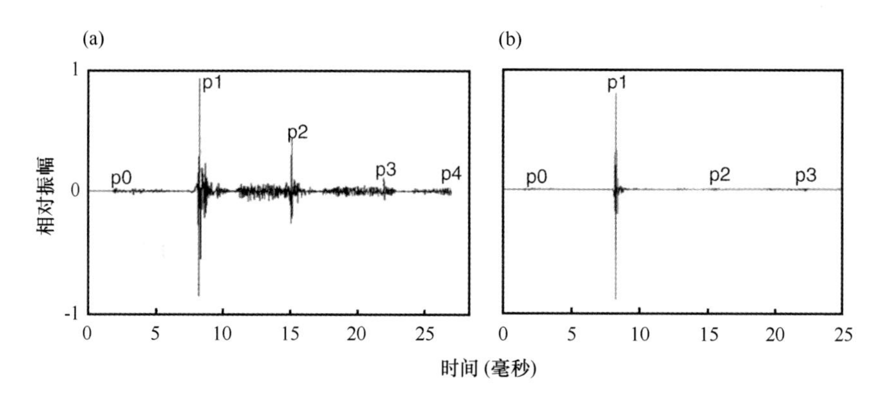

图 11.9　抹香鲸咔嗒声的定向性

（a）离轴记录单一咔嗒声的相对声压级，显示减小的强度和一些回响；（b）同轴单脉冲，表明几乎完全没有（a）中显示的回响脉冲；p0 表示实际声唇脉冲的时间

（根据莫尔等（2003 年）作品修正）

论断如何，对喉部的解剖学研究显示，须鲸类动物具有 U 形声襞，似乎与陆地哺乳动物的声襞同源。须鲸类动物喉部的解剖结构说明该器官具有多重功能，包括气流调节和发声（雷登伯格和莱特曼，2007 年；舒恩弗斯等，2014 年；甘迪霍恩等，2014 年）。研究者认为须鲸类动物的硬膜窦参与发声，但迄今为止尚未证实存在清晰或普遍的机制。

11.3.3.2　声接收

对野外和圈养鲸类的行为学研究表明，所有的鲸目物种均具备良好的听觉，其中齿鲸类动物对很宽的频率范围都很敏感（图 11.10）。然而，实验证据在很大程度上将研究限定于小型、圈养的齿鲸。它们的声探测系统必须适应自身咔嗒声的非常微弱的回声，但必须同时承受头部邻近区域发出的咔嗒声的高能量。

在典型哺乳动物中，外耳道是连接外耳和中耳的声传导通道。齿鲸类动物的外耳道极其狭窄，须鲸类则完全阻塞，以致有人争论它是否具有功能。在须鲸类动物中，鼓膜延伸进耳道，这个“指套”状结构止

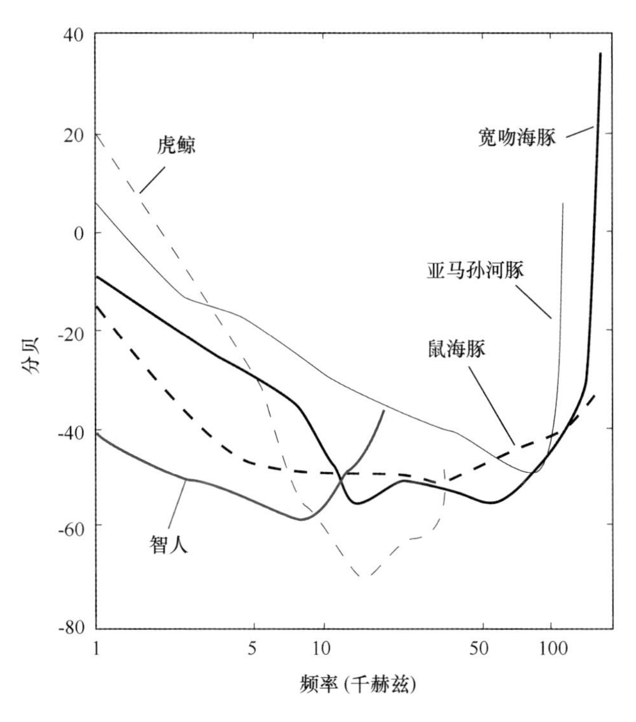

图 11.10 一些齿鲸物种（虎鲸、宽吻海豚、鼠海豚和亚马孙河豚）的听觉敏感度曲线（听力图）

（根据奥（1993 年）作品重绘）

于角状的耳垢栓（由耳道内壁的死细胞组成），耳垢栓可长达 1 米（图 11.11）。

对海豚头部的听觉敏感区进行了测绘，结果显示其外耳道对声音的敏感度约为下颌的 1/6。在实验鉴别测试中，当给海豚的下颌套上减音橡胶罩时，海豚的回声定位表现显著变差（博瑞尔等，1988 年）。这些结果支持诺里斯（1964 年）首次提出的假说：齿鲸类动物的声接收路径非同寻常，通常称为“颌骨听觉”。下颌的后部也称盘状骨，向后外倾且非常薄，以致呈半透明状。在两侧下颌的下颌孔中，有脂肪体直接与中耳听泡的外侧壁相连（图 11.12）。这些脂肪体，如同海豚的额隆或抹香鲸的鲸蜡器官中的脂质，是低密度声通道，可将声音从下颌的外侧部分直接传导至中耳。对下颌（例如，库普曼和札霍洛多尼，2008年；札霍洛多尼等，2009年）和额隆（例如，瓦拉纳西等，1975年；利奇菲尔德等，1979年）内的听觉脂质进行研究并提出了分子骨架，进而可探索这些脂类在声束形成中的作用。

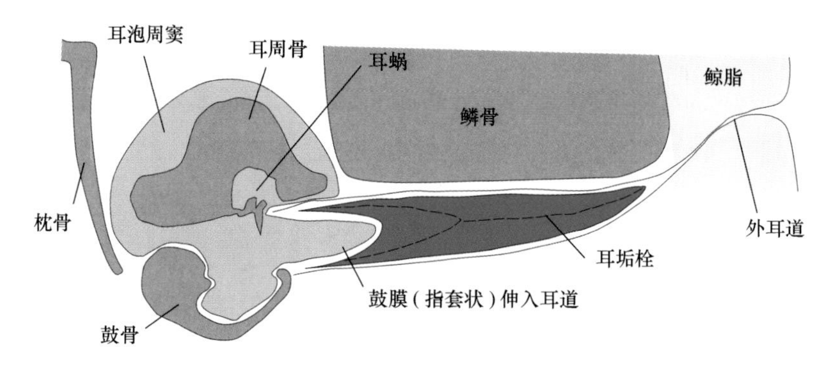

图 11.11 须鲸类动物耳区横截面简化描述

（根据雷森巴赫·德汉（1956年）作品修正）

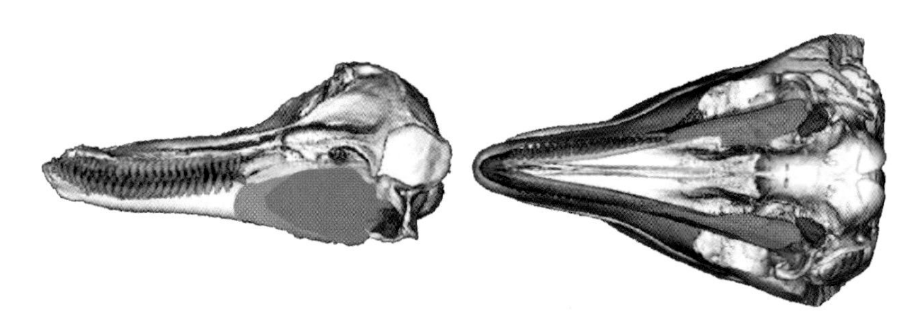

图 11.12 海豚头部的半透明图解

显示下颌与侧向脂肪通道的位置，以阴影表示脂质密度的变化，并标示出中耳和耳蜗的大致位置；根据大西洋宽吻海豚（*Tursiops truncatus*）颅骨与颌部的 CT 重建显示声接收解剖结构：(a) 侧面观；(b) 腹面观（克兰弗德等，2010年）

克兰弗德等（2008年a）使用有限元建模方法对居氏喙鲸（*Ziphius cavirostris*）的颅骨进行研究，发现了另一条听觉通路。根据他们的研究工作，声音进入头部并穿过咽喉区，然后传导至下颌的脂肪体，该结构与对应侧的骨质耳（岩鼓）复合体相连（图 11.12，克兰弗德等，2010年）。对齿鲸类下颌的形态变化（巴罗索等，2012 年）进行了形态测定研究，揭示出它们的下颌前部（摄食）和后部（听觉）均有差异。研究显示，下颌后部（即，下颌孔）的差异在声接收系统中很重要（克兰弗德等，2008 年 a，2008 年 b）。

同齿鲸类听觉研究相比，对须鲸类听觉的研究发展得较缓慢。须鲸类的体型庞大，并且它们很少生活在圈养环境中，从未得到驯化，这些使得它们难于控制，因此很难进行听觉研究。关于须鲸类的听觉系统如何运作，学界并无一致结论。根据大和等（2012 年）的描述，小须鲸的下颌毗邻一块脂肪体，位于岩鼓复合体侧面（图 11.13），这说明脂质的声接收通路可能并非齿鲸类所独有。一项相关的研究显示，与须鲸类动物（小须鲸（*Balaenoptera acutorostrata*）和长须鲸（*Balaenoptera physalus*））耳部脂肪有关的脂肪组织的脂类成分不同于齿鲸类的耳部脂肪，前者中的脂类也常见于哺乳动物的脂肪组织（大和等，2014 年）。

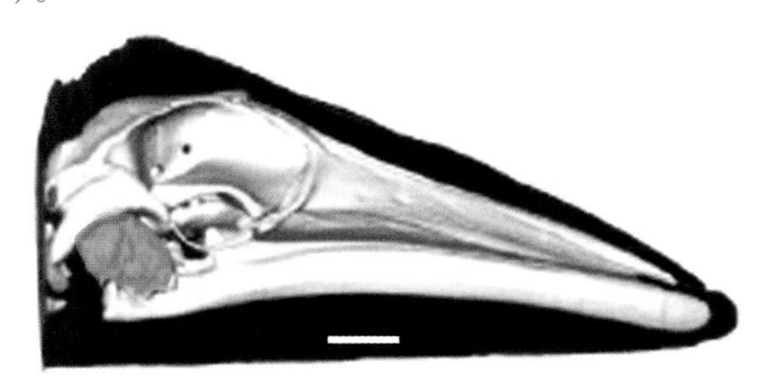

图 11.13　根据小须鲸颅骨与颌部的 CT 重建显示声接收解剖结构
（大和等，2012 年）

齿鲸类动物的耳具有两个清晰的组成部分：鼓骨和耳周骨（鼓骨-耳周复合体），两者都由高密度或骨肥厚的骨组成（关于齿鲸耳区进化的讨论，见奥尔施拉格，1986 年 a，1986 年 b）。鲸目动物的鼓骨和耳周骨在外观、构造及与头盖骨的联系上不同于其他哺乳动物。在大小、形状、结构成分（例如，基姆等，2014 年），以及鼓骨和耳周骨的相对体积方面，须鲸类和齿鲸类的耳复合体存在差异，但这两个世系的一些耳部结构比例相当（努梅拉等，1999 年 a，1999 年 b）。耳泡的大小与动物的体型有强相关性；须鲸的耳泡为大部分齿鲸的 2~3 倍大。齿鲸的耳泡周窦中充满一种由黏液、油和气体组成的乳状液体，将鼓骨-耳周复合体与邻近的颅骨隔离。稀疏的结缔组织网络使得耳复合体悬浮在乳状液体中（图 11.14（a））。因此，它们的耳与颅骨和对侧耳相隔离，作为独立的声接收器，能够更好地定位收到回声的声源的方向特征。

齿鲸类动物和须鲸类动物的鼓膜均缩小为一块钙化的韧带（常称为鼓韧带）。该韧带的顶端与锤骨连接（图 11.14（b））。荷米拉等（1999 年，2001 年）提出了齿鲸类中耳的力学模型，努梅拉等（2007 年）和努梅拉（2008 年，2009 年）对该模型进行了评价。根据该模型，传入的声音导致鼓骨（特别是其腹外侧薄壁或鼓板）振动。硬化的锤骨通过一块薄的锤骨前突连接鼓板，因此鼓板的振动通过听骨链传递至卵圆窗和内耳液体。该骨骼机制包括两个杠杆：一个由鼓板产生；另一个产生自将声音振动传递给内耳液体的听小骨。该模型非常符合一些齿鲸物种在其整个听觉频率范围内的行为学听力图数据，而且对于可获得足够的中耳解剖数据的动物而言，该模型还可用于预测它们的理论听力限度。克兰弗德等（2010 年）使用振动分析，通过添加软组织背景，详细阐述了该模型。振动分析表明，岩鼓复合体的各组成部分发生了位移（例如，S 型突或中耳听小骨的运动），这表明相互作用比之前报道的更复杂。

对内耳功能的研究集中于耳蜗的构造和基底膜的共振特征。研究者建立了模型，基于对基底膜的测量，预测鲸目动物的听觉频率范围

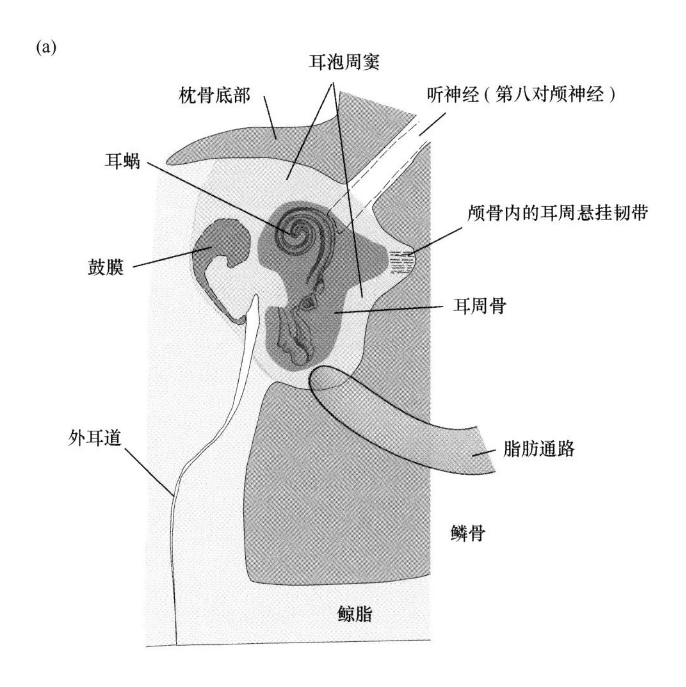

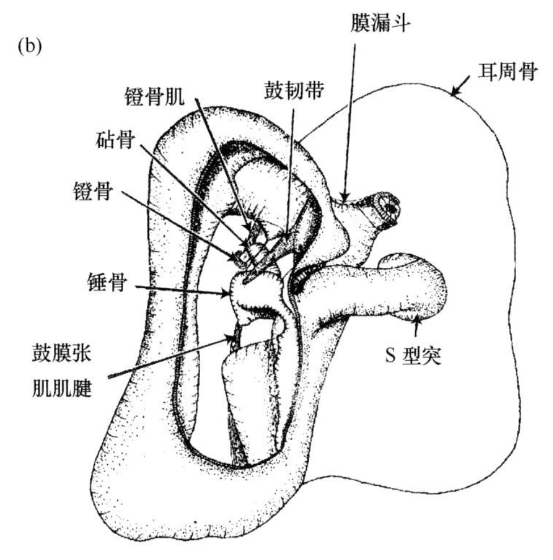

图 11.14　齿鲸类动物耳部解剖示意图

（a）齿鲸类动物耳区腹面观（不含鼓骨）示意图，显示耳周骨、耳泡周窦、乳突、枕骨和副枕突（奥尔施拉格，1986 年 a）；（b）宽吻海豚的右听泡和中耳，详细显示鼓骨，耳周骨仅以轮廓表示（麦考密克等，1970 年）

（例如，凯登和瓦尔特佐克，1990 年）。齿鲸类动物的高频率听力极佳，它们的基底膜通常厚而相对狭窄，广布外螺旋层和高密度的螺旋神经节细胞（例如，凯登，2000 年）。齿鲸类耳蜗的其他差异包括耳蜗的周数和膜支撑结构的分布（见凯登等，1992 年；斯珀尔等，2002 年）。最近以来，研究认为耳蜗的形态与声学以及环境偏好有关，这个观点需要接受进一步研究的检验（古斯泰恩等，2014 年）。

11.3.4 其他海洋哺乳动物的发声和声接收

与鳍脚类动物和鲸目动物相比，人们对海牛目动物的发声和声接收系统知之甚少。儒艮（*Dugong dugon*）和海牛似乎从喉中发出啁啾声和其他声音。解剖学和声学证据表明，声襞是海牛发声机制的关键。虽然尚未确定海牛目动物在水中传播声音的通路，但它们具有柔韧的鼻腔并存在多处脂肪垫（即，口部、喉部和鼻部脂肪层），这些可能说明海牛目动物有能力使用喉部发出多样化的声音，非常类似于它们的近亲——象类（朗德罗·吉瓦内蒂等，2014 年）。海牛没有外耳廓，其外耳孔缩小，成为通向狭窄的外耳道的微小开口。耳复合体包括一块较大的双裂片耳周骨和一块较小的鼓骨。海牛目动物的鼓骨-耳周复合体由异常致密的骨组成，类似于鲸目动物；但复合体通过骨质连接与头盖骨内壁相连（图 11.15），这又不同于鲸目动物（复合体与颅骨分离）。耳周骨及其与鳞骨融合部分在颅骨内的位置对听觉具有重要的意义。耳周骨通过骨桥与鳞骨上的颧突相连。海牛目动物的颧突是膨大、充满油的海绵状硬骨，类似于齿鲸类动物中充满脂肪的下颌管。颧突可能在声接收中具有低频率声通道的重要作用（布洛克等，1980 年；雷诺兹和奥德尔，1991 年；凯登等，1992 年）。虽然海牛的脂类成分不同于齿鲸中具有声学功能的脂肪，但颧突的多孔骨仍可能与骨中的脂质相结合，为声音的传导提供一条通路（埃姆斯等，2002 年；朗德罗·吉瓦内蒂等，2014 年）。未来的比较研究可能会揭示出关于声接收的趋同机制。就从底部到顶部的宽度变化而言，海牛的耳蜗与其他哺乳动物具有显著差异，海牛耳蜗基端的基底膜为 3 倍宽，而相比之下鲸目动物的宽度变化可达 14 倍（凯登等，1992 年）。

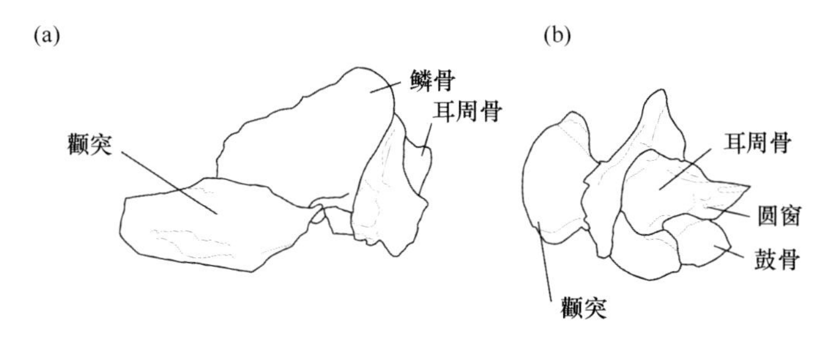

图 11.15 海牛的鼓骨–耳周复合体图解

（a）侧视图；（b）后视图（凯登，1992 年 b）

研究者将佛罗里达海牛（*Trichechus manatus*）颧突中的脂类成分与宽吻海豚的盘状骨脂肪体进行比较，发现海牛样本不含异戊酸，而在宽吻海豚和其他一些齿鲸中均可发现异戊酸，研究者认为该物质与声传导有关（见第 8 章）。这些结果说明，海牛的声传导可能涉及一种不同的脂类复合体（埃姆斯等，2002 年）。海牛的中耳结构表明，同与大部分哺乳动物相比，它们缺少声敏感性和方向性。海牛的任何种都不具有超声听觉的迹象。海牛的耳部听觉缺乏方向性和对高频率的敏感性，这种综合影响可解释它们为什么难以做出规避机动的现象。规避机动能力的不足导致海牛每年因船只碰撞而大量死亡（诺瓦塞克等，2004 年）。

已灭绝海牛类动物的鼓骨–耳周复合体与现代佛罗里达海牛非常相似，并与完全水生动物相一致。这说明自从该类群于 5000 万年前出现后，海牛类动物的听觉系统发生的功能改变很少。人们通常认为，听觉是海洋哺乳动物的最重要和最发达的感官，而海牛似乎是该结论的一个例外。

海獭和北极熊的发声和听觉系统与陆地食肉目动物类似，没有适应水下发声或听觉的明显特化作用。

11.4 主动发声的功能

11.4.1 鳍脚类动物

研究者将鳍脚类动物在空气中的发声进行归类，依据是物种、年龄、性别，以及个体是在繁殖群体中，还是在非繁殖群体中。海豹类的一些物种在陆地上时实际上不发声，而大部分海狮类群体噪声嘈杂。雄性加州海狮（*Zalophus californianus*）会发出一种响亮、定向的似吠声，宣示统治权并恐吓其他雄性。雄性海狗可发出多种更加复杂的声音，包括一种非定向的“似喇叭声”威吓咆哮，这种叫声具有足够的鉴别性，可用于和邻近繁殖领地的雄性相互识别，它们因此不必经常应答近邻的发声，而专心应对侵犯它们领地的陌生雄性（卢克斯和朱文汀，1987年）。占据统治地位的雄性象海豹（*Mirounga* spp.）也会在拥挤的繁殖地重复发出响亮的声音，可能用于交流它们相对于附近其他雄性的繁殖等级，音量超过背景繁殖地的噪声。在不同的繁殖地间，这些威吓发声存在显著的差异，可认为是独特的区域性方言（雷波夫和佩特里诺维奇，1975年）。种内发声的地理变化也可见于高纬度的威德尔海豹（*Leptonychotes weddellii*）和髯海豹，本章稍后将对此进行讨论。

海象会在大部分陆地或冰上社交互动中发出声音。经空气传播的海象发出的声音类别包括咆哮声、呼噜声和喉音，用于威吓，有时还结合长牙的展示。它们还会发出似吠声，这种鉴别性的响亮叫声具有多种功能，既包括成年海象发出的顺从吠声，也包括幼年海象在虚弱痛苦时的吠声（米勒，1985年）。海象还会在发情期发出一种哨叫声（维尔布姆和卡斯特莱恩，1995年a）。

鳍脚类动物在空气中的另一种发声是亲子召唤（母亲和幼仔间的

召唤）。大部分鳍脚类物种的母亲和幼仔可发出特定的声音，帮助相互识别和定位。对于象海豹等鳍脚类动物，母亲和幼仔在整个哺乳期都不会分开，这些召唤有助于一对母子在拥挤的繁殖地保持联系。当母海狮或母海狗觅食完毕并从海中返回时，会发出独特的召唤声以吸引它们的幼仔。即使数只幼仔可能同时回应一头母亲的召唤，每只幼仔也能够识别母亲的声音，而母亲可通过发声以及视觉、嗅觉和空间线索识别幼仔（卢克斯和朱文汀，1987 年；汉奇，1992 年；雷曼和特休恩，1993 年；科瓦奇，1995 年）。竖琴海豹（*Pagophilus groenlandicus*）幼仔的发声非常复杂。虽然母亲照料的时期非常短，但这些发声可能代表了一个发展阶段，终将发展为成年鳍脚类复杂的水下交流系统（米勒和默里，1995 年）。

鳍脚类动物在一般的社交互动和繁殖活动时，会在水下发出多种声音（斯特林和托马斯，2003 年）。哨叫声、啁啾声、颤音和低调蜂音是威德尔海豹的特征性声音，用于宣示领地（托马斯和库奇勒，1982 年；图 11.16）。莫尔斯和特休恩（2004 年）指出，有节奏的重复发声可增加它们被同类探测到的可能性。在冠海豹（巴拉德和科瓦奇，1995 年）和髯海豹（例如，克利特等，1989 年）中也记录到了与威德尔海豹相似的颤音。研究表明这些颤音可能用于建立和维持水中领地以及吸引雌性配偶（范・巴利斯等，2001 年，2003 年 a，2004 年）。雄性髯海豹在发出颤音时表现出明显的个体差异（图 11.17），这些颤音由振荡的啁啾声组成，啁啾声的频率有变化，并不时为短暂、未调制的低频呻吟声所打断（雷等，1969 年）。对于发声场所，一些雄性在数年间都表现出栖息地忠诚度（范・巴利斯等，2001 年，2003 年 a）。研究者将豹形海豹（*Hydrurga leptonyx*）的发声描述为柔和、抒情般的呼唤，而非在其他大部分海豹中常见、充满侵略性的呼噜声、似吠声和呻吟声。豹形海豹的发声可能与它们独居的社会系统有关，它们不需要将叫声用于领地防卫或动物间的争斗（罗杰斯等，1995 年；托马斯和高乐岱，1995

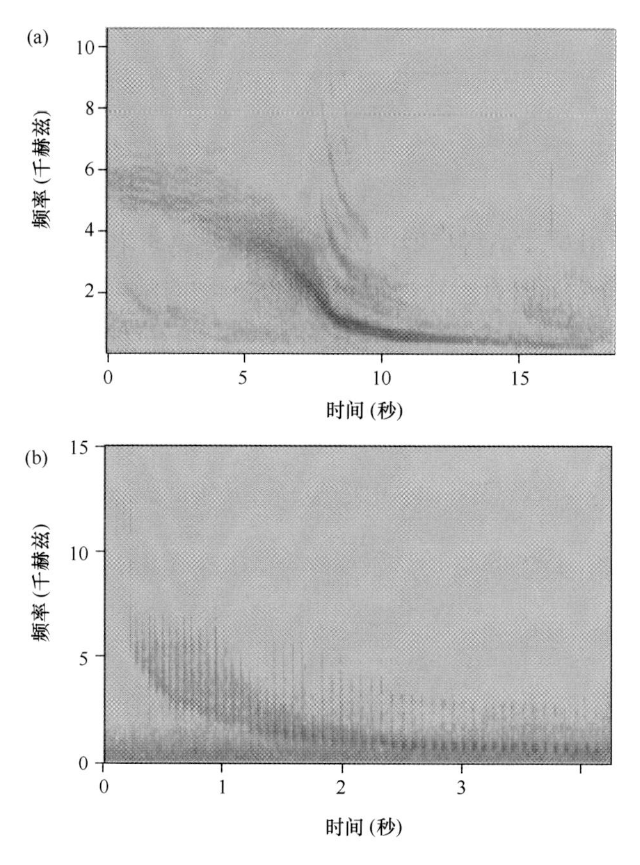

图 11.16 威德尔海豹发声的声谱图

（a）下行的颤音；（b）下行的蜂音

年）。在南极洲的另一边，豹形海豹多种发声的变异说明存在地理变异（托马斯和高乐岱，1995 年）。类似的研究表明，这同样适用于南极洲周围的威德尔海豹种群（帕尔等，1997 年，和其中引用的参考文献）以及在大洋、区域、种群和亚种群水平上的雄性港海豹（*Phoca vitulina*）（范·巴利斯等，2003 年 b）。豹形海豹发声的行为环境研究显示，成熟的雄性个体通过发声宣示它们的交配意愿（罗杰斯等，1996 年）。类似地，汉奇和舒斯特曼（1994 年）报道的证据表明，雄性港海豹在繁殖季期间能在水下发声。这项研究的结果说明，这些发声可用于雄性之间的竞争或用于求偶展示以吸引雌性。随后研究者对在加州水域中发声的雄性港海豹进行了录影记录，在录影中，可能地位较低的几头雄性海豹围绕着一头“歌唱”的雄性海豹，它们常与“歌唱者”做出非侵犯性的身体接触。在圈养的髯海豹中也记录到了这种行为（戴维斯等，2006 年）。一头发声的海豹受到了一头或多头其他雄性海豹的陪伴，这些陪伴者与发声的雄性海豹保持着被动的口鼻部接触。这些非侵犯性的互动可能有助于建立一种社会等级制度，或者可能使参与者从求偶展示的雄性那里习得“近场”发声信息。圈养的雄性海豹的发声与在野生环境中的同类相似。

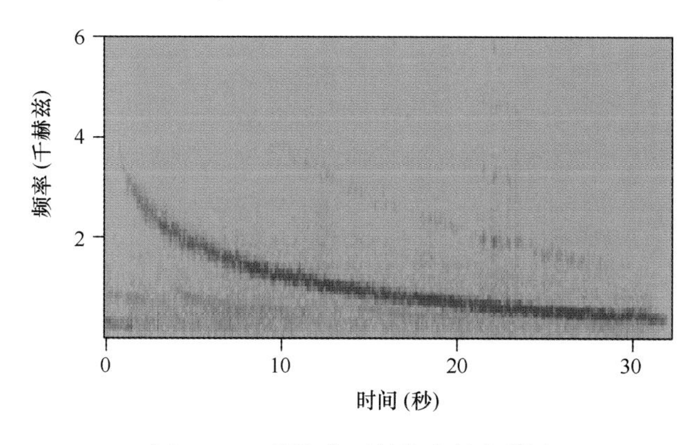

图 11.17　髯海豹下行发声的声谱图

在鳍脚类动物的水下声音中，雄性海象在繁殖季和非繁殖季中发出的声音最与众不同（图 11.18）。雄性海象会发出一系列敲击声（包括铃声、敲钟声、双重敲击声、双重敲击钟鸣声，以及门咯吱作响的声音）（谢维尔等，1966 年；费伊等，1984 年；米勒，1985 年；斯特林等，1987 年）。研究者对大西洋海象（*Odobenus rosmarus rosmarus*）的响亮、重复的水下发声展示（即，高强度、缓慢的重复“敲击声”和低强度、快速的“轻敲声”）进行了深入研究，将这些声音描述为歌声（斯加尔等，2003 年，和其中引用的参考文献），与座头鲸的歌声有相似的感觉（见 11. 4. 2. 2 中的介绍），不过海象的歌声持续时间较短，声音曲调的变化较少。在缺乏身体互动时，雄性海象的歌唱行为似乎可强化其优势地位。研究者还记录下了冠海豹（巴拉德和科瓦奇，1995 年）、威德尔海豹（托马斯和库奇勒，1982 年）和灰海豹（*Halichoerus grypus*）发出的水下敲击声（阿塞林等，1993 年）。

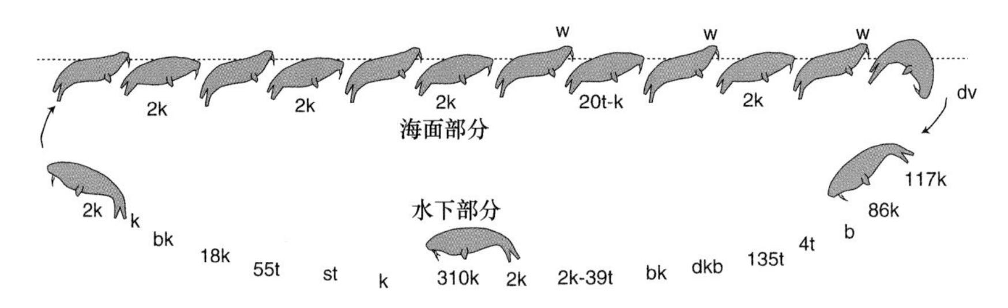

图 11. 18　一头雄性海象在一次求偶展示中的空间和发声结构

表现出 8 种不相关的发声：b-钟鸣声；bk-敲击钟鸣声；dk-双重敲击声；dkb-双重敲击钟鸣声；dv-潜水发声；k-敲击发声；st-弹奏声；t-轻敲声；w-哨叫声；数字为重复的次数（根据斯特林等（1987 年）作品重绘）

根据研究者的记录，一些海豹也会发出水下咔嗒声，包括港海豹、环斑海豹（*Pusa hispida*）、竖琴海豹、灰海豹和冠海豹（巴拉德和科瓦奇，1995 年，和其中引用的参考文献）以及一些种类的南极冰上海豹。雷努夫和戴维斯（1982 年）推测，这些咔嗒声用于回声定位，但舒斯特曼等（2000 年）和霍尔特等（2004 年）质疑这种观点。因此，目前学界在争论，一些鳍脚类是否具有回声定位能力，但没有关于鳍脚类进行回声定位的确凿证据（埃文斯等，2004 年）。

观察和实验研究表明，鳍脚类动物具有学习发声的能力，但关于鳍脚类动物的发声和声学交流，仍有大量知识有待探索。在此领域中，未来研究工作的方向有：研究详细的解剖学和神经生物学机制，以及在野生和圈养环境中对物种的典型声音进行特性描述（莱克马特和凯西，2014 年）。

11.4.2 鲸目动物

11.4.2.1 齿鲸类的听觉

(1) 回声定位

在所有哺乳动物中，约有20%的物种（大部分为蝙蝠类）解决了在黑暗中或视觉受限处标定自身方向并定位目标物的问题，方法是发出短时长声音，当声音从环境中的物体上弹回时倾听反射的回声。本质上，回声定位是一种专门类型的声音交流，可理解为动物将信息发送给自己。回声定位能力在至少5个哺乳动物世系中独立地进化。具有回声定位能力的动物包括著名的小蝙蝠，还有一些鼩鼱、金地鼠、鼯猴，以及一些海洋哺乳动物，尤其是齿鲸类。1938年，清楚地证实了蝙蝠的回声定位能力（皮尔斯和格里芬，1938年）；在25年后，报道了海豚的回声定位能力。根据凯洛格等（1953年）的报道，圈养的海豚能够听见频率高达80千赫兹的声音，麦克布莱德（1956年）提出了首批证据，表明宽吻海豚能够使用回声定位探测水下物体。关于海豚回声定位早期研究的更详细记录，见奥（1993年）的论著。最近的研究有力地支持蝙蝠和宽吻海豚之间的趋同进化，它们的许多基因与回声定位相关听觉有联系（帕克等，2013年）。

自从首次报道了齿鲸类动物（特别是圈养的海豚）的回声定位能力，研究者对该领域的兴趣与日俱增。由于仅能证实剥夺了其他感官运用的圈养动物有回声定位能力，目前明确证实能够进行回声定位的海洋哺乳动物不超过12种，均为小型齿鲸物种（大部分为海豚科动物）。然而，鉴于所有齿鲸都能在野生环境中发出咔嗒声或脉冲类声音，研究者可合理地推论，所有齿鲸都会主动地使用回声定位。研究者应用一些新的研究探查技术，例如计算机辅助断层摄影（CAT）和核磁共振成像（MRI），对发出和接收这些复杂声音的有关结构进行扫描，从而有助于阐明这些结构的功能。对圈养动物回声定位敏感度的行为学研究通常涉及一种训练计划，旨在建立动物行为的刺激控制（奥，1993 年）。因此，当任何刺激改变时，例如戴着不透明眼罩的海豚的前方目标物的大小或形状改变时，人们可测量到行为表现变化的结果。根据这种行为学证据，圈养的齿鲸类在目标辨别测试以及声音频率和强度测试中全都表现出色。它们能在一定程度上定位声源，这种能力与人类相当；它们还能分辨百万分之一秒时间差别，这种能力优于人类一个数量级。

在圈养环境下的大部分回声定位研究中，小型海豚一直是主要的研究对象。研究者也在野生环境下研究其他物种，旨在揭示回声定位和相关行为的同时识别功能（奥和荷晶，2003 年）。所有齿鲸的发声系统都能发出一列持续时间非常短的宽频咔嗒声脉冲（图 11. 19）。当咔嗒声击中目标物，其声能的一部分会反射回声源（图 11. 20）。每次咔嗒声的持续时间为 10~100 微秒，重复率可能高达每秒 600 次。宽吻海豚使用的咔嗒声通常由超过 150 千赫兹的宽频率组成，大部分声能介于 30~150 千赫兹之间（图 11. 21（a））。鼠海豚发出的声信号也可覆盖非常宽的频率范围，从 40 赫兹到至少 150 千赫兹（维尔布姆和卡斯特莱恩，1995 年 b，1997 年，2004 年）。白喙斑纹海豚（*Lagenorhynchus albirostris*）、点斑原海豚（*Stenella attenuata*）、暗色斑纹海豚（*Lagenorhynchus obscurus*）以及虎鲸也会使用具有双峰频率模式的回声定位信号（奥，2004 年）。海豚个体发出的信号包括低频（80~10 千赫兹）、中频（10 千赫兹）和高频（100~160 千赫兹）组成部分（图 11. 21（b））。高振幅声音的低频组成部分很可能用于探测。中频组成部分的能级非常低，以致它们可能不具有很多实用功能。高频组成部分用于承担对猎物等物体的探测和分类任务。花斑喙头海豚的回声非常不同（图 11. 21（b））：它们发出一种窄带频率，高频带的几乎全部能量介于 100~200 千赫兹之间（埃文斯和奥布雷，1988 年）。所有这些不同的物种都能调整咔嗒声脉冲重复率，以适应所处环境，而咔嗒声的回声在发出的两次咔嗒声的间隙返回动物。根据咔嗒声从发声者行进到反射目标并返回所需的时间，可测量发声者到目标的距离。随着该距离的变化，回声返回所需的时间也会变化。持续评估从移动目标返回的回声，可探知目标的速度和行进方向。当海豚逼近一个目标时，其咔嗒声之间的间隔（ICI）缩短（根据到目标的距离调整），每次咔嗒声的声压级（SPL）也会降低，而返回的回声强度依然接近常量（奥和贝努瓦·比尔德，2003 年）。埃提斯等（2003 年）指出，海豚会使用许多连续的回声定位咔嗒声探测一个目标，然后结合产生的回声进行多重咔嗒声处理，从而获得关于目标物的精确信息。为了使声学图像更加复杂，海豚在发出一列咔嗒声脉冲的同时，还能够发出频率调制的带声调的哨叫声信号（图 11.22），变化范围为 2～30 千赫兹，它们还能以不同的声束模式将发出的声信号从额隆对准前方。此外，它们能够持续改变咔嗒声的频率内容，以适应背景噪声的变化或目标物的声学特征。

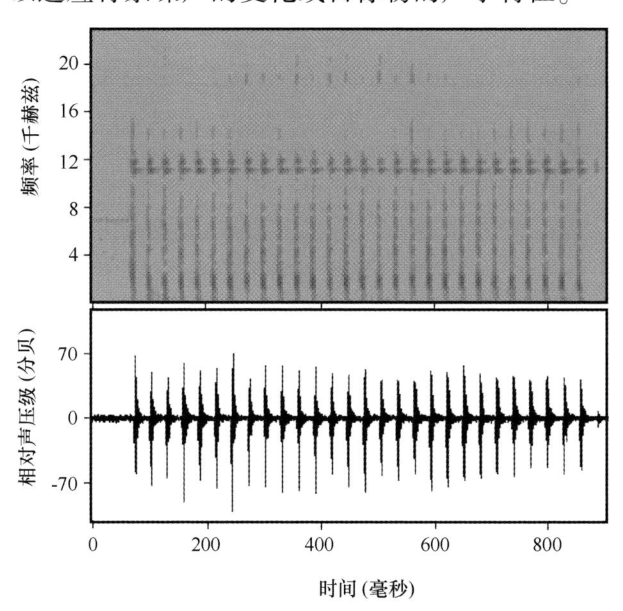

图 11.19　一头花斑喙头海豚（*Cephalorhynchus commersonii*）发出的一系列回声定位咔嗒声的声谱图（上）和功率谱（下）

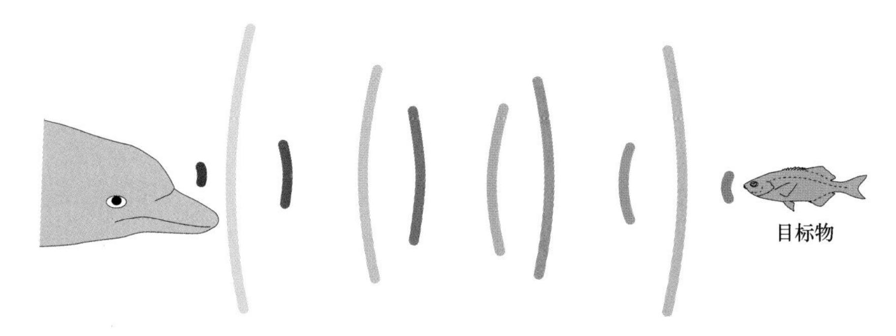

图 11.20　海豚在回声定位中发出的一列咔嗒声和回声返回的模式
（咔嗒声在返回的回声之间发出，以减少声信号的干涉）

大部分齿鲸类动物的回声定位咔嗒声由宽带频谱和短时长脉冲组成，它们持续地调整使用的实际频率，从而避免与背景噪声竞争，并最大限度增加返回的目标物信息。在对宽吻海豚的目标辨别力测试中，展示出的最大范围约为 100 米（奥和辛德，1980 年），但伊万诺夫（2004 年）提供的证据表明，宽吻海豚的目标探测范围超过 650 米。在圈养环境下，戴着眼罩的海豚显示出精良的回声定位能力，足以辨别相同形状的金属目标物小至 1：1.25 的直径比，或是辨别相同大小、同种金属的不同厚度。研究者甚至认为，海豚在自然生境中凭借这些辨别能力，足以在声学上确认偏爱的猎物和其他类似的物体。哈雷等（2003 年）提出了证据，表明宽吻海豚直接从返回的回声中获取关于目标物的信息，而非将整个物体的“声音模板”存储在大脑内并将它们与特定的回声模式匹配。关于齿鲸辨别目标物形状和大小的能力，更多细节可参见罗伊特布莱特（2004 年）和派克等（2004 年）的论著。

觅食中的抹香鲸会以不同的模式发出高度定向性、强有力的咔嗒声。“普通咔嗒声”的 ICI 长而可变，相比之下“咯吱声”持续时间长（5~6 秒）、ICI 非常短（0.03~0.04 秒），并具有快速的重复率（马德森等，2002 年）。当一头觅食的鲸从海面下潜时，最初阶段会发出“普通咔嗒声”。索德等（2002 年）发现，在潜水开始时的 6~12 分钟内，

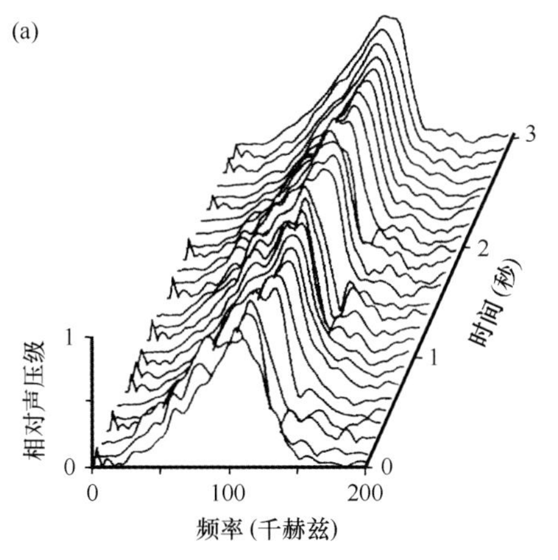

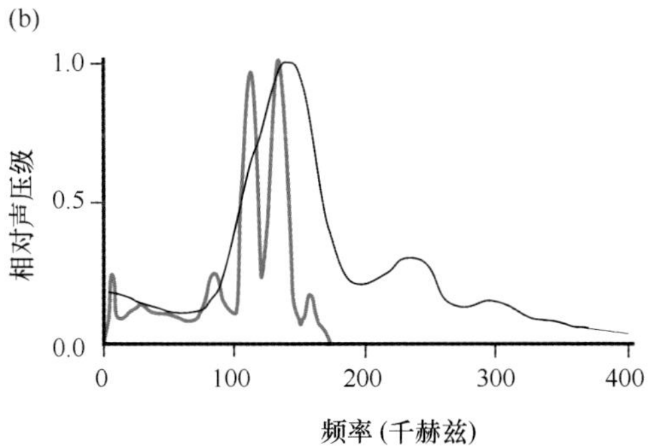

图 11.21 海豚和鼠海豚回声定位咔嗒声频率谱

（a）海豚回声定位时发出一系列咔嗒声的频率谱（根据奥（1993 年）作品重绘）；
（b）鼠海豚（灰色线）和花斑喙头海豚（彩色线）的频率（功率）谱，大部分声功率位于高频组成部分（100~200 千赫兹）
（根据维尔布姆和卡斯特莱恩（2004 年）和埃文斯和奥布雷（1988 年）作品重绘）

“普通咔嗒声”的 ICI 与咔嗒声从鲸的位置到海底的双向传播时间相匹配。因此，“普通咔嗒声”可能用于对海底及其上面的个别猎物进行长距离回声定位。

抹香鲸发出“咯吱声”的时机，通常仅限于觅食潜水到达海底时，在一系列“普通咔嗒声”之后，据推测是抹香鲸在深水区接近猎物的末段时。米勒等（2004 年）将带有吸盘的数字声学记录标签附着在抹

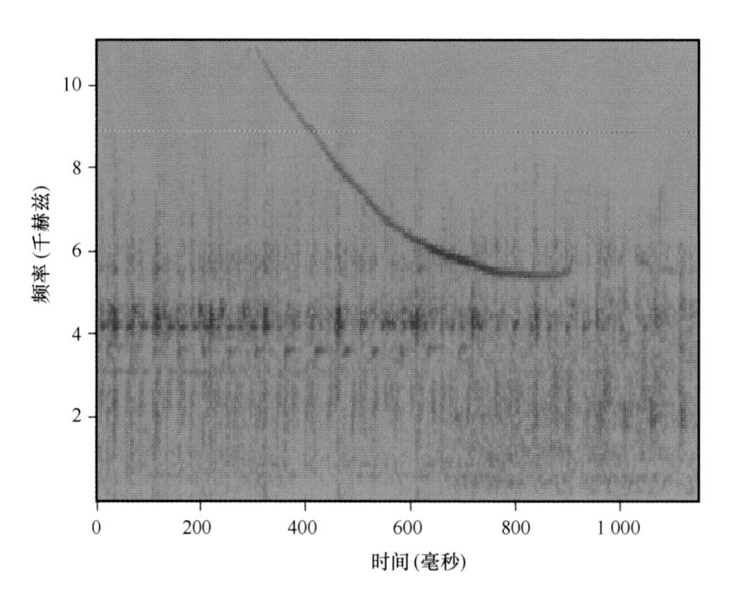

图 11.22 真海豚（*Delphinus* sp.）一系列回声定位咔嗒声中加入哨叫声的声谱图

香鲸身上，标签记录下鲸的声音、螺旋上升、滚转、水中行进和深度；并证实“咯吱声”与身体滚转和身体位置的其他快速变化有关。这些数据支持克拉克和帕利萨（2003 年）的论点：抹香鲸在攻击猎物时会倒转身体。理论计算表明，在深水区，“普通咔嗒声”具有足够的能量和方向性，可从 16 千米远的距离外探测目标物（猎物或海底），而“咯吱声”的探测距离可达 6 千米（马德森等，2002 年）。

（2）海豚的标志性哨叫声

除了发出回声定位咔嗒声和响亮的脉冲声音外，海豚还能够发出另一种类型的声音：一种窄频带、频率调制（FM）的声音，通常具有一个和声结构，研究者将其描述为哨叫声或哨音。通常，这些纯音的频率在 7~15 千赫兹之间起伏，平均持续时间小于 1 秒（图 11.23）；不过，对野生花斑原海豚社交活动的记录证实，哨叫声基频经常超过 20 千赫兹（超声），许多和声可超过 50 千赫兹，偶尔可达到 100 千赫兹（奥和荷晶，2003 年）。夏威夷长吻原海豚

(*Stenella longirostris*) 的哨叫声频率跨越了其听觉敏感度范围的大部分（拉莫斯等，2003 年）。

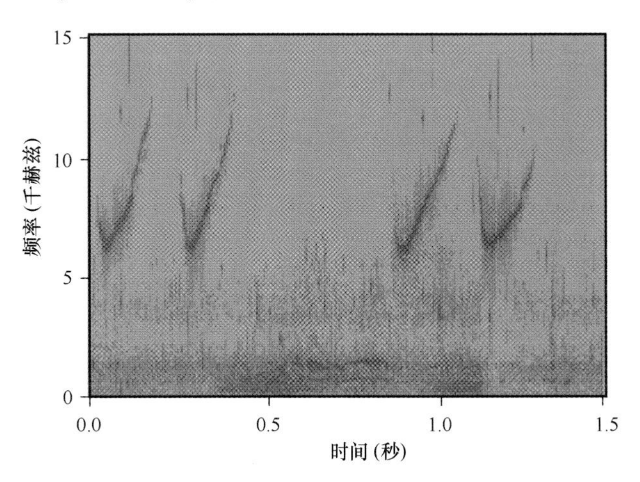

图 11.23 花斑原海豚重复发出标志性哨叫声的声谱图

（图片提供：D 荷晶）

自 1965 年起，考德威尔（见考德威尔等（1990 年）详细论述）研究了超过 100 头捕获的宽吻海豚的声学特征，涵盖所有年龄的雌性和雄性海豚。他们观察到，在一个群体中，每头海豚个体都会发出一种哨叫声，其音色独一无二，以致在声谱图上可根据这个声音识别对应的海豚。因此，这些发声称为标志性哨叫声。考德威尔假设，海豚个体的哨叫声独特性可用于宣告某头海豚的身份，并可能用于和群体成员交流其他信息，例如它们的性兴奋状态或恐惧。

除个体识别外，研究认为，标志性哨叫声还具有更多的社交功能。当海豚从群体中分离，或是回应群体成员的哨叫声时，它们常会发出哨叫声。捕获的海豚接受训练，可模仿电子技术生成的海豚音，它们也可在长达 20% 的时间中相互模仿彼此的标志性哨叫声（迪亚克，1991 年）。迪亚克提出，一个大型群体中，一头海豚会模仿其他成员的标志性哨叫声，从而开始社交互动。更社会化的海豚物种会发出更多的哨叫声。但有人认为，有必要重新评估标志性哨叫声假说。麦考恩和瑞斯（1995年，2001年）的研究结果表明，所有捕获的宽吻海豚都能发出数种类型的哨叫声，而标志性哨叫声的重要作用可能不如之前猜测的那么多。其他研究调查了野生海豚的全部哨叫声类型。对一些宽吻海豚种群的哨叫声进行了比较，结果表明，虽然在同一种群之内，不同个体发出不同的哨叫声，但每个种群的哨叫声都有一些独特的特征（丁等，1995年a）。另一项研究发现，真海豚发出的所有哨叫声既非个体特异，也非环境特异，因此莫尔和里奇韦（1995年）提出，它们可能代表了一部分区域性语支，类似于虎鲸小群所特有的方言（见后文）。需要继续开展研究工作，分析与行为环境和社会关系有关的海豚哨叫声类型。

在一项研究中，比较了各种齿鲸的哨叫声结构，观察到一些差异与分类学关系、生境和体长有关（丁等，1995年b）。例如，淡水的亚马孙河豚（*Inia geoffrensis*）和大洋的海豚科物种的哨叫声差异与生境的差异有关。亚马孙河豚发出的频率信号低而狭窄，具有更好的折射能力，这对栖息于河流的物种很重要，河流的噪声级比远洋环境更高，并携带着更多的悬浮物（埃文斯和奥布雷，1988年）。最后，研究者提出，发声能力受到的限制与体长有关，因为一般而言，体型更大的海豚意味着可发出哨叫声频率的最大范围缩小。

最近的研究证实，标志性哨叫声确实会像名字一样产生作用。对野生和圈养海豚的研究说明，海豚最可能模仿亲密伙伴的标志性哨叫声（金等，2013年）。然而，由于这种模仿情况发生在被人为分开的海豚之间，至于在野生海豚之间是否也会发生模仿哨叫声的行为仍存在疑问。另一项研究检验了哨叫声模仿假说，方法是记录野生海豚的哨叫声，然后从哨叫声记录中去除表明发出哨叫声者身份的部分，从而仅保留标志性哨叫声本身。研究者然后播放各种记录，包括海豚自身的标志性哨叫声、已知伙伴的标志性哨叫声，或未知海豚的标志性哨叫声。研究结果表明，海豚几乎只有在听见同伴的哨叫声时才做出反应，并发出哨叫声回应（金和詹尼克，2013年）。

（3）虎鲸和抹香鲸的各类发声

研究发现，虎鲸会发出重复的叫声，现在认为这种叫声是族群方言（福特，1991年）。一小群虎鲸中的全部个体拥有共同的语音库，包括少量非连续的叫声（平均10次，例如图11.24显示的是2次），该语音库似乎在数十年间保持不变。这些小群特有的语音库似乎成为了小群成员的声音标志，并有助于小群内的虎鲸进行更高效的声音交流。福特在加拿大的不列颠哥伦比亚沿岸水域研究了定居型虎鲸的16个小群，这些小群形成了4个相互区别的声音族群，或氏族（福特，1991年）。一个氏族内的所有小群会发出一些共同的声音，但并非全部叫声相同。在不同的氏族之间，不会发出共同的叫声。声音族群具有分层，一个小群内的个体共享小群语音库，一个氏族内的小群共享部分声音，而不同的氏族不共享声音，这些使得福特（1991年）提出，每个群体的发声传统随着世代更替而进化，而一个氏族内的相关小群通过该母系群的成长和分化，继承自共同的祖先群（图11.25）。将这些群的分化进行对比，会发现其发声传统也在分化，随时间的积累不断创造新的发声方式并淘汰旧的发声方式。对虎鲸小群的语音库开展的其他研究也证实了这些结果（斯特拉格，1935年）。同海豚科的其他物种相比，虎鲸的哨叫声似乎不作为维持彼此声音联系的个体“标志性”叫声。实际上，这些叫声与近亲的社交互动最相关，并可能在小群成员之间的近距离交流中具有重要作用（汤姆森等，2002年）。

抹香鲸发出的咔嗒声既可用于回声定位，也是种内交流的一种方法。在雌性社会单位中，咔嗒声的节奏模式称为咔嗒强音，时长1~2秒，由3~30次咔嗒声组成（图11.26）。沃特金斯和谢维尔（1977年）使用水听器阵列对抹香鲸声源进行定位和记录，发现单头抹香鲸会反复地发出独特的咔嗒强音，他们认为这些咔嗒强音可能作为抹香鲸个体的识别信号。抹香鲸在觅食潜水时会分散开，活动区域可达数平方千米，

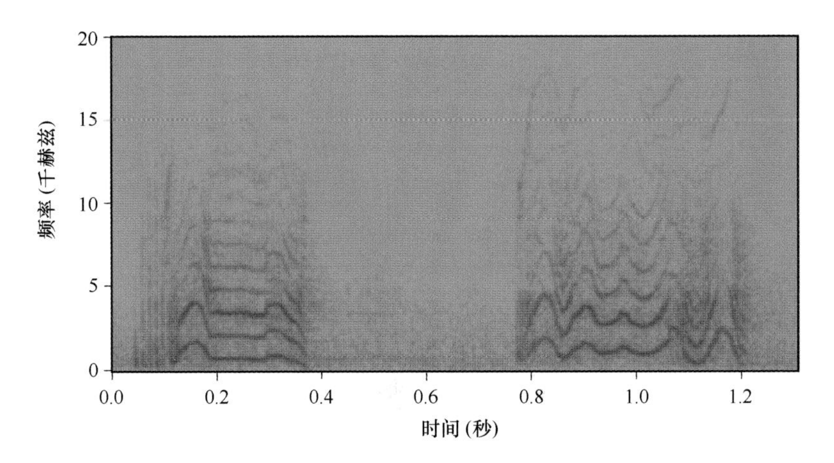

图 11.24　声谱图：一头虎鲸的叫声

（照片提供：哈布斯/海洋世界研究所）

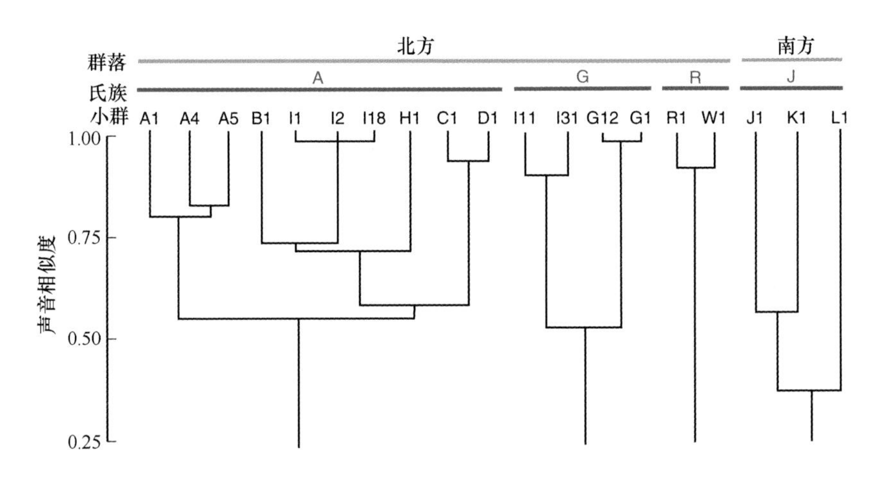

图 11.25　虎鲸的氏族联系图

显示美国华盛顿州皮吉特湾/加拿大不列颠哥伦比亚省温哥华岛海区中的定居型虎鲸小群的可能系谱

（根据福特（1991 年）作品重绘）

此时，这些表明身份的咔嗒强音可使小群的成员保持相互之间的联系（见第 12 章）。

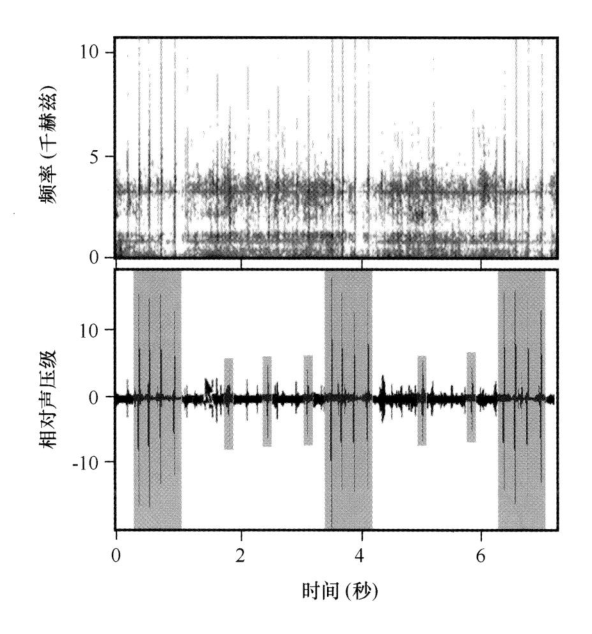

图 11.26 在亚速尔群岛附近的一个雌性/幼年抹香鲸社会单位中记录的声谱图（上）和功率谱（下）

3 次普通咔嗒强音（每次由 4 个咔嗒声组成，大色框）分散在数个“普通”咔嗒声（小色框）之间（记录由 P 科拉提供）

在局域群体中，数头抹香鲸共同使用一套强音，这说明咔嗒强音除表明个体身份外，还具有某种交流的功能（莫尔等，1993 年；维尔加特和怀特黑德，1993 年）。抹香鲸族群特有的整套咔嗒强音似乎保持数年不变，并具有重要但不明显的地理差异（维尔加特和怀特黑德，1997 年）。据伦德尔和怀特黑德（2001 年）报道，18 个已知的抹香鲸社会单位具有的整套咔嗒强音可划分为 6 个声音族群。这些声音族群为同域性分布，在海洋中的范围跨越数千千米之遥，它们所使用的咔嗒强音模式可能以文化的方式在个体和族群内单位之间传递（怀特黑德，2003 年；怀特黑德等，2004 年）。就保持稳定的文化特征而言，有研究者认为，这些社会聚集体具有暂时性（麦斯尼克，2001 年；迪亚克，2001 年；伦德尔和怀特黑德，2003 年）。

（4）击晕猎物的声音

研究发现，齿鲸类的一种主要猎物类型——鲱科鱼类（例如，鲱鱼、西鲱）可察觉频率高达180千赫兹的咔嗒声超声波（曼恩等，1997年）。鲱科鱼类感知超声波的能力可能是协同进化的一个实例，正如蛾和其他一些昆虫能探测捕食者的超声波。西鲱可轻而易举地察觉到海豚发出的回声定位脉冲，并像蛾一样，以逃避行为回应探测。因为化石鲱科鱼类已知可追溯至白垩纪早期（1.3亿年前），而很久之后，第一批齿鲸类才在渐新世（3800万~2500万年前）出现，所以很可能鲱科鱼类的超声波感知能力在出现使用回声定位的捕食者之前就已存在。

为了应对猎物感知声波并逃脱的可能性，一些种类的齿鲸可发出称为“震波”的高亢响声，从而重创小型猎物或使其暂时迷失方向。据推测，齿鲸中用于回声定位的发声系统也可发出这些震波。贝尔科维奇和雅布罗科夫（1963年）首次提出了抹香鲸以声能击晕猎物的观点，且得到了伯津（1971年）的研究工作支持。诺里斯和共同研究者（即，诺里斯和莫尔，1983年；马尔登等，1988年）已在其他齿鲸物种中评估了这个观点。此外，研究表明，齿鲸的颌部快速闭合时可发出长时间、多脉冲的响亮声音，这种颌部击打声可能与使猎物虚弱的震波声类似（约翰逊和诺里斯，1994年）。用于支持“以声能击晕猎物”观点的一般论据是基于解剖学、行为学和声学证据以及轶事信息。支持这个概念的一个重要的解剖学论据是，一些掠食性的齿鲸物种在成功的捕猎（基于对胃内容物的检查）和摄食结构之间显示出明显的不相称。大部分喙鲸、一角鲸（*Monodon monoceros*）和未达到性成熟的抹香鲸缺少具有功能的牙齿，在这些齿鲸之中，这种不相称尤其显而易见。这些鲸没有功能性牙齿，却能成功捕获快速、滑溜的猎物，这一事实说明它们必须能够设法足够接近猎物，然后以舌部的活塞式运动吞食猎物（另见第12章）。

“以声能击晕猎物”的声学证据难以收集，因为使小型鱼类受伤或迷失方向的足够压力的爆震波（估计有240~250分贝，萨加斯基，1987年）在自然条件下非常难以记录，并且捕获的动物不太可能在混响的混凝土水池中发出如此高亢的声音。根据诺里斯和莫尔（1983年）的计算，抹香鲸可发出265分贝的咔嗒声脉冲。然而，在自然环境中记录鲸的发声通常使标准记录系统的电子器件浸湿，并且，除非已知鲸的方向角和精确位置，否则难以求解震波的声压级。对“击晕猎物”假说进行了一项实验室测试，结果表明，鱼类在经受不同的声信号类型或脉冲调制速率时，其行为上没有可测量的变化（贝努瓦·比尔德等，2006年）。

在自然环境中完成的一些记录令人联想到震波击晕猎物的效应（图11.27）。根据研究者的记录，一些鲸豚会发出响亮、低频率、用于击晕猎物的相似声音，包括在澳大利亚和加利福尼亚沿岸水域中摄食的野生宽吻海豚、北大西洋和东北太平洋的虎鲸，以及印度洋的抹香鲸（马尔登等，1988年）。虽然无法测量这些声音的声压级，但它们通常大幅高于震波之前的回声定位咔嗒声的声压级。总而言之，在野生环境中，对“击晕猎物”事件的归纳推理除需要声信号外，可能还要求额外的感官线索（贝努瓦·比尔德等，2006年）。

11.4.2.2 须鲸类的听觉

与齿鲸类动物的听觉相比，人们对须鲸类动物的听觉知之甚少。人们对须鲸类动物的听觉尚未开展行为学测量。录音回放实验表明，须鲸类动物具有良好的方向听觉能力（例如，帕克斯，2003年）。须鲸类动物的低频听觉能力较强，其基底膜通常较宽而薄，外螺旋板较薄并且（如果存在）仅位于耳蜗的基底区（例如，凯登，2000年）。帕克斯等（2007年）基于对内耳形态的研究，预测了北大西洋露脊鲸（*Eubalaena glacialis*）的听觉频率范围。对基底膜的测量结果表明，露脊鲸的总听力范围应为10~22千赫兹。该范围与露脊鲸发出的声音具

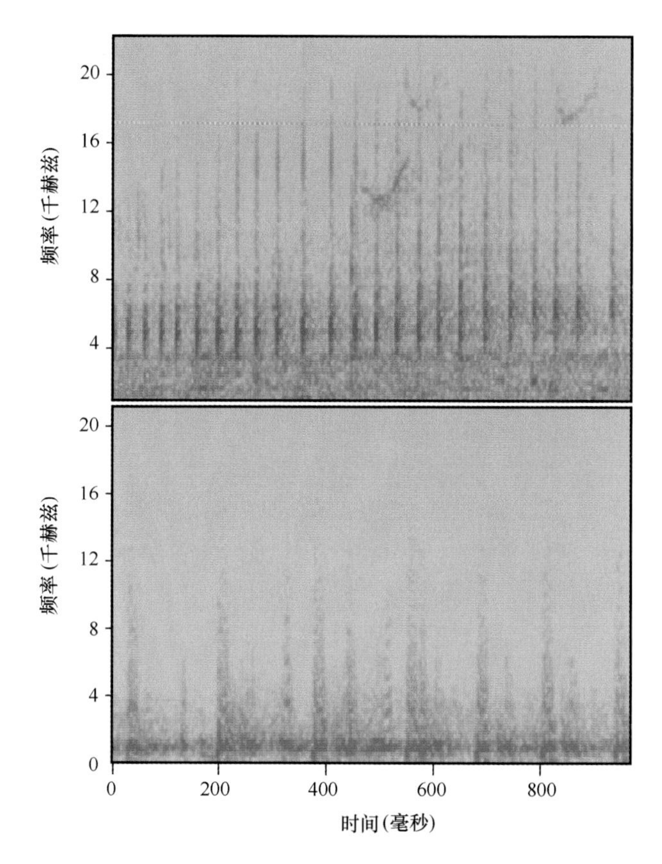

图 11.27　宽吻海豚的声谱图比较

典型回声定位咔嗒声（上）和一系列震波（下）

与典型的回声定位咔嗒声相比，震波的振幅更大、持续时间更长、频率更低

（V 达德利提供）

有较强的一致性（帕克斯和迪亚克，2005 年）。

研究者记录到了北太平洋的灰鲸以及大西洋和太平洋的蓝鲸、长须鲸和小须鲸发出的一连串宽谱咔嗒声或短脉冲。灰鲸沿着迁徙路线发出的大部分声音的频率均低于 200 赫兹（图 11.28），并且它们的重复模式与长时间静默间隔出现，这些事实说明：这些声音是社交信号而非回声定位（科瑞恩和拉什卡利，1996 年）。座头鲸除了在繁殖海域发出复杂的歌声外（见下述讨论），有证据表明它们也会在觅食期间发出一列宽频带咔嗒声或响亮的咔嗒声。伴随着剧烈的身体横滚，这种声学行为似乎构成了座头鲸的夜间摄食策略的重要组成部分，并扩展了人们对须鲸类发声行为的认知（斯蒂姆波特等，2007年）。人们推测仲冬时节为弓头鲸（*Balaena mysticetus*）的繁殖季，并在此期间记录下了弓头鲸在厚重冰层下的深海发出的声音，包括非常复杂的歌声，人们将对这些歌声进行深入研究。

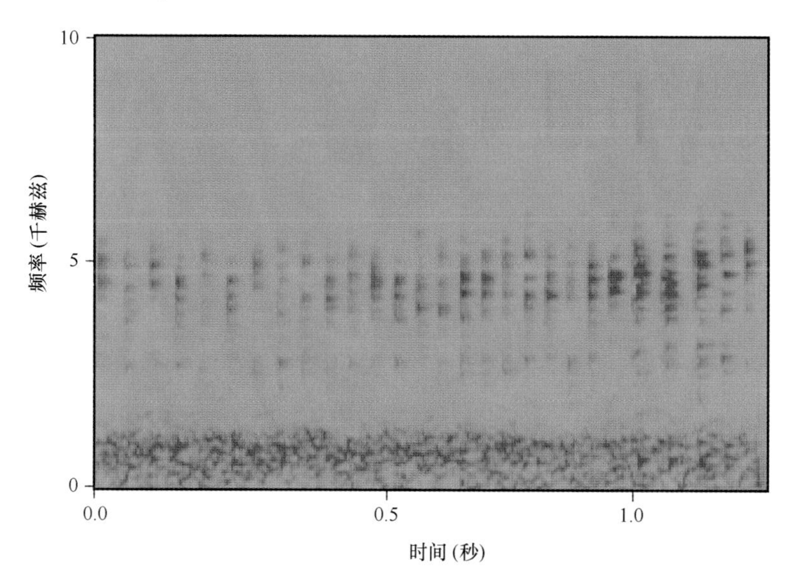

图11.28 灰鲸声谱图

一头摄食的灰鲸（*Eschrichtius robustus*）发出一列咔嗒声

（费希等，1974年）

1992年，美国海军启动了一个测试项目，用于增强综合水下监视系统（IUSS）在北大西洋的水下监听能力，项目成果向海洋哺乳动物科学家开放。IUSS是美国潜艇防御系统的重要组成部分，该系统发展了40年，旨在以声学手段探测和追踪外国潜艇。该系统包括水听器阵列网络，一些水听器由舰船拖曳，其他固定在海底；该系统高度敏感，足以在数百千米的距离上定位和追踪鲸类个体，时长可达数周之久。通过 IUSS 研究，获得了丰富的大型须鲸声学数据，特别是蓝鲸、长须鲸和小须鲸。这些鲸的发声通常是非常响亮的低频脉冲，带有多变的声谱复杂性。蓝鲸发出的脉冲在 15～20 赫兹之间，基本上低于人类的听觉范围（图 11. 29）；长须鲸的脉冲略高，为 20～30 赫兹。这些脉冲的功能未知，但研究者提出了两种貌似合理的解释。人们可合理地推断，如果我们能够在长距离上探测这些声音，其他鲸类也应能做到。它们可能因此在长距离交流中发挥作用。与小型齿鲸发出的频率更高的哨叫声或回声定位咔嗒声相比，这些响亮、低频率、不同模式的声调序列在水中传播时的衰减程度低得多。梅林格和克拉克（2003 年）发现，在北大西洋，蓝鲸发声的频率、时长和重复模式不同于分布在其他海洋的蓝鲸，这支持下述假说：独特的声音展示是地理分隔的蓝鲸种群的特征。

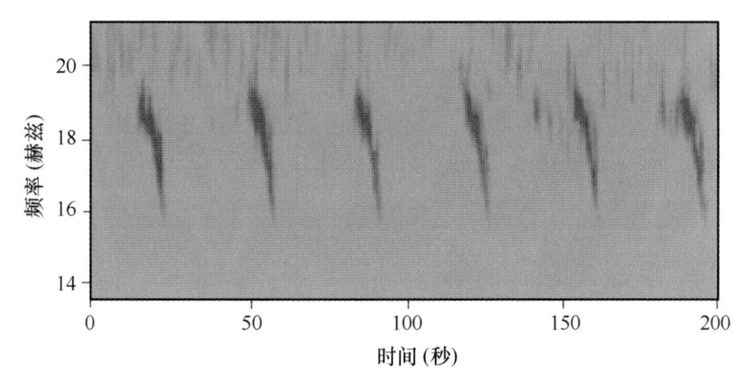

图 11. 29　蓝鲸声谱图

一头蓝鲸发出一系列脉冲（克拉克，1994 年）

除标志性或表明身份的呼唤外，有研究者提出，低频率、短时长的单音脉冲可能还具有一种回声定位功能，但与小型齿鲸的回声定位相比非常不同。如图 11. 29 所示，典型的蓝鲸发声持续 20 秒，并可在水中传播约 30 千米。蓝鲸和长须鲸的低频率音调的波长非常长，在 30 赫兹时为 50 米，在 15 赫兹时为 100 米，而如果这些发声用于回声定位，则它们不能分辨小于这些波长的目标物特征。据克拉克（1994 年）以及克拉克和埃利森（2004 年）推测，大型须鲸可能使用这些单音脉冲感知非常大尺度的海洋特征，例如大陆架、岛屿，可能也包括与海水分流或冷水上升流有关的海水密度的显著差异。然而，目前完全没有实验证据支持须鲸类具有回声定位所需的声接收能力。

座头鲸的声音

在须鲸类动物中，座头鲸发出的声音最为洪亮、深沉。当它们抵达冬季繁殖场时，会发出悠长、声学结构复杂的歌声，占据着同一片繁殖海区的所有歌唱的鲸共享歌声（佩恩和麦克维，1971 年）。因此研究者不难辨认，北大西洋座头鲸的歌声不同于北太平洋座头鲸。每支歌持续 10~15 分钟，由重复的主旋律、乐句和次乐句组成，座头鲸通常反复歌唱数小时之久（图 11.30）。构成次乐句的单元常持续数秒，频率通常低于 1.5 千赫兹（佩恩等，1983 年）。总体而言，南半球座头鲸的歌声与文献记载中的北半球座头鲸的歌声类似（詹金斯等，1995 年）。

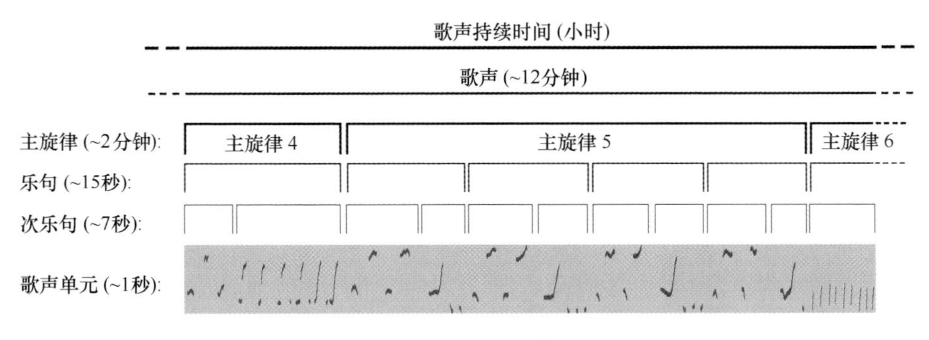

图 11.30 座头鲸歌声的层次结构，以声谱描记说明（佩恩，1983 年）

座头鲸歌声的结构随着时间逐渐变化。大部分变化发生在冬季月份的繁殖海区，通常包括频率和次乐句单元持续时间的变化，以及删除旧乐句或旋律并插入新乐句或旋律（佩恩等，1983 年）。歌声内主旋律的构成和顺序也随着时间而变化，以致与冬季繁殖季开始时相比，几个月后繁殖季结束时的歌声结构发生了大幅改变，尽管所有的鲸在任何时间点都发出同样的歌声。鲸群所有成员的歌声以相同的速率发生相同的改变（吉尼等，1983 年）。因此，歌唱的鲸似乎会主动地相互学习歌声；在一个歌唱的种群中，对旋律的遗忘或成员身份的变化似乎不会导致歌声结构随着时间而变化。也有证据表明，对新奇的追求促使座头鲸的歌声发生变化。在澳大利亚东海岸外的太平洋，研究者记录到，座头鲸的一支复杂的歌声在小于两年的时期内发生了快速和完整的替换，这明显是由另一小群座头鲸的加入引起的，这些外来的歌唱者来自遥远的印度洋（诺德等，2000 年）。

研究者提出，座头鲸种群之间的声学接触和歌声传播可能有以下 3 种机制：① 在季节间，座头鲸个体从一个繁殖种群移动到另一个繁殖种群；② 在繁殖季内，座头鲸个体在两个繁殖种群之间移动；③ 在共同的迁徙路线上或在夏季摄食场中，座头鲸进行歌声交流（佩恩和吉尼，1983 年）。座头鲸会在南极洲的摄食场中发出歌声，这种歌声与东澳大利亚种群和其他东部种群的歌声相似，这说明当座头鲸共享摄食场时会发生歌声内容的交流传播（加尔兰德等，2013 年）。

在夏威夷繁殖场清澈的热带水域中（另见第 13 章），研究者对歌唱的座头鲸进行了水下观察，确认只有成年雄鲸发出歌声。对墨西哥太平洋繁殖场的座头鲸进行了 DNA 分析，从而证实了对歌唱者性别的鉴定（梅德拉诺等，1994 年）。这些观察结果支持以下观点：座头鲸的歌声与鸟类的鸣叫类似，在繁殖行为中有一定的功能，可交流歌唱者的物种、性别和位置信息，并表明它们准备好与雌鲸交配和与其他雄鲸竞争（迪亚克，1981 年）。此外，许多雄鲸的同时歌唱可能是一种公共展示，与雌鲸的排卵同步（莫布里和赫尔曼，1985 年）。研究者还认为这些歌声具有声信号的功能，可标记成年雄鲸的水下领地（迪亚克，1981 年；达令等，1983 年）。有时，人们可在远洋水域听见座头鲸的歌唱：它们会在春季迁徙期间在远离已知繁殖场的海区歌唱（巴洛，个人通信），并会在阿拉斯加东南部的夏季摄食场中歌唱（麦克斯威尼等，1989

年)。根据之前在冬季对夏威夷座头鲸的记录，这些远洋歌声在本质上是繁殖场歌声的“简略版”。目前，尚不确定在阿拉斯加歌唱的座头鲸的性别，也不知道座头鲸在迁徙或摄食期间所发出歌声的功能。

11.4.2.3 鲸目动物听觉的进化

我们现在能够将鲸类特化的听觉结构与其祖先进入水中的事件联系起来（努梅拉等，2004 年)。最早的鲸类——巴基鲸在空气中使用与陆地哺乳动物（外耳道、鼓膜和听小骨）相同的声传递机制，而在水中它们使用一种骨传导听觉机制。巴基鲸在水中的听觉敏感度明显很低，它们的方向听觉也差。它们的耳复合体不与颅骨隔离，并且耳的形态为陆地哺乳动物类型。后来分化的雷明顿鲸科和原鲸科保留了陆地哺乳动物的听觉系统，但也发展出了一种与现代鲸类相似的新的声传递系统。较大的下颌孔的出现是“关键”变革，预示着鲸类将发展出可将声音传导至耳骨的脂肪垫。齿鲸的脂肪垫发展得最健全，有利于它们接收高频率声音。在空气中，雷明顿鲸的听觉与陆地哺乳动物类似，但敏感度较低；在水中，它们使用鲸目动物普遍采用的听觉机制，即声音通过下颌脂肪垫传导至中耳。在某种程度上，它们可能具有方向性听觉。在完全适应海洋的龙王鲸科中，陆地哺乳动物的耳消失，而现代鲸目动物的耳及其声隔离（充满空气的窦）功能得到了进一步的发展。

鲸目动物的一个独特之处是半规管明显比耳蜗管小。如果半规管是残余结构，鲸豚类可能不具有任何转动或三维（3-D）定位感觉，这使飞旋海豚能够跃出水面并在空中旋转，而不会引发晕动病的副作用(凯登，1992 年 a)。研究者对古鲸类的半规管进行了检查，发现在鲸目动物进化的早期（即，在始新世中期的雷明顿鲸中）即首次出现了半规管的缩小。在鲸类水生行为的进化中，研究者推测这个“关键”事件促成了鲸类从陆地到海洋环境的根本性转变（斯珀尔等，2002 年)。

化石证据显示，齿鲸类可能在进化史的早期具备了使用高频率声音的能力。骨骼学变化的出现（最早的齿鲸——异乡鲸科（Xenorophidae）（例如，*Cotylocara macei*）具有厚而致密的下垂喙部、气囊窝、不对称的头盖骨和异常宽的上颌骨）说明回声定位能力得到了发展，因为在现代齿鲸中，这些特征与接收高频率声音的软组织发展有联系（盖斯勒等，2014 年）。鲛齿鲸科（Squalodontidae）（包括阿哥洛鲸）出现了高频率听觉结构（即，为听神经的神经节细胞发展出许多孔）以及高度特化的前庭和半规管，这说明鲸目动物的高频率听觉和内耳的其他特化作用在渐新世早期之前就已出现（罗和伊士曼，1995 年）。然而，始新世鲸类的耳复合体与颅骨没有完全隔离，它们的颅骨套叠作用也有限，这说明在得出“回声定位的演化先于齿鲸类的出现”结论之前，必须开展深入研究。

齿鲸类和须鲸类的共同祖先——干群鲸类很可能对低频率声音敏感，而须鲸类保留了这种能力（埃克戴尔和拉西科特，2015 年）。有早期假说认为，须鲸类的出现与新大洋区域的开放相一致。除了初级生产力提高（见第 6 章和第 12 章）外，较高纬度海区的海表面温度也大幅降低。在较冷的海区，体型的增大成为了明显的新陈代谢优势。基于耳蜗的大小与体型成等比例关系，凯登（1992 年 a）提出，由于须鲸类体型增大，它们可能发展出了适应较低频率的耳蜗。她进一步指出，在生产力较高的海域中，使用回声定位作为觅食策略的压力得到了缓解，而对较高频率声音接收的减少可能不再是明显的劣势。因此，随着大型须鲸类的进化，增大的耳蜗结构可能限制了耳对较低频率声音的共振特征。

11.4.3 其他海洋哺乳动物

现存所有海牛目动物都使用水下声音进行交流，目前已对大部分海牛进行了研究（最新的论述见马尔什等，2011 年；兰道·焦万内蒂等，2014 年）。据报道，海牛和儒艮的声音均可描述为啁啾声，确认是频率调制的短信号（范围1~18 千赫兹；图 11.31）。哈特曼（1979 年）记录到美洲海牛的啁啾声、尖锐长声和尖叫声。斯蒂尔（1982 年）还报道了美洲海牛发出的其他种类的声音，并进一步分辨其性别和年龄。对美洲海牛记录的分析表明，它们的发声具有模式化的特征，很少显示出地理变异（诺瓦塞克等，2003 年）。对野生和捕获的海牛进行了观察，发现海牛的发声具有避免母兽和幼兽分离的关键作用，并可提供个体身份、动机状态和发声者的体型等信息（奥谢和波赫，2006 年）。

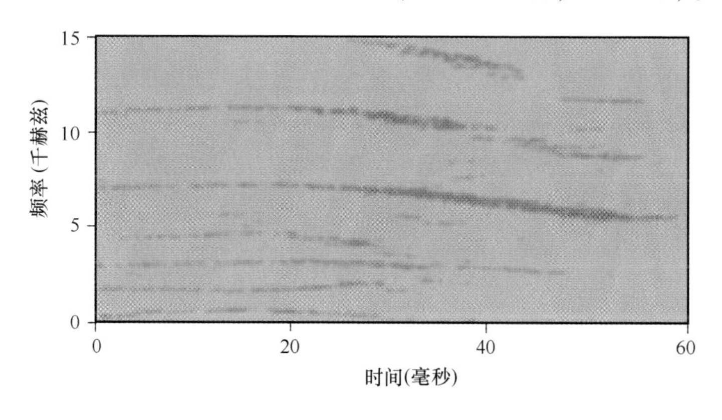

图 11.31　儒艮的声谱图

（安德森和巴克莱，1995 年）

除啁啾声外，研究者将儒艮发出的其他声音描述为似吠声和颤声（安德森和巴克莱，1995 年）。以前认为儒艮会发出低调哨叫声，但根据安德森和巴克莱的研究，这更可能是由于呼吸系统的畸形，而非一种交流的方式（考虑到它们在呼吸时发出这种声音）。雄性儒艮在水底摄食或在领地巡游时会发出啁啾声。似吠声的物理特性适合于攻击性行为，其记录的情境说明似吠声具有守卫领地的作用。颤声的特性更适合宣示领地，或宣示它们已准备好交配（安德森和巴克莱，1995 年）。海牛目动物具有突出的肉垫结构，起到声带的作用（哈里森和金，1980 年）。

海獭在露出水面时会发出低频率、低强度的信号，其复杂程度与一些鳍脚类发出的信号类似，尤其是加州海狮和北象海豹（*Mirounga angustirostris*）（麦克沙恩等，1995 年）。它们会发出一种中长距离（<1 千米）信号，可能对母兽和幼兽间的识别很重要。令研究者特别感兴趣的是，它们还会发出分级信号（即，信号在连续的频率范围变化，而非形成离散单元），最适合于熟悉的个体之间的近距离交流（麦克沙恩等，1995 年）。在圈养环境下记录的海獭发声表明，它们在空气中发出的尖叫声持续 0.5~2 秒，这种发声为和声结构，频带非常宽，其频率可高达 60 千赫兹以上。海獭发声的主要频率范围是：成年雌性的尖叫声为 8 千赫兹，受抚养的幼兽的尖叫声为 4~7 千赫兹。研究数据表明，听觉频率上限至少为 32 千赫兹，而频率下限低于 0.125 千赫兹，此结果通常与陆地鼬科动物一致（古尔和莱克马特，2012 年）。

野外观察表明，北极熊的发声大体上不具有鉴别性，这也是其他食肉目动物的特征（斯特林和德罗什，1990 年）。雌性北极熊会发出用于母熊和幼熊间识别的呼唤声和用于防卫的咆哮、低吼和嗥叫声，而雄性北极熊会发出喷鼻和低吠声。北极熊彼此互动时发出的低吠声是一种低强度的重复发声（威默等，1976 年）。

11.5 海洋气候声学测温和低频军用声呐

在 1991 年，来自美国和其他国家的海洋学家开始了一项试验，目的是确定，是否可将对低频声音穿越洋盆的传输时间的测量用于探测海洋温度的变化，进而监测全球变暖。这项“赫德岛可行性试验”取得了成功，一项后续研究也得到了批准。这项后续研究即**海洋气候声学测温（ATOC）**计划，研究者需要在夏威夷和加利福尼亚中部海岸外的深水区安装 260 瓦低频率声波发生器。随后增添了一项研究计划，旨在确保 ATOC 计划制造的声音不会对海洋哺乳动物和其他海洋动物产生不利影响。计划中的加利福尼亚声源位置向北移至旧金山海岸外，测试于 1995 年后期开始。对采集的数据进行了分析，表明 ATOC 计划发出的声音对海洋哺乳动物造成的可察觉的影响很少（海洋哺乳动物委员会，1998年），然而这些结论依然引发了争议，难以使人信服。

美国海军已部署了新一代主动声呐系统，称为“拖曳式传感器阵列监视系统—低频主动系统”（SURTASS LFAs）声呐。该低频主动（LFA）系统既具有被动侦听部分，也具有能主动发送信号的部分，而海洋哺乳动物学家正是对此军用声呐系统的主动部分深感忧虑。LFA系统通过拖曳在海面舰船下方、18部之多的声音发射器水下阵列，可发射高强度（声源级高达235分贝）、低频率（100~500赫兹）的声音。距离声源750千米处的声压级估计为120分贝，远低于一般公认的180分贝阈值（据称只有达到180分贝，海洋哺乳动物才会出现损伤）。这种系统产生声信号是非连续的，其中单段信号的持续时间从6秒到100秒不等（《联邦公报》，阿农，2002年）。尽管如此，在美国和北约大规模海军演习地点的附近，还是发生了多物种的搁浅事件。1996年，在北约的一次军演期间，有13头喙鲸搁浅；2000年，在巴哈马群岛，有3种、17头喙鲸和2头小须鲸搁浅；2002年，在加那利群岛，有3种、14头喙鲸搁浅。研究者及时对大部分搁浅鲸类进行了检查，发现它们出现了声创伤的症状。对这些搁浅鲸类的验尸表明，它们的状况包括大量出血、水肿和主要器官的血管充满小气泡。这种类型的血管内气泡形成也是人类潜水减压病的特征。对海洋哺乳动物病理学家而言，这些症状是新情况，并符合它们暴露于军用声呐或地震爆破等高强度声学活动的背景（杰普森等，2003年）。损伤模式说明，喙鲸类可能对这些声呐的声音特别敏感，这或是因为它们的气腔和组织的共振频率对声呐的频率敏感，或是因为它们的深海觅食习性导致它们在面对强烈的声压时特别易于在体内形成气泡。这些事件最终促使一些地区（例如，加那利群岛）禁止进行军用声呐演习，于是在这些地区也不再出现搁浅事件（费尔南德斯等，2013年）。在加利福尼亚，喙鲸丰度的下降可归因于海军在1991—2008年之间使用声呐（莫尔和巴洛，2013年）。须鲸类也会受到这种声音的影响，但与大深度潜水的齿鲸类相比，须鲸类对这些声音表现出更多变的反应（例如，索思豪尔等，2013 年）。

所有海洋哺乳动物都生活在一个声音的世界中。我们必须深入研究，暴露在军用声呐和人为噪声下，会对海洋哺乳动物的身体和行为造成怎样的影响。人们逐渐清晰地认识到：为保护海洋哺乳动物免于声创伤而划定的 180 分贝阈值实在是过高了；并且我们应立即付诸努力，尽可能减轻人类制造的水下噪声的危害，而不能坐等我们完全理解了海洋哺乳动物的声创伤机制后才有所行动（理查森等，1995 年）。

11.6 总结和结论

海洋哺乳动物会在空气中和水中发声，用于回声定位、交流和捕猎。在空气中，鳍脚类动物使用喉部发出大部分声音。鳍脚类动物在空气中的其他发声包括海象使用牙齿和喉囊发出的声音。鳍脚类动物的耳部适应水下听觉的变异包括：听小骨特别是砧骨变大，增强了骨传导听觉；外耳和中耳发展出海绵状组织，功能是在潜水时平衡压力并增强将高频率声音传送至内耳的能力。回声定位涉及发出简短的声音（咔嗒声），当声音从目标物上弹回时倾听反射的回声。齿鲸的回声定位能力已成为研究热点。研究者已确定，回声定位发声的来源是一个与上鼻道联系的结构复合体（MLDB 复合体）。声唇的周期性开放和关闭挤爆了声唇间的气流并决定着咔嗒声的重复率。这种发声系统与一个声传导结构——额隆相结合，额隆具有声学透镜的功能，可将声音会聚。齿鲸类动物的声接收系统涉及耳部解剖结构的一些特化作用（例如，气窦的发展），它们的听觉感受器的数量增加，例如毛细胞和下颌（例如，脂肪垫可作为声音通道，将声音传导至中耳）。有观点认为，一些须鲸类动物和鳍脚类动物也能回声定位，但没有实验证据的支持。根据耳部和颌部的转变，可判断回声定位在齿鲸类中演化。较早分化的鲸类发展出一些与回声定位有关的特征，包括方向听觉。海牛目动物可能用喉发出声音；它们可能通过一条低频率声通道接收声音，声通道即颅骨颊区的一块充满油的海绵状硬骨。海獭的发声是低强度、低频率的信号，与鳍脚类的发声类似。

在空气中，鳍脚类动物的发声包括母兽和幼兽间的呼唤以及用于交流繁殖状况的声音。鳍脚类动物的水下发声各种各样，豹形海豹会发出抒情般的柔和声音，而其他大部分海豹常发出侵略性的呼噜声、似吠声和呻吟声。鲸目动物用于社交的发声包括海豚的标志性哨叫声、虎鲸的方言和座头鲸的歌声。齿鲸会发出高亢的响声“震波”，可能用于重创小型猎物或使其暂时迷失方向。研究者确认，海牛目动物的发声为频率调制的短信号，可描述为啁啾声。关于人类活动产生的声音如何影响海洋哺乳动物，这个问题引发了争议，因此有必要开展深入研究，以填补我们的知识缺口，深化我们目前对这个问题的理解。

11.7 延伸阅读与资源

关于海豚回声定位的一般性综述可参见奥（1993 年）的论著，克兰弗德等（1996 年，2008 年 a，2008 年 b，2010 年）综述了海豚和其他齿鲸发声力学的最新发展。对海洋哺乳动物声音交流功能的总结可参见许多汇编文献（布什尔和费希，1980 年；纳什迪加尔和莫尔，1988 年；托马斯和卡斯特莱恩，1990 年；雷努夫，2001 年；托马斯等，1992 年；韦伯斯特等，1992 年；卡斯特莱恩等，1995 年；菏泽尔，2002 年；奥等，2000 年；苏宾等，2001 年；迪亚克和米勒，2002 年）。关于海洋气候声学测温（ATOC）计划及其对海洋哺乳动物的影响，更多信息可参见以下网址：http：//atoc. ucsd. edu；美国声学学会（http：//asa. aip. org）是专业组织，其中的生物声学研究团队对鲸豚类的声呐和发声等主题兴趣浓厚。人类活动产生的声音对海洋哺乳动物的影响已成为最近值得思考和研究的热门主题，博伊德等（2008 年）和斯塔福德（2013 年）论述了其中一些方面。

参考文献

Altes, R.A., Dankiewicz, L.A., Moore, P.W., Helweg, D.A., 2003. Multiecho processing by an echolocating dolphin. J. Acoust. Soc. Am. 114, 1155–1166.

Ames, A.L., Van Vleet, E.S., Reynolds III, J.E., 2002. Comparison of lipids in selected tissues of the Florida manatee (order Sirenia) and bottlenose dolphin (order Cetacea: suborder Odontoceti). Comp. Biochem. Physiol. B 132, 625–634.

Anderson, P. K., Barclay, R. M. R., 1995. Acoustic signals of solitary dugongs: physical characteristics and behavioral correlates. J. Mammal. 76, 1226–1237.

Anon, 2002. Taking and importing marine mammals: taking marine mammals incidental to navy operations of surveillance towed array sensor system low frequency active sonar; final rule. Fed. Reg. 67 (136), 46711–46789.

Asselin, S., Hammill, M. O., Barette, C., 1993. Underwater vocalizations of ice breeding gray seals. Can. J. Zool. 71, 2211–2219.

Au, W.W.L., 1993. The Sonar of Dolphins. Springer-Verlag, New York.

Au, W.W.L., 2004. Echolocation signals of wild dolphins. Acoust. Phys. 50, 454–462.

Au, W.W.L., Snyder, K.J., 1980. Long-range target detection in open waters by an echolocating Atlantic bottlenose dolphin (*Tursiops truncatus*). J. Acoust. Soc. Am. 68, 1077–1084.

Au, W.W. L., Popper, A. N., Fay, R. R. (Eds.), Hearing in Whales and Dolphins. Springer Handbook of Auditory Research, vol. 12. Springer, New York

Au, W. W. L., Benoit-Bird, K. J., 2003. Automatic gain control in the echolocation system of dolphins. Nature 423, 861–863.

Au, W. W. L., Herzing, D. L., 2003. Echolocation signals of wild Atlantic spotted dolphin (*Stenella frontalis*). J. Acoust. Soc. Am. 113, 598–604.

Ballard, K. A., Kovacs, K. M., 1995. The acoustic repertoire of hooded seals (*Cystophora cristata*). Can. J. Zool. 73, 1362–1374.

Barroso, C., Cranford, T.W., Berta, A., 2012. Shape analysis of odontocete mandibles: functional and evolutionary implications. J. Morphol. 273, 1021–1030.

Bel'kovich, V. M., Yablokov, A. V., 1963. Marine mammals share experience with designers.

Nauka-Zhizn 30, 61-64.

Berzin, A.A., 1971. The sperm whale. Pac. Sci. Res. Inst. Fish. Oceanogr. Sp. Publ 1-394.

Benoit-Bird, K. J., Au, W. W. L., Kastelein, R., 2006. Testing the odontocete acoustic prey debilitation hypothesis: no stunning results. J. Acout. Soc. Am. 120, 1118-1123.

Boyd, I., Brownell, B., Cato, D., Clark, C., Costa, D., Evans, P., Gedamke, J., Gentry, R., Bisinerr, B., Gordon, J., Jepson, P., Miller, P., Rendell, L., Tasker, M., Tyack, P., Vos, E., Whitehead, H., Wartzok, D., Zimmer, W., 2008. The Effects of Anthropogenic Sound on Marine Mammals - A Draft Research Strategy. European Science Foundation, Drukkerij De Windroos, Beernem, Belgium. Marine Board Position Paper, No 113.

Brill, R. L., Sevenich, M. S., Sullivan, T. J., Sustman, J. D., Witt, R. E., 1988. Behavioural evidence for hearing through the lower jaw by an echolocating dolphin (*Tursiops truncatus*). Mar. Mamm. Sci. 4, 223-230.

Bullock, T.H., Domning, D.P., Best, R.C., 1980. Evoked brain potentials demonstrate hearing in a manatee (*Trichechus inunguis*). J. Mammal. 61, 130-133.

Bushel, R.G., Fish, J.F. (Eds.), 1980. Animal Sonar Systems. Plenum Press, New York.

Caldwell, M. C., Caldwell, D. K., Tyack, P. L., 1990. In: Leatherwood, S. R., Reeves, R. R. (Eds.), Review of the signature-whistle hypothesis for the Atlantic Bottlenose Dolphin. The Bottlenose Dolphin, Academic Press, San Diego, CA, pp. 199-234.

Clark, C. W., 1994. Blue deep voices: insights from the Navy's whales '93 program. Whalewatcher 28, 6-11.

Clark, C.W., Ellison, W.T., 2004. Potential use of low-frequency sound by baleen whales for probing the environment: evidence from models and empirical measurements. In: Thomas, J., Moss, C., Water, M. (Eds.), Echolocation in Bats and Dolphins. University of Chicago Press, Chicago, IL, pp. 564-581.

Clarke, R., Paliza, O., 2003. When attacking their prey sperm whales are upside down. Mar. Mamm. Sci. 19, 607-608.

Cleator, H. J., Stirling, I., Smith, T. G., 1989. Underwater vocalizations of the bearded seal (*Erignathus barbatus*). Can. J. Zool. 67, 1900-1910.

Crane, N.L., Lashkari, K., 1996. Sound production of gray whales, *Eschrichtius robustus*, along their migration route: a new approach to signal analysis. J. Acoust. Soc. Am. 100,

1878-1886.

Cranford, T.W., 1988. The anatomy of acoustic structures in the spinner dolphin forehead as shown by X-ray computed tomography and computer graphics. In: Nachtigall, P.E., Moore, P.W. (Eds.), Animal Sonar: Processes and Performance. Plenum Press, New York, pp. 67-77.

Cranford, T. W., 1992. Functional Morphology of the Odontocete Forehead: Implications for Sound Generation (Ph.D. thesis). University of California, Santa Cruz.

Cranford, T.W., 1999. The sperm whale's nose: sexual selection on a grand scale. Mar. Mamm. Sci. 15, 1133-1157.

Cranford, T.W., Amundin, M., Norris, K.S., 1996. Functional morphology and homology in the odontocete nasal complex: implications for sound generation. J. Morphol. 228, 223-285.

Cranford, T.W., Van Bonn, W.G., Ridgway, S.H., Chaplin, M.S., Carr, J.R., 1997. Functional morphology of the dolphins biosonar signal generator studied by high - speed video endoscopy. J. Morphol. 232, 243 (abstract).

Cranford, T.W., Krysl, P., Hildebrand, J.A., 2008. Acoustic pathway revealed: simulated sound transmission and reception in Cuvier's beaked whale (*Ziphius cavirostris*). Bioinspir. Biomim. 3, 1-10.

Cranford, T.W., McKenna, M.F., Soldevilla, M.S., Wiggins, S.M., Goldbogen, J.A., Shadwick, R. E., Krysl, P., St Leger, J. A., Hildebrand, J. A., 2008. Anatomic geometry of sound transmission and reception in Cuvier's beaked whale (*Ziphius cavirostris*). Anat. Rec. 291, 353-378.

Cranford, T.W., Krysl, P., Amundin, M., 2010. A new acoustic portal into the odontocete ear and vibrational analysis of the tympanoperiotic complex. PLoS ONE 5, e11927.

Darling, J.D., Gibson, K.M., Silber, G.K., 1983. Observations on the abundance and behavior of humpback whales (*Megaptera novaeangliae*) off West Maui, Hawaii, 1977 - 1979. In: Payne, R. (Ed.), Communication and Behavior of Whales. Westview Press, Boulder, CO, pp. 201-222.

Davies, C., Kovacs, K. M., Lydersen, C., VanParijs, S. M., 2006. Development of display behaviour in young captive bearded seals (*Erignathus barbatus*). Mar. Mamm. Sci. 22, 952-965.

Ding, W., Wursig, B., Evans, W., 1995. Whistles of bottlenose dolphins: comparisons among populations. Aquat. Mamm. 21, 65–77.

Ding, W., Wursig, B., Evans, W., 1995. Comparisons of whistles among seven odontocete species. In: Kastelein, R. A., Thomas, J. A., Nachtigall, P. E. (Eds.), Sensory Systems of Aquatic Mammals. De Spil Publishers, Woerden, The Netherlands, pp. 299–323.

Ekdale, E. G., Racicot, R. A., 2015. Anatomical evidence for low frequency sensitivity in anarchaeocete whale: comparison of the inner ear of *Zygorhiza kochii* with that of crown. Mysticeti. J. Anat. 226 (1), 22–39.

Evans, W.E., Awbrey, F., 1988. High frequency pulses produced by free-ranging Commerson's dolphin (*Cephalorhynchus commersonii*) compared to those of phocoenids. IWC 173–181 (special issue 9).

Evans, W. E., Thomas, J. A., Davis, R. W., 2004. Vocalizations from Weddell seals (*Leptonychotes weddellii*) during diving and foraging. In: Thomas, J.A., Moss, C.F., Vater, M. (Eds.), Echolocation in Bats and Dolphins. University of Chicago Press, Chicago, IL, pp. 541–546.

Fay, F. H., Ray, G. C., Kibal'chich, A. A., 1984. Time and location of mating and associated behavior of the Pacific walrus, *Odobenus rosmarus divergens* Illiger. In: Fay, F. H., Fedoseev, G.A. (Eds.). Soviet-American Cooperative Research on Marine Mammals, vol. 1. Pinnipeds NOAA Tech. Rep, NMFS 12, pp. 89–99.

Fernandez, A., Arbelo, M., Martin, V., 2013. No mass strandings since sonar ban. Nature 497, 317.

Fish, J.F., Sumich, J. L., Lingle, G. L., 1974. Sounds produced by the gray whale *Eschrichtius robustus*. Mar. Fish. Rev. 36, 38–49.

Ford, J.B., 1991. Vocal traditions among resident killer whales (*Orcinus orca*) in coastal waters of British Columbia. Can. J. Zool. 69, 1454–1483.

Gandilhon, N., Adam, O., Cazau, D., Laitman, J.T., Reidenberg, J.S., 2014. Two new theroretical roles of the laryngeal sac of humpback whales. Mar. Mamm. Sci.

Garland, E. C., Gedamke, J., Rekdahl, M. L., Noad, M. J., Garrigue, C., Gales, N., 2013. Humpback whale song on the Southern Ocean feeding grounds: implications for cultural transmission. PLoS ONE 8, e79422.

Geisler, J.H., Colbert, M.W., Carew, J.L., 2014. A new fossil species supports an early origin for toothed whale echolocation. Nature 508, 383–386.

Ghoul, A., Reichmuth, C., 2012. Sound production and reception in southern sea otters (*Enhydra lutris nereis*). In: Popper, A.N., Hawkins, A. (Eds.). The Effects of Noise on Aquatic Life, Advances in Experimental Medicine and Biology, vol. 730. Springer, New York, pp. 157–159.

Guinee, L.N., Chu, K., Dorsey, E.M., 1983. Changes over time in the songs of known individual humpback whales (*Megaptera novaeangliae*). In: Payne, R. (Ed.), Communication and Behavior of Whales. Westview Press, Boulder, CO, pp. 59–80.

Gutstein, C.S., Figueroa-Bravo, C.P., Pyenson, N.D., Yury-Yanez, R.E., Cozzuol, M.A., Canals, M., 2014. High frequency echolocation, ear morphology, and the marine-fresh-water transition: a comparative study of extant and extinct toothed whales. Palaeogr. Palaeoclimtol. Palaeoecol 400, 62–74.

Hanggi, E., 1992. Importance of vocal cues in other-pup recognition in a California sea lion. Mar. Mamm. Sci. 8, 430–432.

Hanggi, E., Schusterman, R.J., 1994. Underwater acoustic displays and individual variation in male harbor seals, *Phoca vitulina*. Anim. Behav. 48, 1275–1283.

Harley, H.E., Putman, E.A., Roitblat, H.L., 2003. Bottlenose dolphins perceive object features through echolocation. Nature 424, 667–669.

Harrison, R.H., King, J.E., 1980. Marine Mammals, second ed. Hutchinson, London.

Hartman, D.S., 1979. Ecology and Behavior of the Manatee (*Trichechus manatus*) in Florida. Am. Soc. Mammal Spec. Pub. 5, pp. 1–153.

Hemilä, S., Nummela, S., Reuter, T., 1995. What middle ear parameters tell about impedance matching and high frequency hearing. Hear. Res. 85, 31–44.

Hemilä, S., Nummela, S., Reuter, T., 1999. A model of the odontocete middle ear. Hear. Res. 133, 82–97.

Hemilä, S., Nummela, S., Reuter, T., 2001. Modeling whale audiograms: effects of bone mass on high-frequency hearing. Hear. Res. 151, 221–226.

Hemilä, S., Nummela, S., Berta, A., Reuter, T., 2006. High-frequency hearing in phocid and otariid pinnipeds: an interpretation based on inertial and cochlear constraints. J. Acoust.

Soc. Am. 120,3463–3466.

Herman,L.M.,1991. What the dolphin knows,or might know,in its natural world. In: Pryor, K.,Norris,K.S. (Eds.),Dolphin Societies. University of California Press,Berkeley,CA,pp. 349–363.

Herzing,D.L.,2004. Social and nonsocial uses of echolocation in free-ranging *Stenella frontalis* and *Tursiops truncatus*. In: Thomas,J.A.,Moss,C.F.,Vater,M. (Eds.),Echolocation in Bats and Dolphins. Chicago University Press,Chicago,pp. 404–413.

Hoelzel,A.R. (Ed.),2002. Marine Mammal Biology: An Evolutionary Approach. Blackwell Publishing,Oxford,UK.

Holt,M.M.,Schusterman,R.J.,Southhall,B.L.,Kastak,D.,2004. Localization of aerial broadband noise by pinnipeds. J. Acoust. Soc. Am. 115,2339–2345.

Ivanov,M.P.,2004. Dolphin's echolocation signals in a complicated acoustic environment. Acoust. Phys. 50,469–479.

Jenkins,P.F.,Helweg,D.A.,Cato,D.H.,1995. Humpback whale song in Tonga: initial findings. In: Kastelein,R.A.,Thomas,J.A.,Nachtigall,P.E. (Eds.),Sensory Systems of Aquatic Mammals. De Spil Publishers,Woerden,The Netherlands,pp. 335–348.

Jepson,P.D.,Arbelo,M.,Deaville,R.,Patterson,I.A.P.,Castro,P.,Baker,J.R.,Degollada,E.,Ross,H.M.,Herraez,P.,Pocknell,A.M.,Rodriguez,F.,Howie,F.E.,Expinosa,A.,Reid,R.J.,Jaber,J.R.,Martin,V.,Cunningham,A.A.,Fernandez,A.,2003. Gas-bubble lesions in stranded cetaceans: was sonar responsible for a spate of whale deaths after an Atlantic military exercise? Nature 425,575–576.

Johnson,C.H.,Norris,K.S.,1994. Social behavior. In: Norris,K.S.,Wursig,B.,Wells,R.S.,Wursig,M. (Eds.),The Hawaiian Spinner Dolphin. University of California Press,Berkeley,CA,pp. 243–286.

Kardong,K.V.,1995. Vertebrates. William C. Brown,Dubuque,IA.

Kastelein,R.A.,Thomas,J.A.,Nachtigall,P.E. (Eds.),1995. Sensory Systems of Aquatic Mammals. De Spil Publishers,Woerden,The Netherlands.

Kastelein,R.A.,Dubbledam,J.L.,de Bakker,M.A.G.,Gerrits,N.M.,1996. The anatomy of the walrus head (*Odobenus rosmarus*). Part 4: the ears and their function in aerial and underwater hearing. Aquat. Mamm. 22,95–125.

Kellogg, W.N., Kohler, R., Morris, H.N., 1953. Porpoise sounds as sonar signals. Science 117, 239–243.

Ketten, D. R., 1992. The marine mammal ear: specializations for aquatic audition and echolocation. In: Webster, D. B., Fay, R. R., Popper, A. N. (Eds.), The Evolutionary Biology of Hearing. Springer–Verlag, New York, pp. 717–750.

Ketten, D. R., 1992. The cetacean ear: form, frequency, and evolution. In: Thomas, J., Kastelein, R.A., Supin, A.Y. (Eds.), Marine Mammal Sensory Systems. Plenum Press, New York, pp. 53–75.

Ketten, D.R., 2000. Cetacean ears. In: Au, W., Fay, R., Popper, A. (Eds.), Hearing by Whales and Dolphins. Springer-Verlag, New York, NY, pp. 43–108.

Ketten, D. R., Wartzok, D., 1990. Three-dimensional reconstructions of the dolphin ear. In: Thomas, J., Kastelein, R. (Eds.), Sensory Abilities of Cetaceans: Field and Laboratory Evidence. Plenum Press, New York, NY, pp. 81–105.

Ketten, D. R., Odell, D. K., Domning, D. P., 1992. Structure, function, and adaptation of the manatee ear. In: Thomas, J., Kastelein, R. A., Supin, A. Y. (Eds.), Marine Mammals Sensory Systems. Plenum Press, New York, pp. 77–95.

Kim, S.L., Thewissen, J.G.M., Churchill, M.M., Suydam, R.S., Ketten, D.R., Clementz, M.T., 2014. Unique biochemical and mineral composition of whale ear bones. Physio. Biochem. Zool 87 (4), 576–584.

King, S.L., Janik, V.M., 2013. Bottlenose dolphins can use learned vocal labels to address each other. Proc. Natl. Acad. Sci. 110, 13216–13221.

King, S., Sayigh, L. S., Wells, R. S., Fellner, W., Janik, V. M., 2013. Vocal copying of individually distinctive signature whistles in bottlenose dolphins. Proc. R. Soc. B 280, 20130053.

Koopman, H.N., Zahorodny, Z.P., 2008. Life history constrains biochemical development in the highly specialized odotocete echolocation system. Proc. R. Soc. B 275, 2327–2334.

Kovacs, K. M., 1995. Mother-pup reunions in harp seals, *Phoca groenlandica*: cues for the relocation of pups. Can. J. Zool. 73, 843–849.

Lammers, M.O., Au, W.W.L., Herzing, D.L., 2003. The broadband social acoustic signaling behavior of spinner and spotted dolphins. J. Acoust. Soc. Am. 114, 1629–1639.

Landrau-Giovannetti, N., Mignucci-Giannoni, A. A., Reidenberg, J. S., 2014. Acoustical and anatomical determination of sound production and transmission in West Indian (*Trichechus manatus*) and Amazonian (*T. inunguis*) manatees. Anat. Rec. 297,1896–1907.

Le Boeuf, B.J., Petrinovich, L.F., 1975. Elephant seal dialects: are they reliable? Rapp. P.-v. Réun. Cons. Int. Explor. Mer. 169,213–218.

Litchfield, C., Karol, R., Mullen, M.E., Dilger, J.P., Lithi, B., 1979. Physical factors influencing rarefaction of the ecolocation sound beam in delphinid cetaceans. Mar. Biol. 52,285–290.

Luo, Z., Eastman, E.R., 1995. Petrosal and inner ear of a squalodontoid whale: implications for evolution of hearing in odontocetes. J. Vert. Palaeont. 15,431–442.

Madsen, P. T., Wahlberg, M., Mohl, B., 2002. Male sperm whale (*Physeter macrocephalus*) acoustics in a high-latitude habitat: implications for echolocation and communication. Behav. Ecol. Sociobiol. 53,31–41.

Madsen, P.T., Lammers, M., Wisniewska, D., Beedholm, K., 2013. Nasal sound production in echolocating delphinids (*Tursiops truncatus* and *Pseudorca crassidens*) is dynamic, but unilateral: clicking on the right side and whistling on the left side. J. Exp. Biol. 216, 4091–4102.

Mann, D. A., Lee, Z., Popper, A. N., 1997. A clupeid fish can detect ultrasound. Nature 389,341.

Marine Mammal Commission., 1998. In: Annual Report to Congress 1997. Washington, DC.

Marsh, H., O'Shea, T. J., Reynolds III, J. E., 2011. Ecology and Conservation of the Sirenia: Dugongs and Manatees. Cambridge University Press, Cambridge.

Marten, K., Norris, K.S., Moore, P.W.B., Englund, K., 1988. Loud impulse sounds in odontocete predation and social behavior. In: Nachtigall, P.E., Moore, P.W.B. (Eds.), Animal Sonar: Processes and Performance. Plenum Press, New York, pp. 281–285.

McBride, A.F., 1956. Evidence for echolocation by cetacean. Deep-Sea Res. 3,153–154.

McCormick, J.G., Wever, E.G., Palm, G., Ridgway, S.H., 1970. Sound conduction in the dolphin ear. J. Acoust. Soc. Am. 48,1418–1428.

McCowan, B., Reiss, D., 1995. Quantitative comparison of whistle repertoires from captive adult bottlenose dolphins (Delphinidae, *Tursiops truncatus*): a re-evaluation of the signature whistle hypothesis. Ethology 100,194–209.

McCowan, B., Reiss, D., 2001. The fallacy of 'signature whistles' in bottlenose dolphins: a comparative perspective of signature information in animal vocalizations. Anim. Behav. 62, 1151–1162.

McKenna, M. F., Cranford, T. W., Berta, A., Pyenson, N., 2012. Morphology of the odontocete melon and its implications for acoustic function. Mar. Mamm. Sci. 28, 690–713.

McShane, L. J., Estes, J. A., Riedman, M. L., Staedler, M. M., 1995. Repertoire, structure, and individual variation of vocalizations of the sea otter. J. Mammal. 76, 414–427.

McSweeney, D. J., Chu, K. C., Dolphin, W. F., Guinee, L. N., 1989. North Pacific humpback whale songs: a comparison of southeast Alaskan feeding ground songs with Hawaiian wintering ground songs. Mar. Mamm. Sci. 5, 139–148.

Medrano, L., Salinas, M., Salas, I., Ladronde Guevara, P., Aguayo, A., 1994. Sex identification of humpback whales, *Megaptera novaeangliae*, on the wintering grounds of the Mexican Pacific Ocean. Can. J. Zool. 72, 1771–1774.

Mellinger, D. K., Clark, C. W., 2003. Blue whale (*Balaenoptera musculus*) sounds from the North Atlantic. J. Acoust. Soc. Am. 114, 1108–1119.

Mesnick, S.L., 2001. Genetic relatedness in sperm whales: evidence and cultural implications. Behav. Brain Sci. 24, 346–347.

Miller, E. H., 1985. Airborne acoustic communication in the walrus *Odobenus rosmarus*. Nat. Geogr. Res. 1, 124–145.

Miller, E. H., Murray, A. V., 1995. Structure, complexity, and organization of vocalizations in harp seal (*Phoca groenlandica*) pups. In: Kastelein, R. A., Thomas, J. A., Nachtigall, P. E. (Eds.), Sensory Systems of Aquatic Mammals. De Spil Publishers, Woerden, The Netherlands, pp. 237–264.

Miller, P. J. O., Johnson, M., Tyack, P. L., 2004. Sperm whale behaviour indicates the use of echolocation click buzzes 'creaks' in prey capture. Proc. R. Soc. B 271, 2239–2247.

Mobley, J.R.J., Herman, L.M., 1985. Transcience of social affiliations among humpback whales (*Megaptera novaeangliae*) on the Hawaiian wintering grounds. Can. J. Zool. 63, 762–772.

Mohl, B., 1968. Hearing in seals. In: Harrison, R. J., Hubbard, R. C., Peterson, R. S., Rice, C. E., Schusterman, R. J. (Eds.), The Behavior and Physiology of Pinnipeds. Appleton-Century-Crofts, New York, pp. 172–195.

Mohl, B., Wahlberg, M., Madsen, P.T., Heerfordt, A., Lund, A., 2003. The monopulsed nature of sperm whale clicks. J. Acoust. Soc. Am. 114, 1143–1154.

Moore, J.E., Barlow, J.P., 2013. Declining abundance of beaked whales (family Ziphiidae) in the California current large marine ecosystem. PLoS ONE 8, e52770.

Moore, K.E., Watkins, W.A., Tyack, P.L., 1993. Pattern similarity in shared codas from sperm whales (*Physeter catodon*). Mar. Mamm. Sci. 9, 1–9.

Moore, S.E., Ridgway, S.H., 1995. Whistles produced by common dolphins from the Southern California Bight. Aquat. Mamm. 21, 55–63.

Moors, H. B., Terhune, J. M., 2004. Repetition patterns in Weddell seal (*Leptonychotes weddellii*) underwater multiple element calls. J. Acoust. Soc. Am. 116, 1261–1270.

Nachtigall, P. E., Moore, P. W. B. (Eds.), 1988. Animal Sonar: Processes and Performance. Plenum Press, New York.

Noad, M.J., Cato, D.H., Bryden, M.M., Jenner, M.N., Jenner, K.C.S., 2000. Cultural revolution in whale songs. Nature 408, 537.

Norris, K.S., 1964. Some problems of echolocation in cetaceans. In: Tavolga, W.N. (Ed.), Marine Bio-Acoustics. Pergamon Press, New York, pp. 317–336.

Norris, K.S., Harvey, G. W., 1972. A theory for the function of the sperm whale (*Physeter catodon*). In: Galler, S.R., Schmidt-Koenig, K., Jacobs, G.J., Belleville, R. (Eds.), Animal Orientation and Navigation. National Aeronautics and Space Administration, Washington, DC, pp. 397–417.

Norris, K. S., Mohl, B., 1983. Can odontocetes debilitate prey with sound? Am. Nat. 122, 85–104.

Nowacek, D.P., Casper, B.M., Wells, R.S., Nowacek, S.M., Mann, D.A., 2003. Intraspecific and geographic variation of West Indian manatee (*Trichechus manatus* spp.) vocalizations (L). J. Acoust. Soc. Am. 114, 66–69.

Nowacek, S.M., Wells, R.S., Owen, E.C.G., Speakman, T.R., Flamm, R.O., Nowacek, D.P., 2004. Florida manatees, *Trichechus manatus latirostris*, respond to approaching vessels. Biol. Conserv. 119, 517–523.

Nummela, S., 1995. Scaling of the mammalian middle ear. Hear. Res. 85, 18–30.

Nummela, S., 2008. Hearing in aquatic mammals. In: Thewissenn, J. G. M., Nummela, S.

(Eds.),Sensory Evolution on the Threshold. University of California Press,Berkeley,CA, pp. 211–224.

Nummela, S., 2009. Hearing. In: Perrin, W., Wursig, B., Thewissen, J. G. M. (Eds.), Encylopedia of Marine Mammals, second ed. Academic Press, San Diego, CA, pp. 553–562.

Nummela, S., Reuter, T., Hemilä, S., Holmberg, P., Paukku, P., 1999. The anatomy of the killer whale middle ear (*Orcinus orca*). Hear. Res. 133, 61–70.

Nummela, S., Wägar, T., Hemilä, S., Reuter, T., 1999. Scaling of the cetacean middle ear. Hear. Res. 133, 71–81.

Nummela, S., Thewissen, J.G.M., Bajpai, S., Hussain, S.T., Kumar, K., 2004. Eocene evolution of whale hearing. Nature 430, 776–778.

Nummela, S., Thewissen, J.G.M., Bajpai, S., Hussain, T., Kumar, K., 2007. Sound transmission in archaic and modern whales: anatomical adaptations for underwater hearing. Anat. Rec. 290, 716–733.

Oelschläger, H.A., 1986. Comparative morphology and evolution of the otic region in toothed whales (Cetacea, Mammalia). Am. J. Anat. 177, 353–368.

Oelschläger, H.A., 1986. Tympanohyal bone in toothed whales and the formation of the tympano-periotic complex (Mammalia: Cetacea). J. Morphol. 188, 157–165.

O'Shea, T., Poche, L. B., 2006. Aspects of underwater communication in Florida (*Trichechus manatus latirostris*). J. Mamm. 87 (6).

Pack, A.A., Herman, L.M., Hoffmann-Kuhnt, M., 2004. Dolphin echolocation shape perception: from sound to object. In: Thomas, J.A., Moss, C.F., Vater, M. (Eds.), Echolocation in Bats and Dolphins. Chicago University Press, Chicago, pp. 288–298.

Pahl, B. C., Terhune, J. M., Burton, H. R., 1997. Repertoire and geographic variation in underwater vocalisations of Weddell seals (*Leptonychotes weddellii*, Pinnipedia: Phocidae) at the Vestfold Hill, Antarctica. Aust. J. Zool. 45, 171–187.

Parker, J., Tsagkogeorga, G., Cotton, J. A., Liu, Y., Provero, P., Stupka, E., Rossiter, S.J., 2013. Genome-wide signatures of convergent evolution in echolocating mammals. Nature 502, 228–231.

Parks, S., 2003. Response of North Atlantic right whales (*Eubalaena glacialis*) to playback of calls recorded from surface active groups in both the North and South Atlantic. Mar. Mamm.

Sci. 19,563-580.

Parks,S.E.,Tyak,P.L.,2005. Sound production by North Atlantic right whales (*Eubalaena glacialis*) in surface active groups. Acoust. Soc. Am. 117,3297-3306.

Parks,S.E.,Ketten,D.R.,O'Malley,J.,Arruda,J.,2007. Anatomical predictions of hearing in the North Atlantic right whale. Anat. Rec. 290,734-744.

Payne,K.,Tyack,P.,Payne,R.,1983. Progressive changes in the songs of humpback whales (*Megaptera novaeangliae*): a detailed analysis of two seasons in Hawaii. In: Payne,R. (Ed.),Communication and Behavior of Whales. Westview Press,Boulder,CO,pp. 9-57.

Payne,R. S. (Ed.), 1983. Communication and Behavior of Whales. Westview Press, Boulder,CO.

Payne,R.S.,McVay,S.,1971. Songs of the humpback whales. Science 173,587-597.

Payne,R. S.,Guinee,L. N.,1983. Humpbacks whale (*Megaptera novaeanglie*) songs as indicator of "stocks". In: Payne,R.S. (Ed.),Communication and Behavior of Whales. Westview Press,Boulder,CO,pp. 333-358.

Pierce,G.W.,Griffin,D.R.,1938. Experimental determination of supersonic notes emitted by bats. J. Mammal. 19,454-455.

Popper,A.N.,1980. Sound emission and detection by delphinids. In: Herman,L.M. (Ed.), Cetacean Behavior: Mechanisms and Functions. Wiley,New York,pp. 1-49.

Ray,C.,Watkins,W.A.,Burns,J.,1969. The underwater song of *Erignathus barbatus*(bearded seal). Zoologica 54,79-83.

Reichmuth,C.,Holt,M. M.,Mulsow,J.,Sills,J. M.,Southall,B. L.,2013. Comparative assessment of amphibious hearing in pinnipeds. J. Comp. Physiol. A 199,491-507.

Reichmuth,C.,Casey,C.,2014. Vocal learning in seals,sea lions and walruses. Curr. Opin. Neurobiol. 28,66-71.

Reidenberg,J.S.,Laitman,J.T.,2007. Discovery of a low frequency sound source in Mysticeti (baleen whales): anatomical establishment of a vocal fold homolog. Anat. Rec. 290, 745-759.

Reiman,A.J.,Terhune,J.M.,1993. The maximum range of vocal communication in air between a harbor seal (*Phoca vitulina*) pup and its mother. Mar. Mamm. Sci. 9,182-189.

Rendell,L.E.,Whitehead,H.,2001. Culture in whales and dolphins. Behav. Brain Sci. 24,

309–382.

Rendell, L.E., Whitehead, H., 2003. Vocal clans in sperm whales (*Physeter macrocephalus*). Proc. R. Soc. B 270, 225–231.

Renouf, D. (Ed.), 2001. Behaviour of Pinnipeds. Chapman & Hall, New York.

Renouf, D., Davis, M. B., 1982. Evidence that seals may use echolocation. Nature 300, 635–637.

Repenning, C.A., 1972. Adaptive evolution of sea lions and walruses. Syst. Zool. 25, 375–390.

Reynolds, J.E., Odell, D., 1991. Manatees and Dugongs. Facts on File, New York.

Reysenbach de Haan, F.W., 1956. Hearing in whales. Acta Otolaryngol. (Suppl. 134), 1–114.

Richardson, W.J., Greene Jr., C.R., Malme, C.I., Thomson, D.H., 1995. Marine Mammals and Noise. Academic Press, San Diego, CA.

Rogers, T.L., Cato, D.H., Bryden, M.M., 1995. Underwater vocal repertoire of the leopard seal (*Hydrurga leptonyx*) in Prydz Bay, Antarctica. In: Kastelein, R. A., Thomas, J. A., Nachtigall, P. E. (Eds.), Sensory Systems of Aquatic Mammals. De Spil Publishers, Woerden, The Netherlands, pp. 223–236.

Rogers, T. L., Cato, D. H., Bryden, M. M., 1996. Behavioral significance of underwater vocalizations of captive leopard seals, *Hydrurga leptonyx*. Mar. Mamm. Sci. 12, 414–427.

Roitblat, H.L., 2004. Object recognition by dolphins. In: Thomas, J.A., Moss, C.F., Vater, M. (Eds.), Echolocation in Bats and Dolphins. Chicago University Press, Chicago, IL, pp. 278–282.

Roux, J.P., Jouventin, P., 1987. Behavioral cues to individual recognition in the subantarctic fur seal, *Arctocephalus tropicalis*. In: Croxall, J.R., Gentry, R.L. (Eds.), Status, Biology and Ecology of Fur Seals. NOAA Tech Rep., National Oceanic Atmospheric Administration, Washington, DC, pp. 95–102.

Schevill, W.E., Watkins, W.A., Ray, G.C., 1966. Analysis of underwater *Odobenus* calls with remarks on the development and function of the pharyngeal pouches. Zoologica 51, 103–106.

Schoenfuss, H.L., Bragulla, H.H., Schumacher, J., Henk, W.G., George, J.C., Hillmann, D.J., 2014. The anatomy of the larynx of the bowhead whale, *Balaena mysticetus*, and its sound-producing functions. Anat. Rec.

Schusterman, R. J., Kastak, D., Levenson, D. H., Reichmuth, C., Southall, B. L., 2000. Why pinnipeds don't echolocate. J. Acoust. Soc. Am. 107, 2256–2264.

Sjare, B., Stirling, I., Spencer, C., 2003. Structural variation in the songs of Atlantic walruses breeding in the Canadian high Arctic. Aquat. Mamm. 29, 297–318.

Southall, B., Calambokidis, J., Moreti, D., Barlow, J., Deruiter, S., Goldbogen, J., Friedlaender, A., Haxen, E., Stimpert, A., Arranz, P., Falcone, E., Schorr, G., Douglass, A., Kyburg, C., Tyack, P., 2013. Controlled sound exposure experiments to measure marine mammal reactions to sound: Southern California behavioral response study. J. Acoust. Soc. Am. 134, 4043.

Spoor, F., 2009. Balance. In: Perrin, W., Wursig, B., Thewissen, J.G.M. (Eds.), Encyclopedia of Marine Mammals, second ed. Academic Press, San Diego, CA, pp. 76–78.

Spoor, F., Bajpai, S., Hussain, S.T., Kumar, K., Thewissen, J.G.M., 2002. Vestibular evidence for the evolution of aquatic behavior in early cetaceans. Nature 417, 163–165.

Spoor, F., Thewissen, J.G.M., 2008. Comparative and functional anatomy of balance in aquatic mammals. In: Thewissenn, J. G. M., Nummela, S. (Eds.), Sensory Evolution on the Threshold. University of California Press, Berkeley, CA, pp. 257–284.

Stafford, K., 2013. Anthropogenic Sound and Marine Mammals in the Arctic. Increases in Man-made Noise Pose New Challenges. Pew Charitable Trusts US Arctic Programme. www.oceansnorth.us.

Steel, C., 1982. Vocalization Patterns and Corresponding Behavior of the West Indian Manatee (*Trichechus manatus*) (Ph. D. dissertation thesis). Florida Institute of Technology, Melbourne, FL.

Stimpert, A.K., Wiley, D.N., Au, W.W.L., Johnson, M.P., Arsenault, R., 2007. "Megaclicks": acoustic click trains and buzzes produced during night-time foraging of humpback whales (*Megaptera novaeangliae*). Biol. Lett. 3, 467–470.

Stirling, I., Calvert, W., Spencer, C., 1987. Evidence of stereotyped underwater vocalizations of male Atlantic walruses (*Odobenus rosmarus rosmarus*). Can. J. Zool. 65, 2311–2321.

Stirling, I., Derocher, A.E., 1990. Factors affecting the evolution and behavioral ecology of the modern bears. Int. Cont. Bear. Res. Manage. 8, 189–204.

Stirling, I., Thomas, J. A., 2003. Relationships between underwater vocalizations and mating systems in phocid seals. Aquat. Mamm. 29,227-246.

Strager,H.,1995. Pod specific call repertoires and compound calls of killer whales,*Orcinus orca* Linnaeus,1758 in the waters of northern Norway. Can. J. Zool. 73,1037-1047.

Supin,A.Y.,Popov,V.V.,Mass,A.M.,2001. The Sensory Physiology of Aquatic Mammals. Kluwer Academic Publishers,Boston,MA.

Sverdup,H.U.,Johnson,M.W.,Fleming,R.H.,1970. The Oceans: Their Physics,Chemistry, and Biology. Prentice-Hall,New York.

Terhune,J.M.,Ronald,K.,1973. Some hooded seal (*Cystophora cristata*) sounds in March. Can. J. Zool. 51,319-321.

Thode,A.M.,Mellinger,D.K.,Stienessen,S.,Martiez,A.,Mullin,K.,2002. Depth-dependent acoustic features of diving sperm whales (*Physeter macrocephalus*) in the Gulf of Mexico. J. Acoust. Soc. Am. 112,308-321.

Thomas,J.A.,Kuechle,V.B.,1982. Quantitative analysis of the Weddell seal (*Leptonychotes weddellii*) underwater vocalizations at McMurdo Sound,Antarctica. J. Acoust. Soc. Am. 72, 1730-1738.

Thomas,J.A.,Kastelein,R.A.,1990. Sensory Abilities of Cetaceans: Laboratory and Field Evidence. Plenum Press,New York.

Thomas,J.A.,Kastelein,R.A.,Supin,A.Y.,1992. Marine Mammal Sensory Systems. Plenum Press,New York.

Thomas,J.A.,Golladay,C.L.,1995. Geographic variation in leopard seal (*Hydrurga leptonyx*) underwater vocalizations. In: Kastelein,R.A.,Thomas,J.A.,Nachtigall,P.E. (Eds.), Sensory Systems of Aquatic Mammals. De Spil Publishers,Woerden,The Netherlands,pp. 201-221.

Thomsen,F.,Franck,D.,Ford,J.K.B.,2002. On the communicative significance of whistles in wild killer whales (*Orcinus orca*). Naturwissenschaften 89,404-407.

Tyack,P.L.,1981. Interactions between singing Hawaiian humpback whales and conspecifics nearby. Behav. Ecol. Sociobiol. 8,105-116.

Tyack,P.L.,1991. Use of a telemetry device to identify which dolphin produces a sound. In: Pryor,K.,Norris,K.S. (Eds.),Dolphin Societies. University of California Press,Berkeley, CA,pp. 319-344.

Tyack, P.L., 2001. Cetacean culture: humans of the sea. Behav. Brain Sci. 24, 358-359.

Tyack, P.L., Miller, E.H., 2002. Vocal anatomy, acoustic communication and echolocation. In: Hoelzel, A. R. (Ed.), Marine Mammal Biology: An Evolutionary Approach. Blackwell Publ., Oxford, UK, pp. 143-184.

Van Parijs, S. M., Kovacs, K. M., Lydersen, C., 2001. Spatial and temporal distribution of vocalizing male bearded seals—implications for male mating strategies. Behaviour 138, 905-922.

Van Parijs, S. M., Lydersen, C., Kovacs, K. M., 2003. Vocalizations and movements suggest alternative mating tactics in male bearded seals. Anim. Behav. 65, 273-283.

Van Parijs, S. M., Corkeron, P. J., Harvey, J., Hayes, S. A., Mellinger, D. K., Rouget, P. A., Thompson, P.M., Wahlberg, M., Kovacs, K.M., 2003. Patterns in the vocalizations of male harbor seals. J. Acoust. Soc. Am. 113, 3403-3410.

Van Parijs, S. M., Lydersen, C., Kovacs, K. M., 2004. Effects of ice cover on the behavioural patterns of aquatic-mating male bearded seals. Anim. Behav. 68, 89-96.

Varanasi, U., Feldman, H.R., Malins, D.C., 1975. Molecular basis for formation of lipid sound lens in echolocating cetaceans. Nature 255, 340-343.

Verboom, W.C., Kastelein, R. A., 1995. Rutting whistles of a male Pacific walrus (*Odobenus rosmarus divergens*). In: Kastelein, R. A., Thomas, J. A., Nachtigall, P. E. (Eds.), Sensory Systems of Aquatic Mammals. De Splil Publishers, Woerden, The Netherlands, pp. 287-298.

Verboom, W. C., Kastelein, R. A., 1995. Acoustic signals by harbour porpoises (*Phocoena phocoena*). In: Nachtigall, P. E., Lien, J., Au, W. W. L., Read, A. J. (Eds.), Harbour Porpoises, Laboratory Studies to Reduce Bycatch. De Splil Publishers, Woerden, The Netherlands, pp. 1-40.

Verboom, W.C., Kastelein, R. A., 1997. Structure of harbour porpoises (*Phocoena phocoena*) click train signals. In: Read, A.J., Wiepkema, P.R., Nachtigall, P.E. (Eds.), The Biology of the Harbour Porpoise. De Splil Publishers, Woerden, The Netherlands, pp. 343-363.

Verboom, W. C., Kastelein, R. A., 2004. Structure of harbor porpoise (*Phocoena phocoena*) acoustic signals with high repetition rates. In: Thomas, J.A., Moss, C.F., Vater, M. (Eds.), Echolocation in Bats and Dolphins. Chicago University Press, Chicago, IL, pp. 40-42.

Wartzok, D., Ketten, D. R., 1999. Marine mammal sensory systems. In: Reynolds III, J. E.,

Rommel, S. A. (Eds.), Biology of Marine Mammals. Smithsonian Institution Press, Washington, DC, pp. 117–175.

Watkins, W.A., Schevill, W.E., 1977. Spatial distribution of *Physeter catodon* (sperm whales) underwater. Deep-Sea Res. 24, 693–699.

Webster, D.B., Fay, R.R., Popper, A.N., 1992. The Evolutionary Biology of Hearing. Springer-Verlag, New York.

Weilgart, L., Whitehead, H., 1993. Coda communication by sperm whales (*Physeter macrocephalus*) off the Galapagos Islands. Can. J. Zool. 71, 744–752.

Weilgart, L., Whitehead, H., 1997. Group-specific dialects and geographical variation in coda repertoire in South Pacific sperm whales. Behav. Ecol. Sociobiol. 40, 277–285.

Wemmer, C., von Ebers, M., Scaw, K., 1976. An analysis of the chuffing vocalization of the polar bear. J. Zool. 180, 425–439.

Whitehead, H., 2003. Sperm Whales: Social Evolution in the Ocean. University of Chicago Press, Chicago, IL.

Whitehead, H., Rendell, L., Osborne, R.W., Würsig, B., 2004. Culture and conservation of non-humans with reference to whales and dolphins: review and new directions. Biol. Conserv. 120, 427–437.

Wyss, A.R., 1987. The walrus auditory region and the monophyly of pinnipeds. Am. Mus. Novit. 2871, 1–31.

Yamato, M., Ketten, D.R., Arruda, J., Cramer, S., Moore, K., 2012. The auditory anatomy of the minke whale (*Balaenoptera acutorostrata*): a potential fatty sound reception pathway in a baleen whale. Anat. Rec. 295, 991–998.

Yamato, M., Koopman, H., Niemeyer, M., Ketten, D., 2014. Characterization of lipids in adipose depots associated with minke and fin whale ears: comparison with "acoustic fats" of toothed whales. Mar. Mamm. Sci. 30 (4), 1549–1563.

Zagaeski, M., 1987. Some observations on the prey stunning hypothesis. Mar. Mamm. Sci. 3, 275–279.

Zahorodny, Z., Koopman, H.N., Budge, S.M., 2009. Distribution and development of the highly specialized lipids in the sound reception system of dolphins. J. Comp. Physiol. B 179, 783–798.